21世纪高等教育计算机规划教材

COMPUTER

Office高级应用案例教程

Cases for Office Advanced Applications

沈玮 周克兰 钱毅湘 刁红军 编著

人 民 邮 电 出 版 社

北 京

图书在版编目（CIP）数据

Office高级应用案例教程 / 沈玮等编著. -- 北京 : 人民邮电出版社, 2015.9（2023.2重印）
21世纪高等教育计算机规划教材
ISBN 978-7-115-39585-6

Ⅰ. ①O… Ⅱ. ①沈… Ⅲ. ①办公自动化－应用软件－高等学校－教材 Ⅳ. ①TP317.1

中国版本图书馆CIP数据核字(2015)第174044号

内 容 提 要

本书主要介绍了 Microsoft Office 2010 软件包中常用办公软件的使用，包括文字处理软件 Word、电子表格软件 Excel、演示文稿软件 PowerPoint 和数据库管理软件 Access。同时，介绍了 VBA 程序设计的基础，以及在办公软件中 VBA 的应用。本书内容涵盖了“全国计算机等级考试一级 Office”“全国计算机等级考试二级 Office”“江苏省计算机等级考试一级 Office”以及“江苏省计算机等级考试二级 Office”的内容。每个章节在系统地介绍知识点的同时，配有 2～5 个联系实际的应用案例，采用图文结合的方式，详细地描述了操作步骤。

本书可作为高等院校大学计算机高级基础课程的教材，也可作为计算机一级和二级 Office 等级考试的培训教材。

◆ 编　　著　沈　玮　周克兰　钱毅湘　刁红军
　责任编辑　邹文波
　执行编辑　税梦玲
　责任印制　沈　蓉　彭志环
◆ 人民邮电出版社出版发行　　北京市丰台区成寿寺路 11 号
　邮编　100164　　电子邮件　315@ptpress.com.cn
　网址　http://www.ptpress.com.cn
　北京市艺辉印刷有限公司印刷
◆ 开本：787×1092　1/16
　印张：22.5　　　　2015 年 9 月第 1 版
　字数：590 千字　　　　2023 年 2 月北京第 9 次印刷

定价：49.80 元

读者服务热线：(010)81055256　印装质量热线：(010)81055316
反盗版热线：(010)81055315

本书编委会

主　　编：张志强

副 主 编：李海燕

委　　员：周克兰　蒋银珍　沈　玮　周　红　钱毅湘　刁红军

前 言

随着信息技术的蓬勃发展，计算机的运用已深入各行各业，办公软件已经成为人们工作、学习和生活中不可或缺的工具。Microsoft Office 软件中包含了各个行业中需要使用的办公软件，其中，Word 具有强大的文字处理功能，Excel 具有丰富的电子表格制作及数据分析处理功能，PowerPoint 具有便捷的幻灯片制作与演示功能，Access 具有完善的数据库管理功能。这些软件目前已经广泛地应用于财务、行政、人事、金融等众多领域。

目前绝大部分高等学校都开设了计算机基础课程，Office 办公软件是其中一个重要的组成部分，其目的是培养出熟练掌握办公自动化软件的人才，使他们能通过计算机这样一种必备工具在自己的专业领域更好地发挥作用。但现状是有的学生在进入高校之前，已经学习并使用过 Office 软件包中的部分软件，如 Word，他们不满足于继续学习办公软件的基本操作，因此，分层教学就显出其必要性。本书在介绍基本操作的基础上引入了 VBA 的内容，使读者能通过编写 VBA 程序实现更加复杂的功能，来满足将来工作中的需要。

- 本书特色

1. 内容全面、难度适中

本书以 Office 2010 版本进行讲解，全面地介绍了 Word、Excel、PowerPoint、VBA 以及 Access 软件的基本操作和高级操作。对于基础薄弱的读者，本书安排了基础操作的知识点及案例；对于有一定基础的读者，本书将 VBA 的基础知识以及 VBA 的案例单独罗列在第 4 章中。同时，由于绝大部分读者并不从事编程工作，故本书也将难度控制在读者能够理解的范围内。

2. 知识点和案例相结合

本书首先按照知识点结构来介绍各个软件的功能，读者可以快捷地查找到需要使用的知识模块。在此基础上，还提供了实际工作或生活中的案例，给出详细的操作步骤，使读者能够理论联系实际。

3. 图文并茂

本书采用图文结合的讲解方式，重要的操作步骤均附有插图，读者在学习的过程中能够更加直观地看清具体的操作步骤和实现效果，更易于理解和掌握。

4. 步骤清晰

本书将一个案例的目标分割成若干个小要求，对每一个要求再介绍其具体实现步骤，简明扼要，一目了然，为读者理清了思路，在学习的同时学会分析和解决问题。

5. 实用的 VBA 案例

本书提供的 VBA 案例均贴近日常工作，涵盖了读者需要的各种操作，具有很强的实用性。

- 本书结构

第 1 章，介绍 Word 2010 的知识点与案例，帮助读者学习文字处理软件的详细功能。

第 2 章，介绍 Excel 2010 的知识点与案例，帮助读者学习电子表格软件的详细功能。

第 3 章，介绍 PowerPoint 2010 的知识点和案例，帮助读者学习演示文稿软件的详细功能。

第 4 章，介绍 VBA 的基础知识和案例，帮助读者学习如何使用 VBA 操作 Word、Excel、PowerPoint 中的各个对象，从而学会使用 VBA 程序来实现办公软件的高级操作。

第 5 章，介绍 Access 的知识点和案例，帮助读者学习数据库管理软件的详细功能。

第 6 章，提供了两个综合案例，将各个软件结合起来，使读者学会在各个软件之间进行数据传递。

● 本书编者

本书由一线计算机基础教学老师沈玮、周克兰、钱毅湘和刁红军编写，最后由沈玮进行统稿。在本书的编写过程中，得到了苏州大学计算机科学与技术学院公共教学部各位领导和老师的鼎力相助，在此深表感谢！

为了方便教师教学，我们为授课老师免费提供教学素材，有需要者请登录 http://sit.suda.edu.cn（苏州大学计算机公共教学管理平台）下载。

编 者

2015 年 6 月

目 录

第 1 章 文字处理软件 Word 2010

1.1 Word 2010 概述

1.1.1 主要功能

文字处理软件应用广泛，是办公软件的一种，一般用于文字的录入、存储、编辑、排版、打印等。文字处理软件的发展和文字处理的电子化是信息社会发展的标志之一。目前个人计算机上常用的中文文字处理软件主要有 Microsoft 公司的 Word、金山公司的 WPS 等。

Word 2010 是 Microsoft 公司开发的 Office 2010 办公组件之一。Office 软件最早于 1983 年出品，由 Microsoft 公司每年投入数十亿美元研发，全球用户超过 5 亿，每年获利上百亿美元，是 Microsoft 公司最重要的软件产品之一。Word 主要版本有：1989 年推出的 Word 1.0 版、1992 年推出的 Word 2.0 版、1994 年推出的 Word 6.0 版、1995 年推出的 Word 95 版（又称作 Word 7.0，因为是包含于 Microsoft Office 95 中的，所以习惯称作 Word 95）、1997 年推出的 Word 97 版、2000 年推出的 Word 2000 版、2002 年推出的 Word XP 版、2003 年推出的 Word 2003 版、2007 年推出的 Word 2007 版、2010 年推出的 Word 2010 版以及目前的最新版 Word 2013。

作为一款出色的文字处理软件，Word 具有以下几个主要功能。

（1）直观的操作界面。Word 软件界面友好，提供了丰富多彩的工具，利用鼠标就可以完成选择、排版等操作，这些操作都能将打印效果进行显示，所见即所得。

（2）多媒体混排。用 Word 软件可以编辑文字图形、图像、声音、动画，还可以插入其他软件制作的信息，也可以用 Word 软件提供的绘图工具进行图形制作，编辑艺术字、数学公式，能够满足用户的各种文档处理要求。

（3）强大的制表功能。Word 软件提供了强大的制表功能，不仅可以自动制表，也可以手动制表。Word 的表格线自动保护，表格中的数据可以自动计算，表格还可以进行各种修饰。在 Word 软件中，还可以直接插入 Excel 电子表格。用 Word 软件制作表格，既轻松又美观，既快捷又方便。

（4）打印功能。Word 软件提供了打印预览功能，具有对打印机参数的强大的支持性和配置性，使用户可以精确地打印排版内容。

1.1.2 工作界面

1. 工作界面的组成与介绍

启动 Word 2010 并选择新建空白文档后，出现如图 1-1 所示的界面。Word 2010 的界面主要包括快速工具栏、标题栏、功能区、“文件”按钮、文档编辑区、滚动条、标尺、状态栏、视图切换区以及比例缩放区等组成部分。

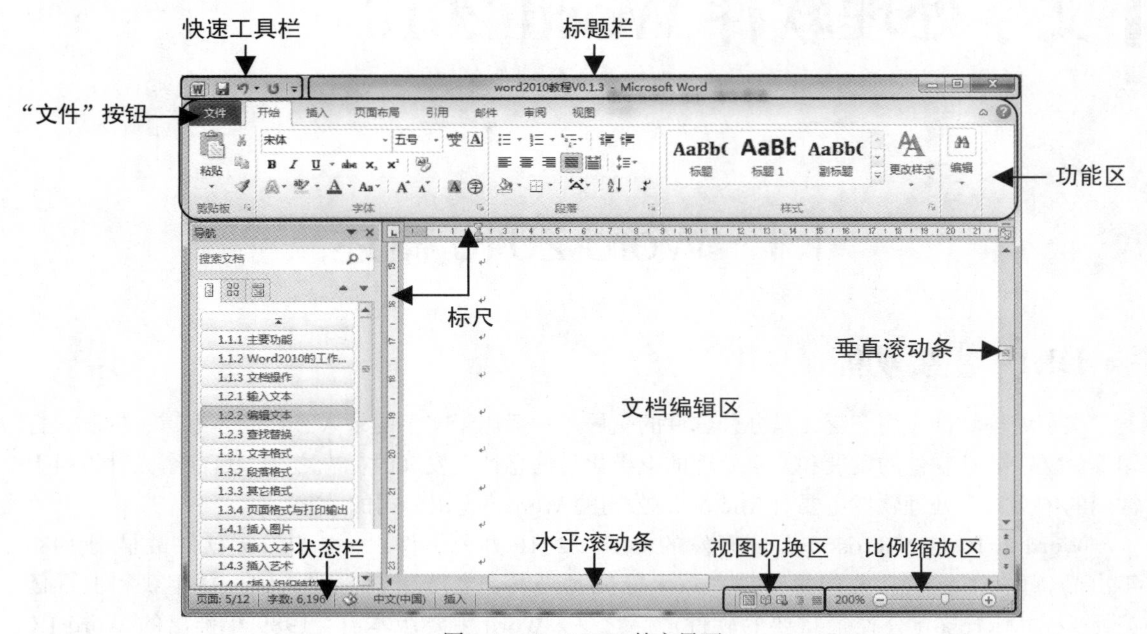

图 1-1 Word 2010 的主界面

（1）快速工具栏。快速工具栏包含用户频繁使用的命令按钮，默认情况下，会出现在标题栏左侧，包含保存、撤销、恢复三个按钮。快速工具栏上的按钮可以根据用户需要定义，是一组独立于功能区的命令按钮。

（2）标题栏。标题栏显示应用程序的名称及正在编辑的文件名，其右侧还包括最小化、最大化/还原和关闭按钮。

（3）功能区。Word 2010 取消了传统的菜单操作方式，而代之于功能区中众多的选项卡。在 Word 2010 窗口上方看起来像菜单的名称其实是功能区中选项卡的不同名称，当单击这些名称时并不会打开菜单，而是切换到与之相对应的功能区面板。每个选项卡根据功能的不同又分为若干个组。功能区中主要选项卡的功能如下。

- “开始”选项卡。“开始”选项卡包括剪贴板、字体、段落、样式和编辑五个选项组。该功能区主要用于帮助用户对 Word 2010 文档进行文字编辑和格式设置，是用户最常用的功能区。
- “插入”选项卡。“插入”选项卡包括页、表格、插图、链接、页眉和页脚、文本和符号七个选项组，主要用于在 Word 2010 文档中插入各种元素。
- “页面布局”选项卡。“页面布局”选项卡包括主题、页面设置、稿纸、页面背景、段落、排列六个选项组，对应 Word 2003 的“页面设置”菜单命令和“段落”菜单中的部分命令，用于帮助用户设置 Word 2010 文档页面样式。

- “引用”选项卡。“引用”选项卡包括目录、脚注、引文与书目、题注、索引和引文目录六个选项组，用于实现在 Word 2010 文档中插入目录等比较高级的功能。
- “邮件”选项卡。“邮件”选项卡包括创建、开始邮件合并、编写和插入域、预览结果、完成五个选项组，该功能区的作用比较专一，专门用于在 Word 2010 文档中进行邮件合并方面的操作。
- “审阅”选项卡。“审阅”选项卡包括校对、语言、中文简繁转换、批注、修订、更改、比较和保护八个选项组，主要用于对 Word 2010 文档进行校对和修订等操作，适用于多人协作处理 Word 2010 长文档。
- “视图”选项卡。“视图”选项卡包括文档视图、显示、显示比例、窗口和宏五个选项组，主要用于帮助用户设置 Word 2010 操作窗口的视图类型，以方便操作。

此外，当用户选定特定对象（如图片、表格等）进行操作时，Word 2010 会动态地出现相应的功能区选项卡，从而使用户能更加方便地进行相关操作。图 1-2 为选中文档中的图片后，动态出现了图片工具“格式”选项卡。

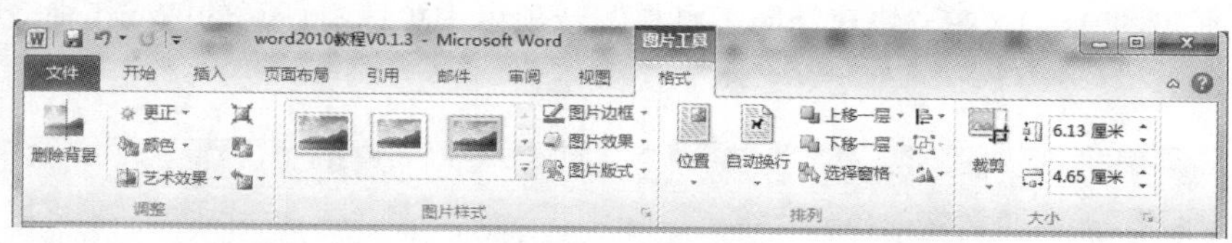

图 1-2　动态出现的“图片工具”功能区

（4）“文件”按钮。单击“文件”按钮 文件 ，会出现 Word2010 的后台视图（图 1-3）。后台视图的左侧类似早期版本中的“文件”菜单组，包含信息、新建、打开、保存、另存为、打印、关闭等操作命令，选择不同的命令会出现不同的操作内容。再次单击“文件”按钮或其他功能区的选项卡即可返回正在编辑的文档。

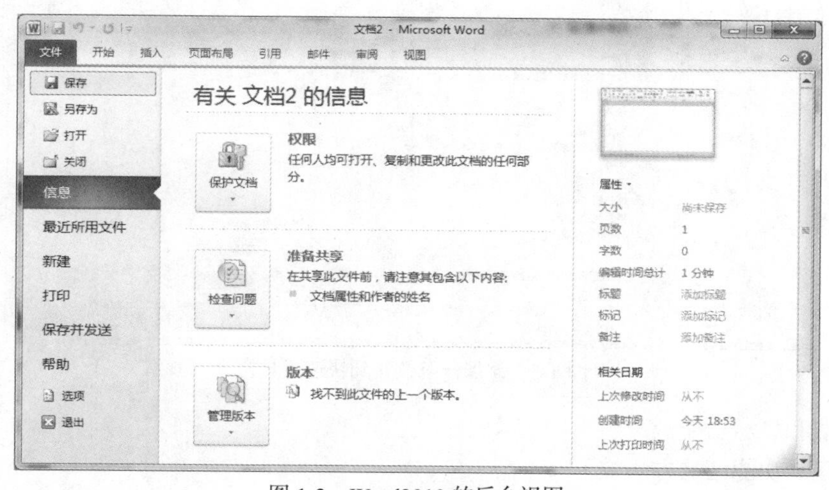

图 1-3　Word2010 的后台视图

（5）状态栏、视图切换区和比例缩放区。状态栏位于 Word 窗口的底部，显示了当前文档的一些信息，包括当前页数/总页数、字数统计、拼音语法检查等。视图切换区和比例缩放区位于状态栏的右侧，视图切换区可以改变文档的视图方式，拖动比例缩放区的滑块或单击两端的“+”和“-”按钮可以改变文档的显示比例。

（6）标尺。标尺可以让用户了解文档中各种对象在页面上的位置，并可以利用它快速进行排版。

（7）实时预览。在处理文档的过程中，当鼠标在功能区或菜单上某些不同的选项之间移动时，当前编辑的文件中就会显示该功能起作用后的预览效果。例如，当用户设置标题时，在选中标题文字并将鼠标在“开始”功能区“样式”选项组上移动时，选中的文字就会出现当前标题选项起作用后文字的样子。若对预览效果不满意，只要移开鼠标即可。实时预览有助于用户更直观准确地选择所需要的效果，减少误操作。

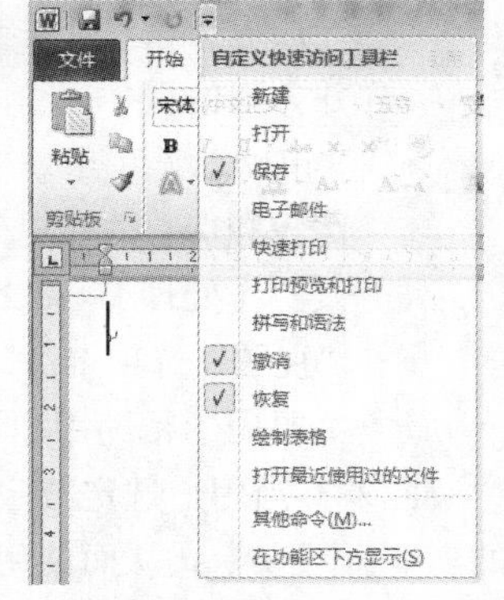

图 1-4　自定义快速工具栏

2. 设置 Word 的工作界面

（1）自定义快速工具栏

用户可以将需要频繁使用的命令按钮添加到快速工具栏。单击快速工具栏右侧的下三角按钮（图 1-4），会出现“自定义快速访问工具栏”的菜单项，用户单击菜单项即可使相应的按钮出现在快速工具栏上，若单击“其他命令”菜单项，则会出现“Word 选项”对话框（图 1-5），在“快速访问工具栏”选项卡中可以将任意的 Word 命令添加到快速工具栏上。

图 1-5　添加任意按钮到快速工具栏

（2）隐藏和显示功能区

隐藏和显示功能区的方法如下。

方法一：单击 Word 窗口右上角的 按钮可以隐藏功能区， 按钮变为 按钮，此时单击 按钮则功能区重新出现。

方法二：右击功能区，在出现的快捷菜单中选“功能区最小化”菜单项。

（3）“Word 选项”对话框

利用“Word 选项”对话框（图 1-6），用户可以对 Word 2010 的工作环境进行个性化的设置，使用户可以按自己的使用习惯使用 Word。打开“Word 选项”对话框的方法：单击“文件”按钮，再单击左侧的“选项”命令。

（4）自定义功能区

自定义功能区是指对功能区选项卡、选项组和命令按钮进行自定义、添加或删除。在“Word 选项”对话框（图 1-6）中的“自定义功能区”选项卡中，可以自定义功能区。

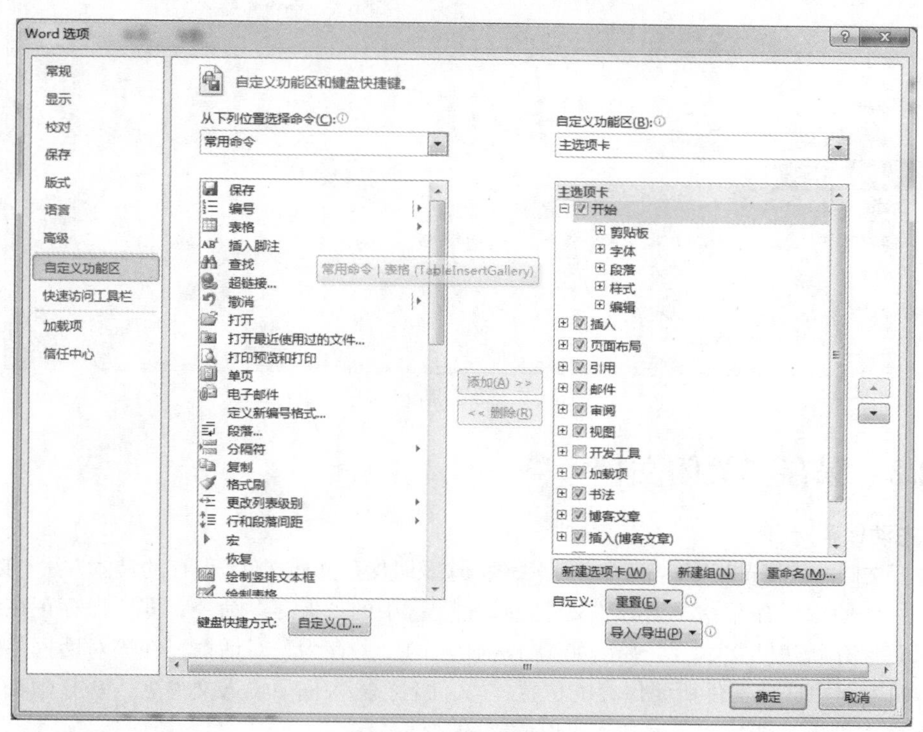

图 1-6　自定义功能区

1.2 文档操作

1.2.1 创建文档

新建一个 Word 文件，可以创建一个空白的文件，也可以使用系统中已有的模板，或者根据当前的文档创建。

1. 创建空白的文档

空白文档就是没有编辑过的无任何内容的文档。创建空白文档的方法如下。

方法一：单击“文件”按钮，选择“新建”命令后，在“可用模板”区域选择“空白文档”（图 1-7）。

方法二：使用【Ctrl+N】组合键。

2. 用模板创建 Word 文档

Word 内置了许多常用的模板，如博客文章、书法字帖、样本模板等，若连接网络，还可搜索到如“会议日程”等办公模板。在图 1-7 的“可用模板”区域选择所需模板。

3. 根据现有内容创建 Word 文档

首先打开一个设置好格式的 Word 文档，单击“文件”按钮，选择“新建”命令后，在“可用模板”区域选择“根据现有内容新建”(图 1-7)。

图 1-7　新建 Word 文档

1.2.2　保存和关闭文档

1. 主动保存

在进行文档的编辑过程中，为防止数据丢失，应及时保存文档文件。保存的具体方法有以下几种。

方法一：使用保存命令。单击“文件”按钮中的“保存”命令，即可保存正在编辑的文档，如果是保存新建的文本，会弹出如图 1-8 所示的“另存为”对话框，在该对话框左侧的“保存位置”列表框中选择文件所要保存的位置，“文件名”输入框中输入文件名，单击“保存”按钮；若当前文档文件不是新建文件，则直接以原来的文件名保存。

图 1-8　“另存为”对话框

方法二：使用【Ctrl+S】组合键。

方法三：使用快速工具栏。单击快速工具栏上的保存按钮。

方法四：保存备份。选择“文件”按钮中的“另存为...”命令，可实现对文档文件的备份保存，在弹出的如图 1-8 所示的“另存为”对话框中进行保存操作。

2. 文档的自动保存

除了用户主动保存之外，也可以让系统定时自动保存。在需要设置自动保存的文档窗口中选择“文件”按钮中的“选项”命令，或在进行保存操作时弹出的“另存为”对话框中选择“工具”按钮中的“保存选项”命令，打开“Word 选项”对话框的“保存”选项卡，其中有一项是“保存自动恢复信息时间间隔”，选中该项并设置自动保存时间，单击“确定”按钮即可。

3. 关闭文档

对文档的操作完成后，需要将其关闭。关闭文档的常用方法有以下几种。

方法一：选择“文件”按钮中的“关闭”命令，将关闭当前的文档。若文档未保存，则会出现询问是否需要保存的对话框。

方法二：单击 Word 窗口标题栏右侧的“关闭”按钮。

方法三：选择“文件”按钮中的“退出”命令，将会关闭所有文档，并将 Word 软件也同时关闭，即退出 Word。

1.2.3　打开文档

1. 直接打开 Word 文档

在“资源管理器”窗口或桌面上，双击 Word 文档图标即可启动 Word 并打开该文档。

2. 打开最近使用过的 Word 文件

单击 Word 工作窗口中的“文件”按钮中的“最近所用文件”命令，在 Word 的后台视图中会显示最近使用过的文件（图 1-9），单击所需的文件就可以打开该文档。

3. 利用“打开”对话框打开 Word 文档

在 Word 窗口已被打开的状态下，用以下方法打开“打开”对话框。

方法一：选择“文件”按钮中的“打开”功能命令，即可弹出如图 1-10 所示的“打开”对话框。

方法二：使用【Ctrl+O】组合键。

从“打开”对话框中的上方或左侧区域选择存放文件的位置，然后在“文件”列表框中选择要打开的文档，单击“打开”按钮即可打开文档。单击“打开”按钮右侧的小三角形，还可以出现不同打开方式的选择菜单。

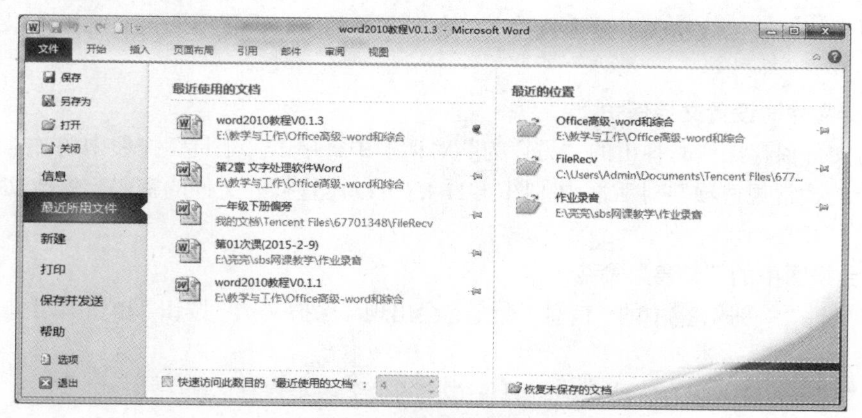

图 1-9　最近使用的文档

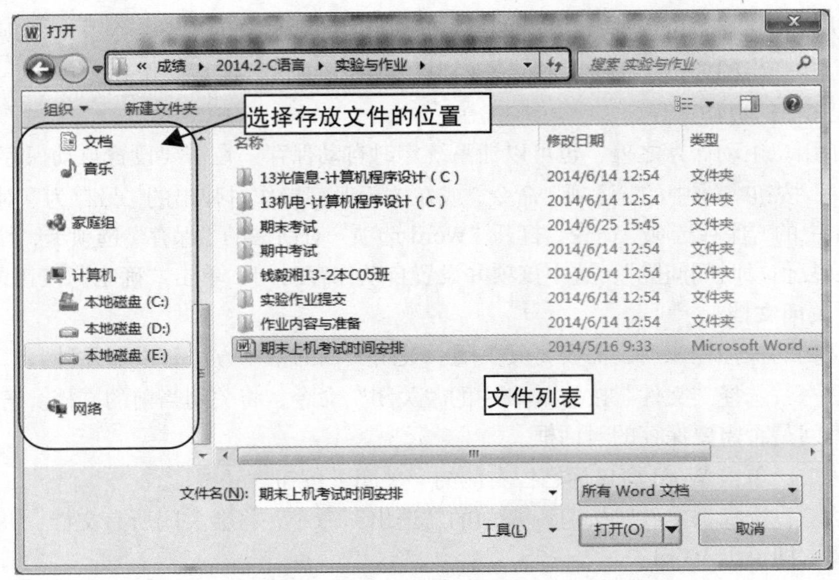

图 1-10　“打开”对话框

1.2.4　合并文档

在 Word 文档的编辑过程中，也可以将其他文件中的内容插入当前正在编辑的 Word 文档中，从而实现多个文档的合并。合并文档的方法有以下几种。

方法一：将光标定位到插入位置，单击功能区“插入”选项卡“文本”选项组中的“对象”按钮上的小三角按钮，选择弹出的“文件中的文字”命令，在弹出的“插入文件”对话框中选取需要插入的文件，单击“插入”按钮即可。如果要插入的不是 Word 文档，则需要更改一下文件类型，才能显示被插入的文件。

方法二：先打开被编辑文件，再打开要插入文件，选中要插入文件的所有内容，然后选择功能区“开始”选项卡“剪贴板”选项组中的“复制”按钮，在被编辑文件的窗口中，选择功能区“开始”选项卡“剪贴板”选项组中的“粘贴”功能，插入文件的内容即会被插入被编辑文件中。

1.2.5　保护文档

为了避免文档的内容被他人随意修改，用户可以将文档保护起来。Word 2010 提供了多种保护方式：设置打开或修改密码、设为只读文件、对文件加密、设置不同人员的权限以及以数字前面方式保护等。

1. 保存文件时设置文档保护

在进行文件保存操作时弹出的“另存为”对话框中，单击“工具”按钮中的“常规选项”命令，在弹出的“常规选项”对话框中（图 1-11），可以设置打开文件的密码、修改文件的密码或以只读方式打开文档。

2. 后台视图中的“信息”命令

选择“文件”按钮 文件 中的“信息”命令，会出现“保护文档”按钮，单击后可弹出如图 1-12 所示的选项。

- “标记为最终状态”使文档以只读方式的最终版本保存。
- “用密码进行加密”为文档设置打开密码，输入正确的密码才能打开文档。

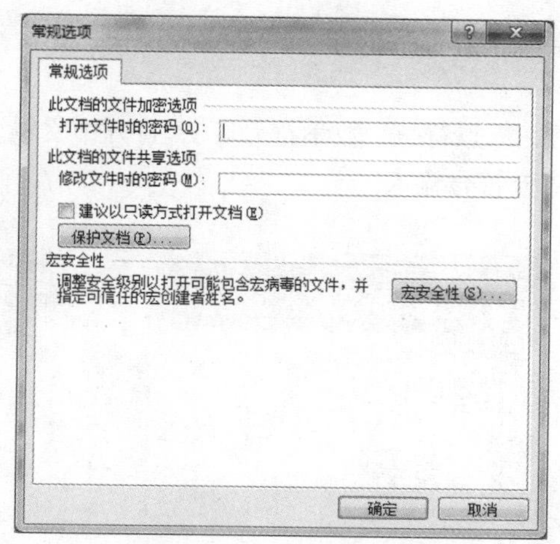

图 1-11　“常规选项”对话框

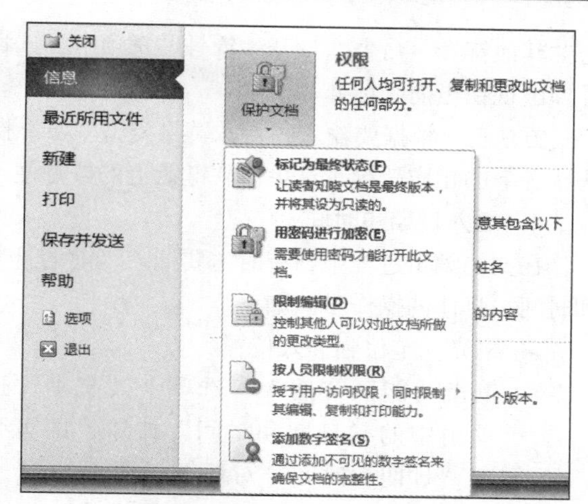

图 1-12　“保护文档”命令菜单

1.3　文档内容编辑

1.3.1　输入文本

本节介绍如何在 Word 中输入文字、特殊符号和日期等信息。

1. 输入文字

输入文字是文档操作的第一步，打开文档后，在工作区中可以看到一个闪烁的光标，这就是当前要输入文本的位置。在 Word 中输入文字的操作步骤如下。

- 单击桌面右下角的输入法图标，从弹出的输入法菜单中选择所需的输入法，或者按【Ctrl+Space】组合键在选定的汉字输入法与英文输入法间进行切换；按【Ctrl+Shift】或【Alt+Shift】组合键可在各种输入法之间进行切换。
- 从键盘输入文字。
- 当出现错别字时，可以按键盘上的【Backspace】键或【Delete】键删除错别字。【Backspace】键用来删除光标之前的文字，【Delete】键用来删除光标之后的文字。
- 整个文档输入完毕后，保存并关闭文档。

2. 插入与改写文本

在对文本进行编辑的时候，经常需要在原有文本的基础上插入新内容，或用新内容改写原有的某些内容。在 Word 窗口底部的状态栏左侧有“插入”或“改写”按钮，当此按钮显示为“插入”状态时，输入的文字将依次出现在插入点之后。单击此按钮，或者按下键盘上的【Insert】键，会显示为“改写”状态，此时输入的文字将依次改写插入点之后的文字。再用鼠标单击状态栏上的“改写”项，或按键盘上的【Insert】键，可以在插入与改写状态间切换。

3. 输入特殊符号

有些特殊符号（如“√”等）无法从键盘直接输入，可以采用以下几种方法输入那些特殊的字符。

方法一：单击功能区“插入”选项卡“符号”选项组中的“符号”按钮，在弹出的菜单中，单击需要插入的符号后，相应符号即出现在当前光标处。

方法二：单击功能区“插入”选项卡“符号”选项组中的“符号”按钮，在弹出的菜单中单击“其他符号”命令，打开“符号”选项卡，选择要插入的符号后，单击“插入”按钮，相应符号即出现在当前光标处。

方法三：根据要输入的特殊符号类型（如希腊字母、标点符号、数学符号等），打开中文输入法状态下的相应软键盘，单击软键盘上的按键便可将对应符号输入。

4. 插入日期和时间

在文档编辑过程中，有时需要插入当前的日期和时间，具体的操作步骤如下。

- 将光标定位到插入位置。
- 单击功能区“插入”选项卡“文本”选项组中的“日期和时间”按钮，即可弹出“日期和时间”对话框（图 1-13）。
- 选择需要的日期和时间格式，单击“确定”按钮，即完成日期和时间的输入。

用户还可以按【Alt+Shift+D】组合键输入可自动更新的当前系统日期，按【Alt+Shift+T】组合键输入可自动更新的当前系统时间。

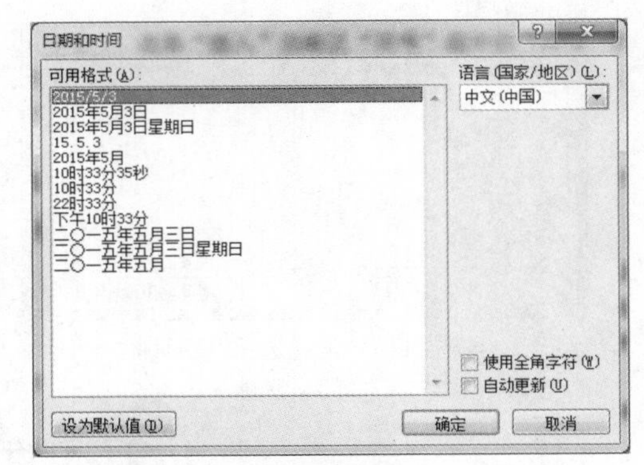

图 1-13 “日期和时间”对话框

1.3.2 编辑文本

1. 选定文本

选定文本的方法有两种：一种是利用鼠标选定文本；另一种是利用键盘选定文本。

（1）用鼠标选定文本

用鼠标选定文本的方法如表 1-1 所示。

表 1-1 利用鼠标选定文本

被选对象	操作方法
一个词	双击该词的任意部分
连续的几个字词	将鼠标指针置于要选定文本的开始，拖动鼠标至所需内容的末尾，释放鼠标
一行	将鼠标指针移动到该行左侧，当鼠标指针变为箭头时单击
连续多行	将鼠标指针移动到第一行（或最后一行）的左侧，按住鼠标左键向上（或向下）拖动，直到选定所需行为止
一个段落	方法一：将鼠标指针引动到该段左侧，当鼠标指针变为向右倾斜的箭头时双击； 方法二：在该段落中的任意位置连续单击鼠标 3 次
连续多个段落	在选中一个段落（双击或三击鼠标）后，不要松掉鼠标按键，继续按住鼠标向上（或向下）拖动到其他的段落后再释放鼠标，即有多个段落被选定
连续较长的文本	单击要选定文本的开始处，然后在要选定文本的末尾处，按住【Shift】键同时单击，则两次单击之间的文本就被选定了
一块矩形区域文本	按住【Alt】键的同时拖拉鼠标
选定整篇文档	方法一：将鼠标指针移动到文档中任意正文的左侧，当鼠标指针变为箭头时连续单击 3 次； 方法二：单击功能区“开始”选项卡“编辑”选项组中的“选择”按钮，再单击弹出菜单中的“全选”命令
不连续的多个区域	按前述的方法先选定一个区域，然后按住【Ctrl】键的同时选定其他区域
取消选定	在选定的区域之外，单击鼠标左键即可

（2）用键盘选定文本

用键盘选定文本的方法如表 1-2 所示。

表 1-2　利用键盘选定文本

快 捷 键	选 定 范 围
Shift+↑	选定从当前光标到上一行文本
Shift+↓	选定从当前光标处到下一行文本
Shift+←	选定当前光标处左边的文本
Shift+→	选定当前光标处右边的文本
Ctrl+A	选定整个文档
Ctrl+Shift+Home	选定从当前光标处到文档开头处的文本
Ctrl+Shift+End	选定从当前光标处到文档结尾处的文本
Shift+Home	选定光标所在行开始到光标处的文字
Shift+End	选定从光标右边文字开始到光标所在行结束的文字

2. 移动文本

在 Word 2010 中，可以将选定的文本移动到同一文档的其他位置，或另外一个打开的文档的指定位置。常用的移动文本的操作方法有以下几种。

方法一：使用鼠标。选定要移动的文本，将鼠标移动到选定的文本上，按住鼠标左键，并将选定内容拖到目标位置，释放鼠标即可。

方法二：使用功能区“开始”选项卡的按钮。选定要移动的文本，单击功能区“开始”选项卡“剪贴板”选项组中的“剪切”按钮；然后将光标定位到目标位置，单击功能区“开始”选项卡“剪贴板”选项组中的“粘帖”按钮。

方法三：使用快捷菜单。选定要移动的文本，单击鼠标右键，在弹出的快捷菜单中选择“剪切”；然后将光标定位到目标位置，单击鼠标右键，在弹出的快捷菜单中选择“粘帖选项”中的合适按钮。

方法四：使用快捷键。选定要移动的文本，按【Ctrl+X】组合键；将光标定位到目标位置，按【Ctrl+V】组合键。

3. 复制文本

在 Word 2010 中，可以将选定的文本复制到同一文档的其他位置，或另外一个打开的文档的指定位置。常用的复制文本的操作方法有以下几种。

方法一：使用鼠标。选定要复制的文本，将鼠标移动到选定的文本上，按住【Ctrl】键的同时拖动鼠标到目标位置，释放鼠标即可。

方法二：使用功能区“开始”选项卡的按钮。选定要移动的文本，单击功能区“开始”选项卡“剪贴板”选项组中的“复制”按钮；然后将光标定位到目标位置，单击功能区“开始”选项卡“剪贴板”选项组中的“粘帖”按钮。

方法三：使用快捷菜单。选定要移动的文本，单击鼠标右键，在弹出的快捷菜单中选择“复制”；然后将光标定位到目标位置，单击鼠标右键，在弹出的快捷菜单中选择“粘贴选项”中的合适按钮。

方法四：使用快捷键。选定要复制的文本，按【Ctrl+C】组合键，将光标定位到目标位置，按【Ctrl+V】组合键。

4. “粘贴”功能

在 Word 2010 中，粘贴功能具有多种使用方式，随着剪贴板上内容的不同，粘贴功能可选的方式有多有少。使用粘贴功能的方法如下。

方法一：单击功能区“开始”选项卡“剪贴板”选项组中的“粘贴”按钮，会出现如图 1-14 所示的粘贴选项（选项有多有少，取决于之前复制或剪切到剪切板上的内容）。

方法二：在需要粘贴的位置右击鼠标，弹出的快捷菜单上会有不同的粘贴选项，如图 1-15 所示。

若在图 1-14 中选择“选择性粘贴”命令，则会弹出“选择性粘贴”对话框（图 1-16），用户可以根据不同的需要选择不同的粘贴形式。选择性粘贴对话框里的组件说明如下。

- 源：表明了被粘贴内容来源的程序和在磁盘上的位置或者显示为“未知”。
- 粘贴：将被粘贴内容嵌入当前文档中之后立即断开与源程序的联系。
- 粘贴链接：将被粘贴内容嵌入当前文档中的同时还建立与源程序的链接，源程序中关于该内容的任何修改都会反映到当前文档中。
- 形式：供用户选择被粘贴对象用什么样的形式插入当前文档中。

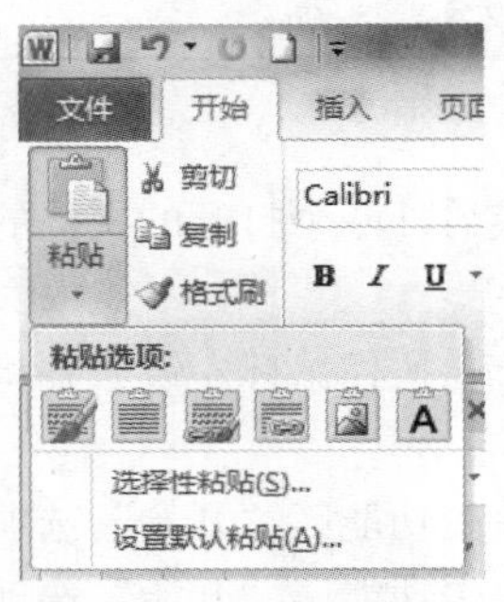

图 1-14 “粘贴”按钮

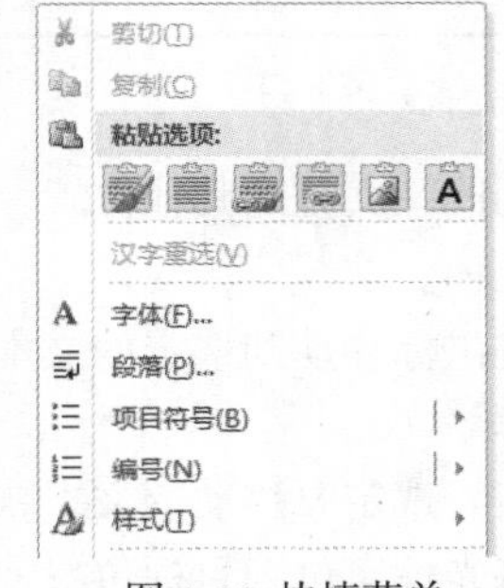

图 1-15 快捷菜单

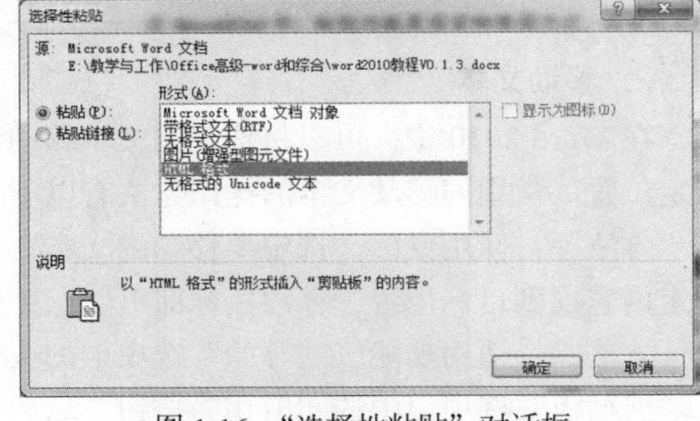

图 1-16 “选择性粘贴”对话框

5. 删除文本

在文档的编辑中，有时要删除一些文本。删除文本的常用方法有以下几种。

方法一：先选定要删除的文本，然后按【Delete】键或【Backspace】键。

方法二：将光标定位到要删除文本的第一个字符之前，然后连续按【Delete】键直到删掉所有想删除的文字。

方法三：将光标定位到要删除文本的最后一个字符之后，然后连续按【Backspace】键直到删掉所有想删除的文字。

方法四：选定文本，然后单击鼠标右键，在弹出的快捷菜单中选择“剪切”功能。

6. 撤销与恢复

在文本编辑过程中，常常会无意中做错了某个动作，如删除了不该删的内容、文本复制错了位置、刚做的排版效果不理想等，Word 2010 具有强大的恢复功能，只要磁盘空间允许，可以在关闭文件之前撤销几乎所有已做的操作。与“撤销”操作相对应，Word 2010 还有一个“恢复”功能，它可以将刚刚撤销的操作恢复。

（1）撤销

撤销最近一步操作结果的方法是：单击快速工具栏中的“撤销”按钮，或按【Ctrl+Z】组合键。

撤销最近多步操作结果的方法是：多次单击快速工具栏中的“撤销”按钮，或单击该按钮右侧的三角按钮，在弹出的下拉列表中单击某一步操作，则该项操作及其以后的所有操作都将被撤销。

（2）恢复与重做

快速工具栏上“撤销”按钮的边上有一个“重复/恢复”按钮，此按钮会随当前操作状态的不同而自动变换。在进行除撤销操作以外的各种操作时，该按钮是“重复”按钮，若单击此按钮则对选中的文字或当前光标处重复做最后进行的操作。若已经进行过至少一次的撤销操作，则“重复/恢复”按钮变为“恢复”按钮，单击此按钮可以恢复最近一步撤销的操作。

此外，使用【Ctrl+Y】组合键也可以恢复最近一步的撤销操作。最后，需要注意的是有些菜单操作是不能撤销的，如“文件”按钮中的“打开”“保存”等命令。

1.3.3　查找替换

Word 的查找替换功能不仅可以快速地定位到想要的内容，还可以批量修改文章中相应的内容。

1. 查找文本

在长篇文档中想找到某个字、词、句子或者段落，如果单靠眼睛去搜寻那简直是大海捞针。利用 Word 中查找替换功能可以轻松找到想要的内容。

（1）简单查找

简单查找默认在全文范围中查找，有以下几种操作方法。

方法一：在文中选定要查找的字或词，单击功能区“开始”选项卡“编辑”选项组中的“查找”按钮，或按【Ctrl+F】组合键，全文范围内的被查找文本都会以高亮度方式显示，并且在 Word 窗口的左侧出现“导航”窗格。

方法二：不选定任何文字，单击功能区“开始”选项卡“编辑”选项组中的“查找”按钮，或按【Ctrl+F】组合键，在出现的“导航”窗格的“搜索文档”文本框（图 1-17）中输入要查找的字或词，全文范围内的被查找文本即刻以高亮度方式显示。

输入新的文本或编辑格式可以取消查找文本的高亮度显示状态，或单击“搜索文档”文本框右侧的“结束搜索”按钮 × 取消高亮度显示状态，或按【Esc】键。

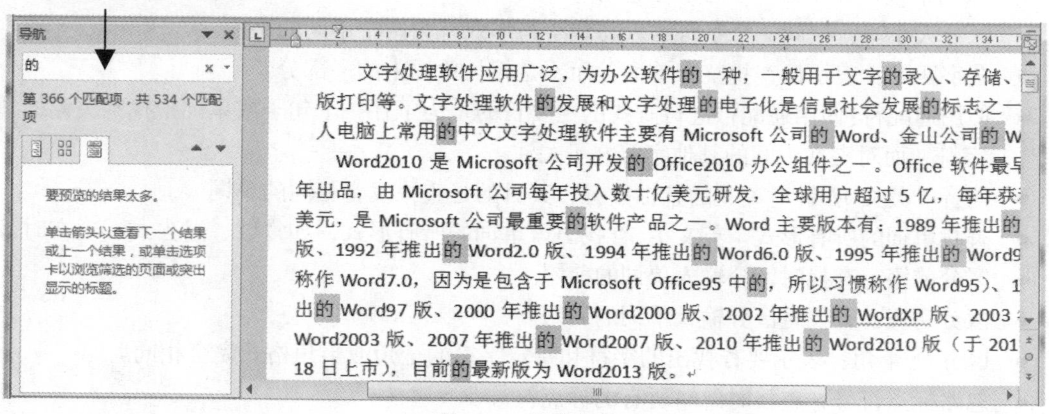

图 1-17　简单查找

（2）高级查找

单击功能区“开始”选项卡“编辑”选项组中的“查找”按钮右侧的小三角形按钮，在弹出来的菜单中选择“高级查找”命令，单击“更多”按钮，会显示如图 1-18 所示的“查找与替换”对话框。

“查找和替换”对话框里的选项说明如下。

- 在“查找内容”输入框中输入要查找的文字。
- “更少/更多”按钮：可以折叠或展开对话框，使搜索选项下方的内容隐藏或显示。
- “在以下项中查找”按钮，可以选择在主文档或主文档的文本框中查找。
- “阅读突出显示”按钮：可使找到的文字以高亮度方式显示，或取消高亮度显示。
- “查找下一处”按钮：从当前光标处默认向下定位到下一个被查找的文字。该按钮受“搜索”选项的影响，搜索选项为“向下”是从当前光标所在处向下搜索，直到文档末尾为止；搜索选项为“向上”是从当前光标所在处向上搜索，直到文档第一个字符为止；搜索选项为“全部”的搜索范围包括了向上和向下两个动作，这种搜索方式将要查遍整个文档。

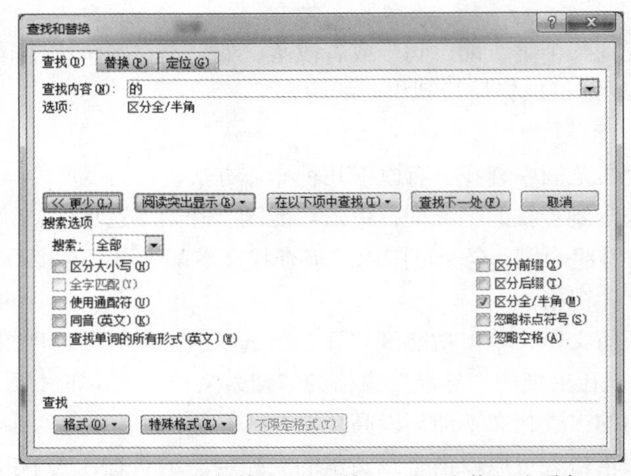

图 1-18 “查找与替换”对话框——“查找”选项卡

- 若要查找具有一定格式的文字，可在展开的对话框中单击“格式”按钮，对要查找的文字限定格式，如字体、字号、颜色等。
- 区分大小写：把同一个字符的大写和小写形式视为两个不同的字符。
- 全字匹配：表示仅查找整个单词，而不是较长单词中的一部分。
- 使用通配符：使用通配符进行查找的主要目的是为了在一个句子或单词中找到关键的几个字符，而对夹在中间的其他字符并不关注。
- 同音（英文）：针对英文的音标读音，其目的是查找发音相同的单词。
- 查找单词的所有形式（英文）：查找出该单词的所有形式，如复数、过去式、现在时等。
- 区分前缀：查找时区分输入单词的前缀。
- 区分后缀：查找时区分输入单词的后缀。
- 区分全/半角：表示要查找出的字符和指定字符的全角或半角格式完全相同。
- 忽略标点符号：查找时忽略所有的标点符号。
- 忽略空格：查找时忽略所有的空格

2. 替换文本

进行文字的替换，必须要先查找所需要替换的内容，然后按照指定的要求进行替换。若要在指定文档范围内替换文本，则首先要选定需要替换的文档，否则将对整个文档进行替换。具体操作步骤如下。

➢ 单击功能区“开始”选项卡“编辑”选项组中的“替换”，或按【Ctrl+H】组合键，打开“查找和替换”对话框，单击“更多”按钮，该对话框可现实更多选项（图 1-19）。
➢ 在“查找内容”输入框中输入要查找的文字，在“替换为”输入框中输入要替换成的文字；
➢ 单击“替换”“全部替换”或“查找下一个”按钮。
➢ 单击“关闭”按钮，结束替换操作。

替换操作时，“查找和替换”对话框中的设置项含义与查找操作的设置项含义相同。但对于替换操作另需注意的事项如下。

- “替换为”输入框的内容可为空（即不输入任何内容），此时的替换操作相当于删除要查找的文本内容。
- 光标定位在“查找内容”文本框中时单击“格式”按钮，可限定要查找的文本的格式，即具有该格式的文本才会被找到，不具有该格式但文字相同的文本会被忽略。
- 光标定位在“替换为”文本框中时单击“格式”按钮，则替换为的文本具有指定的格式。
- “替换”按钮：替换当前光标处符合条件的文本，同时自动移动到下一个符合条件的文本。
- “全部替换”按钮：在选定范围或全文一次性替换所有符合条件的文本。
- 查找下一个：不替换任何内容，将光标定位到下一个被查找的文本。

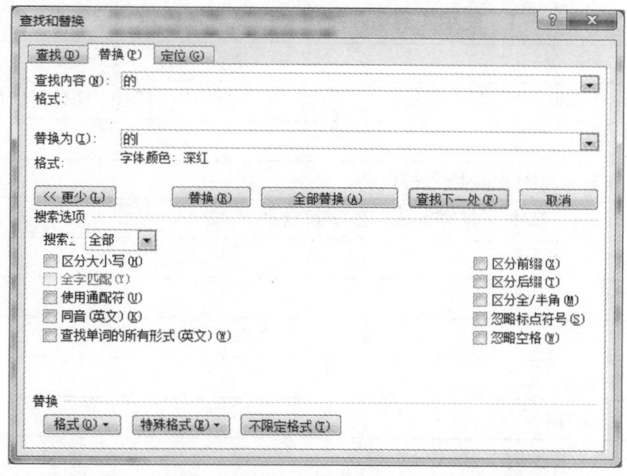

图 1-19　“查找和替换”对话框——“替换”选项卡

3. 使用通配符查找和替换

有时用户需要比基本的查找和替换更强大的功能。通配符可帮助用户搜索字词变体、一次搜索多个字词或相似的字词组。例如，可使用星号（*）通配符搜索字符串，输入查找内容为“s*d”时，将找到“sad”和“started”。

（1）使用通配符

使用通配符查找和替换文本的步骤如下。

➢ 在图 1-18 或图 1-19 中勾选“使用通配符”复选框。
➢ 将光标定位到需要使用通配符的“查找内容”输入框或“替换为”输入框。
➢ 单击“特殊格式”按钮中所需的通配符或在“查找内容”框中直接输入通配符（可用的通配符见表 1-3 和表 1-4），然后在相应的输入框中继续键入其他文本。
➢ 如果要替换该项目，请单击“替换”选项卡，然后在“替换为”框中输入要用作替换的内容。
➢ 根据需要单击“查找下一处”“查找全部”“替换”或“全部替换”按钮。

表 1-3　通配符含义表

若要查找	类　型	示　例
任意单个字符，包括空格和标点符号字符	?	s?t 可找到 sat、set 和 s t
其中一个字符	[ ]	w[io]n 可找到 win 和 won
此范围内的任一字符	[-]	[r-t]ight 可找到 right、sight 和 tight。范围必须是升序
单词开头	<	<(inter)可找到 interesting 和 intercept，但找不到 splintered
单词结尾	>	(in)>可找到 in 和 within，但找不到 interesting
表达式	()	Word 会记住要在替换操作中使用的搜索组合结果
除了括号内范围中的字符之外的任一字符	[!x-z]	t[!a-m]ck 可找到 tock 和 tuck，但找不到 tack 或 tick
前一个字符或表达式的 n 个完全匹配项	{n}	fe{2}d 可找到 feed，但找不到 fed
前一个字符或表达式的至少 n 个匹配项	{n,}	fe{1,}d 可找到 fed 和 feed
前一个字符或表达式的 n～m 个匹配项	{n,m}	10{1,3}可找到 10、100 和 1000
前一个字符或表达式的一个或多个匹配项	@	lo@t 可找到 lot 和 loot
任意单个字符，包括空格和标点符号字符	*	s*d 可找到 sad、started 和 significantly altered

表 1-4　使用代码查找字母、格式、域或特殊字符

若要查找	类　型
段落标记（¶）	^p（启用“使用通配符”选项时，在“查找内容”框中不起作用）或^13
制表符（→）	^t 或^9
ASCII 字符	^nnn，其中 nnn 是字符代码
ANSI 字符	^0nnn，其中 0 是零，nnn 是字符代码
长划线（—）	^+
短划线（–）	^=
脱字号	^^
手动换行符（↵）	^l 或^11
分栏符	^n 或^14
分页符或分节符	^12（替换时，插入分页符）
手动分页符	^m（启用“使用通配符”选项时，还查找或替换分节符）
不间断空格（°）	^s
不间断连字符（-）	^~
可选连字符（¬）	^-

（2）通配符搜索中的表达式

在“查找内容”框中使用括号()可以创建通配符和文本组，然后在“替换为”框中使用 \n 来表示每个表达式的结果。一对()为一个表达式，并按输入顺序从 1 开始编号，n 是有效范围内的编号，可使用多个 \n 通配符表示替换为经过重新排列的表达式。

例如，在“查找内容”框中键入 (Ashton) (Chris)，并在“替换为”框中键入\2\1。Word 将找到 Ashton Chris 并将其替换为 Chris Ashton。

（3）通配符使用的注意事项

选中“使用通配符”复选框后，Word 将只查找与指定内容近似匹配的文本。此时“区分大小写”和“全字匹配”复选框将不可用，以表示这些选项已自动开启。

若要搜索已被定义为通配符的字符，需在该字符前输入一个反斜杠（\）。例如，输入\?查找问号，输入\\查找反斜杠字符（以反斜杠打头的字符被称为“转义字符”）。

4. 定位

定位就是快速将插入点移动到所要插入的位置。Word 2010 中的定位方法有以下几种。

方法一：使用键盘。在屏幕上可以使用键盘上的 4 个方向箭头来进行定位，这种方法适合于插入点在小范围内的移动。

方法二：使用鼠标。使用鼠标直接单击想要插入的位置来进行定位。

方法三：使用定位对话框。单击功能区“开始”选项卡“编辑”选项组中的“查找”按钮右侧的小三角形按钮，在弹出的菜单中选“转到”命令，在“查找和替换”对话框中选“定位”选项卡（图 1-20）。按【Ctrl+G】组合键，也可弹出该对话框。在“定位目标”列表框中选择要定位的目标类型，如页、节、行或批注等，输入指定的页号、行号等，单击“定位”按钮或“下一处”按钮，就能够快速地把光标定位在文档中的指定位置。

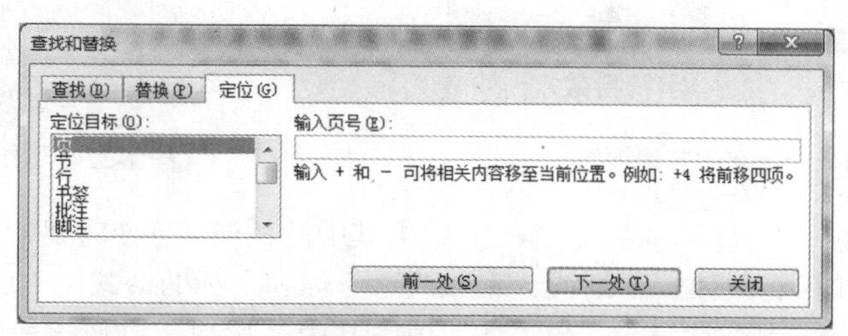

图 1-20　“查找和替换”对话框——“定位”选项卡

方法四：单击 Word 窗口底部状态栏上显示页码的区域，即可弹出“定位”选项卡。

1.4　文档格式设置

1.4.1　字符格式

1. 设置字符格式

字符包括英文字母、汉字、数字和各种符号，每个字符都可以拥有自己的格式。字符格式可以输入前先设置，也可以先输入文字再设置。具体步骤如下。

方法一：输入前先设置。将光标定位到需要输入的位置，并选需要的格式，再输入的字符的格式就是已设好的格式。

方法二：先输入文字再设置。选中已输入的相关文字，再选需要的格式。

设置字符格式有三种工具：利用功能区“开始”选项卡中的“字体”选项组、浮动工具栏或“字体”对话框设置。

2. 功能区“开始”选项卡中的“字体”选项组

若当前没有选中文字，而光标在文档的某处闪烁时，“字体”选项组中显示的是当前光标处字符的格式，此时输入的新文字将应用显示的字符格式。“字体”选项组（图 1-21）中各按钮的作用如下。

- “字体”框：设置将要键入或已选定文本的字体，有多种汉字和英文字体。

- “字号”框：用来设置将要键入或已选定文本的字符大小，如五号字、四号字等。
- 增大字体和缩小字体按钮 A˄ A˅：单击按钮可以增大或缩小将要键入或已选定文本的字号。
- “更改大小写”按钮 Aa▾：将已选定文本中的英文字符按所选菜单转换（图 1-22）。
- “清除格式”按钮：清除已选定文本或光标所在段落的格式只保留纯文本。
- “拼音指南”按钮：使所选文字加上或取消拼音。
- “文字边框”按钮 A：使将要键入或已选定文本加上或取消边框。

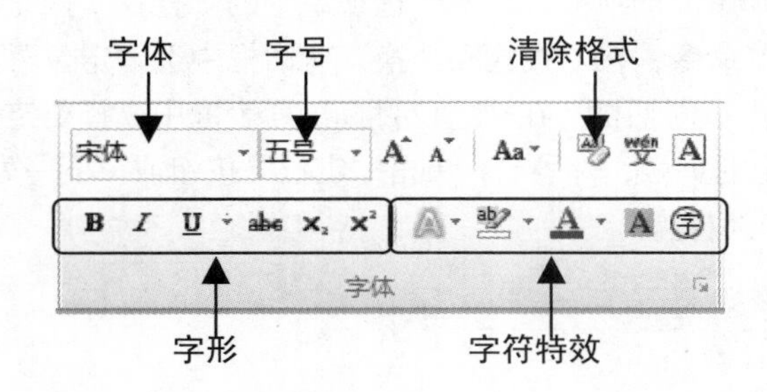

图 1-21 “字体”选项组

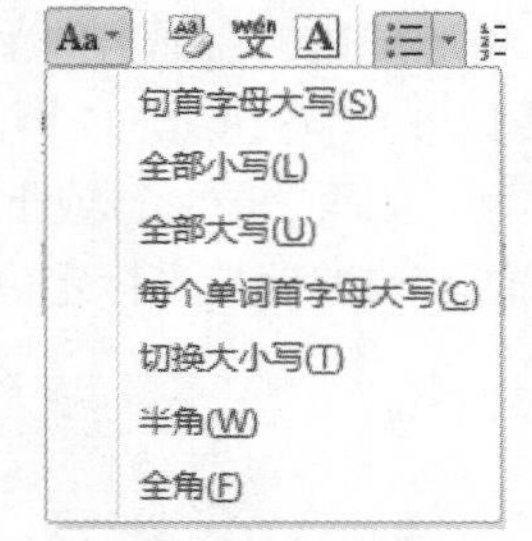

图 1-22 “更改大小写”按钮

- 字形按钮组 B I U ▾ abc x₂ x²：单击其中的按钮，可使将要输入或已选定文本分别设为或取消加粗、斜体、下划线、删除线、下标和上标的格式。
- 字符特效组：单击其中的按钮，可使将要输入或已选定文本分别设为或取消文本效果、突出显示、字体颜色、字符底纹和带圈字符格式。

3. 浮动工具栏

浮动工具栏是 Word 从 2007 版本开始新推出的功能，可以让用户快速设定文本的字符格式。当选定文本时，被选文本附近会出现一个若隐若现的工具栏，将鼠标移到该工具栏上即实质化为可用的工具栏，如图 1-23 所示，用户可以单击需要的字符格式按钮设置选中文字的格式。

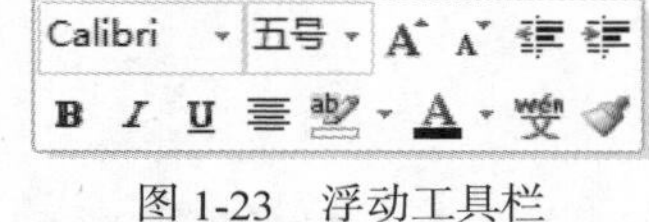

图 1-23 浮动工具栏

如果不想使用浮动工具栏，关闭浮动工具栏的步骤如下。

- 选择“文件”按钮 文件 中的“选项”命令，弹出“Word 选项”对话框。
- 在“Word 选项”对话框的左侧选“常规”，再将右侧“用户界面选项”下的“选择时显示浮动工具栏”选项框左侧的勾去掉。

4. “字体”对话框

“字体”选项组仅是字符格式中最常用的部分，要设置更多的字符格式，则可以打开“字体”对话框。单击“字体”选项组右下角的或按【Ctrl+D】组合键，即可弹出如图 1-24 所示的“字体”对话框。该对话框包含“字体”和“高级”两个选项卡。

（1）“字体”选项卡

- 中文字体：设置文本中的中文字符所用的字体，如宋体、隶书等。
- 西文字体：设置文本中的西文字符所用的字体，可以使用与中文文本相同的字体。
- 字号：用来设置文本字符的大小，如五号字、四号字等。
- 字形：设置文本为常规还是倾斜、加粗或者加粗且倾斜。
- 字体颜色：设置文本中的字符是以什么颜色显示出来。

- 下划线线型：可设置文本中的字符是否有下划线及下划线的线型。
- 下划线颜色：如果文字有下划线，可以设置下划线的颜色。
- 着重号：设置是否在文本下方加上着重号。
- 删除线：可以设置有一条线贯穿文本的删除效果。
- 双删除线：可以设置有两条线贯穿文本的删除效果。
- 上标：可以将选定文字自动缩小并提升位置。
- 下标：可以将选定文字自动缩小并降低位置。
- 小型大写字母：将所选文本中的英文设置成小号的大写字母，即与小写字母一样高，外形与大写字母保持一致。
- 全部大写字母：将所选文本中的英文全部变成大写字母。
- 隐藏：将所选文本隐藏起来，在文档中不显示出来。

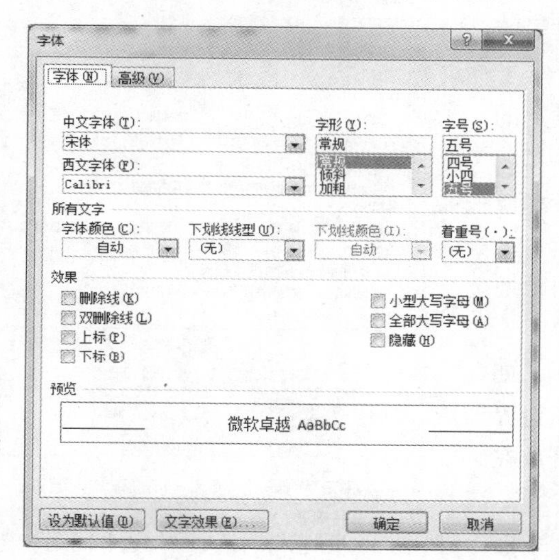

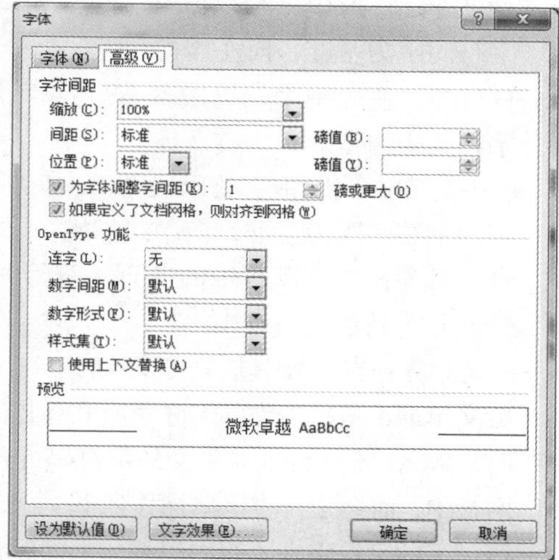

图 1-24　“字体”对话框

（2）“高级”选项卡

“高级”选项卡中包含“字符间距”和“OpenType 功能”两部分。其中“字符间距”部分各设置项的作用如下。

- 缩放：设置字符缩放的比例，这里指的是字符宽度的缩放。
- 间距：设置字符之间的间距是“加宽”或“紧缩”，在右侧“磅值”框中设置“加宽”或“紧缩”的数值。
- 位置：设置字符的位置是“提升”或“降低”，在右侧“磅值”框中设置“提升”或“降低”的数值。
- 为字体调整字间距：选中该复选框，可自动调节字符间距或某些字符组合的间距，使整个字符组合看上去分布得更均匀。字符间距的大小通过右侧的输入框设置。
- 如果定义了文档网格，则对齐到网格：选中该复选框，则设置每行字符数使其与在“页面设置”中设置的字符数一致。

“OpenType 功能”是 Word 2010 新增的功能，利用此功能可以微调文本使文本打印出来更具专业效果。例如，当在打印含有相连字母的单词时，经常会出现相连字母略有分开的现象，利用连字设置可以改变上述情况。

1.4.2 段落格式

Word 中的段落是指文字、图形、对象或其他项目等的集合，段落以回车符 ↵ 作为段落之间的分隔标记。段落的排版主要包括对整个段落设置缩进量、行间距、段间距和对齐方式等。在对段落的排版操作时，如果对一个段落进行操作，只需把光标定位到段落中即可。如果要对多个段落进行操作，则首先应选定段落，再对这些段落进行排版操作。

设置段落格式有两种方法：使用功能区“开始”选项卡中的“段落”选项组中的按钮或使用“段落”对话框设置（图 1-25）。

1. 设置段落对齐方式

段内文字在水平方向上的排列方式可以通过设置对齐方式控制，Word 中段落的对齐方式有以下 5 种。

- 左对齐：使段中字符以段落左边界和设定的字符间距为基准，向左靠拢。
- 右对齐：使段中字符以段落右边界和设定的字符间距为基准，向右靠拢。
- 居中对齐：使段中字符以段落的中间线和设定的字符间距为基准，向中线靠拢。
- 分散对齐：把不满行中的所有字符等间距地分散并布满在这一行中。
- 两端对齐：当一行中非中文以外的字符串（如英文单词、图片、数字或符号等）超出右边界时，Word 不允许把非中文的字符串拆开放在两行中，而会强行将该单词移到下一行，上一行剩下的字符将在本行内以均匀的间距排列。

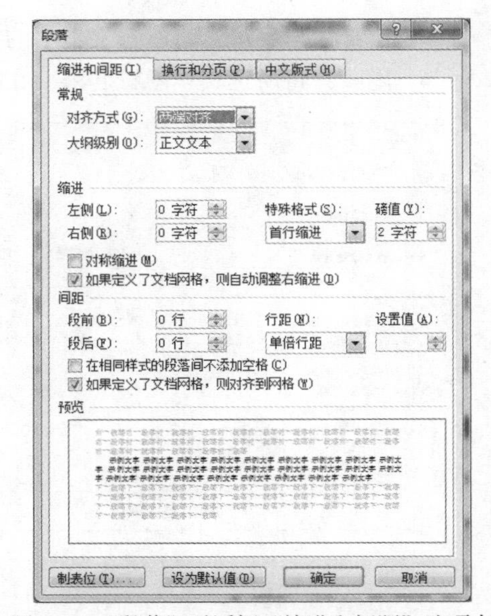

图 1-25 “段落”对话框“缩进和间距”选项卡

设置段落对齐方式有以下 2 种方法。

方法一：对齐按钮组。在功能区“开始”选项卡“段落”选项组中，“两端对齐”按钮、“居中”按钮、“左对齐”按钮、“右对齐”按钮、“分散对齐”按钮。

方法二：“段落”对话框。单击功能区“开始”选项卡或“页面布局”选项卡中“段落”选项组右下角的，即可弹出如图 1-25 所示的“段落”对话框，在“缩进和间距”选项卡“常规”栏中的“对齐方式”下拉列表框中选择相应的对齐方式。

2. 设置段落缩进格式

通过设置段落缩进，可以调整文档正文内容与页边距之间的距离。设置段落缩进格式有以下几种方法。

方法一：使用标尺。单击功能区“视图”选项卡“显示”选项组中的“标尺”复选框，可以在文档窗口中显示或隐藏水平和垂直标尺；或在窗口垂直滚动条的上方，单击“标尺”按钮。利用标尺上的各种缩进标记，可以设置文档的上下左右页边距、段落的左右缩进、首行缩进和悬挂缩进等（图 1-26）。

- 段落左缩进：段落中每行最左边的字符与正文区域左侧之间的距离。
- 段落右缩进：段落中每行最右边的字符与正文区域右侧之间的距离。
- 首行缩进：段落的第一行与正文区域左侧之间的距离。

● 悬挂缩进：除段落的第一行外，其余行与正文区域左侧之间的距离。

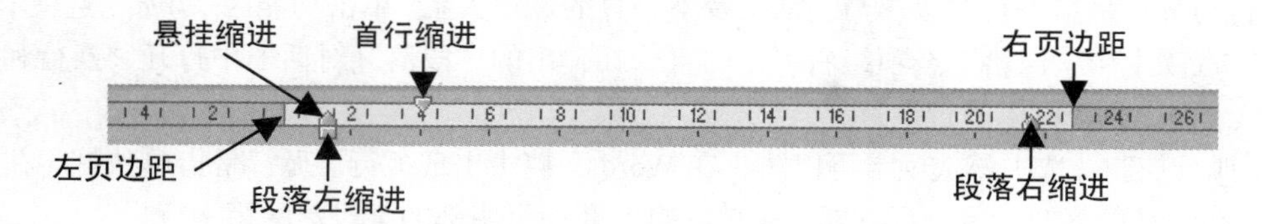

图 1-26　水平标尺

方法二：使用功能区“视图”选项卡“显示”选项组中的“减少和增加缩进量”按钮 。这两个按钮只能设置光标所在段落或所选段落的左缩进量。单击“减少缩进量”按钮一次，段落左缩进左移一个汉字的量；单击“增加缩进量”按钮一次，段落左缩进右移一个汉字的量。

方法三：使用功能区“页面布局”选项卡的“段落”选项组，如图 1-27 所示，该组“缩进”栏中的“左”可以设置段落的左缩进，“缩进”栏中的“右”可以设置段落的右缩进。

方法四：在“段落”对话框中设置。在“段落”对话框中的“缩进和间距”选项卡的“缩进”栏中分别进行段落的“左”“右”缩进量的设置；在“特殊格式”下拉列表框中进行“首行缩进”和“悬挂缩进”的设置。

3. 设置行间距和段间距

行间距用于控制段内文字的行与行之间的间隔距离，段间距用于控制段落首行与上一段、段落末行与下一段之间的间隔距离。设置行间距和段间距的方法如下。

方法一：使用功能区“开始”选项卡“段落”选项组中的“行和段落间距”按钮。单击该按钮右侧的小三角形按钮，可弹出如图 1-28 所示的菜单，前 6 个命令行可以直接设置不同的行距，“行距选项”命令可以打开“段落”对话框进行更复杂的行距设置。

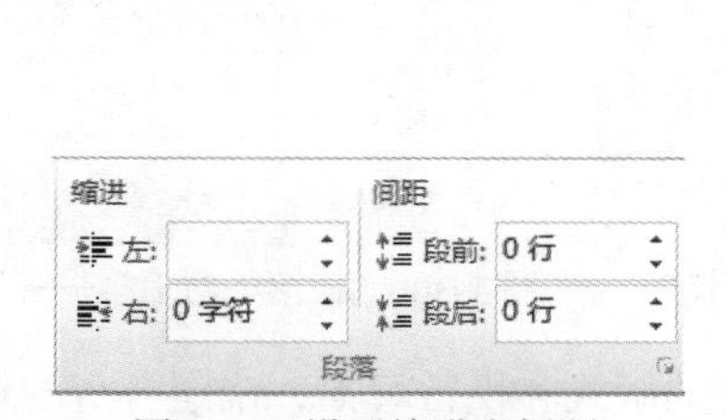

图 1-27　设置缩进和间距

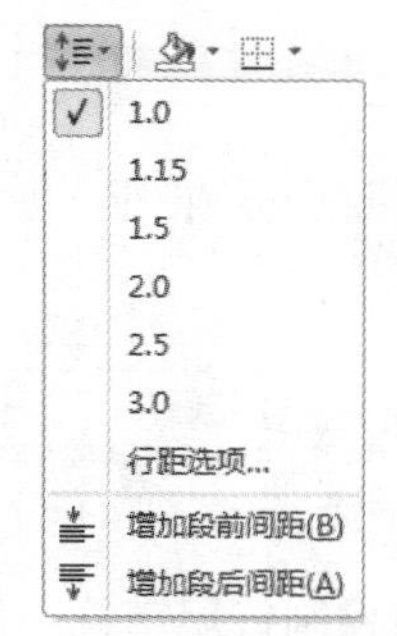

图 1-28　行和段落间距

方法二：使用功能区“页面布局”选项卡的“段落”选项组。如图 1-27 所示，该组“间距”栏中的“段前”可以设置当前段与前一段之间的间距，“段后”可以设置当前段与下一段之间的间距。

方法三：在“段落”对话框中设置。在“段落”对话框（图 1-25）中的“缩进和间距”选项卡的“间距”栏中可以设置段前间距、段后间距和行距。

行距有三种定义方式，一种是按照倍数来划分，有单倍、1.5 倍、2 倍和多倍几种方式；另一种是最小值，还有一种是固定值。当选择“多倍行距”“最小值”和“固定值”三种方式时，可以在“设置值”输入框中输入相应的数值。

4. 设置段落的换行与分页控制

换行与分页是指跨页的段落与当前页及下一页的位置关系。单击功能区“开始”选项卡或“页面布局”选项卡中“段落”选项组右下角的，在弹出的“段落”对话框中打开“换行和分页”选项卡（图 1-29），可以进行设置。

- 孤行控制：选中该选项卡可以防止在 Word 文档中出现孤行。孤行是指单独打印在一页顶部的某段落的最后一行，或者是单独打印在一页底部的某段落的第一行。
- 段中不分页：就是在一段之中不分页，防止在段落之中出现分页符。如果选中该选项，就可让每一段文字都只显示在一页上面。
- 与下段同页：防止在所选段落与后面一段之间出现分页符，即将本段与下一段放在同一个页面上。
- 段前分页：在所选段落前插入人工分页符。

5. 设置段落的中文板式

在“段落”对话框中，打开“中文版式”选项卡（图 1-30），可设置按中文习惯设置换行和调整字符间距。

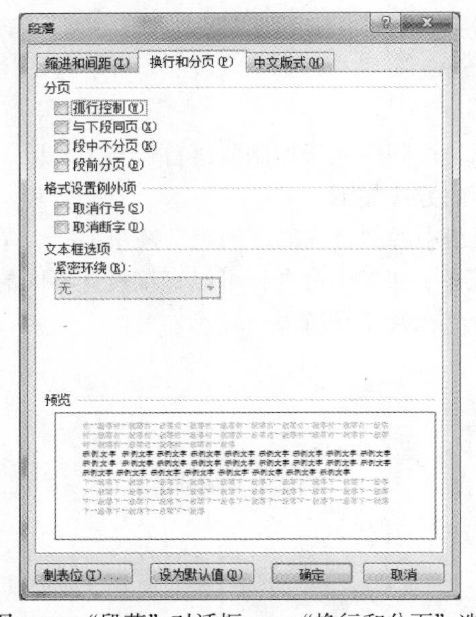

图 1-29 “段落”对话框——“换行和分页”选项卡

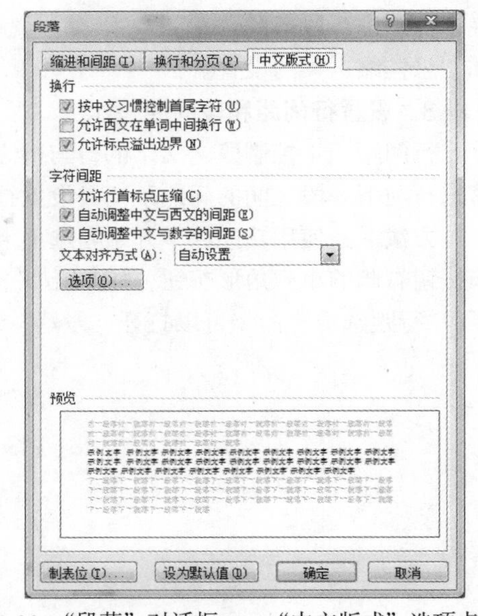

图 1-30 “段落”对话框——“中文版式”选项卡

- 按中文习惯控制首尾字符：使用中文的版式和换行习惯，确定各行的首尾字符。
- 允许西文在单词中间换行：允许在西文单词中间换行。
- 允许标点溢出边界：允许标点符号比段落中其他行的边界超出一个字符。
- 允许行首标点压缩：中文是双字节字符，一个字占两个英文字母的位置，对于以左括号（、左引号“、左书名号《开头的行，有种空了半格的感觉。如果选中“允许行首标点压缩”选项，就能解决该问题，使行首对齐。
- 自动调整中文与西文的间距：当输入内容既有中文字符又有西文字符时，某些字符或标点符号之间的空格会变得极不规则。选中该项可自动调整字符的间距。
- 自动调整中文与数字的间距：当输入内容既有中文字符又有数字时，选中该项可自动调整字符的间距。

6. 首字下沉

在文档排版时，有时要用到“首字下沉”功能，即一个段落中第一个字特别大。设置首字下沉的操作步骤如下。

➢ 选中将要设置的段落或将光标定位在该段上。
➢ 单击功能区“插入”选项卡“文本”选项组中的“首字下沉”按钮，弹出“首字下沉”下拉菜单（图 1-31）。
➢ 单击“下沉”命令或“悬挂”命令，选默认的首字下沉格式或首行悬挂格式。
➢ 单击“首字下沉选项”命令，弹出如图 1-32 所示的“首字下沉”对话框，在对话框中设置下沉的位置、字体、下沉行数及距正文的距离。

若要取消“首字下沉”，只需在“首字下沉”对话框的“位置”选项中选择“无”。

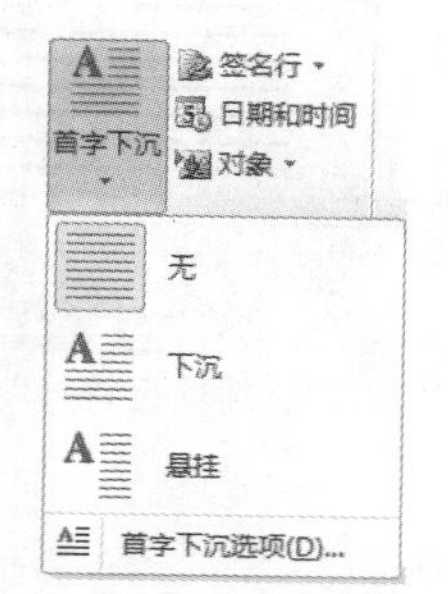

图 1-31 “首字下沉”菜单

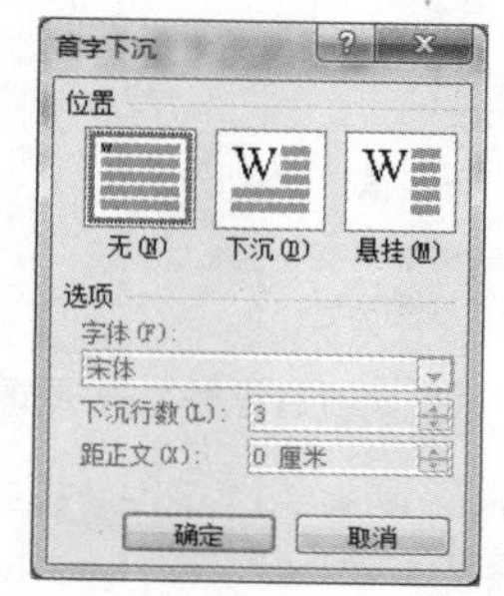

图 1-32 “首字下沉”对话框

7. 设置项目符号和编号

在 Word 中以段落为单位添加项目符号和编号，可以使文档更有层次感，易于阅读和理解，也可以创建具有多个缩进层级，既包括数字也包括项目符号的多级列表。多级列表对于提纲及法律和技术性的文档很有用。

（1）项目符号

添加项目符号的方法如下。

方法一：在段首，输入一个星号“*”、或一个、两个连字符“-”，后面紧跟着输入一个空格或制表符后，就会使当前段具有项目符号格式。

方法二：选定要添加项目符号的段落，单击功能区“开始”选项卡“段落”选项组中的“项目符号”按钮 ☰ ▾，当前段即具有当前默认的项目符号。

方法三：选定要添加项目符号的段落，单击功能区“开始”选项卡“段落”选项组中的“项目符号”按钮 ☰ ▾ 右侧的小三角形按钮，在弹出的“项目符号”选项框（图 1-33）中选择需要的项目符号。

方法四：单击图 1-33 中选项框底部的“定义新项目符号”可以打开“定义新项目符号”对话框（图 1-34）。在“定义新项目符号”对话框中，使用“符号”按钮，选用更多的字符作为项目符号；使用“图片”按钮，选用小的图片作为项目符号；使用“字体”按钮，可以设置项目符号的字体。

（2）编号

添加编号的方法如下。

方法一：在段首，输入数字及西文字母，如“1.”“a)”“(-)”等字符串，后面紧跟着输入一个空格或制表符后，就会使当前段具有编号格式。

方法二：选定要添加项目符号的段落，单击功能区“开始”选项卡“段落”选项组中的“编号”按钮，当前段即具有当前默认的编号。

方法三：选定要添加项目符号的段落，单击功能区“开始”选项卡“段落”选项组中的“编号”按钮右侧的小三角形按钮，在弹出的“编号”选项框（图 1-35）中选需要的编号。

方法四：单击图 1-35 中选项框底部的“定义新编号格式”可以打开“定义新编号格式”对话框（图 1-36）。

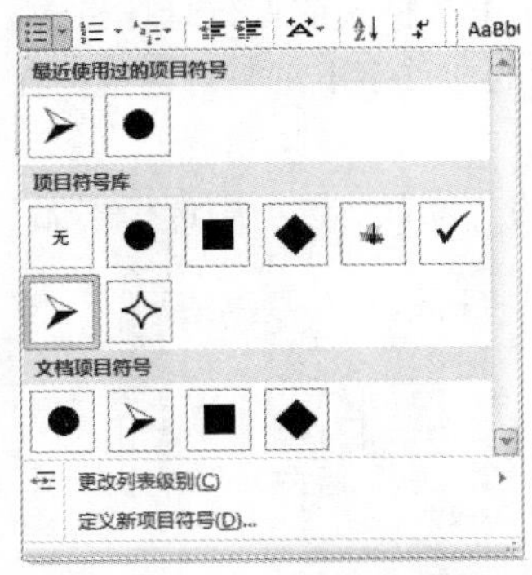

图 1-33 “项目符号”选项框

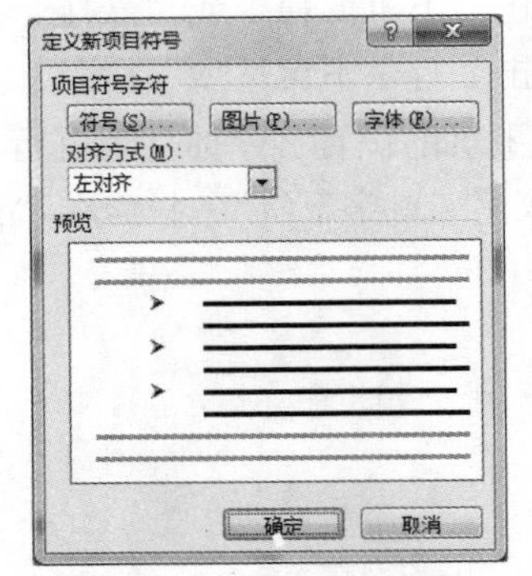

图 1-34 “定义新项目符号”对话框

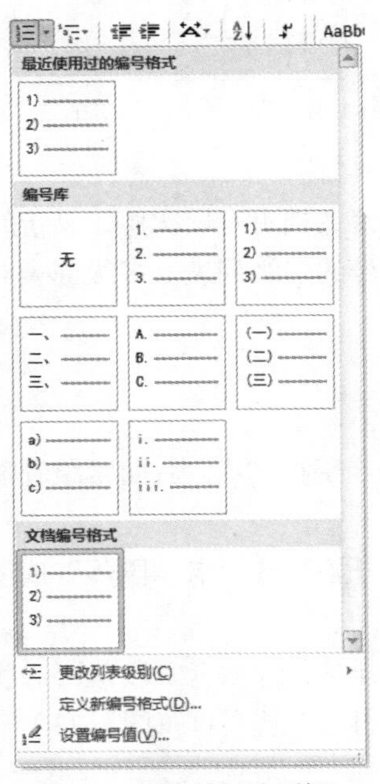

图 1-35 “编号”选项框

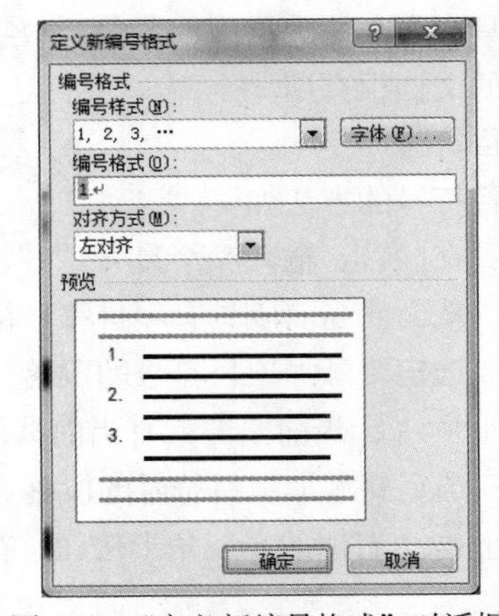

图 1-36 “定义新编号格式”对话框

（3）多级列表

多级列表可以清晰地表明各项内容之间的层次关系，若要创建如图 1-37 所示的文档，其操作步骤如下。

➢ 输入文本，选定要添加多级列表的段落。
➢ 单击功能区“开始”选项卡“段落”选项组中的“多级列表”按钮选择当前默认的多级列表格式；或单击按钮旁边的小三角形，在弹出的“多级列表”选项框（图 1-38）中选择需要的列表格式。

➢ 单击功能区“开始”选项卡“段落”选项组中“增加缩进量”按钮 或按【Tab】键，降低标题的级别；单击“减少缩进量”按钮 或按【Shift+Tab】组合键提高标题的级别。

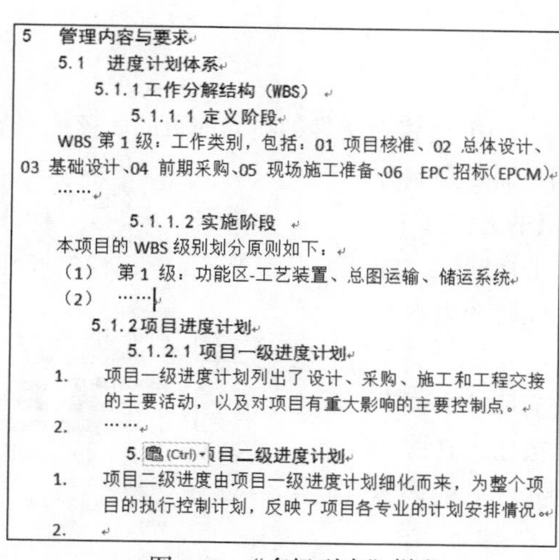

5　管理内容与要求
5.1　进度计划体系
5.1.1工作分解结构（WBS）
5.1.1.1 定义阶段
WBS 第 1 级：工作类别，包括：01 项目核准、02 总体设计、03 基础设计、04 前期采购、05 现场施工准备、06 EPC 招标（EPCM）
……
5.1.1.2 实施阶段
本项目的 WBS 级别划分原则如下：
（1）　第 1 级：功能区-工艺装置、总图运输、储运系统
（2）　……
5.1.2项目进度计划
5.1.2.1 项目一级进度计划
1.　项目一级进度计划列出了设计、采购、施工和工程交接的主要活动，以及对项目有重大影响的主要控制点。
2.　……
5.(Ctrl)目二级进度计划
1.　项目二级进度由项目一级进度计划细化而来，为整个项目的执行控制计划，反映了项目各专业的计划安排情况。
2.

图 1-37　“多级列表”样文

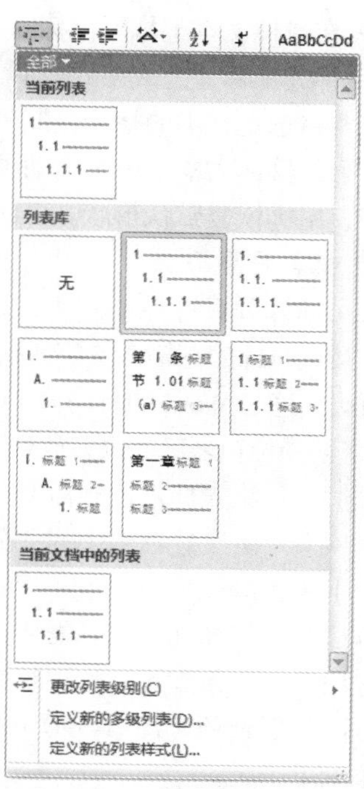

图 1-38　“多级列表”选项框

8. 设置中文版式

为了便于设置特殊文本，Word 提供了几种特殊的中文版式。单击功能区“开始”选项卡“段落”选项组中的“中文版式”按钮 右侧的小三角形，在弹出的菜单中选择相应的选项即可设置相应的效果。

- 纵横混排：将会使选中的文本重新排列以适应一个汉字的位置和行宽。设置效果需要放大才可以看清楚。
- 合并字符：将会使选中的文本分成两行在一个汉字位置上显示。用户可以设置选中文本的字体和字号。
- 双行合一：将会使选中的文本分成两行小字体显示文字，用户可以选择文本是否使用括号以及选择括号的形状。
- 调整宽度：将会使选中的文本分散在指定的宽度中。
- 字符缩放：调整选中文本的字符宽度比例值。

1.4.3　其他格式

1. 使用格式刷

在 Word 的文档编辑过程中，经常要将多个位置比较分散的段落或文字的格式设置成一样的格式。使用功能区“开始”选项卡“剪贴板”选项组中的“格式刷”按钮能快速地完成这一操作，格式刷是将某一段落或文字的排版格式复制给另一段落或文字。具体操作步骤如下。

➢ 选定已编排好字符格式的源文本。

➢ 单击功能区“开始”选项卡“剪贴板”选项组中的“格式刷”按钮，鼠标指针变成刷子形状。

➢ 在目标文本上拖动鼠标。

➢ 释放鼠标，完成格式复制。

若要将选定文本的格式复制到多处文本块上，则需要双击“格式刷”按钮，然后在第一目标文本、第二目标文本……上拖动鼠标，最后再次单击“格式刷”按钮或按【Esc】键，退出格式复制状态，鼠标恢复默认形状。

2. 插入分隔符

（1）插入分页符

在接近页面底部输入文字或插入各种对象时，Word 会将无法容纳在当前页的段落或对象放到下一页去，这是 Word 的自动分页功能。但有时用户需要强制分页，即将某一位置之后的内容放到下一页，强制分页的方法如下。

方法一：将光标定位到需要分页的地方，单击功能区“插入”选项卡“页”选项组中的“分页”按钮，光标后的内容被调整到下一页。

方法二：将光标定位到需要分页处，单击功能区“页面布局”选项卡“页面设置”选项组中的“分隔符”按钮，在弹出的“分隔符”选项（图 1-39）中选“分页符”，光标后的内容被调整到下一页。

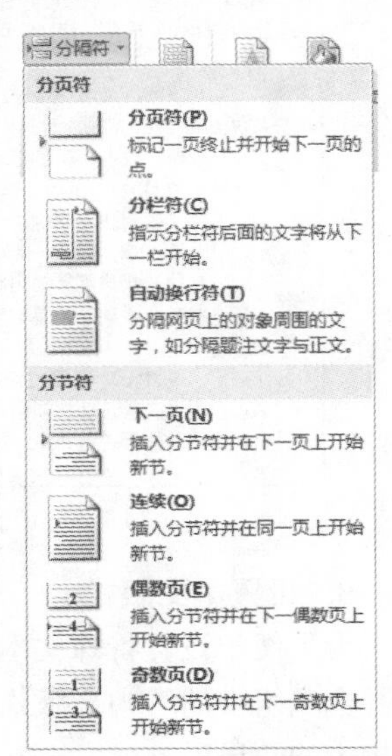

图 1-39 “分隔符”选项

（2）插入分节符

节是 Word 文档内容的全部或一部分。Word 默认一个文档为一节，可以通过在需要的位置插入分节符，将文档分成若干节，插入 *n* 个分节符，Word 文档具有 *n*+1 节。Word 的某些格式的作用范围是本节（即光标所在的节），如分栏、页边距和页眉页脚等。

在文档中插入分节符的步骤如下。

➢ 将光标定位到需要的位置。

➢ 在图 1-39 所示的“分隔符”选项框中单击相应的分节符，即完成分节符的插入。

Word 有四种分节符：“下一页”是插入分节符后从下一页开始显示分节符后的文字；“连续”是插入分节符后，分节符前后的文字内容仍在同一页上；“偶数页”是插入分节符之后的文字从偶数页开始显示；“奇数页”是插入分节符之后的文字从奇数页开始显示。

（3）显示或隐藏格式标记

在 Word 中格式标记是指空格、制表符、段落标记、分页符、分隔符等。图 1-40 为一段所有格式标记都可见的文字，格式标记的颜色比正文颜色浅。

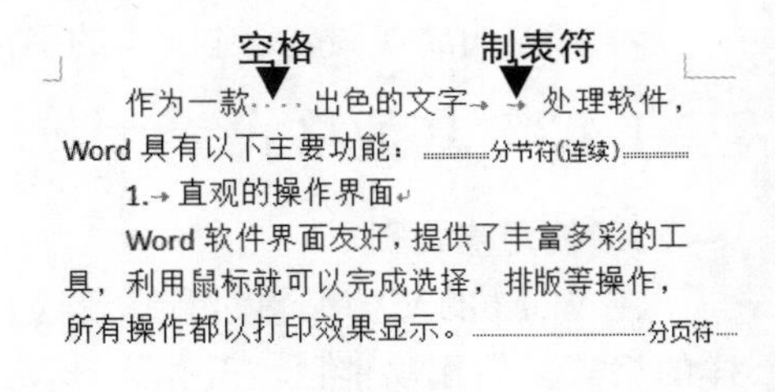

图 1-40 可见的格式标记

默认情况下，文档中只显示段落标记↵，要显示或隐藏这些格式标记，有如下方法。

方法一：单击功能区“开始”选项卡“段落”选项组中的“显示/隐藏编辑标记”按钮 ↵，显示或隐藏所有的格式标记。

方法二：选“文件”按钮 文件 中的“选项”命令，弹出“Word 选项”对话框，选左侧的“显示”命令后，在右侧勾选或去除勾选“显示所有格式标记”选项框。

3. 设置分栏

设置分栏的方法如下。

方法一：使用“分栏”按钮。单击功能区“页面布局”选项卡“页面设置”选项组中的“分栏”按钮，在弹出的“分栏”选项框（图 1-41）中选择需要的分栏方式。

方法二：使用“分栏”对话框。在图 1-41 中选择底部的“更多分栏”命令，可以打开“分栏”对话框（图 1-42）。

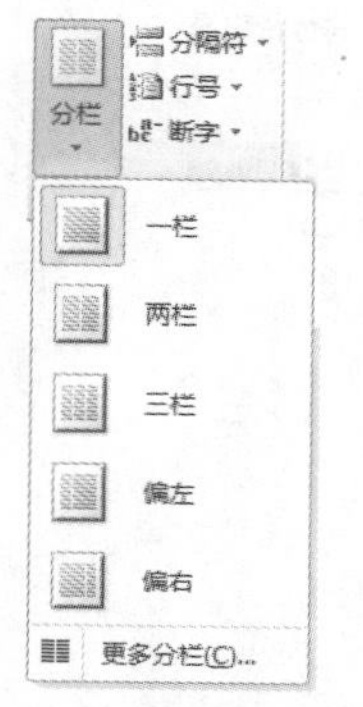

图 1-41　“分栏”选项框

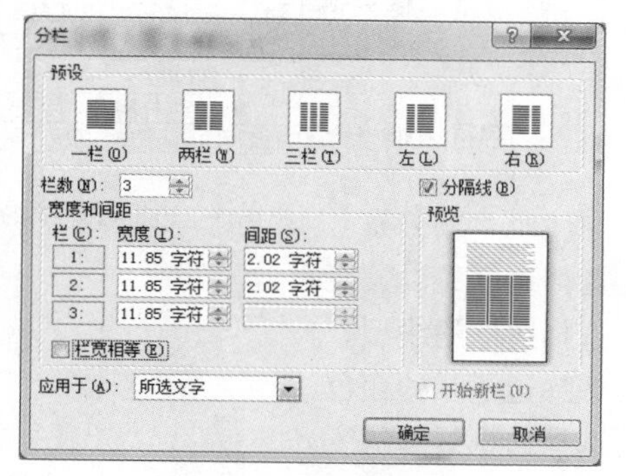

图 1-42　“分栏”对话框

- 预设：选择分栏数。
- 宽度和间距：设置“栏宽”和“间距”。
- 分隔线：如果要在两栏之间显示分隔线，可选定“分隔线”复选框。
- 栏宽相等：如果要使分栏的各栏宽相等，可选定该复选框，去除勾选可以设定各个栏宽不同的大小。
- 应用于：用于选择分栏是作用于整篇文档、所选文字、本节还是插入点之后。
- 预览：观察设置效果。

若对最后一节分栏且该节最后一页文字比较少时，会出现所有文字都集中在左边的一栏或多栏，而右边为空白，此时可以用以下方法改进：在适当的位置插入图 1-40 中的“分栏符”，若是两栏以上则需多插入几个“分栏符”。

4. 边框和底纹

Word 提供了丰富的边框和底纹效果，用户可以为段落添加边框以便与文档的其他部分分开，可以为文字添加底纹来强调文字，可以为页面添加边框美化页面，可以为表格设置各种边框和底纹效果。

在 Word 中，边框和底纹格式的作用范围可以是文字、段落、整篇文档、页面、节和表格。图 1-43 是不同的边框和底纹的设置效果。表格边框和底纹的设置将在 1.6 节中介绍。

（1）边框

添加边框的方法如下。

方法一：将光标定位到将要键入文字处或选中一段文字，单击功能区“开始”选项卡“字体”选项组中的“字符边框”按钮 A，将键入文字或选定文字设为“字符边框”效果。

方法二：单击功能区“开始”选项卡“段落”选项组中的“边框线”按钮右侧的小三角形按钮，选择底部的“边框和底纹”命令后弹出“边框和底纹”对话框（图 1-44）。在该对话框中设置需要的边框。

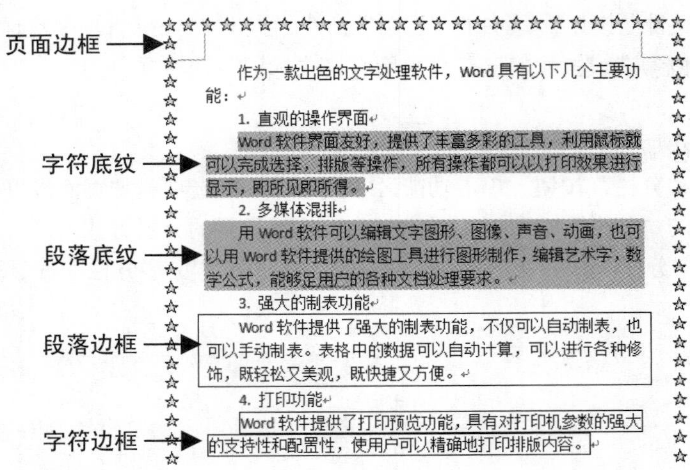

图 1-43　边框和底纹的设置效果

- 设置：选择边框的设置模式。
- 样式：选择边框的线型。
- 颜色：选择边框线的颜色。
- 宽度：选择边框线的宽度。
- 应用于：选择“文字”，对应图 1-43 的“字符边框”效果，或选择“段落”，则光标所在段落或选中文字所在段落被设为“段落边框”效果。

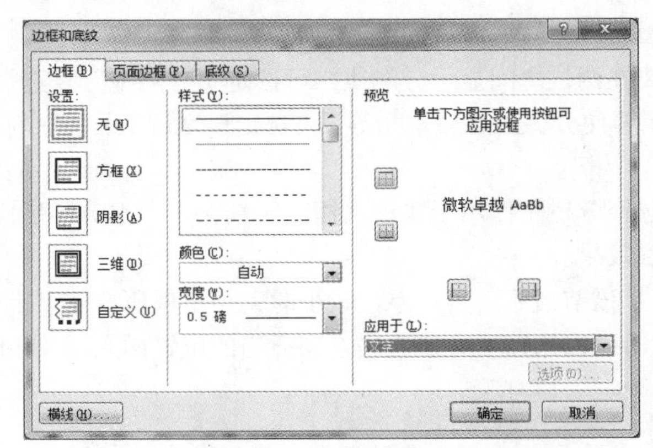

图 1-44　“边框和底纹”对话框——“边框”选项卡

- 选项：“应用于”选“段落”时可用，设置段落边框与段落内文字之间的距离。
- 预览：单击预览区周围的按钮可以逐条边地设置边框线，并预览已设置项的效果。

（2）底纹

添加底纹的方法如下。

方法一：将光标定位到将要键入文字处或选中一段文字，单击功能区“开始”选项卡“字体”选项组中的“字符底纹”按钮 A，则将输入文字或选定文字设为灰色“字符底纹”效果，该按钮只能设置为灰色且是“字符底纹”。

方法二：选定一段文字，单击功能区“开始”选项卡“段落”选项组中的“底纹”按钮，则选定文字被设为当前默认颜色的“字符底纹”效果；或单击“底纹”按钮右侧的小三角形，在弹出的“主题颜色”选项框中选择需要的颜色，该颜色将以“字符底纹”方式作用于选中的文字。

方法三：在图 1-45 的“边框和底纹”对话框的“底纹”选项卡中，根据需要设置底纹。

- 填充：选择填充的颜色。
- 图案：“样式”用于选择填充的浓度以及填充的图案；“颜色”用于选择填充的颜色。
- 应用于：选择“文字”，则对应图 1-43 中的“字符底纹”效果；选择“段落”，则光标所在段落或选中文字所在段落被设为“段落底纹”效果。
- 预览：在预览区内可以直观显示出底纹效果。

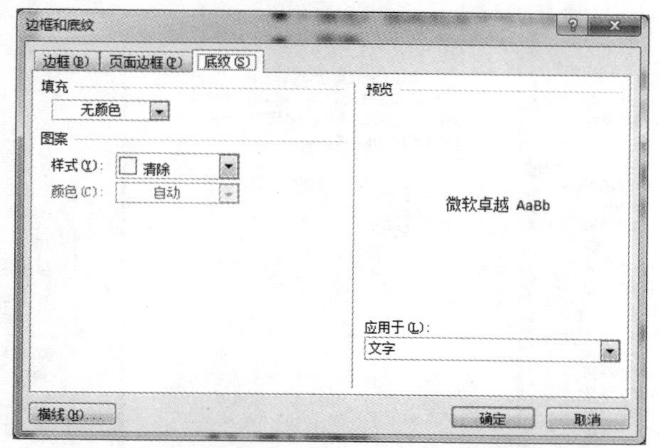

图 1-45　“边框和底纹”对话框——“底纹”选项卡

（3）页面边框

为文档添加页面边框的具体操作步骤如下。

➢ 在“边框和底纹”对话框中单击“页面边框”选项卡（图 1-46）；或单击功能区“页面布局”选项卡“页面背景”选项组中的“页面边框”按钮，也可以打开“边框和底纹”对话框的“页面边框”选项卡。

➢ 在“页面边框”选项卡根据需要设置。该选项卡中功能与“边框”选项卡大致相同，不同设置项的作用如下。

- 艺术型：可以选择图案样式的页面边框。
- 应用于：包含“整篇文档”和与本节相关的选项，“整篇文档”是指作用范围是本文档的所有页面；“本节”及相关的选项是只作用于光标所在的节或选中文字所在的节，本节外的页面边框不受当前设置影响。

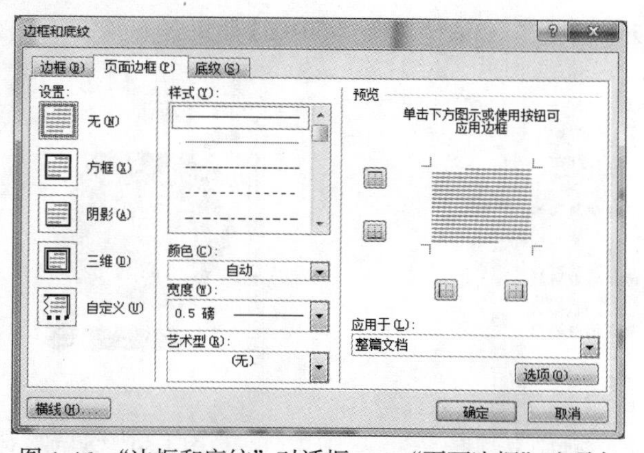

图 1-46　“边框和底纹”对话框——“页面边框”选项卡

5. 插入脚注和尾注

脚注是附在文档每个页面最底端的、对某些东西加以说明的注文。尾注位于文档的末尾，也是一种对文本说明的注文，一般列出引用的文献或出处等。脚注和尾注由两个关联的部分组成，包括注释引用标记和其对应的注释文本。

Word 会自动为脚注和尾注编号，可以使用单一编号方案，也可以在文档的各节中使用不同的编号方案。在文档或节中插入第一个脚注或尾注后，随后的脚注和尾注会自动按指定格式顺序编号。图 1-47 是含有脚注和尾注的一段例文。

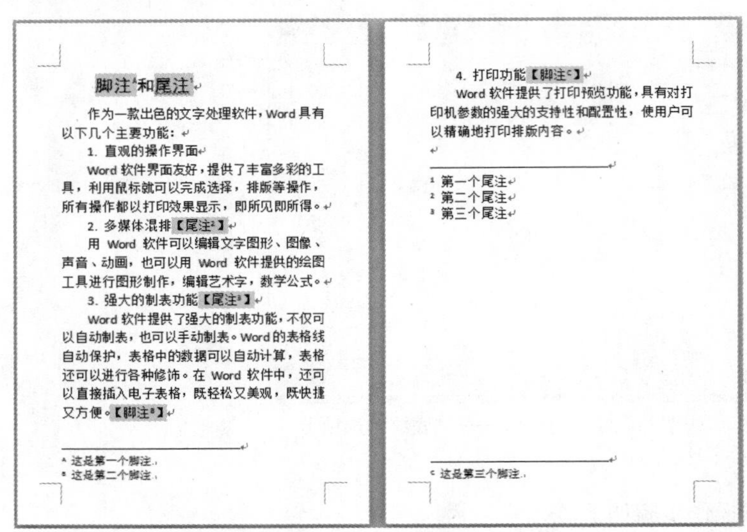

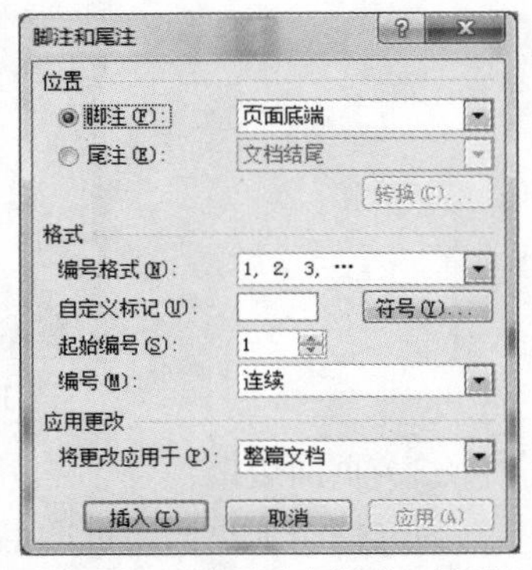

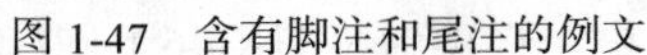

图 1-47　含有脚注和尾注的例文　　图 1-48　“脚注和尾注”对话框

插入脚注和尾注的方法如下。

方法一：单击功能区“引用”选项卡“脚注”选项组中的“插入脚注”按钮或“插入尾注”按钮，直接在当前光标处，以默认的编号格式插入脚注或尾注。

方法二：单击功能区“引用”选项卡“脚注”选项组右下角的 ，即可弹出如图 1-48 所示的“脚注和尾注”对话框，在对话框中设置脚注和尾注的位置、格式以及应用范围。

6. 页面颜色

设置页面颜色的方法为：单击功能区“页面布局”选项卡“页面背景”选项组中的“页面颜色”按钮，在弹出的“页码颜色”选项框（图 1-49）中选择需要的颜色。

- 其他颜色：打开“颜色”对话框（图 1-50）选择更多的颜色。

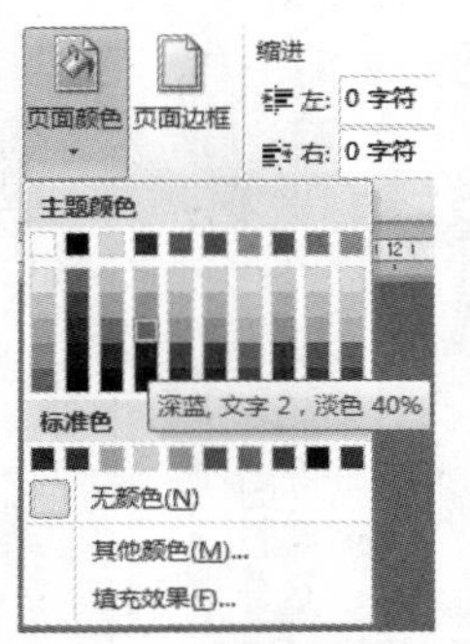

图 1-49　“页面颜色”选项框

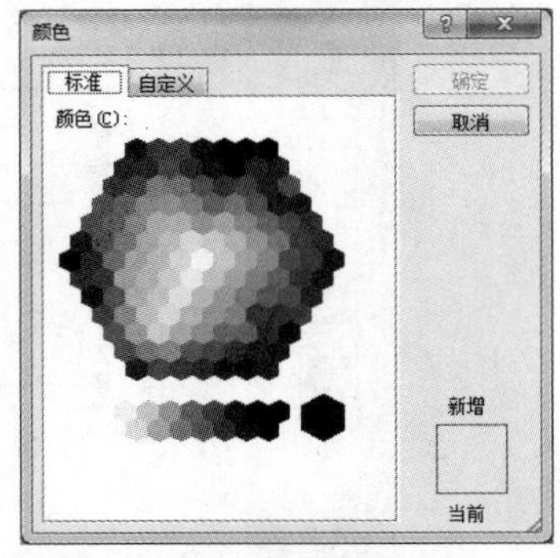

图 1-50　“颜色”对话框

● 填充效果：打开“填充效果”对话框（图 1-51），可以选择渐变、纹理、图案、图片四种方式。

图 1-51　“填充效果”对话框

7. 添加水印

添加水印的方法如下。

方法一：使用“水印”按钮。单击功能区“页面布局”选项卡“页面背景”选项组中的“水印”按钮，在弹出的“水印”选项框（图 1-52）中选择需要的水印方式。

方法二：在图 1-52 中选底部的“自定义水印”命令，可打开“水印”对话框（图 1-53），可以将文字或图片设置为页面的水印。

- “图片水印”单选项。单击“选择图片”按钮选择要作为水印图案的图片文件。添加后，可以设置图片的缩放比例、是否冲蚀。冲蚀的作用是让添加的图片在文字后面降低透明度显示，以免影响文字的显示效果。
- “文字水印”单选项。可以输入或选择水印的文字内容，并设置水印文字的字体、大小、颜色、透明度和版式。

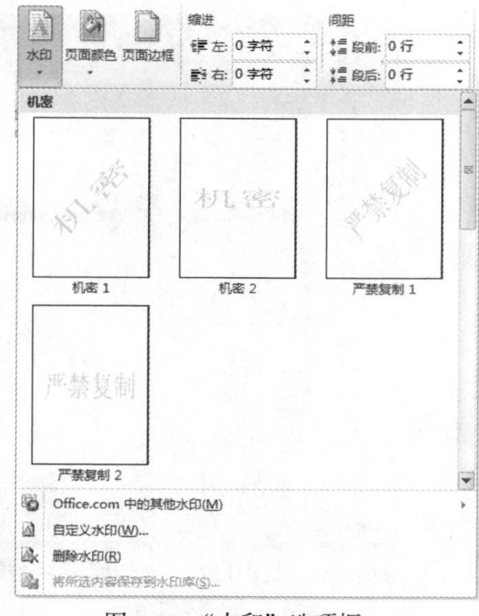

图 1-52　“水印”选项框

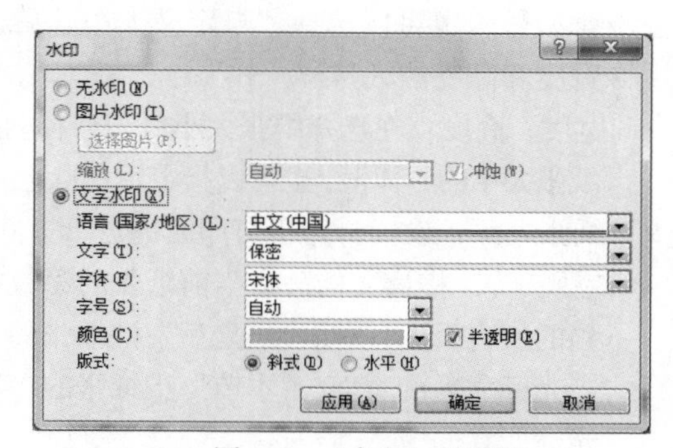

图 1-53　“水印”对话框

1.4.4 页面格式与打印输出

Word 中编辑的文档经常需要打印出来，Word 也是把被编辑的内容置于某种页面中显示的，方便用户了解图文在纸张上的情况。用户可以设置页面的纸张大小和方向、页边距、页面的字数和行数、页面的版式布局、页面的颜色、页眉页脚和页码等，这些设置项会直接影响文档的打印效果。

1. 页面设置

在 Word 中进行页面设置可以利用功能区“页面布局”选项卡的“页面设置”选项组中的按钮（图 1-54）和“页面设置”对话框（图 1-55）完成。单击功能区“页面布局”选项卡“页面设置”选项组的右下角的◲，即可打开“页面设置”对话框。

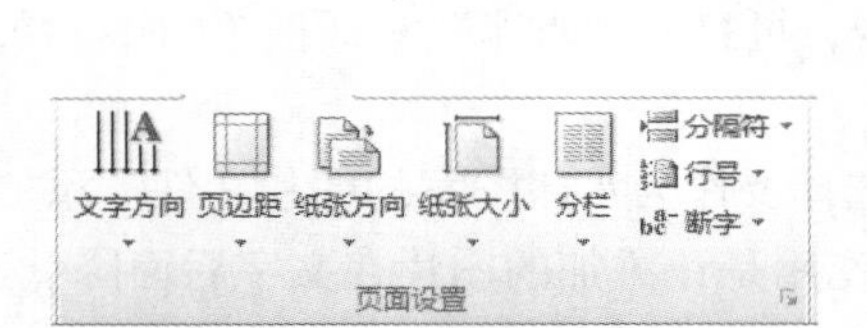

图 1-54 “页面设置”选项组

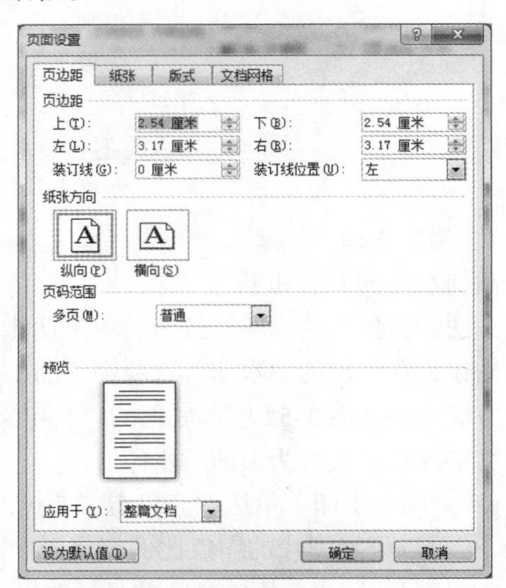

图 1-55 “页面设置”对话框“页边距”选项卡

（1）设置纸张大小

设置纸张大小的方法如下。

方法一：使用“页面设置”选项组内的“纸张大小”按钮快速设置。

方法二：在“页面设置”对话框中打开“纸张”选项卡，设置纸张的大小（图 1-56）。

- 纸张大小：在该栏下拉列表框中可以选择所需的纸张型号，也可以选择“自定义大小”后设置任意宽度和高度的纸张。
- 宽度、高度：在选择纸张大小后，会自动显示所选纸张大小的具体值，也可以指定用户自定义的尺寸。
- 纸张来源：设置打印机打印时的进纸方式。
- 应用于：“整篇文档”指当前纸张的参数作用于文档的所有页面；“插入点之后”指纸张的参数作用于光标之后的页面，“本节”指纸张的参数作用于光标所在的节。

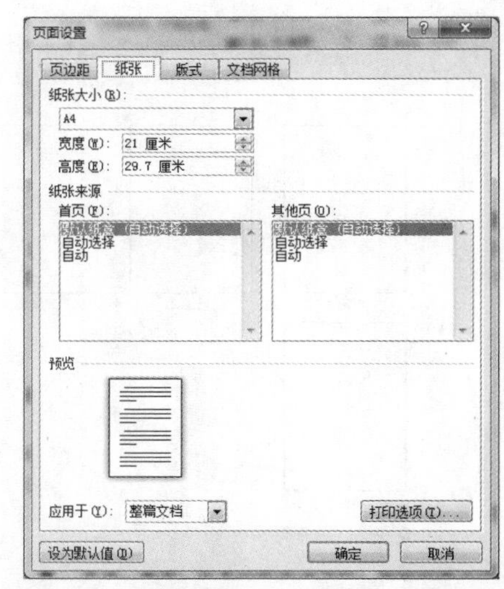

图 1-56 “页面设置”对话框——“纸张”选项卡

（2）设置页边距和纸张方向

设置页边距和纸张方向的方法如下。

方法一：使用“页面设置”选项组内的“页边距”和“纸张方向”按钮快速设置。

方法二：在“页面设置”对话框的“页边距”选项卡（图 1-55）中，设置页边距和纸张方向。

- 页边距：输入数值来设置上、下、左、右页边距；“装订线”可以设置装订线与纸张边缘的距离；“装订线位置”可以选择装订的位置。
- 纸张方向：有“横向”和“纵向”两种方式。
- 应用于：“整篇文档”指页边距格式作用于文档的所有页面；“插入点之后”指页边距格式作用于光标之后的页面，“本节”页边距格式作用于光标所在的节。

（3）设置文档网格、文字方向和分栏

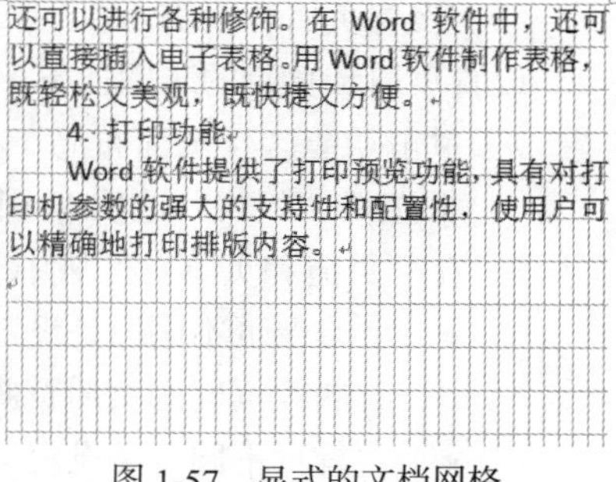

图 1-57　显式的文档网格

文档网格默认是不可见的，且不能被打印出来。图 1-57 中网格线被显示出来后，可以方便用户控制各种对象的位置，且有些设置项与文档网格相关，如“段落”对话框中的行距和段前间距。在“页面设置”对话框的“文档网格”选项卡（图 1-58）中，可以设置文字方向、分栏和绘图网格的参数。

- 文字排列：有“水平”和“垂直”两种方式，作用在“应用于”指定的范围上。
- 栏数：指定分栏的栏数，分栏的参数需要在“分栏”对话框设置。
- 网格：设置页面网格线的显示方式。
- 字符数和行数：设置每页中的行数和每行中的字符数。
- “绘图网格”按钮：可以使页面的文档网格显式可见。
- 应用于：“整篇文档”指文档网格格式作用于文档的所有页面；“插入点之后”指文档网格格式作用于光标之后的页面；“本节”文档网格格式作用于光标所在的节。

（4）设置版式

在“页面设置”对话框的“版式”选项卡中（图 1-59），可以设置页面版式。

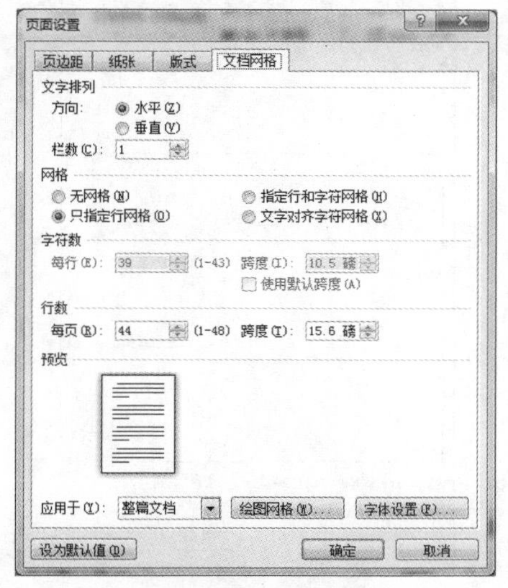

图 1-58　“文档网格”选项卡

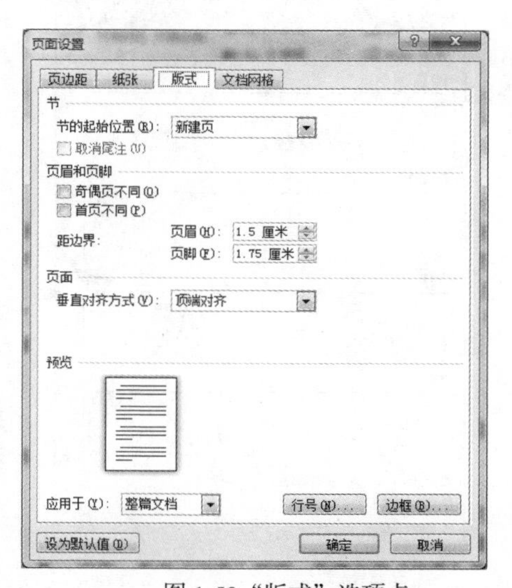

图 1-59“版式”选项卡

- 节的起始位置：确定节的开始位置，作用是修改本节之前的分节符的类型。
- 页眉和页脚：可设置节内页眉和页脚的样式及位置。
- 垂直对齐方式：在下拉列表中可以选择页面垂直对齐的方式。
- 行号：单击“行号”按钮，在弹出的“行号”对话框中可以启用并设置行号格式。
- 边框：单击边框按钮弹出“边框和底纹”对话框，设置页面的边框和底纹。

2. 页眉和页脚

为了版面美观、大方、协调和便于用户阅读，通常可在页面正文之上的页眉区域和页面正文之下的页脚区域插入一些内容。例如，在页眉区域插入章节的标题，在页脚区域插入页码，在页眉和页脚中插入一些图案和符号美化版面。

（1）设置页眉和页脚

设置页眉和页脚的步骤如下。

➢ 单击功能区“页面布局”选项卡“页面设置”选项组右下角的，在“页面设置”对话框选择“版式”选项卡（图 1-59）。

➢ 在“页眉和页脚”区域中，设置页眉和页脚的奇偶页不同或首页不同。

  - “奇偶页不同”是设定“应用于”指定的区域内的所有奇数页码的页眉页脚相同，所有偶数页码的页眉页脚相同。
  - “首页不同”是设定“应用于”指定的区域内各个节的第一页有独立的页眉页脚，其他页的页眉页脚受“奇偶页不同”选项影响。
  - 两项都不选：“应用于”指定的区域内的所有页码的页眉页脚全部相同。

（2）选择页眉页脚的样式

- 在功能区“插入”选项卡“页眉和页脚”选项组中，单击“页眉”或“页脚”按钮，将打开如图 1-60 和图 1-61 所示的选项框。
- 点选需要的页眉或页脚样式，即进入页眉页脚的编辑状态。
- 输入需要设置的页眉页脚内容。
- 在动态出现的“设计”选项卡中，单击“关闭页眉和页脚”按钮。

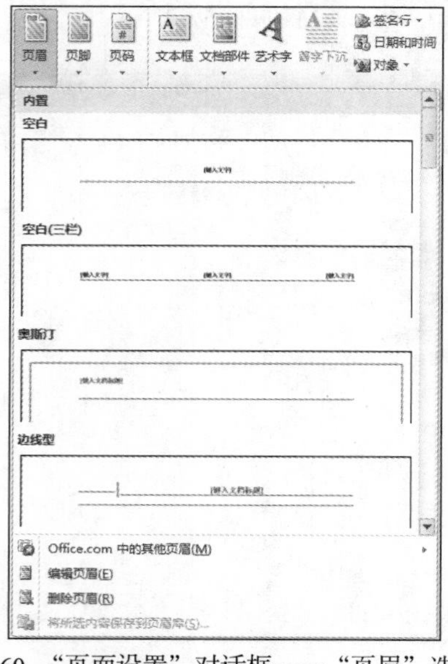

图 1-60 “页面设置”对话框——“页眉”选项框

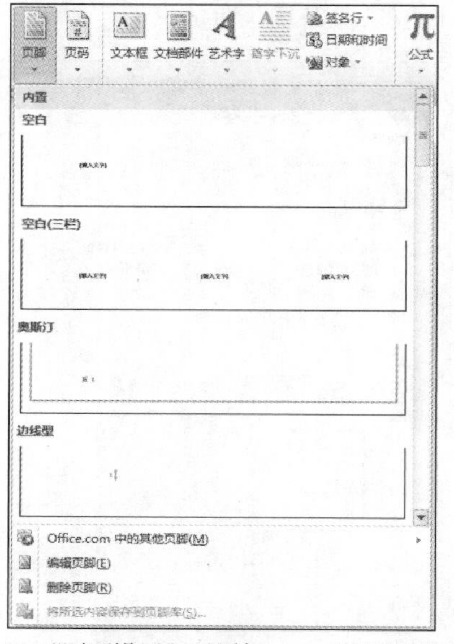

图 1-61 “页面设置”对话框——“页脚”选项框

Word 默认的编辑状态是文档的正文，页眉和页脚是不能编辑的，反之，进入页眉页脚编辑状态时，正文不能编辑。在页眉或页脚区域双击鼠标，可以进入页眉页脚编辑状态，在正文上双击鼠标，则退出页眉页脚编辑状态。

（3）功能区中的“页眉和页脚工具”选项卡

进入页眉页脚编辑状态后，功能区中动态出现“页眉和页脚工具”选项卡（图 1-62）。

- “插入”选项组：可以插入日期和时间、文档部件、图片等信息。
- “导航”选项组：快速跳转到页眉、页脚或其他节上。
- “选项”选项组：选择页眉页脚的样式。
- “位置”选项组：设置页眉页脚距离上下页边的距离。

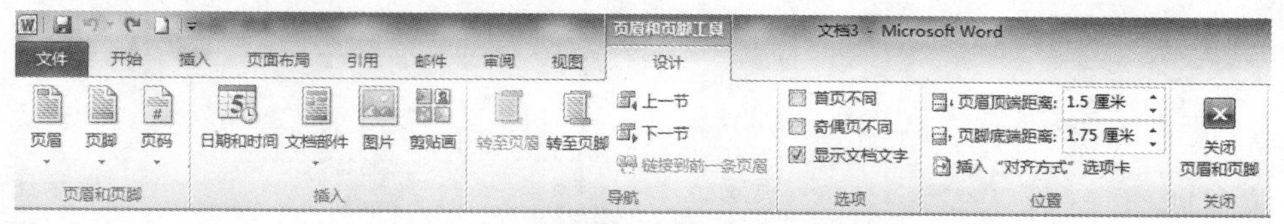

图 1-62　“页眉和页脚工具”选项卡

（4）插入页码

插入页码的方法如下。

方法一：在功能区“插入”选项卡“页眉和页脚”选项组中，单击“页码”按钮，可以打开如图 1-63 所示的下拉菜单。

方法二：进入页眉和页脚的编辑状态，在“页眉和页脚工具”选项卡“页眉和页脚”选项组单击“页码”按钮，也可以打开如图 1-63 的下拉菜单。

- 页面顶端：设置页码出现在页面顶端，有多种样式可选。
- 页面底端：设置页码出现在页面底端，有多种样式可选。
- 页边距：设置页码出现在页面的左右两侧，有多种样式可选。
- 当前位置：在光标所在处插入页码，有多种样式可选。
- 设置页码格式：打开“页码格式”对话框，设置页码编号的格式和方式。
- 删除页码：删除所有位置上的页码。

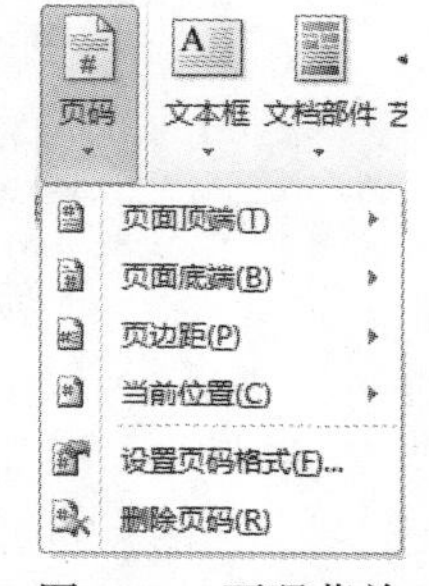

图 1-63　页码菜单

3. 打印预览与打印

（1）打印预览

打印预览可以看到文档打印的效果，打印前使用打印预览可以提前发现不合适的格式，减少纸张的浪费。

单击快速工具栏上的“打印预览和打印”按钮，或单击“文件”按钮中的“打印”命令，都可以打开后台视图，此时的后台视图最右侧是文档的预览效果（图 1-64）。

- 显示比例：调整显示比例可以查看多页效果或页面的局部细节。
- 页码：可以指定预览区中显示第几页。

（2）打印

图 1-64 中后台视图的中间部分可以进行打印参数的设置，包括选择打印机，设置打印页数范围，单双页打印，临时修改页面参数（包括项目符号格式、页面方向、页面大小和页边距）和在一张纸上缩印多个页面。此视图中页面参数的修改等同于在功能区的设置。

此外，文档中一些特殊对象是否打印，可在“Word 选项”对话框的“显示”选项卡（图 1-65）

中设置，更为复杂的打印选项在“Word 选项”对话框的“高级”选项卡中设置。

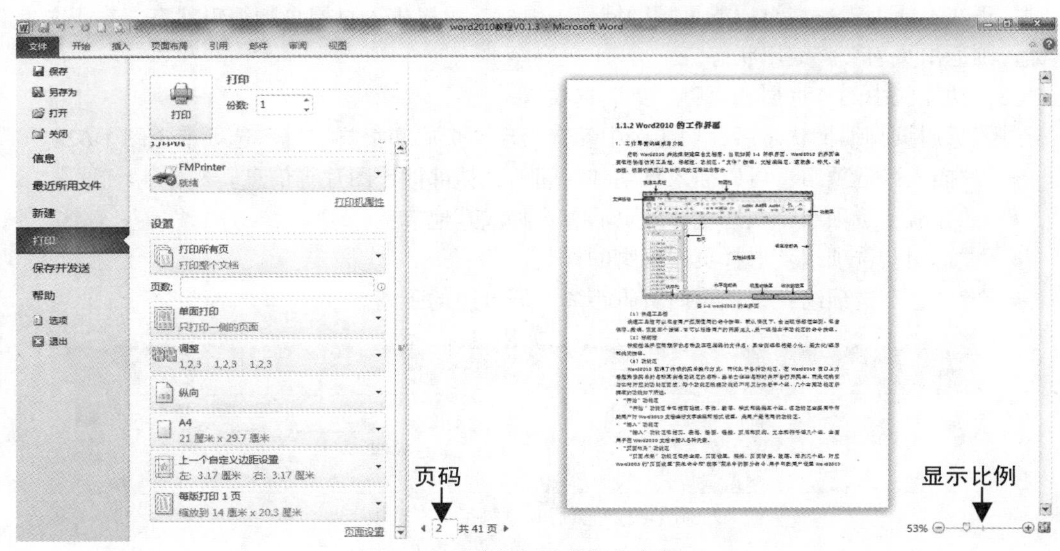

图 1-64 后台视图中的打印命令

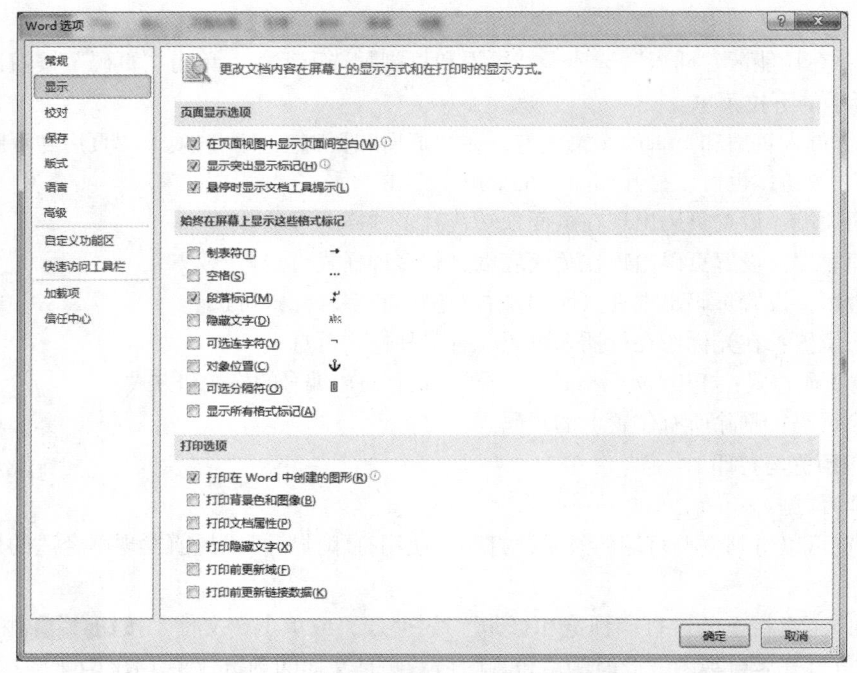

图 1-65 “Word 选项”对话框的打印选项

1.5 图 文 混 排

1.5.1 插入图片

1. 插入剪贴画

Word 附带了一个丰富的剪贴画库，图片内容从地图到任务、从建筑到风景名胜，应有尽有。

插入剪贴画到具体位置的步骤如下。

➢ 将光标定位到要插入剪贴画的位置。
➢ 单击功能区“插入”菜单选项卡“插图”选项组中的“剪贴画”按钮，在 Word 窗口右侧出现“剪贴画”窗格（图 1-66）。
➢ 在“搜索文字”文本框中输入相关主题信息或类别信息；在“结果类型”下拉列表中选择文件类型。
➢ 单击“搜索”按钮，即可在“剪贴画”窗格中显示查找到的剪贴画。
➢ 选择要使用的剪贴画，单击即可将其插入文档中。也可以单击鼠标右键，在弹出的快捷菜单中选择“插入”命令，把剪贴画插入选定的位置。

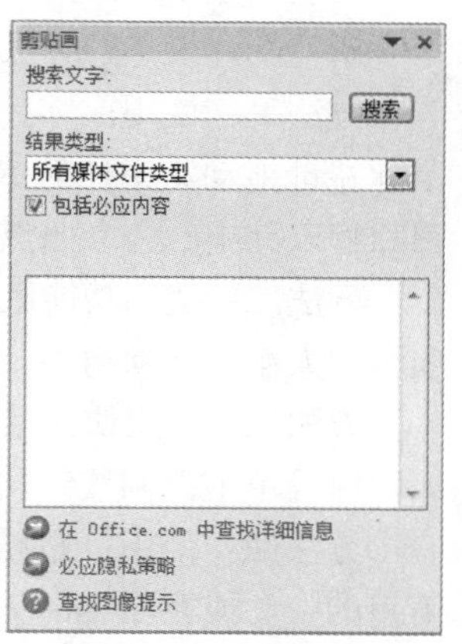

图 1-66　“剪贴画”窗格

2. 插入来自文件的图片

插入图片文件到指定位置的步骤如下。

➢ 将光标定位到要插入图片的位置。
➢ 单击功能区“插入”选项卡“插图”选项组中的“图片”按钮，弹出如图 1-67 所示的“插入图片”对话框。
➢ 选中需要的图片文件，单击“插入”按钮，即完成图片的插入。

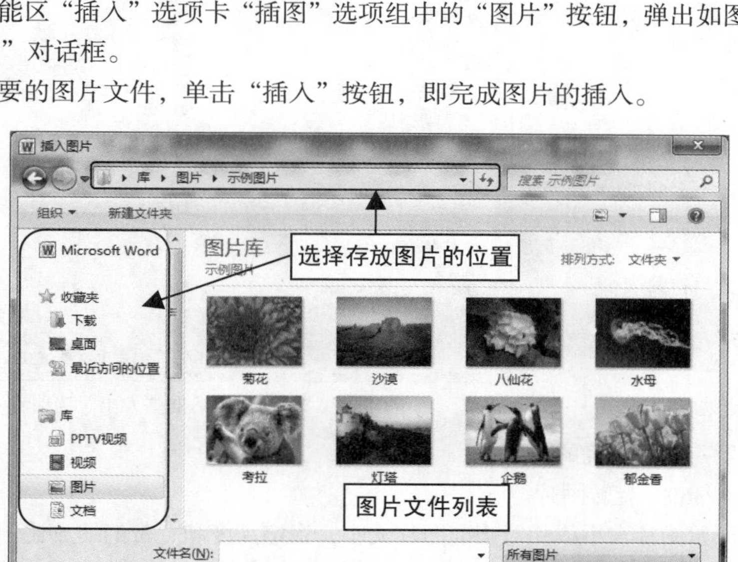

图 1-67　“插入图片”对话框

3. 编辑图片

在 Word 2010 中，可以利用功能区的图片工具“格式”选项卡来对已插入的图片进行编辑，包括图片缩放、移动、裁剪，设置图片的边框、效果、文字环绕方式等。用鼠标单击图片，选中图片后就会出现如图 1-68 所示的图片工具“格式”选项卡。

图 1-68　图片工具“格式”选项卡

（1）调整图片的大小

调整图片大小的方法有以下几种。

方法一：使用鼠标。选定要调整大小的图片，这时它的矩形边框上将出现 8 个控制点。按住鼠标左键拖动其中任何一个控制点即可调整其大小。如果先按住【Ctrl】键再拖动尺寸控制点，图片将以其中心为参照点成比例地缩放。

方法二：使用功能区“图片工具”选项卡。选定图片，在图 1-68 所示的图片工具“格式”选项卡“大小”选项组中，输入数值或单击微调按钮可以对图片大小做精确的调整。

方法三：使用快捷菜单。选定图片，右键单击鼠标会出现如图 1-69 所示的菜单项，在底部输入数值或单击微调按钮调整图片大小。

方法四：使用“布局”对话框。选定图片，单击图片工具“格式”选项卡“大小”选项组右下角的，或在图 1-69 所示的快捷菜单中选“大小和位置”命令，即可打开“布局”对话框（图 1-70）的“大小”选项卡进行精确的设置。

图 1-69 快捷菜单

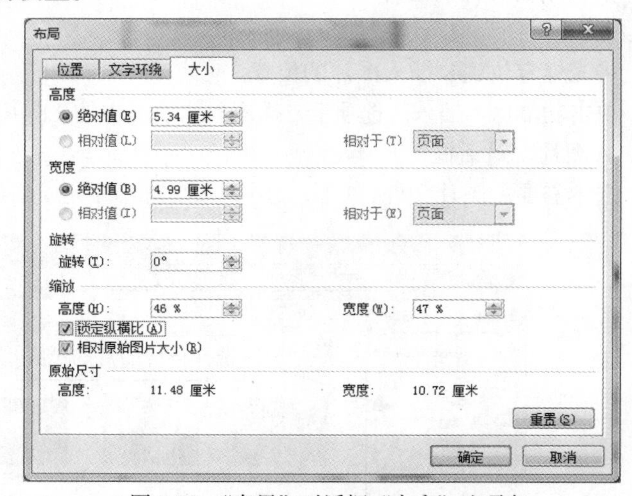

图 1-70 “布局”对话框“大小”选项卡

- 高度、宽度：指定精确的长度值。
- 旋转：可以 360° 旋转图片。
- 缩放：以原始图片大小或相对当前图片大小，指定高度和宽带的缩放比例。

（2）裁剪图片

裁剪图片是指隐藏图片的一部分区域，其操作步骤如下。

➢ 选定图片。

➢ 单击功能区图片工具“格式”选项卡“大小”选项组中的“裁剪”按钮，弹出如图 1-71 所示的裁剪菜单。

➢ 选“裁剪”命令使图片的边框上出现 8 个裁剪控制点，拖动控制点就能裁剪掉相应的部分。

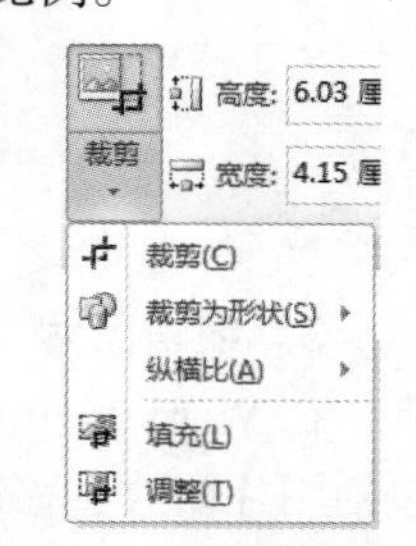

图 1-71 裁剪菜单

➢ 选“裁剪为形状”命令是用某种形状来裁剪图片。

➢ 选“纵横比”命令是按比例裁剪图片。

➢ 选“填充”或“调整”命令选择裁剪的不同方式。

（3）设置图片的环绕方式

设置图片环绕方式的方法如下。

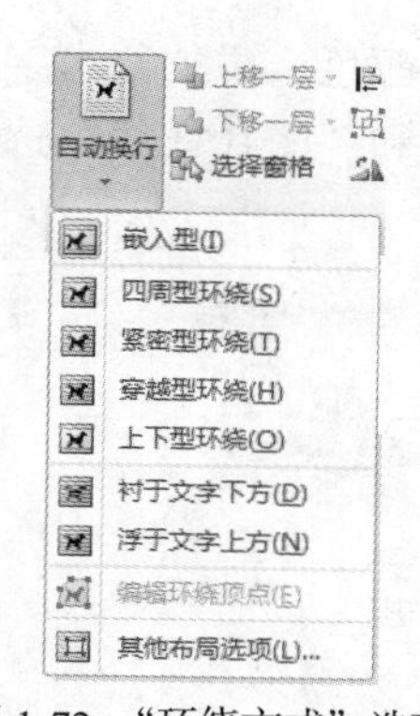

图 1-72　“环绕方式”选项

方法一：使用功能区中的按钮。选定图片，单击功能区的图片工具“格式”选项卡“排列”选项组中的“自动换行”按钮，在弹出的菜单（图 1-72）中选择环绕方式。

方法二：“布局”对话框。选定图片，单击功能区图片工具“格式”选项卡“大小”选项组右下角的，或在图 1-72 所示的菜单中选“其他布局选项”命令，或右击鼠标，在快捷菜单中选“大小和位置”命令打开“布局”对话框（图 1-73）。在“文字环绕”选项卡中进行设置。

（4）移动图片的位置

被插入图片的默认方式是嵌入式图片，可以看作是文字中一个特别巨大的字符，此时移动图片就是移动该图片在文字中的位置。移动图片的方法如下。

方法一：选中要移动的图片，用鼠标光标拖动图片到目标位置，释放鼠标即可。

方法二：在“布局”对话框（图 1-74）的“位置”选项卡中设置。

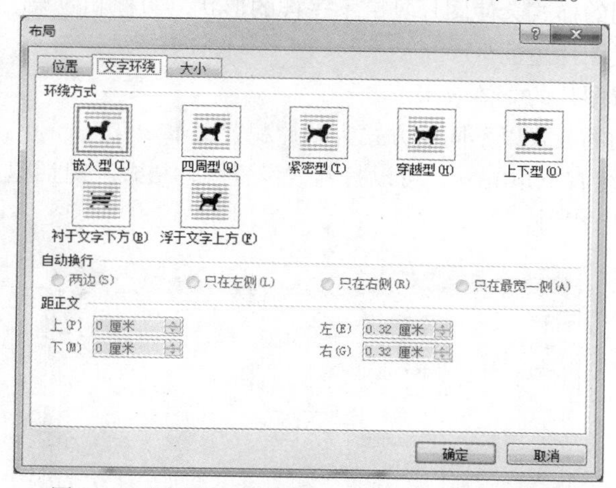

图 1-73　“布局”对话框——“文字环绕”选项卡

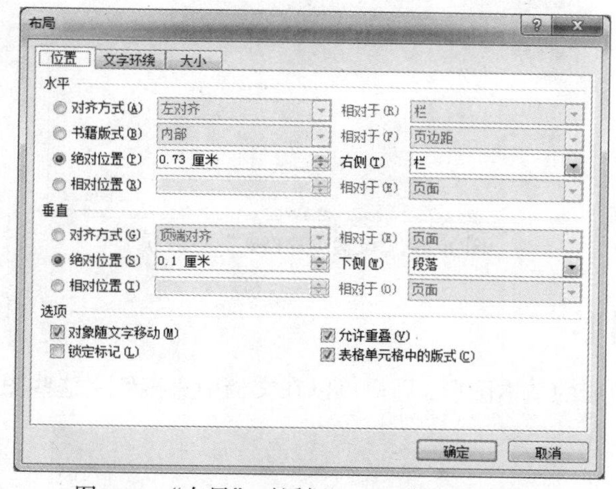

图 1-74　“布局”对话框——“位置”选项卡

4. 图片处理

Word 2010 新增了一系列的图片处理功能，可以完成一些专业图片处理软件才能进行的图片处理功能，如图片柔化和锐化、调整图片亮度和对比度、修改图片的颜色、添加艺术字效果等。图片处理功能集中在图片工具“格式”选项卡的“调整”选项组和“图片样式”选项组（图 1-75）中。

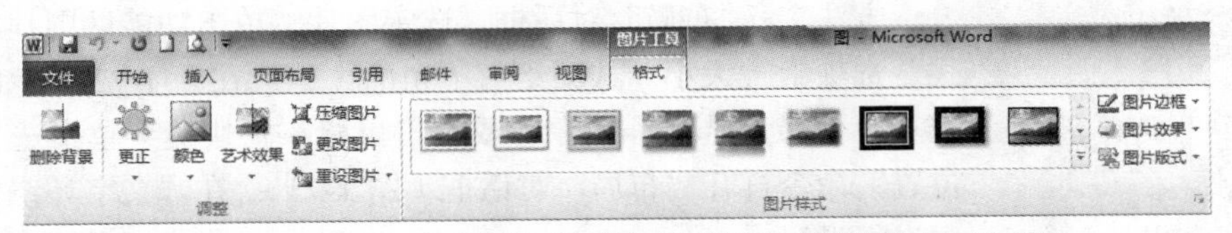

图 1-75　“格式”选项卡的“调整”选项组和“图片样式”选项组

- 删除背景：用于突出或强调图片的主题。
- 更正：柔化和锐化图片、调整图片的亮度和对比度。
- 颜色：调整颜色饱和度、修改色调、重新为图片着色。
- 艺术效果：为图片添加艺术效果，如使图片具有水墨画的效果。
- 图片样式：不同的样式会使图片具有不一样的形状、边框和效果。
- 图片边框：设置图片边框。
- 图片效果：设置图片的立体效果。
- 图片版式：不同的版式以不同的方式为图片配置文本。

单击“样式”选项组右下角的，可以打开“设置图片格式”对话框（图 1-76），前述的图片处理功能都可以在这里找到。

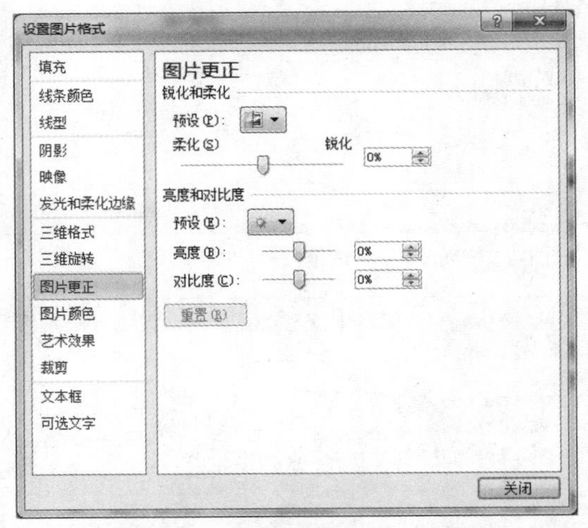

图 1-76　“设置图片格式”对话框

1.5.2　绘制图形

Word 提供了一套现成的基本图形，用户可以在文档中直接使用这些图形，并可以对图形进行组合、编辑等。

1. 绘制自选图形

绘制自选图形的操作步骤如下。

➢ 单击功能区“插入”选项卡“插图”选项组中的“形状”按钮，在打开的“形状”下拉选项框（图 1-77）中单击所需的自选图形。

- ➢ 在要插入图形的位置，按住鼠标左键拖动。画圆、正方形需按住【Shift】键同时拖动鼠标。
- ➢ 释放鼠标。

2. 在绘制的图形中插入文字

在绘制的图形中插入文字的操作步骤如下。

- ➢ 选定要插入文字的自选图形。
- ➢ 单击鼠标右键，在弹出的快捷菜单中选择“添加文本”命令。
- ➢ 输入文字，当完成文字的输入后，在文本的其他位置单击鼠标即可。

3. 图形格式

与图片相同，已插入的图形可以调整大小、移动位置以及设置环绕方式等，其操作方法与设置图片的方法相同，这里就不再赘述。

4. 选定图形、图片、文本框等对象

选定单个图形、图片和文本框的方法如下。

方法一：鼠标单击该对象。

方法二：插入的图片、绘制的图形和文本框，Word 是按先后顺序排列它们的。单击选定任意对象后，按【Tab】键循环向前选中对象，或按【Shift+Tab】组合键向后选中对象。

若图形或图片的环绕方式为“嵌入型”，每次只能选定一个对象。若为非嵌入型的对象则可以同时选定多个，多选对象的方法如下。

方法一：单击选中第一个对象后，按住【Shift】键或【Ctrl】键，单击其他对象。

方法二：单击功能区“开始”选项卡“编辑”选项组中的“选择”按钮，在打开的“选择”菜单（图 1-78）中单击“选择对象”命令，再按住【Shift】键或【Ctrl】键，单击选取对象。与方法一不同，这种状态下只能选取对象，不能处理文档中的文字，而方法一可以随时单击文字处理文本。再次进入“选择”菜单单击“选择对象”命令，取消选取对象的状态。

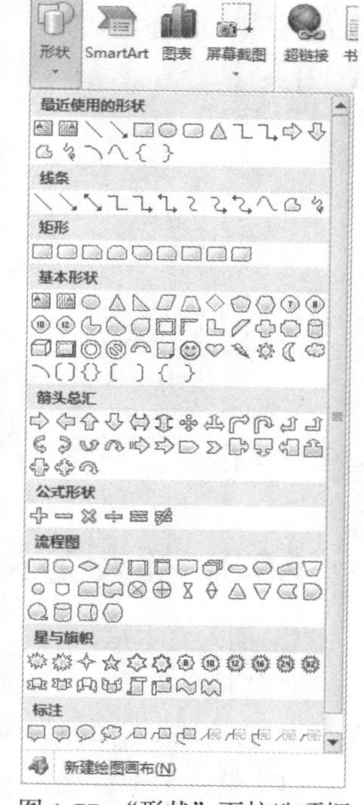

图 1-77 “形状”下拉选项框

方法三：在图 1-78 所示的“选择”菜单中选取“选择窗格”命令，则会在 Word 窗口的右侧打开一个“对象选择”窗格（图 1-79），在窗格中按【Shift】键或【Ctrl】键单击选取对象。

5. 对象的叠放次序

若多个对象（图形、图片和文本框）都设为非嵌入型时，这些对象是有上下位置关系的，Word 称之为叠放次序。调整对象叠放次序的方法如下。

方法一：选中对象后，在功能区图片工具“格式”选项卡“排列”选项组中有“上移一层”和“下移一层”按钮。

方法二：在对象上右击鼠标，在弹出的快捷菜单中有“置于顶层”和“置于底层”命令（图 1-80），利用它们可以调整图形的上下叠放次序。

6. 组合对象

Word 提供了很多的图形，但用户仍然会需要一些其他图形，我们可以利用 Word 的现有图形自己组合出新的图形。绘制组合图形的步骤如下。

- ➢ 插入需要的基本图形。

- ➢ 设置图形合适的填充颜色和边框线。在功能区图片工具“格式”选项卡“形状样式”选项组中有“形状填充”和“形状轮廓”按钮，分别用于设置图形的填充颜色和边框线。
- ➢ 移动图形，并调整图形的上下叠放次序。
- ➢ 选中所有的图形。
- ➢ 组合图形。单击功能区图片工具“格式”选项卡“排列”选项组中的“组合”按钮，或在对象上单击右键，在如图 1-80 所示的快捷菜单中选“组合”命令，则选中的多个图形被组合成一个图形。

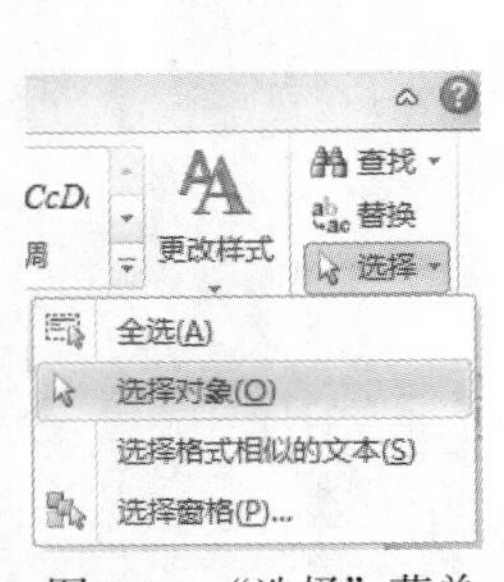

图 1-78 “选择”菜单

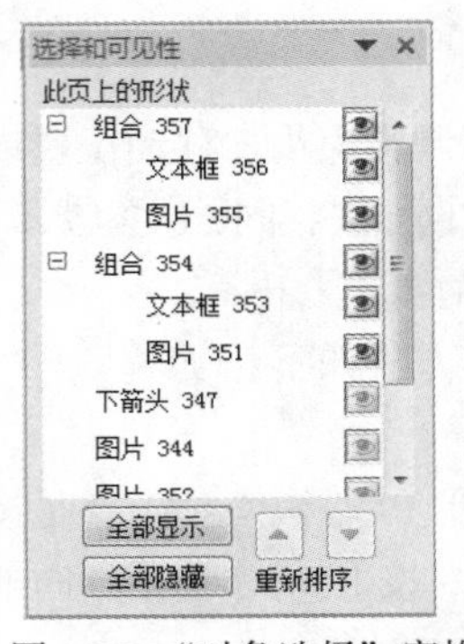

图 1-79 “对象选择”窗格

图 1-80 快捷菜单

1.5.3 插入文本框和艺术字

1. 插入文本框

文本框是可以输入文字的小方框，是存放文本或图形的容器。在默认情况下，文本框是浮于文字上方的。文本框分为横排文本框和竖排文本框两种，两者可以相互转换的。

（1）插入文本框

插入文本框的方法为：单击功能区“插入”选项卡“文本”选项组中的“文本框”按钮，在打开的下拉列表项中，选择所需要的类型。

（2）编辑文本框

在默认情况下，文本框是浮于文字上方的。文本框也属于图形对象，前述的图形对象可用的设置操作大多数也可用于文本框。

- 文本框类型：文本框分为横排文本框和竖排文本框两种，两者可以相互转换，只需要更改文字的方向即可。
- 文本框内文字方向：选中文本框，单击功能区“页面布局”选项卡“页面设置”选项组中的“文字方向”按钮选择文本框内文字的方向。正文文字的方向不可以选“将文字旋转 90 度”和“将所有文字旋转 270 度”，而文本框中文字可选。
- 文本框内文字与框边界的距离设置如下。
  - ✧ 光标定位在文本框的文字上，在功能区“页面布局”选项卡“段落”选项组中设置“缩进”，或打开“段落”对话框，设置段落左右缩进来控制框内文字与左右边框的距离。
  - ✧ 选中文本框，单击功能区图片工具“格式”选项卡“形状样式”选项组右下角的 ，可以打开“设置形状格式”对话框（图 1-81），其中的内部边距与段落的左右缩进是各自发挥作用的。

- 图形转换为文本框：在图形上右击鼠标，在快捷菜单中选“添加文字”，其实就是将图形转换成文本框。
- 文本框内插入图片：在文本框中可以插入图片，该图片的环绕方式只能是嵌入式的。
- 图文混排：所谓的图文混排是指正文文字和图形对象之间混排，即文本框内的图片不能再混排，而整个文本框属于图形对象，可以和正文混排。

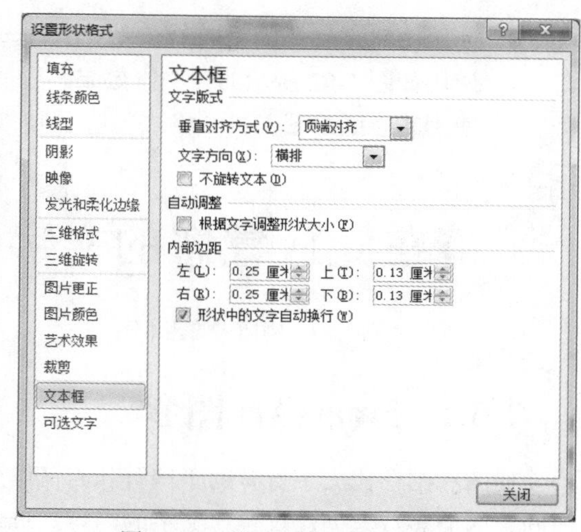

图 1-81　“设置形状格式”对话框

2. 插入艺术字

在 Word 2003 版本中的艺术字是指将现有文字字体进行变形、填充，使文字具有美观有趣、易认易识、醒目张扬等特性，是一种有图案意味或装饰意味的字体变形，而正文中的普通的文字不能变形、填充等。但在 Word 2010 版本中，正文文字也能进行变形、填充、加阴影和发光效果，而艺术字退化为文本框。

（1）插入艺术字

Word 2010 中插入艺术字的方法如下。

方法一：插入一个文本框，输入需要的文字，选中文本框中的文字，单击功能区“开始”选项卡“字体”选项组中的“文本效果”按钮，在打开的“文本效果”下拉选项框（图 1-82）中选择需要的文字样式。

方法二：使用“艺术字”按钮。单击功能区“插入”选项卡“文本”选项组中的“艺术字”按钮，在打开的“艺术字样式”下拉列表项（图 1-83）中，选择所需要的类型，插入后的艺术字如图 1-84 所示。删除“请在此放置您的文字”后输入需要的文字。

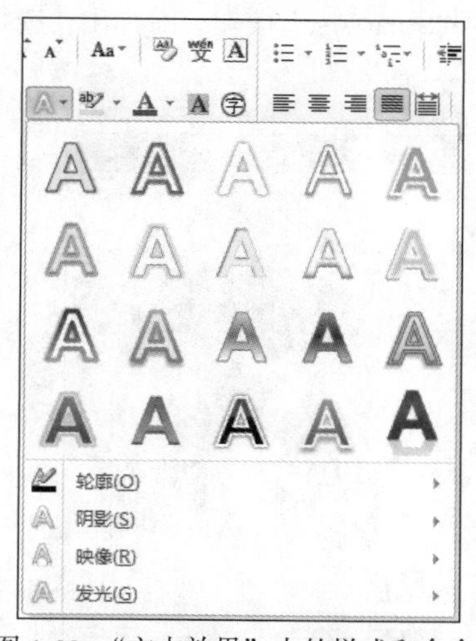

图 1-82　“文本效果”中的样式和命令

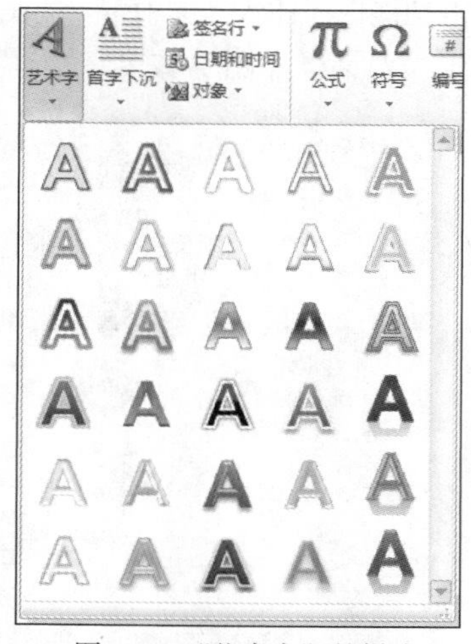

图 1-83　“艺术字”的样式

（2）修改艺术字格式

插入后的艺术字就是文本框，因此修改文字格式有以下三个途径。

- 使用功能区“开始”选项卡“字体”选项组中的各个按钮。
- 使用如图 1-82 所示的“文本效果”中的样式和命令。
- 使用功能区绘图工具“格式”选项卡“艺术字样式”选项组（图 1-85）中的各个按钮。

图 1-84　刚插入的艺术字

图 1-85　“艺术字样式”选项组

1.5.4　SmartArt 图形

插图和图形比文字更有助于理解和回忆信息，但要创建具有设计师水准的插图需要花费大量时间，因而多数人创建仅包含文字的内容。SmartArt 图形是一种文字图形化的表现方式，它帮助用户制作层次分明、结构清晰、外观美观的专业设计师水平的文档插图（图 1-86）。

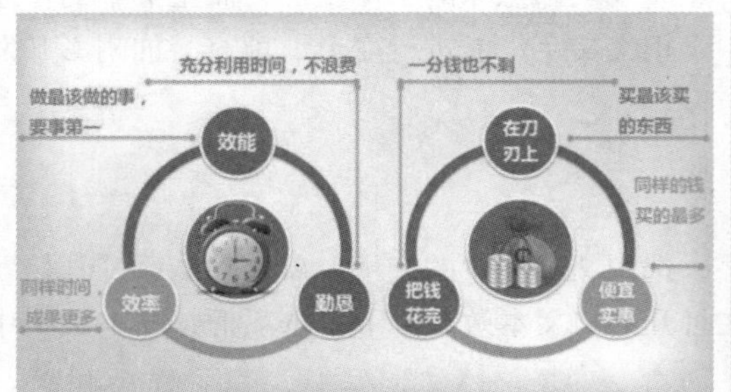

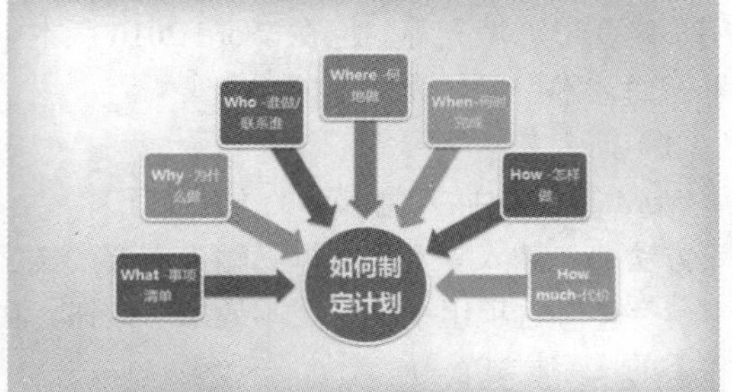

图 1-86　SmartArt 图示例

1. 创建 SmartArt 图形

创建 SmartArt 图形的操作步骤如下。

➢ 单击功能区“插入”选项卡“插图”选项组中的“SmartArt”按钮，即弹出“选择 SmartArt 图形”对话框（图 1-87）。

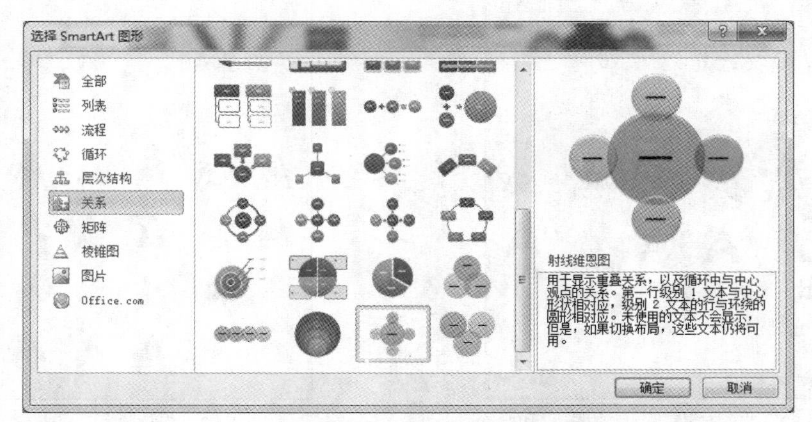

图 1-87　“选择 SmartArt 图形”对话框

➢ 在“选择 SmartArt 图形”对话框中选取需要的图形。SmartArt 图形有八大类，可以先选定大类，再选需要的图形。

➢ 在各个文本框中输入相应的文字。

2. **修改 SmartArt 图形的格式**

选中任意一个 SmartArt 图形中的文本框，功能区中都将动态出现 SmartArt 工具“设计”和“格式”选项卡（图 1-88），使用这两个选项卡中的按钮就可以快速修改 SmartArt 图形中文本框和框内文字的格式。

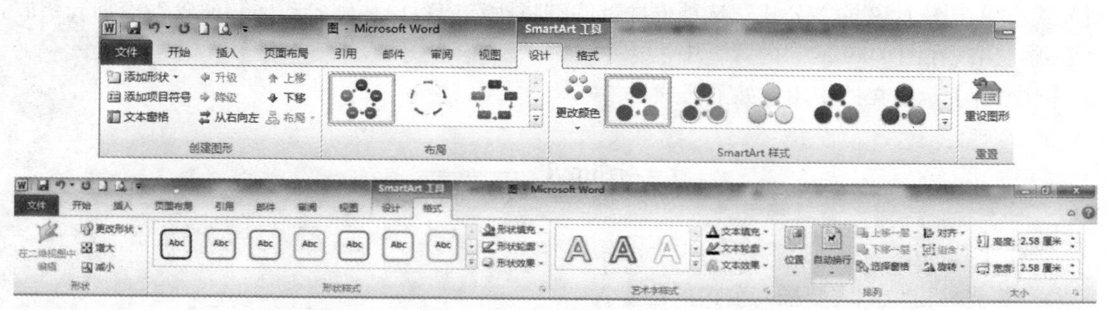

图 1-88　SmartArt 工具“设计”和“格式”选项卡

1.5.5　插入数学公式

在科技论文中，常常需要输入一些数学公式或数学表达式，Word 2010 中可以方便地插入和编辑公式。

1. **插入公式**

插入数学公式的方法为：单击功能区“插入”选项卡“符号”选项组中的“公式”按钮，即弹出“公式”选项框（图 1-89）。

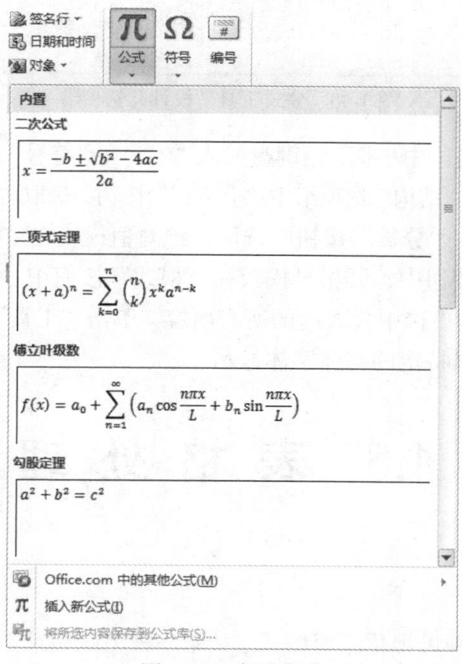

图 1-89　内置公式

● 内置：Word 内置了一些基本的公式，单击后在当前光标处可直接插入公式。

- 插入新公式：创建一个空白的新公式，完全由用户根据需要自己逐步输入。

2. 编辑公式

无论插入的是内置公式还是新公式，选中公式即进入公式编辑状态，此时功能区中动态出现公式工具“设计”选项卡（图 1-90）。

若已建立的公式需要经常被使用，则可以将该公式添加到公式库。其方法为：选中要添加的新公式，单击图 1-89 的“公式”选项框底部的“将所选内容保存到公式库”命令。添加完毕后，该公式将出现在图 1-89 的“内置”中。

【例 1-1】 在文档中建立如下公式：

$$\sigma = 4\pi \lim_{R\to\infty} R^2 \frac{|E|}{\sqrt[3]{a^2+b^2}}$$

操作步骤如下。

- 将光标定位到需要插入公式的位置。
- 单击功能区“插入”选项卡“符号”选项组中的“公式”按钮，在图 1-89 的选项框中选“插入新公式”，进入公式编辑状态。
- 在公式工具“设计”选项卡的“符号”选项组中找到“σ”，使用“符号”选项组右侧的滚动条可以显示出更多的符号。
- 用键盘直接输入“=4”，再从“符号”选项组中选取“π”。
- 单击“设计”选项卡“结构”选项组中的“极限和对数”按钮，在打开的选项框中，选取“$\lim_{\square}\square$”。

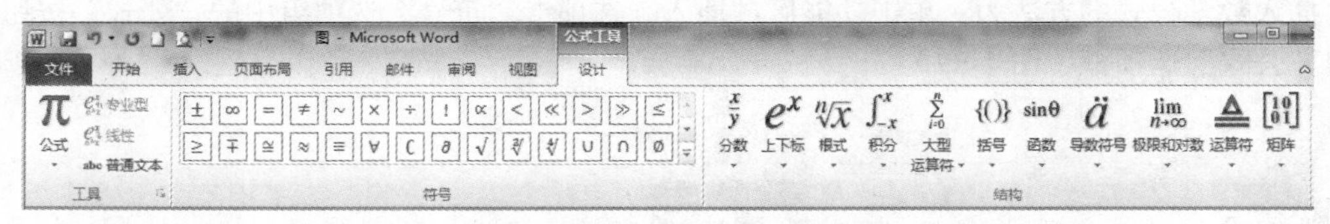

图 1-90 公式工具“设计”选项卡

- 单击下方的虚线小框选中小框，用键盘输入“R”，在“符号”选项组中选取“→”和“∞”；
- 选中右侧小框，单击“结构”选项组中“上下标”按钮，选取“$\square^{\square}$”，分别输入“R”和“2”。
- 公式中的分式模板在“分数”按钮中选取，绝对值模板在“括号”按钮中选取，“→”模板在“导数符号”按钮中，开根号模板在“根式”按钮中。
- 输入完所有的内容后，选中公式内的所有内容，单击“工具”选项组中的“普通文本”按钮，公式中的字符以特定的斜体字体显示。

1.6 表格处理

1.6.1 创建表格

表格又称为表，它是一种可视化交流模式，又是一种组织整理数据的手段。人们在通信交流、科学研究以及数据分析活动中广泛采用各种表格。在各种书籍和技术文章中，表格通常放在带有编号和标题的浮动区域内，以此区别于文章的正文部分。

在 Word 中，表格由一行或多行单元格组成，用于显示数字和其他项以便快速引用和分析。表格的水平方向为行，垂直方向为列，表中的每一格称为单元格。表头一般指表格的第一行，指明表格每一列的内容和意义。

1. 插入表格

插入表格的方法如下。

方法一：“表格”按钮。将光标定位到要插入表格的位置，单击功能区“插入”选项卡“表格”选项组的“表格”按钮，在弹出的“表格”选项框（图 1-91）中通过拖动鼠标来设定表格的行数与列数，然后单击鼠标，当前光标处即出现一个表格。

方法二：“插入表格”对话框。将光标定位到插入位置，在图 1-91 的选项框中，选择“插入表格”命令，弹出“插入表格”对话框（图 1-92）。在该对话框中设置表格的列数、行数及列宽。

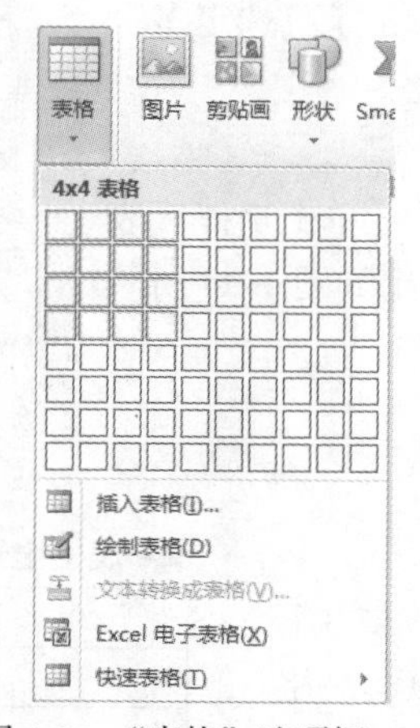

图 1-91　“表格”选项框

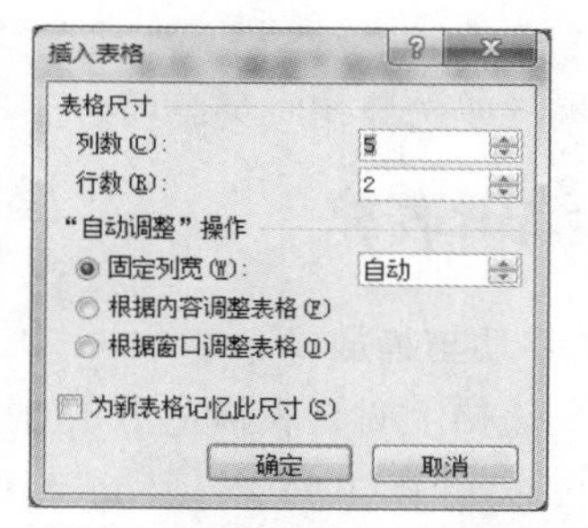

图 1-92　“插入表格”对话框

方法三：插入快速表格。将光标定位到插入位置，在图 1-91 的选项框中，单击“快速表格”命令后选择需要的表格模板。快速表格的行列数不可选，但是可以用后述的表格编辑功能修改行列数。

2. 表格工具

选定表格，功能区会动态增加两个表格工具“设计”选项卡和“布局”选项卡（图 1-93）。

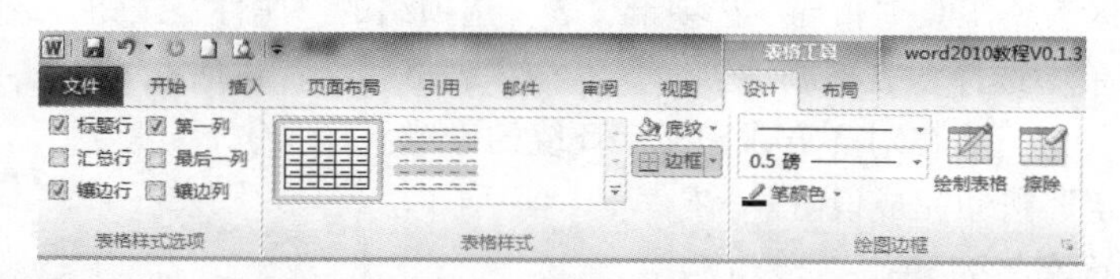

图 1-93　表格工具“设计”选项卡和“布局”选项卡

3. 选定表格

选定表格或部分表格的方法如下。

方法一：利用鼠标和键盘按键。

- 选定整个表格：将鼠标指针放到表格的任意位置，表格左上角出现一个“⊞”标记，单击该标志即可选定整个表格。
- 选择列：将鼠标指针定位在要选定列的上方，当鼠标指针变成↓时，单击鼠标左键，即可选定所需列；在选定起始列后持续按住鼠标左键拖动鼠标或【Shift+单击】可选定多个连续列；【Ctrl+单击】可选定不连续列。
- 选择行：将鼠标指针定位在要选定行的左侧，当指针变成指向右上方的白色空心箭头时，单击鼠标左键即可选定该行；在选定起始行后持续按住鼠标左键拖动或【Shift+单击】可选定多个连续行；【Ctrl+单击】可选定不连续行。
- 选择单元格：将鼠标指针放到要选定单元格的左边线上，鼠标指针变成↗时，单击鼠标左键即可选定该单元格；在鼠标指针显示为↗时持续按住鼠标左键在单元格上拖动鼠标或【Shift+单击】可选定多个连续的单元格；【Ctrl+单击】可选定不连续的单元格。
- 单元格内容的选定：与正文文字的选定方法相同。

方法二：“选择”按钮。将光标定位在表格相应单元格中，单击功能区表格工具“布局”选项卡“表”选项组中的“选择”按钮，弹出如图 1-94 所示的菜单项，根据需要选择相应菜单项。

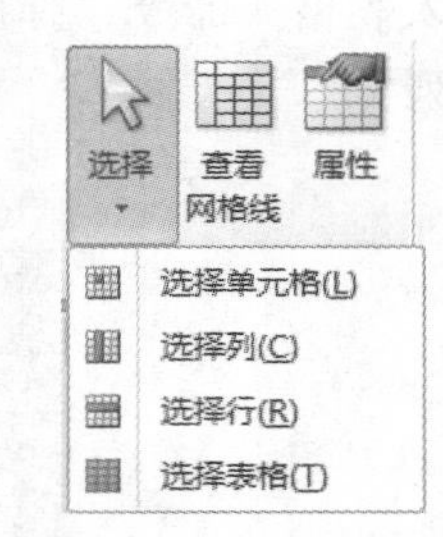

图 1-94 “选择”按钮

1.6.2 编辑表格

1. 表格的移动与缩放

当鼠标移到表格上时，表格左上角有一个全选标志⊞，在右下角有一个缩放标志□（图 1-95）。拖动表格的全选标志，可以将表格移动到其他位置；当鼠标移动到缩放标志上时，按住鼠标拖动可改变整个表格的大小。

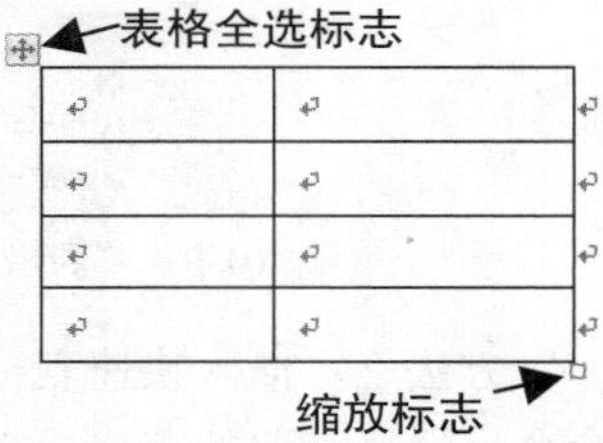

表格全选标志

缩放标志

图 1-95 表格控制点

2. 表格在页面中的位置

利用表格属性可以设置表格在页面的位置和与周围文字的环绕方式，操作步骤如下。

- 将光标置于表格中的任一单元格中。
- 选择功能区表格工具“布局”选项卡“表”选项组的“属性”按钮，或单击鼠标右键，在弹出的菜单中选择“表格属性”命令，在“表格属性”对话框（图 1-96）中的“表格”选项卡中，进行表格对齐方式和文字环绕的设置。
- 单击“确定”按钮完成设置。

3. 设置表格行高与列宽

设置表格行高与列宽的方法如下。

方法一：使用鼠标。将鼠标指向表格边线，按住鼠标左键拖动鼠标进行尺寸的修改，直到满意后松开鼠标左键即可。选定单元格后拖动表格边线，与不选定单元格拖动表格边线的处理结果是不同的。

方法二：功能区按钮。选定要调整的整行或整列，或选定行或列所在的某一个单元格，在功能区表格工具“布局”选项卡中的“单元格大小”选项组中修改行高或列宽。

方法三："表格属性"对话框。在"表格属性"对话框，打开"行"或"列"选项卡（图 1-97），可分别对行高或列宽进行精确设置。

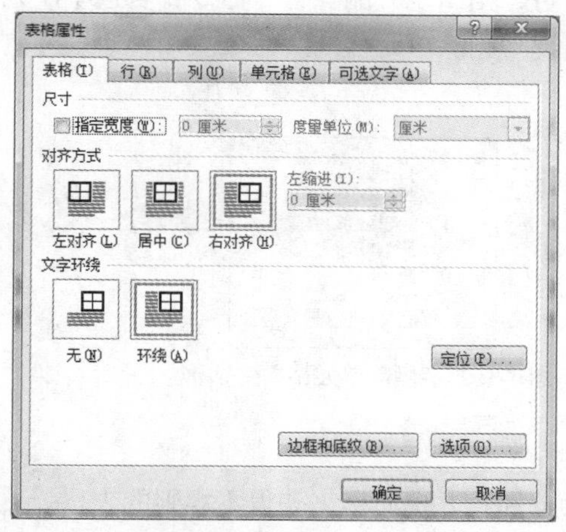

图 1-96 "表格属性"对话框——"表格选项卡"

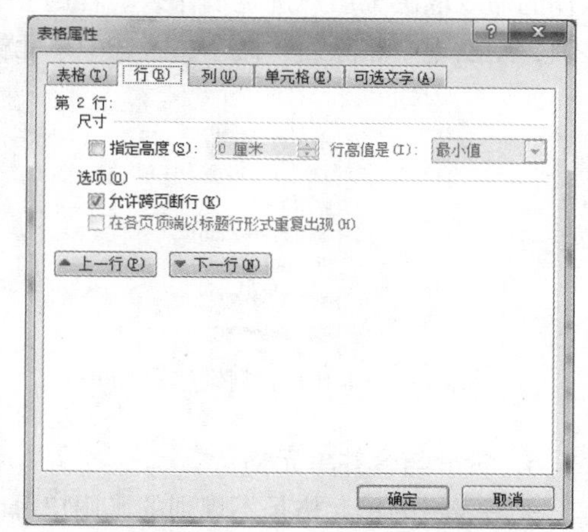

图 1-97 "表格属性"对话框——"行"选项卡

4. 插入行、列

在进行表格插入行（或列）操作时，若不选定单元格则将插入一行或一列。若选中多行（或列），则插入的行（或列）数等于选中的行（或列）数。

插入行或列的方法如下。

方法一：功能区按钮。选定需要的行（或列），单击功能区表格工具"布局"选项卡"行和列"选项组（图 1-98）中所需的按钮，即可插入行（或列）。

方法二："插入单元格"对话框。选定需要的行（或列），单击功能区表格工具"布局"选项卡"行和列"选项组右下角的 ，则弹出"插入单元格"对话框（图 1-99），选择合适的"整行插入"或"整列插入"后，单击"确定"按钮。

方法三：快捷菜单。选定需要的行（或列），右击后弹出快捷菜单，选择"插入"命令，在弹出的子菜单（图 1-100）中选择合适的命令。

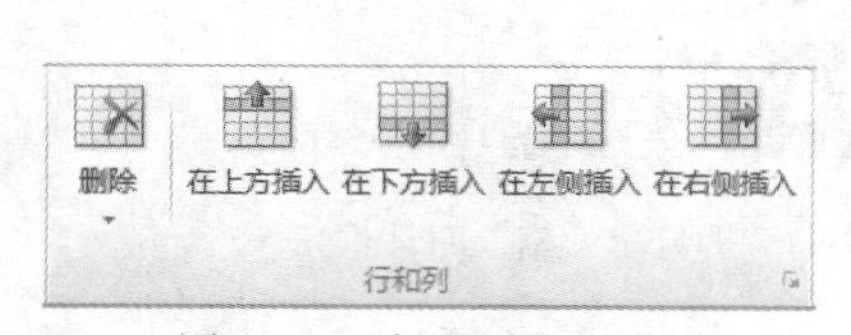

图 1-98 "行和列"选项组

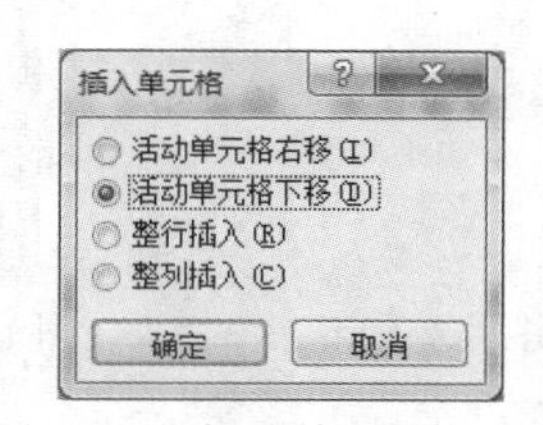

图 1-99 "插入单元格"对话框

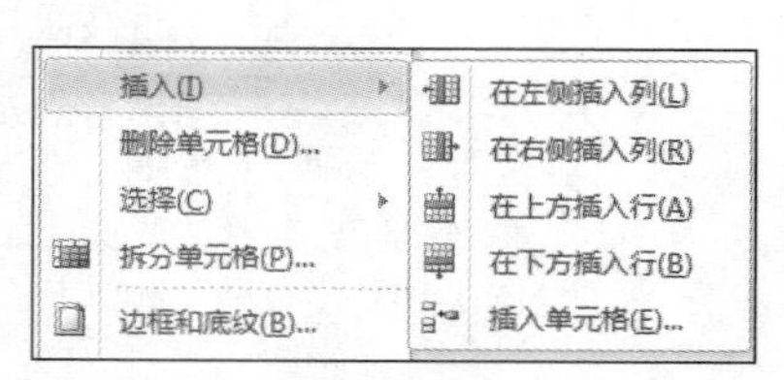

图 1-100 "插入"子菜单

5. 删除行、列

在进行表格删除行（或列）操作时，若将光标定位到行（或列）所在的单元格，则将删除光标所在行（或列）。若选中多行（或列），则删除选中的行（或列）。

删除行或列的方法如下。

方法一：功能区按钮。选定要删除的行（或列），单击功能区表格工具"布局"选项卡"行和列"选项组中的"删除"按钮，在弹出的菜单（图 1-101）中选择合适的命令。

方法二："删除单元格"对话框。选定行（或列），在图 1-101 的菜单中选"删除单元格"命令，弹出“删除单元格”对话框（图 1-102），选择合适的删除方式后，单击“确定”按钮。

方法三：快捷菜单。在表格上右击鼠标，在快捷菜单中含有一项与删除有关的命令，出现什么样的命令取决于用户选定了什么。若选中一行或多行，则出现“删除行”命令；若选中一列或多列，则出现“删除列”命令；若选中单元格，则出现“删除单元格...”命令。

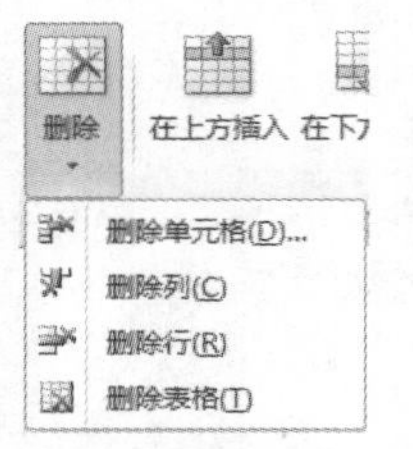

图 1-101 “删除”子菜单

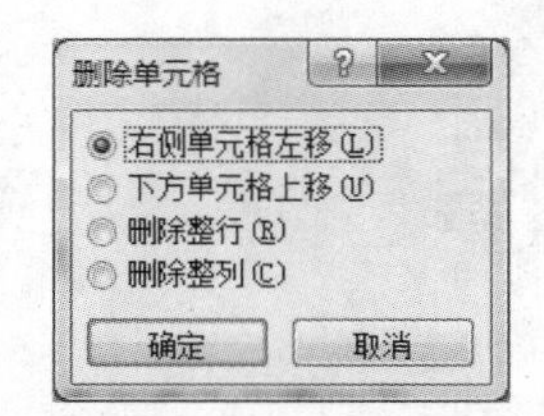

图 1-102 “删除单元格”对话框

6. 拆分与合并单元格

很多表格的单元格是不规则的，用户可以通过拆分和合并单元格来获得不规则的表格。

（1）合并单元格

合并单元格的方法如下。

方法一：功能区按钮。选定要合并的单元格，单击功能区表格工具“布局”选项卡“合并”选项组中的“合并单元格”按钮（图 1-103）。

方法二：快捷菜单。选定要合并的单元格，在右击后弹出的快捷菜单中选择“合并单元格”命令。

（2）拆分单元格

拆分单元格的方法如下。

方法一：功能区按钮。光标定位到要拆分的单元格或选中要拆分的单元格，单击功能区表格工具“布局”选项卡“合并”选项组中的“拆分单元格”按钮，在弹出的“拆分单元格”对话框（图 1-104）中设置拆分参数，单击“确定”完成拆分。

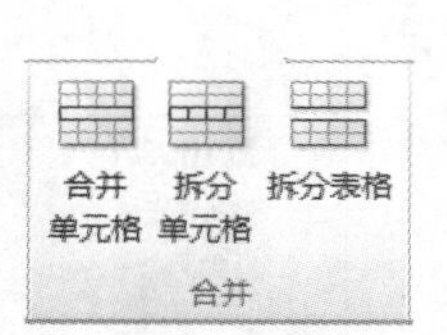

图 1-103 “布局”选项卡“合并”选项组

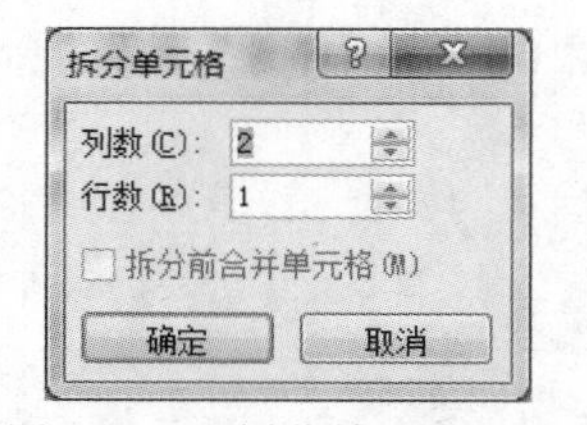

图 1-104 “拆分单元格”对话框

方法二：快捷菜单。光标定位到要拆分的单元格或选中要拆分的单元格，在右键单击后弹出的快捷菜单中选择“拆分单元格”命令。

7. 嵌套表格

拆分和合并单元格会产生不规则表格（图 1-105）。而嵌套表格则是表格中的某个单元格含有另一个表格（图 1-106）。创建嵌套表格的步骤如下。

➢ 将光标定位在单元格，一定不要选中单元格。

➢ 用本章 1.6.1 小节中插入表格的方法一和方法二，都可以产生嵌套表格。

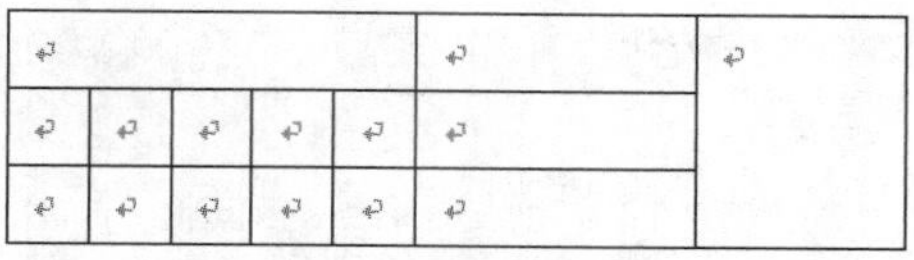

<table>
<tr><td colspan="5">↵</td><td>↵</td><td rowspan="3">↵</td></tr>
<tr><td>↵</td><td>↵</td><td>↵</td><td>↵</td><td>↵</td><td>↵</td></tr>
<tr><td>↵</td><td>↵</td><td>↵</td><td>↵</td><td>↵</td><td>↵</td></tr>
</table>

图 1-105　含有拆分和合并单元格的表格

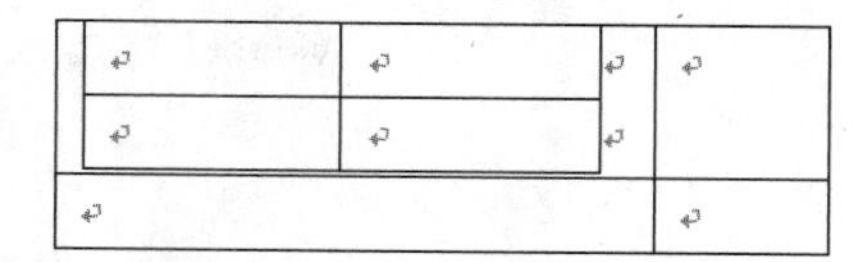

图 1-106　嵌套表格

8. 拆分与合并表格

（1）合并表格

合并表格的具体操作步骤如下。

- 选中其中的一个表格。
- 将鼠标指针移入选定区域鼠标指针变为时，按下鼠标左键并拖动鼠标。
- 当鼠标被拖到第二个表格右边或下边时，释放鼠标可从右侧或下边合并表格。

当鼠标指针拖至某个单元格时，释放鼠标会产生嵌入表格，而不是合并表格。

（2）拆分表格

拆分表格是指将一个表格从某行一分为二，变成两个表格，拆分表格的操作步骤如下。

- 将光标的插入点置于拆分后新表格的第一行中的任意单元格。
- 单击功能区表格工具“布局”选项卡“合并”选项组中的“拆分表格”按钮，即将表格一分为二。

9. 表格的边框和底纹

表格的任一线条都可以单独设置线型、粗细和颜色，任一单元格都可以单独设置底纹。设置表格和单元格边框和底纹的方法如下。

方法一：选定表格或单元格，单击功能区“开始”选项卡“段落”选项组中的“边框线”按钮，或单击功能区表格工具栏“布局”选项卡“设计”选项组中的“边框线”按钮，打开“边框”子菜单（图 1-107），菜单左侧图标为浅橙色的表示有对应的边框线，单击相关的菜单项可以在添加框线和去除框线之间切换。

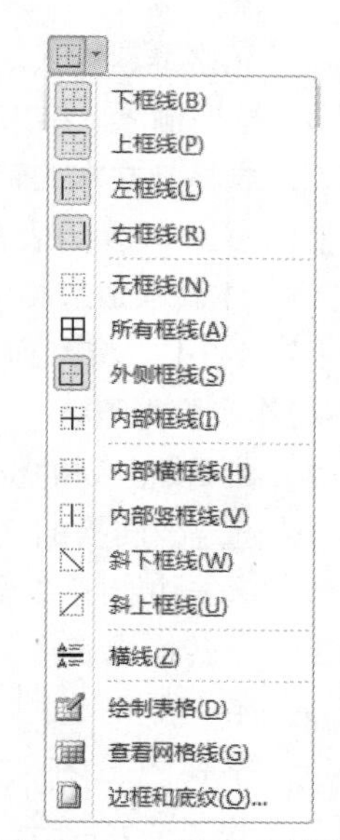

图 1-107　“边框”子菜单

方法二：选定表格或单元格，单击“开始”选项卡“段落”选项组中的“底纹”按钮，或单击功能区表格工具“布局”选项卡“设计”选项组中的“底纹”按钮，打开“底纹”选项框（图 1-108），选取需要的颜色。

方法三：利用“边框和底纹”对话框。选定表格或单元格，单击图 1-107“边框”子菜单中的“边框和底纹”命令，或在右击后弹出的快捷菜单中单击“边框和底纹”命令，都会打开如图 1-109 所示的“边框和底纹”对话框。“边框”选项卡设置表格线的格式，“底纹”选项卡设置单元格或表格的底纹颜色和图案式样。

方法四：单击功能区表格工具“设计”选项卡，利用“绘图边框”选项组中的按钮可以添加、修改和擦除表格线。

方法五：利用功能区表格工具“设计”选项卡“表格样式”选项组中的表格样式，可以快速地为表格设置边框和底纹。

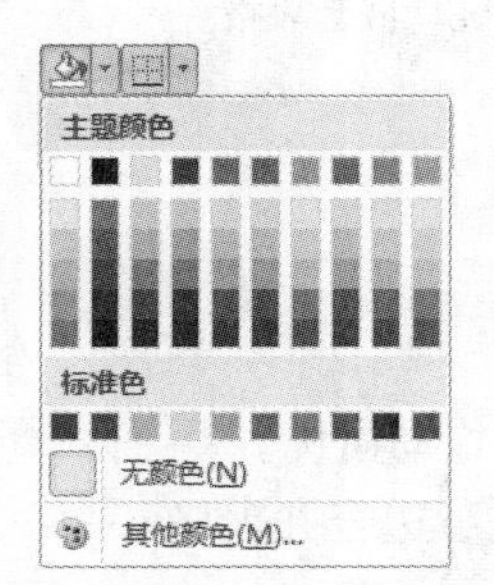

图 1-108 “底纹颜色”选项区

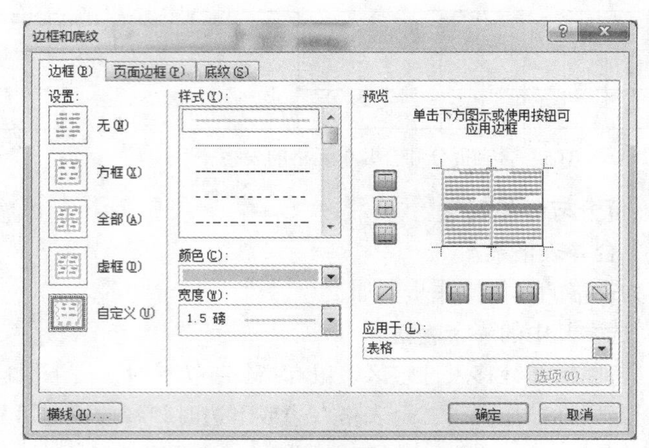

图 1-109 “边框和底纹”对话框

1.6.3 表格内容

1. 在表格中输入内容

在表格中输入内容，只需把插入点移到要输入文本的单元格，再输入文本即可。若输入的文本宽度大于列宽时，系统自动换行，该行的行高自动增加，单元格内的文字可以分段。

在输入过程中有以下两种输入方向。

- 按行输入。结束某一个单元格输入后，按【Tab】键或【→】键将光标移至该行右边的单元格继续输入。
- 按列输入。结束某一个单元格输入后，按【↓】键将光标移到该列的下一单元格。

2. 表格与文本的转换

（1）文本转换为表格

将文本转换成表格时，使用逗号、制表符或其他分隔符标记新的列开始的位置。

【例 1-2】 将 1 到 12 这 12 个数字转换为 3 行 4 列的表格。

操作步骤如下。

- ➢ 在要划分列的位置插入特定的分隔符，如“,”号。
- ➢ 选定要转换的文本。
- ➢ 单击功能区“插入”选项卡“表格”选项组的“表格”按钮，在弹出的选项框中选择“文本转换成表格”命令，弹出“将文字转换成表格”对话框。
- ➢ 在“表格尺寸”区域的“列数”框中输入“4”，在“自动调整”操作区域选“根据内容调整表格”；在“文字分隔位置”区域选择所需的分隔符选项，如本例选“逗号”。所选择的文字分隔符一定要与实际一致。例如，文档中分隔要转换为表格的文字使用的是中文逗号，而对话框中键入的是英文逗号，那么转换的结果会出错。
- ➢ 单击“确定”按钮完成转换。整个过程如图 1-110 所示。

（2）表格转换为文本

当需要将表格转换成纯文本时，可以使用功能区表格工具“布局”选项卡“数据”选项组中的“转换为文字”按钮。

1,2,3,4
5,6,7,8
9,10,11,12

插入分隔符

1,2,3,4
5,6,7,8
9,10,11,12

选定文本

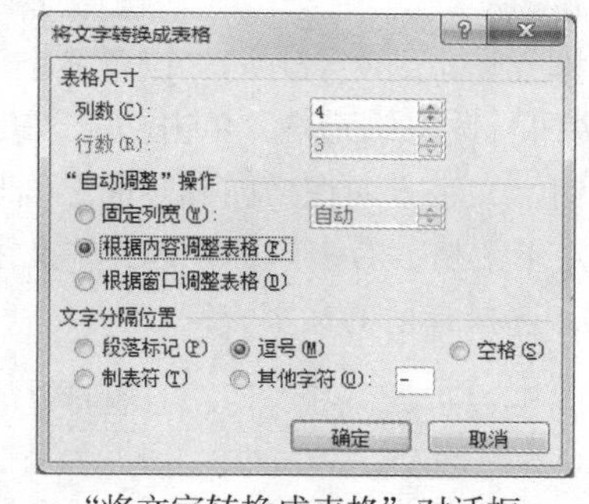

"将文字转换成表格"对话框

1	2	3	4
5	6	7	8
9	10	11	12

转换完成

图 1-110　文本转换为表格

【例 1-3】　将 3 行 4 列的表格转换为纯文本。

操作步骤如下。

- 选定要转换为纯文本的表格。
- 单击功能区表格工具"布局"选项卡"数据"选项组中的"转换为文字"按钮，弹出"表格转换成文本"对话框。
- 选取所需的文字分隔符，作为替代表格中列边框的分隔符，如"逗号"。
- 单击"确定"按钮，表格就被转换成为文本了。整个过程如图 1-111 所示。

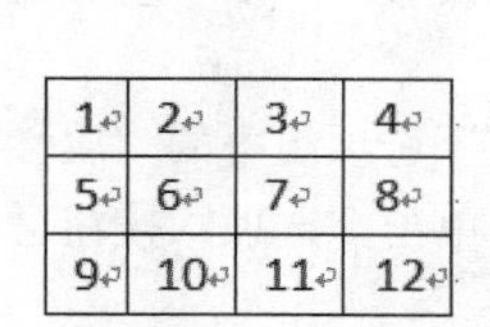

1	2	3	4
5	6	7	8
9	10	11	12

选定表格

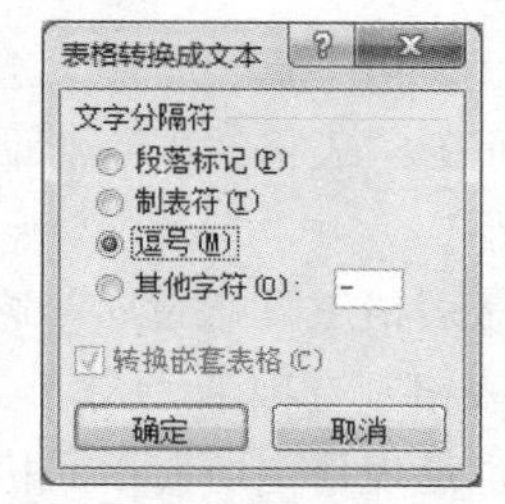

"表格转换成文本"对话框

1,2,3,4
5,6,7,8
9,10,11,12

转换完成

图 1-111　表格转换为文本

3. 表内文字的格式

（1）字体、段落格式

表格中文本的字体、段落格式的设置方法和正文文字的设置相同。选定单元格的文本，使用功能区"开始"选项卡中的"字体"选项组或"段落"选项组中的各个按钮，或者单击"字体"选项组或"段落"选项组右下角的 按钮，打开对话框设置。

（2）文字的对齐方式

单元格内文字的对齐方式有 9 种，设置对齐方式的方法如下。

方法一：仅设置水平方向上的文字对齐。用功能区"开始"选项卡中的"字体"选项组中的对齐按钮组。

方法二："对齐方式"按钮。选定单元格，在功能区表格工具"布局"选项卡"对齐方式"选项组（图 1-112）中选择合适的对齐方式按钮。

方法三：快捷菜单。选定单元格，右击鼠标，选择"单元格对齐方式"命令，选择合适的对齐方式按钮。

（3）文字方向

每个单元格可以设置横排或竖排的文字方向，设置文字方向的方法如下。

方法一："文字方向"按钮。选定单元格，单击功能区表格工具"布局"选项卡"对齐方式"选项组中的"文字方向"按钮，文字方向在横向和竖向之间切换。

方法二：快捷菜单。选定单元格，右击鼠标，选择"文字方向"命令，弹出"文字方向-表格单元格"对话框（图 1-113），选择合适的文字方向。

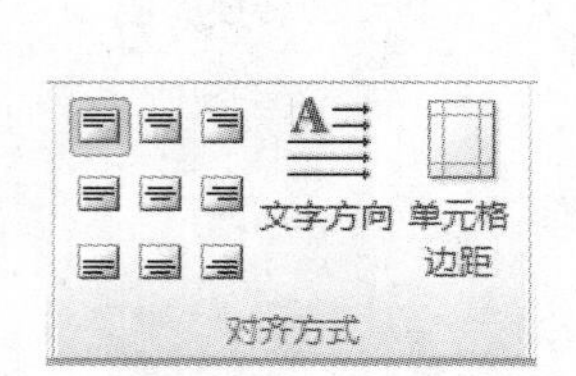

图 1-112 "对齐方式"选项组

图 1-113 "文字方向-表格单元格"对话框

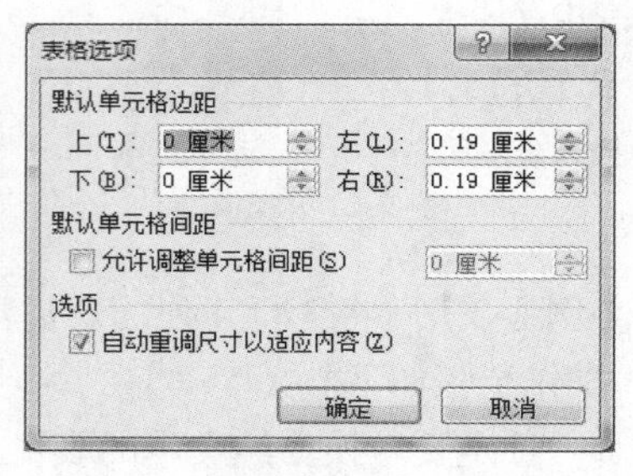

图 1-114 "表格选项"对话框

（4）单元格边距

单元格内的文字与四边的表格线之间是可以有一定距离的，这个就是单元格的边距。设置单元格边距的方式如下。

方法一：选中表格，单击功能区表格工具"布局"选项卡"对齐方式"选项组中的"单元格边距"按钮，会打开如图 1-114 所示的"表格选项"对话框，可以设置上、下、左、右边距。这时改动的是表格中所有单元格的边距。

方法二：选中表格，单击功能区表格工具"布局"选项卡"表"选项组中的"属性"按钮，在弹出的"表格属性"对话框的"表格"选项卡（图 1-115）中，单击"选项"按钮会弹出"表格选项"对话框。该设置项改动的也是表格中所有单元格的边距。

方法三：在"表格属性"对话框中单击"单元格"选项卡，单击"选项"按钮会弹出"单元格选项"对话框，如图 1-116 所示。此时设置项改动的是选中单元格或光标所在单元格的边距。

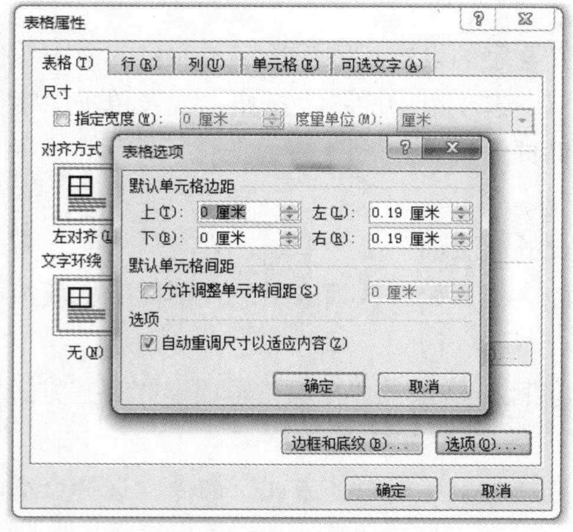

图 1-115 表格所有单元格的边距

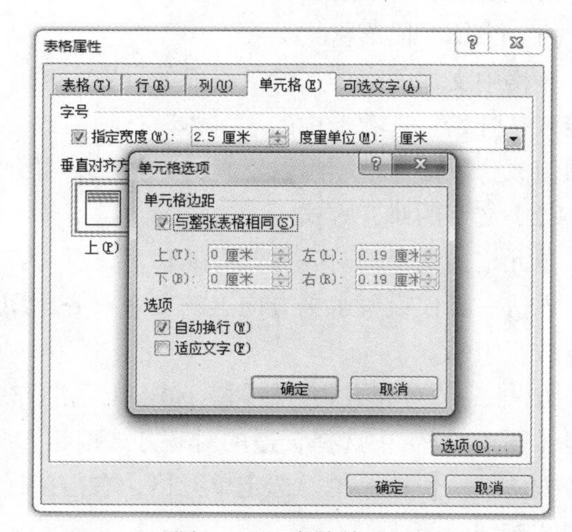

图 1-116 当前单元格的边距

（5）跨页表格的重复标题行

表格的第一行称为表头或标题行，指明表格每一列的内容和意义。当表格很长需要分页显示时，第二页上的表格是没有标题行的，用户就无法知道每一列的意义了。Word 提供了设置跨页重复标题行的功能，将光标定位于表格的第一行，单击功能区表格工具“布局”选项卡“数据”选项组内的“重复标题行”。若再次单击，则取消重复的标题行。

4. 表格中数据的计算

Word 表格具有简单的计算功能，可以借助这些计算功能完成简单的统计工作。表格中进行数据计算的操作步骤如下。

- ➢ 将光标定位在要存放结果的单元格。
- ➢ 单击功能区表格工具“布局”选项卡“数据”选项组中的“公式”按钮，会弹出“公式”对话框（图 1-117）。
- ➢ 在公式文本框中输入正确的公式。
- ➢ 单击“确定”按钮完成。

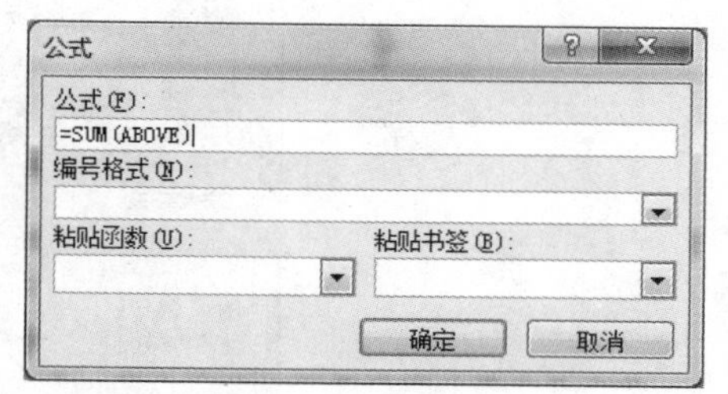

图 1-117　“公式”对话框

建立公式时的注意事项如下。

公式的格式：=函数(计算范围)

- 常用函数有 SUM（求和）、AVERAGE（求平均）、MAX（最大值）和 MIN（最小值）。
- 表示计算范围的关键字有 LEFT（左边），ABOVE（上面）。
- 默认计算的是连续的数字单元格，即要求被计算的数字与数字之间没有其他字符或汉字间隔。
- 要想查看计算结果单元格中所使用的公式，选中公式结果，右击鼠标，在快捷菜单中选择“切换域代码”命令。
- 当被计算的数据发生变化时，需要选中原来的计算结果，单击快捷菜单中的“更新域”或按【F9】键重新计算。
- 在复制时，复制的并不是计算结果而是计算公式。
- 可以用单元格的行列号来表示计算方位。
  - ✧ 表格中列用字母编号，叫列标，如 A，B，C，D……
  - ✧ 表格中行用数字编号，叫行号，如 1，2，3，4……
  - ✧ 单元格的名称用列标+行号来表示，如 A1，B2，C3，D4……
  - ✧ 选择不连续单元格用“,”表示。例如，（B2,D2）表示被计算的是 B2 和 D2 两个单元格。
  - ✧ 选择连续单元格用“:”表示。例如，（B2:D2）表示 B2 至 D2 中间所有的单元格都参与计算。

5. 表格的排序

排序是指将表格中的行按指定的方式重新调整顺序。进行排序的操作步骤如下。

- ➢ 将光标置于要排序的表格中。
- ➢ 单击功能区表格工具“布局”选项卡“数据”选项组中的“排序”按钮，会弹出“排序”对话框（图 1-118）。
- ➢ 设置排序的方式，单击“确定”完成。

排序时的注意事项如下。

- 首先依据主要关键字排序，主要关键字相同的行，按次要关键字排序，次要关键字也相同则依据第三关键字排序。
- “有标题行”表示第一行不参与排序，“无标题行”表示第一行参与排序。
- 在排序时可以对数字进行排序，也可以对汉字进行排序，汉字排序默认是按拼音字母顺序进行排序的，也可以按笔划的多少进行排序。

排序分为升序和降序，升序表示数据从小到大排列，降序表示数据从大到小排列。

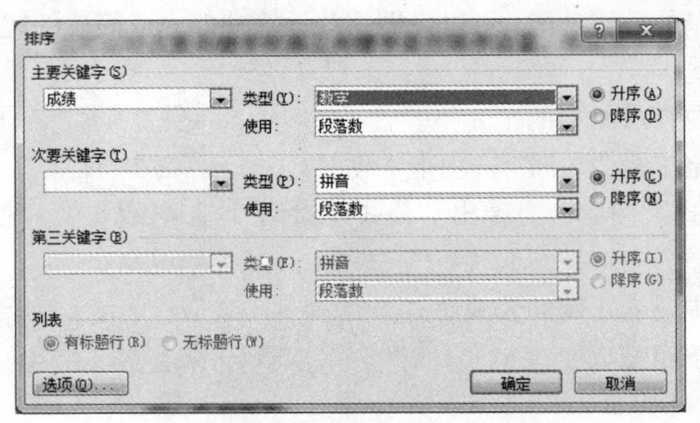

图 1-118 “排序”对话框

1.7 高级编排

1.7.1 样式

样式是存储在 Word 中的字符、段落、列表、表格格式的组合，利用它可以快速改变文字的格式，便于高效地统一文档格式。Word 中的样式分为：内置样式和自定义样式。

1. 内置样式

Word 内置了多种标准样式。打开功能区“开始”选项卡，其中的“样式”选项组中可见当前文档中可用的样式，图 1-119 是新文档中可用的内置样式。单击功能区“开始”选项卡“样式”选项组右下角的按钮，可打开如图 1-120 所示的“样式”窗格。

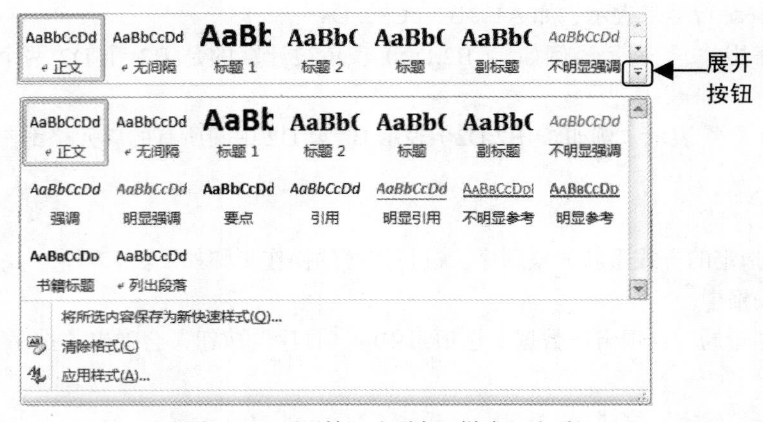

图 1-119 “开始”选项卡“样式”选项组

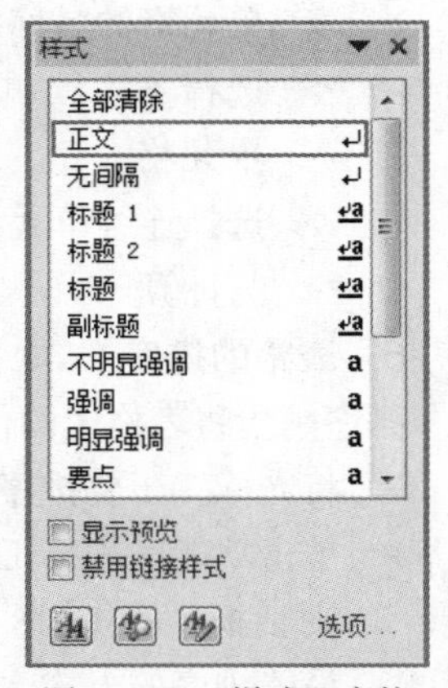

图 1-120 “样式”窗格

2. 自定义样式

（1）快速创建新样式

选中已经设置好格式的文字或段落，单击图 1-119 中的“将所选内容保存为快速样式”命令，在弹出的“根据格式设置创建新样式”对话框中输入新样式名后单击“确定”按钮，即创建了一个新样式。

（2）新建自定义样式

单击图 1-120 中的“新建样式”按钮，弹出“根据格式设置创建新样式”对话框（图 1-121），中间的“格式”区域可以设置一些基本的字符和段落格式，单击左下角的“格式”按钮，在弹出的菜单中可以选择各种需要的格式。新建自定义样式的作用方式有“仅限此文档”和“基于该模板的新文档”，“基于该模板的新文档”表示任何一个文件都可以调用新样式。

新建好的自定义样式，也会出现在图 1-119 的“样式”选项组和图 1-120 的“样式”窗格中。

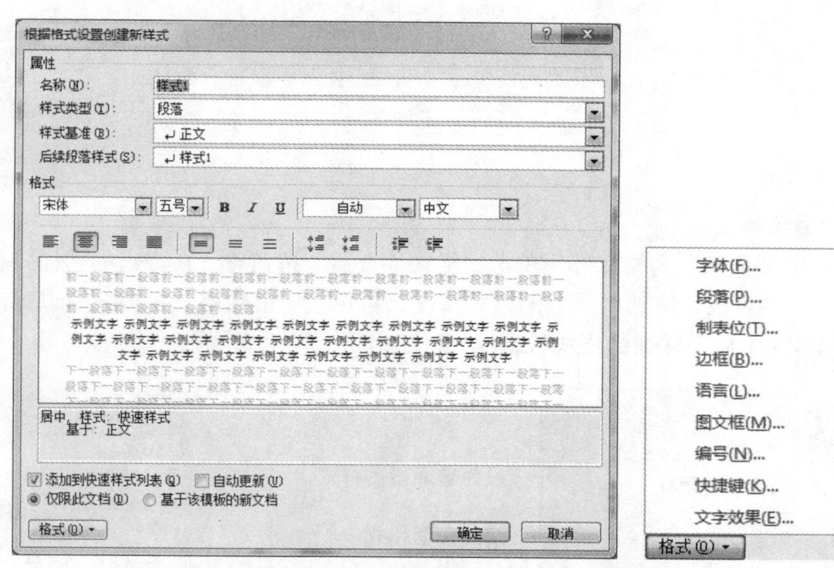

图 1-121　“根据格式设置创建新样式”对话框及“格式”按钮

3. 应用样式

（1）样式的作用方式

一个样式中的格式可能既包括作用于字符的格式又包括作用于段落的格式，因此，应用样式之前的选中方式不同，应用样式后的效果就会不同。

- 将光标定位在某一段中：应用样式后，样式中的文字格式和段落格式都会作用在光标所在的整段。
- 选定不跨段的文字：应用样式后，样式中的文字格式起作用，段落格式不起作用。
- 选定跨段的文字：应用样式后，样式中的文字格式作用在选中的文字上，段落格式应用在选定文字所属的段落中，而段落中没被选中的文字的格式保持不变。
- 选中整段：应用样式后，样式中的文字格式和段落格式作用在整段。

（2）应用样式

将样式应用在文字上的操作步骤如下。

方法一：选定文字，单击功能区“开始”选项卡“样式”选项组相应的样式。

方法二：选定文字，单击功能区“开始”选项卡“样式”选项组右下角的按钮，在“样式”窗格中选择样式。

方法三：选定文字，右击鼠标选择“样式”命令，在快捷菜单（图 1-122）中选择所需样式。

图 1-122 “样式”菜单

4. 显示和清除格式

在图 1-120 的“样式”窗格底部，单击“样式检查器”按钮，在弹出的“样式检查器”对话框（图 1-123）中可以了解选中内容的格式情况，再单击“显示格式”按钮可以弹出“显示格式”窗格（图 1-124）显示详细的格式状态。

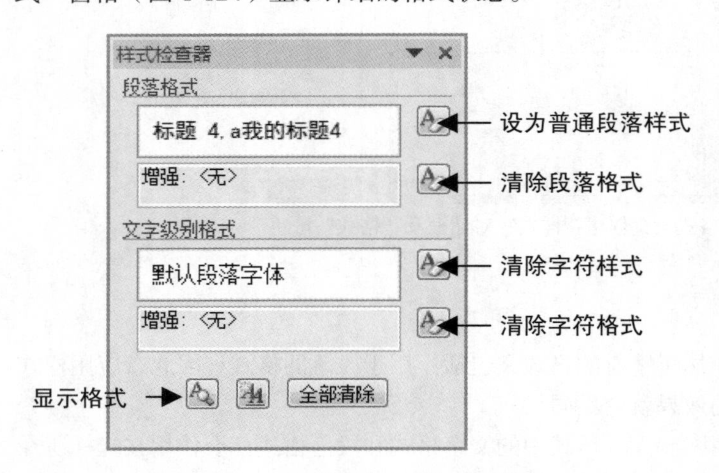

图 1-123 “样式检查器”对话框

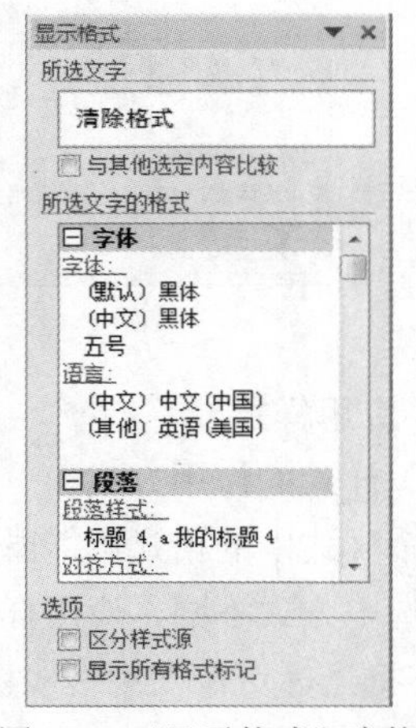

图 1-124 “显示格式”窗格

5. 修改样式

在图 1-120 的“样式”窗格中，单击某种样式右侧的小三角形按钮，则弹出“修改样式”快捷菜单（图 1-125）。该菜单中命令的作用如下。

- 更新×××以匹配所选内容：用当前选中的格式快速替换×××样式的格式。
- 修改：打开“修改样式”对话框（与图 1-121 类似），进行详细的样式修改。
- 选择所有××个实例：可以快速选中运用当前样式的所有地方。
- 清除××个实例的格式：将已运用当前样式的地方的格式清除。

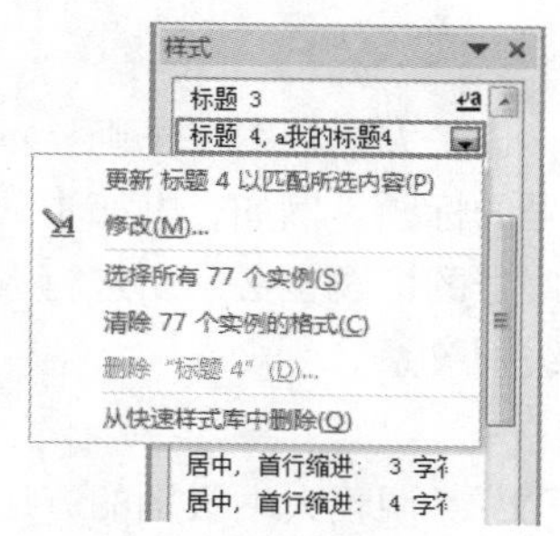

图 1-125　“修改样式”菜单

图 1-126　“文档视图”选项组

1.7.2　长文档编辑

1. Word 的五种视图

Word 2010 中提供了多种视图模式供用户选择，包括页面视图、阅读版式视图、Web 版式视图、大纲视图和草稿视图。在功能区“视图”选项卡“文档视图”选项组（图 1-126）中选择需要的文档视图模式，也可以在文档窗口右下方的视图按钮中选择。

- 页面视图。可以显示文档的打印结果外观，主要包括页眉、页脚、图形对象、分栏设置、页面边距等元素，是最接近打印结果的视图方式。
- 阅读版式视图。以图书的分栏样式显示文档，“文件”按钮、功能区等被隐藏起来。在阅读版式视图中，用户还可以单击“工具”按钮选择各种阅读工具。
- Web 版式视图。以网页形式显示文档，适用于发送电子邮件和创建网页。
- 大纲视图。主要用于设置和显示文档的标题层级结构（图 1-127），并可以方便地折叠和展开各种层级的文档。大纲视图广泛用于长文档的快速浏览和设置。
- 草稿视图。取消了页面边距、分栏、页眉页脚和图片等元素，仅显示标题和正文，是最节省计算机系统硬件资源的视图方式。

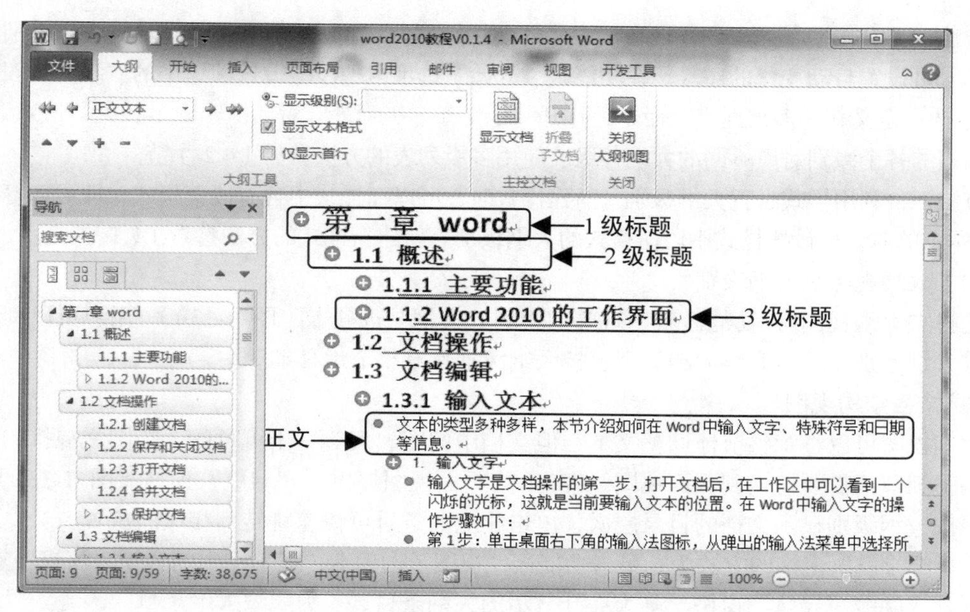

图 1-127　大纲视图

2. 标题级别

给标题设置大纲等级，是给文档正确添加目录的前提，也是大纲视图下正确显示章节名称级别关系的前提。在文档中，有带序号的标题，也有不带序号的标题。例如，书稿中的章节名是带序号的标题，前言、附录等往往是不带序号的标题。不带序号的标题也必须要进行大纲级别的设置以后才会在目录里面显示，才能在大纲视图下有正确的级别关系。

（1）调整大纲级别

大纲级别属于段落格式，Word 默认的大纲级别是“正文”。调整大纲级别的方法如下。

方法一：设置任意段落的大纲级别。打开“段落”对话框，在“缩进与间距”选项卡“常规”选项组的“大纲级别”下拉列表框中设置大纲级别（图 1-128）。

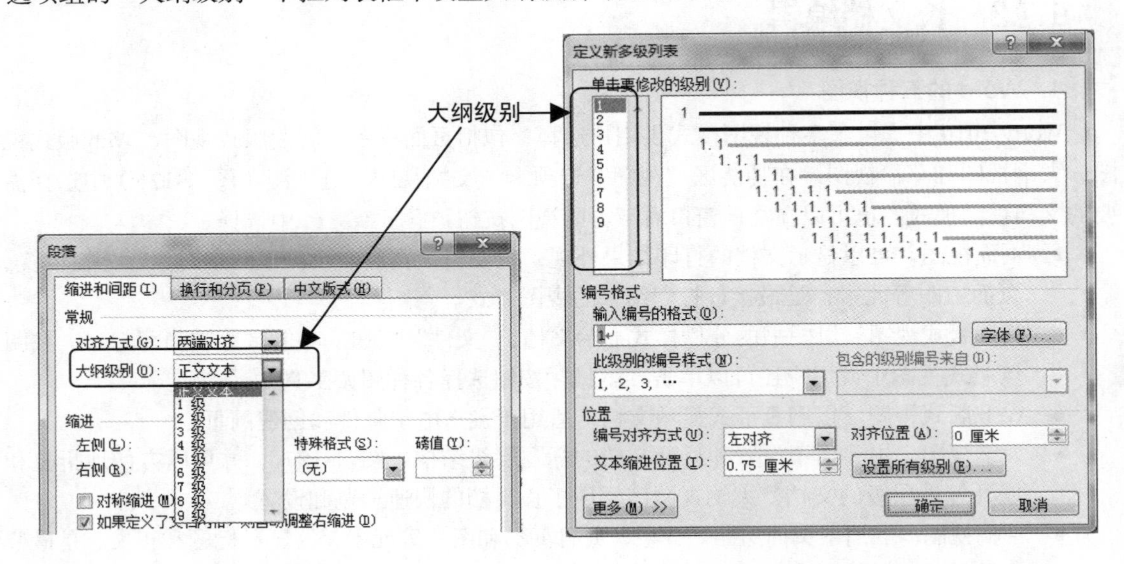

图 1-128 “段落”对话框　　图 1-129 “定义新多级列表”对话框

方法二：利用多级列表设置带自动序号的大纲级别。Word 的多级编号是基于大纲级别的，且多级编号可设置自动变化的序号。在功能区“开始”选项卡“段落”选项组中的“多级列表”按钮中选“定义新的多级列表”命令，打开“定义新多级列表”对话框（图 1-129）。该对话框中，多级列表的各个级别对应不同的大纲等级。应用多级列表的方法参见 1.4.2 小节。

方法三：利用样式设置大纲级别。新建样式时，可以在样式中含有段落格式，即可以打开如图 1-128 所示的对话框设置样式中段落格式的大纲级别。新建新样式的方法参看 1.7.1 小节。

（2）大纲视图与大纲级别

选择“大纲视图”，功能区就出现并切换到“大纲”选项卡（图 1-130）。用户可以利用该选项卡按大纲级别显示、调整大纲级别、按大纲级别整章整节地移动等。

3. 文档结构视图

大纲视图可以整章整节地调整文本，但文档中的图、表等是不可见的。在图文混排的长文档中，编辑细节仍需要切换到页面视图。Word 为页面视图提供了“导航”窗格（图 1-131），在该窗格中按大纲级别显示文档的目录层次，单击相应的条目可快速跳转到相应的位置。

打开“导航”窗格的方法为：单击功能区“视图”选项卡“显示”中的“导航窗格”复选框，可以打开或隐藏“导航”窗格。◢ 为展开显示的大纲条目，▷ 为隐藏大纲条目。

4. 插入封面

封面是 Word 预置的一些图文混排的模式化页面，用于快速创建封面。

插入封面的方法为：单击功能区“插入”选项卡“页”选项组中的“封面”按钮，打开“封面”选项框（图 1-132）单击需要的封面。

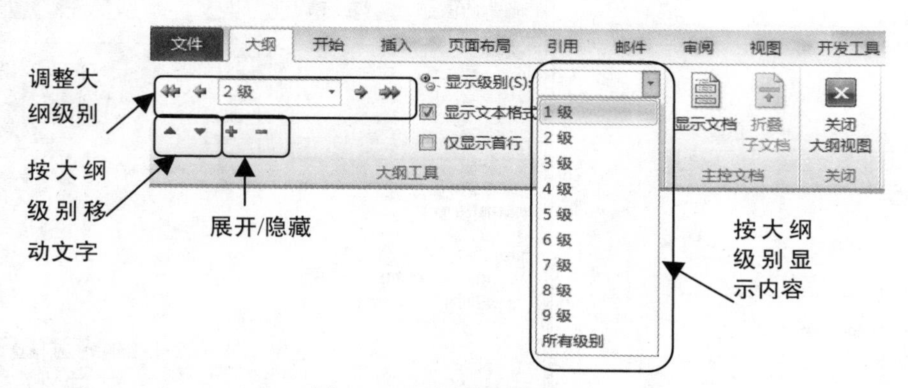

图 1-130　“大纲视图”选项卡

图 1-131　“导航”窗格

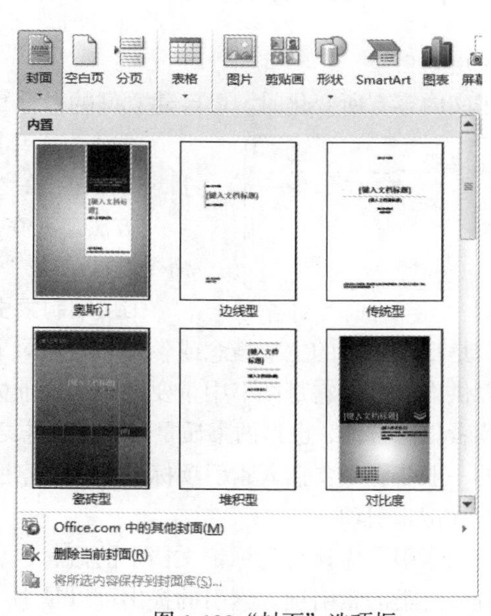

图 1-132“封面”选项框

5. 编制目录

（1）插入目录

将光标放在需要插入目录的位置，单击功能区“引用”选项卡“目录”选项组中的“目录”按钮，打开“目录”选项框（图 1-133）单击需要的目录。

- 手动目录。由用户自己输入目录条目中的文字，自己输入页码。
- 自动目录。根据文档中有大纲级别的标题文字自动生成目录条目和页码。
- 自定义目录。选“插入目录”命令，在弹出的“目录”对话框（图 1-134）中设置参数，自动生成目录条目和页码。

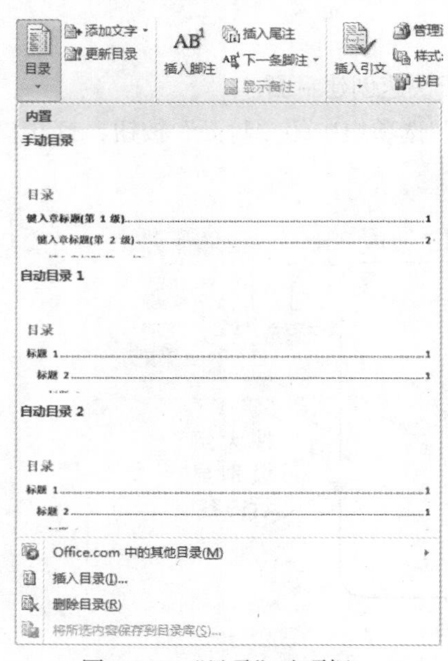

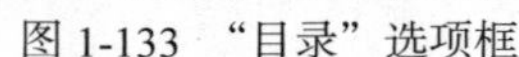
图 1-133 “目录”选项框

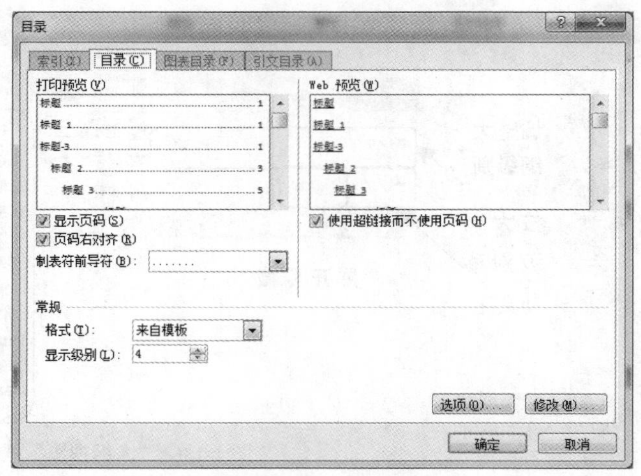

图 1-134 “目录”对话框

（2）更新目录

当正文内容有所变化时，已经建立好的目录是不会自动更新的。更新目录的方法如下。

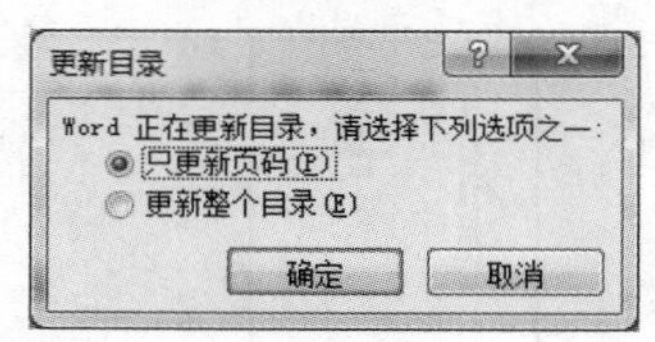

图 1-135 “更新目录”对话框

方法一：单击功能区“引用”选项卡“目录”选项组中“更新目录”按钮，在“更新目录”对话框（图 1-135）中选择更新方式。

方法二：在目录上右击鼠标，在快捷菜单中选“更新域”命令，即弹出“更新目录”对话框。

6. 编制索引

索引是把书刊中的主要概念或各种名词摘录下来，标明本书内的出处、页码，按一定次序分条排列以供人查阅。它是图书中重要内容的地址标记和查阅指南。设计科学、编辑合理的索引可以使阅读者倍感方便，也是图书质量的重要标志之一。Word 提供了图书编辑排版的索引功能，编制索引的一般步骤是：插入索引项标记、生成索引和更新索引。

（1）标记索引项

要编制索引，应该首先标记文档中的概念、名词、短语和符号之类的索引项。索引的提出可以是书中的一处，也可以是书中相同内容的全部。标记索引项的操作步骤如下。

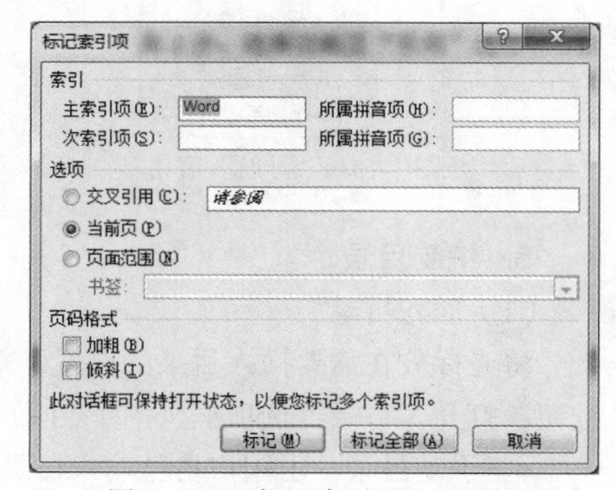

图 1-136 “标记索引项”对话框

- 选中需要标记为索引的文字，如“Word”。
- 选择功能区“引用”选项卡“索引”选项组中的“标记索引项”按钮，弹出“标记索引项”对话框（图 1-136）。
- 单击“标记”按钮添加索引标记。
- 被标记的文字后会出现类似“{ XE "Word" }”的标志，单击功能区“开始”选项卡“段落”选项组中的“显示/隐藏编辑标记”按钮 ，该索引标记会被隐藏或显示。
- 在页码格式区域，设置生成索引时页码的格式。

➢ 单击“标记全部”按钮。将当前文档中所有与被选中文字（如“Word”）相同的文字后都添加上索引标记。

（2）插入索引

在文档全部编辑完成后，一般在文档末尾添加全文的索引。其操作步骤为：光标定位在文档末尾，单击功能区“引用”选项卡“索引”选项组中的“插入索引”按钮，在“索引”对话框（图 1-137）中设置需要的索引格式，单击“确定”按钮后生成如图 1-138 所示的索引。

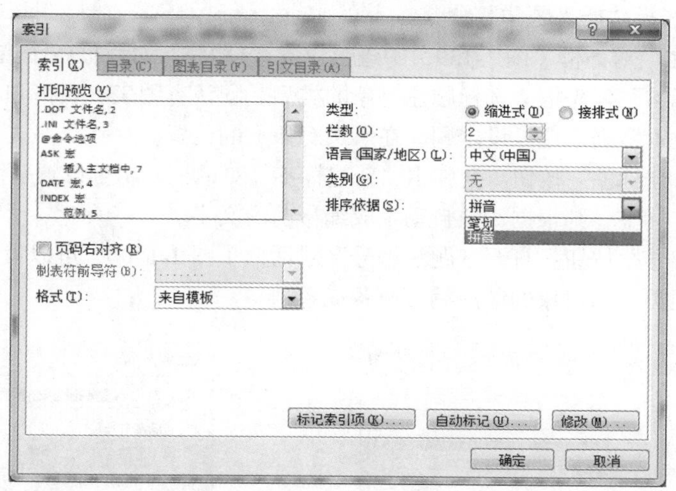

图 1-137 “索引”对话框

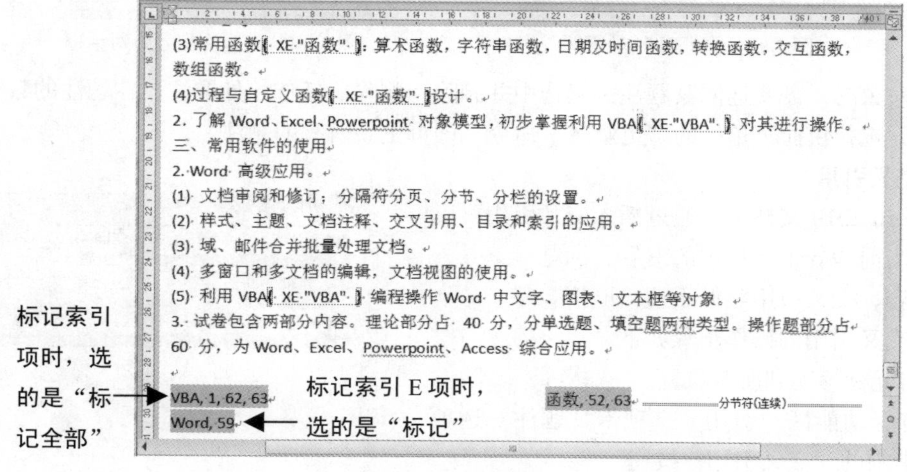

图 1-138 生成的索引

- 类型：选择索引页码的显示格式。
- 排序依据：索引的排序方式有“笔画”和“拼音”两种。
- 一个索引词在同一页中出现多次，索引为节省页面，只会标记一次。

（3）更新索引

更新索引的方法如下。

方法一：单击功能区“引用”选项卡“索引”选项组中的“更新索引”按钮。

方法二：在索引上右击鼠标，在弹出的快捷菜单中选“更新域”命令。

7. **插入题注**

如果文档中含有大量图片、表格或公式，为了能更好地管理这些对象，可以为它们添加题注。每条题注中都可以含有一个编号，并且在删除或添加题注时，所有题注中的编号会自动改变，以保持编号的连续性。添加题注的步骤如下。

➢ 选中图片或表格。
➢ 选择功能区“引用”选项卡“题注”选项组中的“插入题注”按钮，或右击鼠标，在快捷菜单中选择“插入题注”命令。
➢ 在“题注”对话框（图 1-139）中进行设置，“题注”对话框各个选项的作用如下。
  - “标签”列表框。选择题注对象的类型。默认有图表、表格和公式三类。
  - “位置”列表框。设定题注在所选对象上的位置。
  - “新建标签”按钮。会弹出“新建标签”对话框，用于设置题注编号前的文字。若不新建标签，则根据对象自动生成编号前的文字。
  - “编号”按钮：打开“题注编号”对话框（图 1-140），可以设置题注编号的格式。
  - 不同类型的对象的题注编号值各成系列。

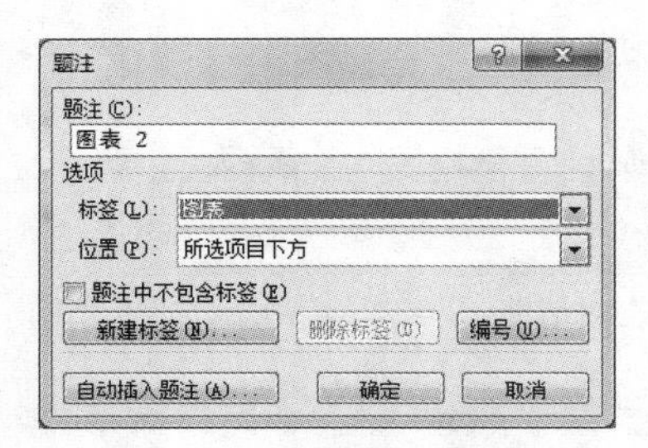

图 1-139 “题注”对话框

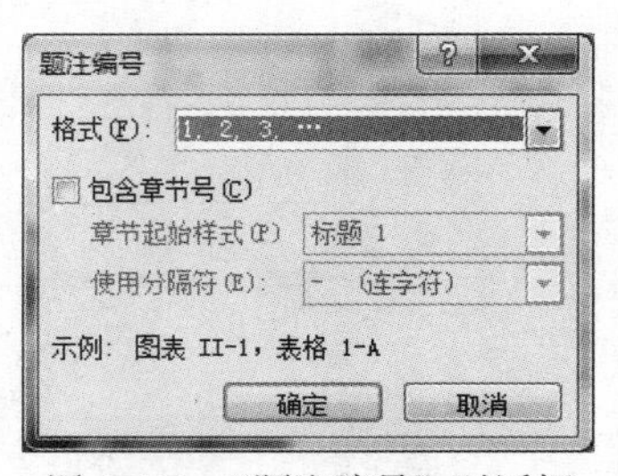

图 1-140 “题注编号”对话框

删除对象时，需要连同其题注一起选中并删除。删除后任选一处题注，在题注的数字编号上右击鼠标，选择快捷菜单中的“更新域”命令，即可更新所有的题注。

8. **交叉引用**

在 Word 2010 文档中，通过插入交叉引用可以动态引用当前 Word 文档中的书签、标题、编号、脚注等内容，交叉引用类似于超级链接。

插入交叉引用的操作步骤如下。

➢ 将光标移动到所需位置。
➢ 选择功能区“引用”选项卡“题注”选项组中的“交叉引用”按钮。
➢ 在“交叉引用”对话框（图 1-141）中设置。“引用类型”下拉框可选择被引用的文档对象，“引用内容”可选择引用的内容。

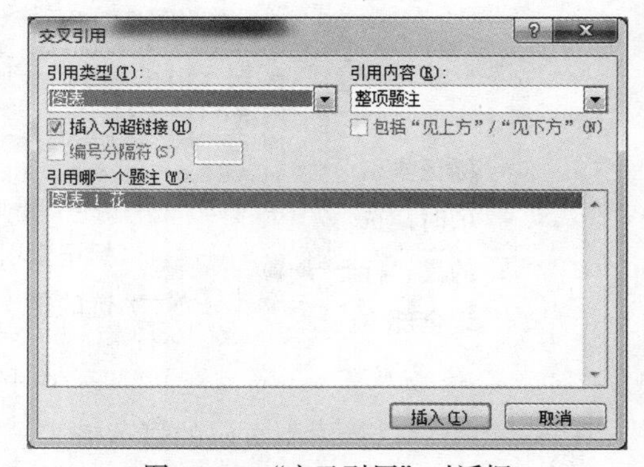

图 1-141 “交叉引用”对话框

按住【Ctrl】键单击已插入的交叉引用，可以跳转到被引用的对象位置。

1.7.3 审阅文档

某些文档需要在相关人员之间传阅、修改和讨论，Word 提供了审阅文档的功能。审阅功能主要包括两个方面：①审阅者为文档添加批注，给出某些内容的看法、修改意见或建议，文档原作者据此来对文档修改。②审阅者在文档修改模式下修改原文档，Word 提供了工具让文档原作者拒绝或接受修订。修订模式下的文档如图 1-142 所示。

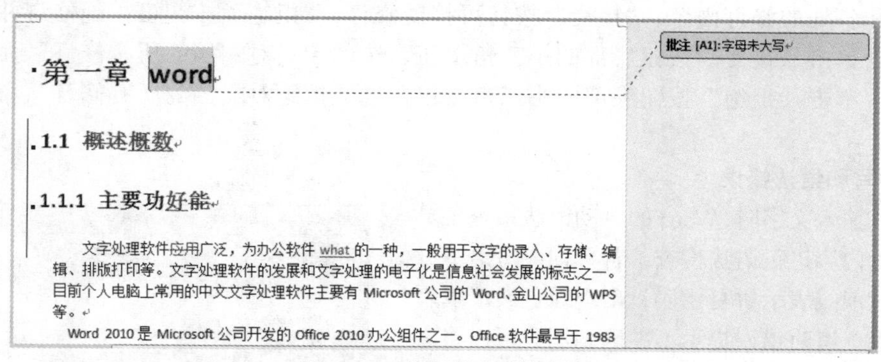

图 1-142　修订模式下的文档

1. 添加批注

（1）更改用户名

单击功能区“审阅”选项卡“修订”选项组中的“修订”按钮底部的三角按钮，在弹出的菜单中选“更改用户”，在打开的“Word 选项”对话框（图 1-143）中设置用户名。这里所设的用户名在这之后的操作中会作为新文档的作者，并会出现在新增批注中，用于指出添加批注的审阅者是谁。

（2）添加批注

审阅者添加批注的步骤如下。

- 选中要插入批注的文字。
- 单击功能区“审阅”选项卡“批注”选项组中的“新建批注”按钮。
- 在批注框中输入批注内容。

（3）查看和删除批注

打开功能区“审阅”选项卡，在“批注”选项组中，“上一条”和“下一条“按钮可以查看各条批注，“删除”按钮可以删除光标所在的批注或全部批注。

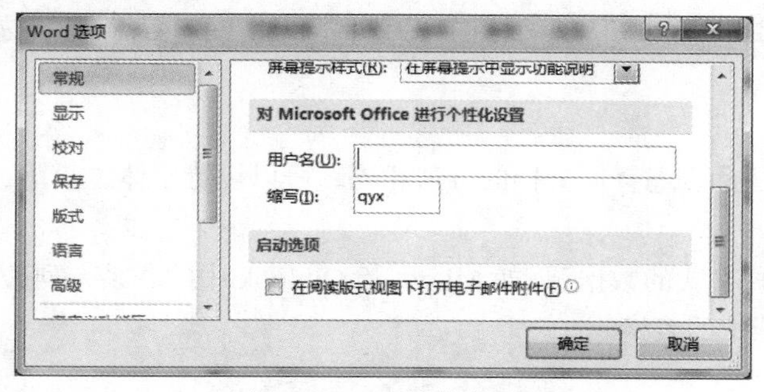

图 1-143　个性化设置

2. 修订文档

（1）修订文档状态

单击功能区“审阅”选项卡“修订”选项组中的“修订”按钮，该按钮呈选中状态时表示文档处于修订文档状态。此时，被删除的文字含有删除线，新增的文字底部有下划线，被修订的文字为红色。

（2）审阅修订内容

打开功能区“审阅”选项卡，在“更改”选项组中，“上一条”和“下一条”按钮可查看各条批注和各处的修订内容；“接受”按钮可接受修订；“拒绝”按钮可拒绝修订并移动到下一处修订。单击“接受”按钮底部的小三角按钮，选“接受对文档的所有修订”命令可接受所有修订，单击“拒绝”按钮底部的小三角按钮，选“拒绝对文档的所有修订”命令可拒绝所有修订。

3. 拼写和语法错误

用户在输入文字时，Word 的自动语法检查工具就对所输入内容进行语法检查，若单词或短语下方出现红色波浪线表示拼写错误，出现绿色波浪线表示语法错误。有时错误提示不准确，用户可以将之当作修改建议。

使用功能区“审阅”选项卡“校对”选项组中的“拼写和语法”命令，会打开“拼写和语法”对话框（图 1-144），可以逐条浏览拼写或语法错误。对于这些错误用户可以做如下操作。

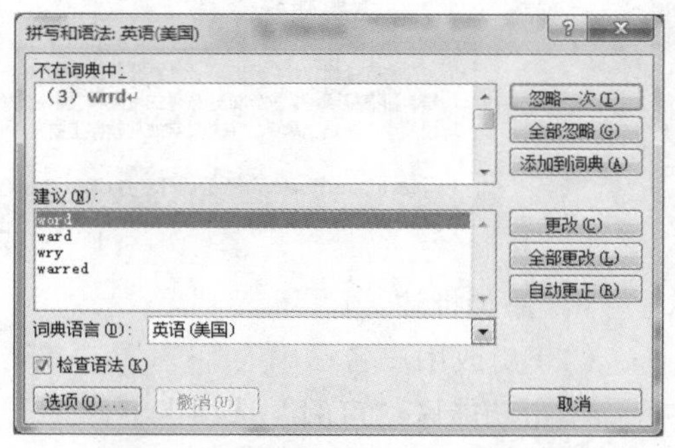

图 1-144 “拼写和语法”对话框

- 在“不在词典中”文本框输入正确的内容后，单击“更改”按钮。
- 在“建议”列表框中选出一个合适的单词，单击“更改”按钮。
- 单击“忽略一次”按钮，可以无视错误提示，消除当前的波浪线。

开启或关闭拼写检查和语法检查功能的方法为：选择“文件”按钮中的“选项”命令，在“Word 选项”对话框“校对”选项卡底部，勾选或取消勾选“只隐藏此文档中的语法错误”和“只隐藏此文档中的拼写错误”复选框。

1.7.4 邮件合并

在日常的工作和生活中，需要编辑一些内容相同的公文、信件或通知，但要发给不同的地址、单位和个人，这时可以利用 Word 的“邮件合并”功能方便快速地生成这样的文档。邮件合并需要涉及两个文档：主文档和数据源文件。主文档是包含固定不变内容的文档，数据源文件是保存变化信息的文档。

1. 创建主文档

创建主文档的方法和创建普通文档的方法相同，可以设置字体、段落、页面等各种格式。

2. 创建数据源

用户可以创建多种格式的数据源，如 Microsoft Outlook 中的联系人列表、Access 数据库、Excel 中的表格或 Word 文档中的表格等。

3. 邮件合并

进行邮件合并有两种方法：一是利用邮件合并向导，二是利用功能区的“邮件合并”选项卡中的各个按钮完成邮件合并。

（1）快速邮件合并

Word 中有专门用于邮件合并的“邮件”选项卡，如图 1-145 所示。“创建”选项组中的 3 个按钮运用向导或对话框可以引导用户快速建立中文信封、信封和标签。

（2）邮件合并向导

单击“开始邮件合并”选项组中的“开始邮件合并”按钮，在弹出的菜单中选“邮件合并分布向导”命令，将出现如图 1-146 所示的“邮件合并”窗格。向导共有以下 6 步。

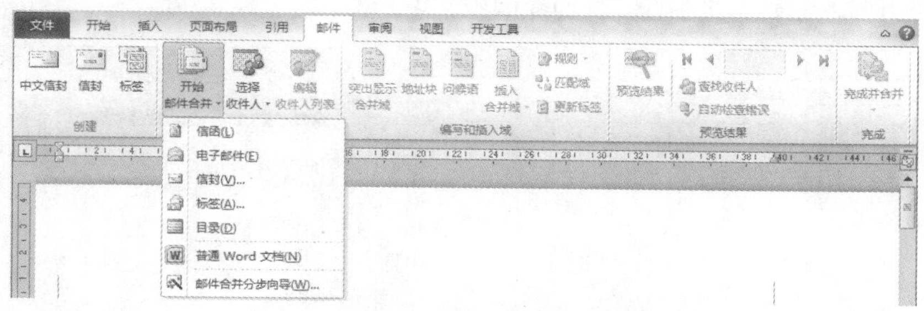

图 1-145　功能区的“邮件”选项卡

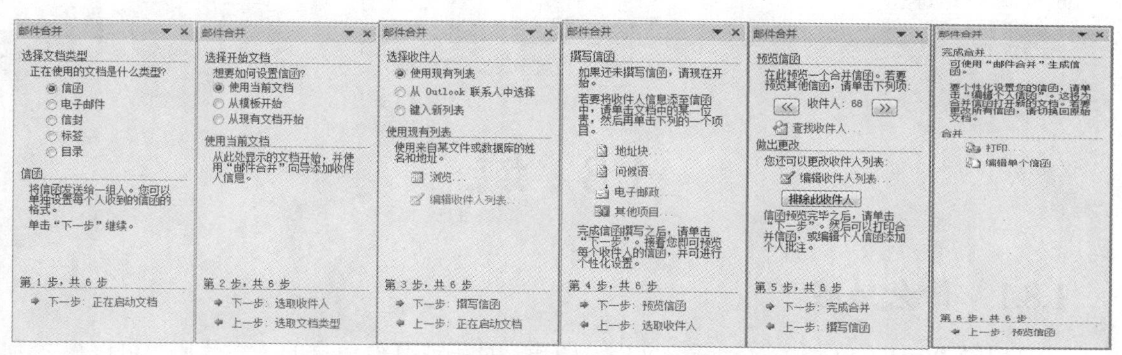

图 1-146　“邮件合并”向导

- 选择主文档的类型。
- 选哪个作为主文档。“使用当前文档”是事先编辑好主文档，并令其处在打开状态，再进入邮件向导。“从现有文档开始”是从当前打开的多个文档中选取一个作为主文档。
- 选数据源文档。“使用现有列表”需要单击下方的“浏览”超链接，可弹出“选取数据源”对话框，选取磁盘上已有的数据源文件。“键入新列表”需要单击“创建”超链接可弹出“新建地址列表”对话框（图 1-147），按系统默认的字段名建立数据，也可以单击“自定义列按钮”打开“自定义地址列表”对话框创建用户自己的字段名（图 1-147）。
- 将数据源中的字段插入主文档合适的位置。单击“其他项目”超链接，可选取数据源中的字段名插入当前光标处。
- 预览合并效果。«»按钮可以向前或向后显示数据源中不同的数据行被填入主文档后的效果。“排除此收件人”可以令最终生成和打印的文档中不含有当前的收件人。
- 完成合并。“打印”是将合并后的文档直接发送打印机打印。“打印单个信函”是将合并后的文档存储到文件中。

（3）功能区的“邮件合并”选项卡中的各个按钮

- 开始邮件合并。相当于邮件合并向导的第 1 步。
- 选择收件人。相当于邮件合并向导的第 2 步。

- 编辑收件人列表。相当于邮件合并向导的第 3 步。
- “编写和插入域”选项组。相当于邮件合并向导的第 4 步。
- “预览结果”选项组。相当于邮件合并向导的第 5 步。
- 完成并合并。相当于邮件合并向导的第 6 步。

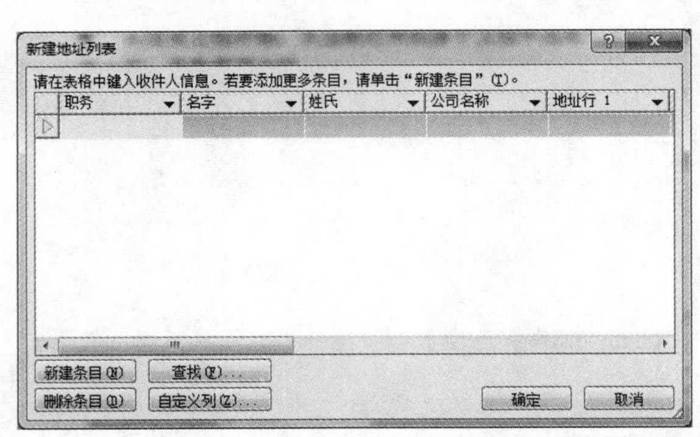

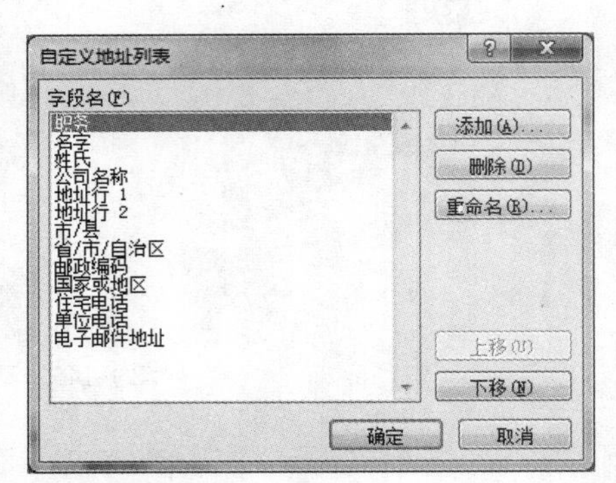

图 1-147 “新建地址列表”对话框

1.8 域

1.8.1 什么是域

域是引导 Word 在文档中自动插入文字、图形、页码或其他信息的一组代码，可以视之为一种特殊的公式运算。每个域都有一个唯一的名字，域包含域代码和域结果两部分。域代码是由域特征字符、域类型、域指令和开关组成的字符串，类似于公式的式子；域结果是域代码所代表的信息，是根据公式算出的结果，域结果会根据文档的变动或相应因素的变化而更新。域特征字符是指包围域代码的大括号"{}"，它不能从键盘上直接输入，按【Ctrl+F9】组合键可插入这对域特征字符。域类型就是 Word 域的名称，域指令和开关是设定域类型如何工作的指令或开关。

域的应用：自动编页码、图表的题注、脚注、尾注的号码；按不同格式插入日期和时间；通过链接与引用在活动文档中插入其他文档的部分或整体；实现无需重新键入即可使文字保持最新状态；自动创建目录、关键词索引、图表目录；插入文档属性信息；实现邮件的自动合并与打印；执行加、减及其他数学运算；创建数学公式；调整文字位置等。

1.8.2 插入域

单击功能区“插入”选项卡“文本”选项组“文档部件”按钮菜单中的“域”命令，会出现“域”对话框（图 1-148）。Word 的域被分为 9 大类，各大类中常用的域名称如表 1-5 所示。

表 1-5 各大类域中的常用域

类 别	常 用 域
编号	AutoNum、ListNum、Page、Section、SectionPages、Seq
等式和公式	={Formula}、Eq、Symbol

续表

类　别	常　用　域
链接与引用	Hyperlink、IncludePicture、Link、PageRef、Ref、StyleRef
日期和时间	Date、Time
索引和目录	TOC、TC
文档信息	FileName、NumChars、NumPages、NumWords、Template
文档自动化	DocVariable、GoToButton、If、MacroButton
用户信息	UserAddress、UserName
邮件合并	Ask、MergeFile、Next、NextIf、Set、SkipIf

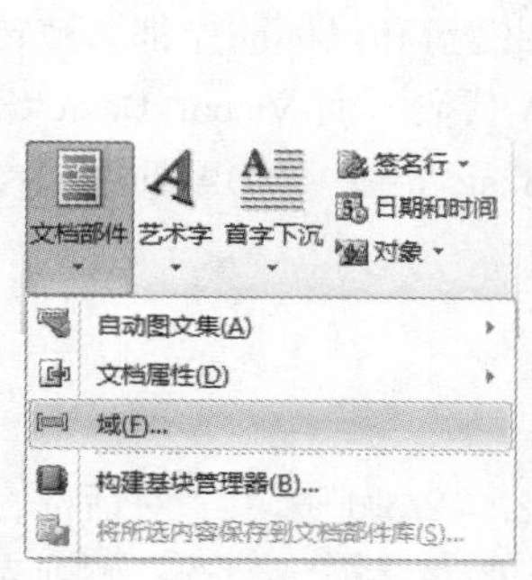

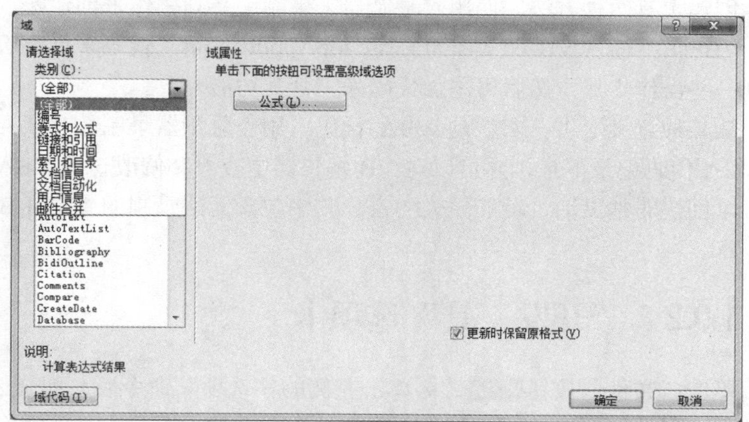

图 1-148　“域”对话框

1.8.3　域操作

默认情况下，选中域或将光标定位到域中，域以灰色底纹显示。在域上右击鼠标，快捷菜单中含有“更新域”“编辑域”和“切换域代码”三个与域有关的命令项。

- 更新域。根据域代码重新计算并将结果更新显示。
- 编辑域。打开图 1-148 中的“域”对话框重新设置各参数。
- 切换域代码。切换当前显示的是域代码或域结果。

除了上述菜单操作外，还有一些与域相关的键盘快捷键，如表 1-6 所示。

表 1-6　域操作快捷键

快　捷　键	作　　用
Ctrl+F9	输入一个空域，即{ }
F9	对选中的内容更新域的结果
Ctrl+Shift+F9	把选中的内容中的域结果转换为静态文本
Shift+F9	切换选中的内容域代码或域结果
Alt+F9	切换全文的域代码或域结果
Ctrl+F11	锁定某个域以防止更新结果
Ctrl+Shift+F11	解除锁定使域可更新

1.9 Word 中的宏操作

1.9.1 概述

宏（Macro）是一系列 Word 命令和指令组合在一起形成一个命令，以实现任务执行的自动化。每次在 Word 中执行频繁的任务时，如果必须进行一大串鼠标单击或键盘的操作，则执行该任务会让人心生厌烦。当编写宏时，可以绑定一个命令集合，并指示 Word 仅需一次单击或击键即可启动它们。

创建宏有两种方法。使用宏录制器来录制一系列操作来创建宏，也可以在 Visual Basic 编辑器（VBE）中输入 VBA（Visual Basic for Applications）代码来创建宏。或同时使用两种方法：先录制一些操作步骤，然后再添加代码来完善其功能。

从某种意义上讲，宏就是 VBA 代码。用宏录制器录制的一系列键盘和鼠标动作都会被转译为 VBA 代码记录下来，并可以在 VB 编辑器中查看和修改这些 VBA 代码。而 Visual Basic 编辑器可以创建非常灵活、功能强大的宏，其中包含无法录制的 Visual Basic 指令。VBA 的使用参见第 4 章。

1.9.2 “开发工具”选项卡

单击“文件”按钮 文件 ，再单击左侧的“选项”命令后，即弹出“Word 选项”对话框，选择“自定义功能区”选项，可见如图 1-149 所示的设置自定义功能区的对话框，勾选右侧列表框中的“开发工具”选项，功能区中增加了如图 1-150 所示的“开发工具”选项卡。

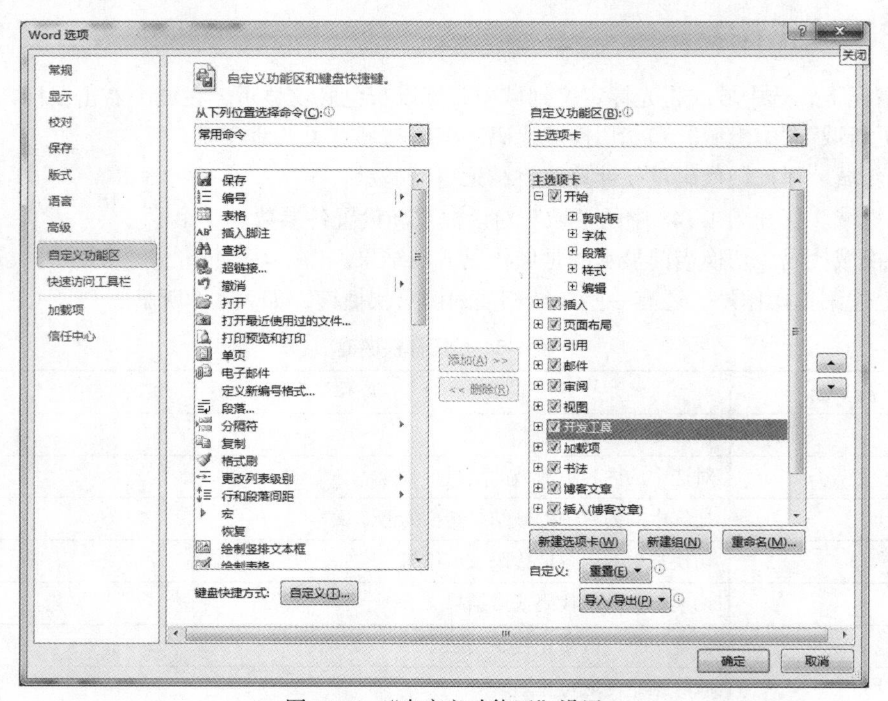

图 1-149 “自定义功能区”设置

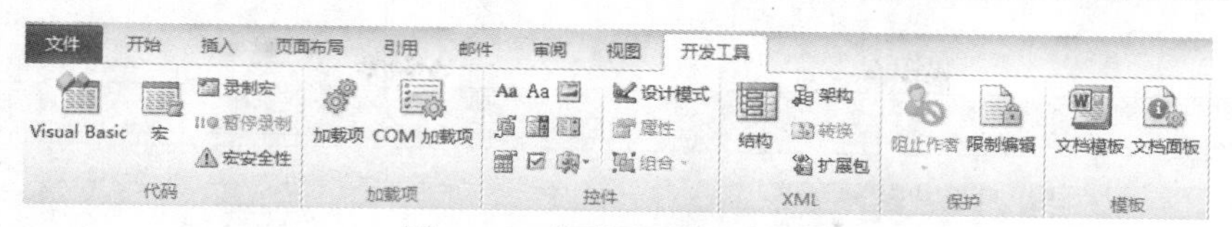

图 1-150 “开发工具”选项卡

1.9.3 录制宏

Word 中宏录制器的作用如同磁带记录器。录制器通过将有目的的键击和鼠标按键单击翻译为 VBA 代码进行记录。录制宏时，可以使用鼠标单击命令和选项，但不能选择文本。选择文本或移动鼠标必须使用键盘记录这些操作。例如，可以使用【F8】键选择文本并按【End】键将光标移到行的结尾处。在录制宏前可以先演练一遍，尽量不要有多余的操作动作。录制宏的操作步骤如下。

➢ 单击功能区“开发工具”选项卡“代码”选项组中的“录制宏”按钮。

➢ 打开如图 1-151 所示的“录制宏”对话框，在“宏名”文本框中设置宏名，在“将宏保存在”下拉列表中选择宏存放的位置。宏名可以是汉字、字母、数字等的组合，第一个字符必须是字母或汉字，若用户设置的宏名与 Word 已有的某个内置命令相同，则此新建宏的功能将代替同名的内置命令功能。

➢ “将宏指定到”选项区域，可以指定宏建立后的两种快速运行方式：用按钮 按钮(B) 快速运行宏或用键盘 键盘(K) 运行宏。

- “将宏指定到按钮 按钮(B)”。选此项会打开“Word 选项”对话框的“快速访问工具栏”，在中间区域选中当前正在创建的宏，单击“添加”按钮，则当前的宏就会出现在右侧的列表框中，再单击“修改”按钮打开“修改按钮”对话框为宏设置按钮的图标，最后单击“确定”按钮，结束宏的指定（图 1-152）。在完成宏录制后，标题栏上的快捷工具栏上会新增一个按钮，单击此按钮可以快速运行本次新建的宏。
- “将宏指定到键盘 键盘(K)”。选此项会打开“自定义键盘”对话框（图 1-153），将光标定位到“请按新快捷键”文本框中，按键盘按键或组合按键，此时用户所键入的快捷键会出现在文本框中，单击“指定”按钮，结束宏的指定。在完成宏录制后，按所设的组合键可以快速运行本次新建的宏。

➢ 选择任意一种宏指定方式后，单击“确定”按钮，即进入宏录制状态，此时鼠标变为 。“开发工具”选项卡“代码”选项组中的“停止录制”按钮 ■ 停止录制 和“暂停录制”按钮 II● 暂停录制 变为可用状态。此时用户可以单击命令或者按下任务中每个步骤对应的键，Word 会将用户的单击和键击操作都记录下来并转换为 VBA 代码。

➢ 单击“停止录制”按钮可以结束宏的录制。

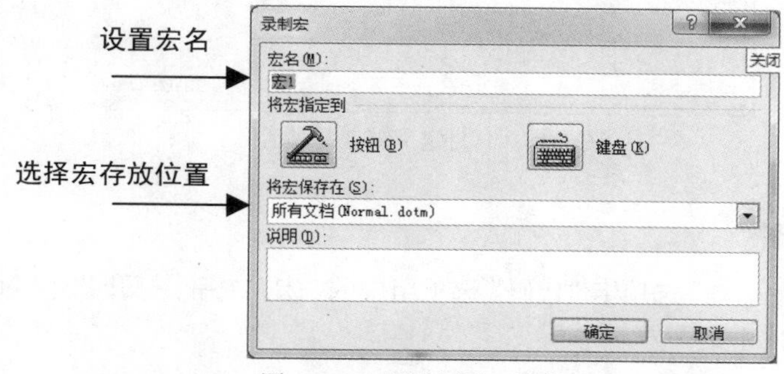

图 1-151 “录制宏”对话框

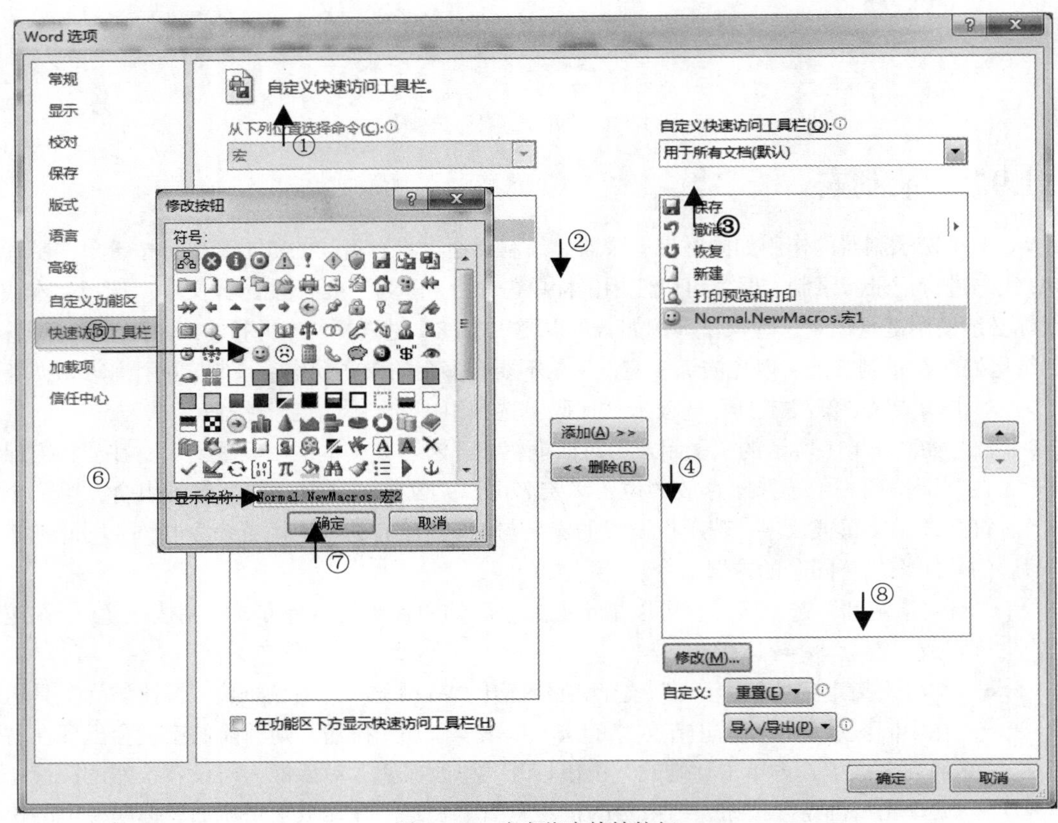

图 1-152　为宏指定快捷按钮

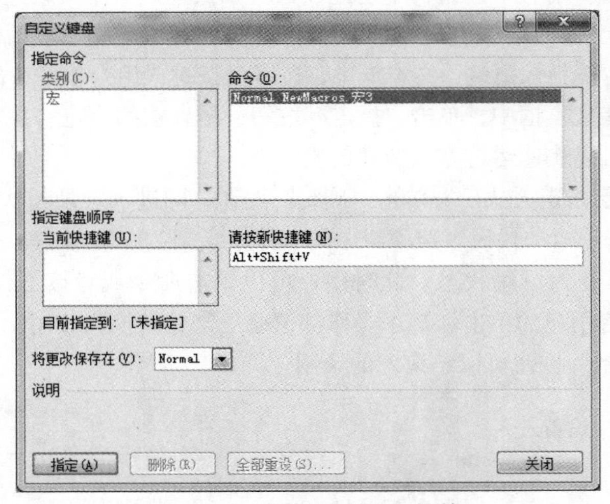

图 1-153　“自定义键盘”对话框

1.9.4　管理宏

单击功能区“开发工具”选项卡“代码”选项组中的“宏”按钮，打开“宏”对话框（图 1-154）。在左侧的列表框中，选定某个宏。

- “运行”按钮。运行选定的宏。

- “编辑”按钮。打开 Visual Basic 编辑器，修改 VBA 代码。
- “创建”按钮。打开 Visual Basic 编辑器，新建 VBA 代码。
- “删除”按钮。删除选定的宏。
- “管理器”按钮。打开管理宏方案项的对话框。

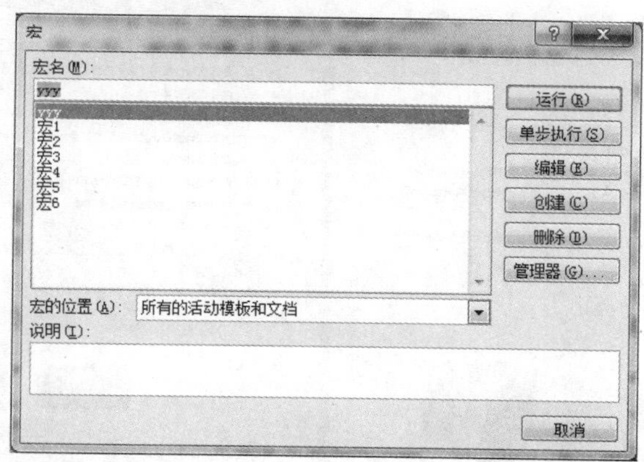

图 1-154 “宏”对话框

1.9.5 宏的保存位置

在图 1-151“录制宏”对话框和图 1-153“自定义键盘”对话框中，都可以选择宏的存放位置。在默认情况下，Word 将宏保存在 Normal 模板中，这样当前计算机中所有 Word 文档都可使用宏。如果需在单独的文档中使用宏，可以选择将宏保存在需要的文档中。

为了避免感染宏病毒的风险，用户可以选择将文档保存为“可以执行宏的文档”和“绝对不可以执行宏的文档”，选择不同的扩展名即选择不同的文档类型，不同扩展名的 Word 文档的描述如表 1-7 所示。

表 1-7 不同扩展名的 Word 文档

扩 展 名	描 述
docx、dotx	绝对不可能有宏的文档
docm、dotm	可能含有宏的文档，Word 2010 建议用的扩展名
doc、dot	可能含有宏的文档，Word 2003 或更早版本的文件

1.9.6 运行宏

运行宏的方法如下。

方法一：在图 1-154 的“宏”对话框左侧的列表框中选定某个宏，单击“运行”按钮。

方法二：在 Visual Basic 编辑器中运行，详情参见第 4 章。

1.10 应 用 案 例

1.10.1 应用案例 1——新生入学体检复查通知

1. 案例目标

本应用案例使用 Word 修改一个通知的初稿，并在此基础上设置格式，完成一份图文相结合、条理清晰、且能按班级各自通知的文稿。本案例完成后的效果如图 1-155 所示。

新生入学体检复查通知

人文学院、2014 级 汉语言 专业全体学生：

按照国家教育部普通高校学生管理规定，本校将组织 2014 级新生进行入学体检复查，时间从 9 月 16 日至 9 月 26 日连续进行，现将复查的有关事项和日程安排通知如下，希各系负责学生工作的领导、新生班班主任、辅导员认真组织好此项工作。

一、体检要求

1. 2014 级入学的新生一律要求参加体检复查，任何学生不得无故缺席。
2. 学生参加体检复查要按规定的日程、时间准时到达指定地点进行体检，体检中如有冒名顶替情况发生，一经查实，即取消该生的入学资格。
3. 参加体检复查的学生需手持已填写好年级、系、班、姓名、性别等有关内容并贴好本人照片的体检表一份，由班主任或辅导员带队，班长按队到指定地点，体检过程中要遵守纪律，排队静候，不得争先恐后，不得喧哗吵闹。
4. 全部体检项目完毕各学生应把体检表交给班长，班长收齐清点无误后当即交给校卫生所医务人员，任何学生不得带走体检表。

二、复查内容

1、早晨空腹抽血 2、X 光胸透及常规检查

三、体检地点

东校区校医院（位置示意图如下所示）。

四、早晨空腹抽血具体安排

(一)、检查时间

请于 9 月 16 日（周二）早晨 6:30—7:20 准时到校医院进行空腹抽血化验。

(二)、注意事项

1. 抽血当天早晨一律不准吃东西（包括不准饮水）。
2. 参加空腹抽血的学生需手持已填写好年级、系、班、姓名、性别、抽血日期等有关内容的化验单一份。
3. 在早晨到达校医院前的场地时，按班级学生排成单队进入卫生所挂号窗口处，将化验单交给医务人员，领取空试管一支。（注：抽血化验时的班级次序由各院系根据各班具体情况自行确定。）
4. 抽血完毕局部按压五分钟，以防渗血。

五、X 光胸透及常规检查日程安排

(一)、检查时间

请于 9 月 17 日（周三）上午 9:40—11:00 准时到校医院进行常规检查和 X 光胸透。

(二)、注意事项

1. 内科、外科、眼科、五官科、心电图检查均交叉进行。

2. X 线胸片：影像楼 3 楼 308 号房间。
3. 体检结束后请各班班长将全班同学的体检单收齐后，交还一楼大厅的医务人员。

图 1-155 “新生入学体检复查通知”样张

2. 知识点

本案例涉及的主要知识点如下。

（1）审阅功能。

（2）Word 文档编辑。

（3）Word 文档的文字修饰。

（4）插入图片。

（5）插入 SmartArt 对象。

（6）设置边框底纹。

（7）添加编号。

（8）进行邮件合并。

3. 操作步骤

（1）复制素材。新建一个实验文件夹（形如 1501405001 张强 01），下载案例素材压缩包“应用案例 1-新生体检通知.rar”至该文件夹下。右击压缩包，在弹出的快捷菜单中选择“解压到当前文件夹”，将案例素材压缩包解压为一个文件夹。本案例中提及的文件均存放在此文件夹下。

（2）打开并另存为。打开 Word 文档“通知初稿.docx”，并另存为“案例 1-新生入学体检复查通知.docx”（注意：编辑的过程中，请随时保存文件）。

（3）处理文档的修订和批注。

- 退出“修订”状态，按每条批注中的文字要求修改文档，每处理完一条批注，删除该批注。
- 接受所有的修订。

（4）页面设置。设置页面的上下页边距为 2 厘米，左右页边距为 2.5 厘米。

（5）显示行号。为了便于叙述操作要求，请为文档加上“连续”行号。单击功能区“页面布局”选项卡“页面设置”选项组中“行号”按钮边上的小三角形按钮，选择“连续”方式。

（6）插入其他文的内容。将 Wb1.txt 中的文字插入第 10 行之前。（提示：插入完毕后，第 15 行的内容为“二、复查内容”）

（7）设置字体格式。

- 将除第 1 行之外的其余行，设为小四、中文字体宋体、西文字体 Calibri。
- 将全文（含标题）的行距设为 1.5 倍。
- 将第 1 行的文字设为黑体、小三、居中，第 2 行设为楷体、加粗、小四。
- 将第 6、15、17、19、30 行的小标题设为黑体、小四。

（8）设置段落格式。

- 将第 3 ~ 5、16、18、21、32 行的段落格式设为首行缩进两个字符。
- 将第 7 ~ 14 行设为编号库中的第一种编号。将 23 ~ 29 行设为编号库中的第一种编号。选中 34 行和 36 ~ 37 行设为编号库中的第一种编号（注意不要选中 35 行的空行）。

（9）插入图片和标注。

- 在第 18 行之后，插入一个空行。在此空行上插入 map1.jpg 文件，图片居中显示，图片高度设为 9.7cm。
- 参考样张，插入“矩形标注”形状标注医院的位置，在标注框中输入“校医院”，形状样式为“彩色轮廓-橙色强调颜色 6”。

（10）插入 SmartArt 图形。

- 在第 36 行插入如样张所示的 SmartArt 图形：图形类型为“循环”中的“连续循环”，删除一个文本框，按样张在各个文本框中输入文字。
- 设置 SmartArt 图形宽 5.8cm 高 9cm，居中；SmartArt 样式：强烈效果；更改颜色：彩色、彩色范围 – 强调文字颜色 3 到 4。

（11）插入页码。页码样式选页面底端，普通数字 2。

（12）设置底纹。参考样张，将第 22、33 行设置字符的底纹为灰色 15%。

（13）使用邮件合并，插入院系、班级、检查时间等信息。

- 数据源选“院系.docx”。
- 参考样张，在第 2 行合适位置上插入合并域“院系”和“专业”。
- 参考样张，在第 22 行合适位置上插入合并域“项目一”。
- 参考样张，在第 33 行合适位置上插入合并域“项目二”。
- 预览，观察邮件合并后的效果。

（14）取消行号。

（15）再次保存文档。

1.10.2　应用案例 2——《计算机基础》知识点纲要

1. 案例目标

本应用案例编辑一份《计算机基础》课程的知识点纲要，为了减少读者重复性的工作量，本案例只引入了两个章节的知识点，案例完成后的效果如图 1-156 所示。

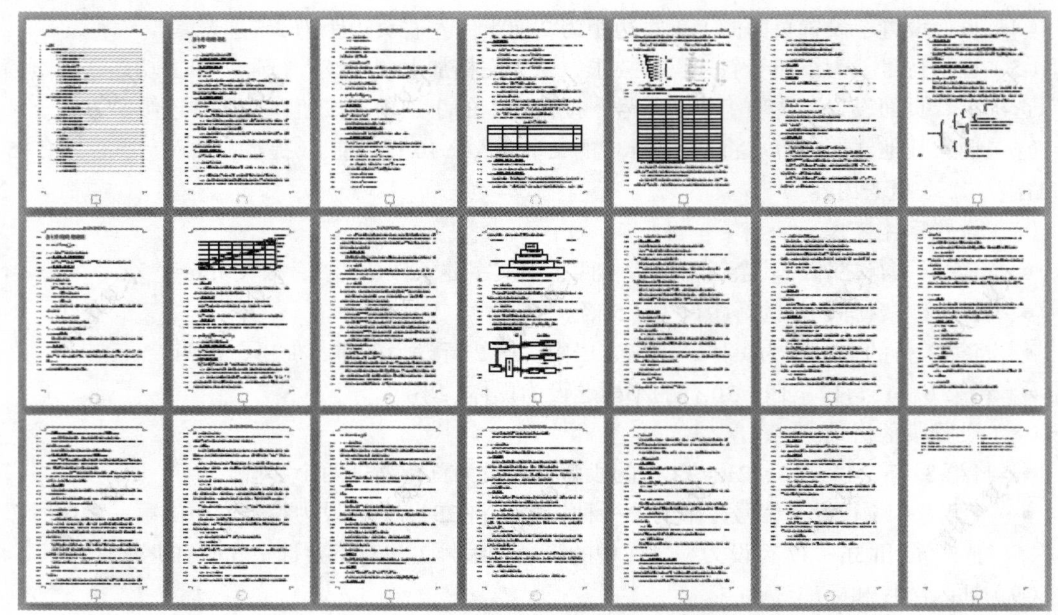

图 1-156 “《计算机基础》知识点纲要”样张

2. 知识点

本案例涉及的主要知识点如下。

（1）创建、使用和修改样式。

（2）利用 Word 绘制图形。

（3）设置分栏。

（4）复制图片。

（5）表格的编辑。

（6）创建目录与索引。

（7）插入题注。

（8）交叉引用。

（9）查找与替换。

（10）设置页眉页脚。

（11）使用分隔符和水印。

3. 操作步骤

（1）复制素材。新建一个实验文件夹（形如 1501405001 张强 02），下载案例素材压缩包“应用案例 2-知识纲要.rar”至该实验文件夹下。右击压缩包，在弹出的快捷菜单中选择“解压到当前文件夹”，将案例素材压缩包解压为一个文件夹。本案例中提及的文件均存放在此文件夹下。

（2）打开和另存为。打开 Word 文档“知识点纲要.docx”，并另存为“案例 2-《计算机基础》知识点纲要.docx”。（注意：编辑的过程中，请随时保存文件）。

（3）显示行号和导航窗格。

- 为了便于叙述操作要求，为本文档内容添加“连续”行号。单击功能区“页面布局”选项卡“页面设置”选项组中“行号”按钮边上的小三角形按钮，选择“连续”方式；
- 勾选功能区“视图”选项卡“显示”选项组的“导航窗格”复选框。

（4）设置标题、正文格式。

- 选中第 1 行整段，设置字符格式：中文字体黑体、西文字体 Calibri、三号、加粗；段落格式：大纲级别 1 级、段前段后 12 磅、1.5 倍行距。
- 选中第 2 行整段，设置字符格式：中文字体华文行楷、西文字体 Calibri、三号；段落格式：段前段后 0.5 行，大纲级别 2 级。
- 选中第 3 行整段，设置字符格式：中文字体黑体、西文字体 Calibri、四号；段落格式：大纲级别 3 级。
- 选中第 4 行整段，设置字符格式：中文字体仿宋、西文字体 Calibri、加粗、小四；段落格式：段前段后 3 磅、大纲级别 4 级。
- 选中第 5 行整段，设置字符格式：中文字体宋体、西文字体 Calibri、小四；段落格式：大纲级别正文文本、首行缩进 2 字符。

（5）创建样式。

- 选中第 5 行整段，右击鼠标，在“样式”快捷菜单中选“将所选内容保存为新快速样式”命令（图 1-157），在弹出的选择框中设置新样式为“My 正文”；
- 根据第 1 行、第 2 行、第 3 行、第 4 行整段分别创建新样式“My 标题 1”“My 标题 2”“My 标题 3”“My 标题 4”。

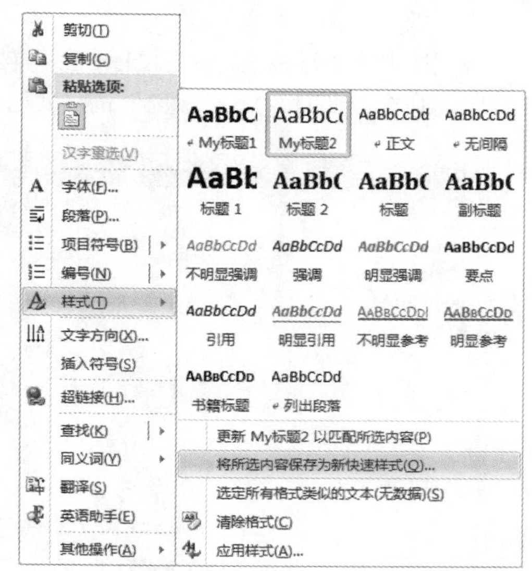

图 1-157　快速新建样式

（6）应用样式。

- 从第 7 行开始选中到最后一行，在功能区“开始”选项卡“样式”选项组中，单击“My 正文”，全文文字都被应用为“My 正文”样式。
- 选中第 180 行整段，在功能区“开始”选项卡“样式”选项组中，单击“My 标题 1”，第 180 行的“第 2 章计算机硬件系统”被应用为“My 标题 1”样式。
- 参考图 1-158 中的说明，逐条将全篇文档中的相应内容分别应用“My 标题 2”“My 标题 3”“My 标题 4”样式。

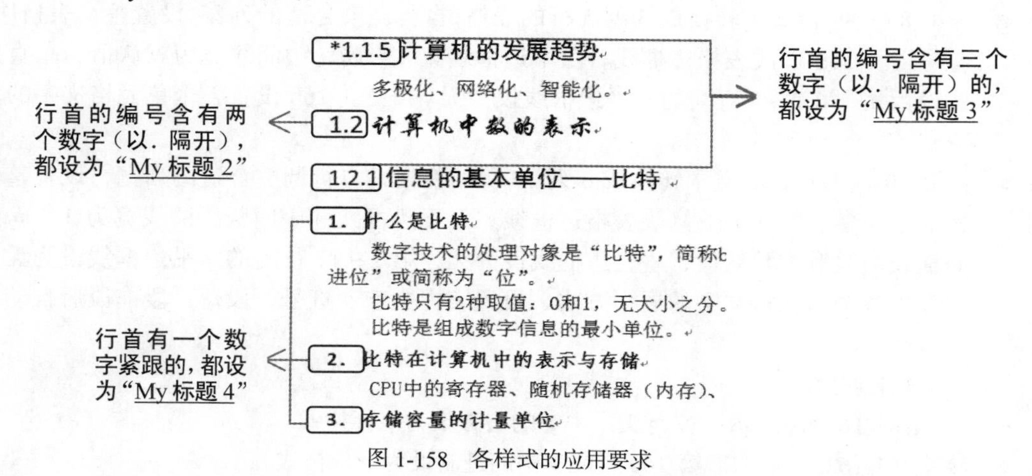

图 1-158　各样式的应用要求

（7）修改样式。

- 在功能区“开始”选项卡“样式”选项组中，找到“My 正文”并右击鼠标，选快捷菜单中的“修改”命令，在弹出的“修改样式”对话框中单击“格式”按钮，选“段落”命令，将行距修改为多倍行距 1.25，确定所做的操作（图 1-159）。
- 选中第 1 行整段，单击功能区“开始”选项卡“字体”选项组中的“文本效果”按钮，在打开的选项框中选择“渐变填充-蓝色，强调文字颜色 1”（第 3 行第 4 个）的文本效果。
- 选中第 1 行整段，右击鼠标，在“样式”快捷菜单中选“更新 My 标题 1 以匹配所选内容”命令，此时“My 标题 1”的样式已经更新。

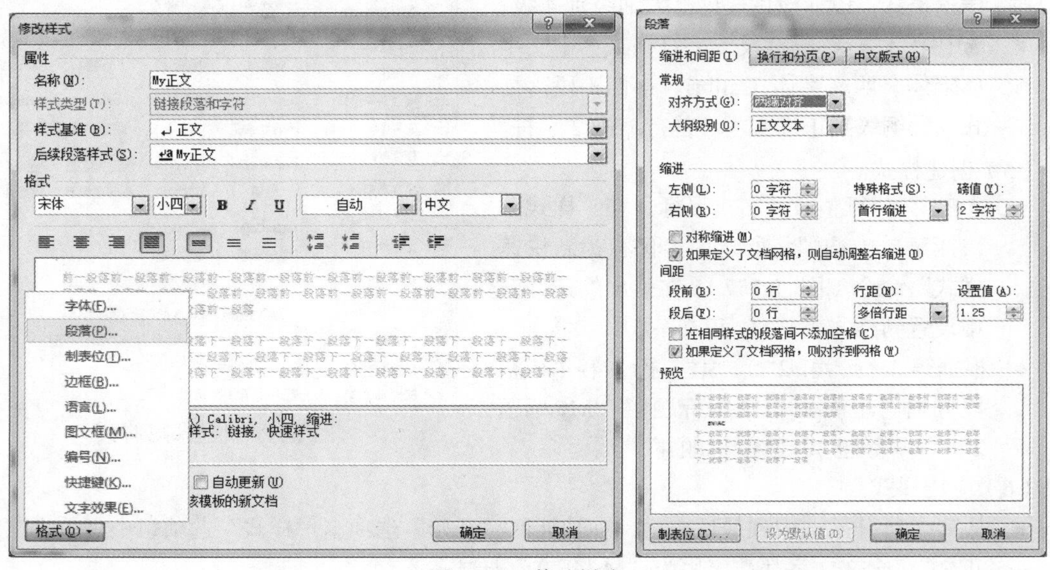

图 1-159　修改样式

（8）设置项目符号。将第 8、77～82、153、155 行设上黑色实心圆点的项目符号。

（9）替换。将文中所有小写的 cpu 转换为大写的 CPU。

（10）文本转换为表格。

- 将第 85～89 行文本转换成 5 列 5 行的表格，自行调整合适的列宽，设置整个表格居中。参考图 1-160 修改表格边框线，上下边框线宽 1.5 磅，中间线宽为默认值，垂直边框线设为无，第 2～5 行间的水平边框线设为无。按图 1-160 设置各个单元格文字的对齐方式。
- 将第 104～120 行的文本转换成 6 列 17 行的表格，自行调整合适的列宽，设置整个表格居中。参考图 1-161 修改表格边框线，上下边框线和中间竖线的线宽为 1.5 磅，中间横线的线宽为默认值，垂直边框线设为无，第 2～17 行间的水平边框线设为无。按图设置各个单元格文字的居中方式，设置表内文字：五号，段落：段前段后自动，单倍行距。

（11）设置上下标。

- 参考图 1-162 将第 56～59 行文本中 2 的次方设为上标格式。
- 参考图 1-163 将第 97、第 100 行文本中的进制设为下标格式。

进位制	计数规则	基数	可用数码	后缀
二进制	逢 2 进 1	2	0,1	B
八进制	逢 8 进 1	8	0,1,2,3,4,5,6,7	O 或 Q
十进制	逢 10 进 1	10	0,1,2,3,4,5,6,7,8,9	D
十六进制	逢 16 进 1	16	0,1,2,3,4,5,6,7,8,9,A,B,C,D,E,F	H

图 1-160　表格 1 的样张

十进制	二进制	八进制	十进制	二进制	十六进制
0	000	0	0	0000	0
1	001	1	1	0001	1
2	010	2	2	0010	2
3	011	3	3	0011	3
4	100	4	4	0100	4
5	101	5	5	0101	5
6	110	6	6	0110	6
7	111	7	7	0111	7
			8	1000	8
			9	1001	9
			10	1010	A
			11	1011	B
			12	1100	C
			13	1101	D
			14	1110	E
			15	1111	F

图 1-161　表格 2 的样张

56	KB（千字节），$1KB=2^{10}B=1024B$
57	MB（兆字节），$1MB=2^{20}B=1024KB$
58	GB（吉字节、千兆字节），$1GB=2^{30}B=1024MB$
59	TB（太字节、兆兆字节），$1TB=2^{40}B=1024GB$

图 1-162　上标文字的样张

97	$(142)_{10}=(10001110)_2$
98	【例 1-7】将十进制数 0.675 转换为二进制数（精
99	
100	$(0.675)_{10}\approx(0.1010)_2$

图 1-163　下标文字的样张

（12）插入图片和绘制图形。

- 打开文件“各种图.docx”，可见图 1、图 2、图 3……。
- 将 96、99 行原有的格式清除，再在 96、99 行分别插入“各种图.docx”中的图 1 和图 2，在 156 行插入图 3（只要插入图，不要图下的标题文字）。
- 在 248 行上，单击功能区“插入”选项卡“插图”选项组中的“形状”按钮，将打开如图 1-164 所示的选项框，单击底部的“新建绘图画布”命令，创建一个绘图区域，在绘图区域插入图 1-164 中的合适图形绘制如图 1-165 所示的图形。

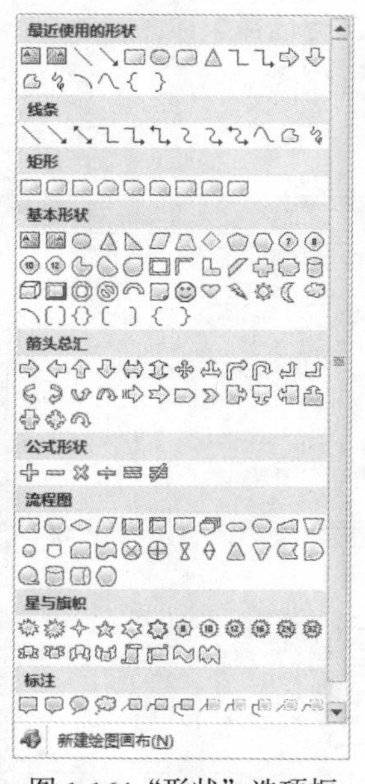

图 1-164“形状”选项框

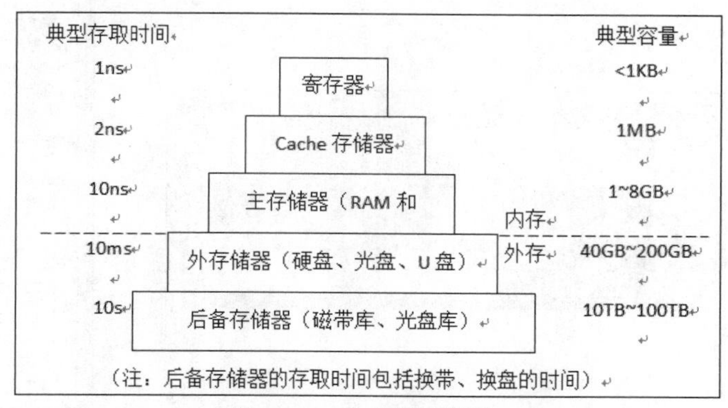

图 1-165　自绘图形样张

（13）设置分栏。

- 选中第 95 ~ 100 行设置靠右的分栏，第 1 栏的栏宽 15 字符。

- 在第 99 行的第一个字符前插入“分栏符”。

（14）为表格和插图添加题注。

- 删除原第 84 行的表格标题（使之变为空行），利用功能区“引用”选项卡中的“插入题注”插入新题注“表格 1 常用的进位制”，且将标题设为居中格式。
- 删除原第 106 行的表格标题，利用“插入题注”功能添加“表格 2 进制之间的关系”的题注，且设为居中。
- 删除原第 160 行的插图标题，添加“图 1 计算机系统组成”的题注，居中显示。
- 删除原第 190 行的插图标题，添加“图 2 Intel 微处理器的摩尔定律”的题注，居中显示。
- 删除原第 252 行的插图标题，添加“图 3 计算机存储器的层次结构”的题注，居中显示。
- 删除原第 265 行的插图标题，添加“图 4 计算机硬件组成”的题注，居中显示。

（15）交叉引用。在 221 行，将光标定位到“(如所示)”的“如”字后面，单击功能区“引用”选项卡“题注”选项组中的“交叉引用”，按图 1-166 所示设置。

（16）设置水印。为文档设置“王武整理”的斜式水印。

（17）插入目录。

- 在第 1 行的行首，插入分隔符“分节符-下一页”。
- 选中新生成的第 1 页的第 1 行，清除格式。
- 在第 1 页的第 1 行上插入“自动目录 1”。

（18）页眉和页脚。

- 在“页面设置”对话框（图 1-167）“版式”选项卡里勾选“奇偶页不同”复选框。
- 插入如图 1-168 所示的奇偶页的页眉，奇数页眉样式选“空白（三栏）”。
- 在第 200 行附近找到“第 2 章计算机硬件系统”，在该行行首插入分隔符“分节符-下一页”。
- 取消第 2 章的偶数页眉的“链接到前一条页眉”，再设置第 2 章的页眉。

（19）插入页码。在页面的底部插入一种页码，页码样式请读者自行选择。

（20）取消行号。

（21）再次保存文档。

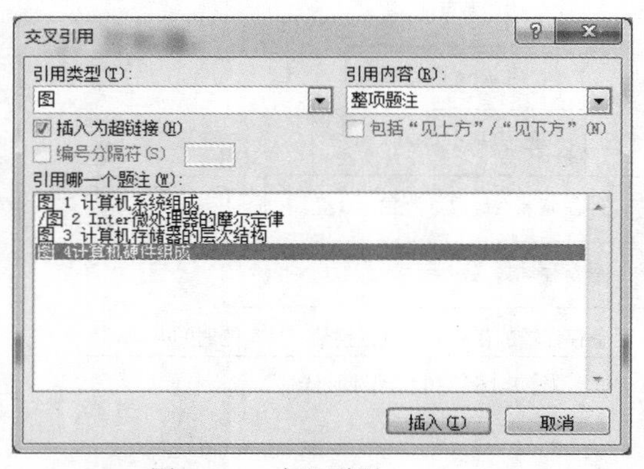

图 1-166　交叉引用

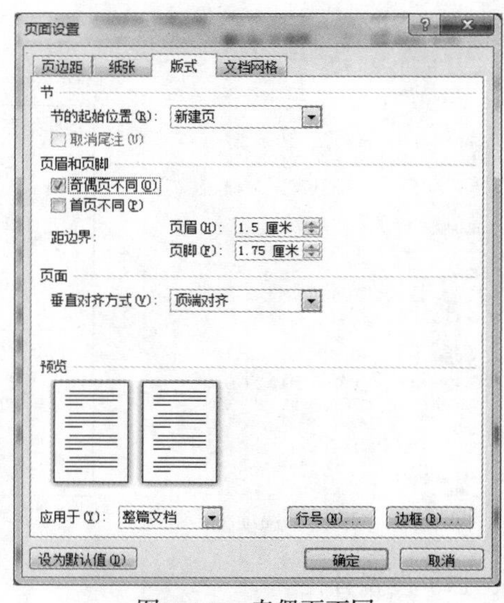

图 1-167　奇偶页不同

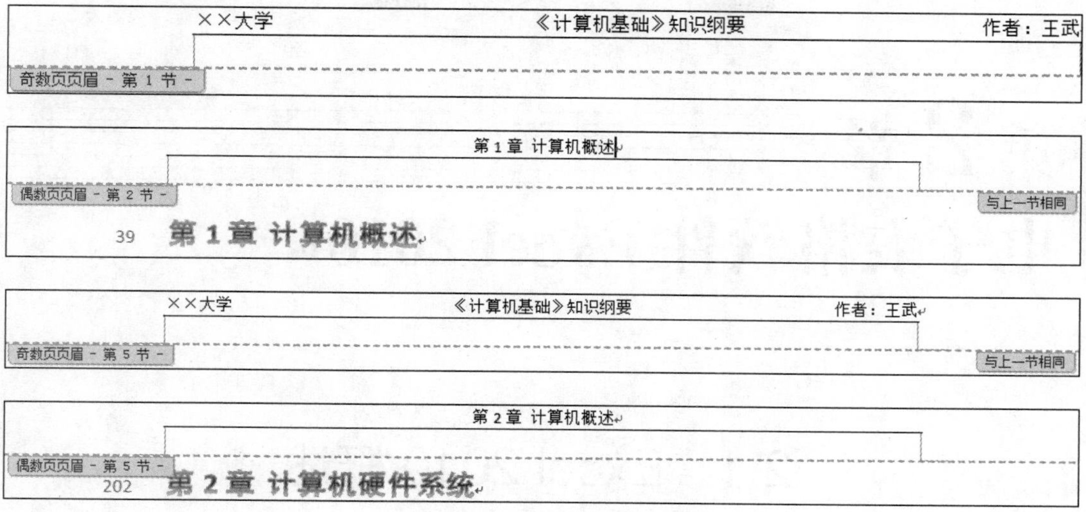

××大学　《计算机基础》知识纲要　作者：王武

奇数页页眉 - 第 1 节 -

第 1 章 计算机概述

偶数页页眉 - 第 2 节 -　与上一节相同

39　第 1 章 计算机概述

××大学　《计算机基础》知识纲要　作者：王武

奇数页页眉 - 第 5 节 -　与上一节相同

第 2 章 计算机概述

偶数页页眉 - 第 5 节 -

202　第 2 章 计算机硬件系统

图 1-168　文档中的页眉

第2章 电子表格软件 Excel 2010

2.1 Excel 2010 概述

2.1.1 主要功能

Excel 2010 是一个优秀的电子表格软件，可以方便地对数据进行组织和分析，并把数据用各种统计图形象地表示出来。日常工作中常见的值班表、计划表、人员信息表、产品登记表等都可以利用 Excel 2010 软件来制作。

Excel 2010 主要具有以下几个功能。

（1）快捷地制作各种报表、输入和编辑数据，也可导入其他格式的外部数据。

（2）对报表进行修饰和美化，如设置边框和底纹、设置单元格的背景色、插入图片、艺术字等。

（3）提供了丰富的函数，如数学和三角函数、日期函数、文本函数、查找与引用函数、逻辑函数等，以便快速解决各种数据计算问题。

（4）对数据清单中的数据进行分析和管理，如排序、筛选、分类汇总、合并计算等。

（5）根据需要生成各种类型的图表，将数据的变化以图形方式直观、形象地呈现出来。

（6）对于大数据量的数据列表，通过数据透视表和数据透视图，可以根据需要建立一个交叉列表，通过更改行、列标签来生成相应的统计数据。

（7）使用模拟运算表，查看一个计算公式中，某些参数值的变化对计算结果的影响，也称为灵敏度分析。

（8）通过录制宏将一些需要重复的操作记录下来，如创建报表、对报表进行格式设置以及一些数据的处理与分析等，在需要时用执行宏来重复这些操作，达到节约工作时间的目的。

（9）提供了 VBA 的编程功能，可以通过代码来控制 Excel 的很多操作，如工作簿和工作表的新建、保存等。

2.1.2 工作界面

通过“开始”菜单启动 Excel 2010 后，系统将自动打开一个默认名为“工作簿 1”的新工作簿，工作界面如图 2-1 所示。界面主要由快速访问工具栏、菜单栏、功能区、编辑栏、工作表和状态栏等部分组成。

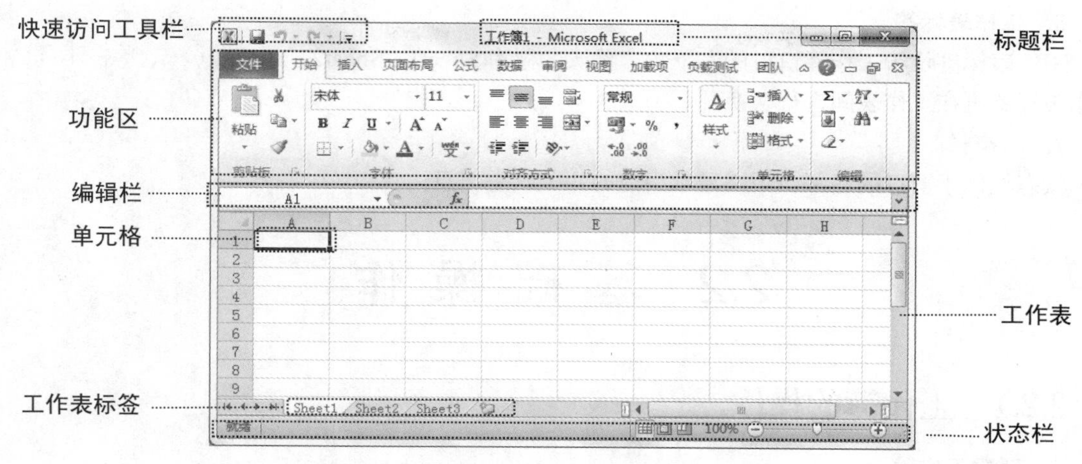

图 2-1　Excel 2010 工作界面

1. 快速访问工具栏

该工具栏位于工作界面的左上角，包含一组用户使用频率较高的工具，类似于 Excel 之前版本的“常用”工具栏，如“新建”“保存”“撤销”“恢复”等。用户可单击“快速访问工具栏”右侧的倒三角按钮，在展开的列表中选择要在其中显示或隐藏的工具按钮。

2. 标题栏

菜单栏位于工作界面的顶端，显示出当前正在编辑的工作簿名称。其右侧有一组最大化、最小化和关闭按钮，用于 Excel 应用程序的最大化、最小化和关闭操作。

3. 功能区

功能区位于标题栏的下方，是一个由选项卡组成的区域，常用的选项卡有文件、开始、插入、页面布局、公式、数据、审阅和视图。Excel 2010 将用于处理数据的所有命令组织在不同的选项卡中。单击不同的选项卡标签，可切换功能区中显示的工具命令。

在每一个选项卡中，命令又被分类放置在不同的选项组中。选项组的右下角通常都会有一个对话框启动器按钮，用于打开与该组命令相关的对话框，以便用户对要进行的操作做更进一步的设置。例如，在“开始”选项卡中，根据不同的命令类型，分为“剪贴板”选项组、“字体”选项组、“对齐方式”选项组、“数字”选项组、“样式”选项组、“单元格”选项组、“编辑”选项组，如图 2-2 所示。

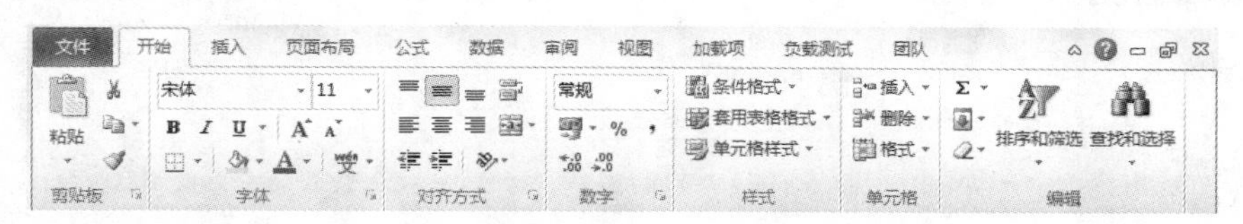

图 2-2　“开始”选项卡

4. 编辑栏

编辑栏主要用于显示、输入和修改活动单元格中的数据或公式。当在工作表的某个单元格中输入数据时，编辑栏会同步显示输入的内容。

5. 工作表

工作表编辑区位于工作簿窗口的中央区域，有行号、列标和网格线构成。每张工作表由 1048576 行和 16384 列组成，行与列的相交处构成一个单元格，也是工作表中的基本编辑单位，用于显示或编辑工作表中的数据。

6. 工作表标签

工作表标签位于工作簿窗口的左下角，默认名称为 Sheet1、Sheet2、Sheet3……，单击不同的工作表标签可在工作表间进行切换。

7. 状态栏

状态栏位于窗口的底部，用来显示当前的相关状态信息。

2.2 基 础 操 作

2.2.1 工作簿的操作

1. 新建工作簿

一个工作簿就是一个 Excel 文件，其扩展名为.xlsx。一个工作簿中包含若干个工作表，工作表的个数至少 1 个，最多的个数由计算机的物理内存决定。默认情况下，启动 Excel 2010 后，将自动新建一个工作簿，名称为工作簿 1，且包含 3 个工作表。选择“文件”选项卡中的“选项”功能，单击“常规”按钮，可修改新工作簿内的默认工作表数。

（1）新建空白工作簿

新建空白工作簿有如下 3 种方法。

方法一：使用选项卡。选择“文件”选项卡中的“新建”功能，在窗口中选择“可用模板”中的“空白工作簿”，窗口右侧出现“空白工作簿”窗格，单击其中的“创建”按钮可以创建一个空白工作簿，如图 2-3 所示；也可以直接双击“可用模板”中的“空白工作簿”命令。

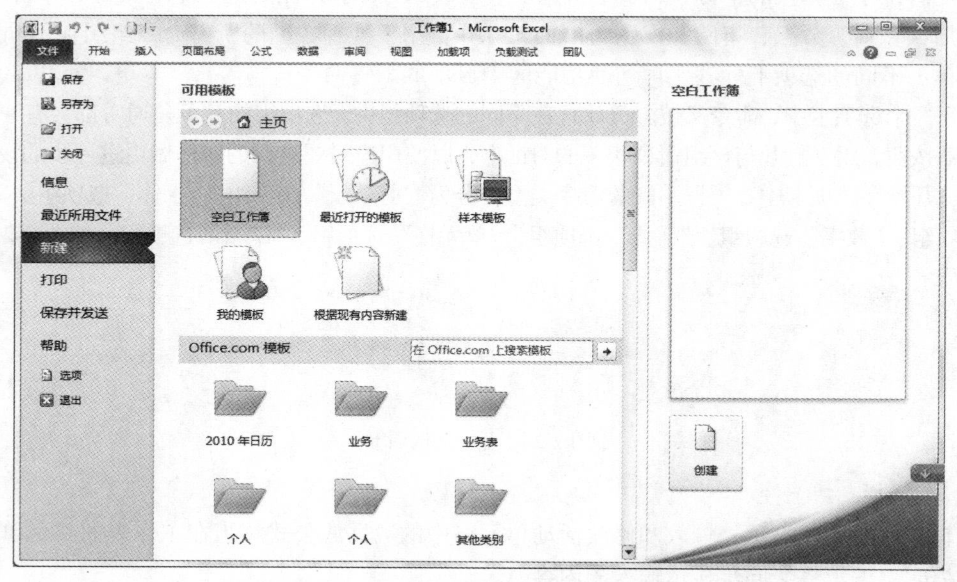

图 2-3 “文件”选项卡“新建”功能

方法二：使用快速访问工具栏。单击快速访问工具栏右侧的按钮，出现下拉菜单，如图 2-4 所示，选择“新建”命令向快速访问工具栏中添加“新建”按钮，单击该按钮可创建一个空白工作簿。

方法三：使用【Ctrl+N】组合键。

（2）根据现有的模板创建新工作簿

在图 2-3 所示的界面中，选择“样本模板”可以打开系统中安装的现有模板，选择需要的模板如“贷款分期付款”后，右侧窗格会显示该模板的预览，单击“创建”按钮即可，如图 2-5 所示。

（3）根据现有的工作簿创建

在图 2-3 所示的界面中，单击“根据现有内容新建”会打开一个“根据现有工作簿新建”对话框，选择需要的文件后单击“打开”按钮即可。

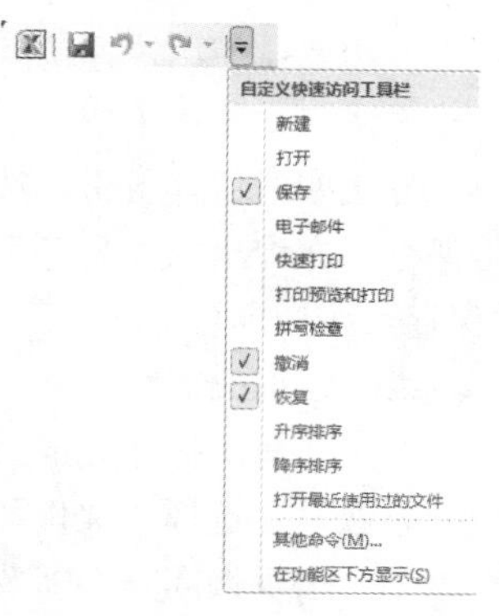

图 2-4　快速访问工具栏

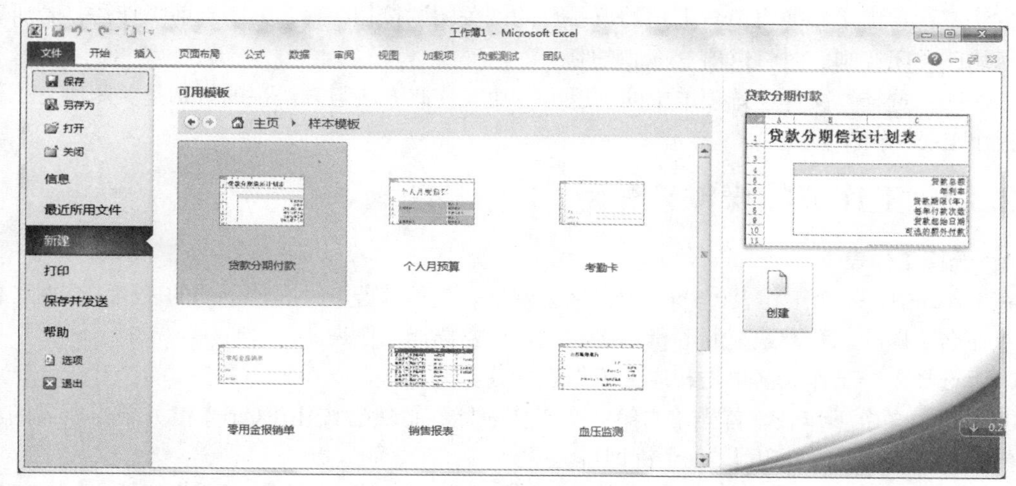

图 2-5　样本模板

2. 打开工作簿

打开一个工作簿常用的方法有如下几种。

方法一：使用选项卡。选择“文件”选项卡中的“打开”功能，在“打开”对话框中选择工作簿文件所在的位置和文件名后，单击“打开”按钮。

方法二：使用快速访问工具栏。单击快速访问工具栏右侧的按钮，出现下拉菜单，如图 2-4 所示，选择“打开”命令向快速访问工具栏中添加“打开”按钮，单击该按钮弹出“打开”对话框，选择工作簿文件所在的位置和文件名后，单击“打开”按钮。

方法三：使用【Ctrl+O】组合键，弹出“打开”对话框。

方法四：双击工作簿文件。在“资源管理器”中找到需要打开的工作簿文件后，直接双击。

方法五：打开最近使用过的工作簿。单击“文件”选项卡，选择“最近所用文件”即可显示最近打开过的工作簿。

3. 保存工作簿

在对工作簿编辑操作的过程中，为防止数据丢失，应及时保存工作簿文件，具体方法如下。

方法一：使用选项卡。选择“文件”选项卡中的“保存”功能，若当前工作簿文件从未保存过，则将弹出“另保存”对话框，在该对话框中选择工作簿文件所要存放的位置，输入文件名后，单击“保存”按钮；否则直接以原来的文件名保存。

方法二：使用快速访问工具栏。单击快速访问工具栏中的“保存”按钮。

方法三：使用【Ctrl+S】组合键。

方法四：保存备份。选择“文件”选项卡中的“另存为...”功能，可实现对工作簿文件的备份保存，在弹出的“另存为”对话框中，选择工作簿文件所要存放的位置，输入文件名后，单击“保存”按钮即可。

4. 关闭工作簿

对工作簿的操作完成后，需将其关闭。关闭工作簿的方法如下。

方法一：选择“文件”选项卡中的“关闭”功能，将关闭当前工作簿文件，若工作簿尚未保存，则会出现询问是否需要保存的对话框。

方法二：单击工作簿窗口右上角第二行的“关闭”按钮，关闭当前工作簿。

方法三：单击工作簿窗口右上角的第一行的“关闭”按钮，关闭当前工作簿。若所有的工作簿均已关闭，则此时将退出 Excel 软件。

方法四：选择“文件”选项卡中的“退出”功能，此方法与方法一的区别是关闭所有工作簿后将退出 Excel 软件。

2.2.2 工作表的操作

1. 选择工作表

在 Excel 中，一个工作表（Sheet）实际上就是一张具有若干行、若干列的表格。在对工作表进行重命名、删除、移动或复制等操作之前，首先要选择工作表。

（1）选择单个工作表。单击相应的工作表标签。

（2）选择多个工作表。首先单击第一个工作表标签，然后按住【Ctrl】键并单击所需的工作表标签。选择完成后，松开【Ctrl】键即可。

当同时选择了多个工作表时，当前工作簿的标题栏将出现“工作组”字样。此时可实现同时删除这些工作表，或在这些工作表中输入相同数据等操作。单击任意一个工作组标签可取消工作组，标题栏的“工作组”字样也同时消失。

2. 重命名工作表

新建的工作表默认以 Sheet1、Sheet2、Sheet3……的方式命名，为了便于管理，通常需将其改为有意义的名字。重命名工作表的方法如下。

方法一：双击要重命名的工作表标签，使得工作表标签文字呈黑底白字显示，此时直接输入新的名字，输入完成后按【Enter】键。

方法二：右击要重命名的工作表标签，在弹出的快捷菜单中选择“重命名”，输入新的名字，输入完成后按【Enter】键。

3. 插入工作表

默认情况下，一个工作簿中仅包含 3 张工作表。用户可根据实际需要向工作簿中插入新的工作表。插入工作表的方法如下。

方法一：单击工作表标签右侧的“插入工作表”按钮，新插入的工作表自动成为当前工作表，并有一个默认名字。

方法二：右击工作表标签，在弹出的快捷菜单中选择“插入”，在打开的对话框中选择“常用”选项卡，单击“工作表”图标，最后单击“确定”按钮。

方法三：选择“开始”选项卡，单击“单元格”选项组中的“插入”按钮，从弹出的下拉菜单中选择“插入工作表”命令即可。

4. 删除工作表

删除工作表的方法如下。

方法一：先选择要删除的工作表，然后右击工作表标签，在弹出的快捷菜单中选择“删除”命令。

方法二：选择要删除的工作表标签，单击“开始”选项卡“单元格”选项组中的“删除”按钮，从弹出的下拉菜单中选择“删除工作表”命令即可。

删除的工作表将被永久删除，不能恢复。

5. 移动或复制工作表

（1）使用功能区中的按钮实现移动或复制工作表

选中要移动或复制的工作表，选择“文件”选项卡“单元格”选项组中的“格式”按钮，在下拉菜单中选择“移动或复制工作表”命令，或右击选中的工作表标签，在弹出的快捷菜单中选择“移动或复制”，都将会出现图 2-6 所示的对话框。在该对话框中选择好目标工作簿，再选择工作表要移动或复制的位置，并根据需要选择是否建立副本，最后单击“确定”按钮即可。

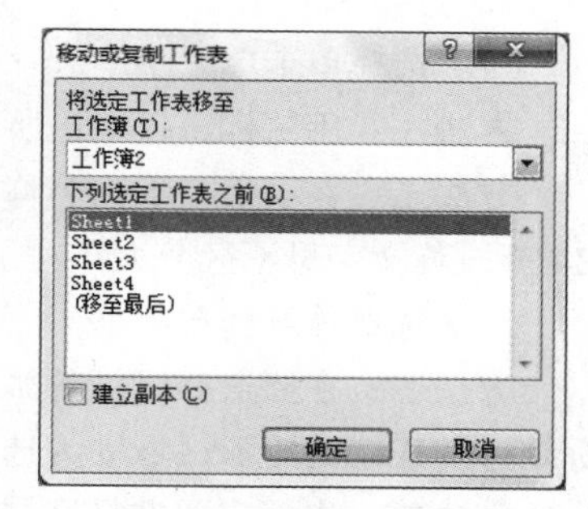

图 2-6 “移动或复制工作表”对话框

（2）使用鼠标拖动实现移动或复制工作表

使用鼠标拖动实现移动或复制工作表的操作步骤如下。

- 打开目标工作簿。若要将工作表移动或复制到另外一个工作簿中，需要先将其打开。
- 选中要移动或复制的工作表，按住鼠标左键，沿着标签栏拖动鼠标，当小黑三角形移到目标位置时，松开鼠标左键。若是要复制工作表，则要在拖动工作表的过程中按住【Ctrl】键。

若是在不同工作簿间移动或复制工作表，需要先选择“视图”选项卡中“窗口”选项组里的“全部重排”功能，在弹出的“重排窗口”对话框中设置窗口的排列方式，使源工作簿和目标工作簿均可见。

6. 拆分工作表

当工作表中的数据比较多，而且需要比较工作表中不同部分数据时，可以对工作表进行拆分，使屏幕能同时显示工作表的不同部分，方便用户对较大的表格进行数据比较。

（1）使用功能区中的按钮拆分

单击“视图”选项卡“窗口”选项组中的“拆分”按钮，此时窗口中出现两条与窗口等宽的分割线。鼠标指针置于分割线上，当其呈上下或左右箭头形状时，拖动鼠标，可调整拆分后的窗口大小。再次单击“拆分”按钮，可取消窗口拆分。

（2）拖动鼠标拆分

将鼠标指针置于垂直滚动条上方的小方块按钮上，鼠标插针变成上下箭头形状时，向下拖动鼠标，此时窗口中出现一条灰色分割线，使其移动到目标位置后释放鼠标即可。同样，水平滚动条右侧也有拆分按钮，可将窗口拆分为左右结构。

7. 冻结工作表窗格

选择“视图”选项卡“窗口”选项组中的“冻结窗格”按钮，将打开图 2-7 所示的下拉菜单，根据需要选择需要冻结的内容即可。若选择“冻结拆分单元格”，则将在选中的单元格的上面和左边出现两条细实线，细实线的上面和左边部分单元格区域不再随着滚动条而滚动。

若需要取消冻结，则再次单击“冻结窗格”按钮，下拉菜单中将出现“取消冻结窗格”命令，单击即可。

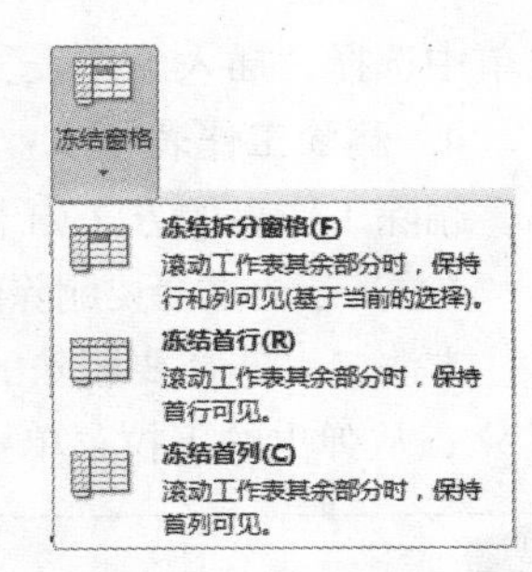

图 2-7 “冻结窗格”按钮

2.2.3 单元格的操作

1. 选择单元格

（1）选择单个单元格

方法一：用鼠标直接单击所要选择的单元格，选中的单元格将以黑色边框显示。

方法二：在窗口左上角名称栏中输入所要选择的单元格的名称（格式为：列标行号，如 A3、H4 等，英文字母不区分大小写），输入完成后按【Enter】键。

（2）选择连续的单元格

方法一：在要选择区域的第一个单元格上按下鼠标左键并拖动鼠标，到适当位置后松开。鼠标划过的连续的矩形区域即为选中的单元格区域。

方法二：先单击要选择区域的第一个单元格，然后按住【Shift】键的同时单击最后一个单元格，此时两次单击之间矩形区域中的连续多个单元格即为选中的单元格区域。

方法三：在名称栏中输入区域表示范围，输入完成后按【Enter】键。如输入 A1:C4，表示选中从 A1 到 C4 的连续 12 个单元格。此处，西文的冒号“:”为 Excel 的引用运算符，表示一块连续的矩形区域中的所有单元格。

（3）选择不连续的单元格

方法一：首先单击任意一个要选择的单元格，然后按住【Ctrl】键的同时单击其他需要选择的单元格。

方法二：在名称栏中输入区域表示范围，输入完成后按【Enter】键。如输入 A1,C4，表示选中 A1 和 C4 两个单元格；若输入 A1:C4,F2，则将选中 A1 至 C4 以及 F2 共 13 个单元格。此处，西文的逗号“,”为 Excel 的引用运算符，表示多个矩形区域的并集。

（4）选择一行或一列

单击所要选择的一行的行号或一列的列标。

（5）选择连续的多行或多列

方法一：先选中第一行或第一列，然后按住鼠标左键并拖动，到所要选择的最后一行或一列时松开鼠标左键。

方法二：先选中第一行或第一列，然后按住【Shift】键的同时选中最后一行或一列。

（6）选择不连续的多行或多列

先选中第一行或第一列，然后按住【Ctrl】键的同时选中其他需要选择的行或列。

（7）全选

按【Ctrl+A】组合键或单击工作表左上角的全选按钮。

2. 合并与拆分单元格

（1）合并单元格

合并单元格是指将相邻的两个或多个水平或垂直单元格区域合并为一个单元格。区域左上角单元格的名称和内容自动成为合并后的单元格的名称和内容，区域中其他单元格的内容将被删除。合并单元格的方法如下。

方法一：先选中要进行合并操作的单元格区域，单击右键，在快捷菜单中选择“设置单元格格式”，打开“设置单元格格式”对话框，如图 2-8 所示，单击“对齐”选项卡，选中“文本控制”栏目中的“合并单元格”复选框，最后单击“确定”按钮。

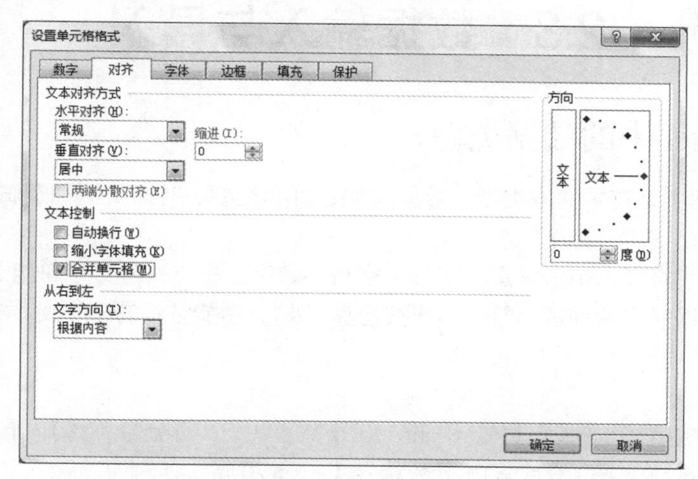

图 2-8　“设置单元格格式”对话框——“对齐”选项卡

方法二：先选中要进行合并操作的单元格区域，单击“开始”选项卡“对齐方式”选项组中“合并后居中”按钮 合并后居中 ▾。

（2）拆分单元格

拆分单元格是指将合并的单元格重新拆分为多个单元格。拆分后，原来合并单元格的内容将自动成为拆分后的左上角单元格的内容。拆分单元格的方法为：先选择一个合并的单元格，打开图 2-8 所示的对话框，取消“合并单元格”的勾选标记，或直接单击“开始”选项卡“对齐方式”选项组中“合并后居中”按钮 合并后居中 ▾。

不能拆分没有合并过的单元格。

3. 插入单元格、行与列

当在工作表中插入单元格、行或列后，现有单元格将发生移动。

首先单击要插入单元格的位置，然后选择“开始”选项卡“单元格”选项组中的“插入”按钮，如图 2-9 所示。在下拉菜单中选择需要的命令，或直接右击要插入单元格的位置，在弹出的快捷菜单中选择“插入”，将会打开“插入”对话框，选择一种插入方式后，单击“确定”按钮。

4. 删除单元格、行与列

删除工作表中不再需要的单元格、行或列时，可选择“开始”选项卡“单元格”选项组中的“删除”按钮，如图 2-10 所示。在下拉菜单中选择需要的命令，或右击要删除的一个单元格，在弹出的快捷菜单中选择“删除”，在打开的“删除”对话框中，选择一种删除方式后，单击“确定”按钮。

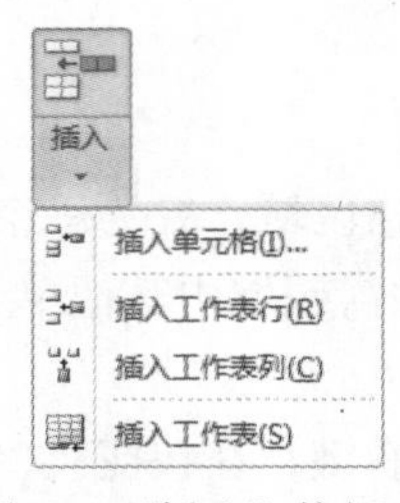

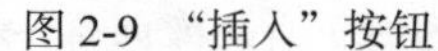
图 2-9 “插入”按钮

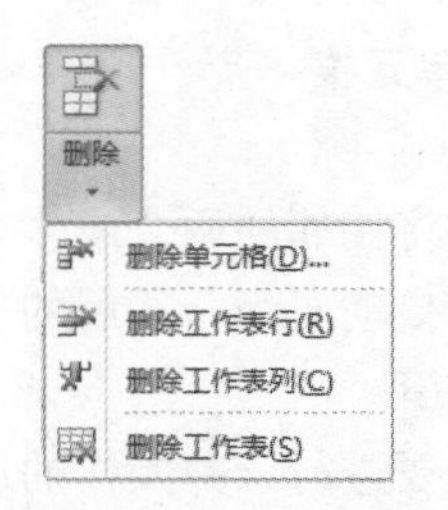

图 2-10 “删除”按钮

2.3 数据输入与导入

2.3.1 Excel 中的数据类型

Excel 中的数据类型有：文本类型、数值类型、日期类型、时间类型和逻辑类型。

1. 文本类型

文本类型也叫字符型，是由汉字、字母、空格、数字、标点符号等字符组成。

文本类型的数据只有一种运算符，即连接运算“&”，功能是将若干个文本首尾连接，得到一个新的文本。

2. 数值类型

数值型数据由数字 0～9、正负号（+和−）、小数点（.）、百分号（%）、千位分隔符（,）、货币符号（￥或$）、指数符号（E 或 e）、分数符号（/）等组成。

对数值型数据可以进行加、减、乘、除、乘方等各种数学运算，对应的运算符分别为“+”“-”“*”“/”“^”。

3. 日期类型

Excel 中将日期类型的数据存储为整数，范围为 1～2958465，对应的日期为 1900 年 1 月 1 日～9999 年 12 月 31 日。

对日期类型的数据可以像对数值型数据一样进行运算。

- 两个日期数据之间相减，得到的结果为整数，表示两个日期相差的天数。
- 用一个日期加上或减去一个整数，得到的结果为一个日期，表示若干天后或若干天前的日期。
- 两个日期相加，得到的结果为一个日期，运算过程是将两个日期对应的整数相加得到一个新的整数后再转换成对应的日期。一般这种运算没有实际意义。

4. 时间类型

Excel 将时间类型的数据存储为小数，0 对应 0 时，1/24 对应 1 时，1/12 对应 2 时。时间类型数据的运算与日期型数据运算类似。

5. 逻辑类型

逻辑类型的数据只有两个值：“TRUE”与“FALSE”，分别表示“真”与“假”。

2.3.2 数据的输入

1. 文本的输入

文本的输入比较简单，一般的文本直接输入即可。默认情况下，输入的文本型数据以“左对齐”方式显示。当然，通过设置单元格格式可以改变其对齐方式。当输入的文本超过了单元格的宽度时，系统会自动将文本依次显示在右边相邻的单元格中，但内容仍然存储在当前单元格中。如果相邻的单元格中有数据存在，则本单元格中超出部分的文本不显示。

如果希望输入的文本不超过单元格的宽度，打开如图 2-8 所示的“设置单元格格式”对话框的“对齐”选项卡，勾选“自动换行”的复选框即可。

如果文本由纯数字组成，如学生的学号、手机号、邮政编码等，在输入时应该在数字前加一个英文的单引号作为纯数字文本的前导符，如某学生的学号为’1547104024。

如果想在一个单元格中输入多行文字，可以在输入时按住【Alt+Enter】组合键在单元格内换行。

2. 数值的输入

在 Excel 2010 中，单元格默认显示为 11 位有效数字，若输入的数值长度超过 11 位，系统将自动以科学计数法显示该数字。当数值长度超过单元格宽度时，数据以一串“#”显示，此时适当调整单元格宽度即可显示出全部数据。

默认情况下，输入的数值型数据以“右对齐”方式显示。当然，通过设置单元格格式可以改变其对齐方式。

数值数据的输入主要注意负数、分数的输入方法。

（1）负数的输入。可以直接输入负号及数字，另外还可以用圆括号来进行负数的输入，如输入“(200)”就相当于“-200”。

（2）分数的输入。若要输入一个数“2/3”，方法是先输入一个“0”，然后输入一个空格，再输入“2/3”，即“0 2/3”。若不输入“0”与空格而直接输入“2/3”，系统会以日期数据“2 月 3 日”显示。

3. 日期时间的输入

输入日期的格式是“年-月-日”或“年/月/日”。其中年份的取值范围为 1900 ~ 9999，月份的取值范围为 1 ~ 12，日的取值范围为 1 ~ 31。如果日期中没有给定年份，则系统默认使用当前的年份（以计算机系统的时间为准）。若输入的年份为两位整数时，默认情况下，输入的年份在 30 ~ 99 时，系统会自动加上 19，而年份为 00 ~ 29 之间时，系统自动加上 20。

如果要在单元格中输入系统当前日期，则按【Ctrl+;】组合键即可。

输入时间的格式是“时:分:秒”，默认以 24 小时制方式输入。若要采用 12 小时制，则需在时间后输入一个空格以及 AM（或 A，表示上午）或 PM（或 P，表示下午）。

如果要在单元格中输入系统当前时间（时:分），则按【Ctrl+Shift+;】组合键即可。

默认情况下，输入的日期和时间以“右对齐”方式显示。当然，通过设置单元格格式可以改变其对齐方式。

4. 特殊符号的输入

有些特殊符号（如◎、℃、∑等）无法从键盘输入，此时可采用以下几种输入方法。

方法一：选择“插入”选项卡“符号”选项组中的“符号”按钮，打开“符号”对话框，如图 2-11 所示，选择要插入的符号后单击“插入”按钮。

方法二：根据要输入的特殊符号类型（如希腊字母、标点符号、数学符号等），打开中文输入法状态下的相应软键盘，单击软键盘上的按键便可将对应符号输入。

图 2-11　“符号”对话框

2.3.3 数据的快速输入

在输入大量重复或具有一定规律的数据时，为节省输入时间，提高工作效率，Excel 2010 提供了多种快速输入方法。

1. 填充柄的使用

是位于当前选中单元格右下角的小黑方块。当鼠标移动到填充柄上时，鼠标指针由空心十字形✚变为实心十字形+。此时，若按下鼠标左键拖动填充柄，则可在连续的单元格中填充相同或有规律的数据。

2. 填充相同的数据

（1）连续的单元格

首先在第一个单元格中输入数据，然后向上、下、左或右拖动填充柄即可。

（2）不连续的单元格

选定需要输入数据的区域（可以连续，也可以不连续），输入数据后按住【Ctrl+Enter】组合键，即可在所有选中的单元格中填充相同数据。

3. 填充等差序列

（1）使用填充柄

首先在第一个单元格中输入序列的第一个数值，然后在第二个单元格中输入序列的第二个数值，将这两个单元格选中，拖动右下角的填充柄进行填充即可。

（2）使用功能区中的按钮

首先在第一个单元格中输入第一个数值，然后选择“开始”选项卡“编辑”选项组中的“填充”按钮，在下拉菜单中单击“系列”命令，打开“序列”对话框，如图 2-12 所示。选择类型为“等差序列”，设置“步长值”和“终止值”，单击“确定”按钮即可。若打开对话框之前已经选择了相应的填充范围，则此对话框中的“终止值”可以省略。

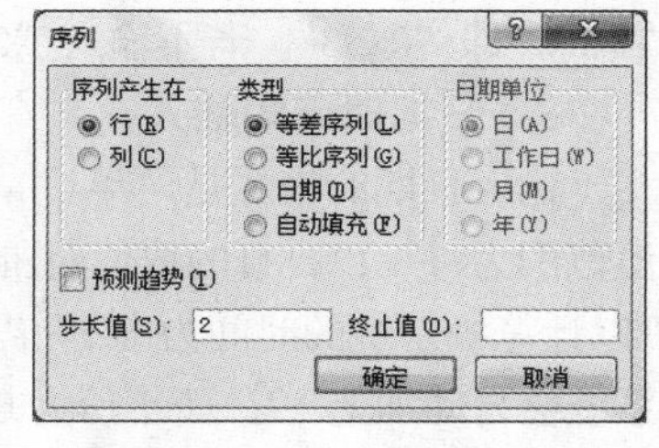

图 2-12 “序列”对话框

4. 填充等比序列

等比序列的填充不能直接使用填充柄，必须使用功能区中的按钮填充。输入好第一个数据后，打开如图 2-12 所示的对话框，选择类型为“等比序列”，输入“步长值”和“终止值”，单击“确定”按钮即可。

5. 填充自定义序列

Excel 中内置了一些自定义序列，如“星期日、星期一、星期二……”“甲、乙、丙、丁……”“Sunday、Monday、Tuesday……”等。这些序列可以直接用填充柄来生成，如在 A1 单元格中输入“星期日”，使用填充柄填充 B1:G1，则 A1:G1 单元格如图 2-13 所示。如果想在 A3 到 G3 中全部填充“星期日”，则按住【Ctrl】键再使用填充柄填充，则 A3:G3 单元格如图 2-13 所示。

	A	B	C	D	E	F	G
1	星期日	星期一	星期二	星期三	星期四	星期五	星期六
2							
3	星期日	星期日	星期日	星期日	星期日	星期日	星期日

图 2-13 填充自定义序列

若用户要填充自己需要的序列，如“赵”“钱”“孙”“李”“周”“吴”“郑”“王”，则需要首先将该序列添加到系统的自定义序列中，具体操作如下。

- 选择“文件”选项卡中的“选项”按钮，打开图 2-14 所示的“Excel 选项”对话框。
- 在左栏中选择“高级”命令。
- 在右栏中选择“常规”分组中的“编辑自定义列表”按钮，打开图 2-15 所示的“自定义序列”对话框。
- 在“输入序列”列表框中，输入自定义序列。每个数据项一行，或用英文逗号分隔。
- 单击“添加”按钮，将该序列添加到自定义序列列表中。
- 单击“确定”按钮关闭对话框，继续关闭“Excel 选项”对话框。
- 选中 A1 单元格，输入“赵”，拖动 A1 单元格的填充柄即可。

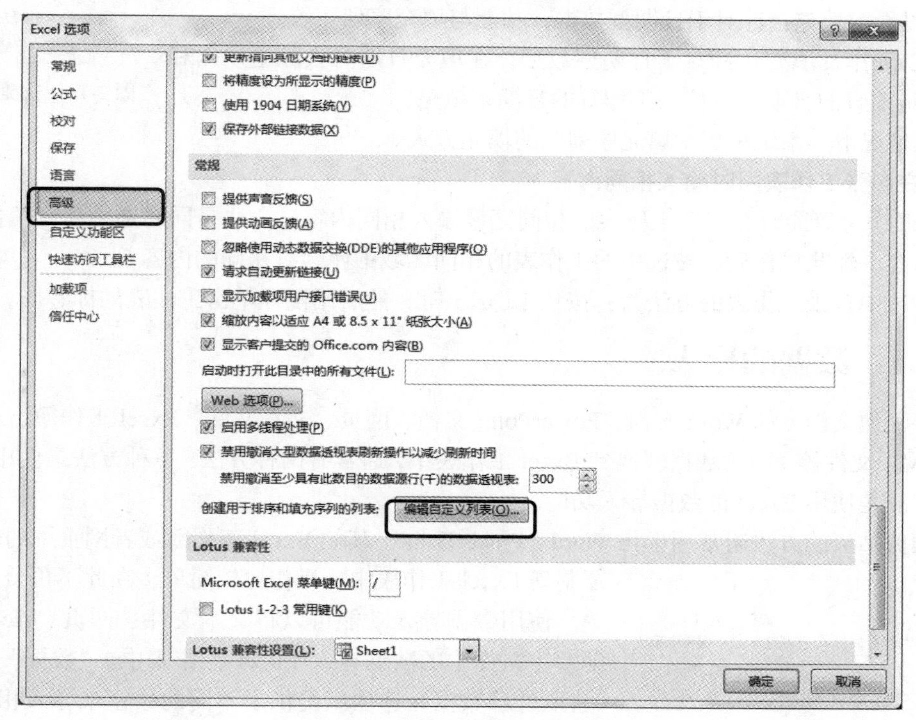

图 2-14 “Excel 选项”对话框

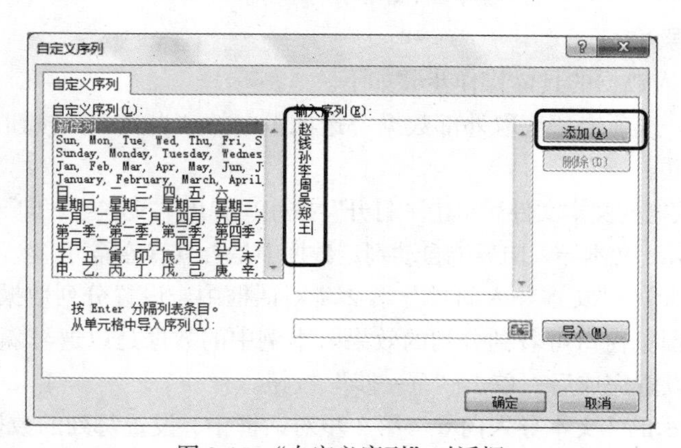

图 2-15 “自定义序列”对话框

在添加自定义序列时，也可单击压缩图 2-15 对话框中的按钮，选择指定单元格区域的内容后单击“导入”按钮。对于用户添加的自定义序列，选中后可单击“删除”按钮将其从系统中删除。

6．利用快捷菜单填充

在单元格中输入数据，拖动填充柄到目标单元格后释放鼠标，此时在目标单元格的右下角将出现“自动填充选项”按钮，单击该按钮将弹出一个快捷菜单，如图 2-16 所示，可以选择下列几种方式进行填充。

- 复制单元格：单元格的内容和格式同时复制。
- 填充序列：填充一系列能拟合简单线性趋势或指数递增趋势的数值。
- 仅填充格式：仅复制单元格的格式，不复制内容。
- 不带格式填充：仅复制单元格的内容，不复制格式。
- 以天数填充：针对于日期型数据，功能与填充序列一致。
- 以工作日填充：针对于日期型数据，在填充日期时去除星期六和星期日的日期，只使用工作日的日期来填充。

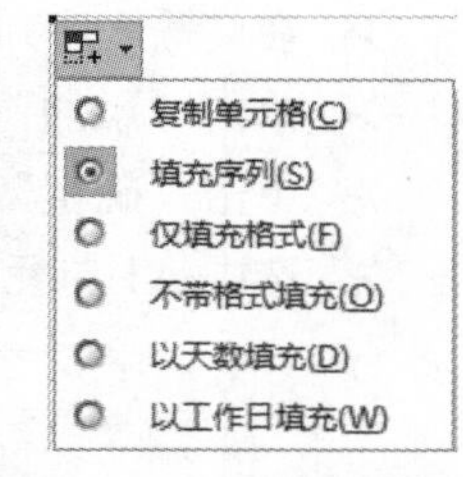

图 2-16　快捷菜单填充

默认情况下，系统采用“填充序列”的填充方式。

7．在多张工作表同时输入相同内容

Excel 中可以同时在多个工作表的相同区域输入相同内容，方法是同时选中几张工作表，然后输入内容。经此操作后，被选中的工作表的相同区域中便会有相同的内容。

同时选中多张工作表的方法为：按住【Ctrl】键，然后用鼠标单击工作表的标签。

2.3.4　数据的导入

要将其他文档（如 Word 文档、PowerPoint 文档、网页、文本文件、Excel 工作簿、Access 数据库、XML 文件等）中的数据转换到 Excel 工作表中，通常有两种方法：一种方法是使用剪贴板，另一种方法是使用 Excel 的数据导入功能。

使用剪贴板的方法通常用于将 Word、PowerPoint、其他 Excel 工作簿或者网页中的表格数据复制到 Excel 工作表中，操作比较简单，在此不再赘述。

图 2-17“获取外部数据”选项组

使用数据导入功能可以将文本文件、网页、Access 数据库等文件中的数据导入 Excel 工作表中。“数据”选项卡“获取外部数据”选项组提供了不同的按钮来导入相应的数据，如图 2-17 所示。

1．从文本文件导入

从文本文件中导入数据的具体操作步骤如下。

- 选择“数据”选项卡“获取外部数据”选项组中的“自文本”按钮，打开“导入文本文件”对话框。
- 选好要导入数据的文本文件后单击“打开”按钮，弹出“文本导入向导”第 1 步的对话框，如图 2-18 所示，文本导入向导能自动判定数据中是否具有分隔符，然后单击“下一步”按钮。
- 在图 2-19 所示的“文本导入向导”第 2 步对话框中，设置分列数据所包含的分隔符号，与此同时在预览窗口可看到分列的效果。本例中的数据是以逗号隔开，故选择逗号作为分隔符号。设置完成后，单击“下一步”按钮。
- 在图 2-20 所示的“文本导入向导”第 3 步对话框中，设置每列的数据类型。设置完成后，单击“完成”按钮。
- 最后出现图 2-21 所示的“导入数据”对话框，设置数据的存放位置，单击“确定”按钮即可。数据存放的开始位置可以是现有工作表的某个单元格，也可以新建一张工作表，并从该工作表的 A1 单元格开始存放数据。

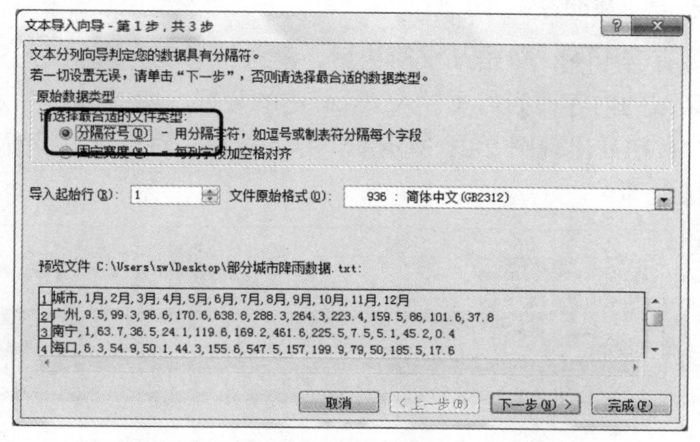

图 2-18　“文本导入向导”对话框——第 1 步

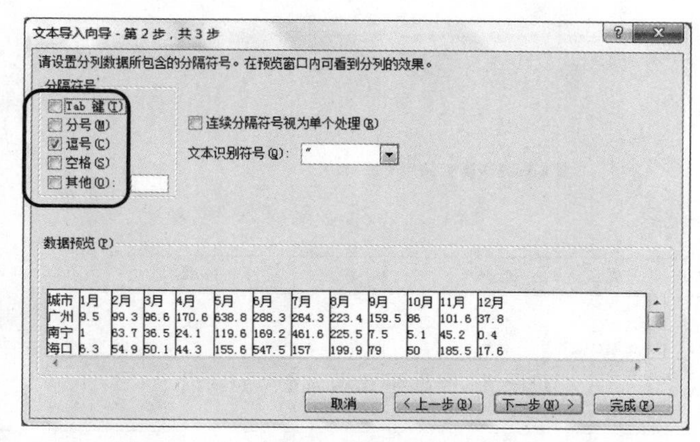

图 2-19　“文本导入向导”对话框——第 2 步

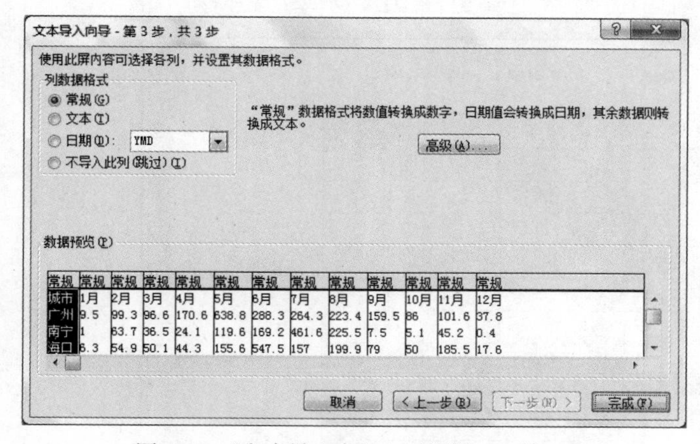

图 2-20　“文本导入向导”对话框——第 3 步

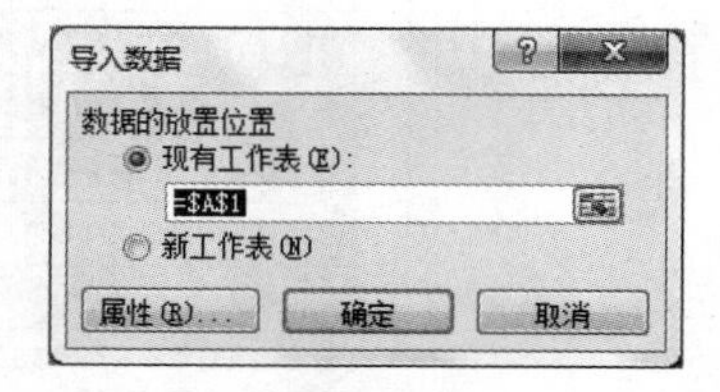

图 2-21　“导入数据”对话框

2. 从网站导入

从网站中导入数据的操作步骤如下。

➢ 打开需要导入的网站，将其 URL 地址复制到剪贴板。

➢ 选择“数据”选项卡“获取外部数据”选项组中的“自网站”按钮，打开“新建 Web 查询”对话框。

- 将 URL 地址粘贴到对话框中的“地址”栏后，单击“转到”按钮，对话框下方显示需要导入数据的网页，如图 2-22 所示。
- 在网页的左侧有若干[→]，单击某个箭头后，箭头符号变为[✔]。此时，网站中对应的区域被选中，该区域的内容即为需要导入 Excel 中的数据，如图 2-23 所示。
- 单击“导入”按钮后出现图 2-21 所示的“导入数据”对话框，设置数据的存放位置，单击“确定”按钮即可。

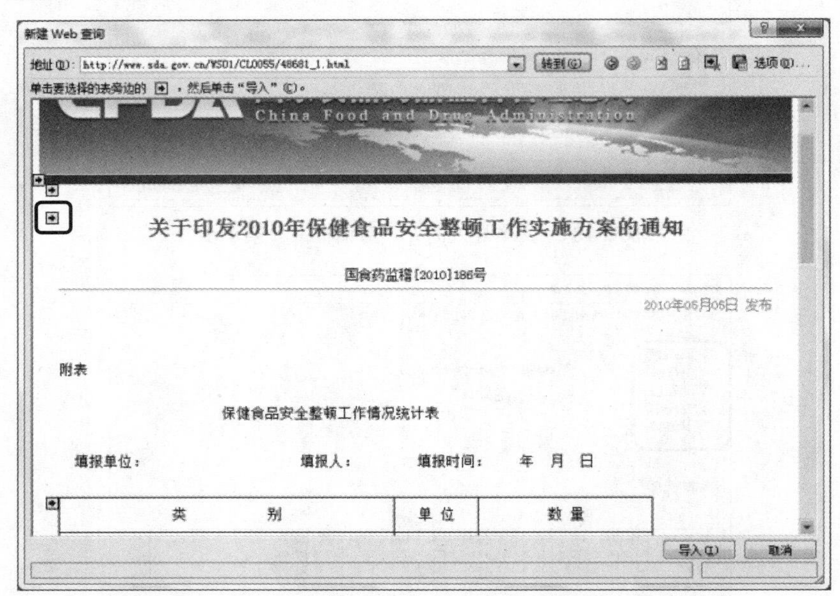

图 2-22 “新建 Web 查询”对话框-1

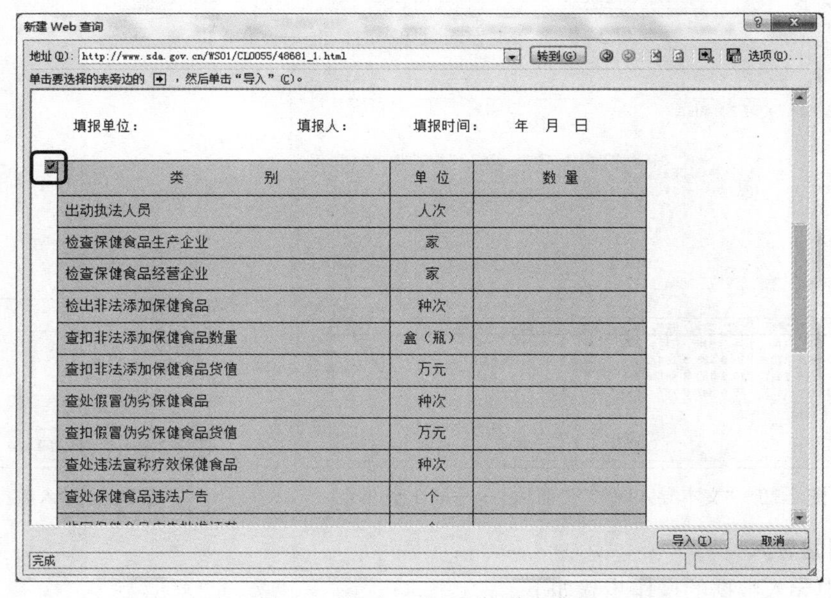

图 2-23 “新建 Web 查询”对话框-2

3. 从 Access 导入

从 Access 中导入数据的操作步骤如下。

➢ 选择“数据”选项卡“获取外部数据”选项组中的“自 Access”按钮，打开“选择表格”对话框，如图 2-24 所示。
➢ 选择需要导入的表的名称，单击“确定”按钮。
➢ 打开图 2-25 所示的“导入数据”对话框，设置数据的显示方式和数据的放置位置后，单击“确定”按钮即可。

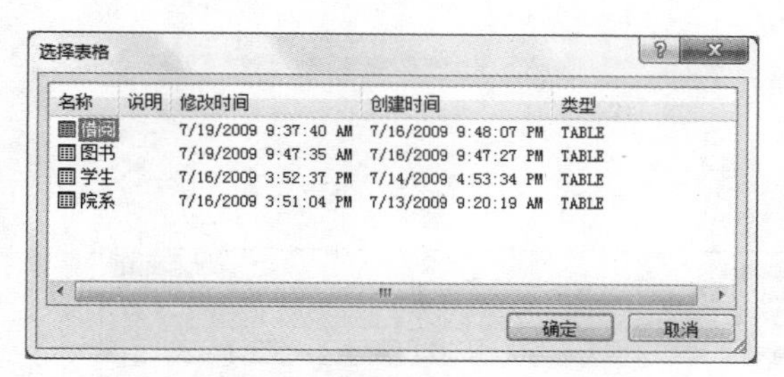

图 2-24 “选择表格”对话框

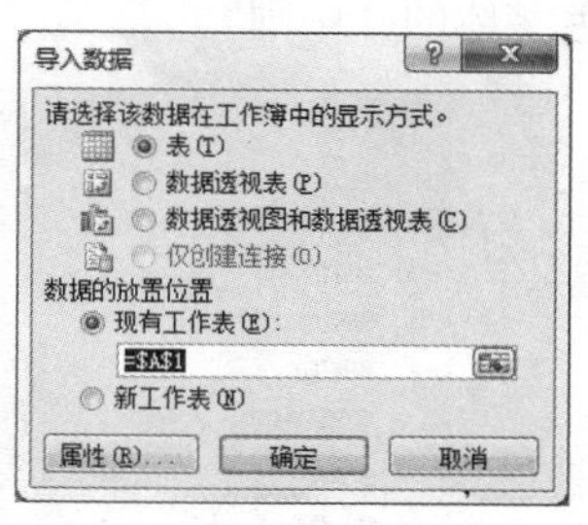

图 2-25 “导入数据”对话框

2.3.5 批注的插入

批注是对单元格内容的注释或说明。含有批注的单元格的右上角会有一个红色小三角形，当鼠标移动到该三角形时，就会显示批注的内容。为单元格添加批注的方法有如下两种。

方法一：选中单元格，选择“审阅”选项卡中“批注”选项组的“新建批注”按钮，在出现的批注区域中输入批注内容。

方法二：右击单元格，在弹出的快捷菜单中选择“插入批注”命令，然后在出现的批注区域中输入批注内容。

若要修改批注，可单击“审阅”选项卡中“批注”选项组的“编辑批注”按钮，或右击单元格，在弹出的快捷菜单中选择“编辑批注”。

若要删除批注，可单击“审阅”选项卡中“批注”选项组的“删除”按钮，或右击单元格，在弹出的快捷菜单中选择“删除批注”命令。

2.4 数据整理与编辑

2.4.1 数据的查找和替换

Excel 2010 提供了更为强大的查找与替换功能，可以在工作表中快速查找指定数据所在的单元格，或将指定数据统一替换为新数据，同时也可以快捷地选择某些特殊的单元格，如含有公式的单元格、含有批注的单元格等。

单击“开始”选项卡中的“编辑”选项组中的“查找和选择”按钮，打开下拉菜单，如图 2-26 所示。菜单项中常用命令含义如下。

1. 查找

打开“查找和替换”对话框中的“查找”标签，输入数据后，可以快速地在工作表中查找指定的数据。

单击“选项”按钮展开对话框的详细设置，如图 2-27 所示。“范围”下拉列表中可以选择查找范围是工作表或工作簿，“搜索”下拉列表用于选择搜索的方式为按行搜索或按列搜索，“查找范围”下拉列表中用于选择查找对象为公式、值或批注。

单击“格式”按钮后将打开“查找格式”对话框，在该对话框中设置需要查找的内容的格式。例如，查找内容：中国，字体颜色：红色，则 Excel 将会查找出所有红色字体的“中国”，忽略其他颜色字体的“中国”。

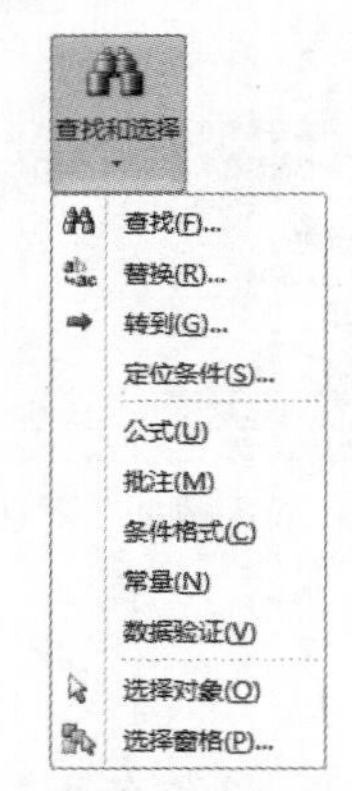

图 2-26“查找和选择”下拉菜单

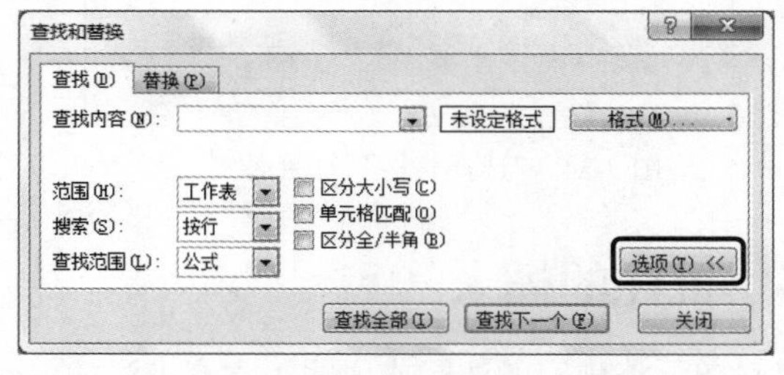

图 2-27“查找和替换”对话框——“查找”选项卡

除了使用功能区的按钮以外，还可以使用【Ctrl+F】组合键打开“查找”对话框。

2. 替换

打开“查找和替换”对话框中的“替换”标签，可以将现有数据快速替换为其他数据。单击“选项”按钮展开对话框的详细设置，如图 2-28 所示。“选项”和“格式”按钮中的操作与查找数据相同。设置好“查找内容”与“替换为”内容后，单击“替换”按钮，则将查找出来的内容一个一个地进行替换；单击“全部替换”按钮，则将所有查找出来的内容一次性全部替换。

除了使用功能区的按钮以外，还可以使用【Ctrl+H】组合键打开“替换”对话框。

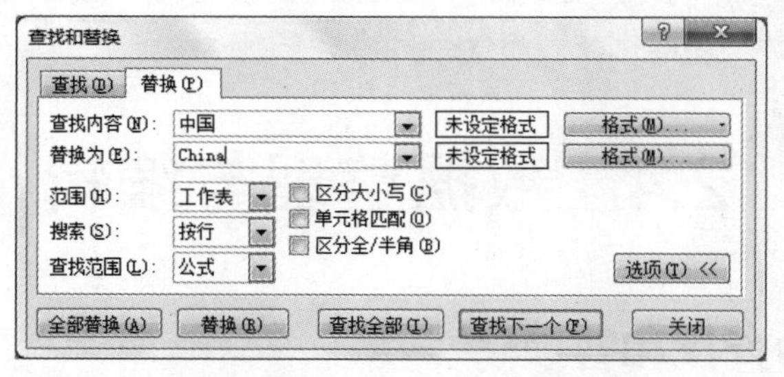

图 2-28“查找和替换”对话框——“替换”选项卡

3. 转到

打开“定位”对话框，如图 2-29 所示，在“引用位置”文本框中输入一个地址，该地址可以是本工作表，也可以是其他工作表，在输入时需要按照以下格式：

```
[工作簿名称]工作表名称！单元格地址
```

输入好引用位置后，单击“确定”按钮即可选中指定的单元格。

单击“定位条件”按钮，可以打开图 2-30 所示的“定位条件”对话框，在该对话框中可以设置各种筛选条件。例如，选择“批注”，则 Excel 会将所有含有批注的单元格同时选中。

图 2-29　“定位”对话框

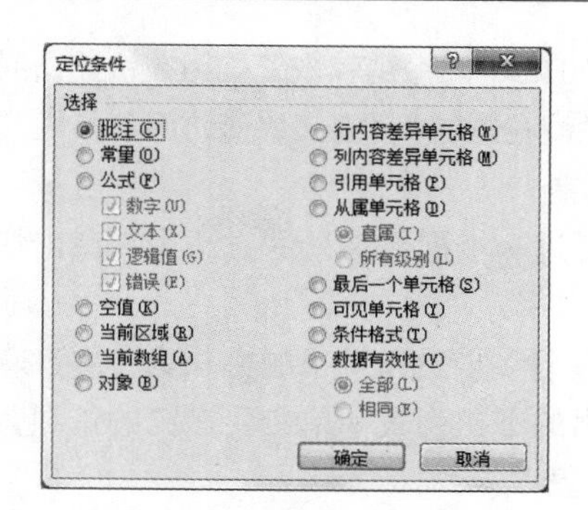

图 2-30　“定位条件”对话框

2.4.2　单元格的复制与移动

1. 复制单元格

复制单元格内容是指将所选单元格区域的数据“原模原样”地复制到指定区域，而源区域的数据仍然存在。若要复制的单元格中含有公式，则复制到新的位置时，公式会因为单元格区域的变化而产生新的计算结果。

若复制的源单元格和目标单元格位置比较近，则可以使用最为简单的办法，即使用鼠标拖动来实现。若两者相距较远，甚至跨工作表或工作簿，则需要使用剪贴板来操作，具体操作步骤如下。

➢ 选中源数据区域。

➢ 选择“开始”选项卡中“剪贴板”选项组的“复制”按钮 复制，或按【Ctrl+C】组合键，或右击鼠标，在弹出的快捷菜单中选择“复制”。

➢ 单击某单元格，定位目标区域。

➢ 选择“开始”选项卡中“剪贴板”选项组的“粘贴”按钮，或按【Ctrl+V】组合键，或右击鼠标，在弹出的快捷菜单中选择“粘贴”。

注意：

- 单击“复制”按钮默认为直接复制数据，若单击黑三角打开下拉菜单，可以选择复制为图片。
- 单击“粘贴”按钮默认为直接粘贴数据，若仅要复制源单元格的格式、数值或批注等信息，则单击“粘贴”按钮下方的黑三角打开下拉菜单，如图 2-31 所示，根据需要选中需要粘贴的选项，也可以单击“选择性粘贴”按钮，打开更为全面的粘贴选项。

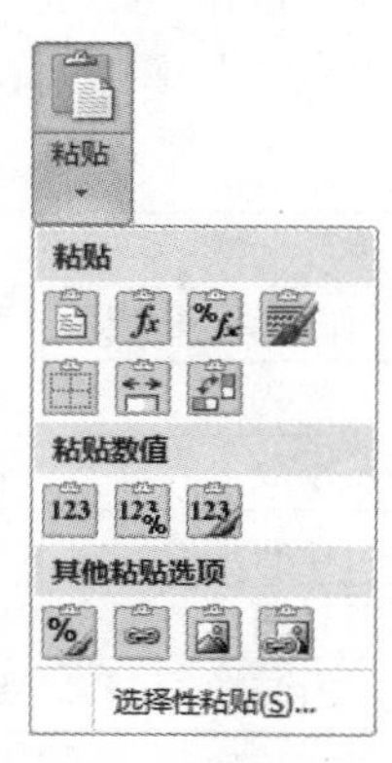

图 2-31　“粘贴”按钮的下拉菜单

2. 移动单元格

移动单元格内容是指将所选中的单元格区域的数据移动到指定区域，而源区域的数据不复存在。移动单元格内容的具体操作步骤与复制单元格类似，区别在于在功能区中不选择“复制”按钮，而选择“剪切”按钮 剪切。将单元格中内容存入剪贴板，并删除源数据单元格内容的组合键为【Ctrl+X】。

2.4.3　操作的撤销与恢复

在编辑工作表时，出现各种操作错误在所难免。使用 Excel 的撤销功能可以撤销最近一次或多次的操作结果，而恢复功能则可以将撤销的操作再次恢复。

Excel 2010 中的撤销和恢复按钮在快速访问工具栏中，若快速访问工具栏中未显示，则单击快速访问工具栏最右侧的“自定义快速访问工具栏”按钮，在下拉菜单中选择需要的快速访问工具即可。

1. 撤销

撤销最近一步操作结果的方法为：单击快速访问工具栏的“撤销”按钮，或按【Ctrl+Z】组合键。

撤销最近多步操作结果的方法为：多次单击“撤销”按钮，或单击该按钮右侧的三角按钮，在弹出的下拉列表中单击要撤销的选项，则该项操作及其以后的所有操作都将被撤销。

2. 恢复

恢复最近一步撤销操作的方法为：单击快速访问工具栏的“恢复”按钮，或按【Ctrl+Y】组合键。

恢复最近多步撤销操作的方法为：多次单击“恢复”按钮，或单击该按钮右侧的三角按钮，在弹出的下拉列表中单击要恢复的选项，则该项操作及其以后的所有操作都将被恢复。

2.4.4 数据有效性设置

在 Excel 中输入数据时，为了尽量减少输入数据的错误，Excel 提供了数据有效性条件的设置，当输入的数据不满足条件时，将自动弹出出错提醒信息。例如，录入学生成绩单时，要求学号为 10 位数字，性别只能为“男”或“女”，成绩数据为 0 ~ 100 的整数，当输入的数据不满足该条件时，自动弹出提示信息。要实现这一目标，可对学号、性别和成绩单元格设置数据有效性。

选择“数据”选项卡中“数据工具”选项组中的“数据有效性”按钮，打开如图 2-32 所示的对话框。

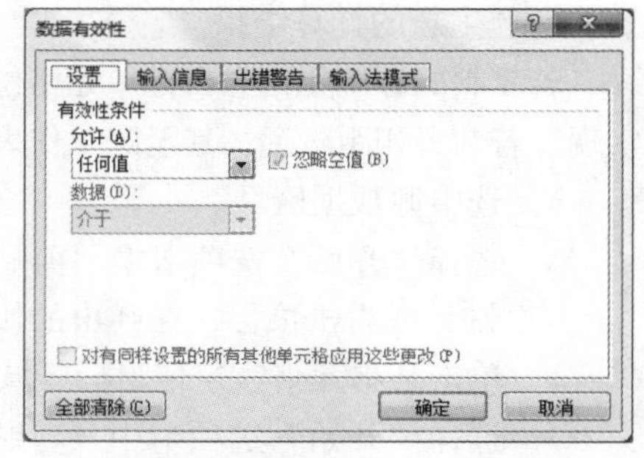

图 2-32 “数据有效性”对话框

在“允许”下拉列表框中数据有效性类型如表 2-1 所示。

表 2-1 数据有效性类型及含义

类　型	含　义
任何值	数据无约束
整数	输入的数据必须是符合条件的整数
小数	输入的数据必须是符合条件的小数
序列	输入的数据必须是指定序列内的数据
日期	输入的数据必须是符合条件的日期
时间	输入的数据必须是符合条件的时间
文本长度	输入的数据的长度必须满足指定的条件
自定义	允许使用公式、表达式指定单元格中数据必须满足的条件

【例 2-1】 设置学号的长度必须为 10 位，具体操作步骤如下。

- 选中要设置数据有效性的单元格区域，打开“数据有效性”对话框。
- 在“允许”下拉列表中选择“文本长度”；“数据”下拉列表中选择“等于”；“长度”下拉列表中输入“10”，如图 2-33 所示。
- 单击对话框的“输入信息”选项卡，设置选定单元格时需要显示的提示信息，如图 2-34 所示。
- 单击对话框的“出错警告”选项卡，设置输入无效数据时需要显示的警告信息，如图 2-35 所示。

➢ 单击“确定”按钮关闭对话框。

设置完成后，当用户输入的学号不符合要求时，Excel 会自动弹出出错提示对话框，如图 2-36 所示。

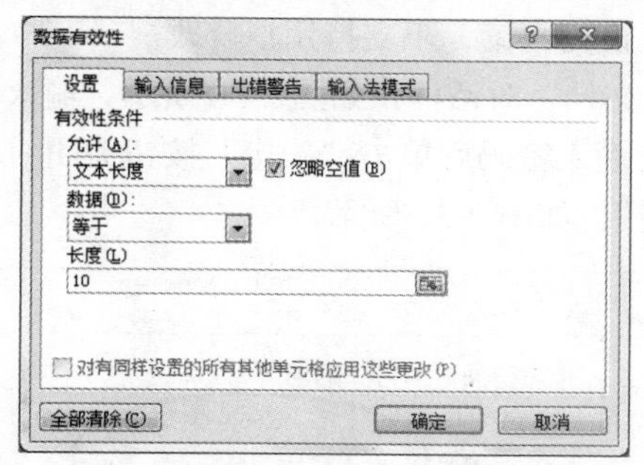

图 2-33　“数据有效性”——“设置”选项卡

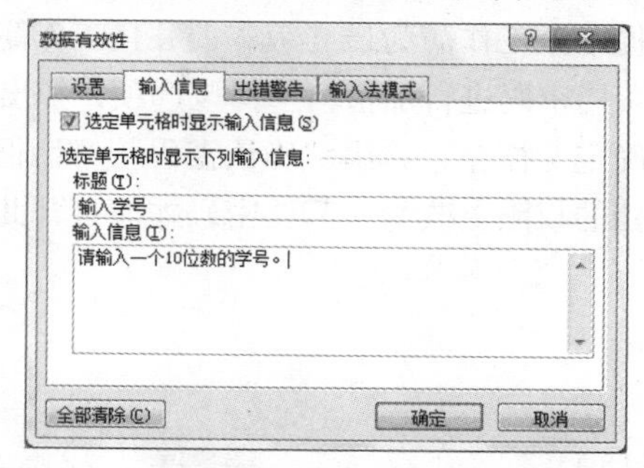

图 2-34　“数据有效性”——“输入信息”选项卡

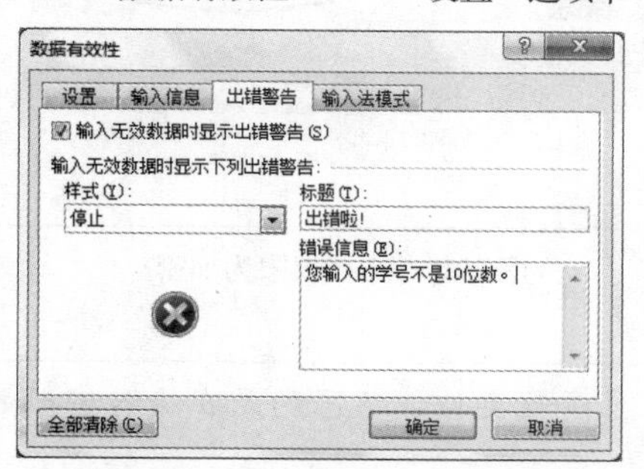

图 2-35　“数据有效性”——“出错警告”选项卡

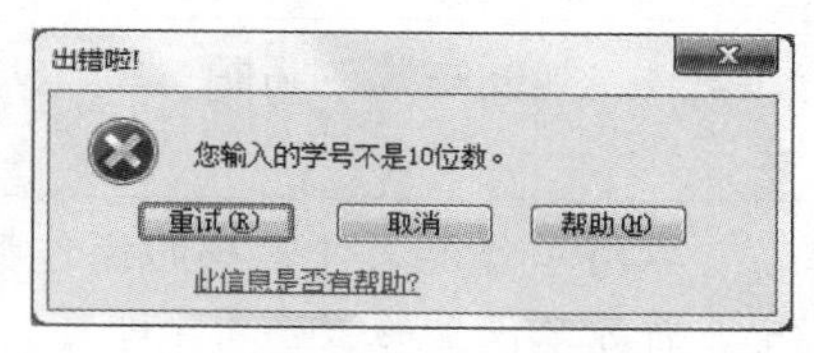

图 2-36　出错提示对话框

2.4.5　数据的保护、共享及修订

1. 工作簿的保护与撤销保护

在实际工作中，为了防止他人打开或查看具有保密性质的数据（如公司的财务报表），可对工作簿、工作表或单元格设置一些保护措施。

选择“文件”选项卡中的“信息”按钮，在中间窗格中选择“保护工作簿”按钮，打开快捷菜单，如图 2-37 所示。

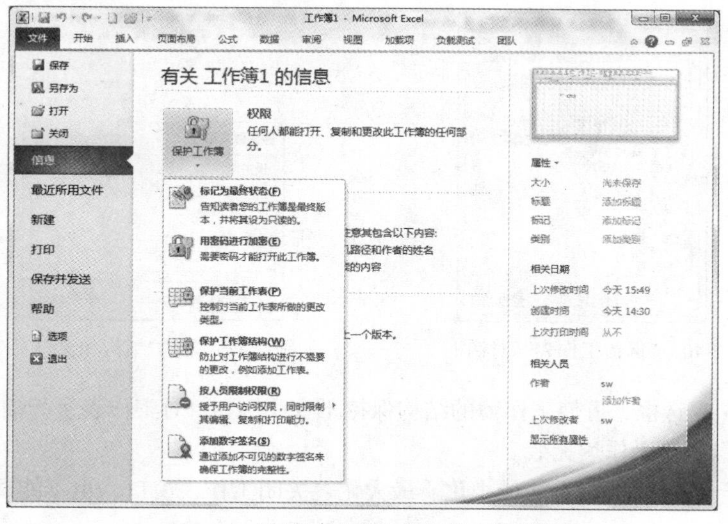

图 2-37　“保护工作簿”按钮的下拉菜单

其中常用的选项含义如下。

（1）标记为最终状态：选择该选项，弹出确认对话框，若单击“确定”按钮，则再次打开 Excel 文档时提示该工作簿为最终版本，并且工作簿的属性设为只读，不支持用户修改。

（2）用密码进行加密：选择该选项，弹出“加密文档”对话框，如图 2-38 所示，输入密码后单击“确定”按钮，弹出“确认密码”对话框，再次输入密码后单击“确定”按钮关闭对话框。此时文档的权限更改为“需要密码才能打开此工作簿”，如图 2-39 所示。

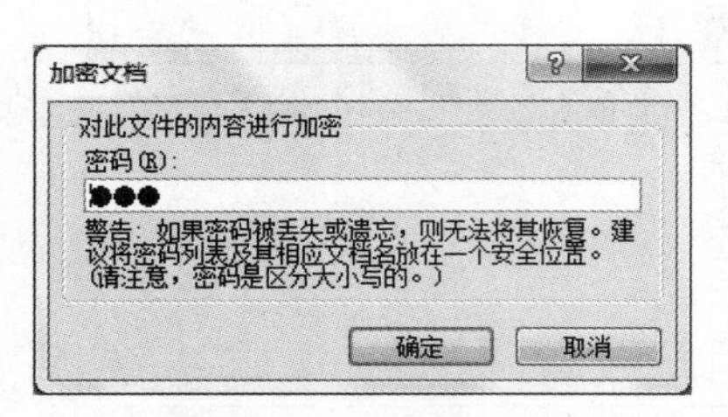

图 2-38 “加密文档”对话框

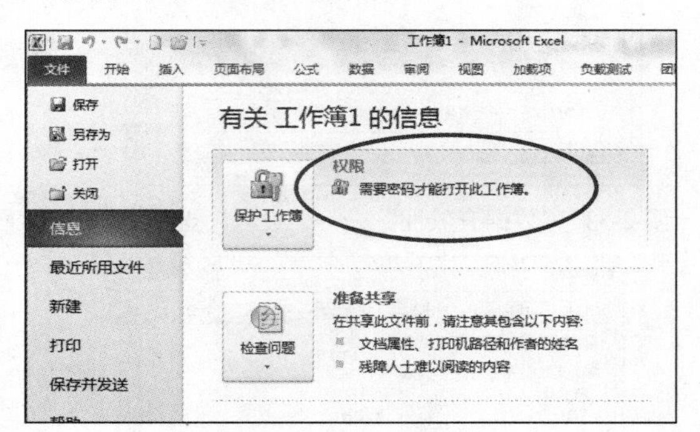

图 2-39 文档权限为加密

取消工作簿文件密码的操作步骤与设置步骤类似，不同的是在输入密码的对话框中，将原来设置的密码删除即可。

（3）保护当前工作表：选择该选项，可以限制其他用户对工作表进行单元格格式修改、插入或删除行、插入或删除列、排序、自动筛选等操作，可对工作表实施保护。单击“保护当前工作表”后将打开如图 2-40 所示的对话框，根据需要勾选允许用户进行的操作即可；也可以设置“取消工作表保护时使用的密码”，使通过授权的用户可以在某些特殊情况下修改工作表结构。

（4）保护工作簿结构：选择该项，可以防止他人对打开的工作簿进行调整窗口大小或添加、删除、移动工作表等操作，可对工作簿设置保护。此操作将打开“保护结构和窗口”对话框，如图 2-41 所示。

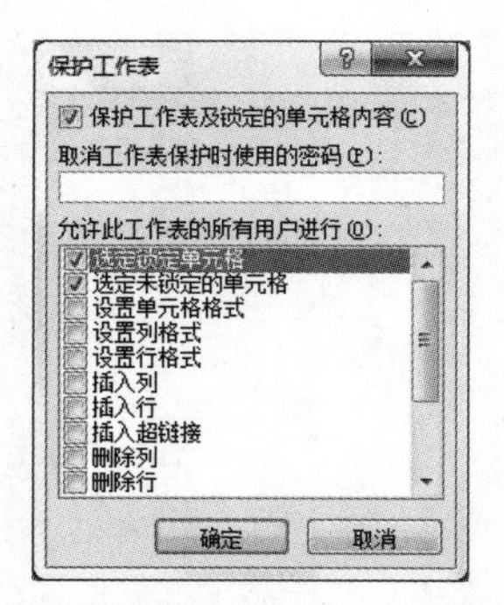

图 2-40 “保护工作表”对话框

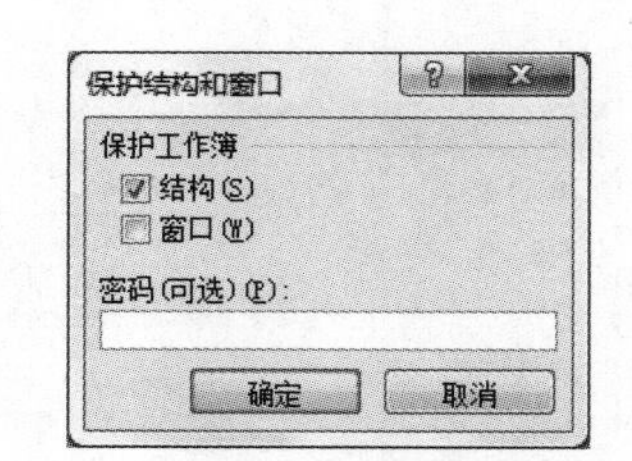

图 2-41 “保护结构和窗口”对话框

选中“结构”复选框，可使工作簿的结构保持不变，例如，对工作表进行插入、移动、删除、复制、重命名、隐藏等操作均无效。

选中“窗口”复选框，则不能最小化、最大化、关闭工作表窗口，也不能调整工作表窗口的大小和位置。

若填写了密码，可以根据需要使某些用户获得修改结构和窗口的权限。

要实现保护工作表和保护工作簿的操作，也可以选择“审阅”选项卡“更改”选项组中的“保护工作表”按钮和“保护工作簿”按钮。

2. 单元格的保护

在日常使用中，工作表中的一些单元格区域的内容，如商品编号、商品名称等，是不允许改动的，而其他的数据单元格区域，如商品数量、商品单价等，允许随时改动，此时可以对不允许改动的单元格区域实施保护。具体操作步骤如下。

- 在 Excel 工作表中选中允许改动的单元格区域。
- 单击鼠标右键，在快捷菜单中选择“设置单元格格式”命令，打开“设置单元格格式”对话框。
- 选择对话框中的“保护”选项卡，取消“锁定”复选框，如图 2-42 所示，单击“确定”按钮关闭对话框。
- 打开图 2-40 所示的“保护工作表”对话框。
- 取消“选定锁定单元格”复选框，单击“确定”按钮关闭对话框。

设置完成后，允许改动的单元格可以被选中并修改，除此以外，其他的单元格均不允许被鼠标选中，因此用户也无法修改，从而达到了保护单元格的目的。

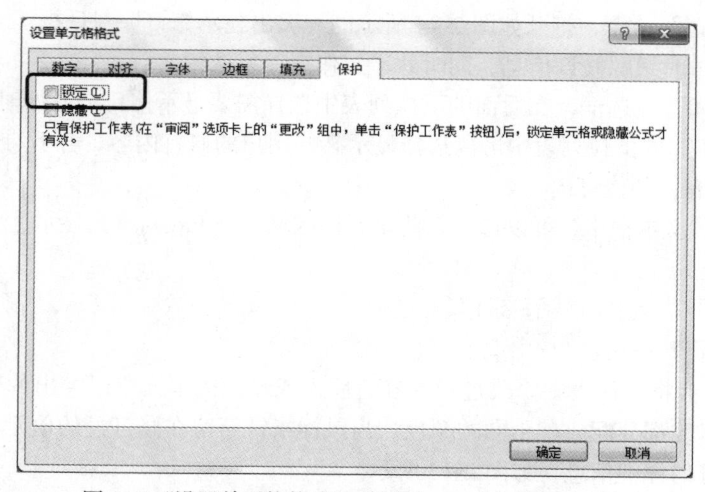

图 2-42“设置单元格格式”对话框——“保护”选项卡

3. 工作簿的共享

为了提高工作效率，有时需要多个用户对工作簿同时进行编辑修改，此时可将工作簿进行共享。具体操作步骤如下。

- 选择“审阅”选项卡“更改”选项组中的“共享工作表”按钮，打开如图 2-43 所示的“共享工作簿”对话框。
- 在对话框的“编辑”选项卡中，勾选“允许多用户同时编辑，同时允许工作簿合并”复选框。
- 在对话框的“高级”选项卡中，根据需要设置共享工作簿时的冲突控制方法等参数。
- 单击“确定”按钮关闭对话框。

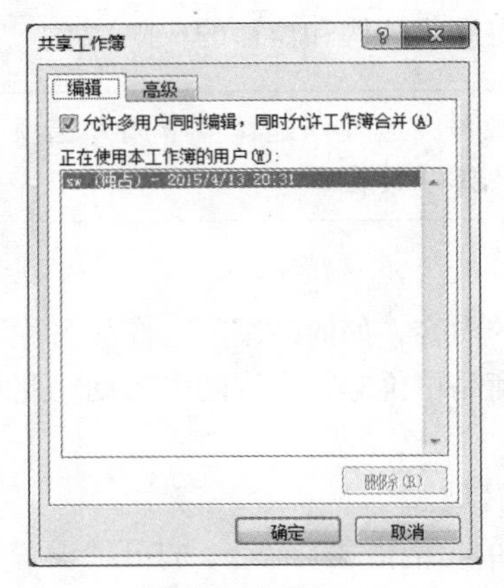

“编辑”选项卡

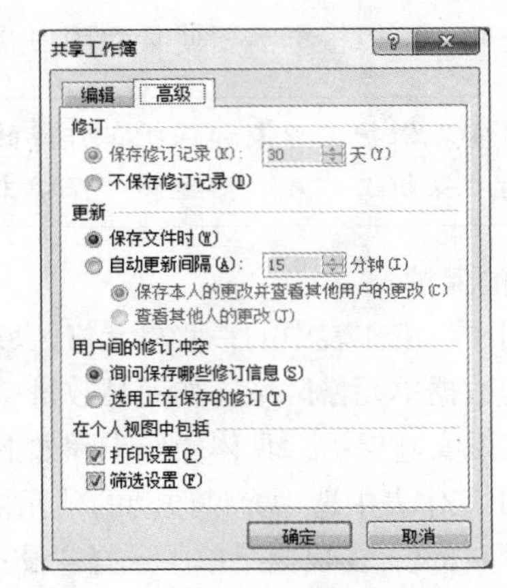

“高级”选项卡

图 2-43 “共享工作簿”对话框

4. 查看工作簿的修订内容

当一个共享工作簿在经过多个人的修订之后，工作簿的用户一定很想查看其他人或者自己到底作了哪些修订。修订数据都保存在冲突日志里，在工作表上显示修订数据的步骤如下。

- 打开设置为共享的工作簿文件。
- 选择“审阅”选项卡中“更改”选项组里的“修订”按钮 修订，在下拉菜单中选择“突出显示修订”命令，打开如图 2-44 所示的“突出显示修订”对话框。
- 选中“编辑时跟踪修订信息，同时共享工作簿”复选框。
- 勾选“时间”复选框，在后面的下拉列表中选择需要显示修订的起始时间。
- 在“修订人”的下拉列表中可以选择显示某些用户的修订内容，若不勾选该复选框，默认为显示所有人的修订内容。
- 在“位置”文本框中，可以选择某些单元格区域，则 Excel 将只显示这些单元格区域内的修订内容。
- 选中“在屏幕上突出显示修订”复选框。
- 单击“确定”按钮。

此时，Excel 会将工作表中修改过的内容、插入或删除的单元格以突出的颜色标记显示，且为每一个用户的修改都分配一种不同的颜色。当鼠标指针停留在修订过的单元格上时，会用批注的形式显示出修订的详细信息，如图 2-45 所示。

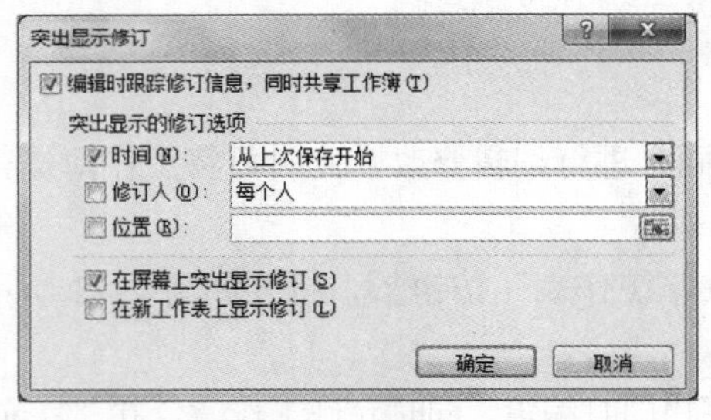

图 2-44 “突出显示修订”对话框

	A	B	C	D	E	F
1	教学经费表					
2	系处名称	一季度	二季度	三季度	四季度	合计
3	工经系	1200	990	[illegible]	[illegible]	4190
4	经济系	980	1000	[illegible]	[illegible]	4680
5	计统系	1322	1300	[illegible]	[illegible]	4122
6	会计系	977	1300	[illegible]	[illegible]	4577
7	信息系	870	1200	[illegible]	[illegible]	4240
8	经研所	1300	990	1400	900	4590
9	出版社	3000	2600	3200	3000	11800
10	后勤处	4200	3900	3000	3200	14300
11	合计	13849	13280	14270	11100	52499

sw, 2015/6/11 10:34:
单元格 C4 从“1200”更改为“1000”。

图 2-45 突出显示修订信息

5. 合并工作簿修订内容

在合并修订时，可以根据需要接受或拒绝所做的修订。

- 选择“审阅”选项卡中“更改”选项组里的“修订”按钮，在下拉菜单中选择“接受/拒绝修订”命令，打开图 2-46 所示的“接受或拒绝修订”对话框。
- 根据需要选择修订时间、修订人与位置，然后单击“确定”按钮，这时会出现图 2-47 所示对话框。

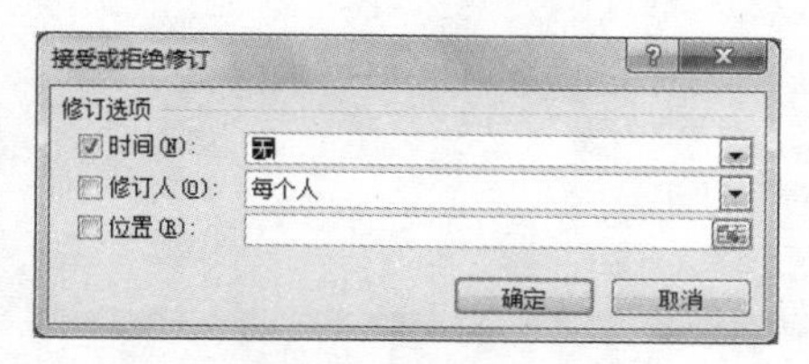

图 2-46　“接受或拒绝修订”对话框

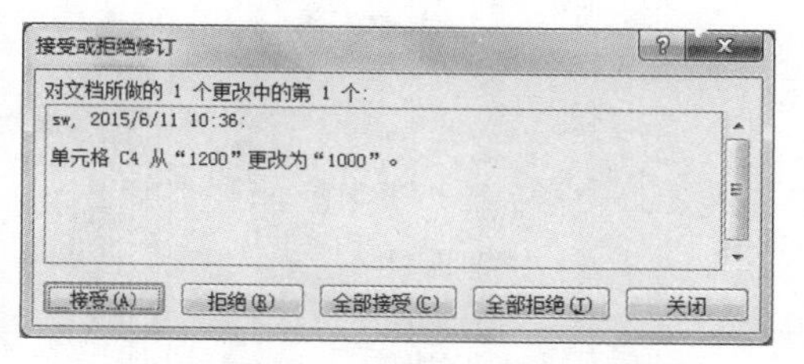

图 2-47　“接受或拒绝修订”对话框

- 根据需要单击相关按钮。单击“接受”按钮，接受修订并清除突出显示标记，若某处经过多次修改，还会提示用户为单元格从多个修改值中选择一个。单击“拒绝”按钮，放弃当前对工作表的修改。单击“全部接受”或“全部拒绝”，可以一次性完成修改或拒绝修改。

2.5　设置格式

2.5.1　套用表格格式

Excel 提供了许多外观精美的预定义的表格格式，使用这些系统自带的工作表格式，可以建立满足不同专业需求的工作表。具体操作步骤如下。

- 选中需要设置格式的表格区域。
- 选择“开始”选项卡“样式”选项组中的“套用表格格式”按钮。
- 打开如图 2-48 所示的下拉菜单，选择合适的表格格式即可。

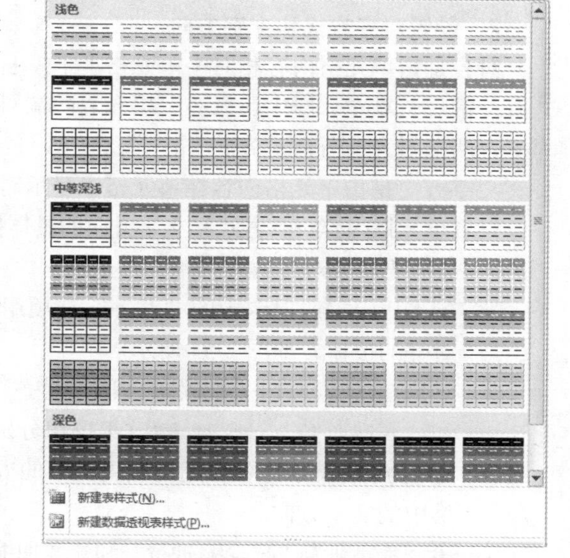

图 2-48　“套用表格格式”按钮的下拉菜单

2.5.2　单元格格式

1. 设置数字格式

Excel 中的数据类型有：常规、数值、货币、会计专用、日期、时间、百分比、分数、文本等。设置数字格式是更改单元格中数值的显示形式，并不影响其实际值，具体步骤如下。

- 选择要设置数字格式的单元格区域。
- 在“开始”选项卡中，单击“数字”选项组中的“常规”下拉列表框，如图 2-49 左图所示，在打开的列表框中选择要设置的数值类型，如“货币”类型、“百分比”类型、“数字”类型等，如图 2-49 右图所示。

➢ 在“数字”选项组里还提供了“会计数字格式”按钮、“百分比样式”按钮、“千位分隔样式”按钮、“增加小数位数”按钮、“减少小数位数”按钮。单击以上格式按钮，可快速设置数字的格式。

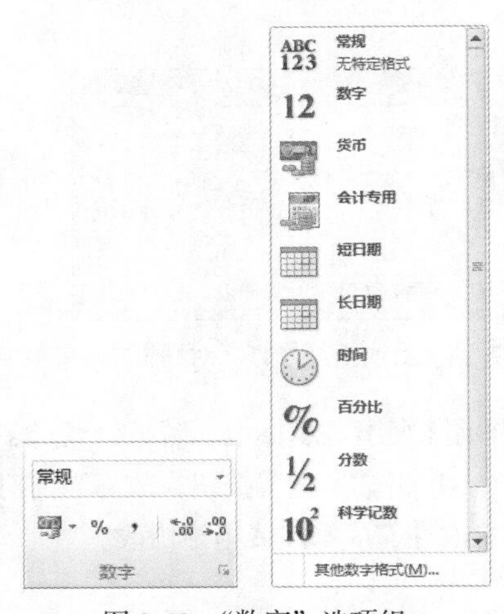

图 2-49 “数字”选项组

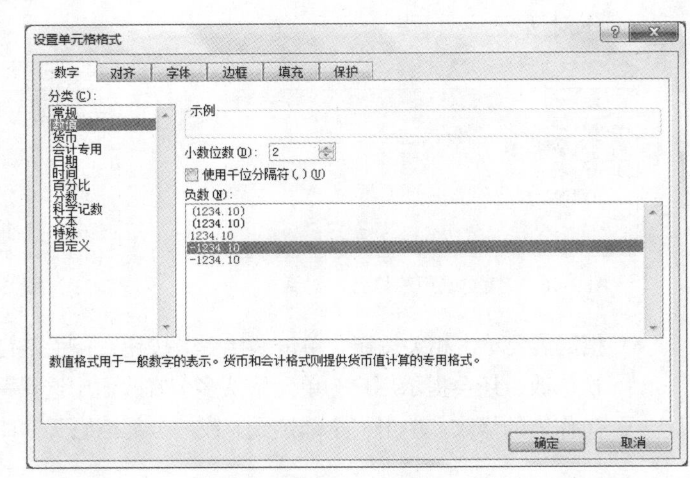

图 2-50 “设置单元格格式”对话框——“数字”选项卡

➢ 需要对数字的格式进行进一步设置时，可以单击图 2-49 左图右下角的展开标记，也可选择图 2-49 右图列表中的最后一项“其他数字格式”，均可打开如图 2-50 所示的“设置单元格格式”对话框的“数字”选项卡。对话框的右侧会根据选择的数字类型，给出对应的详细设置，如“数值”类型，则右侧可以设置小数位数、负数形式等信息。

2. 设置对齐方式和文字方向

对齐是指单元格内容相对于单元格上下左右的位置，分为水平对齐和垂直对齐。水平对齐方式有：常规、靠左、居中、靠右、填充、两端对齐、跨列居中。垂直对齐方式有：靠上、居中、靠下、两端对齐、分散对齐。

文字方向是指单元格内容在单元格中显示时偏离水平线的角度，默认为水平方向。

设置单元格内容对齐方式和文字方向的具体操作步骤如下。

图 2-51 设置对齐方式和文字方向

➢ 选择要设置对齐方式的单元格区域。

➢ 在“开始”选项卡中的“对齐”选项组里提供了各种对齐的按钮，如图 2-51 所示。

➢ 这组按钮分别表示“顶端对齐”“垂直居中”和“底端对齐”，这组按钮分别表示“文本左对齐”“居中”和“文本右对齐”。

➢ 为“方向”按钮，用于设置文字的方向，选择其下拉列表中的旋转方向即可改变单元格中的文字方向。

➢ 分别为“减少缩进量”和“增加缩进量”按钮，可以将单元格中的文字缩进或取消缩进。

➢ 自动换行为“自动换行”按钮，单击该按钮，可以根据单元格的宽度用多行显示的方式，显示单元格中的所有内容。

➢ 合并后居中的下拉菜单中分别有如下几个功能，需要注意的是，进行单元格的合并时，若不止一个单元格中有内容，则系统只保留选中区域左上角单元格的内容。

- 为“合并后居中”按钮，可以将多个单元格合并，并使内容水平居中。

- 为“跨越合并”按钮，仅将同一行中的多个单元格合并，保留原有的对齐方式。
- 为“合并单元格”按钮，可以将若干连续的单元格合并。
- 为“取消单元格合并”按钮，取消上述的各种合并方式所合并的单元格。

若需要对单元格的对齐方式进行更为详细的设置，则单击图 2-51 右下角的展开标记，将打开对齐方式设置的对话框，如图 2-52 所示，根据需要设置即可。

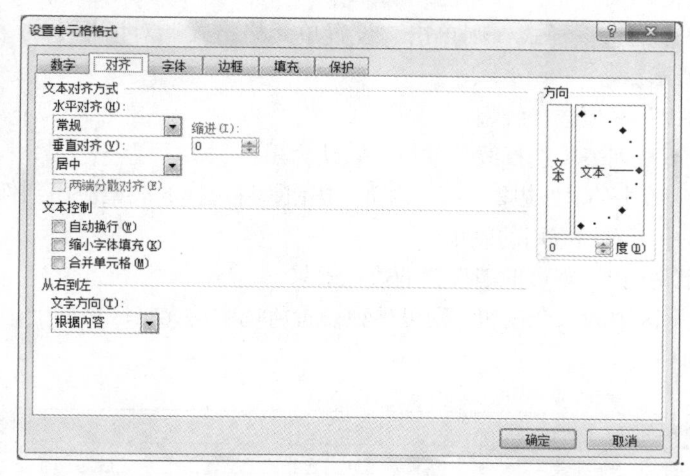

图 2-52　“设置单元格格式”对话框——“对齐”选项卡

3. 设置字体、字形、字号

设置单元格内容的字体、字形、字号以及颜色等格式的具体操作步骤如下。

➢ 选择要设置格式的单元格区域。

➢ 在“开始”选项卡中的“字体”选项组中，提供了对字体、字号、字形、字体颜色等格式的设置按钮，根据需要设置即可，如图 2-53 所示。

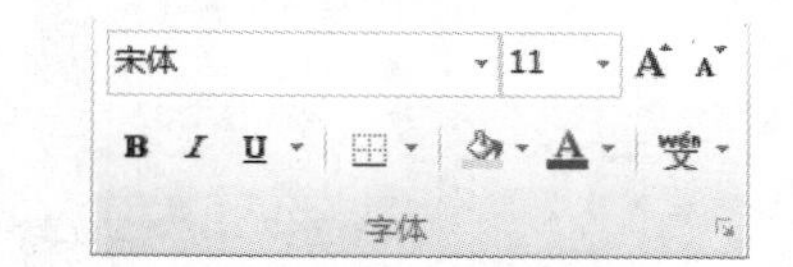

图 2-53　设置字体、字形、字号、颜色图

此外，可以单击图 2-53 右下角的展开标记，打开“设置单元格格式”对话框的“字体”选项卡，如图 2-54 所示，在该对话框中也可对字体格式进行设置。

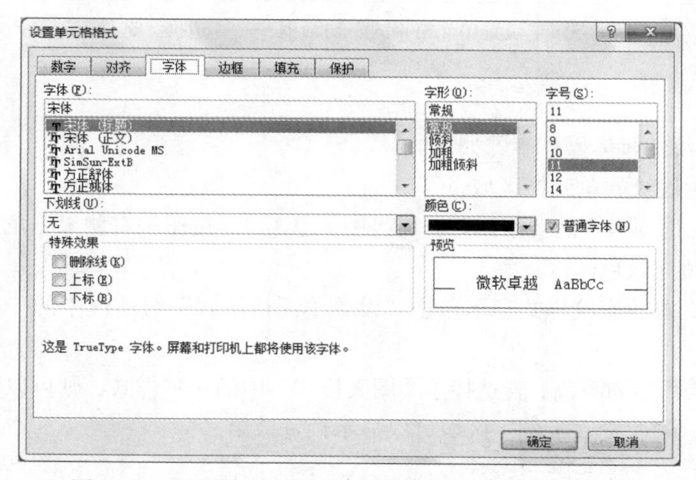

图 2-54　“设置单元格格式”对话框——“字体”选项卡

4. 设置边框

设置单元格边框的具体操作步骤如下。

- 选择要设置边框的单元格区域。
- 在“开始”选项卡中的“字体”选项组中，单击田·按钮的右侧黑三角，在下拉菜单中选择需要的边框样式。
- 若要设置更多的边框样式，则单击“设置单元格格式”对话框中的“边框”选项卡，如图 2-55 所示。
- 在线条“样式”框中选择线型。
- 在“颜色”下拉列表中选择线条颜色（默认为黑色）。
- 单击“预置”区中的“外边框”或“内部”按钮，将选择的线型应用到外边框或内部边框，同时预览区中可看到应用的效果。
- 若单击“无”按钮，则可取消设置的边框效果。
- 单击“边框”区中的八个按钮，则可单独设置所选中单元格区域的上、下、左、右、中间以及斜线的样式。

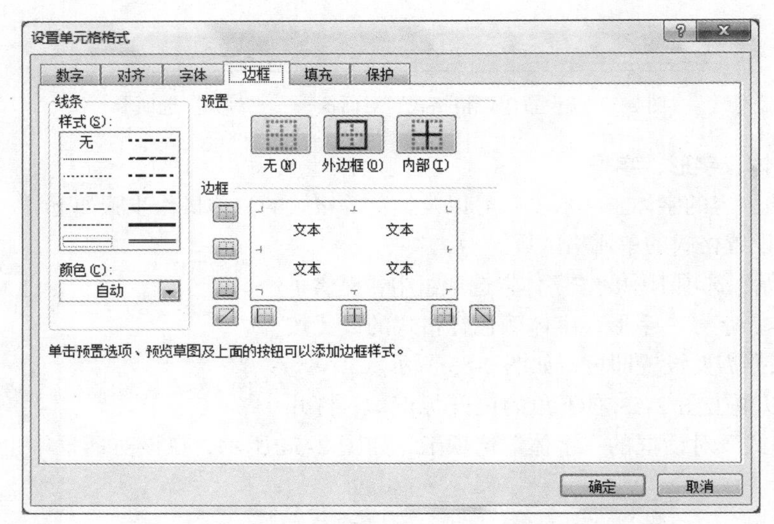

图 2-55 “设置单元格格式”对话框——“边框”选项卡

5. 设置底纹

设置单元格底纹的具体操作步骤如下。

- 选择要设置底纹的单元格区域。
- 在“开始”选项卡中的“字体”选项组中，单击◇·按钮的右侧黑三角，在下拉菜单中选择需要的填充颜色。
- 若要设置更多的底纹样式，则单击“设置单元格格式”对话框中的“填充”选项卡，如图 2-56 所示。
- 选择“背景色”的颜色，若选择了“图案样式”中的一种样式，则可以同时设置背景色和图案颜色，同时在“示例”区域可以显示预览效果。

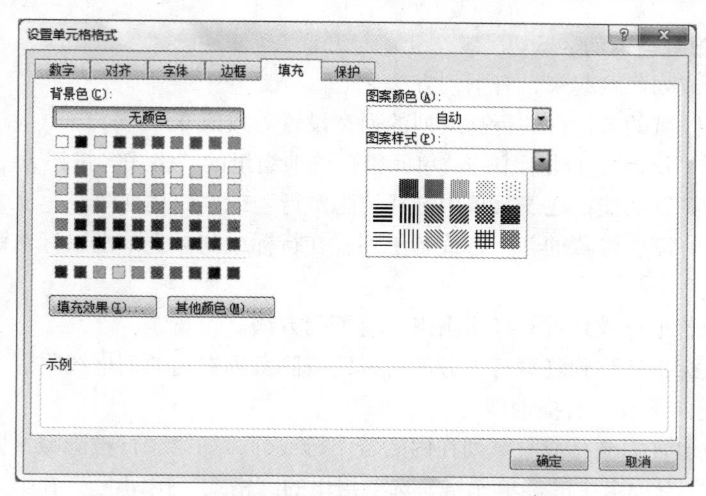

图 2-56 “设置单元格格式”对话框——填充”选项卡

2.5.3 行列格式

默认情况下，Excel 工作表中所有行的行高和所有列的列宽都是相等的。当在单元格中输入较多数据时，经常会出现内容显示不完整的情况（只有在编辑栏中才看到完整数据），此时就需要适当调整单元格的行高和列宽。对于有些行或列，当不需要查看时，还可将它们隐藏起来。

1. 设置行高或列宽

设置单元格的行高或列宽有两种方法，一种是使用鼠标直接拖动，另一种是利用功能区按钮。

通过鼠标拖动设置行高或列宽的操作方法为：将鼠标指针移到某行行号的下框线或某列列标的右框线处，当鼠标指针变为或时，按下鼠标左键进行上下或左右移动（在行标或列标处会显示当前行高或列宽的具体数值，且工作表中有一根横向或纵向的虚线），到合适位置后释放鼠标即可。

利用功能区按钮设置行高的操作步骤如下。

- 选择要设置行高的若干行。
- 选择“开始”选项卡中的“单元格”选项组里的“格式”按钮，在下拉菜单中选择“行高...”，打开“行高”对话框。
- 在行高输入框中输入行高值，如 15、20 等。
- 单击“确定”按钮。

若在下拉菜单中选择“自动调整行高”，则不会打开“行高”对话框，而是系统自动调整各行的行高，以使单元格内容全部显示出来。

利用功能区按钮设置列宽的操作步骤与设置行高的步骤类似，具体如下。

- 选择要设置列宽的若干列。
- 选择“开始”选项卡中的“单元格”选项组里的“格式”按钮，在下拉菜单中选择“列宽”，打开“列宽”对话框。
- 在列宽输入框中输入列宽值，如 25、30 等。
- 单击“确定”按钮。

2. 行或列的隐藏与取消

若要将若干行或列隐藏起来，有下列方法。

方法一：将要隐藏的若干行的行高或列的列宽设置为数值 0。

方法二：选择“开始”选项卡中的“单元格”选项组里的“格式”按钮，在下拉菜单中选择“隐藏和取消隐藏”功能，在子菜单中选择“隐藏行”或“隐藏列”。

方法三：选择好需要隐藏的若干行或若干列，在行标或列标上单击鼠标右键，在弹出的快捷菜单中选择“隐藏”。

若要将隐藏的若干行或列重新显示出来，有下列方法。

方法一：将鼠标指针移到隐藏行下方的行框线或隐藏列右边的列框线附近，当鼠标指针变为 ，按下鼠标左键向下或向右拖动即可。

方法二：选中包含隐藏行或隐藏列在内的若干行或列，如第 3 行被隐藏，则选中第 2 行到第 4 行。选择“开始”选项卡中的“单元格”选项组里的“格式”按钮，在下拉菜单中选择“隐藏和取消隐藏”功能，在子菜单中选择“取消隐藏行”或“取消隐藏列”。

方法三：选中包含隐藏行或隐藏列在内的若干行或列，在行标或列标上单击鼠标右键，在弹出的快捷菜单中选择“取消隐藏”。

2.5.4 条件格式

条件格式用于将所有符合某个特定条件的单元格内容以指定格式显示。使用条件格式可以直观地查看和分析数据，发现关键问题以及识别模式和趋势。

选中要使用条件格式的单元格区域后，单击“开始”选项卡中“样式”选项组里的“条件格式”按钮，会打开如图 2-57 所示的下拉菜单，其中的各项命令如下。

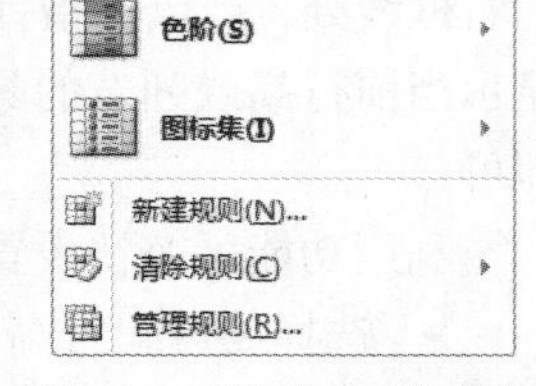

图 2-57 “条件格式”按钮的下拉菜单

1. 突出显示单元格规则

当需要对某些符合特定条件的单元格应用特殊的格式时，可以使用该命令。

【例 2-2】 将“语文”成绩数据小于 60 的单元格内容设置为加红色边框的字体格式，操作步骤如下。

- 选定“语文”列数据。
- 单击“开始”选项卡中“样式”选项组里的“条件格式”按钮 。
- 在下拉菜单中选择“突出显示单元格规则”后，在子菜单中选择“小于”，如图 2-58 左图所示。
- 在弹出的对话框中，输入数值“60”，如图 2-58 右图所示。
- 在“设置为”下拉列表中选择“红色边框”。
- 单击“确定”按钮关闭对话框。

在完成上述设置以后，单元格的格式如图 2-59 中“语文”列数据所示。如果在“设置为”下拉列表中没有需要的格式，可以选择“自定义格式”，打开“设置单元格格式”对话框，设置需要的字体、边框、底纹等格式即可。

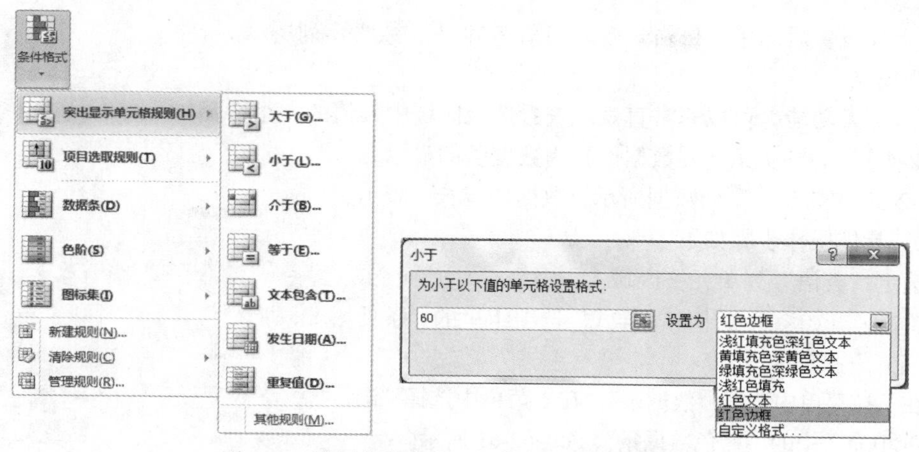

图 2-58　设置条件格式——突出显示单元格规则

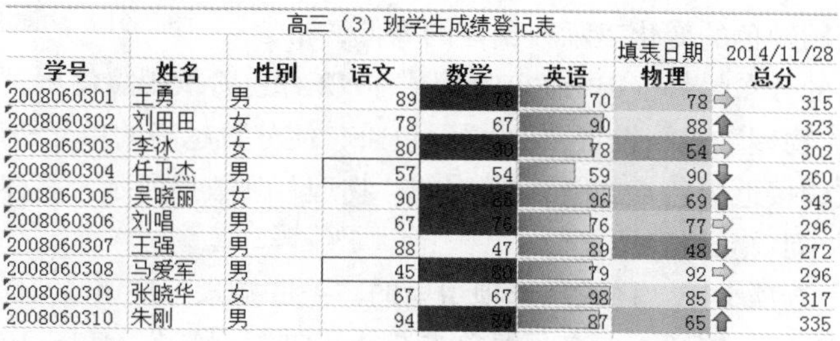

高三（3）班学生成绩登记表

学号	姓名	性别	语文	数学	英语	填表日期 物理	2014/11/28 总分
2008060301	王勇	男	89	78	70	78	315
2008060302	刘田田	女	78	67	90	88	323
2008060303	李冰	女	80	90	78	54	302
2008060304	任卫杰	男	57	54	59	90	260
2008060305	吴晓丽	女	90	88	96	69	343
2008060306	刘唱	男	67	76	76	77	296
2008060307	王强	男	88	47	89	48	272
2008060308	马爱军	男	45	80	79	92	296
2008060309	张晓华	女	67	67	98	85	317
2008060310	朱刚	男	94	89	87	65	335

图 2-59　使用“条件格式”的效果

2. 项目选取规则

项目选取规则可以突出显示选定区域中最大或最小的一部分数据所在的单元格，可以用百分数或数字来指定，还可以指定大于或小于平均值的单元格。

【例 2-3】　用红色底纹突出显示“数学”成绩高出平均分的单元格，具体操作步骤如下。

- 选定“数学”列的单元格区域。
- 单击“开始”选项卡中“样式”选项组里的“条件格式”按钮。
- 在下拉菜单中选择“项目选取规则”，在子菜单中选择“高于平均值”，如图 2-60 所示。
- 在弹出的对话框中，选择“设置为”下拉列表框中的“自定义格式”。
- 在“设置单元格格式”对话框中设置“背景”为“红色”。
- 单击“确定”按钮关闭对话框。

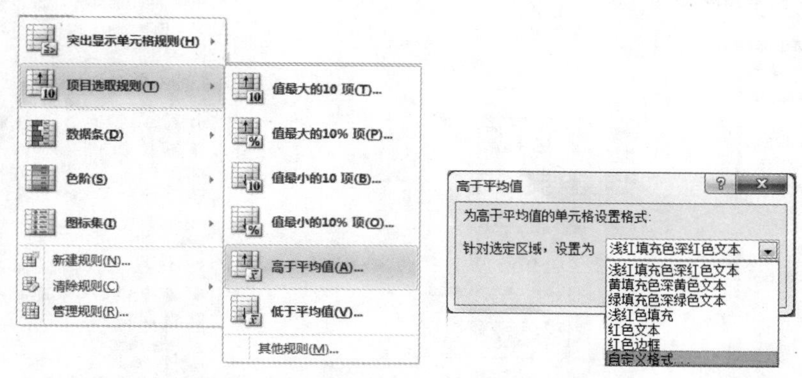

图 2-60　设置条件格式——项目选取规则

完成上述设置后的单元格格式效果如图 2-59 中“数学”列所示。

3. 数据条

利用数据条功能，可以非常直观地查看选定区域中数值的大小情况。

【例 2-4】 将“英语”列数据设置为数据条的显示方式，如图 2-59 中“英语”列数据所示，数据条越长，表示数值越大，具体操作步骤如下。

- 选定“英语”列单元格区域。
- 单击“开始”选项卡中“样式”选项组里的“条件格式”按钮。
- 在下拉菜单中选择“数据条”，在子菜单中选择“渐变填充”中的“蓝色数据条”，如图 2-61 所示。

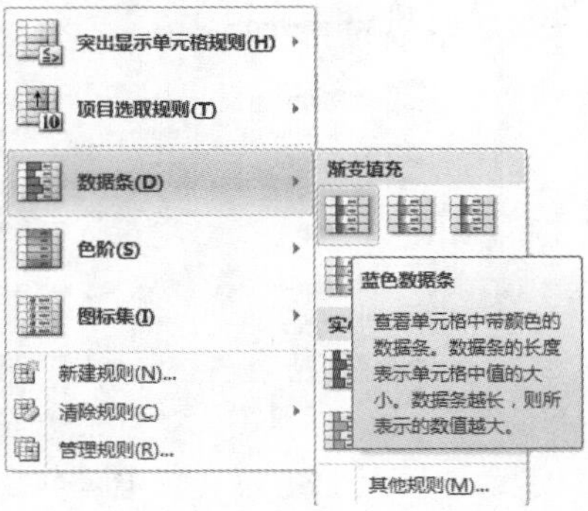

图 2-61 设置条件格式——数据条

4. 色阶

色阶功能可以利用颜色的变化表示数据值的高低，帮助用户迅速了解数据的分布趋势，Excel 2010 提供了 12 种色阶供用户使用。

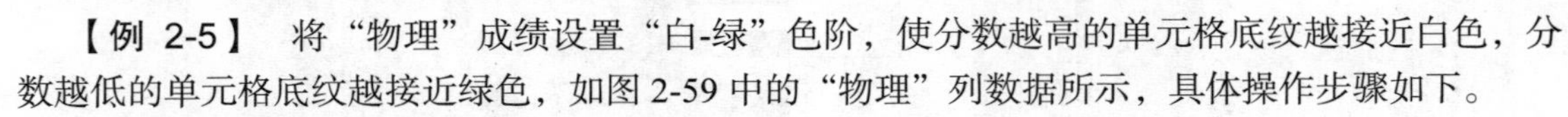

【例 2-5】 将“物理”成绩设置“白-绿”色阶，使分数越高的单元格底纹越接近白色，分数越低的单元格底纹越接近绿色，如图 2-59 中的“物理”列数据所示，具体操作步骤如下。

- 选定“物理”列单元格区域。
- 单击“开始”选项卡中“样式”选项组里的“条件格式”按钮。
- 在下拉菜单中选择“色阶”，在子菜单中选择“白-绿色阶”，如图 2-62 所示。

5. 图标集

利用图标集标识数据就是把单元格内数值按照大小进行分级，然后根据不同的等级，用不同方向、形状的图标进行标识。

【例 2-6】 将“总分”列数据以“三向箭头（彩色）”的图标集形式表现，如图 2-59 所示，具体操作步骤如下。

- 选定“总分”列单元格区域。
- 单击“开始”选项卡中“样式”选项组里的“条件格式”按钮。
- 在下拉菜单中选择“图标集”，在子菜单中提供了多种图标集，如图 2-63 所示，选择“三向箭头（彩色）”。

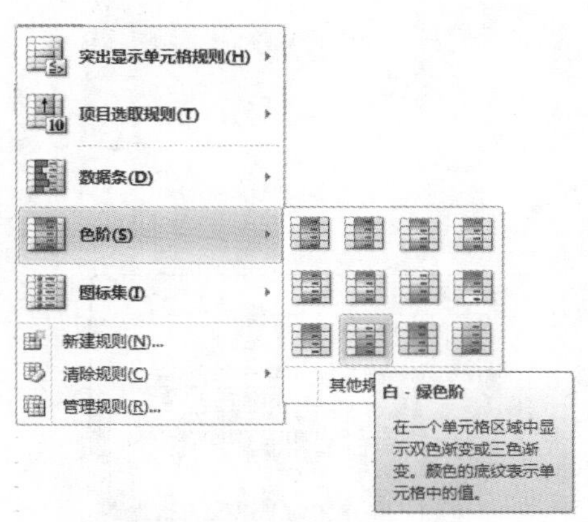

图 2-62 设置条件格式——色阶

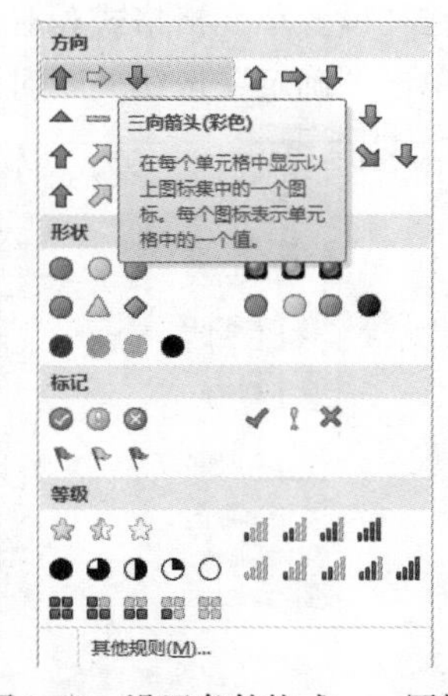

图 2-63 设置条件格式——图标集

6. 其他规则

若要对条件格式作出更高级的条件设置，可在上面几种设置中，选择“其他规则”，或者在“条件格式”菜单中选择“新建规则”，均可打开“新建格式规则”对话框，如图 2-64 所示。该对话框中，可以选择不同的规则类型，并作出详细规则设置。

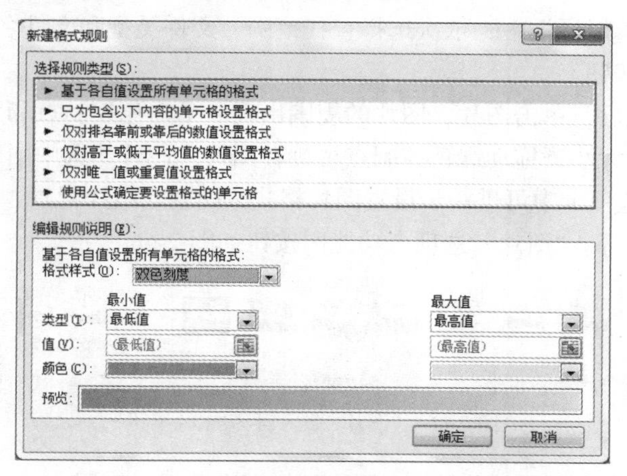

图 2-64　“新建格式规则”对话框

7. 管理规则

若要修改条件格式的规则，则选择“条件格式”中的“管理规则”命令，打开“条件格式规则管理器”对话框，如图 2-65 所示。

在“显示其格式规则”的下拉列表中选择“当前工作表”，则对话框显示本工作表中所有的条件格式规则。在该列表中也可以选择“当前选择”来对选中的单元格区域的条件规则进行修改。或者选择其他的工作表名称，来显示对应工作表中的条件格式规则。

“新建规则”按钮可以打开如图 2-64 所示的对话框来新建一个条件格式；“编辑规则”按钮可以对现有的条件格式规则进行修改；“删除规则”按钮可以删除选中的条件格式规则。

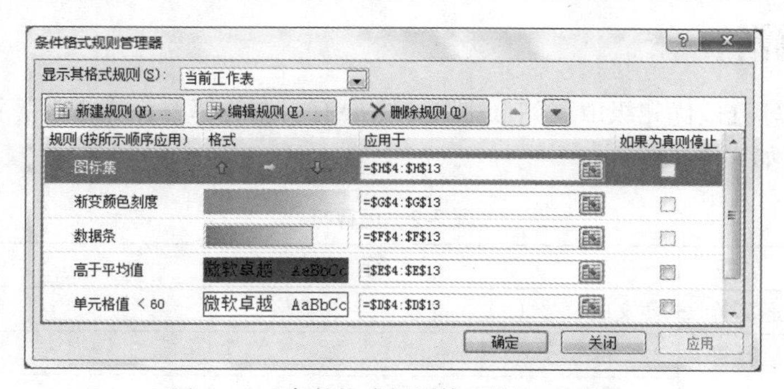

图 2-65　“条件格式规则管理器”对话框

8. 清除规则

使用“条件格式”中的“清除规则”命令，可以一次性清除所选单元格规则或者整个工作表格式规则等。

2.5.5　插入图片与图形

为了增强工作表的视觉效果，使工作表看起来更加美观，可以插入图片来丰富表格内容，使表格更为形象、生动。

1. 插入图片文件

在工作表中插入图片文件的操作步骤如下。

➢ 单击“插入”选项卡“插图”选项组中的“图片”按钮，打开“插入图片”对话框。

➢ 在“插入图片”对话框中，依次选择查找范围、文件类型和文件名。

➢ 单击“插入”按钮。

图片插入工作表之后，单击图片，图片的周围出现 8 个白色控制点和 1 个绿色控制点，拖动白色控制点可调整图片大小，拖动绿色控制点可旋转图片。此外，选中图片后，在功能区中出现“图片”选项卡，在该选项卡中可进一步设置图片格式，如删除图片背景、调整图片颜色、设置图片样式、调整图片大小等。“图片”选项卡功能区按钮如图 2-66 所示。

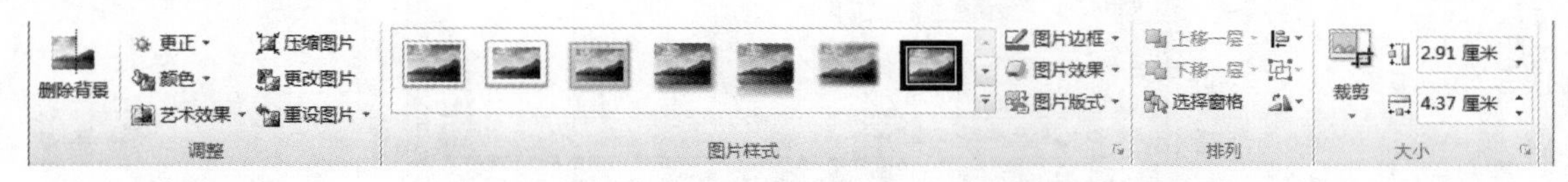

图 2-66 “图片”选项卡功能区按钮

在 Excel 的工作表中有大量的剪贴画，用户可根据需要插入工作表中。其具体操作是，在“插入”选项卡的“插图”选项组中，单击“剪贴画”按钮，在右侧展开任务窗格，用户便可在其中搜索或选择需要的剪贴画，其他的操作均与插入图片相同。

2. 插入自选图形

Excel 中插入自选图形的方法与 Word 中插入自选图形的方法类似，选择“插入”选项卡“插图”选项组中的“形状”按钮，在下拉菜单中选择需要的图形，按下十字号形鼠标绘制相应的图形即可。

2.6 使用公式

2.6.1 运算符

Excel 中的运算符按优先级由高到低排列，主要有引用运算符、算术运算符、字符运算符以及关系运算符等，如表 2-2 所示。

表 2-2 运算符

优先级	类型	符号	运算结果
高	引用运算符	西文的冒号（:）、逗号（,）、空格	引用单元格区域
↑	算术运算符	%（百分号）	数值类型
		^（乘方）	
		*（乘）、/（除）	
		+（加）、-（减）	
低	字符运算符	&（字符连接）	文本类型
	关系运算符	=、>、<、>=（大于等于）、<=（小于等于）、<>（不等于）	TRUE 或 FALSE

1. 引用运算符

引用运算符有三种：冒号（:）、逗号（,）、空格，它们均为西文字符。

冒号表示一块连续的矩形区域中的所有单元格。例如，“A1:B2”表示以 A1 为左上角，B2 为右下角的矩形区域共 4 个单元格。

逗号表示多个矩形单元格区域的并集。“A1:B2,B2:C3”表示 A1、A2、B1、B2、B3、C2、C3 共 7 个单元格。

空格表示多个矩形单元格区域的交集。“A1:B2 B2:C3”表示 B2 这一个单元格。

2. 算术运算符

算术运算符主要有：^（乘方）、%（百分号）、*（乘）、/（除）、+（加）、-（减）。例如，公式：=2^3+50%+1 的运算结果为“950.0%”。

3. 字符运算符

“&”为字符运算符，用于两个字符串的连接。例如，公式：="Good"&"Morning"的运算结果为"GoodMorning"。

4. 关系运算符

关系运算符主要有：=、>、<、>=（大于等于）、<=（小于等于）、<>（不等于），运算结果为 TRUE 或 FALSE。

当公式中同时出现多个优先级不同的运算符时，优先级高的运算符先运算。例如，公式：=3*2>5，先运算“3*2”，结果为“6”，再运算“6>5”，结果为“TRUE”。

当公式中同时出现多个优先级相同的运算符时，按从左到右的顺序运算。例如，公式：=3*4/2，先运算“3*4”，结果为“12”，再运算“12/2”，结果为“6”。

当需要改变运算符的运算顺序时，可使用括号“()”。例如，公式：=(4+2)*3，结果为“18”。

2.6.2　公式及单元格引用

Excel 最突出的特点就是可以使用公式进行数据处理。公式可以由运算符、常量、单元格引用以及函数组成。在输入公式时，必须以“=”开头。在输入完成后直接按住【Enter】键，或用鼠标单击公式编辑栏上的✓按钮即可。

使用 Excel 公式时，经常需要根据其他单元格的值来计算当前活动单元格的值，即公式中要引用其他单元格或单元格区域，并且这些单元格或单元格区域可以在不同的工作表或不同的工作簿中。

1. 相对引用、绝对引用和混合引用

引用单元格的格式为：[$]列标[$]行号

注意

[ ]中的内容是可选的。也就是说，引用单元格时，列标和行号的左边可以有符号“$”，也可以没有符号“$”。

根据列标和行号前符号“$”的存在情况，引用单元格有以下 3 种方式。

（1）相对引用

相对引用的格式：列标行号

如 A3、C5、F8 等均属于相对引用。

（2）绝对引用

绝对引用的格式：$列标$行号

如$A$3、$C$5、$F$8 等均属于绝对引用。

（3）混合引用

混合引用的格式：$列标行号或列标$行号

如$A3、A$3、$C5、C$5 等均属于混合引用。

公式中单元格地址的引用方式不同，虽然不会影响当前单元格的计算结果，但是复制该单元格的公式到目标单元格时，若是相对引用或混合引用，目标单元格的公式会有所变化；若是绝对引用，则目标单元格的公式保持不变。

2. 跨工作表、工作簿间的引用

（1）同工作簿不同工作表间的单元格引用

同工作簿不同工作表间的单元格引用的格式为：工作表名![$]列标[$]行号

【例 2-7】 在当前工作簿中，要将 Sheet1 中的 A1 单元格内容与 Sheet2 中的 B2 单元格内容相加，结果存入 Sheet3 中的 C3 单元格，操作步骤如下。

➢ 选择 Sheet3 中的 C3 单元格作为活动单元格。
➢ 输入“=”进入公式编辑状态。
➢ 单击 Sheet1 中的 A1 单元格，再输入“+”号。
➢ 单击 Sheet2 中的 B2 单元格。
➢ 直接按【Enter】键，或用鼠标单击公式编辑栏上的✔按钮即可，此时在 Sheet3 中的 C3 单元格中公式为“= Sheet1!A1+ Sheet2!B2”。

（2）不同工作簿间的单元格引用格式

不同工作簿间的单元格引用的格式为：[工作簿文件名]工作表名![$]列标[$]行号

【例 2-8】 将工作簿 Book1.xlsx 中的 Sheet1 中的 A1 单元格内容与工作簿 Book2.xlsx 中的 Sheet2 中的 B2 单元格内容相加，结果存入工作簿 Book3.xlsx 中的 Sheet3 中的 C3 单元格，操作步骤如下。

➢ 先打开工作簿 Book1.xlsx、Book2.xlsx 和 Book3.xlsx。
➢ 选择 Book3.xlsx 中的 Sheet3 中的 C3 单元格作为活动单元格。
➢ 输入“=”进入公式编辑状态。
➢ 单击 Book1.xlsx 中的 Sheet1 中的 A1 单元格，再输入“+”号。
➢ 再单击 Book2.xlsx 中的 Sheet2 中的 B2 单元格。
➢ 此时在 Book3.xlsx 中的 Sheet3 中的 C3 单元格中公式为“=[Book1.xlsx]Sheet1!$A$1+[Book2.xlsx]Sheet2!$B$2 中的 Sheet3”。或用鼠标单击公式编辑栏上的✔按钮即可，直接按【Enter】键。

2.6.3 插入函数

输入函数有手工输入和使用函数向导两种方法。

1. 手工输入

在编辑栏中采用手工输入函数，前提是用户必须熟悉函数名的拼写、函数参数的类型、次序以及含义。

2. 使用函数向导

为方便用户输入函数，Excel 提供了函数向导功能，打开插入函数对话框的方法如下。

方法一：单击编辑栏上的“插入函数”按钮 fx。

方法二：单击“公式”选项卡中的“插入函数”按钮 fx 插入函数。

以上两种方法均会打开如图 2-67 所示的“插入函数”对话框。在该对话框中的“或选择类别”下拉列表中选择所需要的函数类型，在“选择函数”列表框中选择需要的函数名，单击“确定”

按钮，出现“函数参数”对话框，如图 2-68 所示。由于不同的函数，其参数个数不同，类型也不同，因此“函数参数”对话框内容也有所不同（个别函数没有参数，故不会出现“函数参数对话框”，如 Now 函数）。分别输入各个参数后，单击“确定”按钮即可。

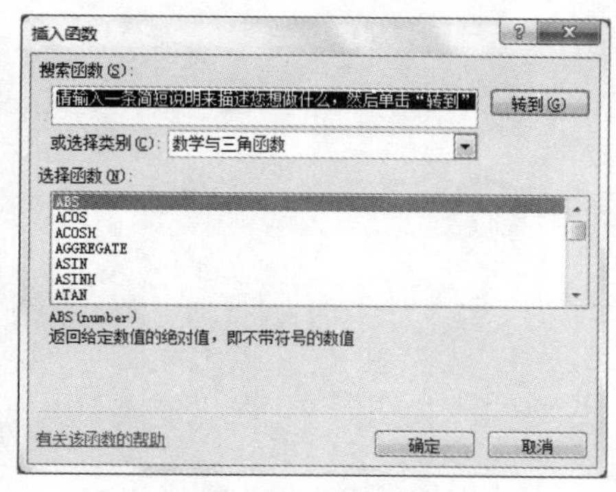

图 2-67　“插入函数”对话框

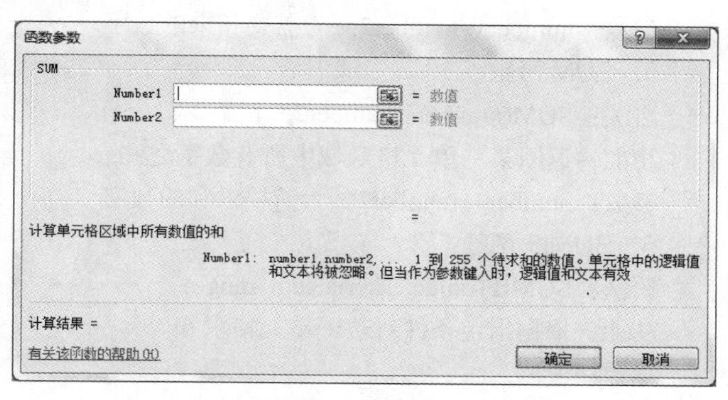

图 2-68　“函数参数”对话框

除此以外，Excel 2010 将不同类别的函数封装成了不同的按钮，放置在“公式”选项卡的“函数库”选项组中。用户可以选择不同类别的函数按钮，在下拉菜单中选择需要的函数，即可打开对应的函数对话框，设置函数参数。

2.7　函　　数

Excel 函数是预先定义好的表达式。每个函数包括函数名和参数，其中函数名决定了函数的功能和用途，函数参数提供了函数执行相关操作的数据来源或依据。一个函数可以使用多个参数，参数与参数之间使用西文逗号进行分隔。参数可以是常量、逻辑值、数组、错误值或单元格引用，甚至可以是另一个或几个函数。

Excel 中提供了很多类函数，如数学和三角函数、日期和时间函数、逻辑函数、文本函数、查找与引用函数、统计函数、数据库函数等。

2.7.1　数值函数

1. ABS 函数

语法：ABS(number)

功能：返回参数 number 的绝对值。

参数：number 为要计算其绝对值的数。

2. MOD 函数

语法：MOD(number,divisor)

功能：返回两数相除的余数。结果的正负号与除数相同。

参数：number 为被除数，divisor 为除数。

3. SQRT 函数

语法：SQRT(number)

功能：返回数值的平方根。

参数：number 为要计算平方根的数。

4. PRODUCT 函数

语法：PRODUCT(number1,number2,...)

功能：计算所有参数的乘积。

参数：number1, number2,...为需要相乘的数字。

5. SUM 函数

语法：SUM(number1,number2,...)

功能：返回某一单元格区域中所有数字之和。

参数：number1, number2,...为需要求和的数字。

6. SUMIF 函数

语法：SUMIF(range,criteria,sum_range)

功能：根据指定条件对若干单元格求和。

参数：

- range 为用于条件判断的单元格区域。
- criteria 为确定哪些单元格将被相加求和的条件，其形式可以为数字、表达式或文本。例如，条件可以表示为 32、"32"、">32" 或 "apples"。
- sum_range 是需要求和的实际单元格。如果忽略参数 sum_range，则对 range 区域中符合条件的单元格求和。

2.7.2 文本函数

涉及处理文本的问题时，经常要用到文本函数。文本函数可以用来提取特定位置上的字符、字母的大小写转换、查找字符等。

1. FIND 函数

语法：FIND(find_text,within_text,start_num)

功能：FIND 用于查找其他文本字符串（within_text）内的文本字符串（find_text），并从 within_text 的首字符开始返回 find_text 的起始位置编号。

参数：

- find_text 是要查找的文本。
- within_text 是包含要查找文本的文本。
- start_num 指定开始进行查找的位置。

	A	B
1	Welcome to Soochow University	
2		
3		
4	函数	结果
5	=FIND("m",A1)	6
6	=FIND("o",A1,6)	10

图 2-69　Find 函数示例

使用示例如图 2-69 所示。

2. SEARCH 函数

语法：SEARCH(find_text,within_text,start_num)

功能：SEARCH 返回从 start_num 开始首次找到特定字符或文本字符串的位置上特定字符的编号。

参数：

- find_text 是要查找的文本。
- within_text 是要在其中查找 find_text 的文本。
- start_num 是 within_text 中开始查找的位置。

SEARCH 函数类似于 FIND 函数，它们的区别如下。

- FIND 区分大小写，而 SEARCH 函数不区分大小写。

- FIND 函数的参数 find_text 不能使用通配符，而 SEARCH 函数中的参数 find_text 可以使用通配符，包括问号 (?) 和星号 (*)。问号可匹配任意的单个字符，星号可匹配任意一串字符。

3. LEN 函数

语法：LEN(text)

功能：LEN 返回文本字符串中的字符数。

参数：text 是要计算查找其长度的文本。空格将作为字符进行计数。

例如，LEN(“hello”)的返回值是 5。

4. LEFT 函数

语法：LEFT(text,num_chars)

功能：返回文本字符串中的第一个或前几个字符。

参数：

- text 是包含要提取字符的文本字符串。
- num_chars 指定要提取的字符数。

例如，LEFT("好好学习 Excel",6)返回的结果为“好好学习 Ex”。

5. RIGHT 函数

语法：RIGHT(text,num_chars)

功能：RIGHT 返回文本字符串中最后一个或多个字符。

参数：

- text 是包含要提取字符的文本字符串。
- num_chars 指定需要提取的字符数。

6. MID 函数

语法：MID(text,start_num,num_chars)

功能：MID 返回文本字符串中从指定位置开始的特定数目的字符，该数目由用户指定。

参数：

- text 是包含要提取字符的文本字符串。
- start_num 是文本中要提取的第一个字符的位置。
- num_chars 指定希望从文本中返回字符的个数。

例如，MID("好好学习 Excel",3,8)返回的结果为“学习 Excel”。

7. TRIM 函数

语法：TRIM(text)

功能：除了单词之间的单个空格外，清除文本中所有的空格。

参数：text 为需要清除其中空格的文本。

8. REPLACE 函数

语法：REPLACE(old_text,start_num,num_chars,new_text)

功能：REPLACE 使用其他文本字符串并根据所指定的字符数替换某文本字符串中的部分文本。

参数：

- old_text 是要替换其部分字符的文本。
- start_num 是要用 new_text 替换的 old_text 中字符的位置。

- num_chars 是希望 REPLACE 使用 new_text 替换 old_text 中字符的个数。
- new_text 是要用于替换 old_text 中字符的文本。

9. SUBSTITUTE 函数

语法：SUBSTITUTE(text,old_text,new_text,instance_num)

功能：在文本字符串中用 new_text 替代 old_text。

参数：

- text 为需要替换其中字符的文本，或对含有文本的单元格的引用。
- old_text 为需要替换的旧文本。
- new_text 用于替换 old_text 的文本。
- instance_num 为一数值，用来指定以 new_text 替换第几次出现的 old_text。如果指定了 instance_num，则只有满足要求的 old_text 被替换；否则将用 new_text 替换 text 中出现的所有 old_text。

如果需要在某一文本字符串中替换指定的文本，请使用函数 SUBSTITUTE；如果需要在某一文本字符串中替换指定位置处的任意文本，请使用函数 REPLACE。

10. TEXT 函数

语法：TEXT(value,format_text)

功能：将数值转换为按指定数字格式表示的文本。

参数：

- value 为数值或计算结果为数字值的公式，或对包含数字值的单元格的引用。
- format_text 为“设置单元格格式”对话框中“数字”选项卡上“分类”框中的文本形式的数字格式。

例如，TEXT(2500,"$0,000.00")返回的结果为“$2,500.00”；TEXT(4000,"mm-dd-yyyy")返回的结果为“07-06-2009”；TEXT(30000,"yyyy 年 m 月 d 日")返回的结果为“2009 年 7 月 6 日”。

2.7.3 统计函数

1. AVERAGE 函数

语法：AVERAGE(number1,number2,...)

功能：AVERAGE 函数返回参数的平均值（算术平均值）。

参数：number1, number2, ...为需要计算平均值的参数。

说明：AVERAGE 函数的参数可以是数字，或者是包含数字的名称、数组或引用。如果参数包含文本、逻辑值或空白单元格，则这些值将被忽略；但包含零值的单元格将计算在内。

2. COUNT 函数

语法：COUNT(value1,value2,...)

功能：COUNT 函数返回包含数字的单元格的个数。

参数：value1, value2, ...为包含或引用各种类型数据的参数。

说明：COUNT 函数仅计算数值类型的单元格个数，而空白单元格、逻辑值、文字或错误值都将被忽略。

3. COUNTA 函数

语法：COUNTA(value1,value2,...)

功能：COUNTA 函数返回参数列表中非空值的单元格个数。

参数：value1, value2, ...为包含或引用各种类型数据的参数（1～30 个）。

说明：COUNTA 函数将计算所有非空单元格的个数，包括非数值类型的单元格。

4. COUNTIF 函数

语法：COUNTIF(range,criteria)

功能：计算区域中满足给定条件的单元格的个数。

参数：

- range 为需要计算其中满足条件的单元格数目的单元格区域。
- criteria 为确定哪些单元格将被计算在内的条件，其形式可以为数字、表达式或文本。

COUNT、COUNTA 和 COUNTIF 函数的示例如图 2-70 所示。

5. MAX 函数

语法：MAX(number1,number2,...)

功能：MAX 函数返回一组数中的最大值。

参数：number1, number2, ...为要计算最大值的数字参数。

6. MIN 函数

语法：MIN(number1,number2,...)

功能：MIN 函数返回一组数中的最小值。

参数：number1, number2, ...为要计算最小值的数字参数。

	A	B	C	D	E
1	学号	姓名	性别	语文	
2	2008060301	王勇	男	89	
3	2008060302	刘田田	女	78	
4	2008060303	李冰	女	80	
5	2008060304	任卫杰	男	缺考	
6	2008060305	吴晓丽	女	90	
7	2008060306	刘唱	男	67	
8	2008060307	王强	男	88	
9	2008060308	马爱军	男	95	
10	2008060309	张晓华	女	67	
11	2008060310	朱刚	男	94	
12					
13	应考人数：	10	=COUNTA(D2:D11)		
14	实考人数：	9	=COUNT(D2:D11)		
15	85分以上人数：	5	=COUNTIF(D2:D11,">=85")		

图 2-70　COUNT*函数示例

7. MEDIAN 函数

语法：MEDIAN(number1,number2,...)

功能：MEDIAN 函数返回一组数中的中值。

参数：number1, number2, ...为要计算中值的数字参数。

说明：中值是在一组数据中居于中间的数，即在这组数据中，有一半的数据比它大，有一半的数据比它小。如果参数集合中包含偶数个数字，MEDIAN 函数将返回位于中间的两个数的平均值。

8. RANK.EQ 函数

语法：RANK.EQ(number,ref,order)

功能：返回一个数字在数字列表中的排位。

参数：

- number 为需要找到排位的数字。
- ref 为数字列表数组或对数字列表的引用。ref 中的非数值型参数将被忽略。
- order 为一数字，指明排位的方式。如果 order 为 0（零）或省略，则排位按照降序排列。如果 order 不为零，则排位按照升序排列。

【例 2-9】　在图 2-71 所示的成绩表中，填入各位学生的名次。操作步骤如下。

- 选定 E2 单元格。
- 选择“公式”选项卡中“函数库”选项组里的“其他函数”按钮，在下拉菜单中选择“统计”类别中的“RANK.EQ”函数，打开该函数的参数对话框，对话框中的参数设置如图 2-72 所示。
- 单击“确定”按钮。

拖动 E2 单元格的填充柄，快速填充到 E11 单元格。

	A	B	C	D	E
1	学号	姓名	性别	语文	名次
2	2008060301	王勇	男	89	4
3	2008060302	刘田田	女	78	7
4	2008060303	李冰	女	80	6
5	2008060304	任卫杰	男	67	8
6	2008060305	吴晓丽	女	90	3
7	2008060306	刘唱	男	67	8
8	2008060307	王强	男	88	5
9	2008060308	马爱军	男	95	1
10	2008060309	张晓华	女	67	8
11	2008060310	朱刚	男	94	2

图 2-71　RANK.EQ 函数示例

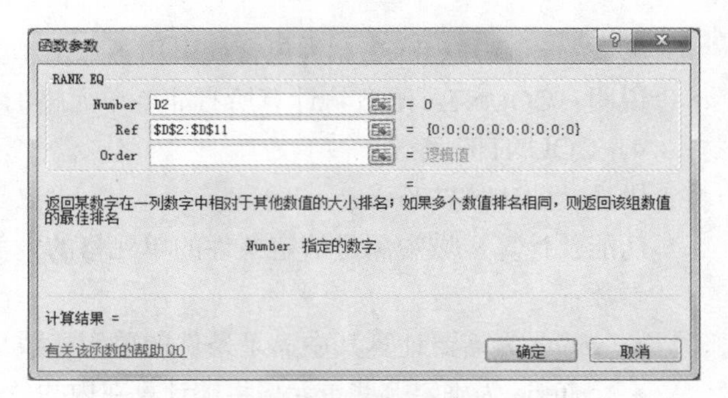

图 2-72　Rank.eq 函数参数对话框

若用户对函数及其参数都比较熟悉，本例也可以直接在 E2 单元格中输入公式“=RANK.EQ(D2,$D$2:$D$11)”后回车即可。

2.7.4　查找与引用函数

1. ADDRESS 函数

语法：ADDRESS(row_num,column_num,abs_num,a1,sheet_text)

功能：按照给定的行号和列标，建立文本类型的单元格地址。

参数：

- row_num 在单元格引用中使用的行号。
- column_num 在单元格引用中使用的列标。
- abs_num 指定返回的引用类型，如表 2-3 所示。
- a1 用以指定 a1 或 R1C1 引用样式的逻辑值。如果 a1 为 TRUE 或省略，函数 ADDRESS 返回 a1 样式的引用；如果 a1 为 FALSE，函数 ADDRESS 返回 R1C1 样式的引用。
- sheet_text 为一文本，指定作为外部引用的工作表的名称，如果省略 sheet_text，则不使用任何工作表名。

例如，ADDRESS(3,4)的返回值为$D$3，ADDRESS(3,4,4)的返回值为 D3。

表 2-3　abs_num 的取值及意义

abs_num	返回的引用类型
1 或省略	绝对引用
2	绝对行号，相对列标
3	相对行号，绝对列标
4	相对引用

2. COLUMN 函数

语法：COLUMN(reference)

功能：COLUMN 函数返回给定引用的列标。

参数：reference 为需要得到其列标的单元格或单元格区域。

说明：如果省略 reference，则假定为是对函数所在单元格的引用。

例如，COLUMN(A3)的返回值为 1，即 A3 单元格所在的列号。

3. ROW 函数

语法：ROW(reference)

功能：ROW 函数返回引用的行号。

参数：reference 为需要得到其行号的单元格或单元格区域。

例如，ROW(A3)的返回值为 3，即 A3 单元格所在的行号。

4. LOOKUP 函数

函数 LOOKUP 有两种语法形式：向量和数组，本书仅介绍向量形式的 LOOKUP 函数。向量为只包含一行或一列的区域。

语法：LOOKUP(lookup_value,lookup_vector,result_vector)

功能：函数 LOOKUP 的向量形式是在单行区域或单列区域（向量）中查找数值，然后返回第二个单行区域或单列区域中相同位置的数值。

参数：

- lookup_value 为函数 LOOKUP 在第一个向量中所要查找的数值。
- lookup_vector 为只包含一行或一列的区域。
- result_vector 只包含一行或一列的区域，其单元格个数必须与 lookup_vector 相同。

lookup_vector 的数值必须按升序排序，否则函数 LOOKUP 不能返回正确的结果。如果函数 LOOKUP 找不到 lookup_value，则查找 lookup_vector 中小于或等于 lookup_value 的最大数值。

【例 2-10】 利用 LOOKUP 函数在如图 2-73 所示的工作表中构造一个简单的查询。在 B13 单元格中输入要查询的学号，对应的 E13:E16 单元格中显示该学生对应的信息。具体操作步骤如下。

- ➢ 选中 B13 单元格，输入一个学号。
- ➢ 选中 E13 单元格，输入公式“=LOOKUP(B13,A2:A11,B2:B11)”后回车。
- ➢ 选中 E14 单元格，输入公式“=LOOKUP(B13,A2:A11,D2:D11)”后回车。
- ➢ 选中 E15 单元格，输入公式“=LOOKUP(B13,A2:A11,E2:E11)”后回车。
- ➢ 选中 E16 单元格，输入公式“=LOOKUP(B13,A2:A11,F2:F11)”后回车。

	A	B	C	D	E	F
1	学号	姓名	性别	语文	数学	英语
2	2008060301	王勇	男	89	98	70
3	2008060302	刘田田	女	78	67	90
4	2008060303	李冰	女	80	90	78
5	2008060304	任卫杰	男	67	78	59
6	2008060305	吴晓丽	女	90	88	96
7	2008060306	刘唱	男	67	89	76
8	2008060307	王强	男	88	97	89
9	2008060308	马爱军	男	95	80	79
10	2008060309	张晓华	女	67	89	98
11	2008060310	朱刚	男	94	89	87
12						
13	请输入学号	2008060303		姓名	李冰	
14				语文	80	
15				数学	90	
16				英语	78	

图 2-73　LOOKUP 函数示例

若改变 B13 单元格中输入的内容，对应的数据也会跟着变化。

5. HLOOKUP 函数

语法：HLOOKUP(lookup_value,table_array,row_index_num,range_lookup)

功能：在表格的首行查找指定的数值，并由此返回表格中指定行的对应列处的数值。

参数：

- lookup_value 为需要在数据表第一行中进行查找的数值。
- table_array 为需要在其中查找数据的数据表。
- row_index_num 为 table_array 中待返回的匹配值的行序号。
- range_lookup 为一逻辑值，指明函数 HLOOKUP 查找时是精确匹配，还是近似匹配。如果为 TRUE 或省略，则返回近似匹配值。也就是说，如果找不到精确匹配值，则返回小于 lookup_value 的最大数值。如果 range_value 为 FALSE，函数 HLOOKUP 将查找精确匹配值，如果找不到，则返回错误值#N/A!。

【例 2-11】 利用 HLOOKUP 函数在如图 2-74 所示的表格中，计算不同奖金所应得的提成比例。

	A	B	C	D	E	F
1	销售金额下限	¥0.00	¥100,001.00	¥200,001.00	¥300,001.00	¥5,000,001.00
2	销售金额上限	¥100,000.00	¥200,000.00	¥300,000.00	¥5,000,000.00	
3	提成比例	0.00%	0.75%	1.00%	1.50%	2.00%
4						
5	**销售金额**	150000				
6	**提成比例**	0.75%				

图 2-74 HLOOKUP 函数示例

具体操作步骤如下。

➢ 在 B5 单元格中输入一个金额，如 15000。
➢ 设置 B6 单元格为百分比样式，保留两位小数。
➢ 选中 B6 单元格，输入公式“=HLOOKUP(B5,B1:F3,3)”后回车。

6. VLOOKUP 函数

语法：VLOOKUP(lookup_value,table_array,col_index_num,range_lookup)。

功能：在表格的首列查找指定的数值，并由此返回表格中指定列处的数值。

参数：与 HLOOKUP 函数类似。

7. INDEX 函数

返回表或区域中的值或值的引用。函数 INDEX 有两种形式：数组和引用。本书仅介绍数组形式的 INDEX 函数。

语法：INDEX(array,row_num,column_num)

功能：返回数组中指定行列交叉处的单元格的数值。

参数：

- array 为单元格区域或数组常量。
- row_num 为数组中某行的行序号，函数从该行返回数值。
- column_num 为数组中某列的列序号，函数从该列返回数值。

8. MATCH 函数

语法：MATCH(lookup_value,lookup_array,match_type)

功能：返回在指定方式下与指定数值匹配的数组中元素的相应位置。如果需要找出匹配元素的位置而不是匹配元素本身，则应该使用 MATCH 函数而不是 LOOKUP 函数。

参数：

- lookup_value 为需要在数据表中查找的数值。
- lookup_array 为可能包含所要查找的数值的连续单元格区域。
- match_type 的取值和意义如表 2-4 所示。

表 2-4　Match_type 的取值及意义

Match_type 的取值	意　义
1 或省略	查找小于或等于 lookup_value 的最大数值。lookup_array 必须按升序排列
0	查找等于 lookup_value 的第一个数值。lookup_array 可以按任何顺序排列
-1	查找大于或等于 lookup_value 的最小数值。lookup_array 必须按降序排列

2.7.5　日期和时间函数

1. NOW 函数

语法：NOW()

功能：返回当前日期和时间所对应的序列号。

2. TODAY 函数

语法：TODAY()

功能：返回当前日期的序列号。

3. YEAR 函数

语法：YEAR(serial_number)

功能：返回某日期对应的年份。返回值为 1900 ~ 9999 之间的整数。

参数：serial_number 为一个日期值，其中包含要查找年份的日期。

例如，YEAR("2015-5-6")的返回值为 2015。

4. MONTH 函数

语法：MONTH(serial_number)

功能：返回以序列号表示的日期中的月份。月份是介于 1（一月）~ 12（十二月）之间的整数。

参数：serial_number 为一个日期值，其中包含要查找的月份。

例如，MONTH("2015-5-6")的返回值为 5。

5. DAY 函数

语法：DAY(serial_number)

功能：返回以序列号表示的某日期的天数，用整数 1 ~ 31 表示。

参数：serial_number 为要查找的日期值。

例如，DAY("2015-5-6")的返回值为 6。

6. DATE 函数

语法：DATE(year,month,day)

功能：返回代表特定日期的序列号。

参数：year 代表日期中年份的数字。month 代表日期中月份的数字。day 代表在该月份中第几天的数字。

例如，DATE(2015,10,1)的返回值为日期值 2015/10/1。

7. WEEKDAY 函数

语法：WEEKDAY(serial_number,return_type)

功能：返回某日期为星期几。默认情况下，其值为 1（星期天）~ 7（星期六）之间的整数。

参数：serial_number 是一个日期值。return_type 为确定返回值类型的数字，其含义如表 2-5 所示。

表 2-5　Return_type 的含义

return_type	函数返回的数字含义
1 或省略	数字 1（星期日）~ 数字 7（星期六）
2	数字 1（星期一）~ 数字 7（星期日）
3	数字 0（星期一）~ 数字 6（星期日）

8. DATEDIF 函数

该函数是一个隐秘函数，在 Excel 的插入函数对话框和函数帮助中都没有 DATEDIF 函数，但是可以直接输入函数名称来使用 DATEDIF 函数。

语法：DATEDIF(start_date,end_date,unit)

功能：返回两个日期之间间隔的年数、月数或天数等。

参数：start_date 为时间段内的起始日期。end_date 为时间段内的结束日期。unit 为所需信息的返回类型，其含义如表 2-6 所示。

表 2-6　Unit 的含义

Unit	信息的返回类型
Y	时间段中的整年数
M	时间段中的整月数
D	时间段中的天数

例如，DATEDIF("1999-4-1","2007-7-12","Y") 函数的返回值为 8，即两个日期之间相差了 8 年。DATEDIF("1999-4-1","2007-7-12","M")的返回值为 99，即两个日期之间相差了 99 个月。

2.7.6　逻辑函数

1. NOT 函数

语法：NOT(logical)

功能：对参数值求反。当要确保一个值不等于某一特定值时，可以使用 NOT 函数。

参数：logical 为一个可以计算出 TRUE 或 FALSE 的逻辑值或逻辑表达式。

说明：如果逻辑值为 FALSE，函数 NOT 返回 TRUE；如果逻辑值为 TRUE，函数 NOT 返回 FALSE。

2. AND 函数

语法：AND(logical1,logical2, ...)

功能：所有参数的逻辑值为 TRUE 时，返回 TRUE；只要一个参数的逻辑值为 FALSE，即返回 FALSE。

参数：logical1, logical2, ... 表示待检测的条件值。

3. OR 函数

语法：OR(logical1,logical2,...)

功能：在其参数中，任何一个参数逻辑值为 TRUE，即返回 TRUE；所有参数的逻辑值为 FALSE，即返回 FALSE。

参数：logical1, logical2, ... 表示待检测的条件值，各条件值可为 TRUE 或 FALSE。

4. IF 函数

语法：IF(logical_test,value_if_true,value_if_false)

功能：根据对条件表达式真假值的判断，返回不同结果。

参数：

- logical_test 是返回结果为 TRUE 或 FALSE 的任意值或表达式。
- value_if_true 为 logical_test 为 TRUE 时返回的值。
- value_if_false 为 logical_test 为 FALSE 时返回的值。

【例 2-12】 计算如图 2-75 所示的成绩等级评定表中的等级评定。评定方法为：

若成绩在 90 分及以上，并且老师评价或同学打分中有 90 分及以上的同学，评为“优秀”；若成绩在 80 分及以上，并且老师评价或同学打分中有 80 分及以上的同学，评为“良好”；若成绩在 60 分及以上，并且老师评价或同学打分中有 60 分及以上的同学，评为“合格”；除此以外，其他都为“重修”。

	A	B	C	D	E
1	姓名	成绩	老师评价	同学打分	等第
2	王勇	92	98	85	优秀
3	刘田田	78	67	78	合格
4	李冰	80	90	92	良好
5	任卫杰	67	78	70	合格
6	吴晓丽	90	88	95	优秀
7	刘唱	77	89	85	合格
8	王强	88	97	88	良好
9	马爱军	95	80	80	良好
10	张晓华	67	55	50	重修
11	朱刚	94	89	90	优秀

图 2-75　IF 函数示例

具体操作步骤如下。

- 选定 E2 单元格，输入公式“=IF(AND(B2>=90,OR(C2>=90,D2>=90)),"优秀",IF(AND(B2>= 80,OR(C2>=80,D2>=80)),"良好",IF(AND(B2>=60,OR(C2>=60, D2>=60)),"合格","重修")))”后回车。
- 选定 E2，拖动填充柄至 E11 单元格。

2.8　图表、数据透视表及数据透视图

2.8.1　图表

图表是对数据的图形化，可以使数据更为直观，方便用户进行数据的比较和预测。

1. 图表的组成要素

Excel 的图表由许多图表项组成，如图 2-76 所示，包括图表标题、分类(X)轴、数值(Y)轴、图例、数据标签、数据系列、网格线等。

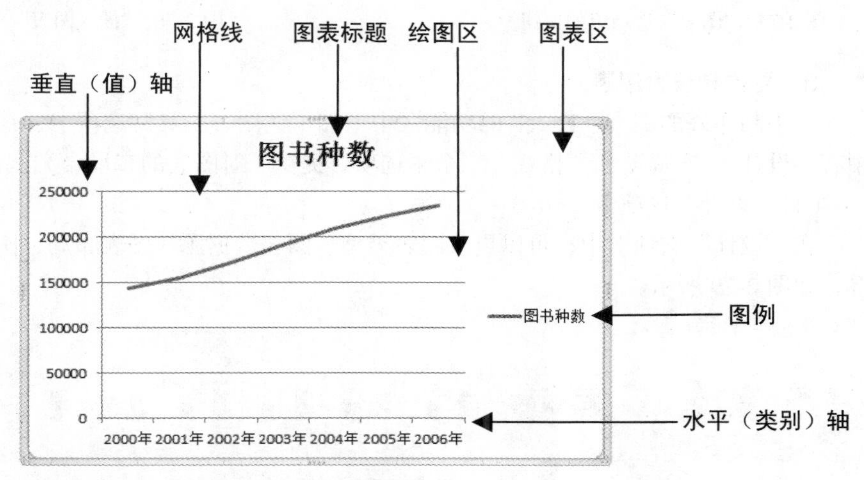

图 2-76　图表的组成

2. 创建图表

根据工作表中已有的数据列表创建图表有以下两种方法。

方法一：使用快捷键，操作步骤如下。

- 选中要创建图表的源数据区域（若只是单击数据列表中的一个单元格，则系统自动将紧邻该单元格的包含数据的所有单元格作为源数据区域）。
- 按快捷键【F11】，即可基于默认图表类型（柱形图），迅速创建一张新工作表，用来显示建立的图表（即图表与源数据不在同一个工作表中）；或者使用【Alt+F1】组合键，在当前工作表中创建一个基于默认图表类型（柱形图）的图表。

方法二：使用“插入”选项卡的按钮。具体操作步骤如下。

- 选中要创建图表的源数据区域。
- 在“插入”选项卡的“图表”选项组中选择需要的图表按钮，如图 2-77 所示。
- 在打开的子类型中，选择需要的图表类型，即可在当前工作表中快速创建一个嵌入式图表。“柱形图”的子类型如图 2-77 所示，也可以单击右下角的展开按钮，打开如图 2-78 所示的“插入图表”对话框，在该对话框中选择合适的图表类型后，单击“确定”按钮即可。

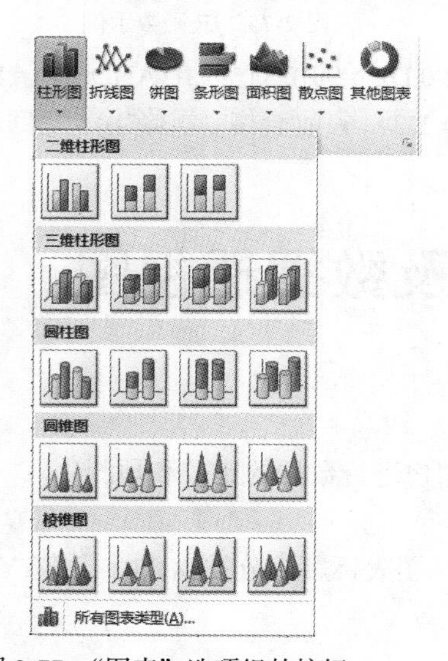

图 2-77 “图表”选项组的按钮

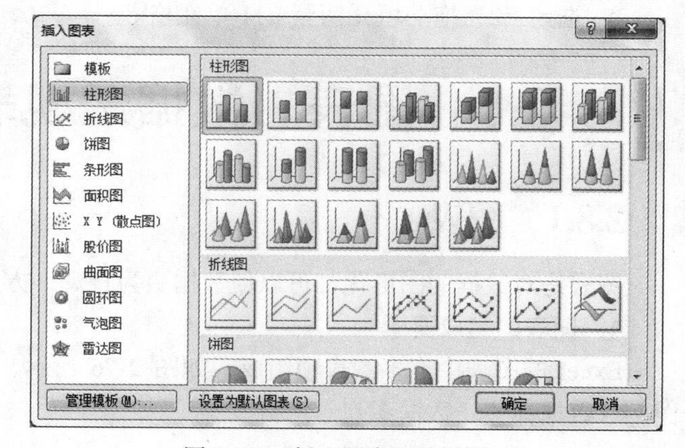

图 2-78 “插入图表”对话框

3. 更改和设置图表

选中制作好的图表，Excel 的功能区中增加了“图表工具”选项卡，在“图表工具”选项卡中有“设计”“布局”和“格式”三个子选项，提供了对图表的布局、类型、格式等方面的设置。

（1）“设计”选项卡

在“设计”选项卡中，可以更改图表类型、图表数据源、图表布局、图表区格式和图表位置等，如图 2-79 所示。

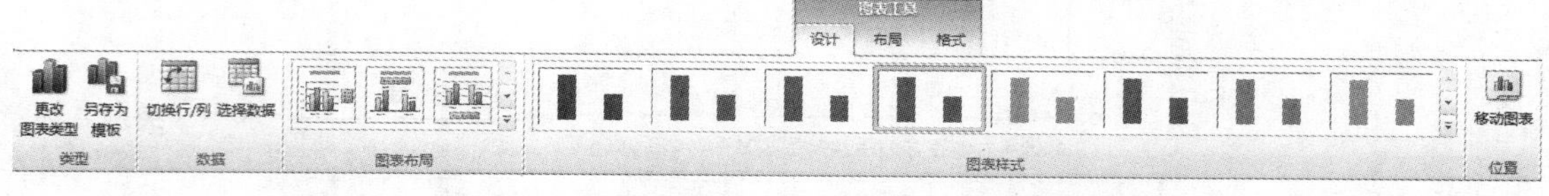

图 2-79 “图表工具”选项卡——“设计”选项卡

（2）“布局”选项卡

在“布局”选项卡中，可以修改图表的标题、图例、坐标轴等，如图 2-80 所示。

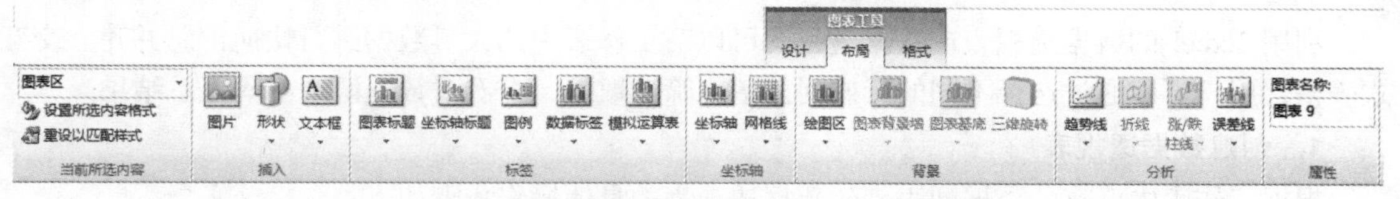

图 2-80　“图表工具”选项卡——“布局”选项卡

选中图表中不同的元素，在“布局”选项卡中单击最左侧的“设置所选内容格式”按钮，例如选中图表区，将会打开如图 2-81 所示的“设置图表区格式”对话框。在对话框的左侧选择需要设置的格式类别后，在右侧区域设置对应的格式。

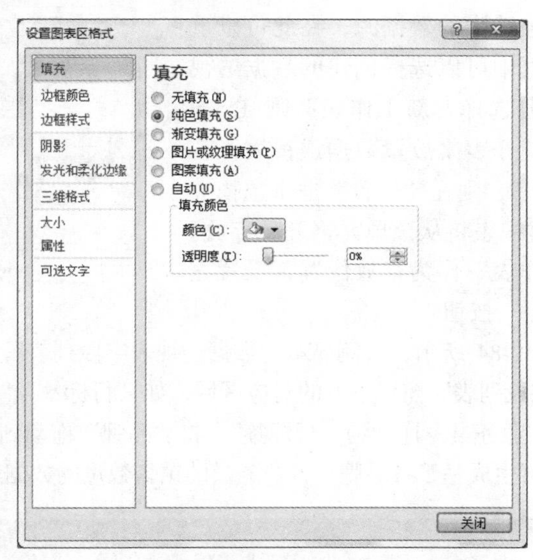

图 2-81　“设置图表区格式”对话框

（3）“格式”选项卡

在“格式”选项卡中可以设置图表的边框格式、字体格式、填充颜色等，如图 2-82 所示。

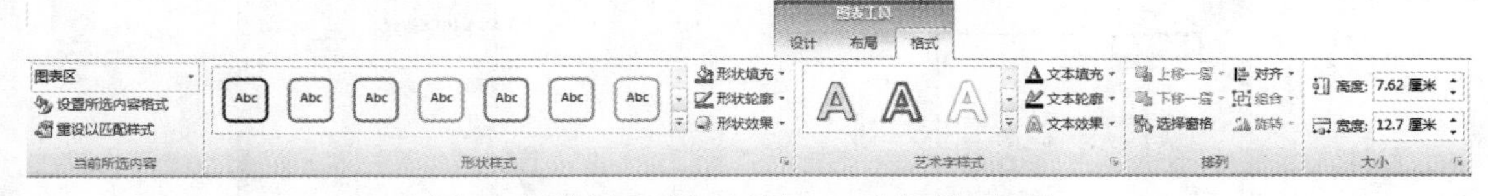

图 2-82　“图表工具”选项卡——“格式”选项卡

4. 复制图表至 Word 文档

复制图表至 Word 文档的操作步骤如下。

➢ 右击图表区空白处，在弹出的快捷菜单中选择“复制”。
➢ 打开 Word 文档，将光标定位到要插入图表的位置。
➢ 单击 Word 窗口“开始”选项卡中“剪贴板”选项组的“粘贴”按钮下方的黑三角，在下拉菜单中选择“选择性粘贴”。
➢ 在打开的对话框中选择“图片（增强型图元文件）”或其他需要的粘贴形式。

2.8.2 数据透视表和数据透视图

利用 Excel 的数据透视表或数据透视图可以对工作表中的大量数据进行快速汇总并建立交互式表格，用户可以通过选择不同的行或列标签来筛选数据，查看对数据源的不同汇总结果。

1. 创建数据透视表

根据工作表中已有的数据列表创建数据透视表的具体操作步骤如下。

➢ 选择要创建数据透视表的源数据区域。若是对整个数据列表创建数据透视表，则单击数据列表中任意单元格即可。

➢ 单击“插入”选项卡“表格”选项组中的“数据透视表”按钮，打开“创建数据透视表”对话框，如图 2-83 所示。在“表/区域”文本框中显示了已经选中的数据源，在此可以重新选择。在对话框中可以选择创建的数据透视表放置的位置，若选择“新工作表”则 Excel 将创建一张新的工作表来放置数据透视表；若选择“现有工作表”，则在“位置”框中选择一个单元格，数据透视表将从该单元格开始存放。本例选择“新工作表”作为存放位置，设置完毕后，单击“确定”按钮。

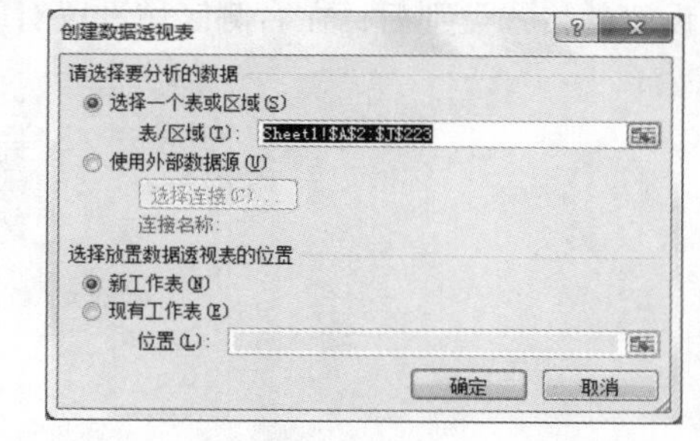

图 2-83 “创建数据透视表”对话框

➢ 新建的工作表如图 2-84 所示，右侧显示“数据透视表字段列表”，用鼠标将需要的字段拖动到“数据透视表字段列表”窗格下方的对应区域，如“行标签”“列标签”或“数值”区域。

➢ 在图 2-84 中，将“业务员”拖动到“行标签”，将“品牌”拖动到“列标签”，将“数量”拖动到“数值”，即可生成基于各品牌、各业务员的销售数量的数据透视表，如图 2-85 所示。

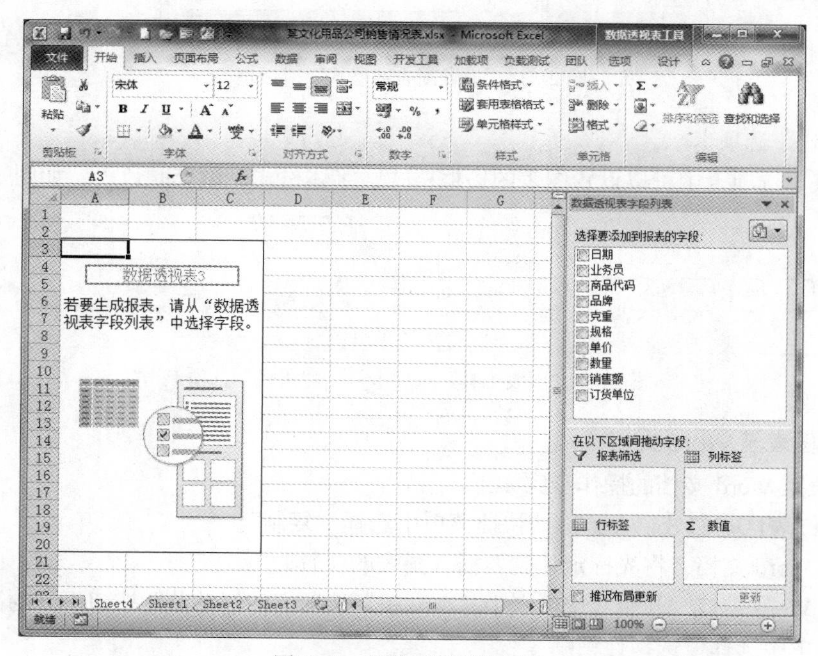

图 2-84 新建的数据透视表

求和项:数量	列标签							
行标签	富工牌	佳能牌	金达牌	三工牌	三普牌	三一牌	雪莲牌	总计
方依然	24		774	224				1022
高嘉文	787	728	57	716			67	2355
何宏禹	53				834		1129	2016
李良	811	959		112		927		2809
林木森		83					898	981
孙建	56	38		919		126		1139
叶佳	807		937					1744
游妍妍	28		925				1253	2206
张一帆					1113			1113
总计	2566	1808	2693	1971	1947	1053	3347	15385

图 2-85　“销售数量”数据透视表

2. 编辑数据透视表

对于建立好的数据透视表，由于各类分析的具体要求不同，有时还需要对数据透视表进行各种操作。例如，重新组织表格、改变数据透视表的页面布局等，以便从不同的角度对数据进行分析。

（1）更改和设置字段

根据分析数据的要求不同，若需要改变数据透视表的分析字段，可以使用鼠标将已经添加的字段拖回到“数据透视表字段列表”中，再重新拖动需要的字段到数据透视表中。

同时，对于行字段和列字段的数据，Excel 还提供了筛选功能。如在图 2-85 的数据透视表中，鼠标单击行标签的下拉箭头，打开如图 2-86 所示的下拉菜单，根据需要勾选需要的业务员姓名即可。

（2）更改汇总方式

数据透视表默认的汇总方式为“求和”，若要改变为其他的汇总方式，如“最大值”，其操作步骤如下。

- 鼠标移动到窗口右侧的“数值”框中，单击 求和项:数量 ▼ 按钮，在子菜单中选择“值字段设置”命令，打开如图 2-87 所示的“值字段设置”对话框。
- 在“计算类型”列表框中，选择“最大值”。
- 若需要设置数据的格式，则单击对话框的“数字格式”按钮，在打开的“设置单元格格式”对话框中，设置合适的数字格式。
- 单击“确定”按钮关闭对话框。

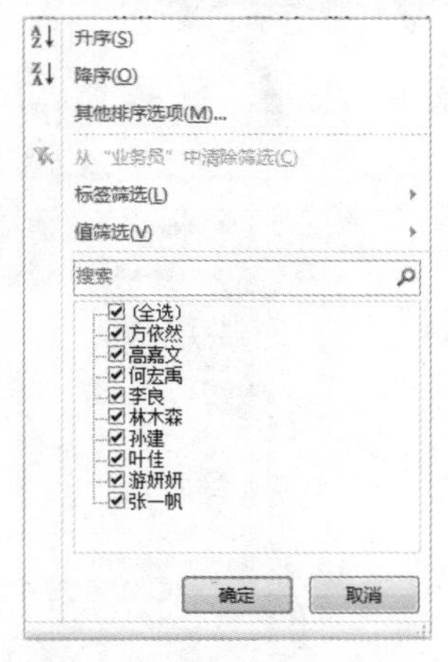

图 2-86　“行标签”下拉菜单

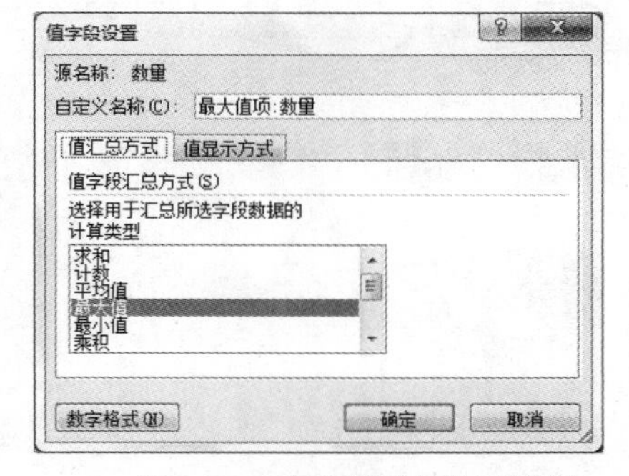

图 2-87　“值字段设置”对话框

（3）设置数据透视表格式

创建了数据透视表后，在功能区中增加了“数据透视表工具”选项卡。该选项卡包含了“选项”和“设计”两个子选项卡，“选项”子选项卡如图 2-88 所示，提供了更改数据源、更改汇总方式、更改数据排序方式等功能。

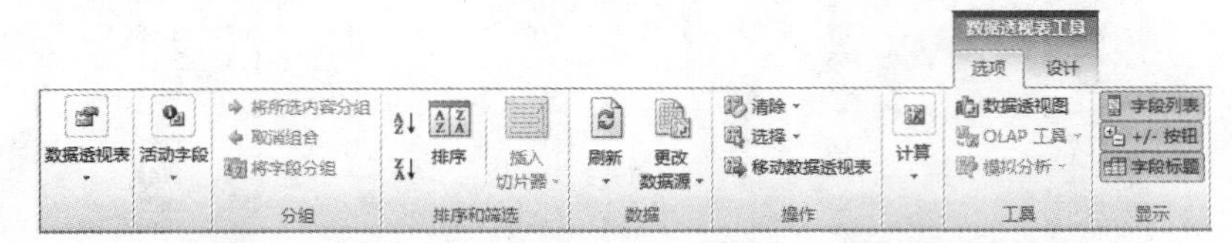

图 2-88 “数据透视表工具”选项卡——“选项”选项卡

“设计”子选项卡如图 2-89 所示，提供了设置数据透视表布局、数据透视表样式等功能。

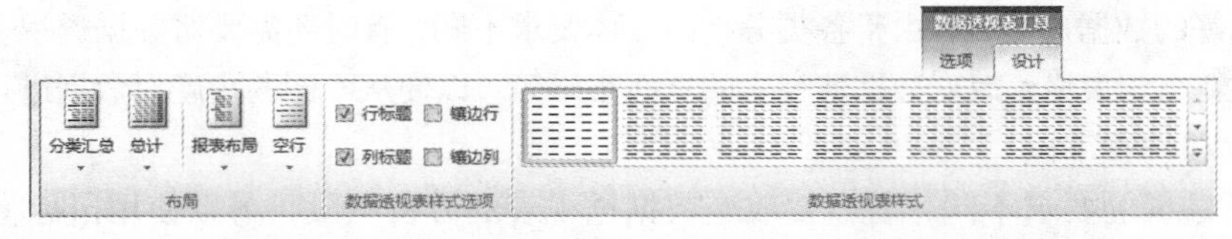

图 2-89 “数据透视表工具”选项卡——“设计”选项卡

3. 创建数据透视图

创建数据透视图必须要先创建数据透视表，创建数据透视图有如下两种方法。

方法一：根据数据源创建，具体操作步骤如下。

- 选择要创建数据透视图的源数据区域。
- 单击“插入”选项卡中“数据透视表”按钮右下角的黑色下拉箭头，在下拉菜单中选择“数据透视图”。
- 打开“创建数据透视表及数据透视图”对话框，对话框的设置方法与图 2-83“创建数据透视表”对话框一致。
- Excel 将会创建一个新的工作表，如图 2-90 所示，与创建数据透视表一样，拖动需要的字段到数据透视表中，在生成数据透视表的同时，也会生成对应的数据透视图。

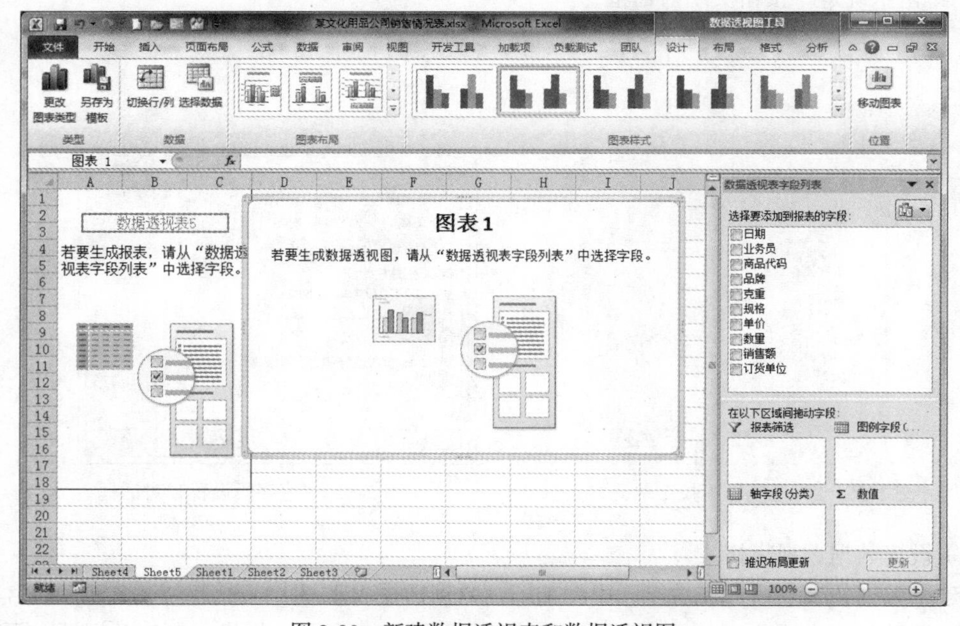

图 2-90 新建数据透视表和数据透视图

方法二：根据数据透视表创建，具体操作步骤如下。

➢ 在建立好的数据透视表中，单击任意单元格。
➢ 在图 2-88 所示的“数据透视表工具”选项卡的“选项”子选项卡中，单击“数据透视图”按钮。
➢ 在打开的“插入图表”对话框中，选择需要的图表类型。
➢ 单击“确定”按钮即可。

2.9　数据的处理与分析

与 Word 中的表格相比，Excel 工作表具有丰富的数据管理能力，如建立数据清单、数据排序、数据筛选、分类汇总等。

2.9.1　数据列表与记录单

1. 数据列表

Excel 中的排序、筛选、分类汇总等操作都是基于数据列表来进行的。所谓数据列表是指 Excel 工作表中包含一系列数据的若干行，其中第一行为标题行，每个标题又称为字段，余下行为数据行，一个数据行称为一条记录。标题行与数据行、数据行与数据行之间不能有空行，且同一列数据具有相同类型和含义。

2. 记录单

数据列表中的数据行可单击单元格直接编辑，但是当数据量较大时，频繁在行列之间切换，很容易出错，因此可以选择使用记录单编辑数据。

使用记录单编辑数据行的操作步骤如下。

➢ 在“开始”选项卡中，单击“选项”命令，打开“Excel 选项”对话框。
➢ 在对话框左侧选择“快速访问工具栏”，对话框如图 2-91 所示。

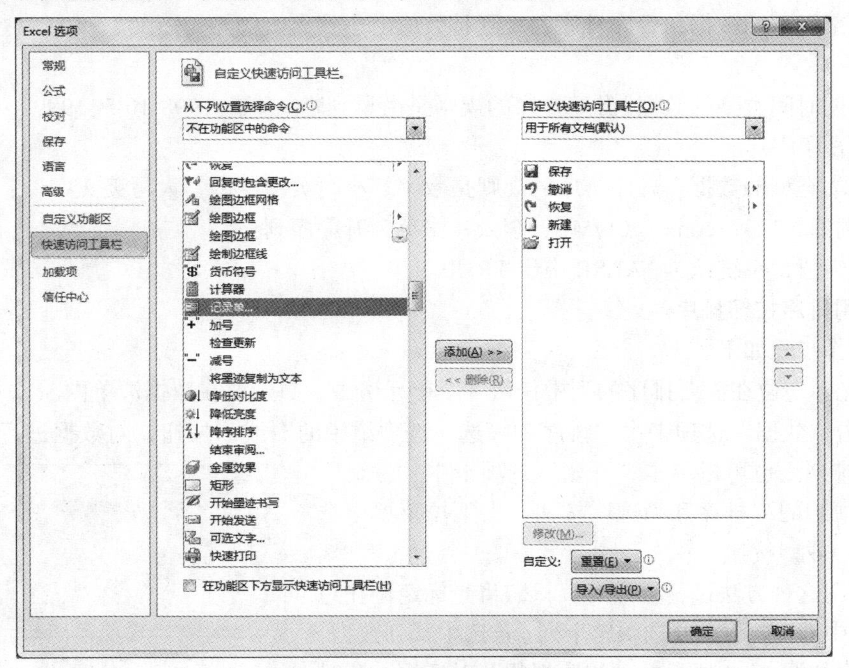

图 2-91　“Excel 选项”对话框

➢ 在“从下列位置选择命令”下拉列表中选择“不在功能区中的命令”。

➢ 在下方的列表框中选择“记录单”命令，单击“添加”按钮。

➢ 单击“确定”按钮关闭对话框，在 Excel 的快速访问工具栏中添加了“记录单”按钮。

➢ 选中数据列表中任一单元格，单击“记录单”按钮，打开如图 2-92 所示的对话框。

➢ 在记录单的对话框中，对数据进行编辑即可。

在记录单对话框中，单击“上一条”和“下一条”按钮可浏览数据列表中的各行数据；单击“删除”按钮则可删除当前正在查看的一条记录。需注意的是：使用记录单删除的数据，不能通过“撤销”命令恢复，所以在删除时需小心谨慎。

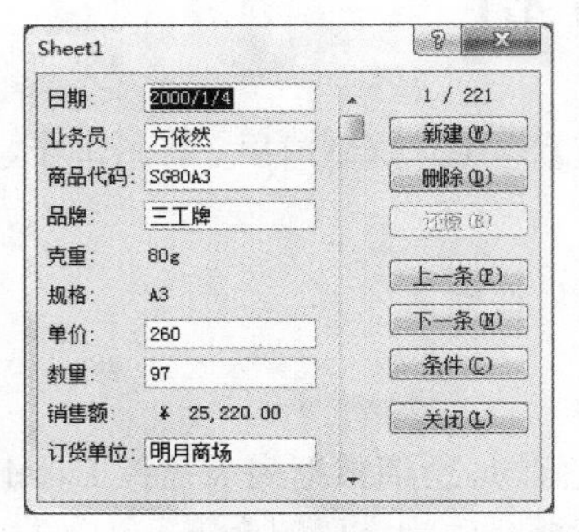

图 2-92 “sheet1”记录单对话框

若要修改数据，则直接在文本框中编辑修改，然后单击“关闭”按钮，退出记录单对话框之后才能看到修改的效果；在修改的过程中，若要取消修改并恢复原始数据，单击“还原”按钮即可。

当数据量很大时，可以使用记录单输入条件实现快速查找。具体方法是：首先单击“条件”按钮，此时文本框中各项内容被自动清除，“条件”按钮变为“表单”按钮，然后选择任意一项输入查询条件，单击“表单”按钮。例如，在“品牌：”文本框中输入“三工牌”，单击“表单”按钮之后，系统将查找出所有品牌为“三工牌”的记录。若查找结果为多条记录，则可单击“上一条”或“下一条”按钮逐一浏览。

2.9.2 数据排序

排序是对数据列表中的数据进行重新组织安排的一种方式。Excel 提供的排序功能可以对整个数据列表或选定区域的数据按数字、日期时间、文本或自定义序列（如小学、初中、高中）进行升序或降序排列。

对于数字类型的数据，升序排序的规则是数值由小到大。例如，−100、−40、0、50、120 为升序序列。

对于日期时间类型的数据，升序排序的规则是由早到晚。例如，1998-10-5、1999-1-3、2001-4-5、2010-6-9 为升序序列。

对于文本类型的数据，升序排序的规则是数字、小写英文字母、大写英文字母、汉字（以拼音为序）。例如，123、come、COME、李云、张英为升序序列。

对于逻辑值，系统认为 FALSE 小于 TRUE。

1. 利用排序按钮排序

具体操作步骤如下。

➢ 将光标定位在需要排序的列中任何一个单元格中，一定要在数据清单内。

➢ 单击“数据”选项卡中“排序和筛选”选项组中的或按钮，对数据进行降序或升序的排列。也可以单击“开始”选项卡中“编辑”选项组的“排序和筛选”按钮，在下拉菜单中选择或按钮。

注意，用这种方法进行排序时，只需将光标定位在想要排序的列中即可，不需要选中整个列。若选中某列数据，Excel 会给出如图 2-93 所示的“排序提醒”对话框。此时

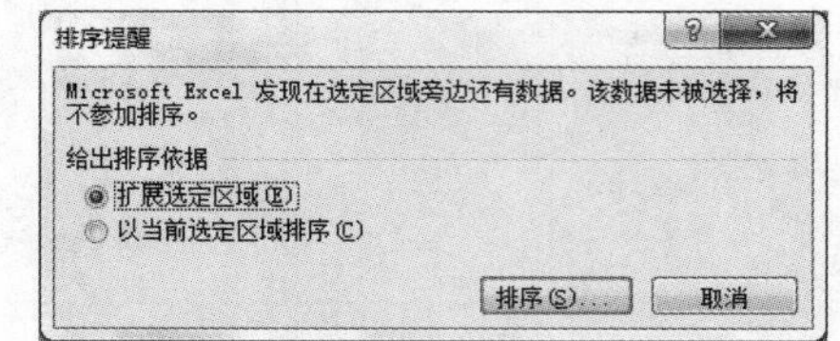

图 2-93 “排序提醒”对话框

用户可以只排序当前列，也可以选择“扩展选定区域”来实现整个数据清单的排序。但是若只对当前列排序，则会造成数据行中的数据对应关系紊乱，因此，一般情况下，不建议选中某列数据进行排序。

2. 利用对话框排序

具体操作步骤如下。

- 将光标定位在需要排序的列中任何一个单元格中。
- 单击“数据”选项卡中“排序和筛选”选项组中的“排序”按钮，打开如图 2-94 所示的“排序”对话框。
- 在“主要关键字”中选择排序的关键字，如“数量”。
- 在“排序依据”中选择排序的依据，如“数值”。
- 在“次序”中选择排序的方式，如“升序”。
- 单击“确定”按钮，即可将数据列表中的记录按照“数量”升序排列。

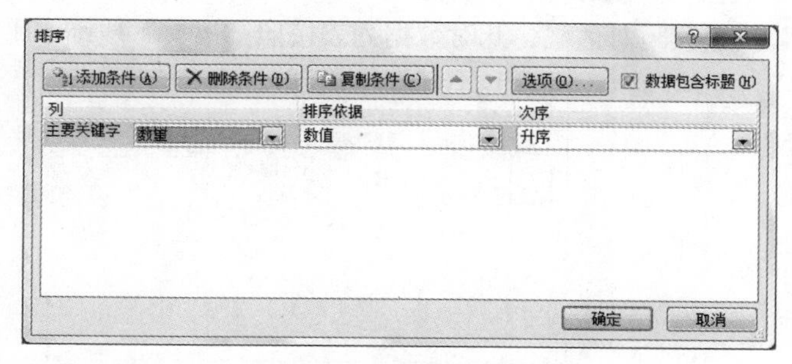

图 2-94　“排序”对话框

3. 多关键字排序

若要对数据列表中的数据按两个或两个以上关键字进行排序，在使用对话框排序的基础上，接下来的具体操作步骤如下。

- 在如图 2-94 所示的对话框中，单击“添加条件”按钮，对话框中将多出一行“次要关键字”。
- 根据排序需求，设置次要关键字，以及其排序依据等信息。
- 若需要继续增加排序关键字，则重复上述步骤即可，图 2-95 为设置了三个排序关键字，还可以根据需要继续增加。
- 单击“确定”按钮关闭对话框。

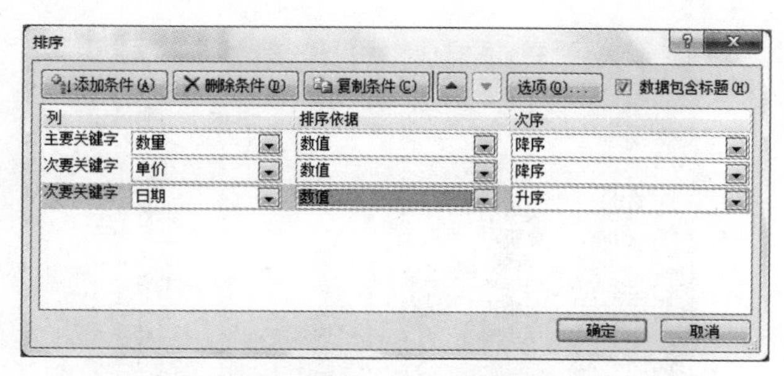

图 2-95　多关键字“排序”对话框

4. 按行排序

有些数据列表的第一列是字段标题，其他列中存放了具体数据，如图 2-96 所示。

	A	B	C	D	E	F	G	H	I	J	K
1	姓名	王勇	刘田田	李冰	任卫杰	吴晓丽	刘唱	王强	马爱军	张晓华	朱刚
2	语文	89	78	80	67	90	67	88	95	67	94
3	数学	98	67	90	78	88	89	97	80	89	89
4	英语	70	90	78	59	96	76	89	79	98	87

图 2-96　按行排序的数据列表

【例 2-13】　将图 2-96 中的数据列表按照“语文”成绩降序排列，具体操作步骤如下。

- 选中数据列表中 B1:K4 单元格区域。
- 单击“数据”选项卡中“排序和筛选”选项组的“排序”按钮，打开的“排序”对话框，再单击“选项”按钮，打开“排序选项”对话框，如图 2-97 所示。
- 在“方向”中选择“按行排序”单选按钮，单击“确定”按钮。
- 回到“排序”对话框中，“主要关键字”上方的“列”变为“行”，表示此时的排序为按行排序。
- “语文”在数据列表中的行号为 2，因此，在“主要关键字”列表框中选择“行 2”，“排序依据”为“数值”，“次序”为“降序”，如图 2-98 所示。
- 单击“确定”按钮关闭对话框，此时数据列表按照“语文”成绩水平降序排列。

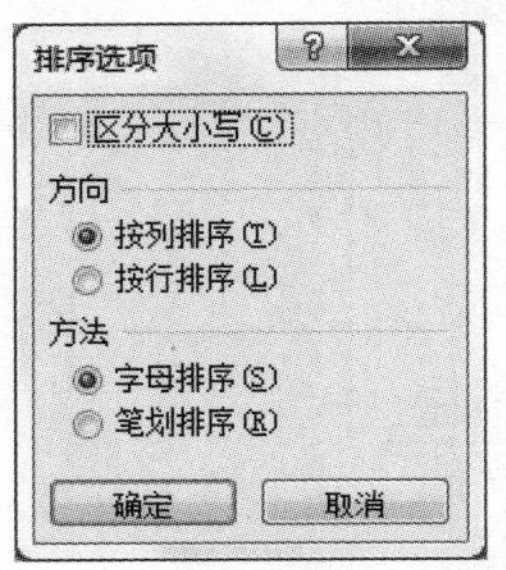

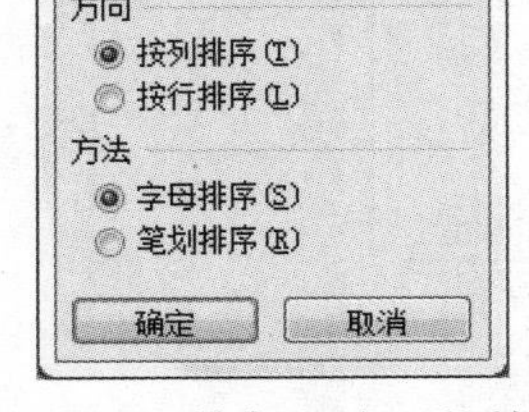

图 2-97　“排序选项”对话框

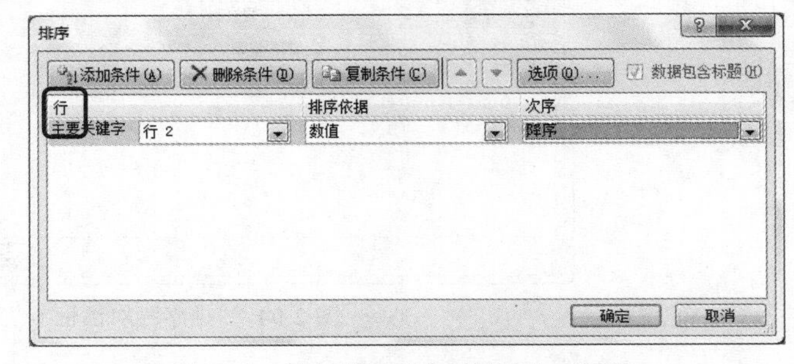

图 2-98　按行排序时的“排序”对话框

第一步操作中选择的单元格区域不能包括第一列标题列，也不可以像按列排序一样，选择数据列表中的任意一个单元格，因为在按行排序时，Excel 不会自动识别标题列，会将标题列也当做数值列来处理，即将标题列和数值列一起按照排序规则进行排序，导致标题列被移动位置。

5. 自定义序列排序

有时候，不希望按照 Excel 提供的标准顺序进行排序，而是希望按照某种特殊的顺序来排列，如职称、部门等数据。

	A	B	C	D	E	F
1	员工信息表					
2	编号	姓名	学历	性别	年龄	职位
3	XSB001	马爱华	本科	女	28	地区经理
4	XSB002	马勇	硕士	女	33	地区经理
5	XSB003	王传	大专	男	21	助理
6	XSB004	吴晓丽	本科	女	20	业务骨干
7	XSB005	张晓军	硕士	女	43	业务骨干
8	XSB006	朱强	博士	男	29	业务骨干
9	XSB007	朱晓晓	本科	女	30	业务骨干
10	XSB008	包晓燕	本科	女	39	助理
11	XSB009	顾志刚	硕士	男	28	助理
12	XSB010	李冰	硕士	女	34	业务骨干
13	XSB011	任卫杰	博士	男	39	地区经理
14	XSB012	王刚	本科	男	27	业务骨干
15	XSB013	吴英	大专	女	28	业务骨干
16	XSB014	李志	博士	男	31	业务骨干
17	XSB015	刘畅	大专	男	23	业务骨干

图 2-99　员工信息表

【例 2-14】　在图 2-99 所示的员工信息表中，将数据按照学历从高到低的顺序排序，即按照“博士-硕士-本科-大专”的顺序排列。

具体操作步骤如下。

- 选中数据列表中的任意一个单元格，利用功能区的“排序”按钮打开如图 2-94 的“排序”对话框。
- 在“主要关键字”列表框中选择“学历”，“排序依据”为“数值”，“次序”为“自定义序列”，打开如图 2-100 所示的“自定义序列”对话框。
- 在右侧的“输入序列”中输入“博士-硕士-本科-大专”的序列，用“回车符”或英文的逗号分隔，如图 2-100 所示。

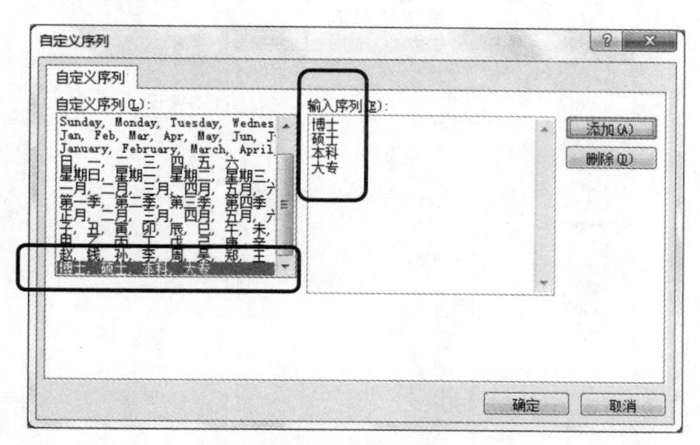

图 2-100　“自定义序列”对话框

- 单击“添加”按钮，将序列添加到左侧的“自定义序列”中。
- 选中已经添加的序列，单击“确定”按钮关闭对话框。
- 此时“排序”对话框如图 2-101 所示，单击“确定”按钮即可，排序完成的数据列表如图 2-102 所示。

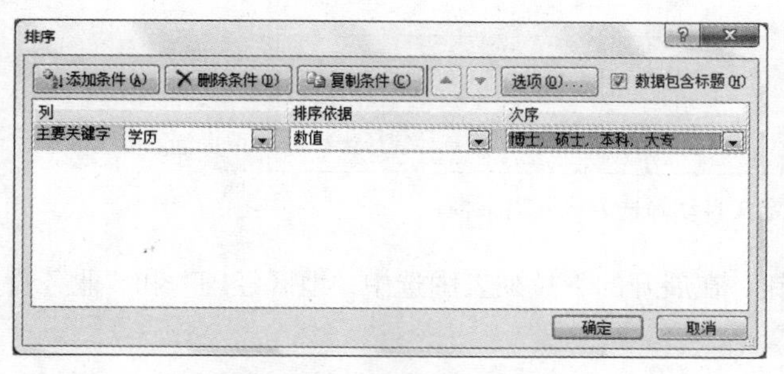

图 2-101　“排序”对话框

	A	B	C	D	E	F
1	员工信息表					
2	编号	姓名	学历	性别	年龄	职位
3	XSB006	朱强	博士	男	29	业务骨干
4	XSB011	任卫杰	博士	男	39	地区经理
5	XSB014	李志	博士	男	31	业务骨干
6	XSB002	马勇	硕士	女	33	地区经理
7	XSB005	张晓军	硕士	女	43	业务骨干
8	XSB009	顾志刚	硕士	男	28	助理
9	XSB010	李冰	硕士	女	34	业务骨干
10	XSB001	马爱华	本科	女	28	地区经理
11	XSB004	吴晓丽	本科	女	20	业务骨干
12	XSB007	朱晓晓	本科	女	30	业务骨干
13	XSB008	包晓燕	本科	女	39	助理
14	XSB012	王刚	本科	男	27	业务骨干
15	XSB003	王传	大专	男	21	助理
16	XSB013	吴英	大专	女	28	业务骨干
17	XSB015	刘畅	大专	男	23	业务骨干

图 2-102　按照“学历”排序后的员工信息表

2.9.3　数据筛选

筛选是将数据列表中符合指定条件的数据显示出来，而其他不符合条件的数据行将被隐藏。要进行筛选操作的前提是数据列表的第一行必须为标题行。Excel 2010 提供了两种筛选方式：自动筛选和高级筛选。

1. 自动筛选

自动筛选用于在多列之间以“与”的关系设置筛选条件。

【例 2-15】 在“员工信息表”中自动筛选出 25 岁以上（含 25 岁）、30 岁（含 30 岁）以下的业务骨干或地区经理，具体操作步骤如下。

➢ 单击数据列表中的任一单元格。

➢ 选择“数据”选项卡中“排序和筛选”选项组的“筛选”按钮，此时数据列表的标题行中的每个单元格右侧出现筛选按钮，如图 2-103 所示。也可以单击“开始”选项卡中“编辑”选项组的“排序和筛选”按钮，在下拉菜单中选择“筛选”命令。

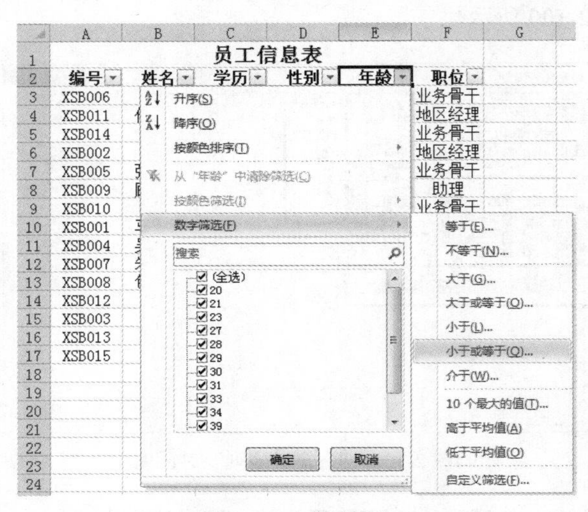

图 2-103　自动筛选

➢ 单击“年龄”单元格右侧的筛选按钮，在展开的下拉列表中选择“数字筛选”子菜单中的“小于或等于”命令，打开如图 2-104 所示的对话框，对话框具体设置如图 2-104 所示。

图 2-104　“自定义自动筛选方式”对话框

➢ 单击“职位”单元格右侧的筛选按钮，在展开的下拉列表中选中“地区经理”和“业务骨干”旁的复选框，取消其他复选框。

➢ 单击“确定”按钮即可，筛选后的数据表如图 2-105 所示，有筛选条件的列标题上显示按钮。

	A	B	C	D	E	F
1	员工信息表					
2	编号	姓名	学历	性别	年龄	职位
3	XSB006	朱强	博士	男	29	业务骨干
10	XSB001	马爱华	本科	女	28	地区经理
12	XSB007	朱晓晓	本科	女	30	业务骨干
14	XSB012	王刚	本科	男	27	业务骨干
16	XSB013	吴英	大专	女	28	业务骨干

图 2-105　自动筛选结果

2．高级筛选

自动筛选中，列与列之间的条件的关系为“与”，即需要多个条件同时成立，但是有些情况下，条件之间需要采用“或”的关系，因此，需要使用高级筛选来完成任务。要使用高级筛选，需要按如下规则建立条件区域。

（1）条件区域必须位于数据列表区域外，即与数据列表之间至少间隔一个空行和一个空列。

（2）条件区域的第一行是高级筛选的标题行，其名称必须和数据列表中的标题行名称完全相同。条件区域的第二行及以下行是条件行。

（3）同一行中条件单元格之间的逻辑关系为“与”，即条件之间是“并且”的关系。

（4）不同行中条件单元格之间的逻辑关系为“或”，即条件之间是“或者”的关系。

	A	B	C	D	E	F
1	学号	姓名	性别	语文	数学	英语
2	2008060301	王勇	男	89	98	70
3	2008060302	刘田田	男	54	48	90
4	2008060303	李冰	女	80	90	78
5	2008060304	任卫杰	男	67	78	59
6	2008060305	吴晓丽	女	90	88	96
7	2008060306	刘唱	男	67	52	76
8	2008060307	王强	男	88	97	89
9	2008060308	马爱军	男	95	80	79
10	2008060309	张晓华	女	67	89	50
11	2008060310	朱刚	男	94	89	87
12						
13	性别	语文	数学	英语		
14	男	<60				
15	男		<60			
16	男			<60		

图 2-106　成绩表

【例 2-16】　在图 2-106 所示的成绩表 A1:F11 区域中筛选出有不及格科目的男生，使用高级筛选的具体操作步骤如下。

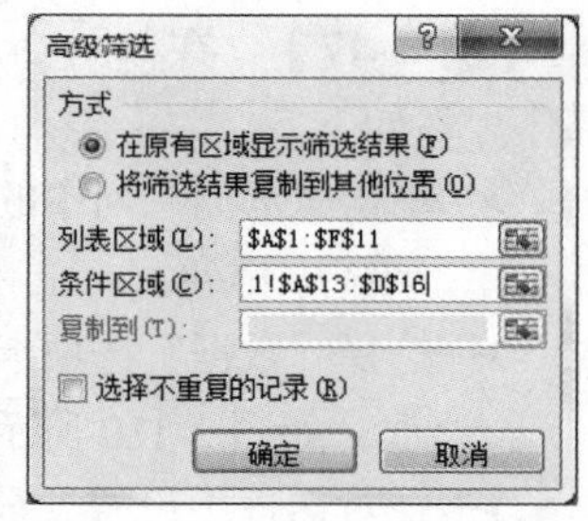

图 2-107　“高级筛选”对话框

- 在数据列表之外的区域，按照条件区域的建立规则创建条件区域。条件区域如图 2-106 中的 A13:D16 区域所示。
- 单击数据列表中任一单元格，选择“数据”选项卡中“排序和筛选”选项组的“高级”按钮 高级，打开“高级筛选”对话框，如图 2-107 所示。“列表区域”中选择 A1:F11，“条件区域”中选中 A13:D16 的单元格区域。
- 选择筛选结果存放方式。存放方式有如下两种。
  - “在原有区域显示筛选结果”：将筛选结果放置在原来数据列表处，隐藏不符合条件的数据行。
  - “将筛选结果复制到其他位置”：将筛选结果复制到当前活动工作表的其他位置。
- 若上一步中选择了“将筛选结果复制到其他位置”，则在“复制到”文本框中选择一个需要存放筛选结果的起始单元格。
- 单击“确定”按钮关闭对话框，筛选结果如图 2-108 所示。

	A	B	C	D	E	F
1	学号	姓名	性别	语文	数学	英语
3	2008060302	刘田田	男	54	48	90
5	2008060304	任卫杰	男	67	78	59
7	2008060306	刘唱	男	67	52	76

图 2-108　高级筛选结果

3. 取消筛选

若要取消数据的自动筛选，则再次单击“数据”选项卡中“排序和筛选”选项组的“筛选”按钮即可，此时将取消标题行中的小箭头按钮，所有被隐藏的数据重新显示出来。

若要取消数据的高级筛选，则单击“数据”选项卡中“排序和筛选”选项组的“清除”按钮 清除，此时所有被隐藏的数据都将重新显示。

2.9.4 分类汇总

分类汇总是先根据某个字段将数据列表中的记录进行分类，然后对同类记录的其他字段数据进行求和、求平均、计数等多种计算，并且分级显示汇总的结果。需要注意的是，要进行分类汇总，必须事先对要分类的字段进行升序排序或降序排序，否则分类汇总结果不正确。

1. 简单分类汇总

简单分类汇总是将单个字段作为分类字段，对该字段先进行排序，再行进行一次分类汇总。

	A	B	C	D	E	F	G
1	部门	姓名	性别	籍贯	年龄	工龄	工资
2	开发部	王勇	男	江西	33	5	6000
3	测试部	刘田田	男	江苏	20	2	5500
4	文档部	李冰	女	上海	28	6	4800
5	市场部	任卫杰	男	河南	22	3	5800
6	市场部	吴晓丽	女	河北	23	3	5200
7	开发部	刘唱	女	广东	30	4	6000
8	文档部	王强	男	山东	36	8	4800
9	测试部	马爱军	男	上海	26	4	5300
10	市场部	张晓华	女	江苏	35	7	5800
11	开发部	朱刚	男	河南	28	6	5200
12	文档部	李强	男	河北	31	5	5500

图 2-109 员工档案表

【例 2-17】 在如图 2-109 所示的员工档案表中，分类汇总出各部门人员的平均工资，具体操作步骤如下。

- 单击“部门”列中的任意一个单元格，使用“排序”命令，将数据列表按照“部门”升序或降序排列。
- 选择“数据”选项卡“分级显示”选项组中的“分类汇总”按钮，打开“分类汇总”对话框，如图 2-110 所示。
- 在对话框中设置“分类字段”为“部门”，汇总方式为“平均值”，“选定汇总项”列表框中勾选“工资”复选框。
- 单击“确定”按钮关闭对话框，分类汇总结果如图 2-111 所示。

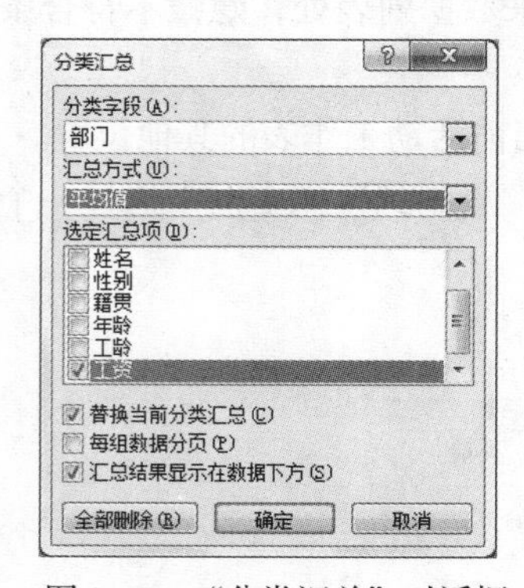

图 2-110 “分类汇总”对话框

	A	B	C	D	E	F	G
1	部门	姓名	性别	籍贯	年龄	工龄	工资
2	测试部	刘田田	男	江苏	20	2	5500
3	测试部	马爱军	男	上海	26	4	5300
4	**测试部 平均值**						5400
5	开发部	王勇	男	江西	33	5	6000
6	开发部	刘唱	女	广东	30	4	6000
7	开发部	朱刚	男	河南	28	6	5200
8	**开发部 平均值**						5733.333
9	市场部	任卫杰	男	河南	22	3	5800
10	市场部	吴晓丽	女	河北	23	3	5200
11	市场部	张晓华	女	江苏	35	7	5800
12	**市场部 平均值**						5600
13	文档部	李冰	女	上海	28	6	4800
14	文档部	王强	男	山东	36	8	4800
15	文档部	李强	男	河北	31	5	5500
16	**文档部 平均值**						5033.333
17	**总计平均值**						5445.455

图 2-111 简单分类汇总结果

窗口左上角的数字按钮[1][2][3]为分级显示符，单击所需级别的数字，较低级别的明细数据就会隐藏起来。其中数值越大的分级显示符表示显示的汇总结果越详细。例如，单击数字按钮[3]将显示分类汇总结果的所有明细，而单击数字按钮[1]将隐藏分类汇总结果的所有明细。要隐藏数据列表中某组明细数据，可单击该组左侧的折叠明细按钮[-]，此时[-]按钮变为[+]，单击该按钮又可重新展开本组的明细数据。

2. 嵌套分类汇总

在完成了一次简单分类汇总后，若需要再次进行分类汇总，即为嵌套分类汇总。嵌套分类汇总可以使用一个分类字段，对汇总字段进行多种方式的汇总，也可以使用多个分类字段，对汇总字段进行多种方式的汇总。

【例 2-18】 在例【2-17】中，按照部门分类汇总出各部门人员的平均工资和最高工资，具体操作步骤如下。

- 首先按照例【2-17】的做法，按照部门分类汇总出各部门人员的平均工资。
- 在此分类汇总结果的基础上，再次打开“分类汇总”对话框，将“汇总方式”设置为“最大值”。
- 取消对话框中“替换当前分类汇总”复选框中的“√”，如图 2-112 所示。
- 单击“确定”按钮关闭对话框，分类汇总的结果如图 2-113 所示。

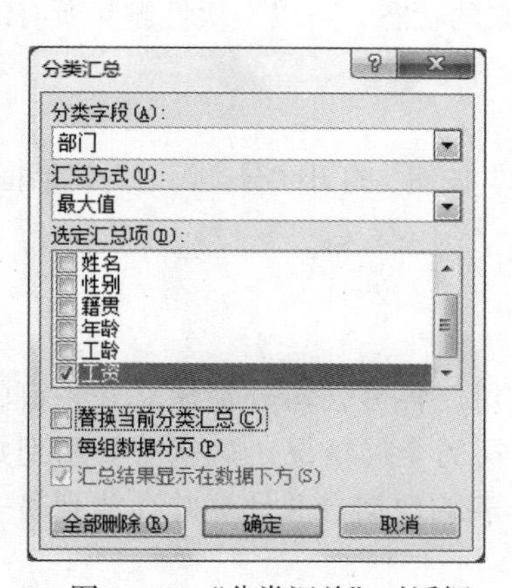

图 2-112 “分类汇总”对话框

	A	B	C	D	E	F	G
1	部门	姓名	性别	籍贯	年龄	工龄	工资
2	测试部	刘田田	男	江苏	20	2	5500
3	测试部	马爱军	男	上海	26	4	5300
4	**测试部 最大值**						5500
5	**测试部 平均值**						5400
6	开发部	王勇	男	江西	33	5	6000
7	开发部	刘唱	女	广东	30	4	6000
8	开发部	朱刚	男	河南	28	6	5200
9	**开发部 最大值**						6000
10	**开发部 平均值**						5733.333
11	市场部	任卫杰	男	河南	22	3	5800
12	市场部	吴晓丽	女	河北	23	3	5200
13	市场部	张晓华	女	江苏	35	7	5800
14	**市场部 最大值**						5800
15	**市场部 平均值**						5600
16	文档部	李冰	女	上海	28	6	4800
17	文档部	王强	男	山东	36	8	4800
18	文档部	李强	男	河北	31	5	5500
19	**文档部 最大值**						5500
20	**文档部 平均值**						5033.333
21	**总计最大值**						6000
22	**总计平均值**						5445.455

图 2-113 单分类字段嵌套分类汇总结果

【例 2-19】 在图 2-109 的“员工档案表”中，按照部门分类汇总出各部门的男性平均工资和女性平均工资。由于有两个分类字段，因此应该按照两个字段进行排序后再分类汇总，具体操作步骤如下。

- 选中数据列表中任意一个单元格，打开“排序”对话框，设置“主要关键字”为“部门”，按照数值升序排列，单击“添加条件”按钮，增加一个“次要关键字”，设置为“性别”，按照数值升序排列。
- 单击“分类汇总”按钮打开分类汇总对话框，设置“分类字段”为“部门”，“汇总方式”为“平均值”，“选定汇总项”为“工资”。
- 单击“确定”按钮完成第一次分类汇总。
- 再次打开“分类汇总”对话框，设置“分类字段”为“性别”，“汇总方式”为“平均值”，“选定汇总项”为“工资”。
- 取消对话框中“替换当前分类汇总”复选框中的“√”。

➢ 单击“确定”按钮关闭对话框，分类汇总结果如图 2-114 所示。

	A	B	C	D	E	F	G
1	部门	姓名	性别	籍贯	年龄	工龄	工资
2	测试部	刘田田	男	江苏	20	2	5500
3	测试部	马爱军	男	上海	26	4	5300
4			**男 平均值**				5400
5	**测试部 平均值**						5400
6	开发部	王勇	男	江西	33	5	6000
7	开发部	朱刚	男	河南	28	6	5200
8			**男 平均值**				5600
9	开发部	刘唱	女	广东	30	4	6000
10			**女 平均值**				6000
11	**开发部 平均值**						5733.333
12	市场部	任卫杰	男	河南	22	3	5800
13			**男 平均值**				5800
14	市场部	吴晓丽	女	河北	23	3	5200
15	市场部	张晓华	女	江苏	35	7	5800
16			**女 平均值**				5500
17	**市场部 平均值**						5600
18	文档部	王强	男	山东	36	8	4800
19	文档部	李强	男	河北	31	5	5500
20			**男 平均值**				5150
21	文档部	李冰	女	上海	28	6	4800
22			**女 平均值**				4800
23	**文档部 平均值**						5033.333
24	**总计平均值**						5445.455

图 2-114　两个分类字段的嵌套分类汇总结果

3. 删除分类汇总

不论对数据列表进行多少次分类汇总，若要将其恢复到原来的状态，可以一次性删除所有的分类汇总结果，具体操作步骤如下。

➢ 单击分类汇总结果区域的任一单元格。

➢ 选择“数据”选项卡中“分级显示”选项组的“分类汇总”按钮，打开“分类汇总”对话框。

➢ 单击对话框左下角的“全部删除”按钮。

2.9.5 合并计算

在实际工作中，经常有这样的情况：某公司有几个分公司，各分公司分别建立好各自的年终报表，现在该公司要想到总的年终报表，以了解整个公司的全局情况。这就需要用到数据的合并计算。Excel 的合并计算功能可以方便地将多个工作表的数据合并计算并存放到另一个工作表中。

【例 2-20】 将如图 2-115 所示的三张工作表的数据合并到一张工作表中，具体操作步骤如下。

➢ 选中“一季度”工作表中的 A3 单元格，单击“数据”选项卡“数据工具”选项组中的“合并计算”按钮，打开“合并计算”对话框，如图 2-116 所示。

➢ 在“函数”下拉列表中选择“求和”。

➢ 单击“引用位置”文本框右侧的折叠对话框按钮，折叠“合并计算”对话框。

➢ 单击工作表标签切换到“1 月”工作表中，选择 A3:C10 区域，单击展开对话框按钮，重新打开“合并计算”对话框。

➢ 单击“添加”按钮，将已经选中的区域添加到“所有引用位置”列表框中。

➢ 重复上述步骤，将工作表“2 月”和“3 月”中的对应数据区域添加到“所有引用位置”列表框中。

➢ 选中“标签位置”中的“最左列”复选框。

➢ 单击“确定”按钮关闭对话框，合并计算的结果如图 2-117 所示。

	A	B	C
1	1月销售情况表		
2	商品名称	销售额	销售利润
3	电饭煲	15682.5	5488.88
4	电水壶	12500	4375.00
5	电火锅	13005	4551.75
6	台灯	5690	1991.50
7	洗衣粉	17525.8	4381.45
8	肥皂香皂	3560	890.00
9	领洁净	2666	666.50
10	洗涤灵	3784	946.00

1 月

	A	B	C
1	2月销售情况表		
2	商品名称	销售额	销售利润
3	电饭煲	13682	4788.70
4	电水壶	13000	4550.00
5	电火锅	15260	5341.00
6	台灯	4050	1417.50
7	洗衣粉	18765	4691.25
8	肥皂香皂	5400	1350.00
9	领洁净	2768	692.00
10	洗涤灵	4051	1012.75

2 月

	A	B	C
1	3月销售情况表		
2	商品名称	销售额	销售利润
3	电饭煲	16203	5671.05
4	电水壶	13452	4708.20
5	台灯	6700	2345.00
6	洗衣粉	17050	4262.50
7	肥皂香皂	4000	1000.00
8	领洁净	2500	625.00
9	洗涤灵	3865	966.25

3 月

	A	B	C
1	一季度销售情况统计		
2	商品名称	销售额	销售利润
3			
4			
5			
6			
7			
8			
9			

一季度

图 2-115　合并计算

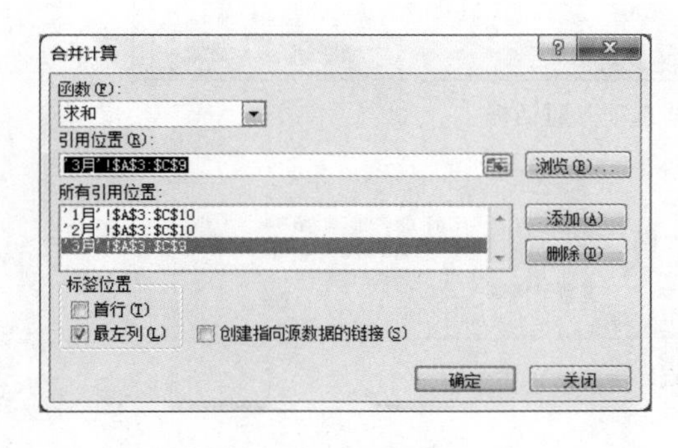

图 2-116　“合并计算”对话框

	A	B	C
1	一季度销售情况统计		
2	商品名称	销售额	销售利润
3	电饭煲	45567.5	15948.63
4	电水壶	38952	13633.20
5	电火锅	28265	9892.75
6	台灯	16440	5754.00
7	洗衣粉	53340.8	13335.20
8	肥皂香皂	12960	3240.00
9	领洁净	7934	1983.50
10	洗涤灵	11700	2925.00

图 2-117　合并计算结果

2.10　使用宏操作

2.10.1　什么是宏

对于各行各业的日常办公人员来说，几乎每天都要做如创建报表、对报表进行格式设置以及一些数据的处理与分析等的工作，这些工作基本都是一些重复的操作。为了节省时间，提高工作效率，可以采用 Excel 中的宏来处理这些操作。

要使用 Excel 2010 中的宏，可以先做如下步骤。

- 选择“文件”选项卡中的“选项”命令，打开“Excel 选项”对话框。
- 在对话框左侧选择“自定义功能区”，对话框如图 2-118 所示。
- 选中对话框右侧列表框中的“开发工具”复选框。
- 单击“确定”关闭对话框。

完成上述设置以后，在 Excel 功能区中增加了“开发工具”选项卡，如图 2-119 所示。

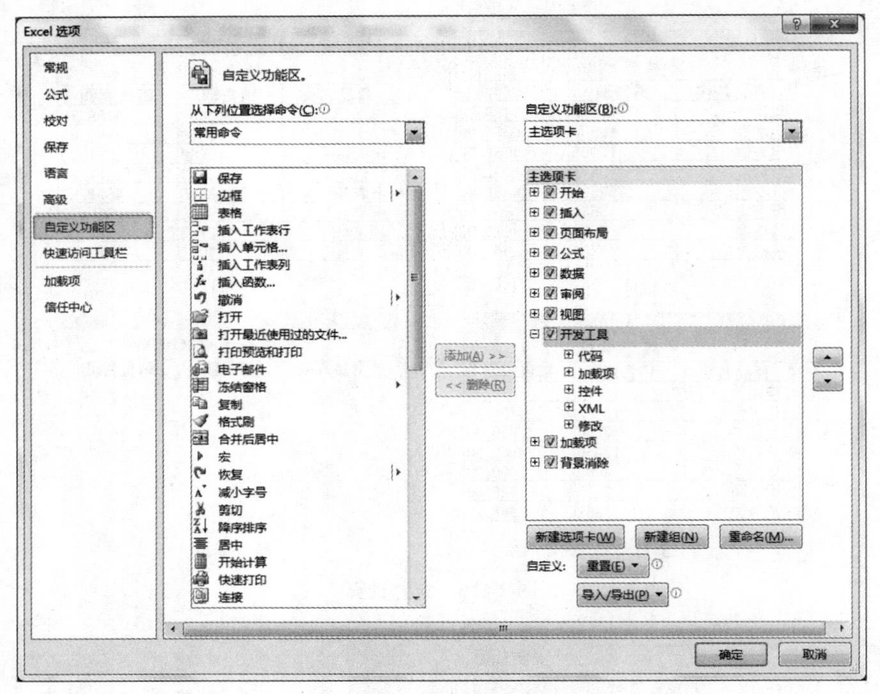

图 2-118 “Excel 选项”对话框

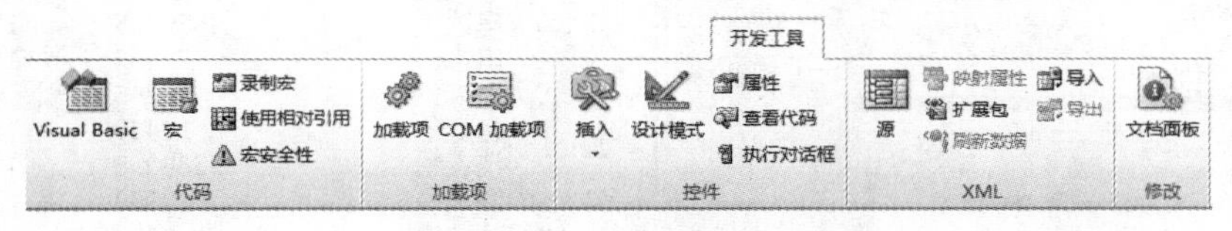

图 2-119 “开发工具”选项卡

2.10.2 录制宏

用户可以将一些常用的操作，如字体、边框等的格式设置，录制成一个宏操作，以备使用。录制宏的具体操作如下。

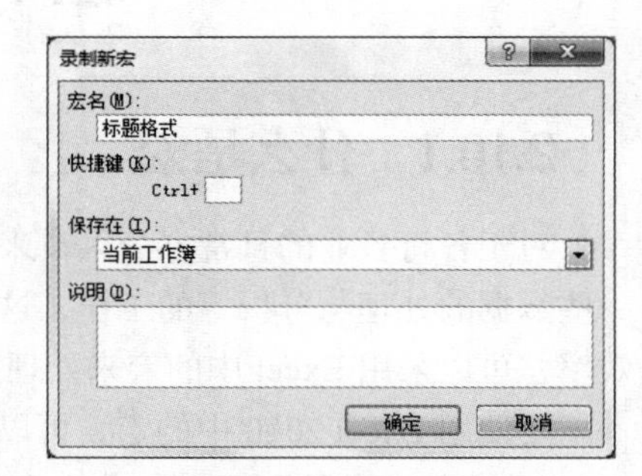

图 2-120 “录制新宏”对话框

- 选择“开发工具”选项卡中“代码”选项组的“录制宏”按钮 录制宏，或者选择“视图”选项卡中“宏”选项组的“宏”按钮，在下拉菜单中选择“录制宏”命令，都可以打开“录制新宏”对话框，如图 2-120 所示。
- 在“宏名”文本框中输入一个名称用来表示该宏，如“标题格式”，表示该宏用于设置标题的格式。
- 在“快捷键”区域的文本框中输入一个字母，可以为其创建快捷键。
- 在“保存在”下拉列表中选择宏的保存位置，宏的保存位置共三种，具体含义如下。
  - 个人宏工作簿：表示可以在多个工作簿中使用录制的宏。
  - 新工作簿：表示只有在新建的工作簿中，录制的宏才可以使用。
  - 当前工作簿：表示只有当前工作簿打开时，录制的宏才可以使用。

- 在“说明”文本框中可以输入对该宏的文字说明。
- 单击“确定”按钮关闭对话框，开始录制该宏的操作。
- 连续执行若干需要录制的操作，如设置字体、边框、对齐方式等。
- 需要录制的操作完成后，执行“开发工具”选项卡中“代码”选项组的“停止录制”按钮 ■ 停止录制，结束宏的录制。

2.10.3　执行宏

录制宏的操作完成后，若需要将同样的操作应用到其他工作表，则切换到其他工作表，通过执行已经录制的宏，就可以实现相同操作的重复复制，提高工作效率。执行宏的操作步骤如下。

- 切换到需要使用宏的工作表。
- 选择“数据”选项卡中“代码”选项组的“宏”按钮，或者使用【Alt+F8】组合键，打开“宏”对话框，如图 2-121 所示。

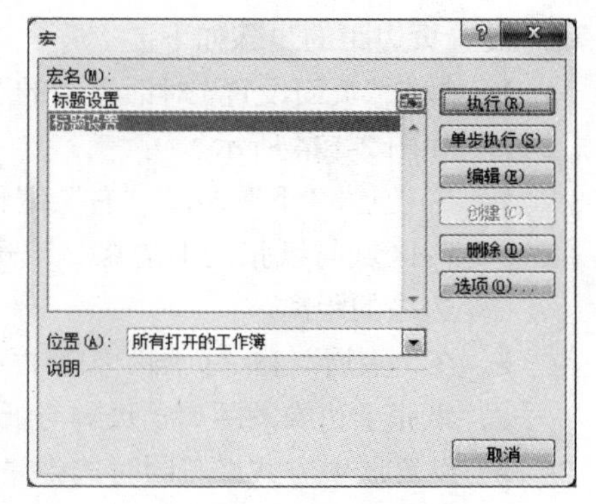

图 2-121　“宏”对话框

- 在列表框中选择需要的宏，单击“执行”按钮即可。

2.11　打印工作表

2.11.1　页面布局

Excel 2010 的页面布局包括设置页面的方向、纸张的大小、页边距、打印方向、页眉和页脚等。选择“页面布局”选项卡，在功能区中显示了各项页面布局功能的按钮，如页边距、纸张方向、页面大小等，如图 2-122 所示。

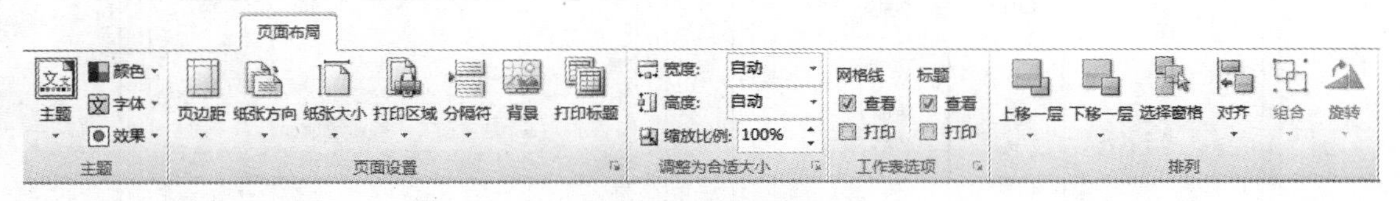

图 2-122“页面布局”选项卡

选择各按钮可以完成对页面布局的对应设置，也可单击“页面设置”选项组右下角的展开按钮，打开“页面设置”对话框，如图 2-123 所示。该对话框包含四个选项卡，分别为“页面”“页边距”“页眉/页脚”以及“工作表”。

1. “页面”选项卡

“页面”选项卡主要设置打印方向、纸张大小等，设置页面的具体操作步骤如下。

- 单击“页面设置”对话框中的“页面”选项卡。
- 在“方向”设置区中选择工作表的打印方向（纵向或横向）;
- 在“缩放”设置区中设置打印区域的缩放比例（百分比形式），或在“页宽”和“页高”编辑框中指定数值，使打印区域自动缩放到合适比例。

> 在“纸张大小”下拉列表中选择纸张的大小，如A3、A4、B4 等。
> 单击“确定”按钮。

图 2-123 “页面设置”对话框——“页面”选项卡

2. “页边距”选项卡

页边距是指页面上的打印区域与纸张边缘之间的距离。设置页边距的步骤如下。

> 单击“页面设置”对话框中的“页边距”选项卡，如图 2-124 所示。
> 在“上”“下”“左”“右”编辑框中分别输入打印区域与纸张的上边缘、下边缘、左边缘和右边缘的距离。
> 在“页眉”和“页脚”编辑框中分别输入页眉与纸张上边缘的距离、页脚与纸张下边缘的距离。
> 设置居中方式。若同时选中“水平”和“垂直”复选框，可将打印区域打印在纸张的中心位置。
> 单击“确定”按钮。

3. “页眉/页脚”选项卡

设置页眉/页脚的具体操作步骤如下。

> 单击“页面设置”对话框中的“页眉/页脚”选项卡，如图 2-125 所示。
> 设置页眉。单击页眉下拉列表框，选择一种系统预定义的页眉样式，或单击“自定义页眉”按钮来插入页码、日期、时间或图片等内容。
> 采用类似的方法设置页脚。
> 单击“确定”按钮。

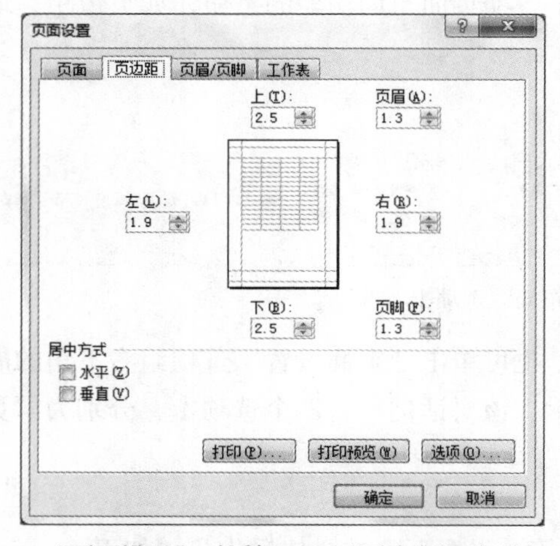

图 2-124 “页面设置”对话框——“页边距”选项卡

图 2-125 “页面设置”对话框——“页眉/页脚”选项卡

4. “工作表”选项卡

设置打印工作表选项的具体操作步骤如下。

> 单击“页面设置”对话框中的“工作表”选项卡，如图 2-126 所示。

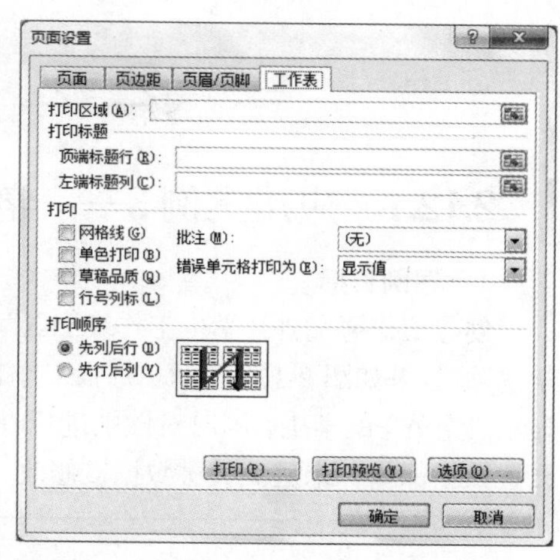

图 2-126　“页面设置”对话框——“工作表”选项卡

- 设置打印区域。若不设置打印区域，则系统默认打印所有包含数据的单元格。如果只想打印部分单元格区域，则单击“打印区域”右端的压缩对话框按钮，选择打印区域范围。
- 设置打印标题。通过设置“顶端标题行”和“左端标题列”可将工作表中的第一行或第一列设置为打印时每页的标题。通常，当工作表的行数超过一页的高度时，需设置“顶端标题行”；当工作表的列数超过一页的宽度时，需设置“左端标题列”。
- 设置打印选项。选中需要打印的项目，如网格线、行号列标、批注等。
- 单击“确定”按钮。

2.11.2　打印预览和打印

在打印工作表之前，可以利用打印预览功能查看实际打印效果。打印预览的具体操作步骤如下。

- 选择“文件”选项卡中的“打印”功能，窗口右侧显示打印的相关设置和文档的预览效果，如图 2-127 所示。
- 在窗口的底部显示了当前的页码和总页数，可以输入页码来切换打印预览的对象。
- 单击窗口的右下角按钮，可以对预览的文件进行放大和缩小。
- 单击窗口右下角的按钮，可以在预览的页面上以细实线显示出页边距的距离，通过鼠标拖动可以改变页边距的大小。
- 在中间的窗格中，根据需要设置打印参数，如选择需要的打印机、设置打印份数、选择打印的范围等操作。
- 设置完成后，单击“打印”按钮即可打印该文档。

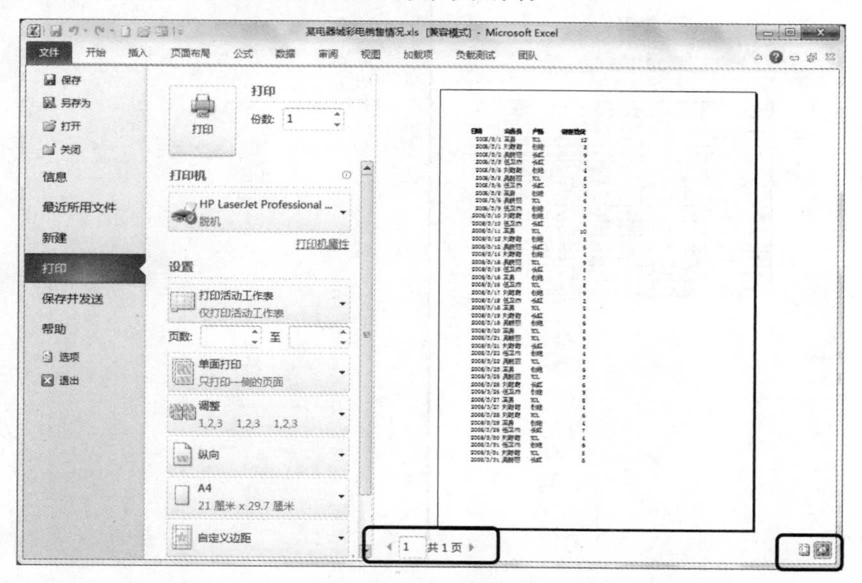

图 2-127　“打印”功能

2.12 应用案例

2.12.1 应用案例 3——学生信息表

1. 案例目标

创建工作簿文件“学生工作表.xlsx”，包含两张工作表，分别为“数学科学学院”和“计算机学院”，效果如图 2-128 所示。每张工作表中包含该学院的学生名单，根据政治面貌的不同，突出显示“党员”的学生，同时对性别进行有效性判断，只能输入“男”或“女”。在表格制作完成后，设置数据保护，来避免关键数据被修改。

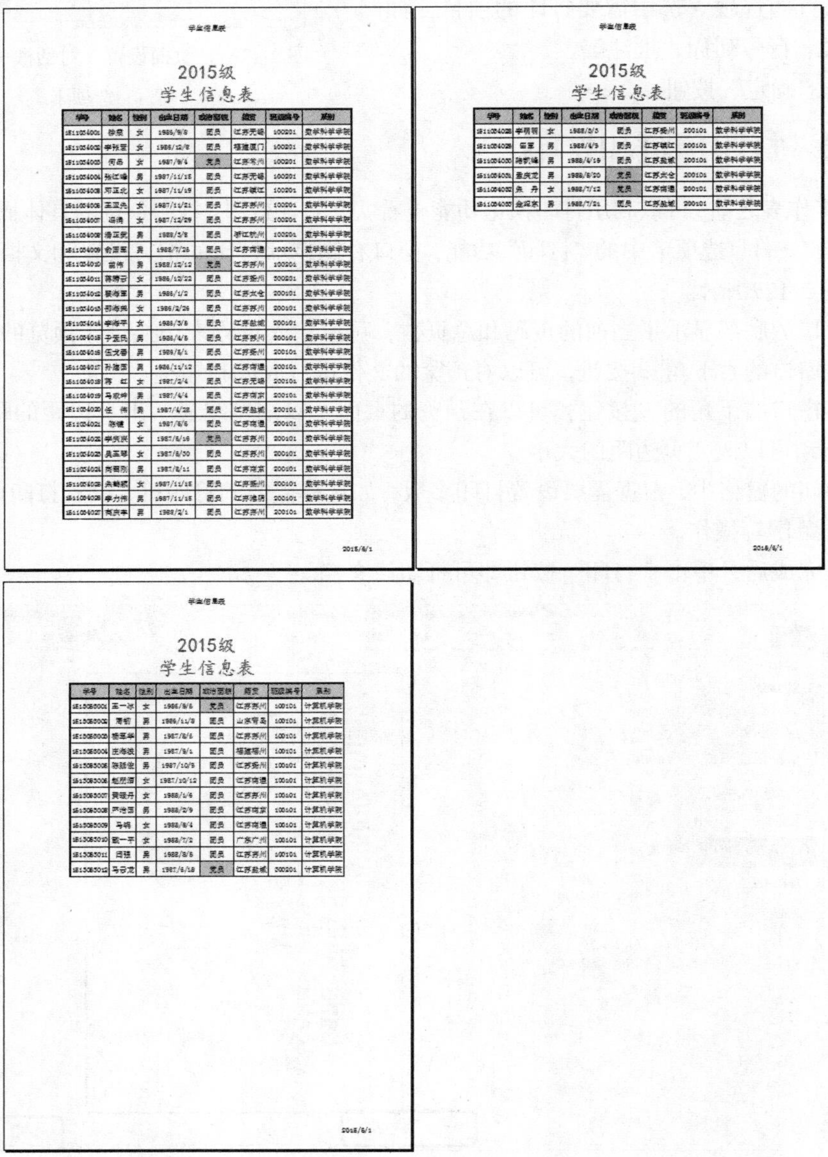

学生信息表

2015级
学生信息表

学号	姓名	性别	出生日期	政治面貌	籍贯	班级编号	系别
1511034001	徐晨	女	1985/9/8	团员	江苏无锡	100201	数学科学学院
1511034002	李张云	女	1986/12/8	团员	福建厦门	100201	数学科学学院
1511034003	何品	女	1987/9/4	党员	江苏常州	100201	数学科学学院
1511034004	张红峰	男	1987/11/15	团员	江苏无锡	100201	数学科学学院
1511034005	邓亚北	女	1987/11/19	团员	江苏镇江	100201	数学科学学院
1511034006	王亚先	女	1987/11/21	团员	江苏苏州	100201	数学科学学院
1511034007	冯倩	女	1987/12/29	团员	江苏苏州	100201	数学科学学院
1511034008	潘亚武	男	1988/3/8	团员	浙江杭州	100201	数学科学学院
1511034009	俞丽军	男	1988/7/28	团员	江苏南通	100201	数学科学学院
1511034010	苗伟	男	1988/12/12	党员	江苏苏州	100201	数学科学学院
1511034011	蒋珊云	女	1986/12/22	团员	江苏扬州	300201	数学科学学院
1511034012	张海军	男	1986/1/2	团员	江苏太仓	200101	数学科学学院
1511034013	邵海燕	女	1986/2/26	团员	江苏苏州	200101	数学科学学院
1511034014	李海平	女	1988/3/8	团员	江苏盐城	200101	数学科学学院
1511034015	于亚凯	男	1988/4/5	团员	江苏苏州	200101	数学科学学院
1511034016	伍戈香	男	1988/5/1	团员	江苏扬州	200101	数学科学学院
1511034017	孙雅丽	男	1986/11/12	团员	江苏南通	200101	数学科学学院
1511034018	蒋 红	女	1987/2/4	团员	江苏无锡	200101	数学科学学院
1511034019	马欣玮	男	1987/4/4	团员	江苏南京	200101	数学科学学院
1511034020	任 伟	男	1987/4/28	团员	江苏盐城	200101	数学科学学院
1511034021	陈健	女	1987/5/6	团员	江苏南通	200101	数学科学学院
1511034022	李庆庆	女	1987/5/16	党员	江苏苏州	200101	数学科学学院
1511034023	吴玉琴	女	1987/5/30	团员	江苏苏州	200101	数学科学学院
1511034024	蒋丽丽	男	1987/8/11	团员	江苏南京	200101	数学科学学院
1511034025	朱鹤程	女	1987/11/15	团员	江苏扬州	200101	数学科学学院
1511034026	李方伟	男	1987/11/15	团员	江苏淮阴	200101	数学科学学院
1511034027	蒋庆丰	男	1988/2/1	团员	江苏苏州	200101	数学科学学院

2015/6/1

学生信息表

2015级
学生信息表

学号	姓名	性别	出生日期	政治面貌	籍贯	班级编号	系别
1511034028	李明明	女	1988/3/3	团员	江苏扬州	200101	数学科学学院
1511034029	伍军	男	1988/4/3	团员	江苏镇江	200101	数学科学学院
1511034030	陆凯峰	男	1988/4/19	团员	江苏盐城	200101	数学科学学院
1511034031	孟庆龙	男	1988/5/20	党员	江苏太仓	200101	数学科学学院
1511034032	朱 丹	女	1988/7/12	党员	江苏南通	200101	数学科学学院
1511034033	金冠东	男	1988/7/21	团员	江苏盐城	200101	数学科学学院

2015/6/1

学生信息表

2015级
学生信息表

学号	姓名	性别	出生日期	政治面貌	籍贯	班级编号	系别
1513083001	王一冰	女	1986/9/6	党员	江苏苏州	100101	计算机学院
1513083002	周韬	男	1986/11/8	团员	山东青岛	100101	计算机学院
1513083003	杨亚华	男	1987/8/6	团员	江苏苏州	100101	计算机学院
1513083004	沈海波	男	1987/9/1	团员	福建福州	100101	计算机学院
1513083005	陈晓俊	男	1987/10/5	团员	江苏扬州	100101	计算机学院
1513083006	赵丽丽	女	1987/10/12	团员	江苏南通	100101	计算机学院
1513083007	黄晓丹	女	1988/1/6	团员	江苏苏州	100101	计算机学院
1513083008	严俊国	男	1988/2/9	团员	江苏南京	100101	计算机学院
1513083009	马娟	女	1988/8/4	团员	江苏南通	100101	计算机学院
1513083010	欧一平	女	1988/7/2	团员	广东广州	100101	计算机学院
1513083011	田强	男	1982/8/8	团员	江苏苏州	100101	计算机学院
1513083012	马云龙	男	1987/6/18	党员	江苏盐城	300201	计算机学院

2015/6/1

图 2-128 “学生信息表”样张

2. 知识点

本案例涉及的主要知识点包括以下几点。

（1）工作簿的创建与保存。

（2）数据的输入与导入。

（3）合并单元格。

（4）使用填充柄填充数据。

（5）设置单元格字体、颜色及对齐方式。

（6）设置单元格边框和底纹。

（7）复制工作表。

（8）修改工作表名称。

（9）设置工作表标签颜色。

（10）多工作表操作。

（11）条件格式。

（12）数据有效性。

（13）单元格的保护。

（14）页面设置及打印设置。

3. 操作步骤

（1）复制素材

新建一个实验文件夹（形如 1501405001 张强 03），下载案例素材压缩包“应用案例 3-学生信息表.rar”至该实验文件夹下。右击压缩包，在弹出的快捷菜单中选择“解压到当前文件夹”，将案例素材压缩包解压为一个文件夹。本案例中提及的文件均存放在此文件夹下。

（2）新建工作簿，并保存为“学生信息表.xlsx”

➢ 启动 Excel 2010。

➢ 选择“文件”菜单中的“保存”功能，选择保存位置为“应用案例 3-学生信息表”，文件名为“学生信息表”，保存类型为“Excel 工作簿(*.xlsx)”。

➢ 单击“保存”按钮。

在以后的操作步骤中，请经常主动及时保存。

（3）输入标题，并设置格式

➢ 在 A1 单元格中输入两行文本“2015 级”和“学生信息表”（使用【Alt+Enter】组合键来在单元格内换行）。

➢ 设置 A1 单元格的格式，字体：楷体，字号：28，字体颜色：蓝色。

➢ 设置第 1 行的行高为 80。

（4）导入数据，并修改工作表名称

➢ 选中 A2 单元格。

➢ 选择“数据”选项卡中“获取外部数据”选项组的“自文本”按钮。

➢ 在“导入文本文件”对话框中选择“应用案例 3-学生信息表”文件夹中的“学生名单.txt”，单击“打开”按钮。

➢ 在“文本导入向导”的第 1 步中，选择“分隔符号”，第 2 步中选择“逗号”，第 3 步中单击“完成”按钮，如图 2-129 所示。

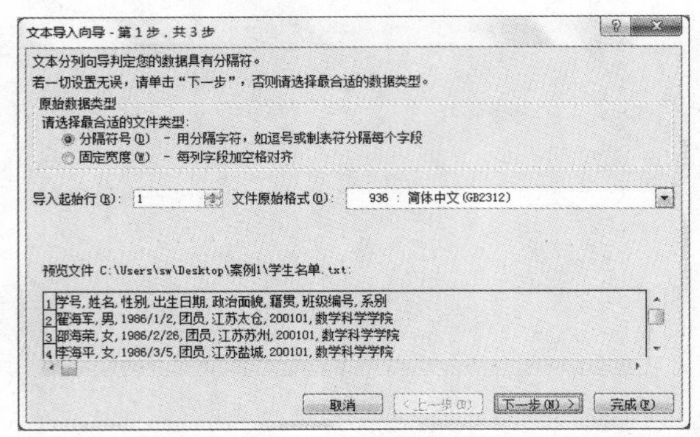
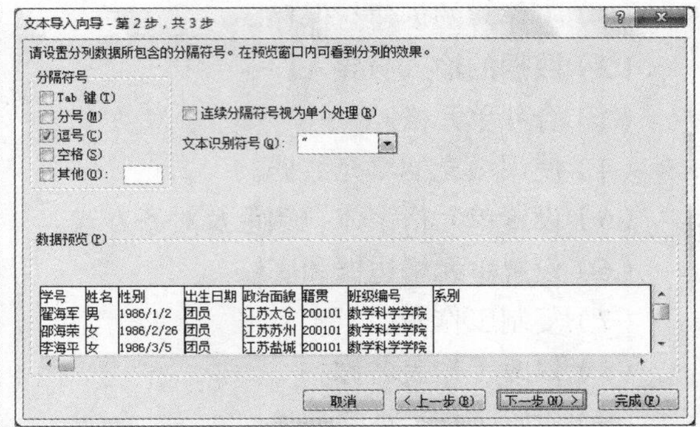

图 2-129 “文本导入向导”对话框

➢ 在“导入数据”对话框中选择“现有工作表”单选框，文本框中默认显示“=$A$2”，单击“确定”按钮。

➢ 双击工作表标签“Sheet1”，将工作表标签改名为“数学科学学院”。

（5）复制工作表，并设置工作表标签颜色，删除多余的工作表标签

➢ 单击工作表标签“数学科学学院”，同时按住【Ctrl】键和鼠标左键，拖动鼠标，复制一张工作表“数学科学学院（2）”。

➢ 双击复制好的工作表标签，将名称改为“计算机学院”。

➢ 在工作表标签“Sheet2”上单击鼠标右键，在弹出的快捷菜单中选择“删除”命令，来删除工作表，同样的方法删除“Sheet3”工作表。

➢ 在“数学科学学院”标签上单击鼠标右键，在快捷菜单中选择“工作表标签颜色”中的“蓝色”。

➢ 采用同样的方式，设置“计算机学院”工作表标签的颜色为“橙色”。

（6）删除多余的数据行

➢ 单击工作表标签“数学科学学院”，选中第 36 ~ 47 行。

➢ 在选中区域单击鼠标右键，在快捷菜单中选择“删除”命令。

➢ 采用同样的方法，删除“计算机学院”工作表中第 3 ~ 35 行数据。

（7）插入“学号”列，并设置格式

➢ 单击“数学科学学院”工作表标签，按住【Ctrl】键的同时，再单击“计算机学院”工作表标签，同时选中两张工作表。

➢ 在 A 列的列标上单击鼠标右键，在弹出的快捷菜单中选择“插入”命令，在“姓名”列左侧插入一个空列。

➢ 在 A2 单元格中输入“学号”。

➢ 选中 A1:H1 单元格区域，在“开始”选项卡中“对齐方式”选项组里，单击“合并后居中”按钮。

➢ 单击任意一个工作表标签，来取消多工作表的选中状态。

（8）生成各工作表的“学号”数据

➢ 单击“数学科学学院”工作表中的 A3 单元格，输入“'1511034001”。

➢ 拖动到 A3 单元格右下角的填充柄向下填充至 A35 单元格。

- 单击“计算机学院”工作表中的 A3 单元格，输入“’1513053001”。
- 拖动到 A3 单元格右下角的填充柄向下填充至 A14 单元格。

（9）设置行高与列宽

- 将两张工作表中的各行的行高设置为 22。
- 按住【Ctrl】键的同时，单击两张工作表标签。
- 在列标 A 和 B 的交界处鼠标会变为黑色的双向箭头，此时双击鼠标，将 A 列设置为最适合的列宽。
- 分别将 B 列到 H 列设置为最适合的列宽。
- 单击任意一个工作表标签，来取消多工作表的选中状态。

（10）设置数据行的对齐方式

- 在“数学科学学院”工作表中，选择 A3:H35 单元格区域，设置对齐方式为“居中”对齐。
- 在“计算机学院”工作表中，选择 A3:H14 单元格区域，设置对齐方式为“居中”对齐。

（11）设置边框和底纹

- 在“数学科学学院”工作表中，选择 A2:H2 单元格区域，设置对齐方式为“居中”，填充颜色为“白色，背景 1，深色 15%”（第 3 行第 1 列），并单击“加粗”按钮将字体加粗。
- 选取 A2:H35 单元格区域，单击“开始”选项卡中“字体”选项组的“边框”按钮，在下拉菜单中选择“所有框线”命令，设置所有边框为细实线。
- 再次单击“开始”选项卡中“字体”选项组的“边框”按钮，在下拉菜单中选择“粗匣框线”命令，设置外边框为粗匣框线。
- 选取 A2:H2 单元格区域，单击“开始”选项卡中“字体”选项组的“边框”按钮，在下拉菜单中选择“双底框线”命令，设置标题行下方为双线边框。
- 采用同样的方式，设置“计算机学院”工作表中的边框和底纹。

（12）设置条件格式

- 在“数学科学学院”工作表中，选中 E3:E35 单元格区域，选择“开始”选项卡中“样式”选项组中的“条件格式”按钮，在下拉菜单中选择“突出显示单元格规则”，在子菜单中选择“等于”命令。
- 在弹出的对话框中，设置如图 2-130 所示。
- 采用同样的方式，设置“计算机学院”工作表中的条件格式。

（13）设置数据有效性

- 在“数学科学学院”工作表中，选中 C3:C35 单元格区域，选择“数据”选项卡中“数据工具”选项组中的“数据有效性”按钮。
- 在对话框的“设置”选项卡中，设置“允许”下拉列表为“序列”，在“来源”文本框中输入“男,女”，注意此处的逗号必须为英文的逗号。
- 在对话框的“输入信息”选项卡中，设置“标题”为“性别输入”，在“输入信息”中输入“请输入“男”或“女”。
- 在对话框的“出错警告”选项卡中，设置“样式”为“停止”，标题为“出错啦!”，在“错误信息”中输入“您输入的性别错误”。
- 单击“确定”按钮关闭对话框，当单击性别列中的单元格时，出现提示信息和下拉按钮，如图 2-131 所示。
- 采用同样的方式，设置“计算机学院”工作表中的数据有效性。

图 2-130　条件格式设置对话框

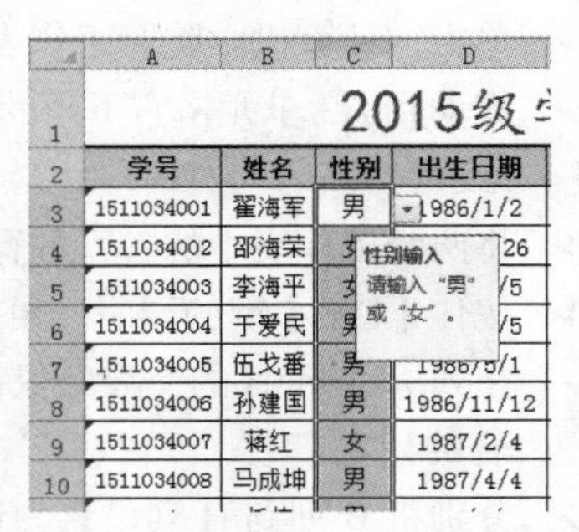

图 2-131　"性别"列数据的数据有效性效果

（14）页面设置

➢ 按住【Ctrl】键，单击工作表标签，同时选中两张工作表。
➢ 选择"页面布局"选项卡，利用"页面设置"选项组中的"页边距"按钮下拉菜单中的"自定义页边距"命令，设置页边距左侧 2cm，右侧 2cm，顶端 2.5cm，底部 2cm，水平居中对齐。
➢ 选择"页面布局"选项卡，单击"页面设置"选项组右下角的展开按钮，弹出"页面设置"对话框，在"页眉/页脚"选项卡中，利用"自定义页眉"和"自定义页脚"按钮，设置页眉为"学生信息表"，居中对齐；页脚为当前日期，靠右对齐。
➢ 单击"确定"按钮关闭对话框。
➢ 单击任意一个工作表标签，取消工作表同时选中的状态。

（15）打印设置

➢ 在"数学科学学院"工作表中，选择"页面布局"选项卡中"页面设置"选项组的"打印标题"按钮，弹出的"页面设置"对话框。
➢ 光标定位在对话框的"工作表"选项卡的"顶端标题行"文本框中，拖动鼠标选取工作表的第 1 行和第 2 行。
➢ 单击"确定"按钮关闭对话框。
➢ 单击"文件"选项卡的"打印"命令，在显示打印预览中，可以观察到每一页都包含了第 1 行和第 2 行作为标题行。
➢ 采用同样的方式，设置"计算机学院"工作表中的顶端标题行。

（16）保护单元格的数据和格式不被修改

➢ 在"数学科学学院"工作表中，选中 C3:H35 单元格区域，单击鼠标右键，在快捷菜单中选择"设置单元格格式"命令。
➢ 选择"保护"选项卡，取消"锁定"复选框。
➢ 单击"确定"按钮关闭对话框。
➢ 选择"审阅"选项卡中"更改"选项组中的"保护工作表"按钮，打开"保护工作表"对话框。
➢ 取消"选定锁定单元格"复选框，如图 2-132 所示。
➢ 单击"确定"按钮关闭对话框，此时 C3:H35 区域的单元格可以被鼠标选中，用户可以修改单元格内容，但不能更改其格式。若在图 2-132 中选择需要的复选框，如选中"设置单元格格式"，则允许用户修改 C3:H35 区域中单元格的格式。除此以外，其他的单元格都无法被选中，因此达到保护单元格数据的作用。

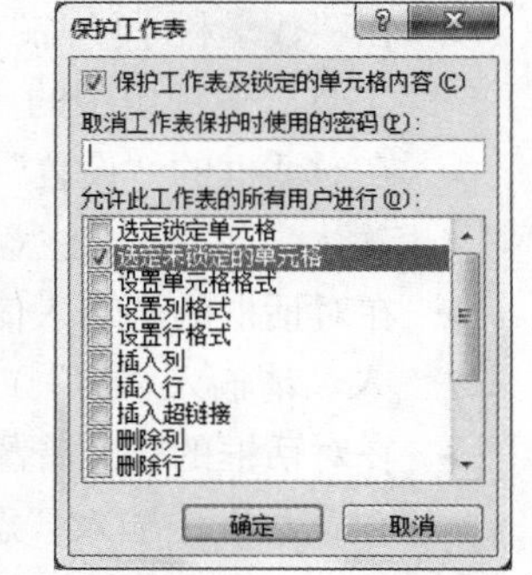

图 2-132　"保护工作表"对话框

➢ 采用同样的方式，保护“计算机学院”工作表中相关的数据。

若需要重新修改工作表中的数据和格式，则选择“审阅”选项卡中“更改”选项组中的“取消工作表保护”按钮。

（17）保存、打印预览工作簿

➢ 选择“文件”选项卡中的“保存”命令，或者“快速访问工具栏”中的“保存”按钮，保存操作结果。

➢ 选择“文件”选项卡中的“打印”命令，查看打印预览效果。

2.12.2　应用案例 4——销售情况表

1. 案例目标

完善工作簿“销售情况表.xlsx”中的各工作表，利用函数计算“库存”表中的进货数量和销售数量，并根据各业务员的销售金额计算其对应的奖金提成。完成后的各工作表如图 2-133 所示。

日期	业务员	产品	销售数量	单价	金额
2013/5/18	方依然	TCL	2	¥ 2,500	¥ 5,000
2013/5/18	王少杰	创维	4	¥ 2,300	¥ 9,200
2013/5/19	莫勇	长虹	1	¥ 2,600	¥ 2,600
2013/5/20	张强	长虹	1	¥ 2,600	¥ 2,600
2013/5/22	汪洁	创维	4	¥ 2,300	¥ 9,200
2013/5/22	徐乐然	TCL	2	¥ 2,500	¥ 5,000
2013/5/23	张强	长虹	3	¥ 2,600	¥ 7,800
2013/5/25	方依然	创维	4	¥ 2,300	¥ 9,200

（a）“销售”工作表

产品	进货数量	销售数量	库存数量
TCL	110	44	66
创维	100	52	48
长虹	100	35	65

（b）“库存”工作表

业务员	批发/零售	销售金额	提成比例	奖金
张强	批发	¥ 57,100	2.00%	¥ 1,142
莫勇	零售	¥ 37,400	1.50%	¥ 561
方依然	零售	¥ 33,600	1.25%	¥ 420
王少杰	批发	¥ 72,300	2.00%	¥ 1,446
徐乐然	零售	¥ 37,400	1.50%	¥ 561
汪洁	批发	¥ 26,500	0.80%	¥ 212
李珊	批发	¥ 56,300	2.00%	¥ 1,126

（c）“奖金”工作表

姓名	身份证号码	性别	出生日期	基本工资	岗位工资	补贴	奖金	保险	合计	大写金额	排名
方依然	310121197804054042	女	1978/4/5	¥ 500	¥ 800	¥ 100	¥ 420	¥ -200	¥ 1,620	壹仟陆佰贰拾元	5
王少杰	320926198103153307	女	1981/3/15	¥ 500	¥ 800	¥ 50	¥ 1,446	¥ -350	¥ 2,446	贰仟肆佰肆拾陆元	1
莫勇	240459198310213145	女	1983/10/21	¥ 400	¥ 800	¥ 100	¥ 561	¥ -300	¥ 1,561	壹仟伍佰陆拾壹元	6
张强	320129197602124022	女	1976/2/12	¥ 400	¥ 800	¥ 100	¥ 1,142	¥ -280	¥ 2,162	贰仟壹佰陆拾贰元	3
李珊	350230198211035272	男	1982/11/3	¥ 500	¥ 800	¥ 50	¥ 1,126	¥ -300	¥ 2,176	贰仟壹佰柒拾陆元	2
汪洁	324922198209243003	女	1982/9/24	¥ 600	¥ 800	¥ 100	¥ 212	¥ -250	¥ 1,462	壹仟肆佰陆拾贰元	7
徐乐然	328232119840528324	女	3101/5/22	¥ 600	¥ 800	¥ 40	¥ 561	¥ -300	¥ 1,701	壹仟柒佰零壹元	4

（d）“工资”工作表

图 2-133　“销售记录表”样张

2. 知识点

本案例涉及的主要知识点包括以下几点。

（1）自动求和函数 SUM。

（2）条件求和函数 SUMIF。

（3）统计函数 COUNTIF、RANK.EQ。

（4）文本函数 TEXT、MID。

（5）查找与引用函数 VLOOKUP、HLOOKUP。

（6）逻辑函数 IF。

（7）日期函数 DATE。

3. 操作步骤

（1）复制素材。新建一个实验文件夹（形如 1501405001 张强 04），下载案例素材压缩包“应用案例 4-销售情况表.rar”至该实验文件夹下。右击压缩包，在弹出的快捷菜单中选择“解压到当前文件夹”，将案例素材压缩包解压为一个文件夹。本案例中提及的文件均存放在此文件夹下。

在以后的操作步骤中，请经常主动及时保存工作簿文件。

（2）打开“销售情况表.xlsx”工作簿，根据不同的产品，从“产品单价”工作表中，提取数据在“销售”工作表中生成“单价”列数据。

- 在“销售”工作表中的 E1 单元格中输入“单价”。
- 单击 E2 单元格，选择“公式”选项卡中“函数库”选项组的“查找与引用”按钮，在下拉菜单中选择 VLOOKUP 命令，打开 VLOOKUP 的“函数参数”对话框。
- 单击 Lookup_value 文本框，选择 C2 单元格，作为查找值。
- 单击 Table_array 文本框，选中“产品单价”工作表中的 A2:B4 单元格区域，作为查找范围，同时使用键盘上的功能键【F4】，将该单元格区域绝对引用，以便使用填充柄去填充本列中的其他单元格。
- 单击 Col_index_num 文本框，输入数字“2”，将查找范围中的第 2 列作为查找结果的返回值。
- 单击 Range_lookup 文本框，输入逻辑值“False”，表示查找数据时要精确匹配。
- 完成后的对话框如图 2-134 所示，单击“确定”按钮关闭对话框，在编辑栏中的公式为“=VLOOKUP(C2,产品单价!$A$2:$B$4,2,FALSE)”。
- 鼠标选中 E2 单元格右下角的填充柄，拖动鼠标至单元格 E44，将公式填充至 E44。

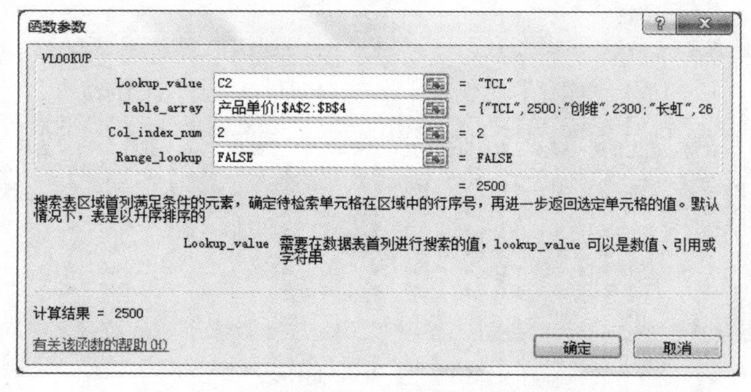

图 2-134 “VLOOKUP 函数参数”对话框

（3）在“销售”工作表中生成“金额”列数据。

- 在“销售”工作表中的 F1 单元格中输入文字“金额”。
- 在 F2 单元格中，输入公式“=D2*E2”后，按【Enter】键结束公式输入。
- 选中 F2 单元格右下角的填充柄，拖动鼠标将公式填充至 F44 单元格（也可以双击填充柄来完成填充）。

（4）根据“进货”工作表中的数据，在“库存”工作表中计算“进货数量”列数据。

- 选中“库存”工作表中的 B2 单元格，在“公式”选项卡中“函数库”选项组中单击“数学和三角函数”按钮，在下拉菜单中选择“SUMIF”，打开函数参数对话框。

➢ 单击 Range 文本框，选中“进货”工作表中的 B2:B11 单元格区域，作为求和时的条件判断区域，同时使用键盘上的功能键【F4】，将该单元格区域绝对引用，以便使用填充柄去填充本列中的其他单元格。

➢ 单击 Criteria 文本框，选中 A2 单元格，作为判断条件。

➢ 单击 Sum_range 文本框，选中“进货”工作表中的 C2:C11 单元格区域，作为实际求和的单元格区域，同时使用键盘上的功能键【F4】，将该单元格区域绝对引用，以便使用填充柄去填充本列中的其他单元格。

➢ 完成后的对话框如图 2-135 所示，单击“确定”按钮关闭对话框，在编辑栏中的公式为“=SUMIF(进货!$B$2:$B$11,A2,进货!$C$2:$C$11)”。

➢ 鼠标选中 B2 单元格右下角的填充柄，拖动鼠标至单元格 B4，将公式填充至 B4。

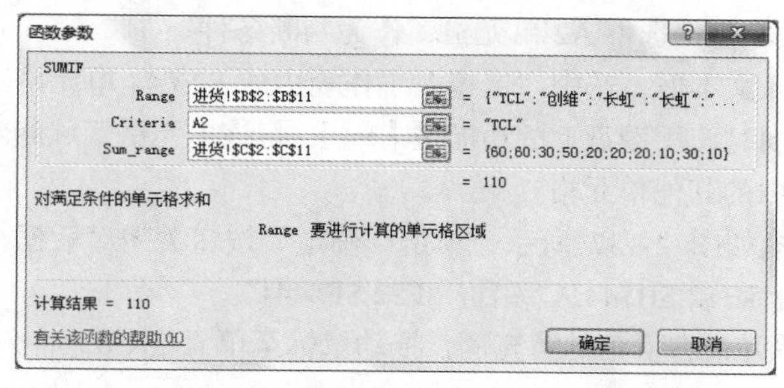

图 2-135 “SUMIF 函数参数”对话框——计算“进货数量”

（5）根据“销售”工作表中的数据，在“库存”工作表中计算“销售数量”列数据。

➢ 选中“库存”工作表中的 C2 单元格，在“公式”选项卡中“函数库”选项组中单击“数学和三角函数”按钮，在下拉菜单中选择“SUMIF”，打开函数参数对话框。

➢ 单击 Range 文本框，选中“销售”工作表中的 C2:C44 单元格区域，作为求和时的条件判断区域，同时使用键盘上的功能键【F4】，将该单元格区域绝对引用，以便使用填充柄去填充本列中的其他单元格。

➢ 单击 Criteria 文本框，选中 A2 单元格，作为判断条件。

➢ 单击 Sum_range 文本框，选中“销售”工作表中的 D2:D44 单元格区域，作为实际求和的单元格区域，同时使用键盘上的功能键【F4】，将该单元格区域绝对引用，以便使用填充柄去填充本列中的其他单元格。

➢ 完成后的对话框如图 2-136 所示，单击“确定”按钮关闭对话框，在编辑栏中的公式为“=SUMIF(销售!$C$2:$C$44,A2,销售!$D$2:$D$44)”。

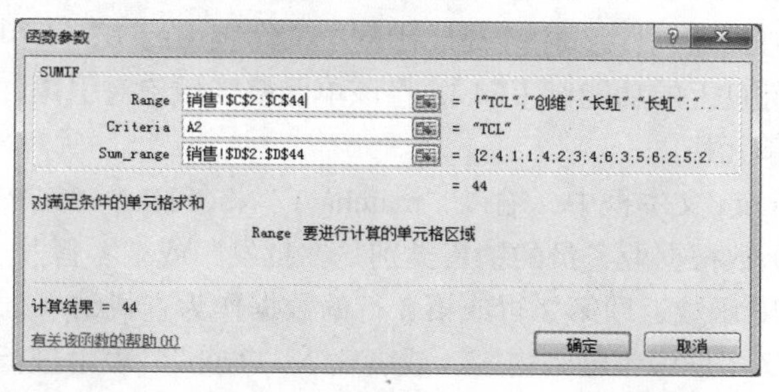

图 2-136 “SUMIF 函数参数”对话框——计算“销售数量”

➢ 鼠标选中 C2 单元格右下角的填充柄，拖动鼠标至单元格 C4，将公式填充至 C4。

（6）在“库存”工作表中计算“库存数量”列数据。

➢ 选中“库存”工作表中的 D2 单元格，输入公式“=B2-C2”后，按【Enter】键结束公式输入。

➢ 选中 D2 单元格右下角的填充柄，拖动鼠标将公式填充至 D4 单元格。

（7）根据“销售”工作表，在“奖金”工作表中计算各业务员的“销售金额”列数据。

➢ 选中“奖金”工作表中的 C2 单元格，在“公式”选项卡中“函数库”选项组中单击“数学和三角函数”按钮，在下拉菜单中选择“SUMIF”，打开函数参数对话框。

➢ 单击 Range 文本框，选中“销售”工作表中的 B2:B44 单元格区域，作为求和时的条件判断区域，同时使用键盘上的功能键【F4】，将该单元格区域绝对引用，以便使用填充柄去填充本列中的其他单元格。

➢ 单击 Criteria 文本框，选中 A2 单元格，作为判断条件。

➢ 单击 Sum_range 文本框，选中“销售”工作表中的 F2:F44 单元格区域，作为实际求和的单元格区域，同时使用键盘上的功能键【F4】，将该单元格区域绝对引用，以便使用填充柄去填充本列中的其他单元格。

➢ 完成后的对话框如图 2-137 所示，单击“确定”按钮关闭对话框，在编辑栏中的公式为“=SUMIF(销售!$B$2:$B$44,A2,销售!$F$2:$F$44)”。

➢ 鼠标选中 C2 单元格右下角的填充柄，拖动鼠标至单元格 C8，将公式填充至 C8。

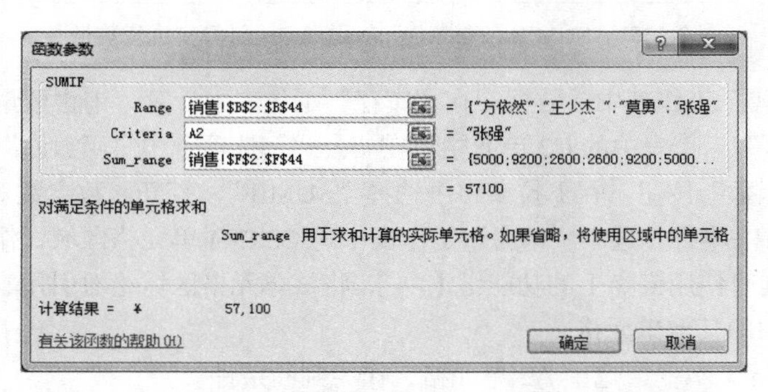

图 2-137 “SUMIF 函数参数”对话框——计算“销售金额”

（8）根据“提成比例”工作表中的数据，在“奖金”工作表中计算“提成比例”列数据。

➢ 选中“奖金”工作表中的 D2 单元格，在“公式”选项卡中“函数库”选项组中单击“查找与引用”按钮，在下拉菜单中选择“HLOOKUP”，打开函数参数对话框。

➢ 在 Lookup_value 文本框中，选中 C2 单元格，作为查找值。

➢ 在 Table_array 文本框中，选中“提成比例”工作表中的 B2:I4 单元格区域，作为查找范围，同时使用键盘上的功能键【F4】，将该单元格区域绝对引用，以便使用填充柄去填充本列中的其他单元格。

➢ 在 Row_index_num 文本框中，输入“match( )”来在 HLOOKUP 函数中嵌入 MATCH 函数（MATCH 函数根据业务员的销售类别是“批发”或“零售”，返回数字 2 或 3，从而控制 HLOOKUP 函数返回第 2 行或第 3 行的数据作为查找结果）。

➢ Range_lookup 文本框中不输入内容，或者输入“True”，表示进行模糊匹配，即查找出小于等于查找值的最大值。

➢ 完成后的对话框如图 2-138 所示，单击“确定”按钮关闭对话框，系统将弹出如图 2-139 所示的出错提示对话框，直接单击“确定”按钮即可，此时光标在编辑栏中 MATCH 函数的括号中闪烁。

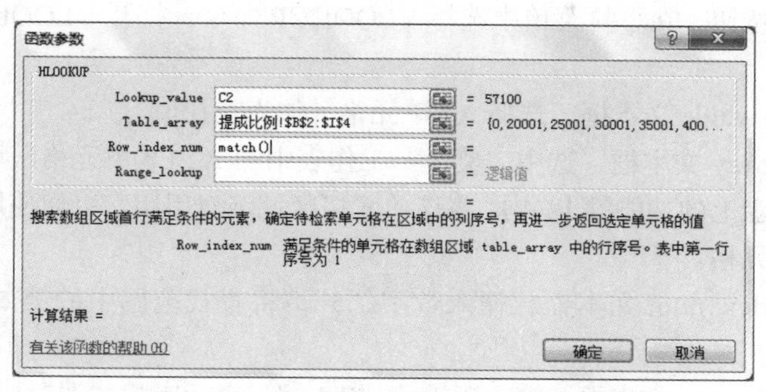

图 2-138　“HLOOKUP 函数参数”对话框

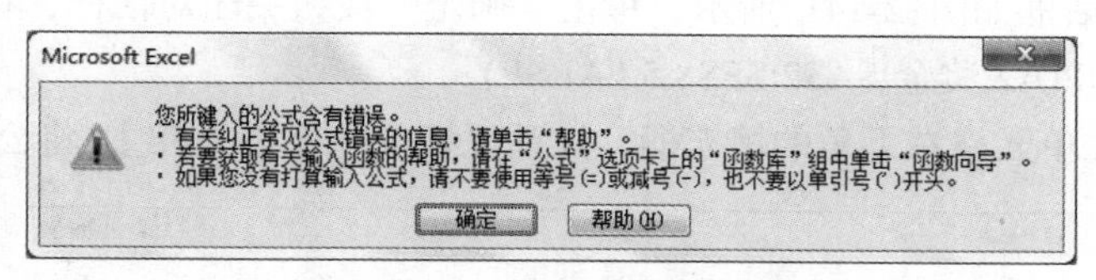

图 2-139　公式错误提示对话框

➢ 单击编辑栏中的“插入函数”按钮 *fx*，弹出 MATCH 函数的函数参数对话框。
➢ 在 Lookup_value 文本框中，选中 B2 单元格，作为查找值。
➢ 在 Lookup_array 文本框中，选中“提成比例”工作表中的 A2:A4 单元格区域，同时使用键盘上的功能键【F4】，将该单元格区域绝对引用，以便使用填充柄去填充本列中的其他单元格。
➢ 在 Match_type 文本框中，输入数字“0”，表示查找时进行精确匹配。
➢ 完成后的对话框如图 2-140 所示，单击“确定”按钮关闭对话框。
➢ 操作完成后，在编辑栏中的公式为“=HLOOKUP(C2,提成比例!$B$2:$I$4,MATCH(B2,提成比例!$A$2:$A$4,0))”。
➢ 鼠标选中 D2 单元格右下角的填充柄，拖动鼠标至单元格 D8，将公式填充至 D8。

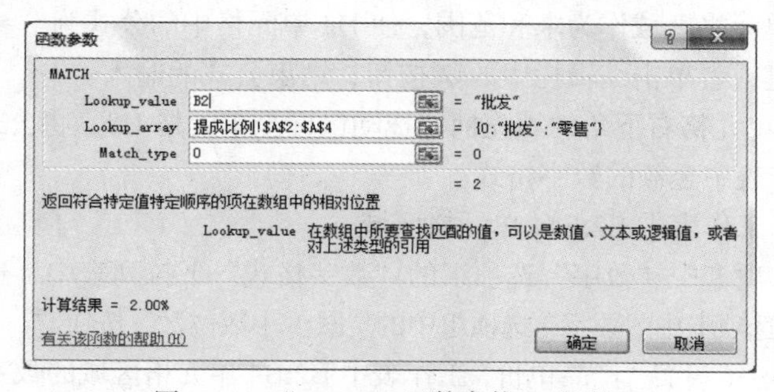

图 2-140　“MATCH 函数参数”对话框

（9）在“奖金”工作表中计算“奖金”列数据。

➢ 选中“奖金”工作表中的 E2 单元格，输入公式“=C2*D2”后，按【Enter】键结束公式输入。

- 鼠标选中 E2 单元格右下角的填充柄，拖动鼠标至单元格 E8，将公式填充至 E8。

（10）在“工资”工作表中计算“奖金”列数据。

- 单击“工资”工作表中的 F2 单元格，选择“公式”选项卡中“函数库”选项组中的“查找与引用”按钮，在下拉菜单中选择 VLOOKUP 命令，打开 VLOOKUP 的“函数参数”对话框。
- 单击 Lookup_value 文本框，选择 A2 单元格，作为查找值。
- 单击 Table_array 文本框，选中“奖金”工作表中的 A2:E8 单元格区域，作为查找范围，同时使用键盘上的功能键【F4】，将该单元格区域绝对引用，以便使用填充框去填充本列中的其他单元格。
- 单击 Col_index_num 文本框，输入数字“5”，将查找范围中的第 5 列作为查找结果的返回值。
- 单击 Range_lookup 文本框，输入逻辑值“False”，表示查找数据时要精确匹配。
- 完成后的对话框如图 2-141 所示，单击“确定”按钮关闭对话框，在编辑栏中的公式为“=VLOOKUP(A2,奖金!$A$2:$E$8,5,FALSE)”。
- 鼠标选中 F2 单元格右下角的填充柄，拖动鼠标至单元格【F8】，将公式填充至 F8。

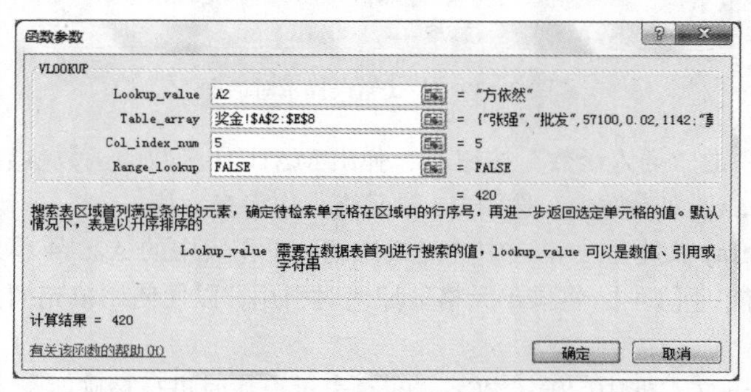

图 2-141 “VLOOKUP 函数参数”对话框

（11）在“工资”工作表中计算“合计”列数据。

- 选中“工资”工作表中的 H2 单元格，选择“公式”选项卡中“函数库”选项组中的“自动求和”按钮。
- 选择 C2:G2 单元格区域作为求和范围，使 H2 单元格中的公式为“=SUM(C2:G2)”。
- 按【Enter】键或者单击编辑栏中的✔按钮，结束公式的输入。
- 鼠标选中 H2 单元格右下角的填充柄，拖动鼠标至单元格 H8，将公式填充至 H8。

（12）设置各工作表中金额的数字格式。

- 选中“销售”工作表中 E2:F44 单元格区域。
- 在“开始”选项卡中“数字”选项组的“数字格式”下拉列表中，选择“会计专用”。
- 单击“开始”选项卡中“数字”选项组中的“减少小数位数”按钮，将小数位数设置为 0。
- 采用同样的方法，设置“产品单价”工作表中 B2:B4 单元格区域的数字格式为“会计专用”。
- 采用同样的方法，设置“奖金”工作表中的 C2:C8 和 E2:E8 单元格区域的数字格式为“会计专用”（也可使用“开始”选项卡中“剪贴板”选项组的“格式刷”按钮，来快捷设置相同的格式）。
- 采用同样的方法，设置“工资”工作表中的 C2:H8 单元格区域的数字格式为“会计专用”。

（13）在“工资”工作表中生成“合计”列数据的大写金额形式。

- 在 I2 单元格中输入文本“大写金额”。
- 选择“公式”选项卡中“函数库”选项组中的“文本”按钮，在下拉菜单中选择 TEXT 命令，打开 TEXT 的“函数参数”对话框。
- 单击 Value 文本框，选择 H2 单元格，作为需要设置其格式的单元格。
- 单击 Format_text 文本框，输入文本“[dbnum2]”，该参数为固定值，用于将数字转换为大写的形式。
- 完成后的对话框如图 2-142 所示，单击“确定”按钮关闭对话框。
- 修改编辑栏中生成的公式为“=TEXT(H2,"[dbnum2]") & "元"”。
- 按【Enter】键或者单击编辑栏中的✔按钮，结束公式的输入。
- 鼠标选中 I2 单元格右下角的填充柄，拖动鼠标至单元格 I8，将公式填充至 I8。

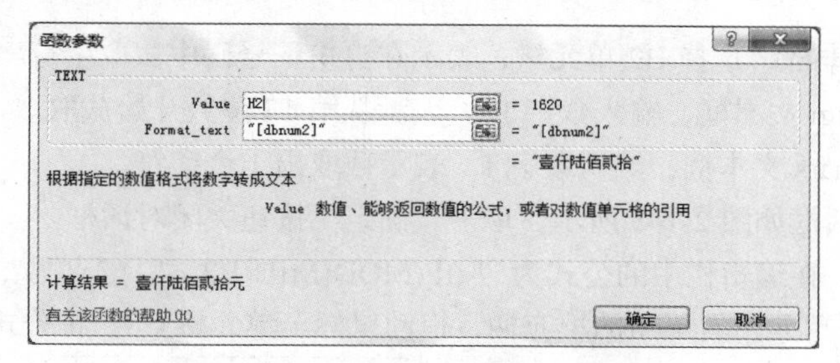

图 2-142　“TEXT 函数参数”对话框

（14）在“工资”工作表中生成“性别”列数据，性别的判断方法为：身份证号码第 17 位数为奇数的是男性，为偶数的是女性。

- 在 C 列的列标上单击鼠标右键，在快捷菜单中选择“插入”命令来插入列。
- 在 C1 单元格中输入文本“性别”。
- 在 C 列和 D 列的列标中间，鼠标变为双向箭头时，双击鼠标，将 C 列设置为最适合列宽。
- 选中 C2 单元格，选择“公式”选项卡中“函数库”选项组中的“逻辑”按钮，在下拉菜单中选择 IF 命令，打开 IF 的“函数参数”对话框。
- 单击 Logical_test 文本框，输入文本“奇数”，此时的输入仅仅作为替代符号，不具备实际作用，表示将数字为奇数作为 IF 函数的判断条件。
- 单击 Value_if_true 文本框，输入文本“男”，表示若条件成立（即数字为奇数），则返回值为“男”。
- 单击 Value_if_false 文本框，输入文本“女”，表示条件不成立时，返回值为“女”。
- 完成后的对话框如图 2-143 所示，单击“确定”按钮关闭对话框，此时 C2 单元格中显示错误值“#NAME？”。

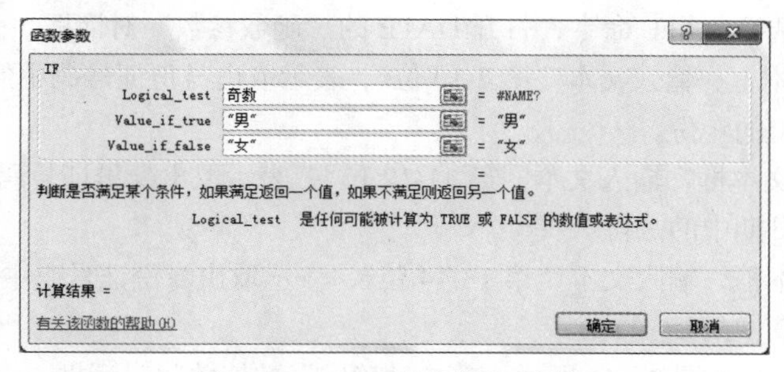

图 2-143　“IF 函数参数”对话框

➢ 在编辑栏中，选中已经生成的公式中的“奇数”，选择“公式”选项卡中“函数库”选项组中的“数学与三角函数”按钮，在下拉菜单中选择 MOD 命令，打开 MOD 的“函数参数”对话框。

➢ 单击 Number 文本框，输入文本“第 17 位数”，此处的参数同样作为替代符号，表示取出身份证号码中的第 17 位数来判断性别。

➢ 单击 Divisor 文本框，输入数字 2，作为取余运算时的除数。

➢ 完成后的对话框如图 2-144 所示，单击“确定”按钮关闭对话框，此时 C2 单元格中显示错误值“#NAME？”。

➢ 在编辑栏中，选中已经生成的公式中的“第 17 位数”，选择“公式”选项卡中“函数库”选项组中的“文本”按钮，在下拉菜单中选择 MID 命令，打开 MID 的“函数参数”对话框。

➢ 单击 Text 文本框，选择 B2 单元格，表示在身份证号码中截取字符串。

➢ 单击 Start_num 文本框，输入数字 17，表示从第 17 位数开始截取。

➢ 单击 Num_chars 文本框，输入数字 1，表示截取出 1 个字符。

➢ 完成后的对话框如图 2-145 所示，单击“确定”按钮关闭对话框。

➢ 操作完成后，在编辑栏中的公式为“=IF(MOD(MID(B2,17,1),2),"男","女")”。

➢ 鼠标选中 C2 单元格右下角的填充柄，拖动鼠标至单元格 C8，将公式填充至 C8。

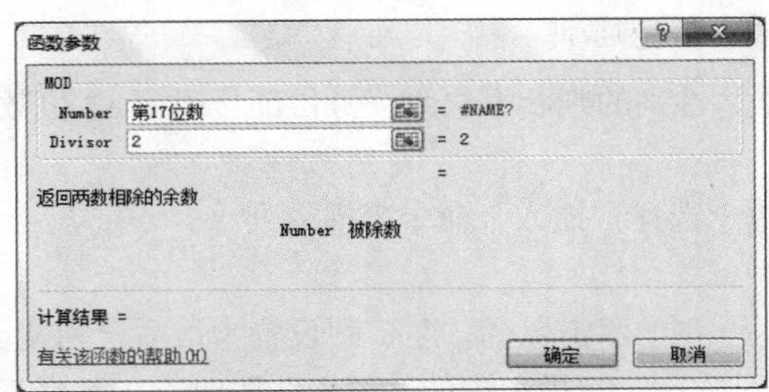

图 2-144 “MOD 函数参数”对话框

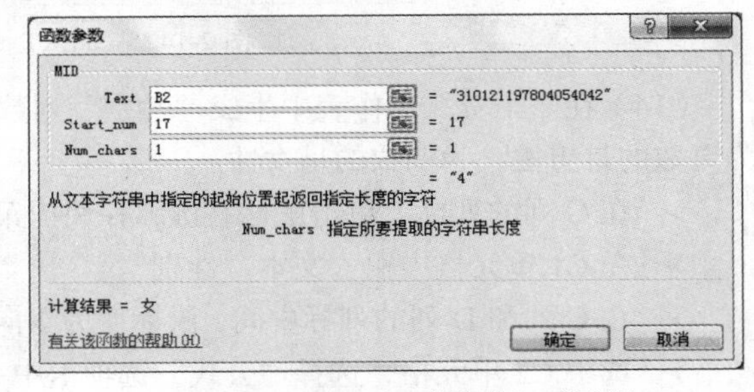

图 2-145 “MID 函数参数”对话框

（15）在“工资”工作表中生成“出生日期”列数据，在身份证号码中的第 7～10 位为“年”，第 11～12 位为“月”，第 13～14 位为“日”。

➢ 在 D 列的列标上单击鼠标右键，在快捷菜单中选择“插入”命令来插入列。

➢ 在 D1 单元格中输入文本“出生日期”。

➢ 在 D 列和 E 列的列标中间，鼠标变为双向箭头时，双击鼠标，将 D 列设置为最适合列宽。

➢ 选中 D2 单元格，选择“公式”选项卡中“函数库”选项组中的“日期与时间”按钮，在下拉菜单中选择 DATE 命令，打开 DATE 的“函数参数”对话框。

➢ 单击 Year 文本框，输入文本“第 7-10 位”，表示取出身份证号码中的第 7 位到第 10 位作为出生日期中的年份。

➢ 单击 Month 文本框，输入文本“第 11-12 位”，表示取出身份证号码中的第 11 位到第 12 位作为出生日期中的月份。

➢ 单击 Day 文本框，输入文本“第 13-14 位”，表示取出身份证号码中的第 13 位到第 14 位作为出生日期中的日。

➢ 完成后的对话框如图 2-146 所示，单击“确定”按钮关闭对话框。

➢ 由于在 DATE 函数对话框中输入的都是替代字符，因此 Excel 将弹出如图 2-147 所示的错误对话框，单击“确定”按钮即可。

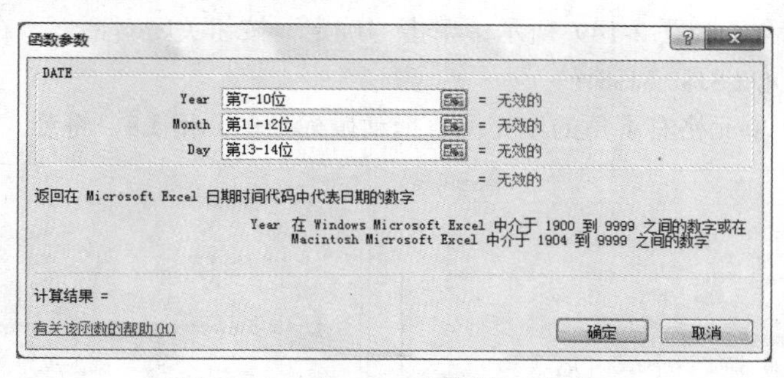

图 2-146　“MID 函数参数”对话框

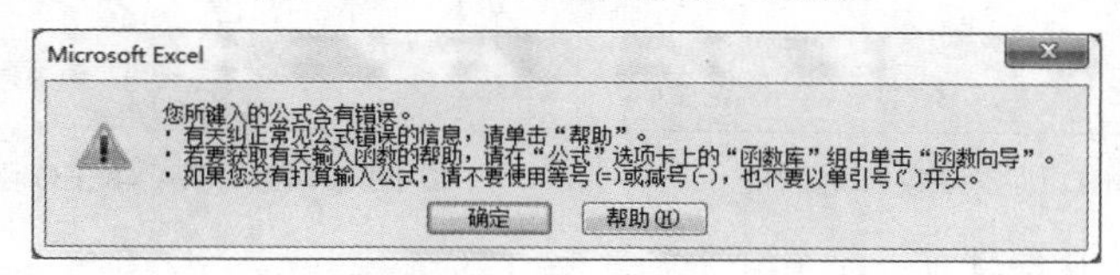

图 2-147　公式错误提示对话框

➢ 在编辑栏中，选中已经生成的公式中的“第 7-10 位”，选择“公式”选项卡中“函数库”选项组中的“文本”按钮，在下拉菜单中选择 MID 命令，打开 MID 的“函数参数”对话框。
➢ 单击 Text 文本框，选择 B2 单元格，表示在身份证号码中截取字符串。
➢ 单击 Start_num 文本框，输入数字 7，表示从第 7 位数开始截取。
➢ 单击 Num_chars 文本框，输入数字 4，表示截取出 4 个字符。
➢ 完成后的对话框如图 2-148 所示，单击“确定”按钮关闭对话框。

Excel 同样弹出如图 2-147 所示的错误对话框，单击“确定”按钮即可。

➢ 采用同样的方法，在编辑栏中，选中已经生成的公式中的“第 11-12 位”，将其替换为 MID 函数，在 Text 文本框中选中 B2 单元格，在 Start_num 文本框中输入数字 11，在 Num_chars 文本框中输入数字 2。
➢ 采用同样的方法，在编辑栏中，选中已经生成的公式中的“第 13-14 位”，将其替换为 MID 函数，在 Text 文本框中选中 B2 单元格，在 Start_num 文本框中输入数字 13，在 Num_chars 文本框中输入数字 2。
➢ 完成后的公式为“=DATE(MID(B2,7,4),MID(B2,11,2),MID(B2,13,2))”。
➢ 鼠标选中 D2 单元格右下角的填充柄，拖动鼠标至单元格 D8，将公式填充至 D8。
➢ 若在 D 列单元格中显示“######”，表示该单元格的数据超出了列宽而无法显示，重新调整 D 列为最适合的列宽即可。

（16）在“工资”工作表中生成“排名”列数据，按照“合计”列的数值从高到底排名次。

➢ 在 L1 单元格中输入文本“排名”。
➢ 选中 L2 单元格，选择“公式”选项卡中“函数库”选项组中的“其他函数”按钮，在下拉菜单中选择“统计”命令，在子菜单中选择“RANK.EQ”命令，打开 RANK.EQ 的“函数参数”对话框。
➢ 单击 Number 文本框，选择 J2 单元格，作为排序对象。

- 单击 Ref 文本框，选择 J2:J8 单元格区域，作为排序范围，同时使用键盘上的功能键【F4】，将该单元格区域绝对引用，以便使用填充柄去填充本列中的其他单元格。
- 完成后的对话框如图 2-149 所示，单击“确定”按钮关闭对话框，在编辑栏中的公式为“=RANK.EQ(J2,$J$2:$J$8)”。
- 鼠标选中 L2 单元格右下角的填充柄，拖动鼠标至单元格 L8，将公式填充至 L8。

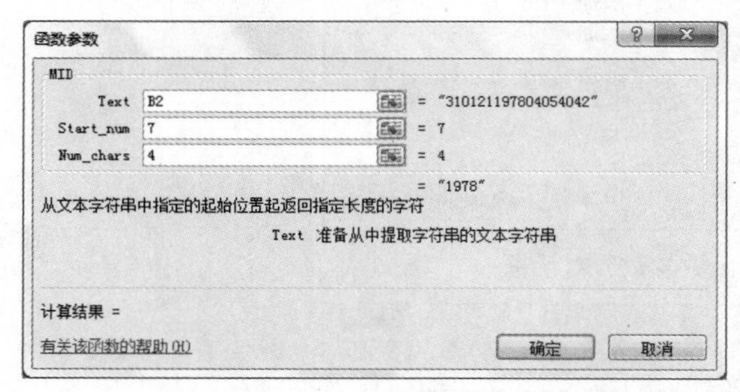

图 2-148 “MID 函数参数”对话框

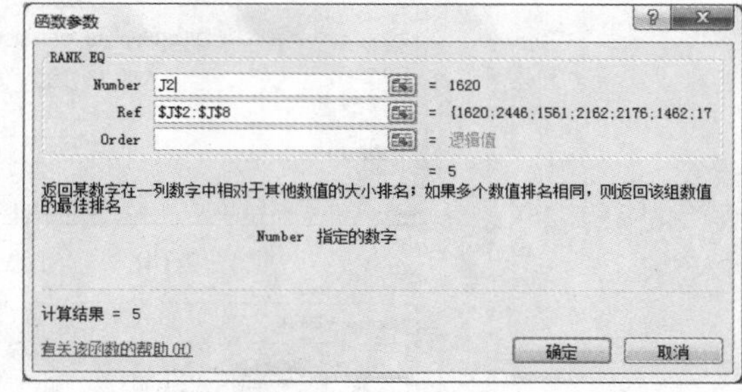

图 2-149 “RANK.EQ 函数参数”对话框

（17）再次保存工作簿文件。

2.12.3 应用案例 5——人事档案表

1. 案例目标

完善工作簿文件“人事档案表.xlsx”，根据不同的需求筛序工作表，制作图表和数据透视表，并根据不同的条件对数据进行分类汇总，其主要效果如图 2-150 所示。

2. 知识点

本案例涉及的主要知识点包括以下几点。

（1）数据排序。

（2）自动筛选。

（3）高级筛选。

（4）数据透视表和数据透视图。

（5）数据分类汇总。

人事档案信息一览表

部门	姓名	性别	出生日期	年龄	婚姻状态	学历	毕业学校	毕业年份	专业
第一事业	夏一峰	男	1988/7/16	25	未婚	本科	南通大学	2010	软件
综合研发	俞方宇	男	1989/12/17	25	未婚	本科	常熟理工	2012	通信
第一事业	杨文华	男	1987/11/5	26	已婚	本科	贵州大学	2010	计算
综合研发	王明亮	男	1989/7/1	25	未婚	本科	河南理工	2011	通信
综合研发	陈晨	女	1984/5/24	29	已婚	本科	南京工程	2005	计算
第二事业	钱鋆	男	1985/10/4	28	未婚	本科	南通大学	2008	计算
第一事业	黄海新	女	1986/1/3	27	未婚	大专	苏州大学	2011	日语
第一事业	尚庆松	男	1987/10/5	26	未婚	本科	苏州大学	2010	软件
行政部	顾婷	女	1986/4/18	27	已婚	大专	苏州大学	2006	文秘
第三事业	徐张琳	女	1986/1/15	27	未婚	本科	江南大学	2008	广告
第三事业	孔鑫	男	1987/10/29	26	未婚	本科	苏州大学	2011	英语
第三事业	吴赟斐	女	1987/12/27	26	已婚	硕士	江苏大学	2010	广告
第二事业	印萌萌	女	1988/12/9	25	未婚	本科	常熟理工	2010	网络
第二事业	范志鼎	男	1985/5/4	28	未婚	本科	华中科技	2008	软件
行政部	顾小芳	女	1983/1/12	30	已婚	大专	南京经济	2001	会计
第二事业	马骁杰	男	1983/11/12	30	未婚	本科	扬州大学	2006	计算
第三事业	王永丽	女	1987/2/11	26	已婚	大专	江苏广播	2009	广告
第三事业	杨晔祺	男	1984/6/21	29	已婚	本科	常州工学	2007	广告
第二事业	申道伟	男	1987/2/10	26	未婚	大专	常州信息	2008	通信
第二事业	张哲	女	1988/1/23	25	未婚	本科	合肥学院	2011	计算
第一事业	黄诚	男	1986/12/18	27	已婚	硕士	常熟理工	2008	计算

Sheet1 人事档案表 筛选结果1 筛选结果2 筛选结果3 筛选结果4 筛选结果5 筛选结果6

（a）筛选结果示例

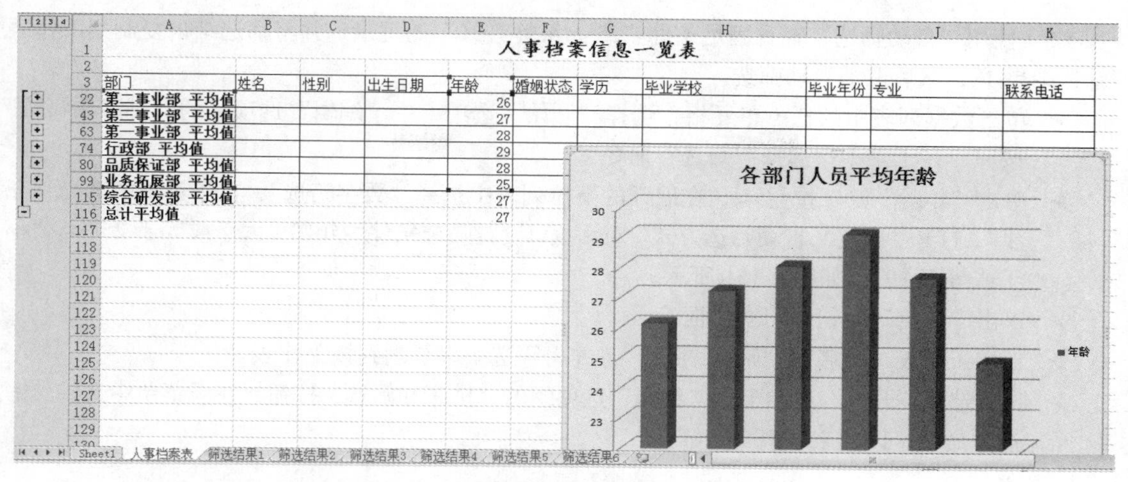

（b）分类汇总和图表示例

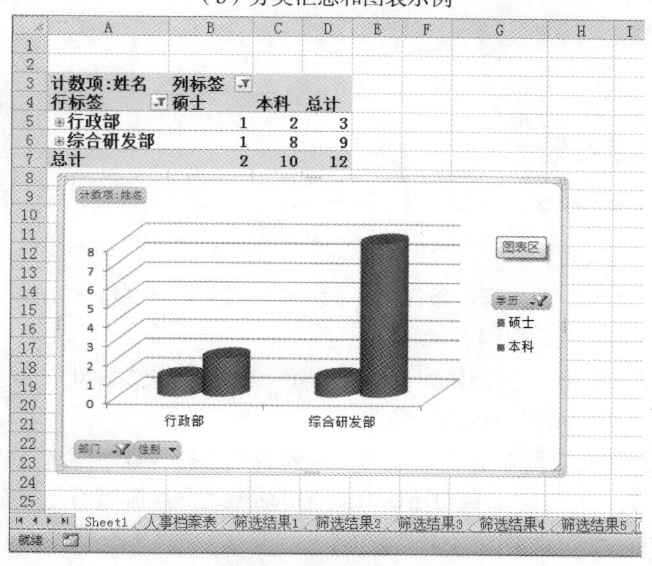

（c）数据透视表和数据透视图示例

图 2-150　“人事档案表”样张

3. 操作步骤

（1）复制素材。新建一个实验文件夹（形如 1501405001 张强 05），下载案例素材压缩包“应用案例 5-人事档案表.rar”至该实验文件夹下。右击压缩包，在弹出的快捷菜单中选择“解压到当前文件夹”，将案例素材压缩包解压为一个文件夹。本案例中提及的文件均存放在此文件夹下。

在以后的操作步骤中，请经常主动及时保存工作簿文件。

（2）打开“人事档案表”工作簿，在“人事档案表”工作表的顶端插入两行，在 A1 单元格中输入标题“人事档案信息一览表”，并设置其为楷体、加粗、18 号字、跨列（A1:K1）居中，数据列表的内外框线均为细实线。

（3）使用“自动筛选”查看满足条件“25<=年龄<=30”的记录，并将筛选结果复制到工作表“筛选结果 1”，然后取消自动筛选。

- 单击数据列表中的任一单元格，选择“开始”选项卡中“编辑”选项组的“排序和筛选”按钮，在子菜单中选择“筛选”命令。
- 单击“年龄”筛选按钮▼，在展开的下拉列表中选择“数字筛选”，在子菜单中选择“介于”，打开“自定义自动筛选方式”对话框，设置筛选条件为年龄“大于或等于 25”与“小于或等于 30”，如图 2-151 所示。
- 单击“确定”按钮关闭对话框。
- 新建工作表，取名为“筛选结果 1”，并将筛选结果复制到该工作表。
- 再次选择“开始”选项卡中“编辑”选项组的“排序和筛选”按钮，在子菜单中选择“筛选”命令，以此来取消自动筛选。

图 2-151 “自定义自动筛选方式”对话框

（4）使用“自动筛选”查看满足条件“年龄<=25 或年龄>=35”的记录，并将筛选结果复制到工作表“筛选结果 2”，然后取消自动筛选。

- 单击数据列表中的任一单元格，选择“开始”选项卡中“编辑”选项组的“排序和筛选”按钮，在子菜单中选择“筛选”命令。
- 单击“年龄”筛选按钮▼，在展开的下拉列表中选择“数字筛选”，在子菜单中选择“自定义筛选”，打开“自定义自动筛选方式”对话框，设置筛选条件为年龄“小于或等于 25”或“大于或等于 35”，如图 2-152 所示。
- 单击“确定”按钮关闭对话框。
- 新建工作表，取名为“筛选结果 2”，并将筛选结果复制到该工作表。
- 再次选择“开始”选项卡中“编辑”选项组的“排序和筛选”按钮，在子菜单中选择“筛选”命令，以此来取消自动筛选。

图 2-152 “自定义自动筛选方式”对话框

（5）使用“自动筛选”查看满足条件“年龄>=30”的记录，并将筛选结果复制到工作表“筛选结果 3”，然后取消自动筛选。

（6）使用“自动筛选”查看满足条件“年龄>=30 的男性”的记录，并将筛选结果复制到工作表“筛选结果 4”，然后取消自动筛选。

➢ 使用“自动筛选”筛选出满足条件“年龄>=30”的记录。
➢ 在筛选结果的基础上，单击“性别”筛选按钮，在下拉列表中选中数据“男”左侧的复选框，取消数据“女”左侧的复选框。
➢ 新建工作表，取名为“筛选结果 4”，并将筛选结果复制到该工作表。
➢ 取消自动筛选。

（7）使用“高级筛选”查看满足条件“年龄<=30 且已婚”的记录，并将筛选结果复制到工作表“筛选结果 5”，然后取消筛选。

➢ 在数据列表区域外，建立如图 2-153 左图所示的条件区域 M1:N2。
➢ 单击数据列表中的任一单元格，选择“数据”选项卡中“排序和筛选”选项组的“高级”按钮，打开“高级筛选”对话框。
➢ 在“方式”中选中“在原有区域显示筛选结果”单选按钮。
➢ 在“列表区域”文本框中，选取 A3:K94 单元格区域。
➢ 在“条件区域”文本框中，选取 M1:N2 单元格区域。
➢ 完成后的对话框如图 2-153 右图所示，单击“确定”按钮关闭对话框。
➢ 新建工作表，取名为“筛选结果 5”，并将筛选结果复制到该工作表。
➢ 单击“数据”选项卡中“排序和筛选”选项组的“清除”按钮，来取消筛选。

（8）使用“高级筛选”查看满足条件“年龄<=25 学历为硕士或未婚人员中学历为硕士”的记录，并将筛选结果复制到工作表“筛选结果 6”，然后取消筛选。

➢ 在数据列表区域外，建立如图 2-154 所示的条件区域 M1:O2。
➢ 其余操作步骤与操作（7）类似。

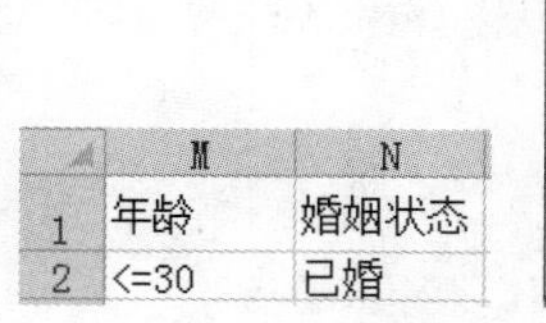

	M	N
1	年龄	婚姻状态
2	<=30	已婚

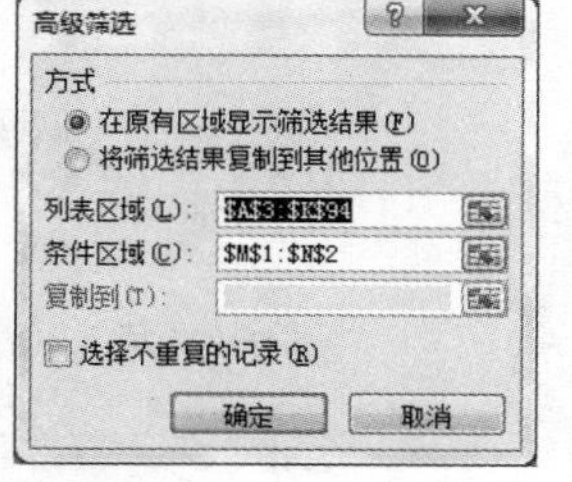

图 2-153　高级筛选

	M	N	O
1	年龄	婚姻状态	学历
2	<=25		硕士
3		未婚	硕士

图 2-154　高级筛选的条件区域

（9）制作数据透视表，统计各部门人员中，不同学历的人数。

➢ 单击数据列表中任意一个单元格，选择“插入”选项卡中“表格”选项组里的“数据透视表”按钮，生成一个新的工作表“Sheet1”。
➢ 在新工作表的窗口右侧将“部门”拖动到“行标签”中，将“学历”拖动到“列标签”中，将“姓名”拖动到“数值”中。
➢ 生成的数据透视表如图 2-155 所示。

（10）添加数据透视表中的统计字段，统计“行政部”和“综合研发部”人员中，学历为“本科”或“硕士”的男性人数和女性人数。

➢ 在上一步的数据透视表的基础上，在窗口右侧将“性别”字段拖动到“行标签”中，生成的数据透视表如图 2-156 所示。

计数项:姓名	列标签				
行标签	硕士	本科	大专	高中	总计
第二事业部	1	13	2		16
第三事业部	3	10	4	1	18
第一事业部	2	12	3		17
行政部	1	2	5		8
品质保证部	2	1			3
业务拓展部	3	10	3		16
综合研发部	1	8	4		13
总计	13	56	21	1	91

图 2-155　基本数据透视表

计数项:姓名	列标签				
行标签	硕士	本科	大专	高中	总计
⊟第二事业部	1	13	2		16
男		9	2		11
女	1	4			5
⊟第三事业部	3	10	4	1	18
男	2	9	3	1	15
女	1	1	1		3
⊟第一事业部	2	12	3		17
男	2	7	2		11
女		5	1		6
⊟行政部	1	2	5		8
男	1		2		3
女		2	3		5
⊟品质保证部	2	1			3
男		1			1
女	2				2
⊟业务拓展部	3	10	3		16
男	1	9	3		13
女	2	1			3
⊟综合研发部	1	8	4		13
男	1	6	3		10
女		2	1		3
总计	13	56	21	1	91

图 2-156　高级数据透视表

➢ 单击数据透视表中“行标签”的下拉箭头按钮，下拉菜单如图 2-157 所示。

➢ 在“选择字段”下列列表中选择“部门”字段。

➢ 在复选框中勾选“行政部”和“综合研发部”，取消其他复选框，单击“确定”按钮。

➢ 采用同样的方法，在“列字段”的下拉菜单中勾选“本科”和“硕士”，取消其他复选框。

➢ 完成设置后的数据透视表如图 2-158 所示。

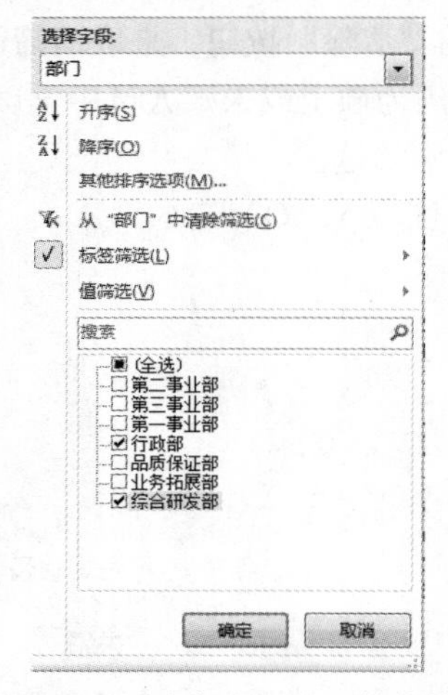

图 2-157　“行标签”的下拉菜单

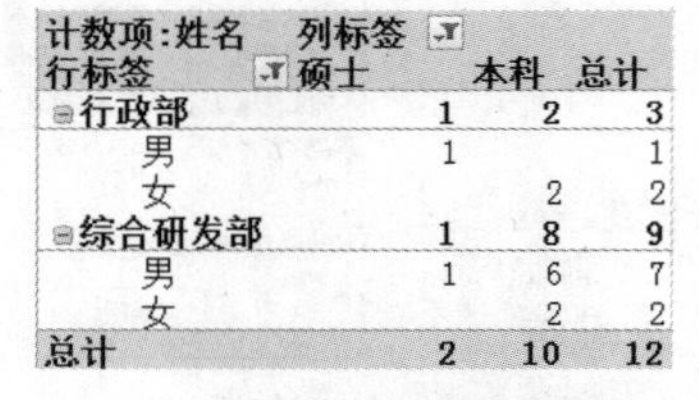

计数项:姓名	列标签		
行标签	硕士	本科	总计
⊟行政部	1	2	3
男	1		1
女		2	2
⊟综合研发部	1	8	9
男	1	6	7
女		2	2
总计	2	10	12

图 2-158　筛选后的数据透视表

（11）创建数据透视图。

➢ 单击上一步中生成的数据透视表中第 1 列数据左侧的减号按钮⊟，使其变为加号⊞来折叠“性别”分类。

➢ 单击数据透视表中的任意单元格，选择“数据透视工具”选项卡中“选项”选项卡中的“工具”选项组里的“数据透视图”按钮，打开“插入图表”对话框。

➢ 选择图表类型为“簇状柱形图”，单击“确定”按钮，生成如图 2-159 所示的数据透视图。

（12）以“部门”作为分类字段，对“人事档案表”工作表进行分类汇总，汇总出各部门人员的平均年龄。

➢ 在“人事档案表”工作表中，单击 A 列中任意一个单元格，选择“开始”选项卡中“编辑”选项组的“排序和筛选”按钮，在下拉菜单中选择“升序”命令。

➢ 单击数据列表中的任一单元格，选择“数据”选项卡中“分级显示”选项组的“分类汇总”按钮，打开“分类汇总”对话框。
➢ 在“分类字段”下拉列表框中选择“部门”。
➢ 在“汇总方式”下拉列表框中选择“平均值”。
➢ 在“选定汇总项”列表框中选择“年龄”。
➢ 完成后的对话框如图 2-160 所示，单击“确定”按钮。

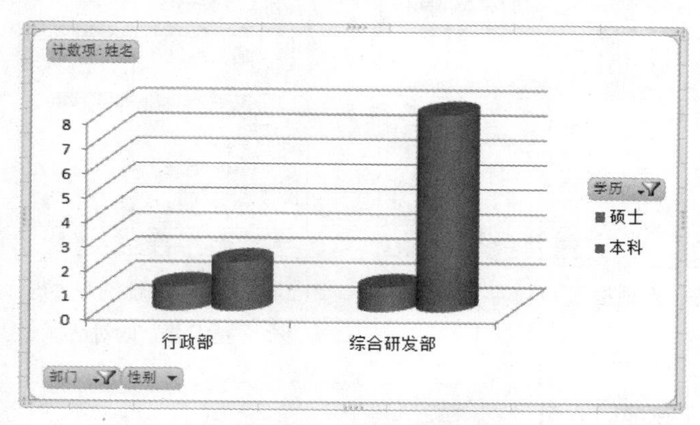

图 2-159　数据透视图

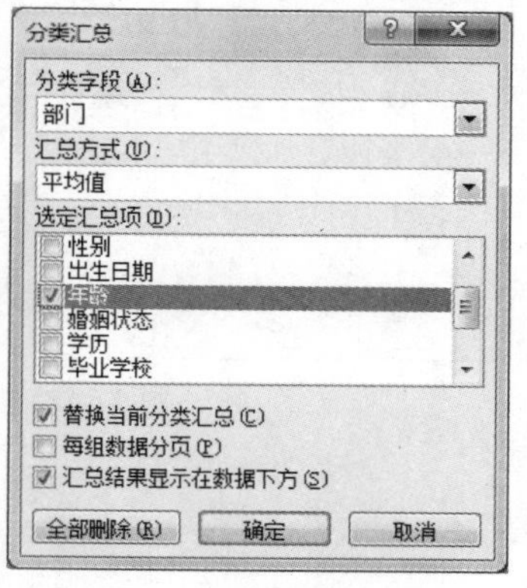

图 2-160　“分类汇总”对话框

（13）以“部门”和“性别”作为分类字段，对“人事档案表”工作表进行分类汇总，汇总出各部门中男性和女性人员的平均年龄。

➢ 单击数据列表中的任一单元格，选择“数据”选项卡中“分级显示”选项组的“分类汇总”按钮，打开“分类汇总”对话框。
➢ 单击对话框中的“全部删除”按钮，删除上一步骤中完成的分类汇总。
➢ 选择“数据”选项卡中“排序和筛选”选项组里的“排序”按钮，打开“排序”对话框。
➢ 设置主要关键字为“部门”，次要关键字为“性别”，均按数值“升序”排列。
➢ 完成后的对话框如图 2-161 所示，单击“确定”按钮关闭对话框。
➢ 选择“数据”选项卡中“分级显示”选项组的“分类汇总”按钮，打开“分类汇总”对话框，参考（12）中的设置，按照“部门”分类汇总出各部门人员的平均年龄，单击“确定”按钮关闭对话框。
➢ 再次选择“数据”选项卡中“分级显示”选项组的“分类汇总”按钮，打开“分类汇总”对话框，将“分类字段”更改为“性别”，其余设置不变。
➢ 取消对话框中“替换当前分类汇总”复选框。
➢ 完成后的对话框如图 2-162 所示，单击“确定”按钮关闭对话框。

（14）折叠汇总项，并创建图表。

➢ 选中 E4:E116 单元格区域，单击“开始”选项卡中“数组”选项组里的“减少小数位数”按钮，设置数据显示 0 位小数。
➢ 单击行号左侧的减号按钮，使其变为加号，用于折叠汇总项。
➢ 选中折叠后的单元格区域中 A 列和 E 列数据，单击“插入”选项卡中“图表”选项组里的“柱形图”按钮，在下拉菜单中选择“三维簇状柱形图”来插入图表。
➢ 更改图表标题为“各部门人员平均年龄”。
➢ 在图表空白处单击鼠标右键，在快捷菜单中选择“设置图表区域格式”命令，打开“设置图表区格式”对话框。

- 在对话框的“填充”选项卡中设置为“纯色填充”，颜色为“橙色”（第 2 行最后一个）。
- 单击“关闭”按钮关闭对话框，生成的图表如图 2-163 所示。

（15）再次保存工作簿文件。

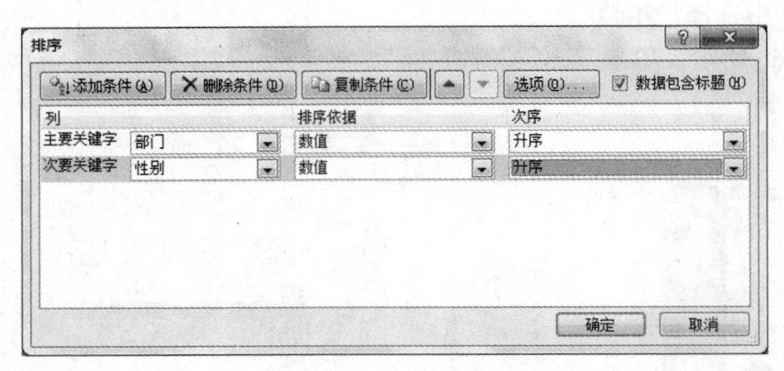

图 2-161 “排序”对话框

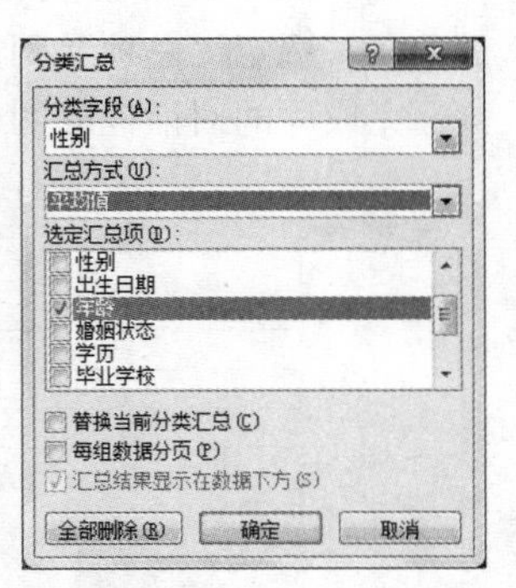

图 2-162 按照“性别”进行“分类汇总”的对话框

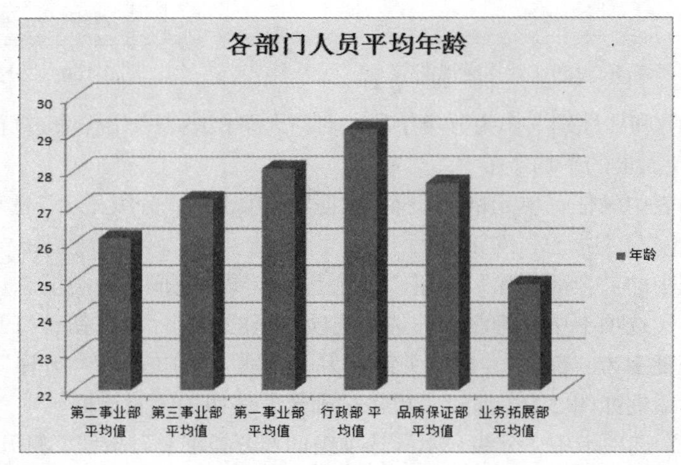

图 2-163 各部门年龄统计图

第3章 演示文稿软件 PowerPoint 2010

3.1 PowerPoint 2010 概述

3.1.1 主要功能

PowerPoint 2010 是 Microsoft Office 2010 办公自动化套装软件的一个重要组成部分，是一个演示文稿制作软件。Microsoft Office 2010 集文字、表格、公式、图表、动态 SmartArt 图形、图片、艺术字、声音、视频和 Flash 等多种媒体元素于一身，配合主题模板、母版、版式、超链接、动作按钮、动画设置、过渡切换和幻灯片放映等丰富便捷的编辑设置技术，可以快速创建极具感染力和视觉冲击力的动态演示文稿。

使用 PowerPoint 2010 创建的文档称为演示文稿，默认扩展名为“.pptx”，每个演示文稿通常由若干张相关的幻灯片组成。

3.1.2 工作界面

启动 PowerPoint 2010 应用程序后，用户将看到全新的工作界面，如图 3-1 所示。PowerPoint 2010 的工作界面主要由快速访问工具栏、标题栏、选项卡、功能区、幻灯片/大纲浏览窗格、幻灯片编辑窗格、备注窗格和状态栏等部分组成。

图 3-1　PowerPoint 2010 工作界面

1. 快速访问工具栏

该工具栏位于工作界面的左上角，包含一组用户使用频率较高的工具，如“新建”“保存”“撤销”“恢复”等。用户可单击“快速访问工具栏”右侧的倒三角按钮，在展开的列表中选择要在其中显示或隐藏的工具按钮。

2. 标题栏

标题栏位于工作界面的顶端，显示当前正在编辑的演示文稿的名称。其右侧有一组最大化、最小化和关闭按钮，用于应用程序的最大化、最小化和关闭操作。

3. 选项卡

选项卡位于标题栏的下方，常用的有文件、开始、插入、设计、切换、动画、幻灯片放映、审阅和视图 9 个不同类别的选项卡。选项卡中含有多个选项组，根据操作对象的不同，还会增加相应的选项卡，称为“上下文选项卡”。例如，只有在幻灯片插入某一图片，选择该图片时才会显示“图片工具—格式”选项卡。这些选项卡可以进行绝大多数的 PowerPoint 操作。

4. 功能区

功能区位于选项卡的下面，当选中某个选项卡后，其对应的多个选项组出现在其下方，每个选项组内含有若干命令或按钮。例如，单击“开始”选项卡，其功能区包含“剪贴板”“幻灯片”“字体”“段落”“绘图”“编辑”等选项组。

5. 演示文稿编辑区

演示文稿编辑区位于功能区下方，包括左侧的幻灯片/大纲浏览窗格、右侧的幻灯片编辑窗格和右侧下方的备注窗格。

（1）左侧幻灯片/大纲浏览窗格含有“幻灯片”和“大纲”两个选项卡。单击“幻灯片”选项卡，可以显示各幻灯片缩略图。单击某幻灯片缩略图，将立即在右侧幻灯片窗格显示该幻灯片。在“大纲”选项卡中，可以显示各幻灯片的标题和正文信息，在右侧幻灯片窗格中编辑标题或正文内容时，大纲窗口也同步变化。

（2）右侧幻灯片窗格是幻灯片内容编辑区域，默认给出的是一个典型的标题幻灯片版式作为演示文稿的第一张幻灯片，也就是标题幻灯片。

（3）右下侧的备注窗格用于添加备注区域，用来对幻灯片进行说明。在演讲时，备注常用来提示当前幻灯片要表现的内容。

6. 状态栏区

状态栏位于工作界面最下方左侧，在不同的视图方式下显示的内容略有不同，主要显示当前文件包含多少张幻灯片、当前幻灯片是第几张以及幻灯片主题等信息。

3.1.3 视图方式

PowerPoint 2010 中对幻灯片提供了多种显示方式，称为视图。有演示文稿视图、幻灯片放映视图、母版视图。演示文稿视图有 4 种：普通视图、幻灯片浏览视图、幻灯片备注视图、阅读视图。母版视图有 3 种：幻灯片母版、讲义母版、备注母版。下面介绍 4 种主要视图方式，分别为普通视图、幻灯片浏览视图、阅读视图、幻灯片放映视图。

切换演示文稿视图的方法如下。

方法一：在 PowerPoint 窗口下方的状态栏右侧，有一组按钮，对应于 4 种视图方式。

方法二：单击功能区的“视图”选项卡的“演示文稿视图”组中相应的视图按钮。

1. 普通视图

在 PowerPoint 窗口下方的状态栏，单击“普通视图”按钮，即可打开该视图方式，如图 3-2 所示。普通视图是建立和编辑幻灯片的主要方式。普通视图主要分为三大区域，最左边窗格包括幻灯片/大纲两个选项卡；右侧为幻灯片编辑窗格，使用它可以查看、编辑、设计每张幻灯片中的文本外观，并能够在单张幻灯片中添加图片、影片、声音等；视图下方为备注窗格，用户可以在此处添加备注信息。

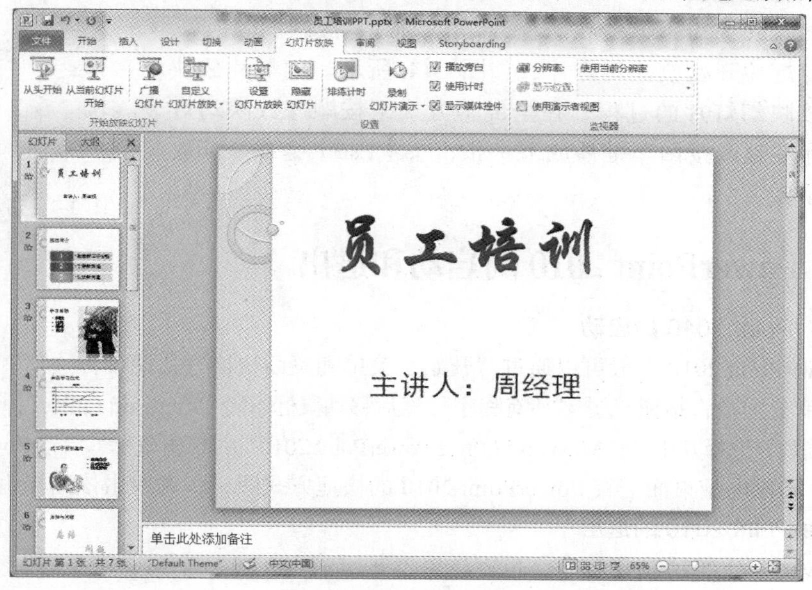

图 3-2　普通视图

2. 幻灯片浏览视图

在 PowerPoint 窗口下方的状态栏，单击“幻灯片浏览”按钮，即可打开该视图方式，如图 3-3 所示。在该视图下可以在一屏中显示多张幻灯片。此时幻灯片缩小，按顺序排列在窗口中。在此视图中，可以通过改变常用工具栏中的显示比例，在一屏中浏览更多的幻灯片或者让幻灯片显示得较大，还可以对幻灯片进行移动、复制、删除等操作。如果在某张幻灯片上双击，即可切换到普通视图。

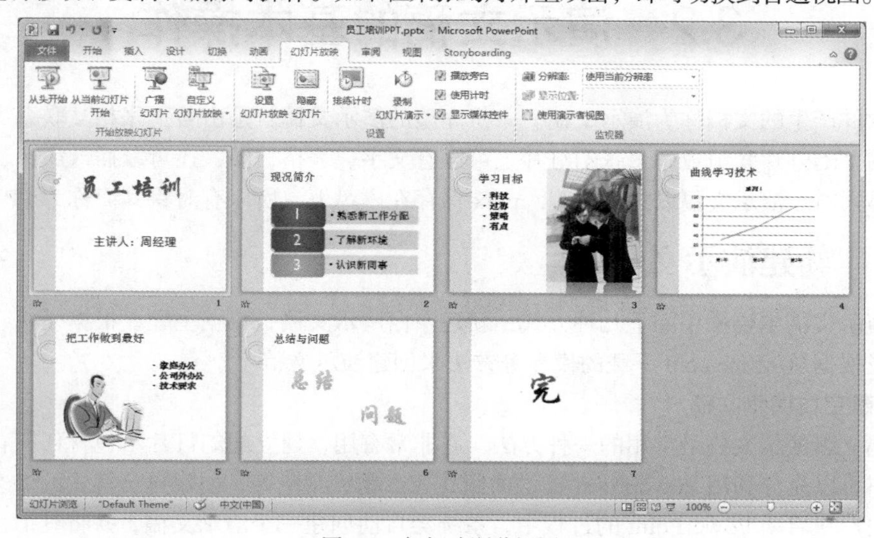

图 3-3　幻灯片浏览视图

3. 阅读视图

阅读视图隐藏了用于幻灯片编辑的各种工具，仅保留标题栏、状态栏和幻灯片窗格，通常用于演示文稿制作完成后对其进行简单的预览。单击状态栏的视图切换按钮即可从阅读视图切换到其他视图方式。

4. 幻灯片放映视图

在 PowerPoint 窗口下方的状态栏，单击“幻灯片放映”按钮，即可从当前幻灯片开始放映幻灯片，如图 3-4 所示。幻灯片放映视图是模仿放映幻灯片的过程，在全屏幕方式下按顺序放映幻灯片。单击鼠标左键或按回车键播放下一张，按【Esc】键或全部放映完后恢复原样。

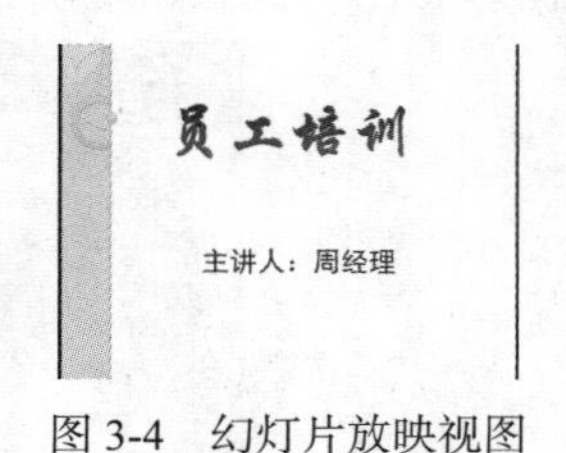

图 3-4　幻灯片放映视图

3.1.4　PowerPoint 2010 的启动和退出

1. PowerPoint 2010 的启动

启动 PowerPoint 2010 一般可以通过“开始”菜单和桌面快捷方式两种方法。

方法一：单击“开始”按钮，选择“所有程序”，然后移动鼠标指向“Microsoft Office”，单击“Microsoft Office”打开列表，选择其中的“Microsoft Office PowerPoint 2010”并单击鼠标，启动 PowerPoint 2010。

方法二：如果电脑桌面上有 PowerPoint 2010 的快捷方式图标，则双击该图标也可启动。

2. PowerPoint 2010 的退出

退出 PowerPoint 2010 应用程序，也就是关闭 PowerPoint 2010 窗口，主要有以下几种方法。

方法一：单击窗口右上角的“关闭”按钮。

方法二：选择“文件”选项卡中的“退出”菜单项。

方法三：按【Alt + F4】组合键。

方法四：单击快速访问工具栏上的 PowerPoint 2010 按钮，在打开的菜单中单击“关闭”菜单项，退出 PowerPoint 2010。

3.2　演示文稿的基本操作

演示软件产生的文档称为演示文稿。一份完整的演示文稿就是由若干张相互联系、并按一定顺序排列的“幻灯片”组成。每张幻灯片上可以有文字、表格、图，还可以插入声音、动画、视频等多媒体素材。演示文稿以扩展名为. pptx 保存在磁盘上，所以有时将其简称为 PPT 文件。

3.2.1　新建演示文稿

新建演示文稿主要采用如下几种方式：新建空白演示文稿，根据主题、根据模板、根据现有演示文稿或根据从 office.com 下载的模板等方法来创建演示文稿。

1. 创建空白演示文稿

这是建立新演示文稿最常用的一种方法，它非常有用，建立的幻灯片不包含任何背景图案、内容，用户可以充分利用 PowerPoint 提供的版式、主题、颜色等，创建自己喜欢的、有个性的演示文稿。用户在启动 PowerPoint 的过程中，系统会自动创建一个演示文稿，并将其命名为“演示文稿 1”。除此之外，还可以通过以下 2 种方法新建演示文稿。

方法一：使用选项卡。单击“文件”选项卡的“新建”功能，选择“空白演示文稿”并单击“创建”按钮。

方法二：使用快速访问工具栏。单击快速访问工具栏的“新建”按钮，新建一个空白演示文稿。

2. 根据模板创建演示文稿

模板是一种以特殊格式保存的演示文稿。一旦应用了一种模板，幻灯片的背景图案、配色方案等都已经确定，所以套用模板可以提高创建演示文稿的效率。单击“文件”选项卡的“新建”功能，在“样板模板”中任意选择一种，并单击“创建”按钮。

3. 根据现有内容创建演示文稿

如果想使用现有演示文稿中的一些内容和风格来设计其他演示文稿，就可以使用“根据现有内容新建”功能。单击“文件”选项卡的“新建”功能，选择“根据现有内容新建”命令，然后在打开的“根据现有演示文稿新建”对话框中选择需要应用的演示文稿文件，单击“创建”按钮。

3.2.2　打开和保存演示文稿

1. 打开演示文稿

常用的打开 PowerPoint 演示文稿的方法有以下三种。

方法一：使用选项卡。单击“文件”选项卡，选择“打开”功能，会弹出“打开”对话框，在对话框中选择演示文稿文件所在的位置和文件名后，单击“打开”按钮。

方法二：使用快速访问工具栏。单击快速访问工具栏右侧的按钮，出现下拉菜单，选择“打开”命令向快速访问工具栏中添加“打开”按钮，单击该按钮弹出“打开”对话框，选择演示文稿文件所在的位置和文件名后，单击“打开”按钮。

方法三：双击演示文稿文件。在“资源管理器”窗口中双击要打开的演示文稿文件。

2. 保存演示文稿

可选择以下方法保存演示文稿。

方法一：使用选项卡。单击“文件”选项卡，选择“保存”或“另存为”功能，保存演示文稿。

方法二：使用快速访问工具栏。单击快速访问工具栏的“保存”按钮，保存演示文稿。

3.2.3　幻灯片版式应用

PowerPoint 为幻灯片提供了多个幻灯片版式供用户根据内容需要选择，幻灯片版式确定了幻灯片内容的布局，单击“开始”选项卡下的“幻灯片”选项组的“版式”按钮版式，可为当前幻灯片选择版式，如图 3-5 所示。

确定了幻灯片版式后，即可在相应的栏目和对象框内添加或插入文本、图片、表格、图形、图标、媒体剪辑等内容。

3.2.4　幻灯片的基本操作

1. 选中幻灯片

（1）选中单张幻灯片

方法一：在普通视图中，单击左侧窗格的“幻灯片”选项卡，单击整张幻灯片即可选中幻灯片。

方法二：在普通视图中，单击左侧窗格的“大纲”选项卡，单击文字左侧的幻灯片标记图标即可选中幻灯片。

方法三：在幻灯片浏览视图中，直接单击需要的幻灯片即可选中幻灯片。

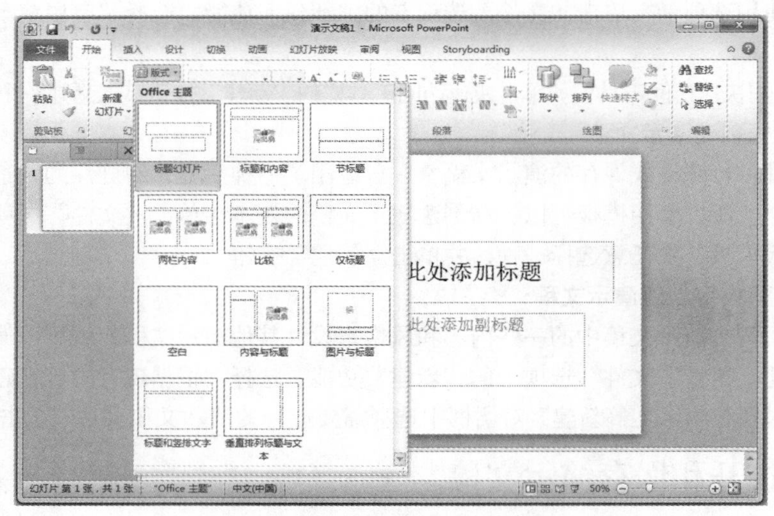

图 3-5　幻灯片版式功能

（2）选中不连续的多张幻灯片

选中一张幻灯片后，按住【Ctrl】键继续单击其他的幻灯片标记图标则可选中分散的多张幻灯片。

（3）选中连续的多张幻灯片

选中一张幻灯片后，按住【Shift】键继续单击其他的幻灯片标记图标则可选中连续的多张幻灯片。

2. 插入幻灯片

要插入幻灯片，可以有以下几种方法。

方法一：在普通视图中，单击左侧窗格的“幻灯片”选项卡，选中某幻灯片缩略图，在“开始”选项卡下单击“幻灯片”选项组的“新建幻灯片”右侧的下拉按钮，从出现的幻灯片版式中选择一种版式，则在当前选中幻灯片后新插入一张指定版式的幻灯片。

方法二：在普通视图中，单击左侧窗格的“幻灯片”选项卡，选中某幻灯片缩略图，单击鼠标右键，在弹出的菜单中选择“新建幻灯片”命令，则在当前选中幻灯片后插入一张新幻灯片。

方法三：在“幻灯片浏览”视图模式下，移动光标到需要插入幻灯片的位置，单击鼠标左键，出现黑色竖线，单击鼠标右键，在弹出的快捷菜单中选择“新建幻灯片”命令，则在当前位置插入一张新幻灯片。

3. 删除幻灯片

要删除幻灯片，可以有以下三种方法。

方法一：在普通视图中，单击左侧窗格的“幻灯片”选项卡，选中某幻灯片缩略图，按【Delete】键删除。

方法二：在普通视图中，单击左侧窗格的“幻灯片”选项卡，选中某幻灯片缩略图，单击鼠标右键，在弹出的快捷菜单中选择“删除幻灯片”命令，删除当前幻灯片。

方法三：在幻灯片浏览视图中选中幻灯片，按【Delete】键删除。若删除多张幻灯片，先选中这些幻灯片，然后按【Delete】键删除。

4. 复制幻灯片

先选中要被复制的单张或多张幻灯片，然后可以按以下几种方法进行幻灯片复制。

方法一：在“幻灯片/大纲浏览窗格”选中某幻灯片缩略图，在“开始”选项卡下，单击“剪贴板”选项组的“复制”按钮，将鼠标定位到需要插入幻灯片的位置，单击“开始”选项卡的“剪贴板”选项组的“粘贴”按钮，即可将幻灯片复制到需要的位置。

方法二：选中某张幻灯片，单击鼠标右键，从弹出的快捷菜单中选择“复制幻灯片”命令，在需要插入幻灯片的位置单击，单击“开始”选项卡的“剪贴板”选项组的“粘贴”按钮，即可在当前幻灯片之后复制该幻灯片。

5. 移动幻灯片

先选中要被移动的单张或多张幻灯片，然后可以按以下几种方法进行幻灯片移动。

方法一：在“普通视图”视图的“幻灯片/大纲浏览窗格”选中幻灯片，直接拖动幻灯片至合适位置。

方法二：在“幻灯片浏览”视图中，选中幻灯片，直接拖动幻灯片至合适位置。

方法三：在“普通视图”视图的“幻灯片/大纲浏览窗格”选中幻灯片，单击“开始”选项卡“剪贴板”选项组，的“剪切”按钮，在需要移动幻灯片的目标位置单击“粘贴”按钮。

3.3　幻灯片中的对象编辑

用户在建立幻灯片时通过选择“幻灯片版式”为插入的对象提供了占位符，在占位符中可插入所需的文字、图片、表格等对象。此外，在 PowerPoint 中还提供了插入声音和影片、动作、超链接等多媒体对象的功能。

3.3.1　插入文本框和艺术字

文本是构成演示文稿的最基本元素之一，是用来表达演示文稿主题和主要内容的，可以在普通视图或大纲视图的幻灯片中编辑文本，并设置文本格式。

1. 使用占位符

占位符是包含文字和图形等对象的容器，其本身是构成幻灯片内容的基本对象，在占位符中可以输入幻灯片的标题、副标题和正文。可以调整占位符的大小并移动它们。在如图 3-6 所示的界面中，单击文本占位符，即可键入或粘贴文本。

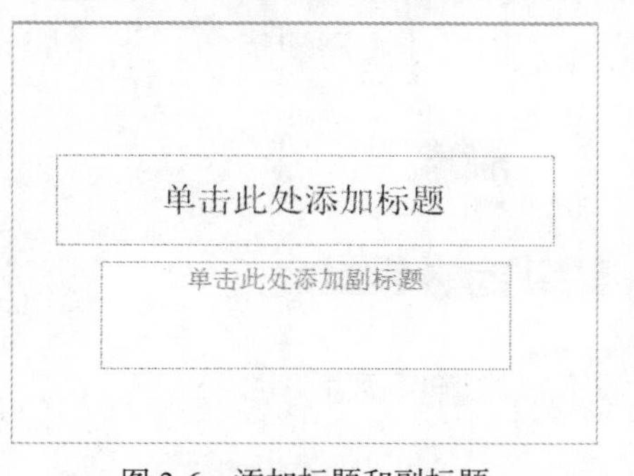

图 3-6　添加标题和副标题

2. 使用文本框

当需要在文本占位符以外添加文本时，在“插入”选项卡的“文本”选项组单击“文本框”按钮下面的下拉箭头，选择要插入一个横排或竖排的文本框，单击插入，按下鼠标左键绘制文本框，并在其中输入文本。

3. 插入艺术字

在“插入”选项卡“文本”选项组单击“艺术字”按钮，弹出艺术字样式列表。在艺术字样式列表中选择一种艺术字样式，插入艺术字。

3.3.2　插入图片和形状

在 PowerPoint 中插入图片、形状的方法和 Word 中的方法类似。

1. 插入图片文件

在普通视图中，选中要插入图片的幻灯片，在“插入”选项卡“图像”选项组单击“图片”按钮，出现“插入图片”对话框，选择要插入的图片文件，单击“插入”按钮即可。

2. 插入剪贴画

在普通视图中，选中要插入剪贴画的幻灯片，在“插入”选项卡“图像”选项组单击“剪贴画”按钮，打开“剪贴画”窗格，在“搜索文字”文本框中输入搜索信息，“在搜索范围”下拉列表框中选择搜索的范围，之后单击“搜索”按钮即可搜索到相关的图片。

3. 插入形状

在普通视图中，选中要插入形状的幻灯片，在“插入”选项卡“插图”选项组单击“形状”按钮，就会出现各类形状的列表，单击要插入的形状，按下鼠标左键绘制形状。

3.3.3 插入表格和图表

1. 插入表格

选择要创建表格的幻灯片，在“插入”选项卡“表格”选项组单击“表格”命令，弹出表格的下拉列表，在表格预览中拖动鼠标，即可在幻灯片中创建相应行列数的表格。

2. 插入图表

选择要创建图表的幻灯片，在“插入”选项卡“插图”选项组单击“图表”命令，弹出图表的对话框，选择图表类型，单击“确定”按钮，系统即可自动使用 Excel 打开一个工作表，在工作表中输入图表的数据，并会根据工作表建好图表。

3.3.4 插入 SmartArt 图形

SmartArt 图形是信息和观点的视觉表示形式。使用 SmartArt 图形可以非常直观地说明层次关系、附属关系、并列关系、循环关系等各种常见关系，而且制作的图形漂亮精美，具有很强的立体感和画面感。

在普通视图中，选中要插入 SmartArt 图形的幻灯片，在“插入”选项卡“插图”选项组单击“SmartArt”按钮，出现“选择 SmartArt 图形”对话框，如图 3-7 所示，选择要插入的图形，单击“确定”按钮即可。

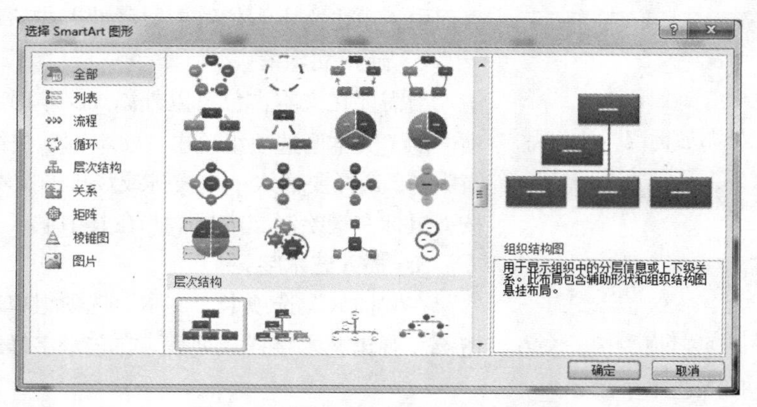

图 3-7 “选择 SmartArt 图形”对话框

选中已经插入的 SmartArt 图形，功能区将显示“设计”和“格式”选项卡，可以编辑图形、更改布局和样式的类型。图 3-8 为 SmartArt 图形的一个实例。

3.3.5　插入声音和视频

为了使放映幻灯片时能同时播放解说词或音乐，可以插入一些简单的声音和视频。

1. 插入声音

在普通视图中，选中要插入声音的幻灯片，在“插入”选项卡“媒体”选项组单击“音频”按钮下的三角形下拉按钮，可以插入“文件中的音频”“剪贴画中的音频”，还可以录制音频操作。幻灯片中插入声音后，幻灯片中会出现声音图标，还会出现浮动声音控制栏，单击控制栏上的播放按钮，可以预览声音效果，如图 3-9 所示。

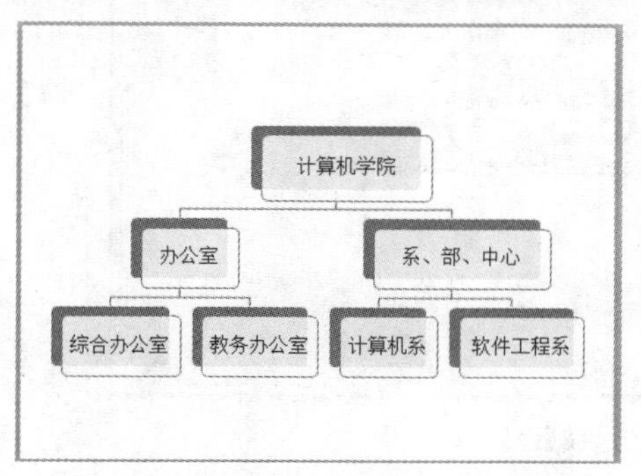

图 3-8　SmartArt 图形实例

图 3-9　插入声音文件

外部声音文件可以是 MP3 文件、WAV 文件、WMA 文件等。

2. 插入视频文件

在普通视图中，选中要插入视频的幻灯片，在“插入”选项卡“媒体”选项组单击“视频”按钮下的三角形下拉按钮，可以插入“文件中的视频”“来自网站的视频”“剪贴画中的视频”。幻灯片中插入视频后，幻灯片中会出现视频图标，还会出现浮动视频控制栏，可以调整播放视频的幅面大小，单击栏上的播放按钮，可以预览视频效果。

3.4　演示文稿外观设计

PowerPoint 2010 提供了多种演示文稿外观设计功能，用户可以采用多种方式修饰和美化演示文稿，制作出精致的幻灯片，更好地展示用户要表达的内容。外观设计采用的主要方式有：使用主题、设置背景、设置页眉和页脚，此外，还可以设计更符合用户需要的母版使幻灯片外观一致。

3.4.1　设置幻灯片主题

PowerPoint 2010 提供了几十种设计主题，以便用户可以轻松快捷地更改演示文稿的整体外观。所谓主题指的是含有演示文稿样式的文件，包含配色方案、背景、字体样式和占位符位置等。在演示文稿中选择使用某种主题后，该演示文稿中使用此主题的每张幻灯片都会具有统一的颜色配置和布局风格。

1. 使用主题

（1）使用内置主题

打开演示文稿，在“设计”选项卡的“主题”选项组内显示了部分内置主题列表，单击主题列表右下角的“其他”按钮，就可以显示全部内置主题，如图 3-10 所示，鼠标移到某主题，会显示主题的名称。单击该主题，会按所选主题的颜色、字体和图形外观效果修饰演示文稿。

图 3-10　内置主题设置

若需要只设置部分幻灯片的主题，可选择要设置主题的幻灯片，右击该主题，则弹出快捷菜单，选择快捷菜单中的“应用于选定幻灯片”命令，则所选幻灯片按该主题效果更新，其他幻灯片不变。如果选择快捷菜单中的“应用于相应幻灯片”命令，那么原本与当前幻灯片相同主题的所有幻灯片将应用该主题。如果选择快捷菜单中的“设置为默认主题”命令，则当用户新建演示文稿时，幻灯片自动应用该主题。

（2）使用外部主题

如果可选的内置主题不能满足用户的需求，可单击主题列表右侧的“其他”按钮，在弹出的下拉列表中选择“浏览主题(M)…”命令，并在“选择主题或主题文档”对话框中选取所需主题。

2. 设置主题颜色、主题字体和主题效果

主题是主题颜色、主题字体和主题效果三者的组合，用户可根据需要单独设置主题的颜色、字体和效果。

主题颜色是指一组可以预设背景、文本、线条、阴影、标题文本、填充、强调和超链接的色彩组合。PowerPoint 可以为指定的幻灯片选取一个主题颜色方案，也可以为整个演示文档的所有幻灯片应用同一种主题颜色方案。默认情况下，演示文稿的主题颜色是由用户使用的主题决定的，用户也可根据需要更改颜色方案。

（1）设置主题颜色

设置主题颜色的操作步骤如下。

- 单击“设计”选项卡“主题”选项组的“颜色”按钮，出现颜色列表。“内置”栏显示 Office 内置的可选颜色组，鼠标指针经过这些颜色组的时候，当前幻灯片显示应用该主题颜色组的效果。单击某个颜色组，即可将其应用于与当前幻灯片同主题的所有幻灯片。右键单击颜色组，用户可根据需要选择只将该颜色应用于所选幻灯片或全部幻灯片等。
- 如果用户对内置的颜色组不满意，可单击列表下方的“新建主题颜色(C)…”命令，打开如图 3-11 所示的“新建主题颜色”对话框。

➢ 设置完各部分颜色后，若对“示例”栏显示的效果不满意，单击“重置”按钮即可将所有颜色还原到原始状态；若对效果满意，可在“名称”文本框中输入新建主题颜色的名称，单击“保存”按钮保存且自动应用该主题颜色。

➢ 保存后的自定义主题颜色将出现在颜色列表的最上方。若要删除或再次编辑该主题颜色，可在其上单击鼠标右键，在弹出的快捷菜单中选择“编辑”或“删除”命令。

（2）设置主题字体

设置主题字体的操作步骤如下。

➢ 单击“设计”选项卡的“主题”选项组的“字体”按钮，出现字体列表。“内置”栏显示 Office 内置的可选字体，鼠标指针经过这些字体的时候，当前幻灯片预览显示应用该字体的效果。单击某个字体，即可将其应用于与当前幻灯片同主题的所有幻灯片。右键单击字体，将弹出快捷菜单，用户可根据需要选择将该字体应用于相应幻灯片或全部幻灯片等。

➢ 如果用户对内置字体不满意，可单击列表下方的“新建主题字体”命令，弹出如图 3-12 所示的“新建主题字体”对话框。

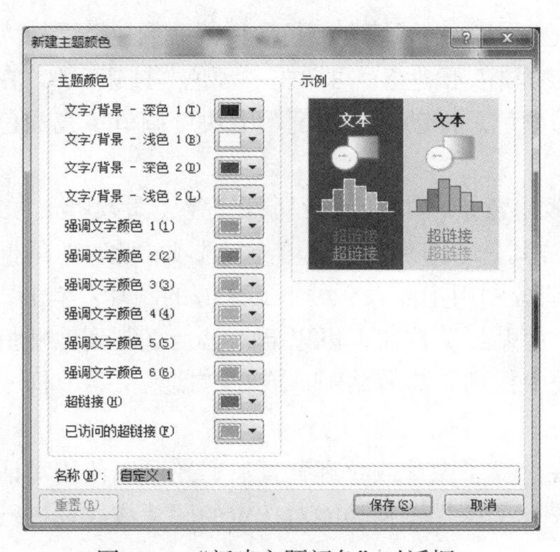

图 3-11 “新建主题颜色”对话框

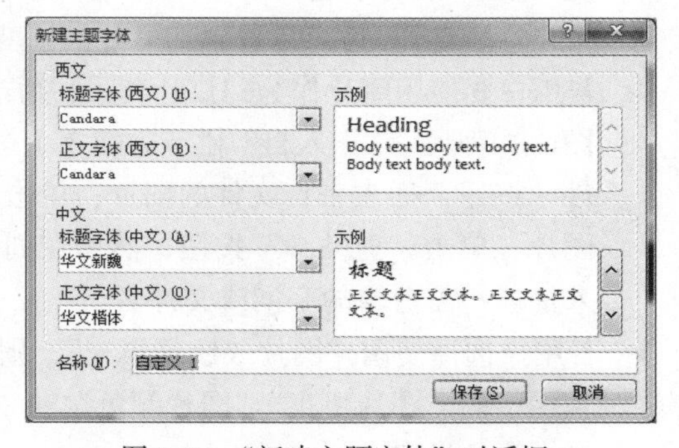

图 3-12 “新建主题字体”对话框

用户可在对话框中设置标题和正文的中、西文字体。在“名称”文本框中输入新建主题字体的名称，并单击“保存”按钮即可保存该主题字体，并自动应用到当前文档。

保存后的自定义主题字体将出现在字体列表的最上边。若要删除或再次编辑该主题字体，可在其上右击，在弹出的快捷菜单栏中选择“编辑”或“删除”命令。

（3）设置主题效果

单击“设计”选项卡的“主题”选项组的“效果”按钮，出现效果列表，显示出系统内置的各种效果。单击某个效果图标即可将其应用于当前演示文稿。

3.4.2 设置幻灯片背景

用户可以为幻灯片设置颜色、图案或者纹理等背景，也可以使用图片作为幻灯片背景。设置幻灯片背景的操作步骤如下。

➢ 单击“设计”选项卡的“背景”选项组中的“背景样式”按钮背景样式，在弹出的下拉菜单中选择“设置背景格式”命令，打开“设置背景格式”对话框，如图 3-13 所示。

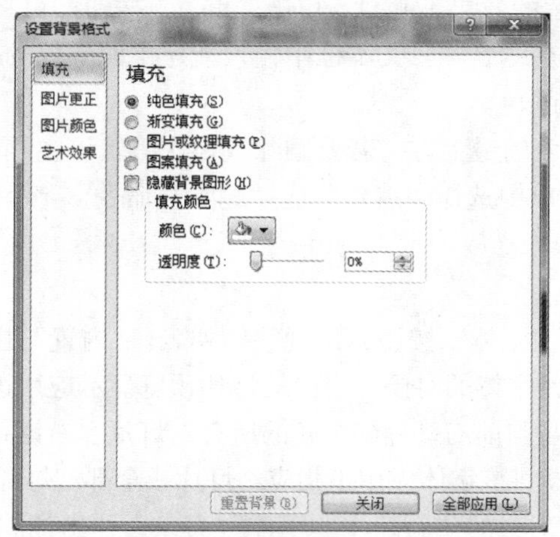

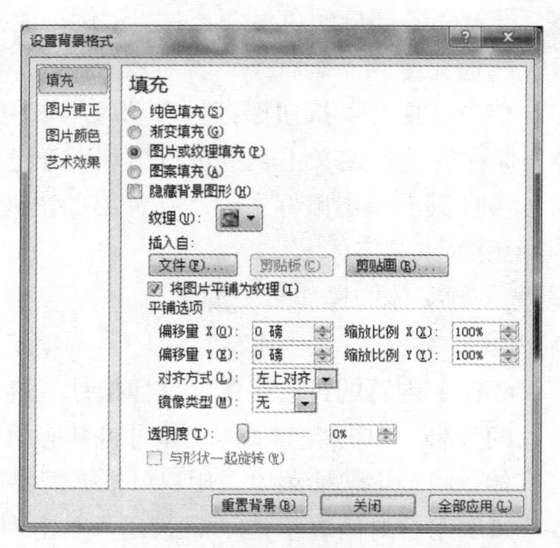

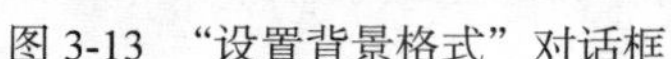

图 3-13 “设置背景格式”对话框　　　　图 3-14 选择不同来源的图片作为背景

- 若要使用纯色填充，则勾选“纯色填充”选项后，在“填充颜色”栏的“颜色”下拉列表框中选择幻灯片的背景颜色。若对所提供的颜色不满意，可单击“颜色”按钮，在弹出的“颜色”对话框中选择自己所需要的颜色。拖动“透明度”滑块可调节填充颜色的透明度，0%为不透明，100%为完全透明。
- 除纯色填充外，还可以设置幻灯片的渐变效果背景、图片或纹理填充背景、图案填充背景。
- 若用户要使用图片作为幻灯片背景，则首先勾选“图片或纹理填充”选项，此时对话框如图 3-14 所示。“插入自”栏下边的 3 个按钮分别用于插入 3 种不同来源的图片。单击“文件”按钮，插入来自文件的图片；单击“剪贴板”按钮，可以插入已经复制到剪贴板的图片；单击“剪贴画”按钮，然后在列表中找到所需剪贴画，或在“搜索文字”框中键入描述所需剪辑的字词或文件名。
- 若用户选择使用“图片或纹理填充”，则在选择了图片或纹理背景后，还可以使用对话框左栏中的“图片更正”“图片颜色”和“艺术效果”3 种功能对选定的图片或纹理进行更进一步的设置、加工。
- 勾选对话框中的“隐藏背景图形”选项可使幻灯片不显示当前主题中的背景图形。
- 设置完成后，单击“关闭”按钮可将设置应用到当前幻灯片；单击“全部应用”按钮可将设置应用到演示文稿中的所有幻灯片；单击“重置背景”按钮将对话框中的设置还原到打开对话框时的状态。

3.4.3 幻灯片母版制作

母版是当前演示文稿中所有幻灯片的蓝本，凡是在某版式的母版中所做的任何设置与修改都将影响到整个演示文稿的同一版式的所有幻灯片，这样可以使整个演示文稿保持一致的风格和布局，同时提高了编辑效率。PowerPoint 有 3 种母版，分别为幻灯片母版、讲义母版和备注母版。

下面介绍幻灯片母版的制作方法。

制作幻灯片母版具体的操作步骤如下。

- 打开演示文稿，单击“视图”选项卡中“母版视图”选项组内的“幻灯片母版”按钮，进入“幻灯片母版”视图。同时打开“幻灯片母版视图”工具栏，如图 3-15 所示。

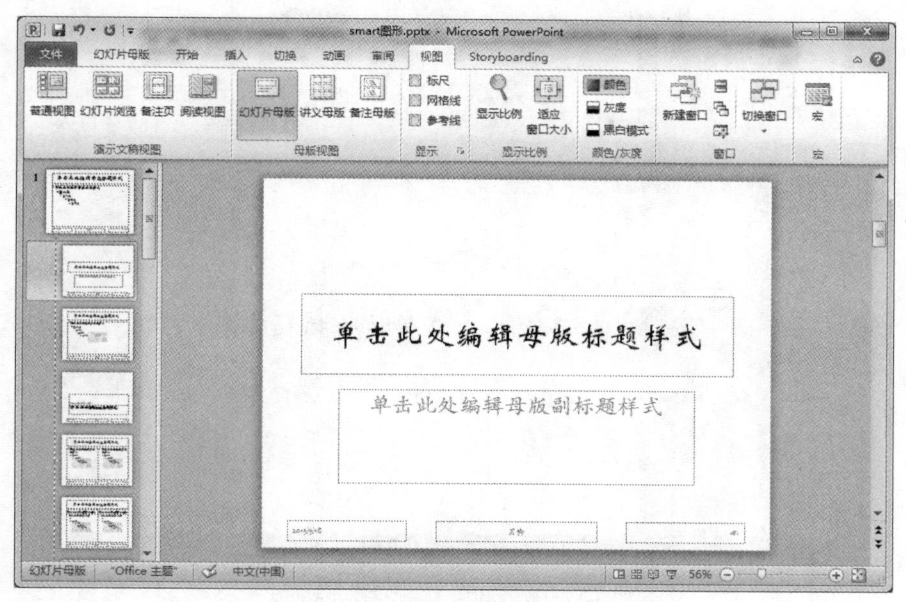

图 3-15　“幻灯片母版视图”工具栏

➢ 在幻灯片母版视图中，左侧的窗格中显示不同类型的幻灯片母版缩略图，如选择“标题幻灯片”，在右侧的编辑区中可对母版进行编辑。

➢ 选择标题占位符可以修改主标题的字体和颜色，如修改为“华文新魏”，选择副标题占位符也可以修改副标题的字体和颜色。

➢ 单击“幻灯片母版”选项卡下的“母版版式”选项组的“插入占位符”按钮下方的三角形箭头，弹出下拉列表，如图 3-16 所示，插入可选的占位符，如图片，并调整到幻灯片上适当位置，删除底部占位符，如图 3-17 所示。

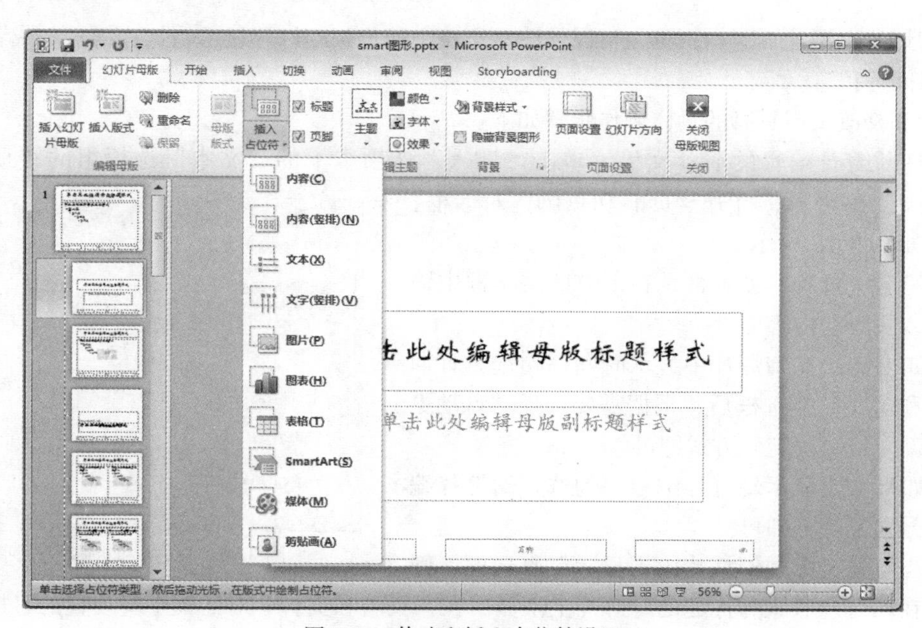

图 3-16　修改和插入占位符设置

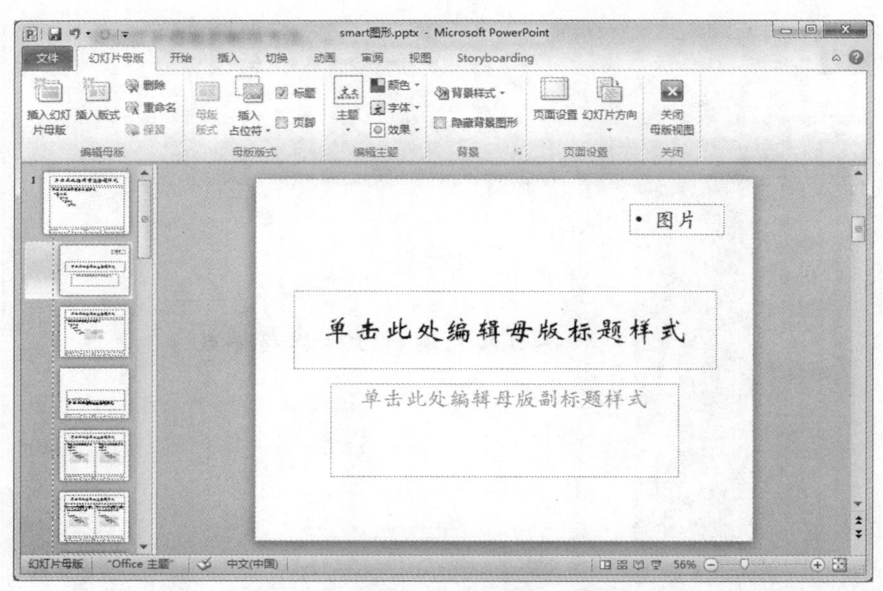

图 3-17　修改和插入占位符后的母版

➢ 完成幻灯片母版的修改后，单击“幻灯片母版”选项卡的“关闭”选项组中“关闭母版视图”按钮，关闭该视图模式，切换到原来的视图模式，母版的改动就会反映在使用相应母版的幻灯片上。

但要记住母版上的标题和文本只用于样式，实际的标题和文本内容应在普通视图的幻灯片上键入。对于幻灯片上要显示的作者名、单位名、单位图标、日期和幻灯片编号等应在“页眉和页脚”对话框中键入。

3.4.4　设置页眉和页脚

在幻灯片上添加页眉和页脚，可以使演示文稿中的每张幻灯片显示幻灯片编号，或者作者、单位、时间等信息。

设置和修改页眉页脚的具体操作步骤如下。

➢ 打开需要编辑的演示文稿，单击“插入”选项卡下的“文本”选项组的“页眉和页脚”按钮，打开“页眉和页脚”对话框，如图 3-18 所示。

➢ 勾选“页脚”复选框，在下方的文本框中输入页脚的内容即可。

➢ 如果需要在幻灯片中显示时间，勾选“日期和时间”复选框后，根据需要选择“自动更新”或“固定”方式即可。

➢ 如果需要显示幻灯片编号，勾选“幻灯片编号”复选框即可。

➢ 若勾选“标题幻灯片中不显示”复选框，则在幻灯片版式为标题的幻灯片上不显示在“页眉和页脚”对话框中所设置的日期时间、幻灯片编号和页脚等内容。

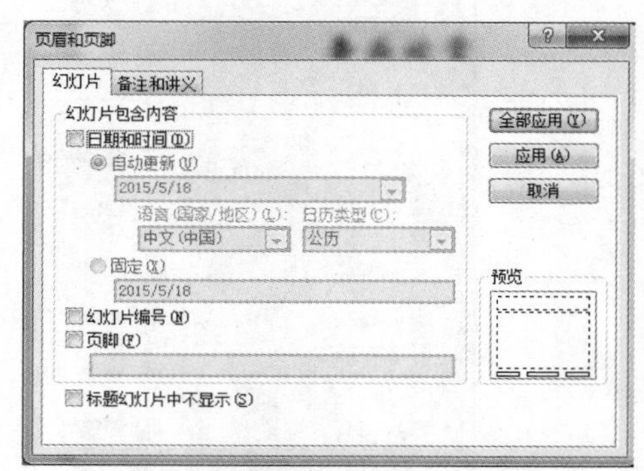

图 3-18　“页眉和页脚”对话框

3.5　设置幻灯片交互效果

3.5.1　设置动画

用户可以在幻灯片上插入各种对象，如文本、图片、表格、图表等，并可为各对象设置动画效果，这样就可以安排信息显示顺序、突出重点、控制信息的流程、集中观众的注意力、增强视觉效果。PowerPoint 的自定义动画包括进入式、强调式、退出式、动作路径四种。“进入”动画可以设置文本或其他对象以多种动画效果进入放映屏幕。“强调”动画为了突出幻灯片中的某部分内容而设置的特殊动画效果。“退出”动画可以设置幻灯片对象退出屏幕的效果。这三种动画的设置大体相同。“动作路径”动画可以指定文本等对象沿预定的路径运动。

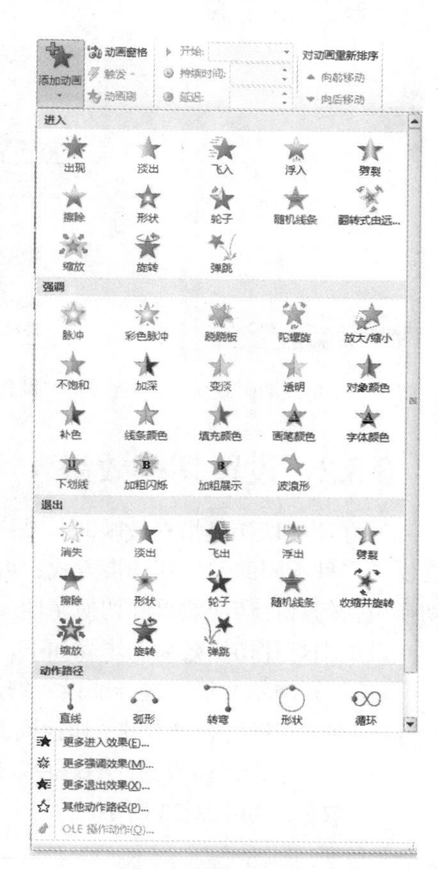

图 3-19　动画的各种效果

1. 添加动画

首先选中幻灯片上某个对象，如一段文本或一幅图片，单击“动画”选项卡下的“高级动画”选项组的“添加动画”按钮下方的三角形箭头，弹出四类动画选择列表，如图 3-19 所示。在下拉列表中选择“进入”“强调”“退出”“动作路径”中的某一种动画效果。

2. 设置动画选项

为对象添加了动画效果后，该对象就应用了默认的动画格式。这些动画格式主要包括动画开始的运行方向、变化方向、运行速度、延时方案、重复次数等。用户可以设置这些动画选项。

设置动画选项的步骤如下。

- 单击“动画”选项卡下的“高级动画”选项组的“动画窗格”按钮动画窗格，打开动画窗格，列出了当前幻灯片使用的所有动画，如图 3-20 所示。
- 在动画窗格中选择某个动画效果，单击“动画”选项卡的“动画”选项组的“效果选项”按钮，可以设置变化方向，还可以通过“计时”选项组的有关选项设置“开始”“持续时间”设置动画的开始方式和运行速度。
- 在“动画窗格”的列表中单击带编号的对象右侧的下拉箭头，可打开下拉列表，如图 3-21 所示。单击“效果选项”列表项，会弹出如图 3-22 所示的当前动画效果“飞入”对话框。在对话框中选择不同的选项卡对其中的项目进行设置。
- 在给幻灯片中的多个对象添加动画效果时，添加效果的顺序就是幻灯片放映时的播放次序。可以在动画效果添加完成后，单击窗格底部的上移按钮或下移按钮，对动画的播放次序进行重新调整。

- 如果要删除某一动画，先选择某一动画并按【Delete】键，将当前动画效果删除。

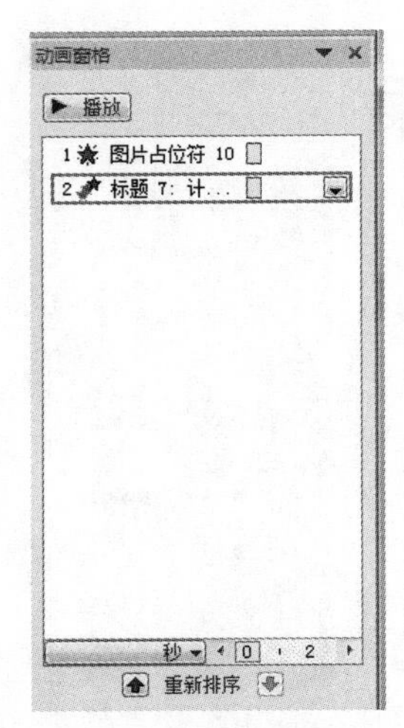

图 3-20 更改动画效果

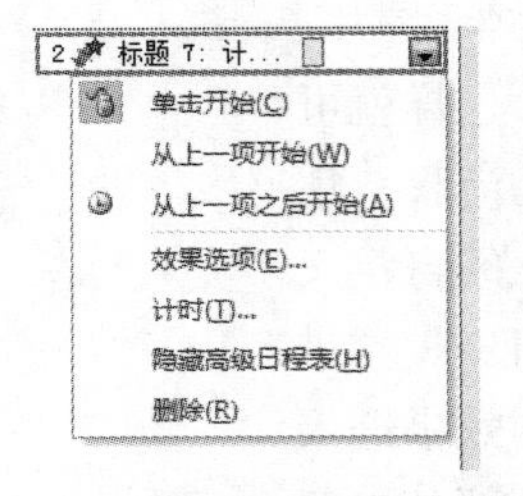

图 3-21 “设置动画”下拉列表

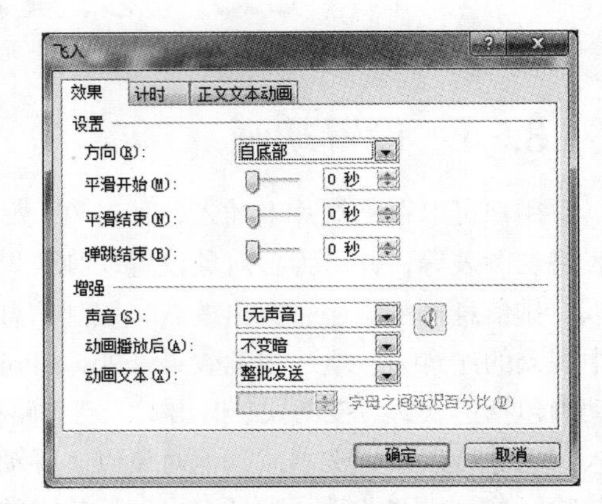

图 3-22 “飞入”动画对话框

3.5.2 设置切换效果

幻灯片的切换是指在放映时，从一张幻灯片更换到下一张幻灯片时的动画方式。PowerPoint 提供了多种不同的幻灯片切换方式，可以使演示文稿中幻灯片间的切换呈现不同的效果。幻灯片切换包括幻灯片切换效果和切换属性。

设置幻灯片切换效果的步骤如下。

➢ 打开演示文稿，选择要设置幻灯片切换效果的一张或多张幻灯片。

➢ 在“切换”选项卡的“切换到此幻灯片”选项组中，单击要应用于该幻灯片的切换效果即可。单击“切换到此幻灯片”选项组右下角的“其他”按钮，可以查看并选择更多切换效果，如图 3-23 所示。

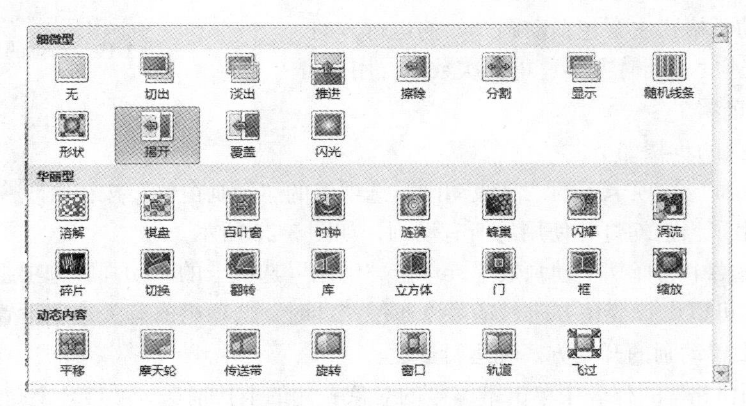

图 3-23 幻灯片切换效果

➢ 单击“切换”选项卡的“切换到此幻灯片”选项组的“效果选项”按钮，可以设置幻灯片切换方向。

➢ 在功能区“切换”选项卡的“计时”选项组中，单击“全部应用”按钮，可以将切换效果应用到演示文稿的所有幻灯片；单击“声音”栏的下拉箭头，可在下拉列表中选择切换时发出的声音；在“持续时间”栏可设置合适的切换速度；在“换片方式”栏选择合适的换片方式。

3.5.3 幻灯片链接操作

幻灯片放映时用户可以使用超链接来增加演示文稿的交互效果。

用户可以在幻灯片中添加超链接，然后利用它转跳到同一文档的某张幻灯片上，或者转跳到其他的文档，如另一演示文稿、Word 文档、公司 Intranet 地址和电子邮件等。

超链接只有在放映幻灯片时才有效。当放映幻灯片时，用户可以在添加了超链接的文本或图形或动作按钮上单击，程序自动跳转到指定幻灯片页面或指定的程序。

有两种方式插入超链接。

1. 以带下划线的文本或图片表示的超级链接

为选定的文本或图片设置超链接的操作步骤如下。

➢ 选中要创建超链接的文本或图形对象，单击“插入”选项卡“链接”选项组的“超链接”按钮，或者单击鼠标右键，在弹出的快捷菜单中选择“超链接”命令，打开“插入超链接”对话框，如图 3-24 所示。

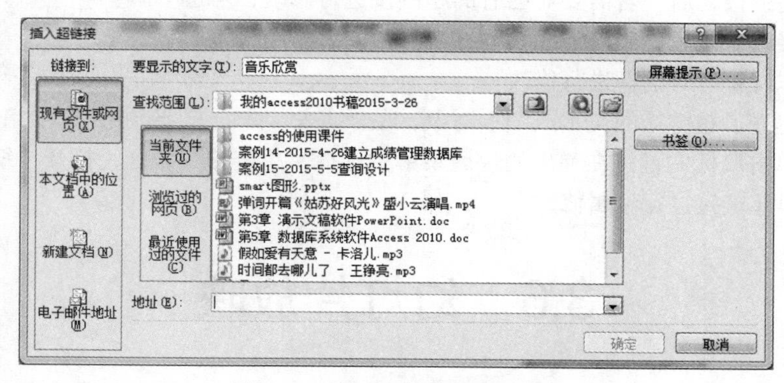

图 3-24 “插入超链接”对话框 1

➢ PowerPoint 中的超链接链接到“现有文件或网页”或“电子邮件地址”时，与 Word 或 Excel 中的操作方法并无区别，在此不再赘述。其独具特色的是当超链接链接到“本文档中的位置”，可以指定超链接到本文档的哪张幻灯片，如图 3-25 所示。

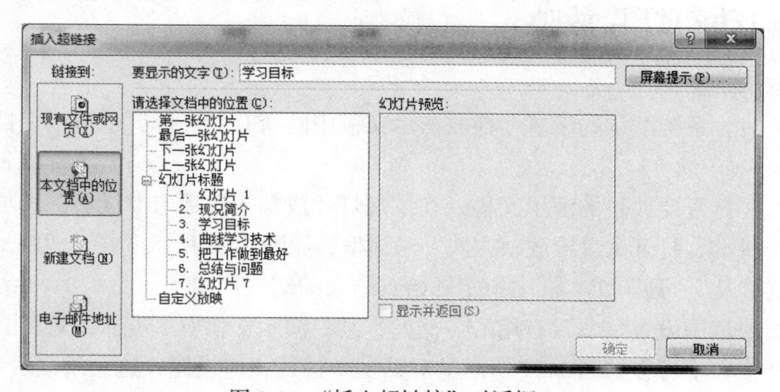

图 3-25 “插入超链接”对话框 2

➢ 进行上述超链接的有关设置后，作为超链接的文本被以下划线表示。在播放幻灯片时，鼠标放置到被设置了超链接的文本或对象上时，鼠标的形状变成一个手的形状。

2. 以动作按钮表示的超链接

动作按钮是预先设置好的一组带有特定动作的图形按钮，这些按钮被预设置为指向前一张、后一张、第一张、最后一张幻灯片、播放声音和播放电影等链接，应用这些预设好的按钮，可以实现在放映幻灯片时跳转的目的。

添加动作按钮并设置超链接的操作步骤如下。

➢ 选中需要添加动作按钮的幻灯片，在“插入”选项卡的“插图”选项组单击“形状”按钮，弹出“形状”的下拉列表，最后一行就是“动作按钮”如图 3-26 所示。

➢ 选择需要的按钮后就可以进行不同的动作设置，完成超链接到某张幻灯片或运行选定的程序。

若要使整个演示文稿的每张幻灯片均可通过相应按钮切换到上一张幻灯片、下一张幻灯片、第一张幻灯片，不必对每张幻灯片逐一进行添加按钮，只要在“幻灯片母版”视图对幻灯片母版进行一次设置即可。

3. 编辑超链接

在插入了超链接之后，若需要对已有的超链接进行修改，可选中设置有超链接的对象后，用以下任一种方法打开“编辑超链接”对话框或“动作设置”对话框进行修改。

图 3-26 “动作按钮”菜单

选中已经建立了超链接的文本或图形对象，在“插入”选项卡“链接”选项组单击“超链接”按钮，或者单击鼠标右键，在弹出的快捷菜单中选择“超链接”命令，打开“编辑超链接”的对话框，即可对超链接进行编辑修改。

3.6 幻灯片放映

设计和制作完成后的演示文稿要放映演示才能达到用户的需求，通常情况下可以按【F5】键，或单击状态栏的“幻灯片放映”按钮，或利用“幻灯片放映”选项卡下的“开始放映幻灯片”选项组中相应按钮进行幻灯片放映，使用鼠标单击来一张一张地播放，但由于使用场合不同，PowerPoint 提供了各种幻灯片放映时的设置功能。

3.6.1 启动幻灯片放映

1. 设置放映范围

放映幻灯片时，系统默认的设置是播放演示文稿中的所有幻灯片，也可以只播放其中的一部分幻灯片。

设置方法为：打开要放映的演示文稿，在“幻灯片放映”选项卡“设置”选项组单击“设置幻灯片放映”按钮，打开“设置放映方式”对话框，如图 3-27 所示。在“放映幻灯片”栏中选择“全部”或在“从”“到”文本框中指定开始到结束的幻灯片编号。

幻灯片的放映范围设置是非常有用的。例如，某一演示文稿有 250 张幻灯片，这一次只需要播放第 80 ~ 120 张，就可在如图 3-27 所示的对话框中进行相应设置，这会给演示带来很大方便。

2. 放映幻灯片

放映幻灯片的方法如下。

方法一：单击演示文稿状态栏中的幻灯片放映按钮，从当前幻灯片开始放映。

方法二：在“幻灯片放映”选项卡“开始放映幻灯片”选项组单击“从头开始”“从当前幻灯片开始”等放映按钮，可按不同的方式进行放映。

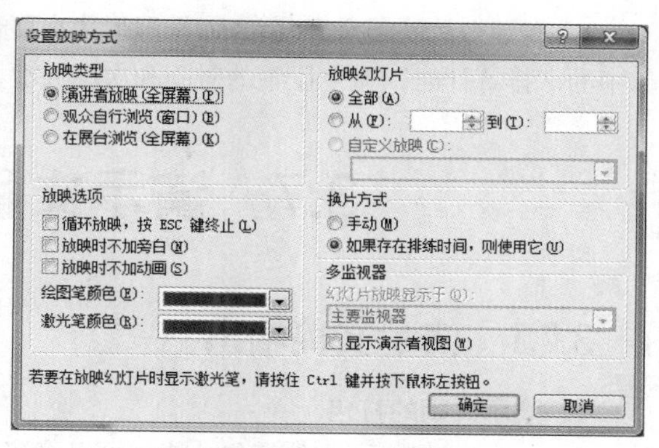

图 3-27　“设置放映方式”对话框

3. 结束观看

要结束幻灯片的放映，可以按【Esc】键来结束放映。在播放的幻灯片任意位置右击鼠标也会出现“放映控制”快捷菜单，选择“结束放映”菜单项，结束放映。

3.6.2　控制幻灯片放映

放映幻灯片时，可以按照顺序或设置的链接，以手动或自动的方式控制幻灯片的放映。

1. 手动方式

在演讲者放映模式下观看放映时，移动鼠标就在屏幕的左下角出现 4 个按钮，如图 3-28 所示，单击 是放映上一张幻灯片，单击 是放映下一张幻灯片。单击 可以弹出“放映控制”快捷菜单，如图 3-29 所示，用户可以根据需要选择相应的命令。单击 将在屏幕上画出轨迹，可以用于演讲时强调重点部分。在播放的幻灯片的任意位置右击鼠标也会出现“放映控制”快捷菜单。

图 3-28　“放映控制”按钮

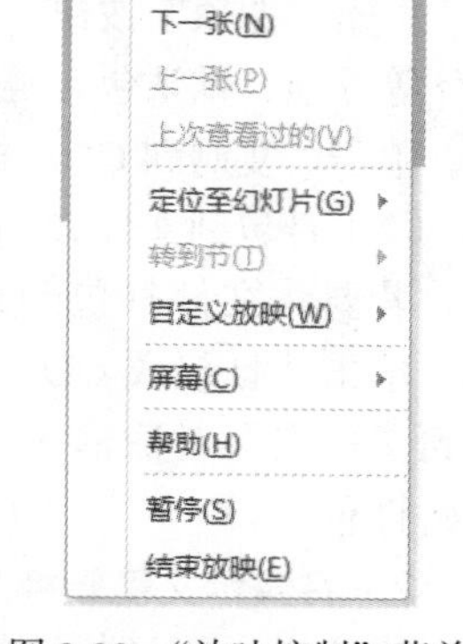

图 3-29　“放映控制”菜单

2. 自动方式

在某些场合，需要让演示文档按一定的速度连续播放，播放过程中不需要人工干预。PowerPoint 提供了“排练计时”功能，可以让每张幻灯片按指定的速度自动播放。

使用“排练计时”功能的具体操作步骤如下。

➢ 单击“幻灯片放映”选项卡的“设置”选项组的“排练计时”按钮，同时进入预演设置状态，会出现如图 3-30 所示的“录制”窗口。

图 3-30　“录制”窗口

➢ 单击“录制”窗口中的“下一项”按钮可播放下一张幻灯片。

➢ 放映到最后一张幻灯片时，系统会显示总的放映时间，并询问是否保留该排练时间。单击“是”按钮接受该时间，并自动切换到“幻灯片浏览”视图模式下，每张幻灯片的左下角均会显示出排练时间。如果单击“否”，则取消计时时间。

➢ 在“幻灯片放映”选项卡的“设置”选项组中确认选中“使用排练计时”复选框，之后再放映幻灯片时就按照时间设置自动放映了。

3.6.3　设置幻灯片放映类型

可以根据需要在三种放映方式类型中选择一种。方法是在“设置放映方式”对话框中，选择不同的放映类型。

1. 演讲者放映（全屏幕）。以全屏幕形式显示，演讲者可以控制放映的进程，可用绘图笔进行勾画，适用于大屏幕投影的会议、上课。

2. 观众自行浏览（窗口）。以界面形式显示，可浏览、编辑幻灯片，适用于人数少的场合。

3. 在展台放映（全屏幕）。以全屏形式在展台上做演示，按预定的或通过“幻灯片放映”菜单中的“排练计时”命令设置的时间和次序放映，但不允许现场控制放映的进程。

3.7 演示文稿输出和打印

3.7.1 演示文稿输出

1. 演示文稿的打包

PowerPoint 提供了文件打包功能，可以将演示文稿的所有文件（包括链接文件）压缩并保存在磁盘或 CD 中，以便安装到其他计算机上播放或发布到网上。

（1）打包成 CD

将 CD 放入刻录机，然后单击“文件”选项卡的“保存并发送”菜单项，选择“将演示文稿打包成 CD”子菜单项，单击“打包成 CD”按钮，出现“打包成 CD”对话框，如图 3-31 所示，在“将 CD 命名”为文本框中输入 CD 的名称。

单击“添加”按钮，可以添加多个演示文稿，将它们一起打包。

单击“选项”按钮，出现“选项”对话框，可以选择是否包含链接的文件和嵌入的 TrueType 字体等选项，默认包含链接的文件和嵌入的 TrueType 字体。

单击“复制到 CD”按钮，即可将选中的演示文稿文件刻录到 CD 中。

（2）打包到文件夹

若要将文件打包到磁盘文件的某个文件夹或某个网络位置，而不是直接复制到 CD 中，可以单击“打包成 CD”对话框中的“复制到文件夹(F)...”按钮，出现如图 3-32 所示的“复制到文件夹”对话框。选中打包文件所在的位置和文件夹名称后，单击“确定”按钮，系统开始打包。

2. 将演示文稿转换为直接放映格式

将演示文稿转换为直接放映格式后，可以在没有安装 PowerPoint 应用程序的计算机上直接放映。

打开演示文稿，然后单击“文件”选项卡的“保存并发送”菜单项，选择“更改文件类型”子菜单项，双击“PowerPoint 放映”按钮，出现“另存为”对话框，其中自动选择保存类型为“PowerPoint 放映（*.ppsx）”，选择存放路径和文件名，然后单击“保存”按钮即可。双击放映格式（*.ppsx）文件即可放映该演示文稿。

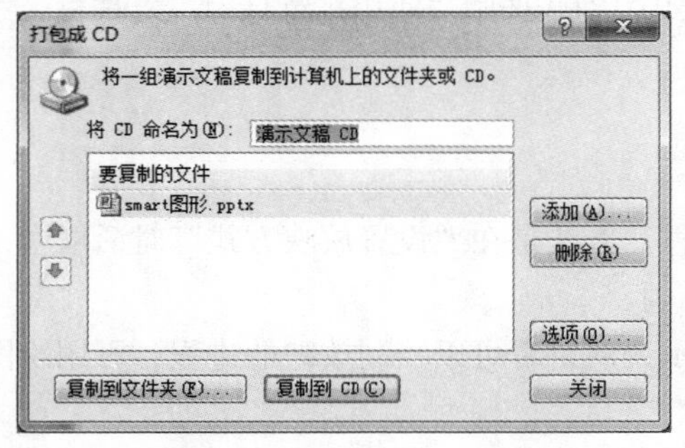

图 3-31 “打包成 CD”对话框

图 3-32 “复制到文件夹”对话框

3.7.2　演示文稿打印

演示文稿制作完成后也可以以打印方式输出。

1. 页面设置

打开演示文稿，单击“设计”选项卡下的“页面设置”选项组的“页面设置”按钮，出现“页面设置”对话框，如图 3-33 所示。

在“页面设置”对话框的“幻灯片大小”下拉列表中可选幻灯片的尺寸；在宽度和高度文本框中设置幻灯片的宽度和高度；在“幻灯片编号起始值”文本框中可设置演示文稿第一张幻灯片的编号；在“方向”栏中可设置幻灯片、备注、讲义和大纲的打印方向。

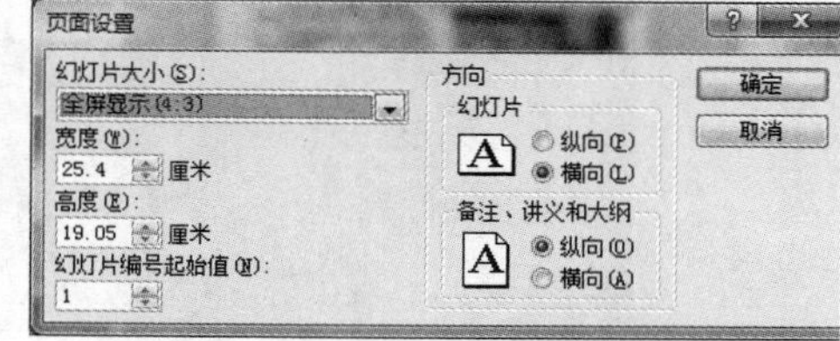

图 3-33　“页面设置”对话框

在幻灯片浏览视图中可以看到页面设置后的效果。

2. 打印预览

单击“文件”选项卡，选择“打印”选项，可以预览幻灯片的打印效果，可以设置演示文稿打印幻灯片范围、打印版式、打印数量、打印方向等。

3.8　应用案例

3.8.1　应用案例 6——苏州园林

1. 案例目标

使用 PowerPoint 2010 先创建一个空白演示文稿，然后根据操作步骤和素材制作包含 11 张幻灯片的、图文并茂的演示文稿，效果如图 3-34 所示。第 1 张、第 7 ~ 10 张幻灯片版式为“两栏内容”，第 2 ~ 5 张、第 11 张幻灯片选择“标题和内容”版式，分别在幻灯片上输入或插入素材文字或图片，在第 11 张幻灯片的内容中插入视频文件“苏州园林.mp4”；第 6 张幻灯片选择“空白”版式，插入艺术字“四大园林”作为幻灯片标题，插入“图片题注列表”的 SmartArt 图形，并在每个列表中选择素材的图片，文本框中输入文字；修改“标题和内容”和“两栏内容”母版的字体格式；设置所有幻灯片主题和日期及幻灯片编号；将第 5 张背景设置为图片“沧浪亭.jpg”；为第 1 张的文本和第 6 张的 SmartArt 图形列表对象建立超链接；在第 2 张幻灯片上建立动作按钮超链接，并将动作按钮复制到第 3 ~ 5 以及第 11 张幻灯片上；设置放映方式并放映，保存演示文稿。

2. 知识点

本案例涉及的主要知识点包括以下几点。

（1）PowerPoint 的启动和退出。

（2）创建和保存演示文稿。

（3）设置幻灯片版式。

（4）插入文本、图片、艺术字、SmartArt 图形、视频。

（5）使用母版。

（6）设置主题和背景图片。

（7）设置幻灯片自动更新日期和幻灯片编号。

（8）使用超链接和动作按钮。

（9）设置幻灯片放映方式并放映。

图 3-34　应用案例 6——苏州园林效果图

3. 操作步骤

（1）复制素材

新建一个实验文件夹（形如 1501405001 张强 06），下载案例素材压缩包“应用案例 6-苏州园林.rar”至该实验文件夹下。右击压缩包，在弹出的快捷菜单中选择“解压到当前文件夹”，将案例素材压缩包解压为一个文件夹。本案例中提及的文件均存放在此文件夹下。

（2）新建空白演示文稿，并保存为“苏州园林.pptx”。

➢ 单击“开始”菜单，选择“所有程序”项中的“Microsoft Office”下的“Microsoft Office PowerPoint 2010”，启动 PowerPoint 2010。

➢ PowerPoint 2010 自动新建了一个名为“演示文稿 1”的演示文稿文件，新建的演示文稿包含一张版式为“标题幻灯片”的幻灯片，如图 3-35 所示。

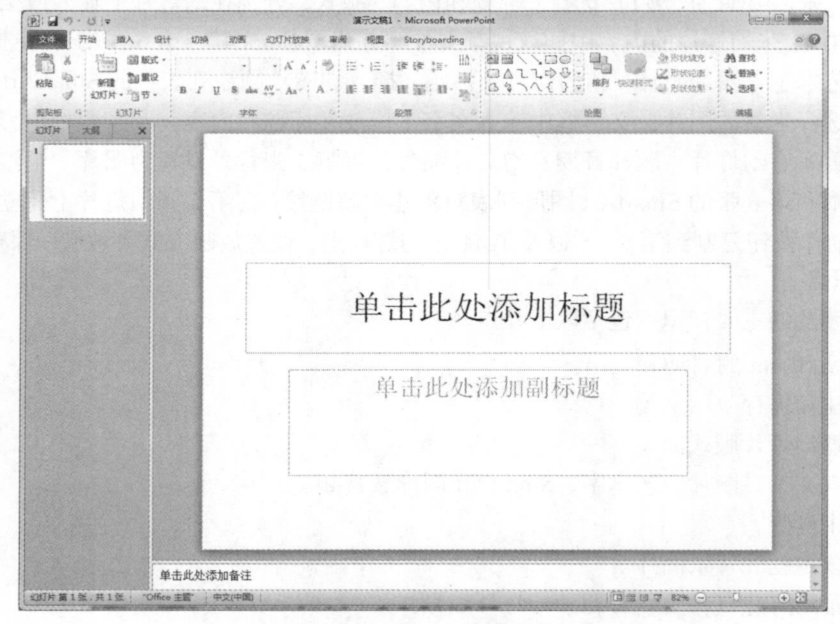

图 3-35　“新建演示文稿”窗口

➢ 选择“文件”选项卡的“保存”功能，或者“快速访问工具栏”中的“保存”按钮选择保存位置为“应用案例 6-苏州园林”，文件名为“苏州园林”，保存类型为“PowerPoint 2010 (*.pptx)”。
➢ 单击“保存”按钮。

在按照后续步骤制作演示文稿的过程中及时保存文件。

（3）制作第 1 张幻灯片

➢ 单击选中主窗口左侧的“幻灯片/大纲窗格”的第 1 张幻灯片，单击鼠标右键，在弹出的右键菜单中选择“版式子菜单”，再在子菜单中选择“两栏内容”版式。
➢ 在幻灯片编辑窗格，单击“单击此处添加标题”文本框，输入：苏州园林。
➢ 单击幻灯片左侧内容占位符“单击此处添加文本”文本框，输入如下文本：

园林文化
园林名录
视频欣赏

➢ 单击幻灯片右侧内容占位符，输入如下文本：

造园手法
四大名园

（4）制作第 2～5 张幻灯片

➢ 在“开始”选项卡的“幻灯片”选项组中单击“新建幻灯片”按钮右下角的三角形下拉箭头，出现版式下拉列表，选择“标题和内容”版式，插入第 2 张幻灯片。
➢ 单击“单击此处添加标题”文本框，输入：园林文化。
➢ 单击“单击此处添加文本”文本框，在其中插入“园林文化.txt”文件的内容。

插入纯文本文件的方法为：打开“园林文化.txt”文件，选中所需文字右击，在快捷菜单中选择“复制”功能，然后返回 PowerPoint，右击需要插入文字的文本框，在快捷菜单中选择“粘贴”即可。

➢ 选择文本框中所有文字，单击“开始”选项卡的“段落”选项组的“项目符号”按钮，取消段落的项目符号。
➢ 选择文本框中所有文字，单击“开始”选项卡的“段落”选项组右下角的“其他”按钮，打开段落设置对话框，将段落缩进设定为首行缩进。
➢ 参考效果图 3-34，使用制作第 2 张幻灯片的类似方法，制作第 3 张“园林名录”幻灯片、第 4 张“造园手法”幻灯片及第 5 张“四大名园”幻灯片。

（5）制作第 6 张幻灯片

➢ 插入第 6 张幻灯片，选择“空白”版式。
➢ 在“插入”选项卡的“文本”选项组中单击“艺术字”按钮，出现艺术字样式选择下拉列表，在列表中选择第 4 行第 1 列样式，在幻灯片上出现输入艺术字文字文本框，在其中输入文字“四大名园”，参考图 3-34 中第 6 张幻灯片，将艺术字拖到幻灯片上部合适位置。
➢ 在“插入”选项卡的“插图”选项组中单击“SmartArt”按钮，出现“选择 SmartArt 图形”对话框，如图 3-36 所示。

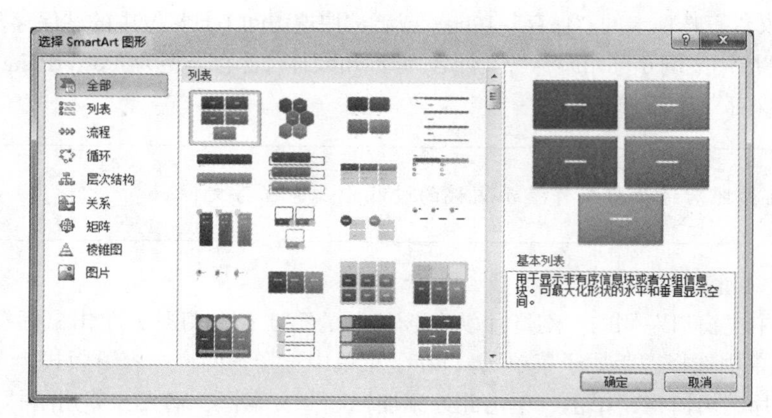

图 3-36 “选择 SmartArt 图形”对话框

➢ 在对话框中选择第 1 行第 3 列的“图片题注列表”，单击确定按钮。在幻灯片上出现一个 SmartArt 图形，参考图 3-34 中第 6 张幻灯片，选中图形将其调整为 4 个子图形排列成 2 行 2 列并且大小合适。

➢ 单击左上角子图形中间的选择图片按钮，打开图片选择对话框，选择素材中“第 6 张幻灯片图片”文件夹中的“拙政园 1.jpg”，单击左上角的文本框输入文字“拙政园”，参考图 3-34 中第 6 张幻灯片。

➢ 使用类似方法，分别选择其他 3 个图片框的图片，分别输入 3 个文本框的文字。

（6）制作第 7～10 张幻灯片

➢ 在“开始”选项卡的“幻灯片”选项组中单击“新建幻灯片”按钮右下角的三角形下拉箭头，出现版式下拉列表，选择“两栏内容”版式，插入第 7 张幻灯片。

➢ 在标题文本框中输入：拙政园。

➢ 在左侧内容文本框中插入“拙政园.txt”文件的内容，去掉文字开始的项目符号，段落排版为首行缩进。

➢ 单击幻灯片右边占位符中间的插入图片按钮，将图片“拙政园 2.jpg”插入幻灯片上。

➢ 参考效果图 3-34，采用制作第 7 张幻灯片的类似方法，制作第 8 张“留园”幻灯片，插入图片为“留园 2.jpg”，第 9 张“狮子林”幻灯片，插入图片为“狮子林 2.jpg”，第 10 张“沧浪亭”幻灯片，插入图片为“沧浪亭 2.jpg”。同时分别在第 8～10 张幻灯片的文本框中插入素材中相应名称的文本文件中的文字。

（7）制作第 11 张幻灯片

➢ 插入第 11 张幻灯片，选择“标题和内容”版式。

➢ 在标题文本框中输入：视频欣赏。

➢ 单击幻灯片内容占位符中间的插入视频按钮，将视频“苏州园林.mp4”插入幻灯片上。

（8）设计母版

➢ 在“视图”选项卡的“母版视图”选项组中单击“幻灯片母版”按钮，将演示文稿视图切换到幻灯片母版视图。

➢ 在左边窗格中单击第 3 个母版“标题和内容”，单击右边母版上部的标题样式占位符，在“开始”选项卡的“字体”选项组中，设置母版标题字体为“华文行楷”，字号 60，字体颜色“红色”。单击右边母版下部的文本样式占位符，设置第一级文本字体为“华文行楷”，字号 36，字体颜色“黄色”。

- 在左边窗格中单击第 5 个母版“两栏内容”，单击右边母版上部的标题样式占位符，设置母版标题字体为“方正舒体”，字号 60，字体颜色“蓝色”。设置母版下部左、右两个文本框的第一级文本样式，字体设置为“华文新魏”，字号 36，字体颜色“紫色”。
- 单击“幻灯片母版”选项卡的“关闭”选项组的“关闭母版视图”按钮，关闭母版视图。

（9）设置背景颜色

- 在“设计”选项卡的“主题”选项组右边，单击“颜色”按钮 颜色 右下角的三角形下拉箭头，出现颜色选择下拉列表，选择“行云流水”颜色，单击“背景样式”按钮 背景样式 右下角的三角形下拉箭头，选择第 2 行第 2 列“样式 6”，如图 3-37 所示。

（10）设置第 5 张幻灯片背景图片

- 在“幻灯片/大纲窗格”中选中第 5 张幻灯片。
- 单击“设计”选项卡的“背景”选项组的右下角的“设置背景格式”按钮，出现“设置背景格式”对话框，如图 3-38 所示。
- 勾选“图片或纹理填充”选项，单击中间“文件(F)...”按钮，打开背景图片文件选择对话框，选择图片“沧浪亭.jpg”，关闭“设置背景格式”对话框。

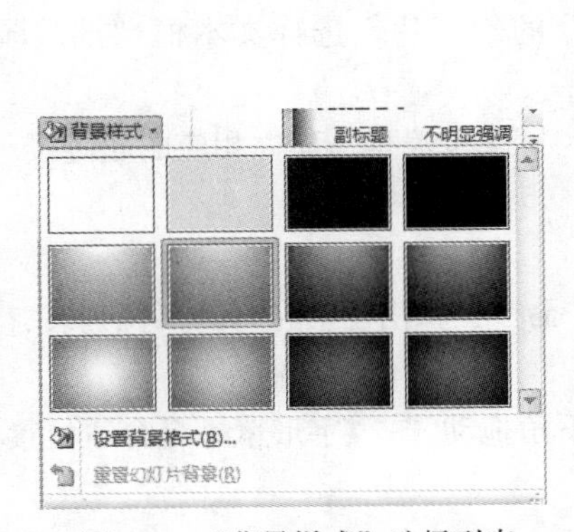

图 3-37　“背景样式”选择列表

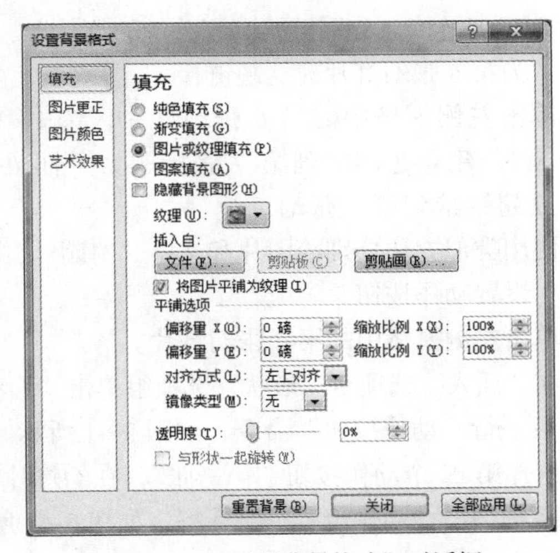

图 3-38　“设置背景格式”对话框

（11）为所有幻灯片加入自动更新的日期及幻灯片编号

- 单击“插入”选项卡的“文本”选项组的“页眉和页脚”按钮，打开“页眉和页脚”对话框，如图 3-39 所示。
- 勾选“日期和时间”复选框后，选择“自动更新”选项。
- 勾选“幻灯片编号”复选框。
- 单击“全部应用”按钮，应用于所有幻灯片。

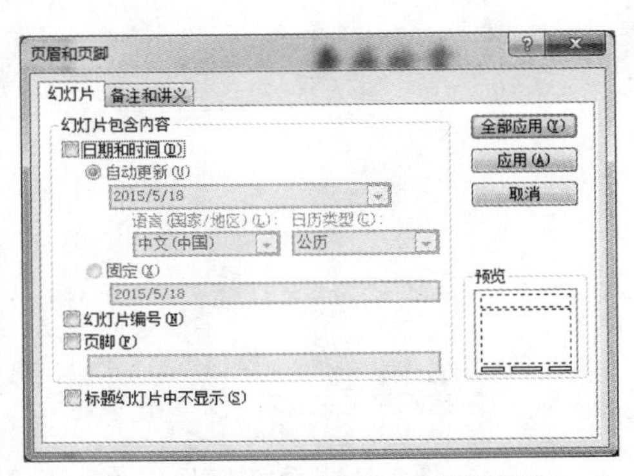

图 3-39　设置“页眉和页脚”对话框

（12）为第 1 张幻灯片建立超链接

- 单击左侧窗格中的第 1 张幻灯片，选中第 1 张幻灯片中的文字“园林文化”。

➢ 在“插入”选项卡“链接”选项组单击“超链接”按钮，弹出“插入超链接”的对话框。
➢ 在“插入超链接”对话框中单击“本文档中的位置”按钮。
➢ 选中幻灯片标题为“园林文化”的幻灯片，如图 3-40 所示。

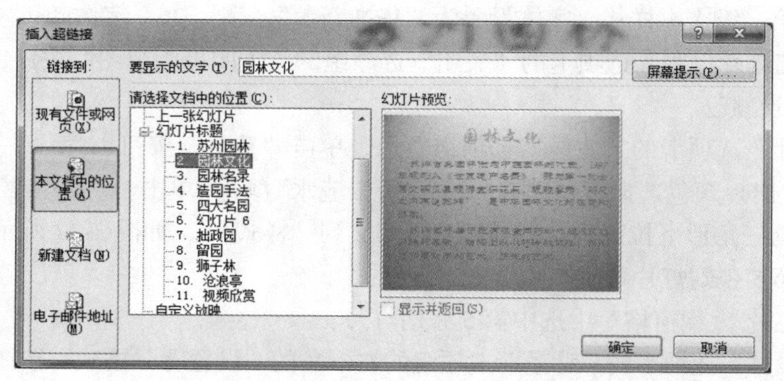

图 3-40 “插入超链接”对话框

➢ 单击“确定”按钮。
➢ 以相同方法为第 1 张幻灯片中的文字“园林名录”“造园手法”“四大名园”“视频欣赏”创建超链接，分别链接到相关的幻灯片上。

（13）为第 6 张幻灯片建立超链接

➢ 单击左侧窗格中的第 6 张幻灯片，选中第 6 张幻灯片中的第 1 行第 1 个图片“拙政园”，建立超链接到第 7 张标题为“拙政园”的幻灯片。选择文本框“拙政园”，建立超链接到第 7 张幻灯片。
➢ 使用类似方法分别给图片和文字“留园”“狮子林”“沧浪亭”建立相应的超链接。

（14）设置动作按钮

➢ 单击左侧窗格中的第 2 张幻灯片。
➢ 在“插入”选项卡“形状”选项组单击“形状”命令，弹出“形状”的下拉列表，其中最后一行“动作按钮”命令，如图 3-41 所示。
➢ 选择第 5 个动作按钮“第一张”，在幻灯片右下角拖动“+”字形鼠标至合适位置松手，系统弹出“动作设置”对话框，如图 3-42 所示。

图 3-41 “动作按钮”菜单

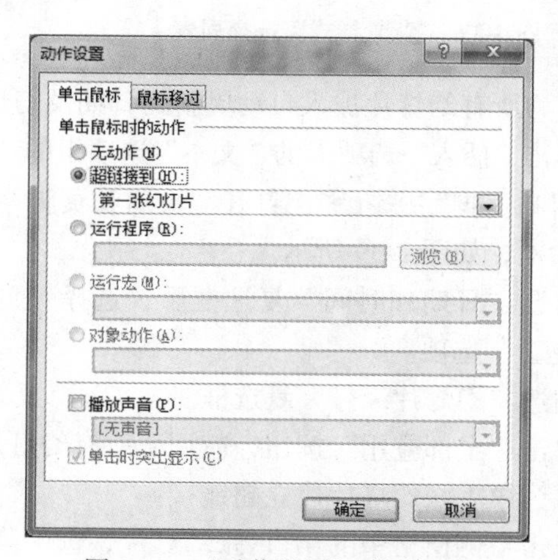

图 3-42 “动作设置”对话框

➢ 单击“确定”按钮。

➢ 右击动作按钮，选择快捷菜单中的“复制”功能，将该按钮复制到第 3～5 张和第 11 张幻灯片右下角适当的位置上。

（15）设置放映方式

➢ 在“幻灯片放映”选项卡“设置”选项组单击“设置幻灯片放映”按钮，弹出“设置放映方式”的对话框。

➢ 在“放映类型”中选中“演讲者放映（全屏幕）”。

➢ 在“放映选项”中，勾选“循环放映，按【ESC】键终止”，设置效果如图 3-43 所示。

➢ 单击“确定”按钮。

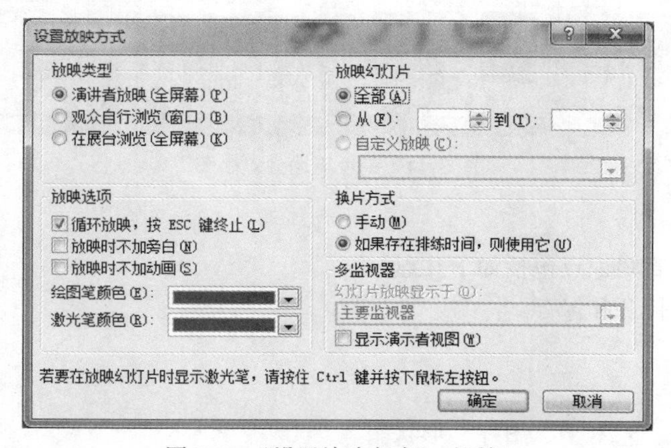

图 3-43　“设置放映方式”对话框

（16）观看放映

➢ 在“幻灯片放映”选项卡“开始放映幻灯片”选项组单击“从头开始”“从当前幻灯片开始”等放映按钮，按不同的方式进行放映。

➢ 按【Esc】键结束放映。

（17）保存演示文稿

➢ 单击快速访问工具栏的“保存”按钮，保存“苏州园林.pptx”演示文稿。

3.8.2　应用案例 7——走近奥运会

1. 案例目标

使用 PowerPoint 2010 完善素材文件夹中的“走近奥运会草稿.pptx”演示文稿，制作完成后最终效果如图 3-44 所示。主要修改第 1～5 张幻灯片，设置幻灯片背景音乐，插入文本并修改文本格式、插入图片、绘制“五环标志”图形、插入“SmartArt”图形，设置幻灯片放映动画、为文字建立超链接。插入第 6～12 张幻灯片。在第 7 张幻灯片中插入图片和“SmartArt”图形。第 8～10 张幻灯片，插入素材文字和图片，制作方法类似。第 11 张“2012 伦敦奥运金牌排名”，插入图表，设置图表格式和动画。制作第 12 张“中国历届奥运奖牌榜”幻灯片，插入表格并设置表格格式。在母版上插入“2012 会徽.jpg”图片和超链接按钮。设置幻灯片主题、切换效果、页眉和页脚以及放映演示文稿。

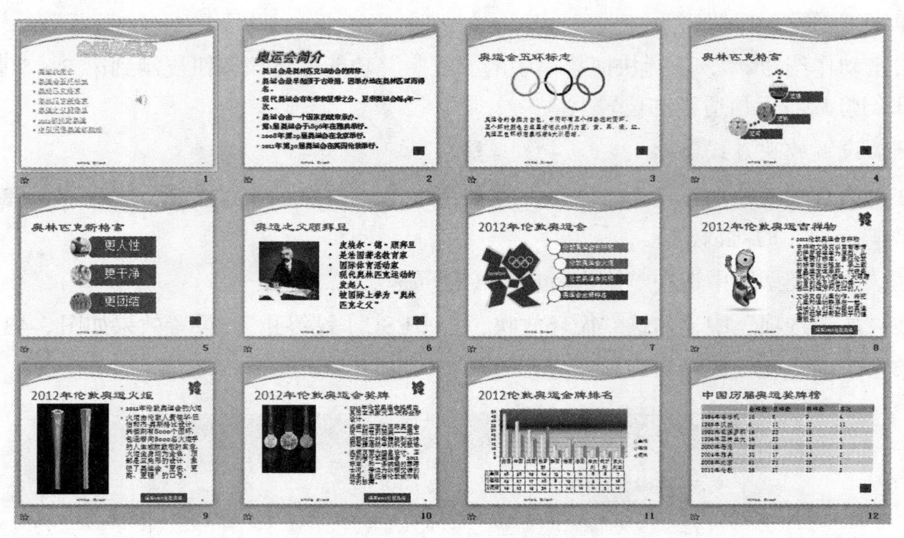

图 3-44　走近奥运会效果图

2. 知识点

本案例涉及的主要知识点包括如下几点。

（1）演示文稿的打开和保存。

（2）设置主题。

（3）设置背景。

（4）插入文本框、艺术字、图片、形状。

（5）插入 SmartArt 图形。

（6）插入表格。

（7）插入图表并设置图表动画。

（8）使用母版。

（9）自定义动画。

（10）设置幻灯片切换效果。

（11）建立超链接。

（12）观看放映。

3. 操作步骤

（1）复制素材

新建一个实验文件夹（形如 1501405001 张强 07），下载案例素材压缩包“应用案例 7-走近奥运会.rar”至该实验文件夹下。右击压缩包，在弹出的快捷菜单中选择“解压到当前文件夹”，将案例素材压缩包解压为一个文件夹。本案例中提及的文件均存放在此文件夹下。

（2）打开并另存演示文稿

打开素材文件夹中“走近奥运会草稿.pptx”演示文稿文件，另存为“走近奥运会.pptx”。

在按照后续步骤制作演示文稿的过程中及时保存文件。

（3）为演示文稿选择主题模板

单击“设计”选项卡的“主题”选项组右下角的“其他”按钮，打开如图 3-45 所示的主题列表，选择一个合适的主题，如第 2 行第 4 列的“流畅”主题。

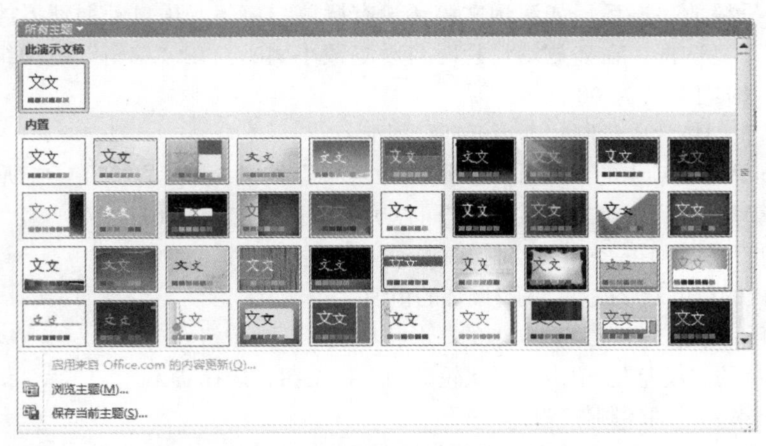

图 3-45　主题列表

（4）在第 1 张幻灯片中插入艺术字并设置对象动画

- 选中第 1 张幻灯片中“标题文本框”占位符，删除该文本框。
- 单击“插入”选项卡的“文本”选项组的“艺术字”按钮，在打开的艺术字下拉列表中选择第 4 行第 1 列的艺术字样式，插入艺术字“走近奥运会”。选中艺术字，在“开始”选项卡的“字体”选项组，选择艺术字的字体、字号、颜色等。
- 选中艺术字，单击“绘图工具—格式”选项卡，如图 3-46 所示，在“艺术字样式”选项组中自行单击各个按钮设置艺术字的样式效果。例如，单击“文本填充”下拉按钮设置填充效果。

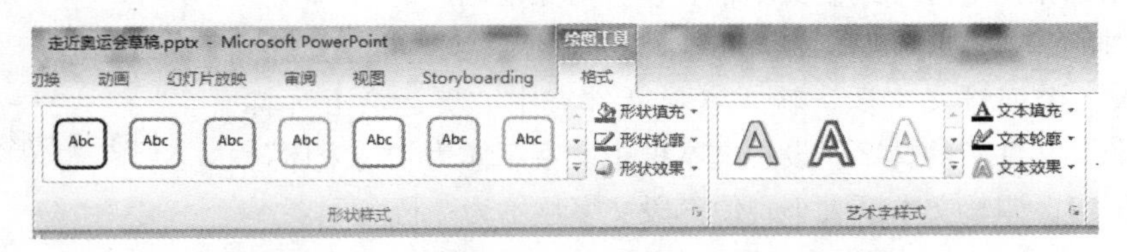

图 3-46　“绘图工具—格式”选项卡

- 选择艺术字“走近奥运会”，单击“动画”选项卡的“动画”选项组右下角的“其他”按钮，打开动画下拉列表，选择“进入效果”为“轮子”，单击“动画”选项组右边的“效果选项”按钮，在打开的下拉列表中选择“3 轮辐图案（3）”。
- 选中第 1 张幻灯片中“内容文本框”占位符，单击“动画”选项卡的“动画”选项组右下角的“其他”按钮，打开动画下拉列表，打开“更多进入效果(E)...”对话框，选择“进入效果”为“棋盘”。

（5）设置幻灯片背景音乐

- 选中第 1 张幻灯片。
- 单击“插入”选项卡的“媒体”选项组的“音频”按钮，打开“插入音频”对话框，选择要插入的音乐文件“我和你.mp3”，单击对话框中的插入按钮，声音被插入幻灯片中，同时在幻灯片中出现一个喇叭图标和下方的播放控制条。

➢ 单击选择小喇叭图标，单击“音频工具”选项卡，在“音频选项”选项组中的“开始”下拉列表框中选择“跨幻灯片播放”。选中“循环播放，直到停止”复选框，可以确保在音乐播放一遍后，如演示文稿还没有播放结束，音乐自动循环播放。选择“放映时隐藏”复选框，在播放幻灯片时自动隐藏小喇叭。在“编辑”选项组中将“淡入”“淡出”时间调整为 00.20。

（6）在第 3 张幻灯片中绘制“奥运五环”图形

➢ 单击“插入”选项卡的“插图”选项组的“形状”按钮，弹出的如图 3-47 所示的下拉列表。选择“基本形状”中第 3 行第 3 列“同心圆”，然后按住【Shfit】键在幻灯片标题下的空白处绘制出一个大小合适的正圆环，拖动圆环内的黄色菱形控点，调整圆环的粗细。

➢ 选中圆环，单击“格式”选项卡的“形状填充”下拉按钮，选择标准色的“浅蓝”。单击“形状轮廓”下拉按钮，选择“无轮廓”，第一个圆环制作完成。

➢ 选中圆环，按住【Ctrl】键，同时按下鼠标左键沿着水平方向拖动同心圆，将它复制到右侧。用同样方法复制第 3 个圆环，将三个圆环放在同一水平方向，将第 2 个环和第 3 个环的“形状填充”分别设置为“黑色”和“红色”。再复制 2 个环放在下面合适位置，“形状填充”分别设置为“黄色”和“绿色”。调整环的放置位置和层次，使 5 个环呈现“环环相扣”的效果。

➢ 按下【Shift】键，同时选中 5 个环，右键单击鼠标，在弹出的快捷菜单中选择“组合”，使 5 个环合成一个整体。

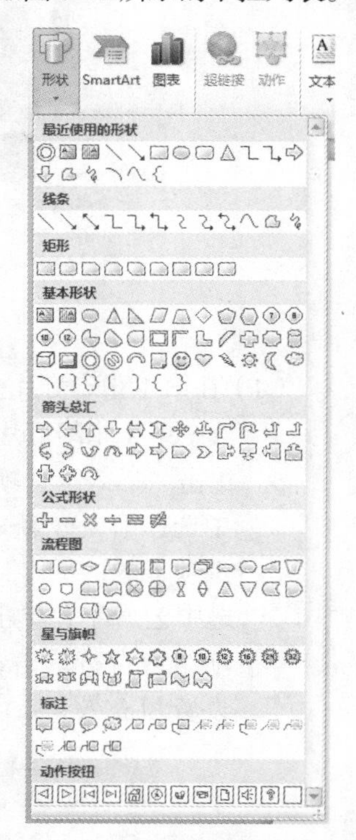

图 3-47　形状下拉列表

（7）在第 3 张幻灯片中绘制文本框、设置对象动画

➢ 在“插入”选项卡的“文本”选项组，单击“文本框”按钮，插入一个横排文本框，输入素材文件夹中“奥运会五环标志.txt”文件中的文字。设置文本框中文字字体为“仿宋体”，字号 24，调整文本框大小，使三段文字显示为 3 行。

➢ 设置标题文字动画效果为“进入效果”的“出现”，五环标志图片动画效果为“强调效果”的“陀螺旋”，设置文本框动画效果为“进入效果”的“浮入”。

（8）修改第 4 张“奥林匹克格言”幻灯片

➢ 单击“插入”选项卡的“插图”选项组的“SmartArt”按钮，打开“选择 SmartArt 图形”对话框，在对话框左侧单击“图片”分类按钮，选择图片中的“升序图片重点流程”按钮，如图 3-48 所示。在幻灯片中插入一个图形，图形自动出现两条列表，右击其中一条列表，在快捷菜单中选择“添加形状”命令添加一个形状相同的列表。

➢ 单击图形中的每个列表的图片按钮，打开“插入图片”对话框，依次选择素材文件夹中的“更高.jpg”“更快.jpg”“更强.jpg”图片插入图形中。

➢ 单击内容占位符左侧的标志，打开“在此处键入文字”的窗口，分别输入文字“更高”“更快”“更强”，如图 3-49 所示。

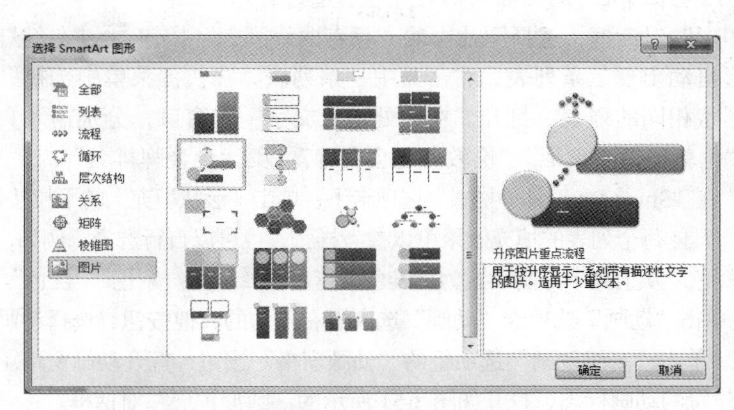

图 3-48 “选择 SmartArt 图形”对话框

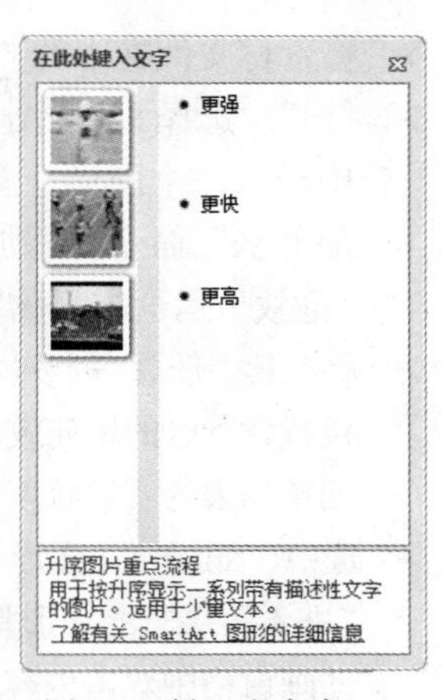

图 3-49 键入文字窗口

（9）修改第 5 张“奥林匹克新格言”幻灯片

➢ 单击“SmartArt”按钮，在对话框左侧单击“列表”分类按钮，选择列表中的“垂直图片重点列表”按钮，在幻灯片中插入一个含有三个列表的图形。

➢ 依次单击图形中的每个图片按钮，将素材文件夹中的“更人性.jpg”“更干净.jpg”“更团结.jpg”图片插入图形中。

➢ 打开“在此处键入文字”的窗口，分别输入文字“更人性”“更干净”“更团结”。

（10）制作第 6 张“奥运之父顾拜旦”幻灯片

➢ 单击左侧窗格中的第 5 张幻灯片，单击“开始”选项卡的“幻灯片”选项组的“插入新幻灯片”按钮的下拉箭头，在弹出的“版式”列表中选择“仅标题”版式，插入一张新幻灯片。

➢ 单击标题占位符，输入标题“奥运之父顾拜旦”。

➢ 单击“插入”选项卡的“图像”选项组的“图片”按钮，打开“插入图片”对话框，选择素材文件夹中的“顾拜旦.jpg”图片插入幻灯片中。

➢ 选中图片，单击右键在弹出的菜单中选择“大小和位置(Z)...”，打开“设置图片格式(O)...”对话框，如图 3-50 所示，设置图片大小为高度 8 厘米，勾选复选框“锁定纵横比”和“相对于图片原始尺寸”。

➢ 单击“插入”选项卡的“文本”选项组的“文本框”按钮，插入一个横排文本框，输入素材文件夹中“奥运之父顾拜旦.txt”文件中的文字。设置文本框中文字字体为“仿宋体”，字号 32，字形加粗，调整文本框为适当的大小。单击“开始”选项卡的“段落”选项组的“项目符号”按钮，每一段的开头显示项目符号。

（11）制作第 7 张“2012 年伦敦奥运会”幻灯片

➢ 在第 6 张幻灯片后插入一张版式为“仅标题”的新幻灯片。

➢ 单击“单击此处添加标题”占位符，输入标题“2012 年伦敦奥运会”。

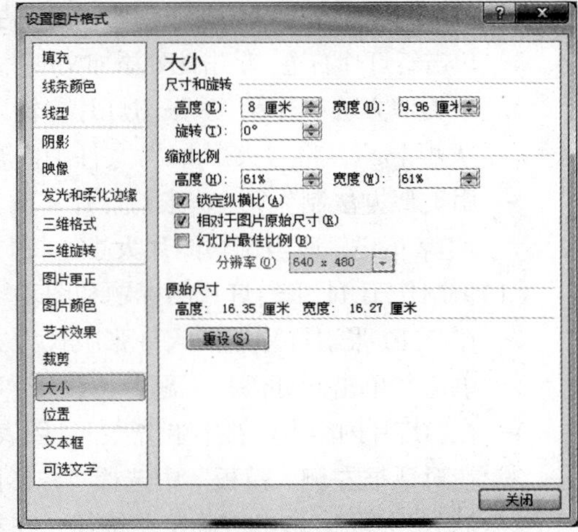

图 3-50 “设置图片格式”对话框

- 将素材文件夹中的“2012 会徽.jpg”图片插入幻灯片中合适位置。
- 打开“选择 SmartArt 图形”对话框，选择图片中的“垂直曲线列表”按钮，在幻灯片中插入一个图形，图形自动出现三条列表，右击其中一条列表，在快捷菜单中选择“添加形状”命令可添加形状相同的列表。打开“在此处键入文字”的窗口，分别输入文字“伦敦奥运会吉祥物”“伦敦奥运会火炬”“伦敦奥运会奖牌”“奥运会金牌排名”。
- 单击其中任意一个列表，在“SmartArt 工具—格式”选项卡下，单击“形状填充”的下拉按钮，设置背景区的填充效果。具体每个列表的填充效果可以参考样张，也可以自行选择。例如，将四条列表的“形状填充颜色”从上到下分别设置为标准色“蓝色”“绿色”“紫色”“红色”。
- 选中“SmartArt 图形”，单击“动画”选项卡“动画”选项组右下角的其他按钮，选择动画为“进入效果”的“形状”。单击“高级动画”选项组的“动画窗格”按钮，打开动画窗格。在动画窗格中双击内容占位符的动画标志，打开如图 3-51 所示的“圆形扩展”对话框。
- 在对话框中单击“SmartArt 动画”选项卡，在“组合图形”下拉列表中选择“逐个”，如图 3-52 所示。放映该幻灯片时将逐条出现。

（12）制作第 8 ~ 10 张幻灯片

- 在第 7 张幻灯片后插入第 8 张版式为“两栏内容”的新幻灯片。

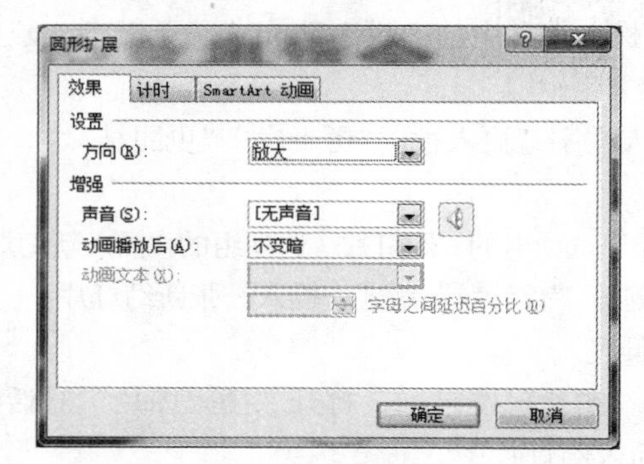

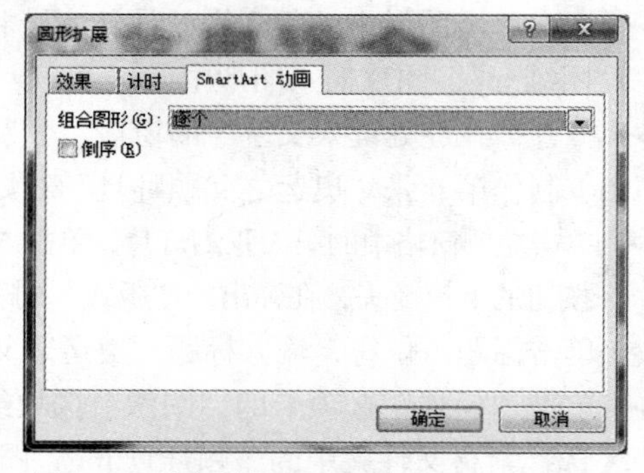

图 3-51 “圆形扩展”对话框 1　　图 3-52 “圆形扩展”对话框 2

- 单击“单击此处添加标题”占位符，输入标题“2012 年伦敦奥运吉祥物”。
- 单击幻灯片左边“单击此处添加文本”占位符内的插入图片按钮，插入图片“2012 吉祥物.jpg”。
- 单击幻灯片右边“单击此处添加文本”占位符，将素材中“吉祥物.txt”文件的文字插入文本框。
- 用类似方法制作第 9 张幻灯片，输入为标题“2012 年伦敦奥运火炬”，插入图片“2012 火炬.jpg”，将“火炬.txt”文件中内容插入文本框中。
- 用类似方法制作第 10 张幻灯片，输入标题“2012 年伦敦奥运会奖牌”，插入图片“2012 奖牌.jpg”，适当调整图片大小。将“奖牌.txt”文件中内容插入文本框中。

（13）制作第 11 张幻灯片的标题和图表

- 在第 10 张幻灯片后插入一张版式为“标题和内容”的新幻灯片。
- 单击“单击此处添加标题”占位符，输入标题“2012 伦敦奥运金牌排名”。
- 在幻灯片内容占位符中单击“插入图表”按钮，打开如图 3-53 所示的“插入图表”对话框。
- 在对话框左侧“模板”中选择“柱形图”分类，在右侧选择第 1 行第 4 列的子图“三维簇状柱形图”，单击“确定”按钮，在幻灯片中插入一个自带的图表，并同时打开 Excel 窗口。在 Excel 窗口中显示一个默认效果的数据表，PowerPoint 2010 中的图表会将这个 Excel 数据表信息作为图表的数据源，如图 3-54 所示。

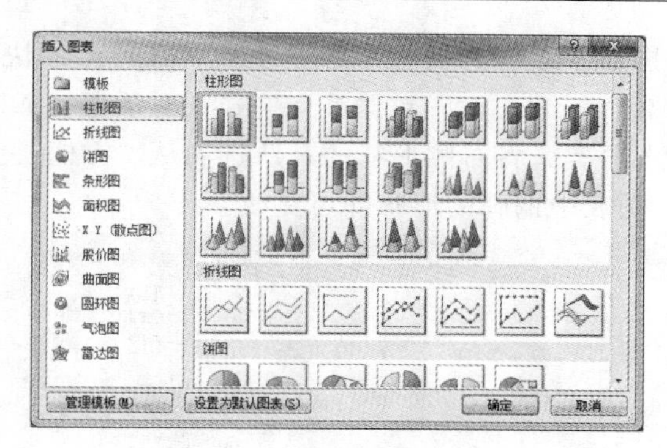

图 3-53　“插入图表”对话框

➢ 默认的柱形图图表 Excel 窗口中的数据由三个数据系列和四行数据组成，实际的数据为 3 列 10 行。在图 3-54 中，先拖拽数据区域的右下角至 D11 单元格。在图表的数据表中输入素材“2012 伦敦奥运奖牌榜.xlsx”中的数据，输入完成后图表 Excel 窗口中的数据如图 3-55 所示。在 Excel 数据表更改后，将 Excel 窗口关闭，返回幻灯片。

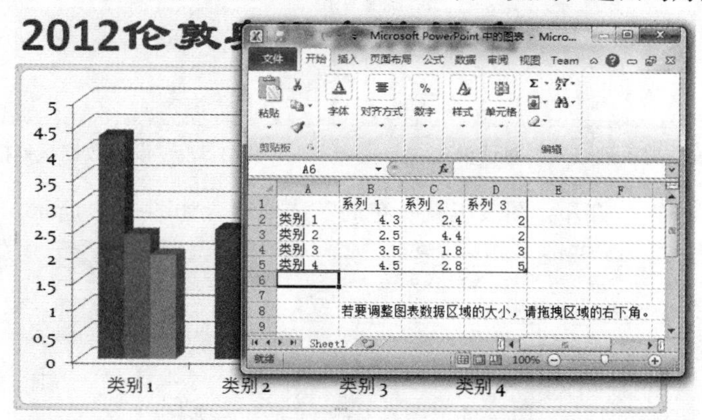

图 3-54　插入图表的默认数据表

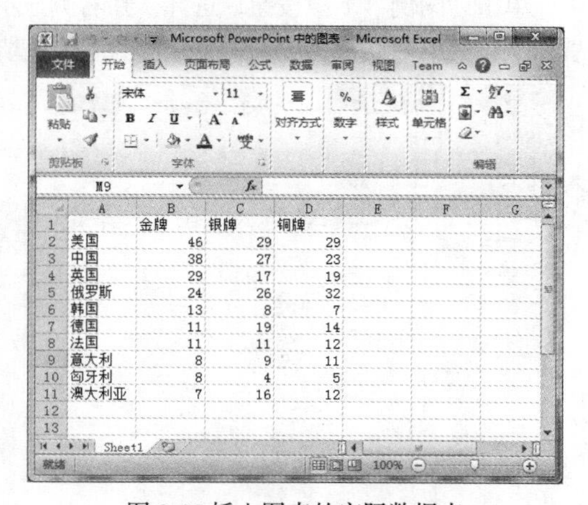

图 3-55 插入图表的实际数据表

（14）设置第 11 张幻灯片图表样式、布局、动画

➢ 单击图表区边界，打开“图表工具—设计”选项卡，单击“图表样式”选项组右下角的其他按钮，在图表样式下拉列表中选择第 2 行第 2 列的“样式 10”。

➢ 右击图表中任一国家所获铜牌的柱形数据系列，在弹出的快捷菜单中选择“设置数据系列格式”命令，打开“设置数据系列格式”对话框，如图 3-56 所示。选择对话框左侧的“形状”分类，将右侧形状的默认选项从“方框”更改成“圆柱图”选项，如图 3-57 所示。图表中铜牌的形状即可更改。

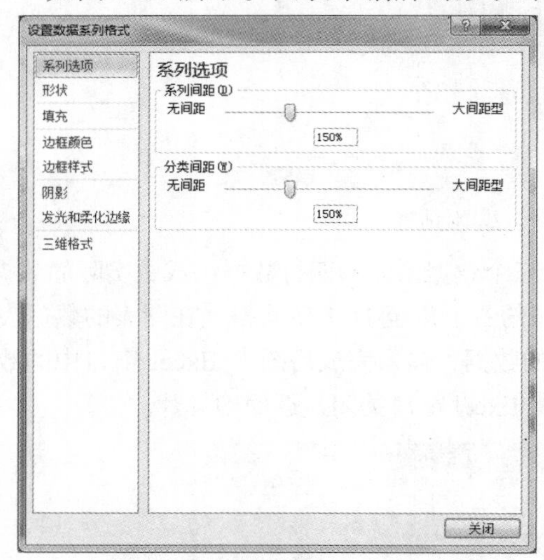

图 3-56 “设置数据系列格式”对话框 1

图 3-57 “设置数据系列格式”对话框 2

➢ 单击图表区边界，打开“图表工具—布局”选项卡，如图 3-58 所示。

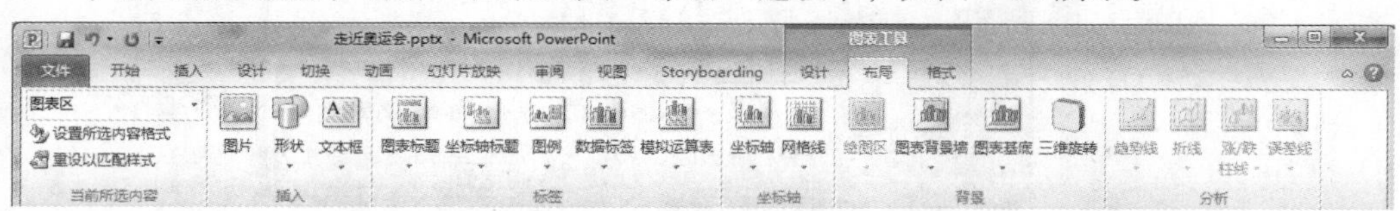

图 3-58 “图表工具—布局”选项卡

➢ 在“标签”选项组中，单击“图例”下拉按钮，选择“在右侧显示图例”，双击表示“金牌”的方块，打开“设置图例格式”对话框，设置“填充”为“纯色填充”，如图 3-59 所示。

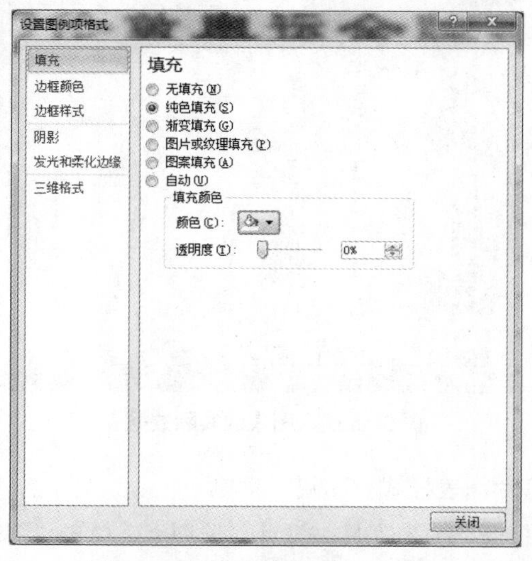

图 3-59 “设置图例格式”对话框

➢ 单击图 3-59 中颜色下拉按钮，出现颜色设置下拉列表，如图 3-60 所示。单击“其他颜色（M）...”，出现颜色选择对话框，如图 3-61 所示，在对话框中选择类似金色的颜色。

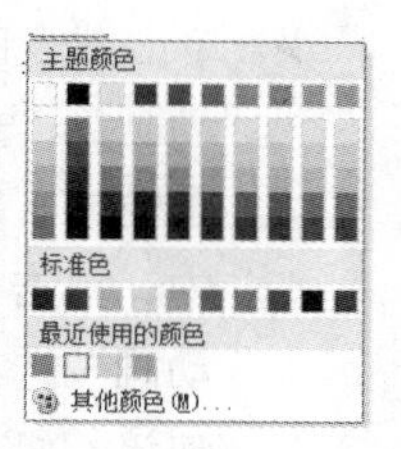

图 3-60　颜色列表

用同样的方法将银牌和铜牌的颜色分别设置为类似银色和铜色。

➢ 在“标签”选项组中，单击“模拟运算表”下拉按钮，选择“显示模拟运算表和图例项标示”，如图 3-62 所示。在图表的下方添加带有图例项标示的数据表。

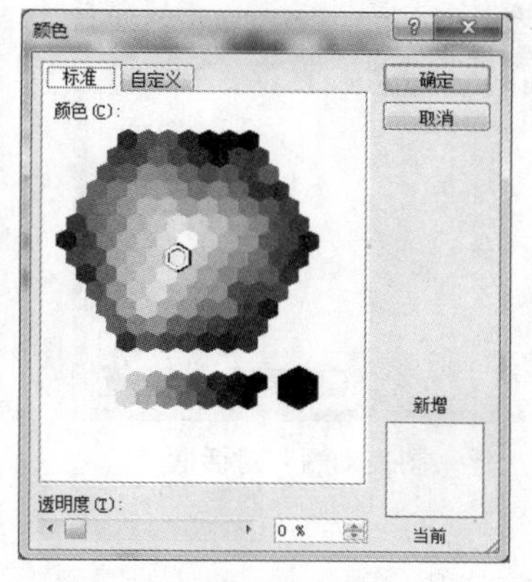

图 3-61　设置颜色对话框

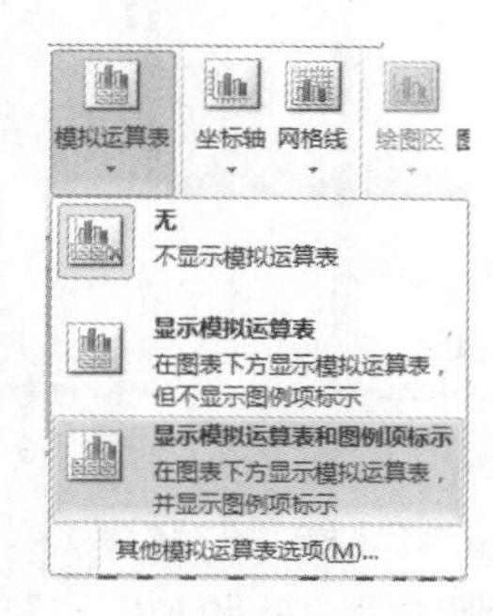

图 3-62　“模拟运算表”下拉列表

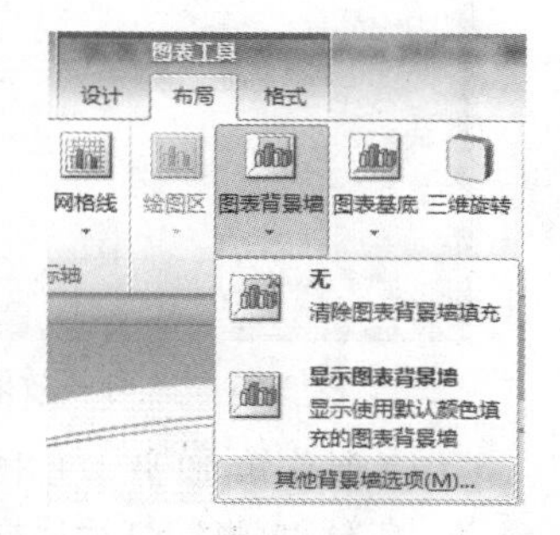

图 3-63　“图表背景墙”下拉列表

➢ 在“图表工具—布局”选项卡的“背景”选项组中，单击“图表背景墙”下拉按钮，出现图表背景墙选择下拉列表，如图 3-63 所示。选择“其他背景墙选项(M)...”，出现背景墙选择对话框，在对话框中左侧选择“填充”分类，右侧选择“渐变填充”，如图 3-64 所示。单击颜色下拉按钮将下方的“光圈 1”颜色设置成“浅蓝”，单击图 3-64 中“添加渐变光圈”按钮，添加“光圈 2”，将颜色设置成较深的“蓝色”，添加“光圈 3”，将颜色设置成更深的“深蓝”。图表的背景色改成上深下浅的过渡填充效果。

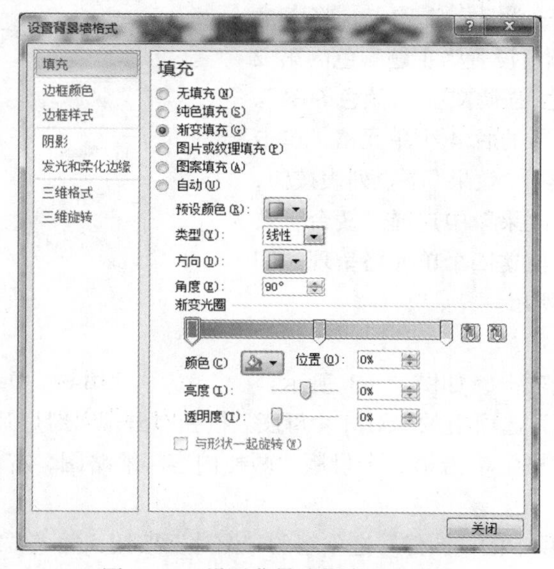

图 3-64　“设置背景墙格式”对话框

➢ 单击图表区边界选中图表，单击“动画”选项卡“动画”选项组右下角的其他按钮，选择动画为“进入”效果的“浮入”。单击“高级动画”选项组的“动画窗格”按钮，打开动画窗格。在动画窗格中双击图表动画，弹出“上浮”对话框，如图 3-65 所示。在对话框中，单击“计时”选项卡，在“开始”下拉列表中选择“上一个动画之后”；单击“图表动画”选项卡，在“组合图表”下拉列表中选择“按系列中的元素”，如图 3-66 所示。放映该幻灯片时，图表中各国的金牌、银牌、铜牌图形依次出现动画效果。

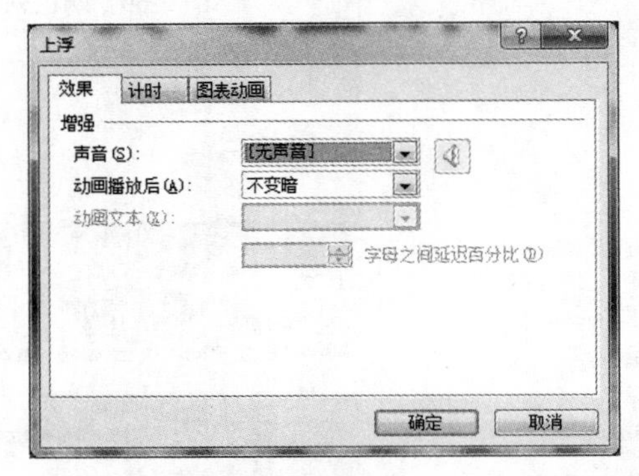

图 3-65 “上浮—效果”对话框

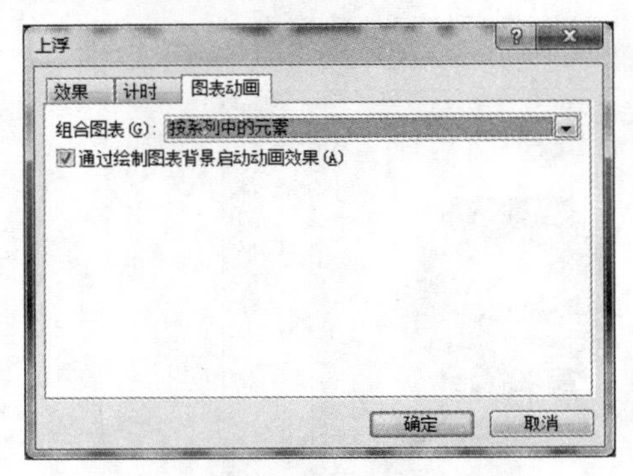

图 3-66 “上浮—图表动画”对话框

（15）制作第 12 张“中国历届奥运奖牌榜”幻灯片

➢ 在第 11 张幻灯片后插入一张版式为“标题和内容”的新幻灯片。
➢ 单击“单击此处添加标题”占位符，输入标题“中国历届奥运奖牌榜”。
➢ 在幻灯片内容占位符中单击“插入表格”按钮，在打开对话框中输入表格的列数为 5，行数为 9，单击“确定”按钮后，生成一个 5 列 9 行的表格。
➢ 在表格中输入素材文件夹中“中国历届奥运奖牌榜.xlsx”文件的内容到幻灯片上的表格中。
➢ 选中表格中的行、列或单元格，单击“表格工具—布局”选项卡“对齐方式”选项组的对齐按钮，调整表格内容的对齐方式为水平靠左、垂直居中。选中表格，将表格内文字的字体设为“仿宋”，字号为“24”。
➢ 单击“表格工具—设计”选项卡，将表格第 1 行的底纹颜色设置为主题颜色的第 2 行第 5 列的“蓝色，强调文字 1，淡色 60%”。
➢ 选中表格中第 1 行的后 4 个单元格，单击“表格样式”分类中“效果”下拉列表按钮，在“单元格凹凸效果”中选择“棱台”效果的“圆”形，使这四个单元格呈现“凹凸”，如图 3-67 所示。

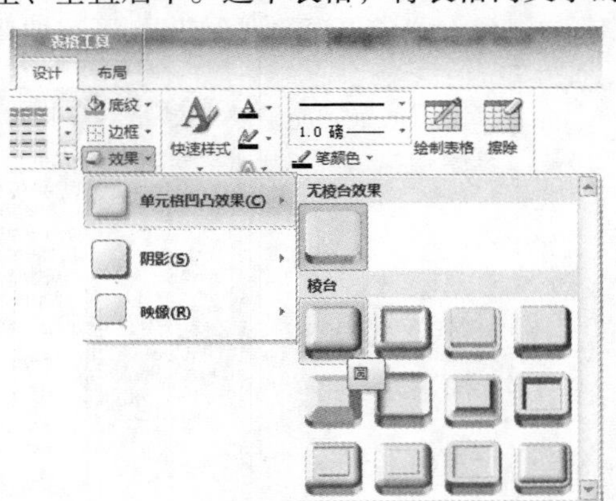

图 3-67 单元格凹凸效果列表

（16）设计母版

➢ 打开“视图”选项卡，如图 3-68 所示。单击“母版视图”选项组的“幻灯片母版”按钮，出现“幻灯片母版”窗口，如图 3-69 所示。在左侧窗格中单击第 5 个母版“两栏内容”缩略图，右侧窗格显示“两栏内容”母版。
➢ 单击“插入”选项卡的“图像”选项组的“图片”按钮，插入“2012 会徽.jpg”图片，调整图片大小高度为 2 厘米，将图片拖动到幻灯片右上角空白位置。

图 3-68 “视图”选项卡

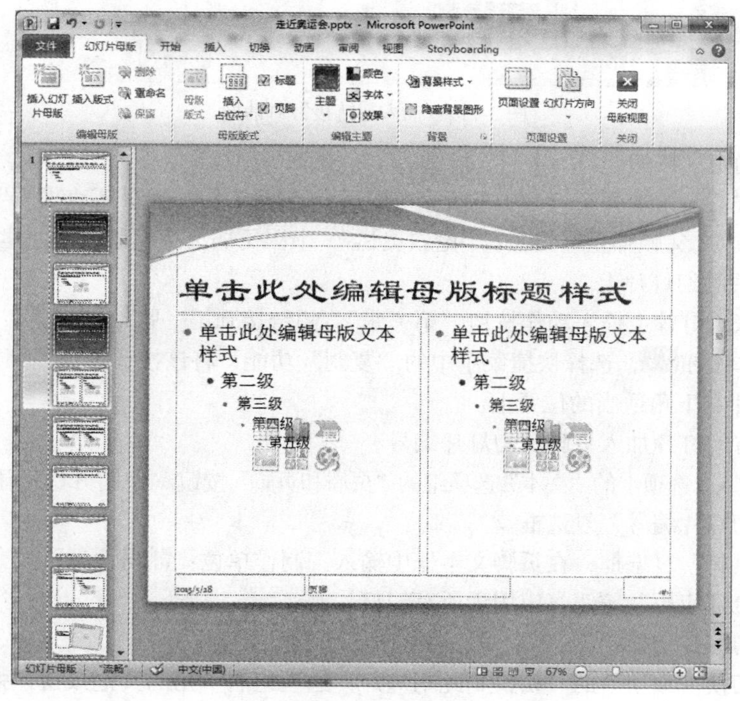

图 3-69 “幻灯片母版”窗口

➢ 单击“插入”选项卡的“形状”选项组的“动作”分类中的“自定义”按钮，按钮文字为“返回 2012 伦敦奥运”，按钮超链接到第 7 张幻灯片。

➢ 插入图片和超链接按钮后的母版如图 3-70 所示。单击“幻灯片母版”选项卡的“关闭”选项组的“关闭母版视图”按钮，关闭母版视图。

(17) 为第 1 张幻灯片内容建立超链接

➢ 单击左侧窗格中的第 1 张幻灯片，选中第 1 张幻灯片中的文字“奥运会简介”。

➢ 在“插入”选项卡“链接”选项组单击“超链接”按钮，弹出“插入超链接”的对话框。

➢ 在“插入超链接”对话框中单击“本文档中的位置”按钮。

➢ 选中幻灯片标题为“奥运会简介”的幻灯片，如图 3-71 所示。

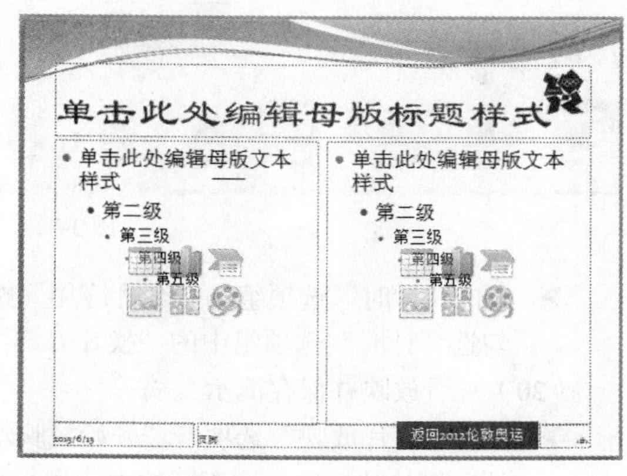

图 3-70 插入图片后的两栏母版

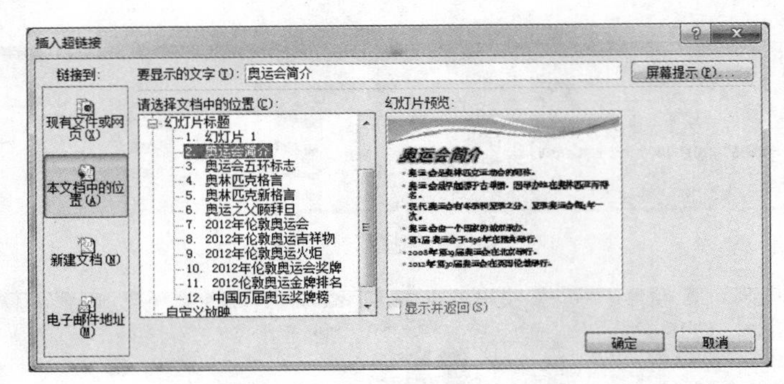

图 3-71 “插入超链接”对话框

- 单击“确定”按钮。
- 以相同方法为第 1 张幻灯片中的文字“奥运会五环标志”“奥林匹克格言”“奥林匹克新格言”“奥运之父顾拜旦”“2012 年伦敦奥运”“中国历届奥运奖牌榜”创建超链接，分别链接到相关的幻灯片上。
- 在第 2 张幻灯片上插入动作按钮“第一张”，超链接到第一张幻灯片。
- 右击动作按钮，选择快捷菜单中的“复制”功能，将该按钮复制到第 3～7 张和第 12 张幻灯片右下角适当的位置上。

（18）为所有幻灯片加入页脚及幻灯片编号

- 单击“插入”选项卡的“文本”选项组的“页眉和页脚”按钮，打开“页眉和页脚”对话框。
- 勾选“幻灯片编号”复选框。
- 勾选“页脚”复选框；在页脚文本框中输入“制作单位：苏州大学”。
- 单击“全部应用”按钮，应用于所有幻灯片。

（19）设置幻灯片切换

- 单击“切换”选项卡的“切换到此幻灯片”选项组右下角的其他按钮，弹出如图 3-72 所示的下拉列表，选择“细微型”中的“揭开”切换效果。

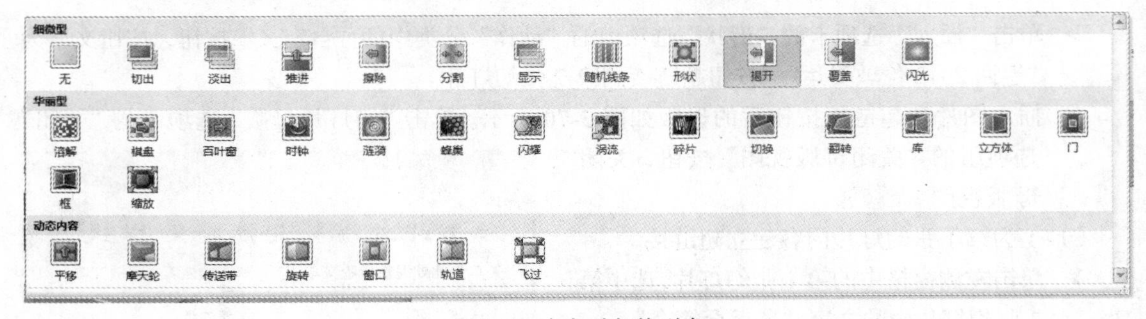

图 3-72 幻灯片切换列表

- 单击“计时”选项组的“全部应用”按钮 全部应用，将幻灯片切换应用于所有幻灯片。勾选“计时”选项组中的“换片方式”中的“单击鼠标时”复选框。

（20）观看放映并保存演示文稿

- 在“幻灯片放映”选项卡“开始放映幻灯片”选项组单击“从头开始”“从当前幻灯片开始”等放映按钮，按不同的方式进行放映。
- 按【Esc】键结束放映。
- 选择“文件”菜单的“保存”功能或快速访问工具栏的保存按钮，保存演示文稿。

第 4 章 VBA 基础知识及在 Office 软件中的应用

4.1 VBA 工作环境

Visual Basic for Applications（VBA）是一种编程语言，它依托于 Office 软件，不能独立运行。通过 VBA 可以实现各种 Office 软件操作的自动化。

4.1.1 启动 VBE

Microsoft 提供了 VBA 的开发环境，即 Visual Basic 编辑器（Visual Basic Editor，VBE），在 VBE 的窗口中用户可以编写、调试和运行应用程序。

启动 VBE 的方法有以下几种。

方法一：使用“开发工具”选项卡。

➢ 选择“文件”选项卡中的“选项”命令，或者在功能区空白处单击鼠标右键，在快捷菜单中选择“自定义功能区”，打开“Excel 选项”对话框，如图 4-1 所示。

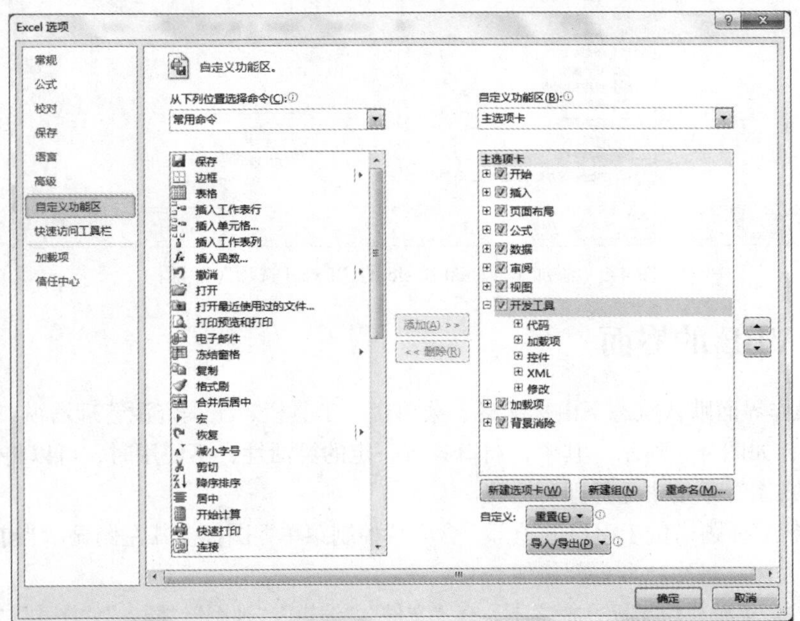

图 4-1 “Excel 选项”对话框

➢ 在对话框左侧选择“自定义功能区”。
➢ 勾选对话框右侧列表框中的“开发工具”复选框。
➢ 单击“确定”关闭对话框。
➢ 功能区中增加了“开发工具”选项卡，单击“开发工具”选项卡中的“Visual Basic”按钮，即可打开 VBE。

方法二：使用快捷键。

在 Office 的工作界面下，直接使用【Alt + F11】组合键即可打开 VBE。

方法三：使用快速访问工具栏。

➢ 选择“文件”选项卡中的“选项”命令，打开“Excel 选项”对话框。
➢ 在对话框左侧选择“快速访问工具栏”。
➢ 右侧的“从下列位置选择命令”下拉列表中选择“开发工具选项卡”。
➢ 在下面的列表框中选择“Visual Basic”命令，单击“添加”按钮，将其添加到右侧列表框中，如图 4-2 所示。
➢ 添加成功后，在快速访问工具栏中单击“Visual Basic”按钮即可打开 VBE。

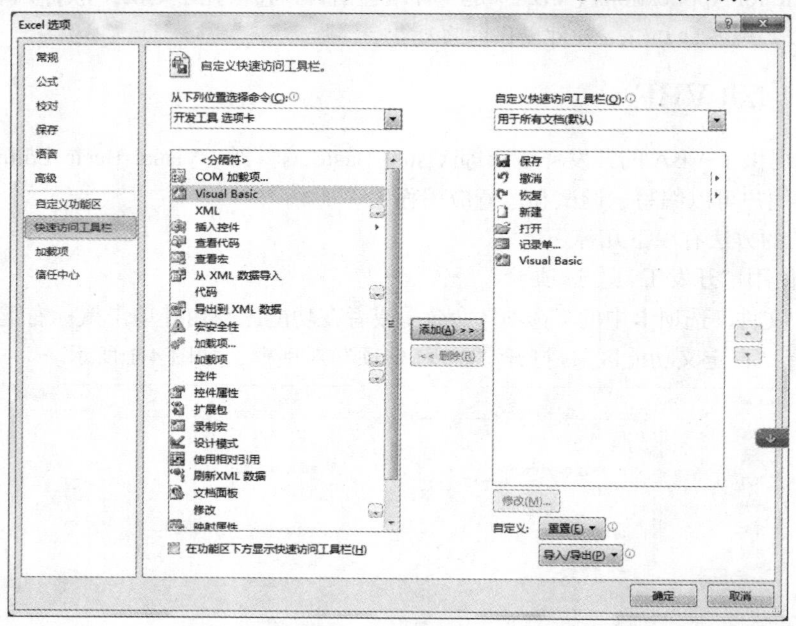

图 4-2　添加了 Visual Basic 的“Excel 选项”对话框

4.1.2　VBE 的界面

VBE 的操作界面默认状态下由标题栏、菜单栏、工具栏、工程资源管理器窗口、属性窗口、代码窗口组成，如图 4-3 所示。其中，窗口具有一定的灵活性，不使用时，可以将其关闭；需要使用时，在“视图”菜单中选择即可出现。

（1）标题栏。标题栏位于窗口的顶部，含有“控制菜单”图标。其左侧显示当前窗口的标题，右侧是一组最大化、最小化和关闭按钮。

（2）菜单栏。菜单栏位于标题栏之下，有“文件”“编辑”“视图”“插入”“格式”“调试”“运行”“工具”“外接程序”“窗口”和“帮助”11 个菜单项。鼠标单击某菜单项或用访问组合键【ALT+字母】

访问某菜单项，就会弹出由若干个命令组成的下拉菜单，这些下拉菜单包含了 VBE 的各种功能。

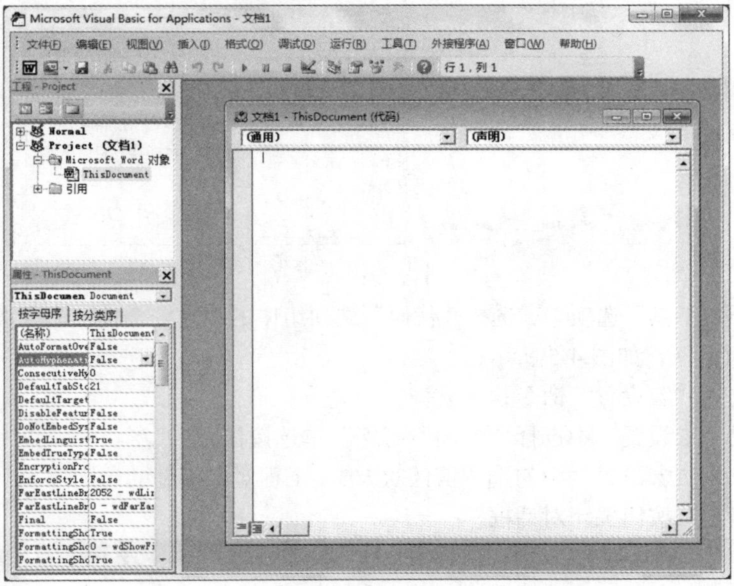

图 4-3　VBE 窗口

（3）工具栏。工具栏中包含了一系列的常用菜单命令，相同类型的工具按钮集合成一组工具栏，工具栏提供了对命令的快捷访问。VBE 提供了 4 种工具栏，即“标准”“编辑”“调试”和“用户窗体”，用户可以在“视图”菜单中的“工具栏”子菜单中进行选择。

（4）工程资源管理器窗口。工程资源管理器窗口中以树形目录的形式显示了当前工程中的各类文件清单。每一个打开的文档都可作为一个工程，工程节点展开后包含了该文档中的对象，不同的对象都有对应的代码窗口。

（5）属性窗口。属性窗口中的内容是随着选择对象的不同而发生变化的，不同的对象有不同的属性，在属性窗口中可以查看或设置某对象的属性值。

（6）代码窗口。代码窗口是用来查看和编辑 VBA 代码的，是学习 VBA 的主要编辑场所。工程资源管理器中的每一个对象都有一个相关联的代码窗口，在代码窗口的顶部有两个下拉列表，左边一个为“对象”下拉列表，用来显示选择的对象名称；右边一个为“过程”下拉列表，列出了所选对象的所有事件。

除了以上的窗口外，VBA 还提供了“本地窗口”“监视窗口”和“立即窗口”，这几个窗口是为了调试和运行程序而提供的。

4.1.3　宏安全性

1. 打开包含宏的文件

在打开包含宏命令的 Word 文件时，可能会在功能区的下方弹出一条“安全警告”或“Microsoft Word 安全声明”（图 4-4）。用户可以单击“启用内容”或“启用宏”按钮，则文档中的宏可以被运行。若单击右侧的关闭按钮×或“禁用宏”按钮，则无法运行文档中的宏，但是可见宏名和可查看宏代码。

2. 设置宏安全性

如果用户非常信任各种来源的 VBA 代码，可以单击功能区“开发工具”选项卡“代码”组中的“宏安全性”按钮，打开“信任中心”对话框（图 4-5），将“宏设置”为“启用所有宏”（但这样很容易中“宏病毒”），具体步骤如下。

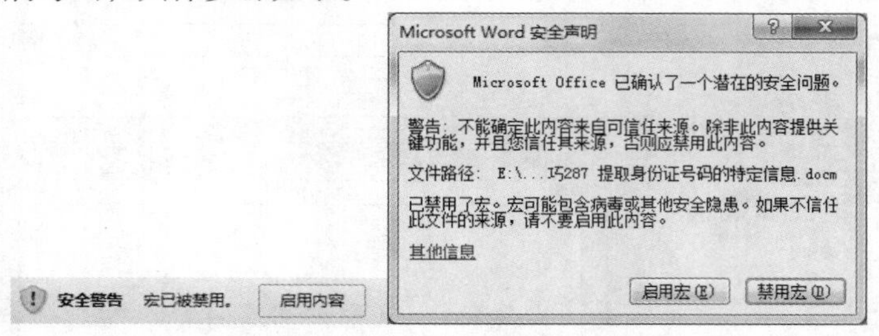

图 4-4　宏安全警告

- ➢ 单击“开发工具”选项卡，选择“代码”选项组中的“宏安全性”命令按钮，弹出“信任中心”对话框，如图 4-5 所示；
- ➢ 在左侧选择“宏设置”命令；
- ➢ 在右侧的“宏设置”中选择“启用所有宏”单选按钮；
- ➢ 在“开发人员宏设置”中勾选“信任对 VBA 工程对象模型的访问”。
- ➢ 单击“确定”按钮关闭对话框

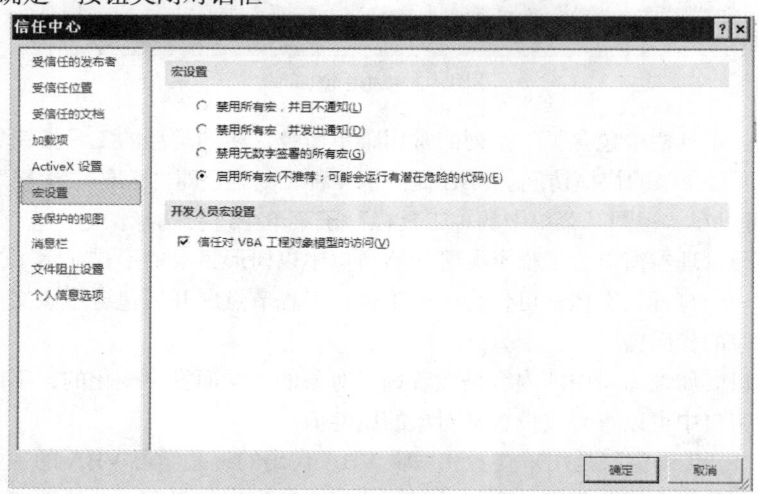

图 4-5　“信任中心”对话框

3. 保存含有宏的文件

宏主要用来实现日常工作中的某些任务的自动化操作，由于使用 VBA 代码可以控制或者运行 Office 软件以及其他应用程序，因此这些强大的功能可以被用来制作计算机病毒。默认情况下，将 Office 软件设置为禁止宏的运行。

在保存含有宏命令的文档时，若按照默认的文件类型来保存，系统将弹出如图 4-6 所示的对话框。单击“是”则宏操作将不能被保存，单击“否”则回到“另存为”对话框。在“文件类型”列表框中重新选择能够运行宏的其他文件类型，包含宏 Word 的文档应保存为 docm 或 dotm 格式。

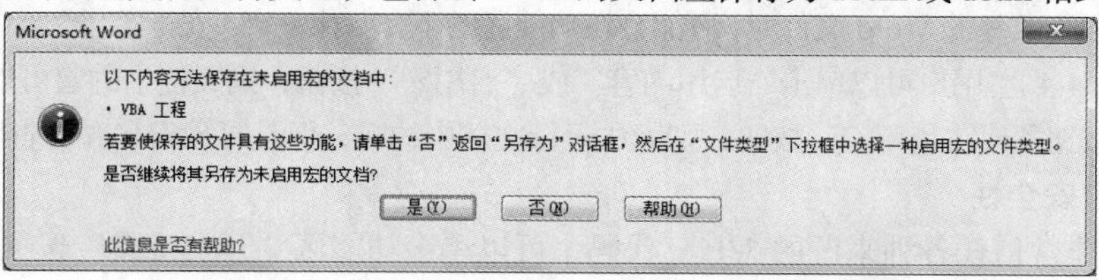

图 4-6　保存含有宏命令的文件时弹出的对话框

4.1.4　在 VBE 中创建一个 VBA 过程代码

下面演示在一个新建的文档中，该如何创建一个 VBA 过程并运行该过程。

1. 新建一个 VBA 过程

新建一个 VBA 过程的步骤如下。

- 在 VBE 左侧“工程资源管理器”中的“Project1”处单击鼠标右键，在弹出的快捷菜单中选“插入”命令中的“模块”命令，如图 4-7 所示。
- 单击菜单栏中“插入”菜单，选择“过程”命令，如图 4-8 所示，将弹出“添加过程”对话框窗口，如图 4-9 所示。

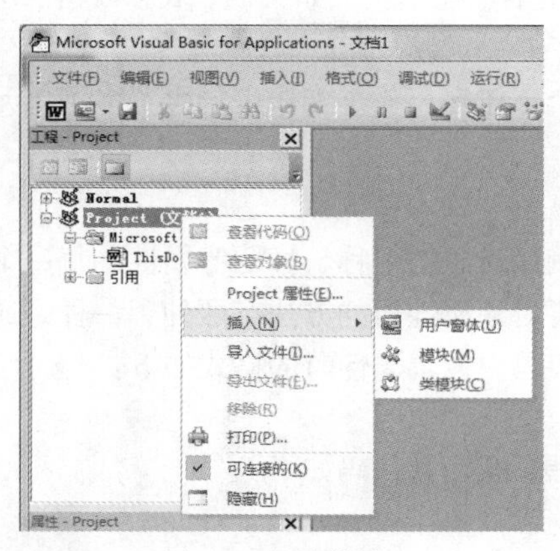

图 4-7　新建模块

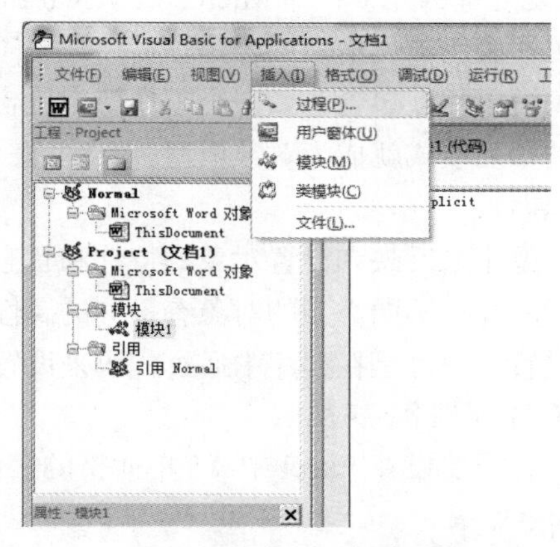

图 4-8　新建过程

- 在图 4-9 的“名称”文本框中输入 First，单击“确定”。
- 在“代码”窗口输入如图 4-10 所示的代码。

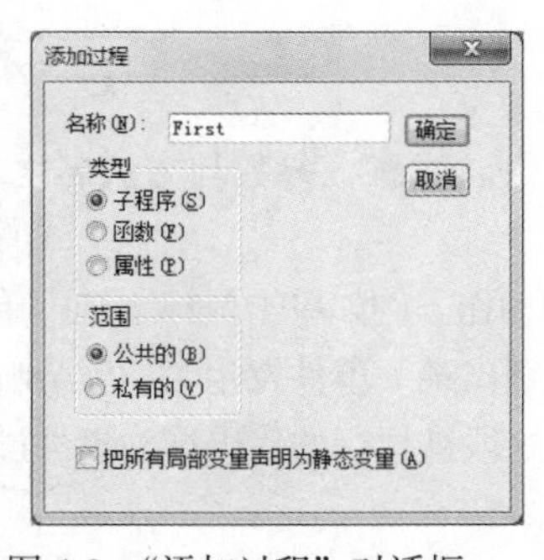

图 4-9　“添加过程”对话框

```
Public Sub First()
    MsgBox "我的Word VBA程序!"
End Sub
```

图 4-10　First 过程的代码

到此，已经建立了一个 VBA 的过程。

2. 运行 VBA 过程

要运行 First 过程，先将光标放在 First 过程中，然后单击 VBE“标准”工具栏上的“运行子过程/用户窗口”按钮▶，或按【F5】键，即可出现代码的运行结果——一个提示对话框。

3. 保存代码

单击 VBE“标准”工具栏上的“保存”按钮，此时将保存含有 VBA 代码的 Word 文档。如前所述，含有宏和 VBA 代码的 Word 文档要存为 docm 或 dotm 格式。

4.2 VBA 语言基础

4.2.1 面向对象程序基本概念

1. 对象

在现实生活中，一个人是一个对象，一支笔也是一个对象，可以说每一个可见的实体都是一个对象。而在 VBA 的程序设计中，一个 Word 文档是一个对象，一个按钮也是一个对象。对象就是 VBA 要处理的元素，即 Microsoft Visual Basic 的基本构建基块，如文档、表、段落、书签、工作簿、工作表、单元格、图表等。

对象可以相互包含，如一个工作簿中包含了多个工作表，一个工作表包含了多了单元格，这种对象的排列模式就成为对象模型。

2. 属性

属性是用来反映和设置对象的特性和状态的。例如对象的名称、标题等属性。每一个对象都有自己的属性，不同类型的对象有不同的属性。设置对象属性值的方法有两种：一种是通过属性窗口来设置；一种是在程序中通过代码来设置。在代码中设置属性时的格式如下：

对象名.属性名=属性值

例如，需要设置 Excel 中 A1 单元格的字体为“黑体”，其代码如下：

```
Range("a1") . Font . Name = "黑体"
```

其中 Range(“a1”) 表示 A1 单元格对象，Font 是该对象的属性，Name 为 Font 属性的子属性。

3. 方法

方法是指对象可以执行的动作，实际上，方法是一个对象内部预设的程序段，可以实现一些特殊的功能或操作。调用对象方式的格式如下：

对象名. 方法名［参数］

有些方法是不带参数的，而有些则一定需要参数。注意，参数与方法名之间要用空格隔开。

4. 事件

事件是指由系统预先设置好的，能被对象识别的动作。例如单击鼠标、选中单元格、改变单元格数据、单击按钮、敲击键盘都是一个事件。当对象识别出某一事件发生时，就会响应该事件，即执行一段用户编写好的程序代码，从而实现对应的操作。这段被执行的代码称为事件过程。

4.2.2 数据类型

数据类型是告诉计算机将数据（如整数、字符串等）以何种形式存储在内存中。VBA 中的基本数据类型如表 4-1 所示。

4.2.3 常量与变量

1. 常量

常量就是在程序运行期间值始终保持不变的量。常量可以是具体的数值，也可以是专门说明的符号。具体数值的常量又根据不同的数据类型分为数值常量、字符常量、逻辑常量、日期常量。符号常量在声明后值不可以再改变，声明常量的格式为：

Const 常量名 As 数据类型=常量的值

例如，Const Pi As Single=3.1415926。

表 4-1　数据类型

数 据 类 型	类 型 名 称	存 储 空 间(Byte)	初 始 值
整型	Integer	2	0
长整型	Long	4	
单精度	Single	4	
双精度	Double	8	
货币型	Currency	8	
字节型	Byte	1	
变长字符串	String	10+串长度	空字符串
定长字符串	String*Size	串长度	
布尔型	Boolean	2	False
日期型	Date	8	0:00:00
变体型	Variant	≥16	空字符串
对象型	Object	4	

2. 变量

变量就是以符号形式出现在程序中，且取值可以发生变化的数据。根据变量的作用域的不同，可将变量分为过程级变量、模块级变量和全局变量。声明变量的格式为：

Private|Public|Dim|Static 变量名 As 数据类型

过程级变量：在一个过程中，使用 Dim 声明的变量称为过程级变量，也称为局部变量。其作用范围仅限于该过程。

模块级变量：在第一个过程前面的通用声明部分，用 Private 或 Dim 声明的变量是模块级变量。其作用范围是所在的窗体或模块中的所有过程。

全局变量：在第一个过程前面的通用声明部分，用 Public 声明的变量是全局变量。其作用范围是整个工程中所有窗体或模块中的过程。

静态变量：是在过程中用 Static 声明的变量。静态变量的值在过程结束后仍然保留。

4.2.4　运算符与表达式

1. 运算符

在程序设计的过程中，经常要进行各种各样的运算，运算符就是指定某种运算的操作符号。VBA 中运算符包括 4 种：算术运算、字符串连接运算、关系运算和逻辑运算。

（1）算术运算符。算术运算符是非常常用的运算符，它的操作对象是数值型数据。表 4-2 列出了常用的算术运算符。

（2）字符串连接运算符。字符串连接运算符号有“&”和“+”两种，其中“+”只有在操作数都是字符型数据时，才作为字符串连接运算符，否则作算术运算；“&”不论操作数是何种类型，均作字符串连接运算。

表 4-2　常用算术运算符

运算符	功　能	说　明
+	加法	与数学中的一致
–	减法	与数学中的一致
*	乘法	与数学中的一致
/	浮点除法	不论操作数的类型如何，结果都是双精度数
\	整除	结果为整型或长整型的数
MOD	取模运算	结果是第一个操作数整除第二个操作数所得的余数，正负号与第一个操作数相同，结果为整型
^	指数运算	结果为双精度数

（3）关系运算符。关系运算用于对两个数进行比较，根据比较的结果返回逻辑值 True 或 False。表 4-3 列出了常用的比较运算符。

表 4-3　常用关系运算符

运　算　符	功　能
>	大于
<	小于
=	等于
< >	不等于
⩾	大于等于
⩽	小于等于
Like	比较字符串
Is	比较对象

其中“=”既可以用作关系运算符，也可以用作赋值符号。例如 A = B = 2 中，变量 A 后面的“=”是赋值运算，而变量 B 和数值 2 之间的“=”是关系运算符。该语句的作用是将 B 和 2 进行比较，然后将比较的结果赋值给变量 A。

（4）逻辑运算符。逻辑运算符又称布尔运算符，用于对逻辑值进行运算，结果也为逻辑值。表 4-4 中列出了常用的逻辑运算符。

表 4-4　常用逻辑运算符

运算符	功　能	运算规则
Not	逻辑非	Not True 的结果为 False，Not False 的结果为 True
And	逻辑与	操作数都为 True 时，结果才为 True，否则均为 False
Or	逻辑或	只要有一个操作数为 True，结果都为 True，否则为 False
Xor	逻辑异或	两个操作数不同时结果为 True，否则为 False

2. 表达式

把常量和变量用运算符、括号连接起来的式子就是表达式。在 VBA 表达式中只能使用圆括号，且括号必须成对使用。

例如：

(a+b+c)/2

"hello"&"Excel"

a+b>c

x=2 or x-y<0 and x+y>3

3. 运算符的优先级

当一个表达式中有多个运算符时，运算次序由运算符的优先级决定，优先级相同时，从左到右依次运算。在表达式中也可以通过圆括号来改变运算次序，圆括号的优先级别最高。各种运算符的优先级别为：

算术运算符 > 连接运算符 > 关系运算符 > 逻辑运算符

算术运算符的优先顺序从高到低依次为：^、－（负号）、*和/、\、Mod、＋和－。

逻辑运算符的优先顺序从高到低依次为：Not、And、Or、Xor。

4.2.5 常用的 VBA 函数

VBA 函数就是指 Excel VBA 中所提供的函数，这些函数可以在程序中直接使用，并返回需要的值。在代码窗口中输入"vba"，再输入一个"."，系统会弹出一个列表框，在该列表框中显示了 VBA 中所有的函数。VBA 函数常用的有数学函数、字符串函数、日期/时间函数、转换函数和测试函数等。

1. 数学函数

数学函数用于各种数学运算，包括三角函数、求平方根、绝对值等，表 4-5 列出了常用的数学函数名称和功能。

表 4-5 数学函数

函数名	功能	示例	
		表达式	结果
Sqr(x)	求 x 的平方根值，$x \geqslant 0$	Sqr(16)	4
Log(x)	求 x 的自然对数，$x>0$	Log(2)	0.69314
Exp(x)	求以 e 为底的幂，即求 e^x	Exp(2)	7.38906
Abs(x)	求 x 的绝对值	Abs(－4.8)	4.8
Hex(x)	求 x 的十六进制数值，结果为一字符串	Hex(1000)	3E8
Oct(x)	求 x 的八进制数值，结果为一字符串	Oct(1000)	1750
Sgn(x)	求 x 的符号，$x>0$ 为 1，$x=0$ 为 0，$x<0$ 为－1	Sgn(－10) Sgn(10)	－1 1
Rnd(x)	产生一个在[0，1]区间均匀分布的随机数， 产生 m~n 之间的随机整数的通式为： Int(Rnd*(n-m)+1)+m	Int(Rnd*(99-10)+1)+10	产生两位随机整数
Sin(x)	求 x 的正弦值，x 单位为弧度	Sin(30*3.141592/ 180)	0.5
Cos(x)	求 x 的余弦值，x 单位为弧度	Cos(30*3.141592/ 180)	0.866025
Tan(x)	求 x 的正切值，x 单位为弧度	Tan(30*3.141592/ 180)	0.57735
Atn(x)	求 x 的反正切值，x 单位为弧度	Atn(30*3.141592/ 180)	0.48235

2. 字符串函数

字符串函数用于处理各种字符串的运算，包括大小写转换、截取字符串等，表 4-6 列出了常用的字符串函数名称和功能。

表 4-6 字符串函数

函数名	功能	示例	
		表达式	结果
Len(St)	求字符串 St 的长度(字符个数)	St="I am a Student" Len(St*)	14
Left(St,*n*)	从字符串 St 左边起取 *n* 个字符	Left(st,4)	"I am"
Right(St,*n*)	从字符串 St 右边起取 *n* 个字符	Right(St,7)	"Student"
Mid(St,*n*1,*n*2)	从字符串 St 左边第 *n*1 个位置开始向右起取 *n*2 个字符，若 *n*2 省略则取从 *n*1 到结尾的所有字符	Mid(St,3,2) Mid(St,8)	"am" "Student"
Ucase(St)	将字符串 St 中的小写改为大写	Ucase("New")	"NEW"
Lcase(St)	将字符串 St 中的大写改为小写	Lcase("NAME")	"name"
Ltrim(St)	去掉字符串 St 的前导空格	Ltrim(" New")	"New"
Rtrim(St)	去掉字符串 St 的尾随空格	Rtrim("New ")	"New"
Trim(St)	去掉字符串 St 的前后的空格	Trim(" New ")	"New"
Instr([*n*,]St1,St2)	从 St1 的第 *n* 个位置起查找给定的字符 St2，返回该字符在 St1 中最先出现的位置，*n* 的缺省值为 1，若没有找到 St2，则函数值为 0	Instr(4,St, "a") Instr(St, "R")	6 0
String(*n*, St)	得到由 *n* 个给定字符 St 组成的一个字符串	String(6,"#")	"######"
Space(*n*)	得到 *n* 个空格	"A"& Space(3) &"B"	"A B"

3. 日期/时间函数

日期/时间函数用于处理日期和时间的运算，包括获取时间、获取日期等，表 4-7 列出了常用的日期/时间函数名称和功能。

表 4-7 日期/时间函数

函数名	功能
Date	返回系统当前的日期
Time	返回系统当前的时间
Now	返回系统当前的日期和时间
Year(*x*)	返回 *x* 中的年号整数，*x* 为有效的日期变量、常量或字符表达式
Month(*x*)	返回 *x* 中的月份整数，*x* 为有效的日期变量、常量或字符表达式
Day(*x*)	返回 1-31 之间的整型数，*x* 为有效的日期变量、常量或字符表达式
Weekday(*x*[,*c*])	返回 *x* 是星期几，*x* 为有效的日期变量、常量或字符表达式，*c* 是用于指定星期几为一个星期第一天的常数，缺省时以星期天为第一天

4. 转换函数

转换函数用于处理数据类型或形式的转换，包括整型、浮点型、字符串型之间以及字符与 ASCII 码之间的转换等，表 4-8 列出了常用的转换函数名称和功能。

表 4-8　转换函数

函数名	功能	示例	
		表达式	结果
Str(x)	将数值数据 x 转换成字符串（含符号位）	Str(1024)	" 1024"
CStr(x)	将 x 转换成字符串型，若 x 为数值型，则转为数字字符串（对于正数符号位不予保留）	CStr(1024)	"1024"
Val(x)	将字符串 x 中的数字转换成数值	Val("1024B")	1024
Chr(x)	返回以 x 为 ASCII 代码值的字符	Chr(65)	"A"
Asc(x)	给出字符 x 的 ASCII 代码值（十进制数）	Asc("A")	65
CInt(x)	将数值型数据 x 的小数部分四舍五入取整	CInt(16.8) CInt(－16.8)	17 －17
Fix(x)	将数值型数据 x 的小数部分舍去	Fix(－16.8)	－16
Int(x)	取小于等于 x 的最大整数	Int(16.8) Int(－16.8)	16 －17

5. 测试函数

测试函数用于做判断，并返回一个逻辑值，如对数值型数据的判断、对日期型数据的判断等，表 4-9 列出了常用的测试函数名称和功能。

表 4-9　测试函数

函数名	功能
IsNumeric(x)	返回 Boolean 值，指出 x 的运算结果是否为数字。如果为数字，则返回 True，否则返回 False
IsDate(x)	返回 Boolean 值，指出 x 的运算结果是否为日期。如果为日期，则返回 True；否则返回 False
IsEmpty(x)	返回 Boolean 值，判断 x 是否为空。如果为空，则返回 True，否则返回 False
IsArray(x)	返回 Boolean 值，判断 x 是否为数组。如果为数组，则返回 True，否则返回 False
IsNull(x)	返回 Boolean 值，判断 x 是否不包含任何有效数据。如果是，则返回 True，否则返回 False

6. 其他函数

（1）InputBox 函数

InputBox 函数的功能为弹出一个输入对话框，用来接受用户的键盘输入。其格式为：

变量名=InputBox(Prompt [,Title] [,Default] [,Xpos] [,Ypos] [, Helpfile] [, Context])

其中各参数含义如下：

- Prompt：必选参数，用于设定显示在对话框中的提示信息内容。
- Title：可选参数，用于设定显示在对话框标题栏中信息。
- Default：可选参数，用于设定输入对话框中文本框的默认值。
- Xpos 和 Ypos：可选参数，用于设定对话框在屏幕显示时的位置，必须要同时设置。
- Helpfile 和 Context：可选参数，用于设定帮助文件名和帮助主题号，必须同时设置。

【例 4-1】　生成输入对话框。

```
Private Sub inputsample()
    Dim Myno as String
    Myno =InputBox("请输入您的学号", "学号", "1501405001")
End Sub
```

程序运行后，即可弹出如图 4-11 的对话框。

图 4-11　Inputbox 函数弹出的对话框

（2）MsgBox 函数

MsgBox 函数可以调用系统预定义的消息对话框，在对话框中显示消息，等待用户单击了某一个按钮后，根据不同的按钮返回一个整数。其格式为：

变量名=MsgBox(prompt[, buttons] [, title] [, helpfile, context])

若弹出消息对话框只有一个“确定”按钮，则表示用户不需要选择操作按钮，此时 MsgBox 函数无需返回值，其格式可以简化为：

MsgBox prompt[, buttons] [, title] [, helpfile] [, context]

其中各参数含义如下：

- Prompt：必选参数，用于设定显示在对话框中的消息，并且可以使用“&”符号来输出多个字符串。
- Buttons：可选参数，表示消息对话框中显示的按钮和图标形式等。缺省时的默认值为 0，消息对话框中只显示“确定”按钮。Buttons 是一个由 4 个部分组成的数值之和，表 4-10 中列出了各部分参数的可选值和功能，Buttons 的值为表中 a+b+c+d，可以将常数用“+”连接起来，也可以将值相加计算出总和。
- Title：可选参数，用于设定显示在对话框标题栏中信息。
- Helpfile 和 Context：可选参数，用于设定帮助文件名和帮助主题号，必须同时设置。

表 4-10　Buttons 参数的可选值

常　　数	值	功 能 描 述
vbOkOnly	0	显示“确定”按钮
vbOkCancle	1	显示“确定”和“取消”按钮
vbAbortRetryIgnore	2	显示“终止”“重试”和“忽略”按钮
vbYesNoDCancel	3	显示“是”“否”和“取消”按钮
vbYesNo	4	显示“是”“否”按钮
vbRetryCancel	5	显示“重试”和“取消”按钮
vbCritical	16	显示危急告警图标
vbQuestion	32	显示警示疑问图标
vbExclamation	48	显示警告信息图标
vbInformation	64	显示通知信息图标
vbDefaultButton1	0	第一个按钮为默认按钮
vbDefaultButton2	256	第二个按钮为默认按钮
vbDefaultButton3	512	第三个按钮为默认按钮
vbDefaultButton4	768	第四个按钮为默认按钮
vbApplicationModal	0	应用程序强制返回，应用程序一直被挂起，直到用户对消息框做出响应才继续工作
vbSystemModal	4096	显示“确定”和“取消”按钮

如果希望弹出一个询问对话框，有“是”和“否”两个按钮，并显示警示疑问图标，默认按钮为第二个按钮“否”，则 Buttons 的取值可以是“vbYesNo+ vbQuestion+ vbDefaultButton2”，或者是数值“292”。

【例 4-2】　生成询问对话框。

```
Private Sub MsgboxSample()
    MsgBox "您是否要关闭",vbYesNo+ vbQuestion+ vbDefaultButton2, "关闭程序"
End Sub
```

运行上面的程序将弹出如图 4-12 所示的对话框。

若希望根据用户对信息框的不同选择来进行相应的操作，则可以对 MsgBox 的返回值进行判断。单击不同的按钮将返回不同的数值，具体见表 4-11。

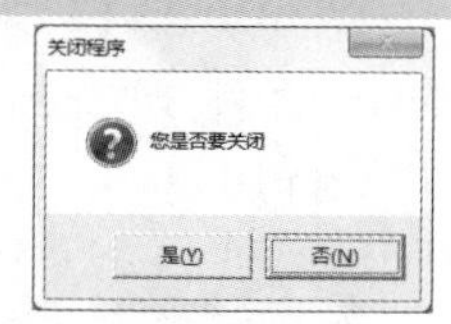

图 4-12　Msgbox 函数弹出的对话框

表 4-11　MsgBox 函数中按钮的返回值

按钮名称	常　数	取　值
确定（Ok）	vbOk	1
取消（Cancel）	vbCancle	2
终止(Abort)	vbAbort	3
重试（Retry）	vbRetry	4
忽略（Ignore）	vbIgnore	5
是（Yes）	vbYes	6
否（No）	vbNo	7

4.2.6　程序控制语句

1. 选择分支语句

选择分支语句是根据一个逻辑表达式的值决定程序执行的走向。用来实现选择分支结构的语句，主要有 If-End If 语句和 Select Case-End Select 语句。If-End If 语句主要用于分支比较少的程序，Select Case-End Select 语句通常用于分支比较多的程序。

（1）单行结构的 If 语句

单行结构的条件语句的格式为：

If <条件> Then <语句 A> [Else <语句 B>]

该语句的功能是：如果条件成立，则执行语句 A，否则执行语句 B，流程图如图 4-13（a）所示。其中 Else 部分是可选的，若省略 Else 部分，则分支语句成为单分支语句，流程图如图 4-13（b）所示。

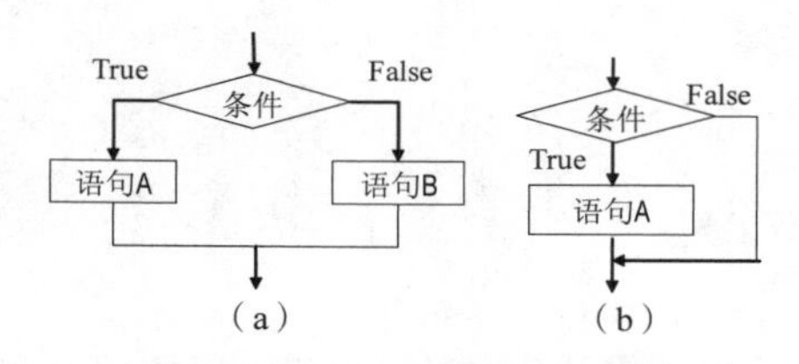

图 4-13　单行结构 If 语句流程图

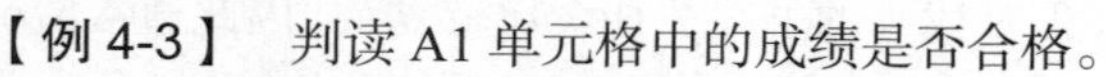

【例 4-3】　判读 A1 单元格中的成绩是否合格。

```
Private Sub SingleIfSample()
    If Range("A1")>60 Then MsgBox "成绩合格！" Else MsgBox "成绩不及格！"
End sub
```

若在工作表中的 A1 单元格内输入的数据大于等于 60，则在执行程序时，会弹出一个成绩合格的对话框，否则弹出成绩不合格的对话框。

（2）块结构的 If 语句

块结构的 If 语句的格式为：

If<条件 1>Then
　　<语句块 1>
[ElseIf <条件 2> Then
　　<语句块 2>]
[ElseIf <条件 3> Then
　　<语句块 3>]
…
[ElseIf<条件 n>Then
　　<语句块 n>]
[Else
　　<语句块 n+1>]
End If

块结构的条件语句的功能是：如果条件 1 成立，则执行语句块 1；否则判断条件 2，如果条件 2 成立，则执行语句块 2，……若所有条件都不成立，则执行语句块 n+1。块结构语句中的各个条件的判断是按照顺序进行的，如果前面的条件成立，则执行对应的语句块，然后便跳出条件语句。块结构的条件语句的流程图如图 4-14 所示。

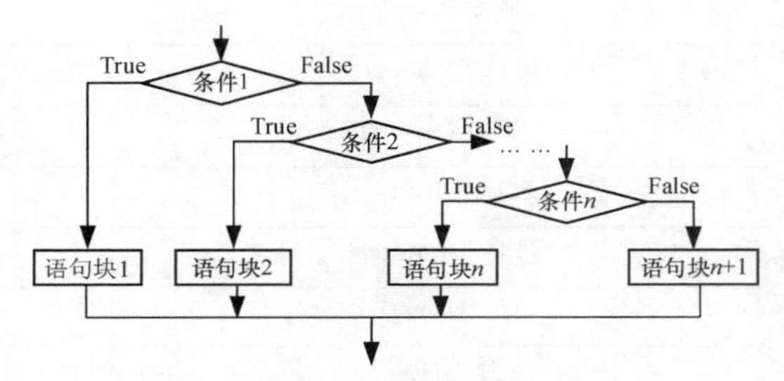

图 4-14　块结构 If 语句流程图

【例 4-4】　根据单元格 A1 中的数值进行判断，根据结果显示相应的对话框。

```
Private Sub IfSample()
    Dim Score As Single
    Score=Range("A1").Value
    If Score>=90 Then
        MsgBox "优秀"
    ElseIf Score>=80 Then
        MsgBox "良好"
    ElseIf Score>=60 Then
    MsgBox "合格"
    Else
    MsgBox "不及格"
    End If
End Sub
```

（3）Select Case 语句

当有多条分支时虽然仍可以使用 If 语句，但是代码的书写往往会比较复杂，因此通常情况下，多分支结构的程序使用 Select Case 语句来实现。Select Case 语句的格式为：

Select Case <测试表达式>
　　Case <表达式 1>
　　　　<语句块 1>

[Case <表达式 2>

<语句块 2>]

…

[Case <表达式 n>

<语句块 n>]

[Case Else

<语句块 n+1>]

End Select

Select Case 的功能是：首先计算出测试表达式的值，然后从上到下依次与各个表达式的值进行比较，若匹配，则执行相应的语句块，然后跳出到 End Select 后面的语句继续执行；若所有的表达式的值都不能匹配，则执行 Case Else 之后的语句块。Select Case 语句的流程图与块结构的 If 语句的流程图类似，请参考图 4-14。

Case 中的表达式可以是下列的几种形式。

- 具体的取值或表达式，值与值之间用逗号分隔，如 1,3,5,a+b 等。当采用多值条件时，各条件之间的关系是“或”的关系，即只要有一个值与测试表达式匹配，则该分支被认为匹配，执行其后的语句块。
- 连续的范围，用关键字 To 来间接两个值，如 10 To 100。
- 使用关键字 Is 构成的比较表达式，如 Is≥10。

【例 4-5】 若用 Select Case 语句来实现成绩登记判断，则其代码如下：

```
Sub SelectSample()
    Dim Score As Single
    Score=Range("A1").Value
    Select Case Score
        Case Is>=90
            MsgBox "优秀"
        Case 80 To 90
            MsgBox "良好"
        Case 60 To 80
            MsgBox "合格"
        Case Else
            MsgBox "不及格"
    End Select
End Sub
```

比较而言，使用 Select Case 语句可以使条件表达式更加简化，且使程序的结构更加清晰。

2. 循环重复语句

在程序中，如果需要重复相同的或相似的操作步骤，就可以用循环语句来实现。VBA 的循环语句主要有 For 循环和 Do 循环两种。For 循环中又分为 For-Next 循环和 For Each-Next 循环，后者是前者的一种变体。

（1）For-Next 循环

For-Next 循环又称为计次循环，即指定循环的次数，其格式为：

For <循环变量>=<初值> To <终值> [Step 步长]

<循环体>

[Exit For]

<循环体>

Next [<循环变量>]

For-Next 循环中各语句的含义如下：

- 循环变量是一个数值变量，用来作为循环计数器。
- 初值和终值是一个数值表达式，分别是循环变量第一次循环的值和最后一次循环的值。
- 步长是循环变量的增量，也是一个数值表达式，步长的值可正可负，但不能为 0。若步长值为正，则循环变量的值递增，否则循环变量的值递减；若省略步长值，则默认步长值为 1。
- 循环体是放在 For 和 Next 之间的一条或多条语句，当循环变量超过终值时，循环过程将正常结束。如果要提前退出循环，就需要在循环体内使用 Exit For 语句，Exit For 语句通常在条件判断后使用，使用 Exit For 能退出当前一层循环，执行 Next 语句之后的程序。
- Next 是 For 循环的最后一条语句，后面的循环变量可以省略，若不省略则必须与 For 语句中的循环变量一致。

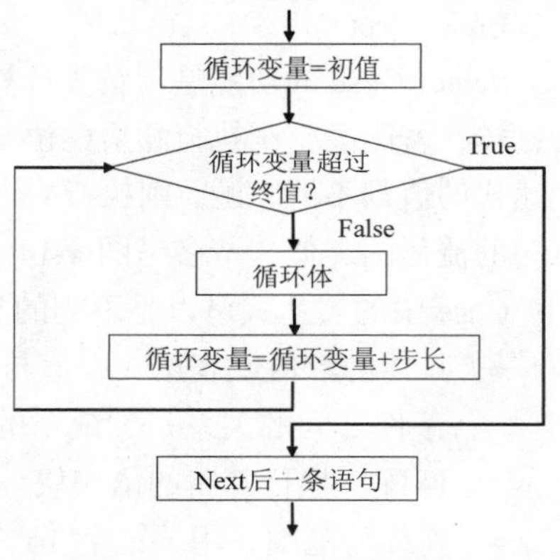

图 4-15　For-Next 循环流程图

For-Next 循环的流程图如图 4-15 所示。

【例 4-6】　求 1+2+3+…+100 的结果，其代码如下：

```
Sub ForSample()
    Dim I As Integer,Sum As Integer
    For I=1 To 100
        Sum=Sum+I
    Next
    Debug.Print "1+2+3+…+100="& Sum
End Sub
```

（2）For Each-Next 循环

如果需要在一个集合对象内进行循环，如在一个工作簿中循环所有的工作表，或者在一个单元格区域内循环所有的单元格，这时会很难指定循环范围和次数，则可以使用 For Each-Next 循环来实现。For Each-Next 循环的格式为：

For Each <循环变量> In <集合>

<循环体>

[Exit For]

<循环体>

Next [<循环变量>]

要注意的是，这里的循环变量必须定义为变体型，即 Variant 类型。

【例 4-7】　设置单元格区域 A1:E5 中所有单元格的数值为 100，其代码如下：

```
Sub ForEachSample()
    Dim C
    For Each C In Range("A1: E5")
        C.Value=100
    Next
End Sub
```

（3）Do-Loop 循环

Do-Loop 循环不指定循环次数，而使用条件来控制循环的开始和结束，有“当型”循环和“直到型”循环。“当型”循环是在循环语句中使用 While 语句来控制，当条件成立时循环；“直到型”循环则是在循环语句中使用 Until 语句来控制，条件成立时退出循环。

“当型”循环常用的格式如下：

Do While <条件>
　　<循环体>
　　[Exit Do]
　　<循环体>
Loop

程序执行的过程是，先对条件进行判断，当条件为真（False）时执行下面的循环体，只有当条件为假（False）时，才跳出循环，执行 Loop 语句后面的语句。“当型”循环的流程图如图 4-16（a）所示。

“直到型”循环常用的格式如下：

Do
　　<循环体>
　　[Exit Do]
　　<循环体>
Loop Until <条件>

程序执行的过程是，先将循环体的语句执行一次，然后再判断条件，若条件为假（True）则继续循环，直到条件为真（True）时跳出循环，执行 Loop 语句后面的语句。“当型”循环的流程图如图 4-16（b）所示。

还有一种 Do 循环是无条件循环，即在程序中既没有 While 语句也没有 Until 语句，但在循环体中必须要有 Exit Do 语句，否则就会造成死循环，同样 Exit Do 语句通常在条件判断之后用来退出当前一层 Do 循环。

图 4-16　Do-Loop 循环流程图

【例 4-8】　随机生成 10 个 3 位偶数，若用“当型”循环，其代码如下：

```
Sub DoWhileSample()
    Dim N As Integer, C As Integer
    Do While C < 10
        N = Int(Rnd * 900) + 100
        If N Mod 2 = 0 Then
            C = C + 1
            Debug.Print N
        End If
    Loop
End Sub
```

若用“直到型”循环，其代码如下：

```
Sub DoUntilSample ()
    Dim N As Integer, C As Integer
    Do
```

```
        N = Int(Rnd * 900) + 100
        If N Mod 2 = 0 Then
            C = C + 1
            Debug.Print N
        End If
    Loop Until C = 10
End Sub
```

若使用无条件循环，则其代码如下：

```
Sub DoSample()
    Dim N As Integer, C As Integer
    Do
        N = Int(Rnd * 900) + 100
        If N Mod 2 = 0 Then
            C = C + 1
            Debug.Print N
            If C = 10 Then Exit Do
        End If
    Loop
End Sub
```

3. With 语句

通过前面的学习，我们知道对象会有多个属性。若在编写程序中，需要同时设置一个对象的多个属性，可以多次反复使用形如“对象名.属性=值”的语句来设置，但是这非常麻烦，而且降低了程序的可读性。为了解决这样的问题，可以使用 With 语句，在避免输入繁琐的同时，还提高了程序的运行速度。With 语句的格式如下，要注意在所有的属性前都要加上英文输入法下的点号“.”：

With 对象名

  .属性 1=属性值

  .属性 2=属性值

  …

  .属性 n=属性值

End With

【例 4-9】 要设置 A1:F1 单元格区域中的文字字体大小为 20 磅、字体颜色为红色，文字需加粗、倾斜、水平居中，其代码如下：

```
Sub WithSample()
    With Range("A1:F1")
        .Font.Size = 20
        .Font.Color = vbRed
        .Font.Bold = True
        .Font.Italic = True
        .HorizontalAlignment = xlCenter
    End With
End Sub
```

在上面的代码中有 4 个属性是输入 Font 属性的子属性，因此还可以将 Font 属性也添加到 With 语句中，改造后的代码更加整洁，其代码如下：

```
Sub WithSample()
    With Range("A1:F1").Font
        .Size = 20
        .Color = vbRed
        .Bold = True
        .Italic = True
    End With
    Range("A1:F1").HorizontalAlignment = xlCenter
End Sub
```

4.2.7　数组

数组是一组相同类型数据的有序集合。例如，当需要处理 100 个学生的考试成绩时，若定义 100 个变量显然不太现实，这时可以使用数组来解决此类问题。

1. 一维数组

一维数组只需要一个数字即可确定数组元素在数组中的位置，其语法形式为：

Dim 数组名（n）　As　数据类型

在默认情况下，数组中元素的索引值从 0 开始。例如，要定义一个包含 10 个元素的字符串数据的数组，代码为：

```
Dim str(9) As String
```

其中的 10 个字符串分别存放在 str(0)、str(1)…str(9)中。

若要使索引值从 1 开始计数，需要在程序的通用申明部分（程序的顶部），使用“Option Base 1”语句。上例中若使用了“Option Base 1”语句，则数组中只能包含 str(1)、str(2)…str(9)这 9 个元素。

2. 多维数组

在某些情况下，单一的维度是不够的，这时就需要使用多维数组，最常见的是二维数组。在声明二维数组时，只需要在一维数组的基础上，在参数中再添加一个数组元素的界标即可。例如，若要创建一个 4 行 5 列的数组来存放整型数据，可以使用以下语句：

```
Dim Mult(1 to 4,1 to 5) as Integer
```

3. 数组的赋值和读取

数组的使用就是对数组元素进行赋值以及调用。

【例 4-10】　将 Sheet1 中 A1:D2 单元格区域数据复制到 A3:D4 区域的功能。

```
Sub 数组()
    Dim mult, i As Integer, j As Integer
    mult = Sheet1.Range("a1:d2")
    For i = 1 To 2
        For j = 1 To 4
            Sheet1.Cells(i + 2, j) = mult(i, j)
        Next
    Next
End Sub
```

4.2.8 过程与自定义函数

VBA 程序是由过程和自定义函数组成的，所有要实现的功能代码都必须放置在过程或自定义函数中。不同功能的程序代码可以放置在不同的过程或函数中，因此通过使用过程或函数可以使程序更清晰、更具结构性。通过 Office 工作界面录制的宏，本质上也是一个过程。自定义函数其实也是过程，但与过程的区别在于，自定义函数有返回值，而过程没有。

1. Sub 过程

Sub 过程是利用 Sub 语句来声明的过程。所有由宏录制器产生的过程，都是 Sub 过程。使用 Sub 语句声明过程的语法如下：

```
[Private | Public] [Static] Sub 过程名称 [(参数列表)]
    [语句组]
    [Exit Sub]
    [语句组]
End Sub
```

Private | Public | Friend：为可选关键字。Private 表示只有在包含其声明的模块中的过程可以访问该 Sub 过程，可以理解为同一个代码窗口中的其他过程可以使用该 Sub 过程。Public 表示所有模块的所有其他过程都可访问这个 Sub 过程。当省略该关键字时，系统默认为 Public。

- Static：为可选关键字。表示在每次调用之间保留 Sub 过程的局部变量的值。即下一次的调用将保留上一次调用后的变量值。
- 参数列表：代表在调用时要传递给 Sub 过程的参数的变量列表，若有多个变量则用逗号隔开。

Sub 过程必须有开始和结束语句，开始语句为 Sub 过程名称()，结束语句为 End Sub。若在过程执行过程中需要提前退出该过程，则可以在过程体内添加 Exit Sub 语句。

【例 4-11】 弹出一个消息框，消息框的文字由参数 x 指定。

```
Sub 消息(x)
    MsgBox x
End Sub
```

2. 自定义函数

函数与过程相比，其最大的区别为过程只是按照程序代码执行某些操作，而函数在运行了程序代码以后将提供返回值。自定义函数声明的语法如下：

```
[Public | Private ] [Static] Function 函数名称[(参数列表)] [As 数据类型]
    [语句块]
    [函数名称 = 表达式]
    [Exit Function]
    [语句块]
    [函数名称 = 表达式]
End Function
```

其中各关键字的含义与 Sub 过程中相同，区别在于在 Function 函数中一般需要对函数名称进行赋值，该值就是自定义函数的返回值。

【例 4-12】　计算矩形面积的函数。

```
Function 面积(a,b)
    面积 = a * b
End Function
```

调用这个函数时，将矩形的长和宽作为变量 a 和变量 b，则函数会将该矩形的面积作为返回值。

4.3　VBA 在 word 中的运用

4.3.1　Word 的对象模型

1. Word 的对象和集合

Microsoft Word 的任何元素，如文档、表格、段落、书签、域等，都被视为 Visual Basic 中的对象。要操作 Word 就是访问和修改这些对象。

对象代表一个 Word 元素，如文档、段落、书签或单独的字符。集合也是一个对象，该对象包含多个其他对象，通常这些对象属于相同的类型；例如，Booksmarks 是一个集合对象，它包含文档中的所有书签对象，Booksmarks(1)是文档中的一个书签对象。

Word 常用的对象和集合有：Application 对象、Document 对象、Range 对象、Selection 对象、Paragraph 对象、Sentences 集合对象、Words 集合对象、Characters 集合对象、Find 对象、Replacement 对象、Table 对象（包括 Column 对象、Row 对象和 Cell 对象）等。

图 4-17 为 Word 2003 帮助中的对象模型，图 4-18 为 Word 2010 在线对象模型。

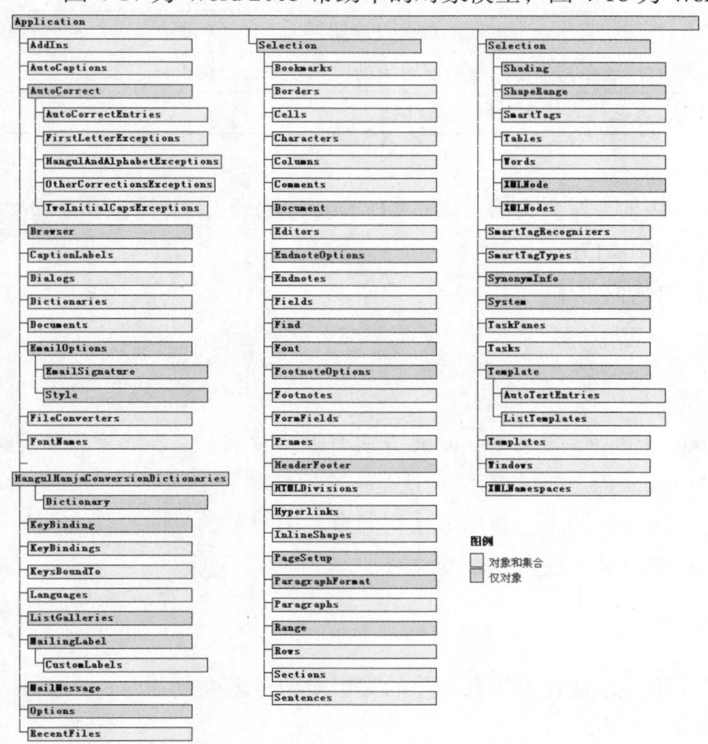

图 4-17　Word 2003 帮助中的对象模型

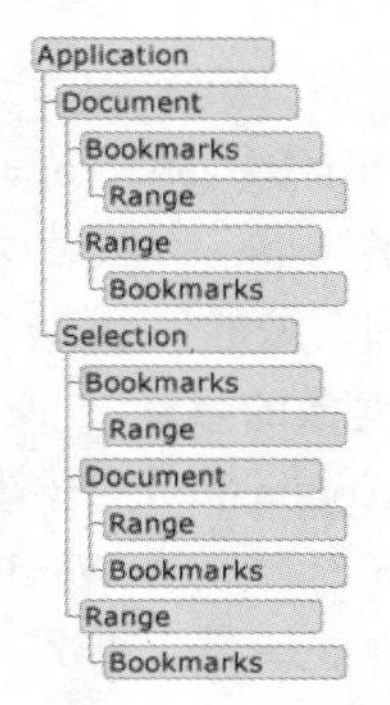

图 4-18　Word 2010 在线对象模型概述

2. Word 对象的属性

属性是对象/集合的一种特性或该对象行为的一个方面。例如，文档属性包含其名称、内容、保存状态以及是否启用修订。若要更改一个对象的特征，可以修改其属性值。设置属性值的方法是在对象的后面紧接一个小圆点（.）、属性名称、一个等号及新的属性值。

```
Documents("MyDoc.docx").TrackRevisions = True
```

在上述代码中，Documents 引用由打开的文档构成的集合，而“MyDoc.docx”是打开文档中的一个，该代码设置 MyDoc.docx 文档的 TrackRevisions 属性的值为 True，作用是使“MyDoc.docx”文档启用修订。

对象的属性有的是可读写的，有的是只能读取该属性值的（只读属性）。获取了对象属性的值，便可以了解该对象的相关信息。

【例 4-13】　返回活动文档的名称。

```
Sub GetDocumentName ()
    Dim strDNAs String
    strDN = ActiveDocument.Name'ActiveDocument 表示当前活动窗口中的文档
    MsgBox strDN
End Sub
```

3. Word 集合的属性

相对于对象而言，集合的属性比较少，表 4-12 列出了 Word 各个集合的共有属性。

表 4-12　各个集合的共有属性

属　性	说　明
Application	返回一个 Application 对象，该对象代表 Microsoft Word 应用程序
Count	返回一个 Long 类型的值，该值代表集合中的对象数。只读属性
Creator	返回一个 32 位整数，该整数代表在其中已创建指定对象的应用程序。只读 Long 类型
Parent	返回一个 Object 类型的值，该值代表指定对象的父对象

4. Word 对象/集合的方法

方法是对象/集合可以执行的动作。例如，只要文档可以打印，Document 对象就具有 PrintOut 方法。方法通常带有参数，以限定执行动作的方式。

【例 4-14】　打印活动文档的前三页代码如下：

```
Sub PrintThreePages()
    ActiveDocument.PrintOut Range:=wdPrintRangeOfPages, Pages:="1-3"
End Sub
```

上述代码中的 Range:=wdPrintRangeOfPages 表示 PrintOut 方法有 Range 参数，:=表示设置某参数的值，wdPrintRangeOfPages 是 Range 参数被设的新值，这是一个系统常量。

在大多数情况下，方法是动作，而属性是性质。使用方法将导致发生对象的某些事件，而使用属性则会返回对象的信息，或引起对象的某个性质的改变。

5. Word 对象的事件

（1）使用 Application 对象事件

Application 对象表示 Word 应用程序，它是其他所有对象的父级对象。若要创建 Application 对象事件的事件处理器，需要完成下列三个步骤。

➢ 在类模块中声明对应于事件的对象变量。

在为 Application 对象事件编写过程之前，必须创建新的类模块并声明一个新的 Application 类型对象。例如，假定已创建新的类模块并命名为 EventClassModule。该类模块可以包含下列代码：

```
Public WithEvents App As Word.Application
```

上述代码中，App 就是一个全局的 Application 类型对象变量。

➢ 编写特定事件过程。

定义了新对象后，它将出现在类模块的“对象”下拉列表框中，然后可为新对象编写事件过程。在“对象”框中选定新对象后，用于该对象的有效事件将出现在“过程”下拉列表框中，然后从“过程”下拉列表框中选择一个事件，在类模块中会增加一空过程（见图 4-19）。

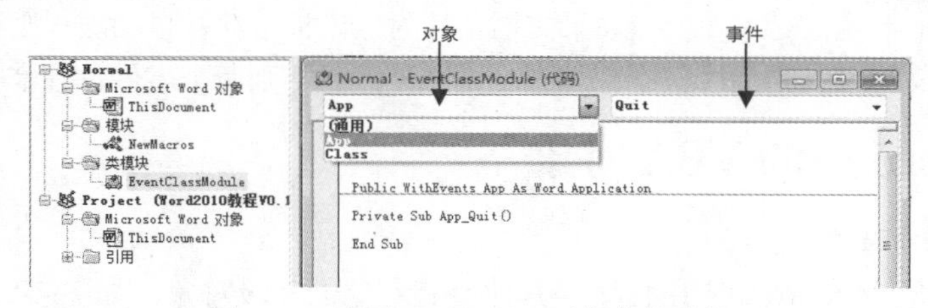

图 4-19　编写 Application 对象事件过程

➢ 从其他模块中初始化声明的对象。

在运行过程之前，必须将类模块中已声明的对象（本例中为 App）连接到 Application 对象。在任何模块中使用下列代码：

```
Dim X As New EventClassModule
Sub Register_Event_Handler()
    Set X.App = Word.Application
End Sub
```

运行 Register_Event_Handler 过程。运行该过程后，类模块中的 App 对象指向 Microsoft Word Application 对象，当事件发生时，将运行类模块中的事件过程。

（2）使用 Document 对象的事件

Document 对象支持多种事件，以响应文档状态。若要在名为“ThisDocument”的类模块中编写响应这些事件的过程。可用下列步骤创建事件过程。

➢ 在“工程资源管理器”窗口中的 Normal 工程或文档工程下，双击“ThisDocument”（“ThisDocument”位于“文件夹”视图中的“Microsoft Word 对象”文件夹中）。

➢ 在“代码”窗口的“对象”下拉列表框中选择“Document”，如图 4-20 所示。

➢ 在“代码”窗口的“过程”下拉列表框中选择一个事件，类模块中即增加了一个空子程序，添加要在事件发生时运行的 Visual Basic 指令。

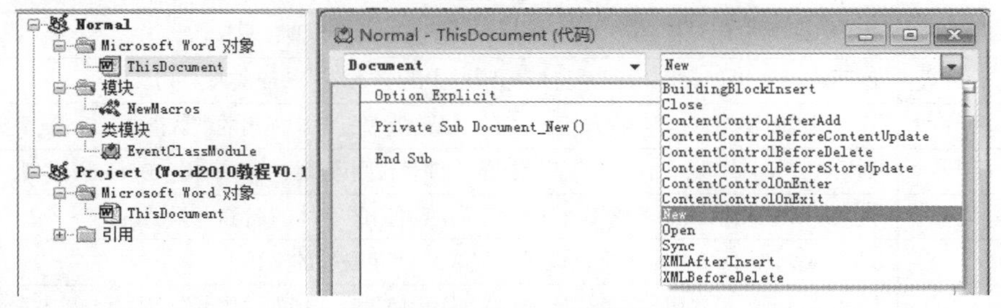

图 4-20　使用 Document 对象的事件

【例 4-15】　在 Normal 工程创建一个 Document 对象的 New 事件过程，它在新建一个基于

Normal 模板的文档时会被运行。

```
Private Sub Document_New()
    MsgBox "New document was created"
End Sub
```

【例 4-16】 在某个文档工程中创建一个新的 Close 事件过程，该过程只在该文档关闭时运行。

```
Private Sub Document_Close()
    MsgBox "Closing the document"
End Sub
```

与自动宏不同，Normal 模板中的事件过程没有全局区。例如，Normal 模板中的事件过程只有在附加模板为 Normal 模板时才发生。如果文档及其附加模板中存在自动宏，则仅运行保存在文档中的自动宏。如果文档及其附加模板中都存在文档事件过程，则两个事件过程都会运行。

4.3.2 Word 中的 VBA 对象

1. Application 对象

Application 对象表示 Word 应用程序，其他所有对象的父级对象，如图 4-21 所示。因此可以使用该对象的属性和方法来控制 Word 的环境。

- 可用 Application 对象的属性或方法来控制或返回 Word 应用程序范围内的特性、控制应用程序窗口外观或者调整 Word 对象模型的其他方面。

```
Application.PrintPreview = True     '从视图状态切换到打印预览状态。
```

- 在使用 Application 对象的属性和方法时，可省略 Application 对象识别符。例如，要调用 Application.ActiveDocument.PrintOut 方法，可简写为 ActiveDocument.PrintOut。

【例 4-17】 在 Microsoft Excel 中启动 Word（如果 Word 尚未启动），并打开一篇现有的文档。

```
Set wrd = GetObject("Word.Application")
wrd.Visible = True
wrd.Documents.Open "C:\My Documents\Temp.docx"
Set wrd = Nothing
```

表 4-13 列出了 Application 对象的部分属性，表 4-14 列出了 Application 对象的部分方法。

表 4-13 Application 对象的部分属性

属 性	说 明
ActiveDocument	返回一个 Document 对象，该对象代表活动文档。如果没有打开的文档，就会导致出错。只读
ActivePrinter	返回或设置活动打印机名称。String 类型，可读/写
AddIns	返回一个 AddIns 集合，该集合代表所有有效加载项，而不考虑当前是否已加载它们。只读
Application	返回一个 Application 对象，该对象代表 Microsoft Word 应用程序
Build	返回 Word 应用程序的版本号及编译序号。String 类型，只读
Caption	返回或设置出现在应用程序窗口标题栏中的文本。String 类型，可读写
DefaultSaveFormat	返回或设置将在"另存为"对话框上的"保存类型"框中显示的默认格式。String 类型，可读写
DisplayRecentFiles	如果在"文件"菜单中显示最近使用的文件名，则该属性值为 True。Boolean 类型，可读写
FontNames	返回一个 FontNames 对象，它包含了所有可用的字体的名称。只读的
RecentFiles	返回一个 RecentFiles 集合，该集合代表最近存取过的文档
UserName	该属性返回或设置用户姓名，Word 将其用于信封和文档的"作者"属性。String 类型，可读写
Version	该属性返回 Microsoft Word 的版本号。String 类型，只读

表 4-14 Application 对象的部分方法

方 法	说 明
Activate	激活指定的对象
Move	设置任务窗口或活动文档窗口的位置
GoForward	将插入点在活动文档中进行编辑的最后三个位置之间向前移动
PrintOut	打印指定文档的全部或部分内容
Quit	退出 Microsoft Word，并可选择保存或传送打开的文档
Resize	调整 Word 应用程序或某一任务的窗口大小

2. Document 对象和 Documents 集合

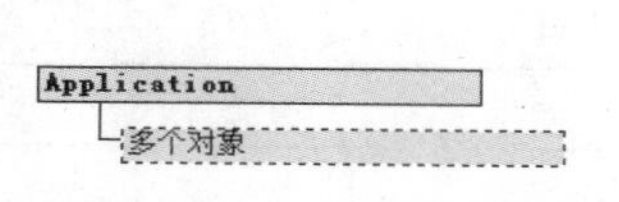

图 4-21 Application 对象

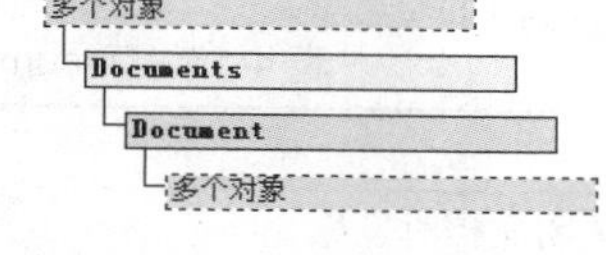

图 4-22 Document 对象和 Documents 集合

Document 对象是 Word 编程的中枢，它表示一个 Word 文档及其所有内容。当打开文档或创建新文档时，就创建了一个新的 Document 对象，该对象被添加到 Application 对象的 Documents 集合中，如图 4-22 所示。具有焦点的文档称为活动文档，它由 Application 对象的 ActiveDocument 属性表示。Documents 集合包含 Word 当前打开的所有 Document 对象。

- 用 Documents(index)可返回单个 Document 对象，index 是文档的名称或索引序号，代表文档在 Documents 集合中的位置。

```
'关闭名为 Report.docx 的文档，并且不保存所做的修改。
Documents("Report.docx").Close SaveChanges:=wdDoNotSaveChanges
Documents(1).Activate '激活 Documents 集合中的第一篇文档。
```

- 可用 Application 对象的 ActiveDocument 属性引用处于活动状态的文档。

【例 4-18】 用 Activate 方法激活名为“Document1”的文档，然后将页面方向设置为横向，并打印该文档，代码如下。

```
Documents("Document1").Activate
ActiveDocument.PageSetup.Orientation = wdOrientLandscape
ActiveDocument.PrintOut
```

表 4-15 列出了 Document 对象的部分属性，表 4-16 列出了 Document 对象的部分事件表，4-17 列出了 Document 对象的部分方法，表 4-18 列出了 Document 集合的部分方法。

表 4-15 Document 对象的部分属性

属 性	说 明
Bookmarks	返回一个 Bookmarks 集合，该集合代表文档中的所有书签。只读
Characters	返回一个 Characters 集合，该集合代表文档中的字符。只读
Content	返回一个 Range 对象，该对象代表主文档的文字部分。只读
Fields	返回一个 Fields 集合，该集合代表文档中的所有域。只读
FullName	返回一个 String 类型的值，该值代表包括路径的文档的名称。只读
HasPassword	如需要密码才能打开指定文档，则该属性值为 True。Boolean 类型，只读
Hyperlinks	返回一个 Hyperlinks 集合，该集合代表指定文档中的所有超链接。只读
Indexes	返回一个代表指定文档中的所有索引的 Indexes 集合。只读
Paragraphs	返回一个 Paragraphs 集合，该集合代表指定文档中的所有段落。只读

续表

属　性	说　明
Password	设置在打开文档必须使用的密码。String 类型，只写
ReadOnly	如果对文档所做修改不能保存到原始文档中，则该属性为 True。Boolean 类型，只读
Saved	如果指定的文档或模板从上次保存后一直没有更改，则该属性值为 True。如果关闭文档时，Microsoft Word 提示保存对文档所做的更改，则该属性值为 False。Boolean 类型，可读写
Sections	返回一个 Section 集合，该集合代表指定文档中的节。只读
Sentences	返回一个 Sentences 集合，该集合代表文档中的所有句子。只读
Shapes	返回一个 Shapes 集合，该集合代表指定文档中的所有 Shape 对象。只读
TablesOfFigures	返回表示指定文档中图表目录的 TablesOfFigures 集合。只读

表 4-16　Document 对象的部分事件

事　件	说　明
Close	该事件在关闭文档时发生
New	在创建基于模板的新文档时发生。仅当 New 事件的过程存储在模板中时，才可运行该过程
Open	在打开文档时发生

表 4-17　Document 对象的部分方法

方　法	说　明
Activate	激活指定的文档，使其成为活动文档
Close	关闭指定的文档
Save	保存 Document 对象的文档

表 4-18　Documents 集合的部分方法

方　法	说　明
Close	关闭指定的文档
Save	保存 Documents 集合中的所有文档
Add	返回一个 Document 对象，该对象代表添加到打开文档集合中的新建空文档
Item	返回集合中的单个 Document 对象
Open	打开指定的文档并将其添加到 Documents 集合。返回一个 Document 对象

3. Paragraph 对象和 Paragraphs 集合

Paragraph 对象代表所选内容、范围或文档中的一个段落。Paragraph 对象是 Paragraphs 集合（图 4-23）的成员，Paragraphs 集合包含所选内容、范围或文档中的所有段落。

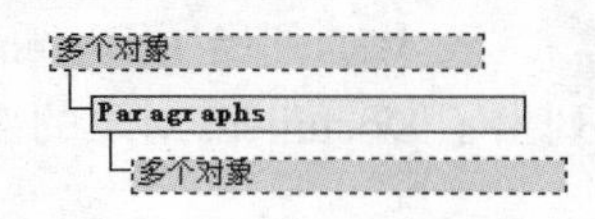

图 4-23　Paragraphs 集合

- 使用 Paragraphs(Index)可返回的单个 Paragraph 对象，其中 Index 是索引号。
- 用 Paragraphs 集合 Add、InsertParagraph、InsertParagraphAfter 或 InsertParagraph Before 方法在文档中添加一个新的段落。

【例 4-19】　使用 Paragraphs 集合对象。

```
'所选内容的第一段前添加一个段落标记
Selection.Paragraphs.AddRange:=Selection.Paragraphs(1).Range
'在所选内容的第一段前添加一个段落标记
Selection.Paragraphs(1).Range.InsertParagraphBefore
```

【例 4-20】　将所选内容的段落格式设为右对齐、双倍行距。

```
With Selection.Paragraphs
    .Alignment = wdAlignParagraphRight        '右对齐活动文档
    .LineSpacingRule = wdLineSpaceDouble
End With
```

表 4-19 列出了 Paragraphs 集合的部分属性，表 4-20 列出了 Paragraph 对象的部分属性，表 4-21 列出了 Paragraph 对象和 Paragraphs 集合的部分方法，表 4-22 列出了 Paragraph 对象的部分方法。

表 4-19　Paragraphs 集合的部分属性

属　性	说　明
First	返回一个 Paragraph 对象，该对象代表在 Paragraphs 集合中的第一个项目
Last	返回一个 Paragraph 对象，该对象代表段落集合中的最后一个项目

表 4-20　Paragraph 对象的部分属性

属　性	说　明
Alignment	返回或设置一个 WdParagraphAlignment 常量，该常量代表指定段落的对齐方式，可读写
CharacterUnitLeftIndent	该属性返回或设置指定段落的左缩进量（以字符为单位）。Single 类型，可读写
CharacterUnitRightIndent	该属性返回或设置指定段落的右缩进量（以字符为单位）。Single 类型，可读写
Format	返回或设置一个 ParagraphFormat 对象，该对象代表指定的一个或多个段落的格式
LeftIndent	返回或设置一个 Single 类型的值，该值代表指定段落的左缩进值（以磅为单位）。可读写
LineSpacing	返回或设置指定段落的行距（以磅为单位）。Single 类型，可读写
LineSpacingRule	返回或设置指定段落的行距。WdLineSpacing 类型，可读写
LineUnitAfter	返回或设置指定段落的段后间距（以网格线为单位）。Single 类型，可读写
LineUnitBefore	返回或设置指定段落的段前间距（以网格线为单位）。Single 类型，可读写
Range	返回一个 Range 对象，该对象代表指定段落中包含的文档部分
RightIndent	返回或设置指定段落的右缩进（以磅为单位）。Single 类型，可读写
SpaceAfter	返回或设置指定段落或文本栏后面的间距（以磅为单位）。Single 类型，可读/写
SpaceBefore	返回或设置指定段落的段前间距（以磅为单位）。Single 类型，可读/写

表 4-21　Paragraph 对象和 Paragraphs 集合的部分方法

方　法	说　明
CloseUp	清除指定段落前的任何间距
Indent	为一个或多个段落增加一个级别的缩进
IndentCharWidth	将段落缩进指定的字符数
IndentFirstLineCharWidth	将一个或多个段落的首行缩进指定的字符数
Reset	删除手动段落格式（不使用样式应用的格式）
Space1	为指定段落设置单倍行距
Space15	为指定段落设置 1.5 倍行距
Space2	将指定段落的行距设为 2 倍行距

表 4-22　Paragraph 对象的部分方法

方　法	说　明
Next	返回一个 Paragraph 对象，该对象代表下一段
Previous	将上一段作为一个 Paragraph 对象返回

4. Selection 对象

Selection 对象表示窗口或窗格中的当前所选内容。所选内容代表文档中选定（或突出显示）的区域，如果文档中没有选定任何内容，则代表插入点。每个文档窗格只能有一个 Selection 对象，并且在整个应用程序中只能有一个活动的 Selection 对象。此外，所选内容可以包含多个不连续的文本块，如图 4-24 所示。

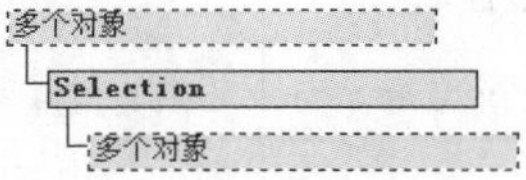

多个对象
Selection
多个对象

图 4-24　Selection 对象

【例 4-21】　使用 Selection 对象。

```
Selection.Copy     '复制活动文档中选定的内容
'删除 Documents 集合中第三个文档的所选内容，该文档无需处于活动状态。
Documents(3).ActiveWindow.Selection.Cut
```

【例 4-22】　复制活动文档第一个窗格中的所选内容，并将其粘贴到第二个窗格中。

```
ActiveDocument.ActiveWindow.Panes(1).Selection.Copy
ActiveDocument.ActiveWindow.Panes(2).Selection.Paste
```

表 4-23 列出了 Selection 对象的部分属性，表 4-24 列出了 Selection 对象的部分方法。

表 4-23　Selection 对象的部分属性

属　性	说　明
Bookmarks	返回 Bookmarks 集合，该集合表示文档、区域或所选内容中的所有书签。只读
Cells	返回表示所选内容中的表格单元格的 Cells 集合。只读
Characters	返回一个表示文档、区域或所选内容中的字符的 Characters 集合。只读
Comments	返回 Comments 集合，该集合表示在指定的所有 Comments。只读
End	返回或设置选定内容的结束字符的位置。Long 类型，可读写
Endnotes。	返回一个 Endnotes 集合，该集合代表选定内容中的所有尾注 conatined。只读
Fields	返回一个只读 Fields 集合，该集合代表选定内容中的所有域
Find	返回找到的对象，它包含用于查找操作的条件。只读
Footnotes	返回一个 Footnotes 集合代表区域、所选内容或文档中的所有脚注。只读
Hyperlinks	返回一个 Hyperlinks 集合，该集合代表指定选定内容中的所有超链接。只读
InlineShapes	返回一个 InlineShapes 集合，该集合代表选定内容中的所有 InlineShape 对象。只读
Start	返回或设置选定内容的起始字符位置。Long 类型，可读写
Style	该属性返回或设置用于指定对象的样式
Tables	返回一个 Tables 集合，该集合代表指定选定内容中的所有表格。只读
Text	返回或设置指定的选定内容中的文本。String 类型，可读写
Type	返回选择类型。WdSelectionType 类型，只读
Words	返回一个 Words 集合，该集合代表选定内容中的所有字词。只读

表 4-24　Selection 对象的部分方法

方　法	说　明
Calculate	计算选定内容中的数学表达式。返回的结果为 Single 类型
ClearFormatting	清除所选内容的文本格式和段落格式
Copy	将指定的选定内容复制到剪贴板
CopyFormat	复制选定文字第一个字符的字符格式
CreateTextbox	在选定内容周围添加一个默认大小的文本框
Cut	从文档中删除指定对象，并将其移动到剪贴板上
Delete	删除指定数量的字符或单词
InsertAfter	将指定文本插入范围或所选内容的末尾
InsertBefore	在指定选定内容之前插入指定文本
InsertBreak	插入分页符、分栏符或分节符
Move	将指定的所选内容折叠到其起始位置或结束位置，然后将折叠的对象移动指定的单位数。此方法返回一个 Long 类型的值，该值代表所选内容移动的单位数；如果移动失败，则返回 0（零）
Paste	将“剪贴板”的内容插入指定的选择范围处
TypeText	插入指定的文本

5. Range 对象

Range 对象（图 4-25）代表文档中的一个连续范围，小至一个插入点，或大至包含整篇文档。每一个 Range 对象由一起始和一终止字符位置定义。Range 对象只在定义该对象的过程正在运行时才存在，定义 Range 对象后，就可以应用 Range 对象的方法和属性来修改该区域的内容。

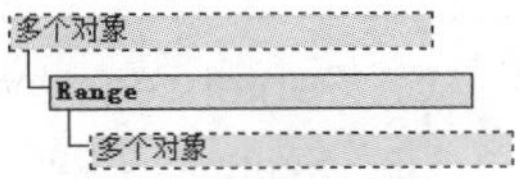

多个对象
Range
多个对象

图 4-25 Range 对象

Range 对象和所选内容相互独立。也就是说，可定义和复制一个范围而不需改变所选内容。还可在文档中定义多个范围，但每一个窗格中只能有一个所选内容。

- Start、End 和 StoryType 属性唯一地标识一个 Range 对象。Start 和 End 属性返回或设置 Range 对象的开始和结束字符的位置。文档开始处的字符位置为 0，第一个字符后的位置为 1，以此类推。StoryType 属性的 WdStoryType 常量可以代表 11 种不同的文字部分类型。
- 可用其他对象的 Range 方法返回一个 Range 对象，该对象由指定的起始和终止字符位置定义。Range 对象可用于多种对象（例如，Paragraph、Bookmark 和 Cell）。

```
 '返回代表活动文档前 10 个字符的 Range 对象
Set myRange = ActiveDocument.Range(Start:=0, End:=10)
```

【例 4-23】　创建一个 Range 对象，该对象从第二段开头开始，至第三段末尾后结束。

```
Sub NewRange()
    Dim doc As Document
    Dim rngDoc As Range
    Set doc = ActiveDocument
    Set rngDoc = doc.Range(Start:=doc.Paragraphs(2).Range.Start, _
    End:=doc.Paragraphs(3).Range.End)
End Sub
```

【例 4-24】　设置活动文档中第一段的文字格式。

```
Sub FormatFirstParagraph()
   Dim rngParagraph As Range
   Set rngParagraph = ActiveDocument.Paragraphs(1).Range
```

```
    With rngParagraph
        .Bold = True
        .ParagraphFormat.Alignment = wdAlignParagraphCenter
        With .Font
            .Name = "Stencil"
            .Size = 15
        End With
    End With
End Sub
```

表 4-25 列出了 Range 对象的部分属性。

表 4-25　Range 对象的部分属性

属　性	说　明
Bold	如果选定区域中字体的格式为加粗，则该属性值为 True。Long 类型，可读写
Characters	返回一个 Characters 集合，该集合代表区域中的字符。只读
End	返回或设置某区域中结束字符的位置。Long 类型，可读/写
Font	返回或设置 Font 对象，该对象代表指定对象的字符格式。Font 类型，可读写
Italic	如果将字体或范围设置为倾斜格式，则该属性值为 True。Long 类型，可读写
Paragraphs	返回一个 Paragraphs 集合，该集合代表指定范围中的所有段落。只读
Start	返回或设置某区域中起始字符的位置。Long 类型，可读写
Text	返回或设置指定的区域或所选内容中的文本。字符串类型，可读写

6. Sentences、Words 和 Characters 集合

（1）Sentences 集合

由 Range 对象所组成的集合，该集合中的对象代表了选定部分、区域或文档中的所有句子，没有 Sentence 对象。

- 用 Sentences 属性可返回 Sentences 集合，Sentences 集合的 Count 属性返回句子数。

```
'弹出对话框显示选中的内容包含的句子数
MsgBox Selection.Sentences.Count &" sentences are selected"
```

- 用 Sentences(index)可返回一个表示单句的 Range 对象，其中 index 为索引序号。索引序号代表该句在 Sentences 集合中的位置。

【例 4-25】　为活动文档的首句设置格式，代码如下。

```
    With ActiveDocument.Sentences(1)
        .Bold = True
        .Font.Size = 24
    End With
```

- 对 Sentences 集合无法使用 Add 方法，而是用 InsertAfter 或 InsertBefore 方法向 Range 对象中添加句子。

【例 4-26】　在活动文档首段之后插入一句，代码如下。

```
With ActiveDocument
    MsgBox .Sentences.Count &" sentences"
    .Paragraphs(1).Range.InsertParagraphAfter
    .Paragraphs(2).Range.InsertBefore "The house is blue."
    MsgBox .Sentences.Count &" sentences"
End With
```

表 4-26 列出了 Sentences 集合的部分属性。

表 4-26　Sentences 集合的部分属性

属　性	说　明
Count	文档、区域或选定内容中句子的总数
First	返回一个 Range 对象，该对象代表文档、区域或选定内容中的 Sentences 集合内的第一个句子
Last	返回一个 Range 对象，该对象代表文档、所选内容或范围中的最后一句

（2）Words 集合

Words 集合是所选内容、范围或文档中的单词集合。Words 集合中的每一项是一个 Range 对象，该对象代表一个单词，没有 Word 对象。

- 用 Words 属性可返回 Words 集合。
- Words 集合的 Count 属性返回 Words 集合中的单词数，Count 属性中包括标点符号和段落标记。

```
MsgBox Selection.Words.Count & "words are selected"   '显示当前选定的多少的单词
```

- 使用 Words(Index)可返回一个 Range 对象（其中 Index 是索引号），该对象代表一个单词。索引号代表单词集合中的单词的位置。

【例 4-27】　将选定内容中的第一个单词的格式设置为 24 磅倾斜。

```
With Selection.Words(1)
    .Italic = True
    .Font.Size = 24
End With
```

- Words 集合中的项包括单词及其后的空格。若要删除尾部的空格，可以使用 Visual Basic 的 RTrim 函数。

```
ActiveDocument.Words(1).Select '选择活动文档中的第一个单词（和其尾部空格）
```

- Words 集合常用属性与 Sentences 集合相同，参见表 4-26。

（3）Characters 集合

Characters 集合是所选内容、范围或文档中的字符集合，没有 Character 对象。Characters 集合中的每一项是一个 Range 对象，该对象代表一个字符。

- Characters 属性可返回 Characters 集合。
- Count 属性返回所选内容、范围或文档中的字符数。

```
MsgBox Selection.Characters.Count & "characters are selected"        '显示选定的字符数。
```

- 使用 Characters(Index)可返回一个 Range 对象（其中 Index 是索引号），该对象代表一个字符。索引号表示 Characters 集合中的字符位置。
- Characters 集合常用属性与 Sentences 集合相同，参见表 4-26。

【例 4-28】　将选定内容中的第一个字母的格式设置为 24 磅加粗。

```
With Selection.Characters(1)
    . Bold = True
    .Font.Size = 24
End With
```

7. Section 对象和 Sections 集合

Section 对象代表所选内容、范围或文档中的一节。Section 对象是 Sections 集合的成员。Sections 集合包含所选内容、范围或文档中的所有节。Section 对象和 Sections 集合见图 4-26。

- 使用 Sections(Index)可返回单个 Section 对象，其中 Index 是索引号。

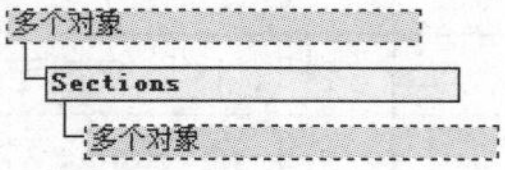

多个对象
Sections
多个对象

图 4-26　Section 对象和 Sections 集合

【例 4-29】　更改活动文档中第一节的左右页边距。

```
With ActiveDocument.Sections(1).PageSetup
    .LeftMargin = InchesToPoints(0.5)
    .RightMargin = InchesToPoints(0.5)
End With
```

- 可用 Sections 属性返回 Sections 集合。

【例 4-30】　在活动文档最后一节的结尾插入文字。

```
With ActiveDocument.Sections.Last.Range
    .Collapse Direction:=wdCollapseEnd
    .InsertAfter "end of document"
End With
```

- 用 Sections 集合的 Add 方法或 InsertBreak 方法在文档中添加新的节。

【例 4-31】　在活动文档的开头添加一节。

```
Set myRange = ActiveDocument.Range(Start:=0,End:=0)
ActiveDocument.Sections.Add Range:=myRange
myRange.InsertParagraphAfter
```

【例 4-32】　显示活动文档中节的数目，在选定内容的第一段之前插入分节符，并再次显示节的数目。

```
MsgBox ActiveDocument.Sections.Count & "sections"
Selection.Paragraphs(1).Range.InsertBreak _Type:=wdSectionBreakContinuous
MsgBox ActiveDocument.Sections.Count & "sections"
```

表 4-27 列出了 Section 对象的部分属性，表 4-28 列出了 Sections 集合的部分属性，表 4-29 列出了 Sections 集合的方法。

表 4-27　Section 对象的部分属性

属　　性	说　　明
Footer	返回一个 HeadersFooters 集合表示在指定的节中的页脚。只读
Header	返回 HeadersFooters 集合，该集合表示指定节的页眉。只读
Index	返回 Long 类型的值，该值代表项目在集合中的位置。只读

表 4-28　Sections 集合的部分属性

属　　性	说　　明
Count	返回一个 Long 类型的值，该值代表集合中的节数。只读
First	返回一个 Section 对象，该对象代表 Sections 集合中的第一项
Last	将 Sections 集合中的最后一项作为 Section 对象返回

表 4-29　Sections 集合的方法

属　性	说　明
Add	返回一个 Section 对象，该对象代表添加到文档中的新节
Item(Index)	返回集合中的单个 Section 对象

8. Table 对象和 Tables 集合

Table 对象代表一个单独的表格，Table 对象是 Tables 集合的一个成员，如图 4-27 所示。Tables 集合包含了指定的选定内容、范围或文档中的所有表格。

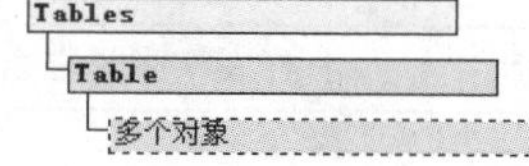

图 4-27　Table 对象和 Tables 集合

- 可使用 Tables(index)返回一个 Table 对象，其中 index 为索引号。索引号代表选定内容、范围或文档中表格的位置。

```
'将活动文档中的第一个表格转换为文本
ActiveDocument.Tables(1).ConvertToText Separator:=wdSeparateByTabs
```

- 使用 Tables 集合的 Add 方法可以在指定范围内新增一表格。

【例 4-33】　在活动文档的起始处添加一个 3×4 表格。

```
Set myRange = ActiveDocument.Range(Start:=0, End:=0)
ActiveDocument.Tables.Add Range:=myRange, NumRows:=3, NumColumns:=4
```

- 使用 Tables 属性可返回 Tables 集合。

【例 4-34】　应用边框格式于每个活动文档中的表。

```
For Each aTable In ActiveDocument.Tables
    aTable.Borders.OutsideLineStyle = wdLineStyleSingle
    aTable.Borders.OutsideLineWidth = wdLineWidth025pt
    aTable.Borders.InsideLineStyle = wdLineStyleNone
Next aTable
```

- Tables 集合的 Count 属性返回 Tables 集合中表格的数量。

表 4-30 列出了 Table 对象的部分属性，表 4-31 列出了 Table 对象的部分方法，表 4-32 列出了 Tables 集合的方法。

表 4-30　Table 对象的部分属性

属　性	说　明
Borders	返回一个 Borders 集合，该集合代表指定对象的所有边框
Columns	返回一个 Columns 集合，该集合代表表格中的所有列。只读
Parent	返回一个 Object 类型值，该值代表指定 Table 对象的父对象
Range	返回一个 Range 对象，该对象代表指定表格中所含的文档部分
Rows	返回一个 Rows 集合，该集合代表表格中所有的表格行。只读
Shading	返回一个 Shading 对象，该对象代表指定对象的底纹格式
Spacing	返回或设置表格中单元格的间距（以磅为单位）。可读写 Single 类型
Style	返回或设置指定表格的样式。可读写 Variant 类型
Tables	返回一个 Tables 集合，该集合代表指定表格中的所有嵌套表格。只读
Title	返回或设置包含指定表格的标题的 String 类型值。可读/写

表 4-31　Table 对象的部分方法

方　法	说　明
AutoFormat	将预定义外观应用于表格
Cell	返回一个 Cell 对象，该对象代表表格中的一个单元格
Delete	删除指定的表格
Select	选择指定的表格
Sort	对指定的表格进行排序
Split	在表格中紧靠指定行的上面插入一空段落，并且返回一个 Table 对象，此对象包含指定行及其下一行

表 4-32　Tables 集合的方法

方　法	说　明
Add	返回一个 Table 对象，该对象代表添加到文档中的新的空白表格
Item	返回集合中的单个 Table 对象

9. Row 对象、Column 对象和 Cell 对象

（1）Row 对象和 Rows 集合

Row 对象代表表格的一行，Row 对象是 Rows 集合中的一个元素，Rows 集合包括指定部分、区域或表格中的所有表格行，如图 4-28 所示。

- 用 Rows(index)可返回单独的 Row 对象，其中 index 为索引序号。

```
ActiveDocument.Tables(1).Rows(1).Delete'删除活动文档中第一张表格的首行
```

- 用 Add 方法可在表格中添加行。在选定部分首行前插入一行。

```
If Selection.Information(wdWithInTable) = True Then
   Selection.Rows.Add BeforeRow:=Selection.Rows(1)   '在选定部分首行前插入一行。
End If
```

- 用 Cells 属性可修改 Row 对象中的单个单元格。

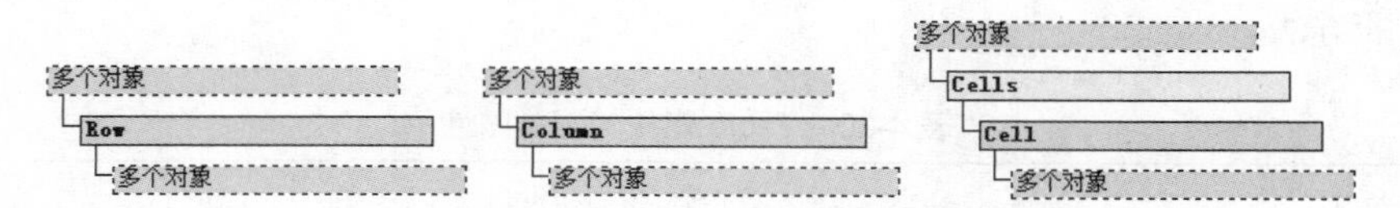

图 4-28　Row 对象、Column 对象和 Cell 对象

【例 4-35】　在选定部分中添加一张表格，并在表格第二行的各单元格内插入数字。

```
Selection.Collapse Direction:=wdCollapseEnd
If Selection.Information(wdWithInTable) = False Then
   Set myTable = ActiveDocument.Tables.Add(Range:=Selection.Range, _
      NumRows:=3, NumColumns:=5)
   For Each aCell In myTable.Rows(2).Cells
      i = i + 1
      aCell.Range.Text = i
   Next aCell
End If
```

（2）Column 对象和 Columns 集合

- 使用 Columns(index)可返回单独的 Column 对象，其中 index 为索引序号。索引序号代表

该列在 Columns 集合中的位置（从左至右计算）。

```
ActiveDocument.Tables(1).Columns(1).Select    '选定活动文档中的表格 1 的第一列。
```

- 用 Add 方法可在表格中添加一列。

【例 4-36】　为活动文档的第一张表格中添加一列，然后将列宽设置为相等。

```
If ActiveDocument.Tables.Count >= 1 Then
    Set myTable = ActiveDocument.Tables(1)
    myTable.Columns.Add BeforeColumn:=myTable.Columns(1)
    myTable.Columns.DistributeWidth
End If
```

- 用 Selection 对象的 Information 属性可返回当前列号。

【例 4-37】　选定当前列并在消息框中显示其列号。

```
If Selection.Information(wdWithInTable) = True Then
Selection.Columns(1).Select
        MsgBox "Column " _ & Selection.Information(wdStartOfRangeColumnNumber)
End If
```

（3）Cell 对象和 Cells 集合

Cell 对象代表表格中的单个单元格，它是 Cells 集合中的元素。Cells 集合代表指定对象中所有的单元格。

- 用 Cell(row,column)或 Cells(index)可返回 Cell 对象，其中 row 为行号，column 为列号，index 为索引序号。

```
Set myCell = ActiveDocument.Tables(1).Cell(Row:=1, Column:=2)
myCell.Shading.Texture = wdTexture20Percent '给第一行的第二个单元格加底纹。
'给第一行的第一个单元格加底纹。
ActiveDocument.Tables(1).Rows(1).Cells(1).Shading .Texture = wdTexture20Percent
```

- 用 Add 方法可在 Cells 集合中添加 Cell 对象，也可用 Selection 对象的 InsertCells 方法插入新单元格。

【例 4-38】　在 myTable 的第一个单元格之前插入一个单元格。

```
Set myTable = ActiveDocument.Tables(1)
myTable.Range.Cells.Add BeforeCell:=myTable.Cell(1, 1)
```

【例 4-39】　将第一个表格的前两个单元格设定为一个域(myRange)。区域设定之后，用 Merge 方法合并两个单元格。

```
Set myTable = ActiveDocument.Tables(1)
Set myRange = ActiveDocument.Range(myTable.Cell(1, 1) _
    .Range.Start, myTable.Cell(1, 2).Range.End)
myRange.Cells.Merge
```

- 使用 Selection 对象的 Information 属性返回当前行号和列号。

【例 4-40】　改变选中部分第一个单元格的宽度，再显示单元格的行号和列号。

```
If Selection.Information(wdWithInTable) = True Then
    With Selection
        .Cells(1).Width = 22
        MsgBox "Cell "& .Information(wdStartOfRangeRowNumber) _
        & "," & .Information(wdStartOfRangeColumnNumber)
    End With
End If
```

10. Find 对象和 Replacement 对象

Find 对象和 Replacement 对象如图 4-29 所示。

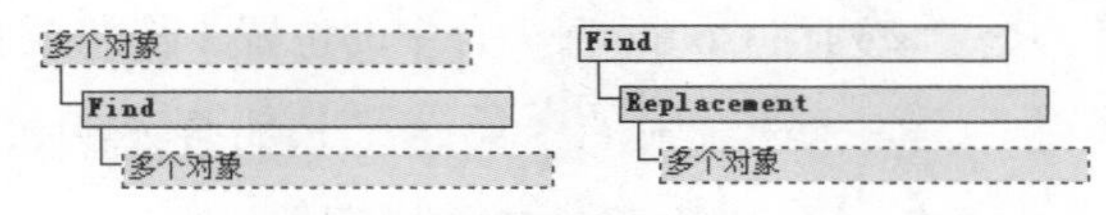

图 4-29 Find 对象和 Replacement 对象

（1）Find 对象

Find 对象用于在所选内容、范围或文档中查找，它的属性和方法对应于“查找和替换”对话框中的选项。

- 使用对象的 Find 属性可返回一个 Find 对象。

【例 4-41】 查找和选定下一个出现的“hi”。

```
With Selection.Find
    .ClearFormatting
    .Text = "hi"
    .Execute Forward:=True
End With
```

【例 4-42】 在活动文档中查找所有“hi”并将其替换为“hello”。

```
    Set myRange = ActiveDocument.Content
myRange.Find.Execute FindText:="hi", ReplaceWith:="hello", Replace:=wdReplaceAll
```

- 在 Selection 对象中使用 Find 对象，找到符合选择条件的文本后选定内容将会改变。

【例 4-43】 选定下一次出现的“blue”。

```
Selection.Find.Execute FindText:="blue", Forward:=True
```

- 在 Selection 对象中使用 Range 对象时，找到符合选择条件的文本后选定内容不会改变，但 Range 对象将会重新定义。

【例 4-44】 在活动文档中查找出现的第一个“blue”。如果在文档中找到“blue”，myRange 将重新定义，并且“blue”的字体变为粗体。

```
Set myRange = ActiveDocument.Content
myRange.Find.Execute FindText:="blue", Forward:=True
If myRange.Find.Found = True Then myRange.Bold = True
```

表 4-33 列出了 Find 对象的部分属性，表 4-34 列出了 Find 对象的部分方法。

表 4-33 Find 对象的部分属性

属 性	说 明
Font	返回或设置 Font 对象，该对象代表指定对象的字符格式。Font 类型，可读写
Format	如果在查找操作中包含格式，则该属性值为 True。Boolean 类型，可读写
Forward	如果查找操作在文档中往前搜索，则该属性值为 True。Boolean 类型，可读写
Found	如果生成搜索匹配，则该属性值为 True。Boolean 类型，只读
IgnorePunct	返回或设置 Boolean 值，该值表示查找操作是否应忽略找到的文本中的标点符号。可读/写
IgnoreSpace	返回或设置 Boolean 值，该值表示查找操作是否应忽略找到的文本中的额外空格。可读/写
MatchAllWordForms	如果为 True，则在查找操作需查找文本的所有形式（例如，如果要查找的单词是“sit”，那么也查找“sat”和“sitting”）。Boolean 类型，可读写
MatchByte	如果 Microsoft Word 在搜索过程中区分全角和半角的字符或字母，则该属性值为 True。Boolean 类型，可读写
MatchCase	如果为 True，则查找操作区分大小写。默认值为 False。Boolean.类型，可读写
MatchWholeWord	如果查找操作只查找完整单词，而不是一个长单词的一部分，则该属性值为 True。Boolean 类型，可读写
MatchWildcards	如果要查找的文字中包含通配符，则该属性值为 True。Boolean 类型，可读写
ParagraphFormat	返回或设置一个 ParagraphFormat 对象，该对象代表指定查找操作的段落设置。可读/写
Replacement	返回一个包含替换操作的条件的替换对象
Text	返回或设置要查找的文本。String 类型，可读写

表 4-34　Find 对象的部分方法

方　法	说　明
ClearFormatting	取消在查找或替换操作中所指定文本的文本格式和段落格式
Execute	运行指定的查找操作。如果查找成功，则返回 True。Boolean 类型
Execute2007	运行指定的查找操作。如果查找操作成功，则返回 True

（2）Replacement 对象

该对象代表查找和替换操作的替换条件。Replacement 对象的属性和方法对应于查找和替换对话框中的选项。

- 使用对象的 Replacement 属性可返回一个 Replacement 对象。

【例 4-45】　将下一处出现的单词“hi”替换为“hello”。

```
With Selection.Find
    .Text = "hi"
    .ClearFormatting
    .Replacement.Text = "hello"
    .Replacement.ClearFormatting
    .Execute Replace:=wdReplaceOne, Forward:=True
End With
```

- 若要查找和替换格式，可将查找和替换文字设为空字符串(""),并将 Execute 方法的 Format 参数设为 True。

【例 4-46】 删除活动文档中的所有加粗格式。Find 对象的 Bold 属性值为 True，而 Replacement 对象的该属性值为 False。

```
With ActiveDocument.Content.Find
    .ClearFormatting
    .Font.Bold = True
    .Text = ""
    With .Replacement
        .ClearFormatting
        .Font.Bold = False
        .Text = ""
    End With
    .Execute Format:=True, Replace:=wdReplaceAll
End With
```

表 4-35 列出了 Replacement 对象的部分属性。

表 4-35　Replacement 对象的部分属性

属　性	说　明
Font	返回或设置 Font 对象，该对象代表指定对象的字符格式。Font 类型，可读写
Highlight	如果将突出显示格式应用于替换文本，则该属性值为 True。Long 类型，可读写
ParagraphFormat	返回或设置一个 ParagraphFormat 对象，该对象代表指定替换操作的段落设置。可读/写
Text	返回或设置要替换的文本。String 类型，可读写

11. HeaderFooter 对象和 HeaderFooters 集合

该对象代表一个单独的页眉或页脚，HeaderFooter 对象是 HeaderFooters 集合的一个成员，见图 4-30。HeaderFooters 集合包含指定文档部分中所有的页眉和页脚。

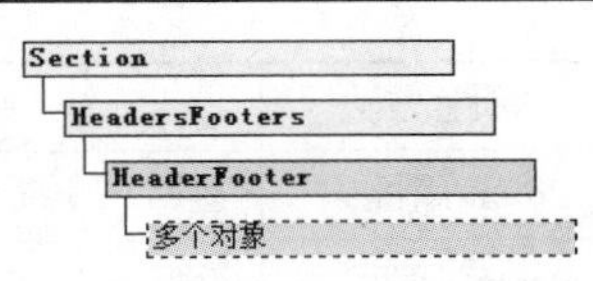

图 4-30　HeaderFooter 对象和 HeaderFooters 集合

- 使用对象的 Headers(index)或 Footers(index)可返回单独的

HeaderFooter 对象，其中 index 为 WdHeaderFooterIndex 常量之一（wdHeade_ rFooterEvenPages、wdHeader FooterFirstPage 或 wdHeader_ FooterPrimary）。

【例 4-47】 更改活动文档第一节中主页眉和主页脚的文字。

```
With ActiveDocument.Sections(1)
    .Headers(wdHeaderFooterPrimary).Range.Text = "Header text"
    .Footers(wdHeaderFooterPrimary).Range.Text = "Footer text"
End With
```

- 可以使用 Selection 对象的 HeaderFooter 属性返回单独的 HeaderFooter 对象。
- 不能将 HeaderFooter 对象添至 HeadersFooters 集合。
- 使用 PageSetup 对象的 DifferentFirstPageHeaderFooter 属性可指定不同的首页。

【例 4-48】 在活动文档首页的页脚中插入文字。

```
With ActiveDocument
    .PageSetup.DifferentFirstPageHeaderFooter = True
    .Sections(1).Footers(wdHeaderFooterFirstPage).Range.InsertBefore "Written by Joe"
End With
```

- 使用 PageSetup 对象的 OddAndEvenPagesHeaderFooter 属性可为奇数页和偶数页设置不同的页眉和页脚。如果 OddAndEvenPagesHeaderFooter 属性值为 True，则使用 wdHeaderFooterPrimary 可返回奇数页的页眉或页脚，使用 wdHeaderFooterEven_ Pages 可返回偶数页的页眉或页脚。
- 使用 PageNumbers 对象的 Add 方法可在页眉或页脚中添加页码。

【例 4-49】 在活动文档第一节的主页脚中添加页码。

```
With ActiveDocument.Sections(1)
    .PageSetup.DifferentFirstPageHeaderFooter = True
    .Footers(wdHeaderFooterPrimary).PageNumbers.Add
End With
```

表 4-36 列出了 HeaderFooter 对象的部分属性，表 4-37 列出了 HeaderFooter 集合的部分属性和方法。

表 4-36　HeaderFooter 对象的部分属性

属　　性	说　　明
Exists	如果存在指定的 HeaderFooter 对象，则该属性值为 True。Boolean 类型，可读写
LinkToPrevious	如果指定页眉或页脚链接至前一节中相应的页眉或页脚，则该属性值为 True。Boolean 类型，可读写
PageNumbers	返回一个 PageNumbers 集合，表示所有指定的页眉或页脚中包含的页编号字段
Range	返回一个 Range 对象，该对象代表包含在指定页眉或页脚中的文档部分
Shapes	返回一个 Shapes 集合，该集合代表页眉或页脚中的所有的 Shape 对象。只读

表 4-37　HeaderFooters 集合的部分属性和方法

属性/方法	说　　明
Count 属性	返回一个 Long 类型的值，该值代表集合中页眉和 1 或页脚的数目。只读
Parent 属性	返回一个 Object 类型值，该值代表指定 HeadersFooters 对象的父对象
Item 方法	返回一个 HeaderFooter 对象，该对象代表一个区域或部分中的页眉或页脚

12. VBA 对象的在线帮助

Word 的 VBA 对象众多，本小节中列举的仅仅是最常用的对象。Word 的对象和集合的其他属性、方法和事件可以在微软的在线帮助系统中查找，这些帮助信息也基本适用于 Word 2010。VBA 对象的在线帮助网址为 https://msdn.microsoft.com /zh-cn/library/office/ff837519.aspx。

4.4 VBA 在 EXCEL 中的运用

4.4.1 Excel 的对象模型

尽管在 Excel 的对象模型中包括 100 多个对象，但程序设计主要集中在以下 5 个对象，这 5 个对象模型如图 4-31 所示。

- Application 对象：Excel 对象模型中的顶层对象，代表 Excel 应用程序。
- Workbooks 对象：Excel 中的工作簿，即一个 Excel 文件，Application 对象包含 Workbooks 对象。
- Worksheets 对象：工作簿中的一个工作表，Workbooks 对象中包含 Worksheets 对象。
- Range 对象：工作表中选中的单元格区域，Worksheets 对象包含 Range 对象。
- Chart 对象：工作表中的图表对象，Worksheets 对象中包含 Chart 对象。

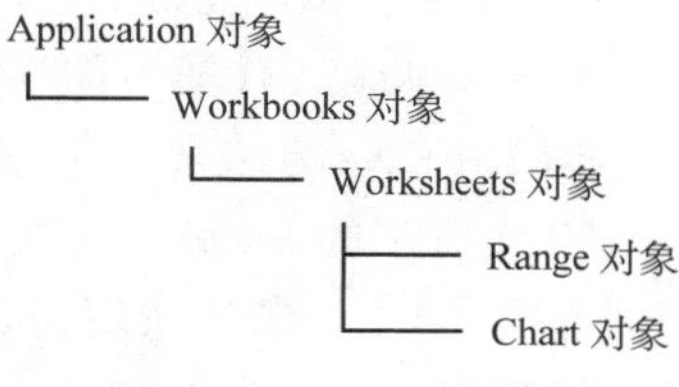

图 4-31　Excel 对象模型

对于工作簿中一个工作表的引用，可以采用下面的格式（其中 book1.xlsx 是工作簿的名称，sheet1 是工作表的名称）：

```
Application.Workbooks("book1.xlsx").WorkSheets("sheet1")
```

4.4.2 Excel 中的 VBA 对象

在 VBA 程序中可以通过代码来控制 Excel 的很多操作，如工作簿和工作表的新建、保存等操作。下面具体介绍这些控制 Excel 的方法。

1. 控制工作簿对象

在控制工作簿的过程中，要使用的是 Workbooks 对象，即工作薄集合对象，一定要注意不能写成 Workbook 对象。控制工作簿的主要操作有以下 4 种。

（1）新建工作薄

Workbooks 对象的 Add 方法用于新建一个工作簿，其格式为：

Workbooks.Add [(Template)]

其中的 Template 为可选参数，用来确定新建的工作簿中包含什么类型的工作表，如包含空白工作表的工作簿或者包含图表的工作簿等。若省略该参数，则默认情况下表示新建一个包含 3 张工作表的工作簿。

（2）打开工作簿

Workbooks 对象的 Open 方法用于打开一个已经存在的工作簿，如果运行程序时，要打开的文件不存在，则系统会弹出一个错误提示对话框。Open 方法的格式为：

Workbooks.Open 文件路径和名称

其中文件路径可以是绝对路径，也可以是相对路径。绝对路径是指文件在硬盘上的实际存储路径，而相对路径是指要打开的文件与含有 VBA 代码的 Excel 文件之间的相对关系。

【例 4-50】 “D:\Sample\Chapter4”中有两个文件“Book1.xlsx”和“Book2.xlsx”，若要在“Book1.xlsx”的 VBA 程序中打开“Book2.xlsx”，使用绝对路径的代码如下：

```
Sub WorkbooksOpenSample()
    Workbooks.Open " D:\Sample\Chapter4\book2.xlsx"
End Sub
```

使用相对路径的代码如下：

```
Sub WorkbooksOpenSample()
    Workbooks.Open "book2.xlsx"
End Sub
```

（3）保存工作簿

若要将文件以原文件名和原路径来保存，可以使用 Workbooks 对象的 Save 方法，其格式为：

Workbooks(“工作簿名称”).Save

如果用 Save 方法来保存一个新建的工作簿，则系统会自动以默认的文件名将该工作簿保存在包含 VBA 程序的 Excel 文件所在的路径下。

【例 4-51】 若要实现同时保存所有打开的工作簿，可以使用 For Each-Next 循环，其代码如下：

```
Sub WorkbooksSaveSample()
    Dim W As Workbook
    For Each W In Workbooks
        W.Save
    Next
End Sub
```

若要将文件另存为其他的路径或文件名，可以使用 Workbooks 对象的 SaveAs 方法，其格式为：

Workbooks(“工作簿名称”).SaveAs 新的路径和文件名

【例 4-52】 将已经打开的工作簿 Book1.xlsx 以文件名 Test.xlsx 保存在 D 盘根目录中，其代码如下：

```
Sub WorkbooksSaveAsSample()
Workbooks("book1.xlsx").SaveAs "d:\Test.xlsx"
End Sub
```

在保存工作簿时，还可以使用 ActiveWorkbook 对象（当前活动工作簿对象），如要保存当前活动工作簿的代码是：

```
ActiveWorkbook.Save
```

（4）关闭工作簿

关闭工作簿，可以使用 Workbooks 对象的 Close 方法。若要关闭指定工作簿，格式为：

Workbooks(“工作簿名称”).Close

在关闭指定工作簿时，必须保证该工作簿是被打开的，否则运行程序时，系统将给出一个“下标越界”的错误。

若要关闭所有打开工作簿，则其代码为：

```
Workbooks.Close
```

在使用 Close 方法关闭工作簿时，如果存在尚未保存修改的工作表，则系统会弹出提示是否保存的对话框。利用 VBA 代码可以在程序中设置关闭前不弹出保存更改的提示，则在执行关闭程序时不会再弹出是否保存更改的提示对话框，其格式为：

Workbooks(“工作簿名称”).Close savechanges:=True|False

其中 savechanges 参数的取值若为 True，则关闭工作簿并自动保存；若取值为 False，则关闭工作簿但是不保存也不弹出提示保存的对话框。

2. 控制工作表

对于工作表的控制，主要是通过 Worksheets 对象来实现的，具体操作说明如下。

（1）插入工作表

利用 Worksheets 对象的 Add 方法可以实现工作表的插入，一次可以插入一个工作表也可以同时插入多个工作表。其格式为：

WorkSheets.Add [Count:=<数值常量>] | [Before:=<工作表引用>] | [After:=<工作表引用>]

若一次只需插入一个工作表即可，则省略 Add 方法后面的所有参数。此时运行程序会在当前活动工作表的前面插入一个空白的工作表，工作表的名称为系统默认指定，如“Sheet4”。

【例 4-53】　在新建工作表的同时为其指定名称“成绩表”，其代码如下：

```
Sub WorksheetsAddSample()
    Worksheets.Add
    ActiveSheet.Name = "成绩表"
End Sub
```

除了上述方式，也可以采用创建对象型变量的方法，其代码如下：

```
Sub WorksheetsAddSample()
    Dim sheetObj As Object
    Set sheetObj = Worksheets.Add
    sheetObj.Name = "成绩表"
End Sub
```

注意：因为插入新工作表时指定了名称，所以通常需要在插入之前先判断该名称的工作表是否存在，其代码如下：

```
Sub WorksheetsAddIfSample()
    Dim n As Integer
    For n = 1 To Worksheets.Count
        If Worksheets(n).Name = "成绩表" Then
            MsgBox "该名称的工作表已经存在！"
            Exit Sub
        End If
    Next
    Worksheets.Add
    ActiveSheet.Name = "成绩表"
End Sub
```

若要同时插入多个新的工作表，则在 Add 方法后使用 Count 参数即可。同时插入 2 个工作表的代码如下：

```
Worksheets.Add Count:=2
```

Before 和 After 参数用于确定新工作表插入的位置，如要在“成绩表”的后面插入一张新的工作表，其代码是：Worksheets.Add After:=Sheets(“成绩表”)。这条语句也可以写成：Worksheets.Add After:=Worksheets(“成绩表”)。Worksheets 对象代表当前工作簿中的工作表，而 Sheets 对象代表当前工作簿中的所有包括工作表、图表、宏表等在内的所有工作表。

注意 Count、After 和 Before 三个参数是并列关系，也就是说一次只能使用其中一个参数，不可以在 Add 方法后同时出现两个及以上参数。

（2）选定工作表

在程序设计过程中，有些操作需要在指定的工作表中完成，这时应该先通过程序选定指定工作表，可以使用 Worksheets 对象的 Select 方法来实现，Select 方法可以使工作表处于被选中的状态，其格式如下：

Worksheets(“工作表名称”).Select

除此之外，还可以使用 Worksheets 对象的 Activate 方法，Activate 方法的功能是将工作表置于活动的状态，而当前活动的工作表也就是被选中的工作表，其格式为：

Worksheets(“工作表名称”).Activate

对工作表名称的引用，可以有下面 3 种方法。

- 直接使用工作表标签中显示的工作表名称，如“工资表”。
- 使用工作表的默认系统名称，即重命名之前的名称，类似于“Sheet1”的名称，在 VBE 窗口的工程资源管理器中可以看到。
- 使用工作表在工作簿中的索引号（位置），索引号是工作表标签自左向右的排列顺序，第一个工作表的索引号即为“1”，如 Sheets（1）或 Worksheets（1）。

对于单张的工作表来说，使用 Select 方法和 Activate 方法的效果是一样的。但是它们的区别在于，Activate 方法只能使一张工作表处于活动状态，而 Select 方法可以利用数组同时选中多张工作表。

【例 4-54】 工作簿中有两张工作表“学生表”和“成绩表”，选中这两张工作表的代码如下：

```
Sub WorksheetsMultiSelectSample()
  Worksheets(Array("学生表", "成绩表")).Select
End Sub
```

【例 4-55】 要选定工作簿中的所有工作表，代码如下：

```
Sub WorksheetsSelectAllSample()
  Worksheets.Select
End Sub
```

（3）移动或复制工作表

移动或复制工作表，可以使用 Worksheets 对象的 Move 方法和 Copy 方法，并以目标工作表作为参照，用 before 和 after 参数来指明工作表移动或复制的位置，其格式如下：

Worksheets(“工作表名称”).Move|Copy [after | before:=目标工作表名称]

当 Move 或 Copy 方法后没有 after 或 before 参数时，表示将工作表移动或复制到一个新建的工作簿中。

【例 4-56】 将“学生表”移动到“sheet1”前面，代码如下：

```
Worksheets("学生表"). Move before:=Worksheets("sheet1")
```

【例 4-57】 将“学生表”移动到新建工作簿中，代码如下：

```
Worksheets("学生表"). Move
```

【例 4-58】　将“学生表”移动到“Book2.xlsx”工作薄中的“sheet1”后面。

```
Worksheets("学生表"). Move after:=Workbooks("Book2.xlsx").Worksheets("sheet1")
```

需要注意的是，这里必须确保“Book2.xlsx”工作簿是被打开的，否则系统会给出“下标越界”的错误提示框。

复制工作表的代码与此类似，这里不再赘述。

（4）删除工作表

删除工作表可以使用 Worksheets 对象的 Delete 方法，其格式如下：

Worksheets(“工作表名称”). Delete

使用 Delete 方法删除工作表时，系统会给出一个询问对话框，如图 4-32 所示。若用户单击“删除”按钮，则返回值 True，否则返回值 False。在程序中，可以根据返回值来检查删除工作表的操作是否成功。

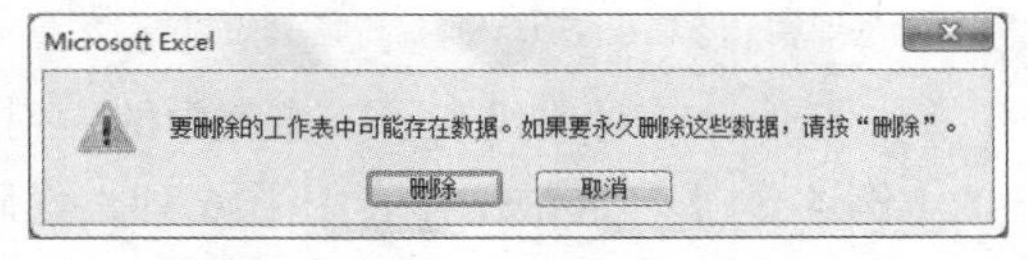

图 4-32　删除工作表操作的询问对话框

【例 4-59】　删除“学生表”工作表，具体代码如下：

```
Sub WorksheetsDeleteSample()
    Dim flg As Boolean
    flg = Worksheets("学生表"). Delete
    If flg = True Then
        MsgBox "删除工作表成功！"
    Else
        MsgBox "删除操作被用户取消！"
    End If
End Sub
```

在删除工作表时，要设定系统不弹出删除的询问对话框，只需设置 Application 对象的 DisplayAlerts 属性值即可，该属性的默认值为 True，即显示系统的警告或提示对话框。下面的代码在运行时，系统会直接删除工作表而不弹出对话框：

```
Sub WorksheetsDeleteNoAlertSample()
    Application . DisplayAlerts=False
    Worksheets("学生表"). Delete
End Sub
```

3. 控制单元格

在对单元格的操作中，主要使用 4 个对象，分别是：Cells、Rows、Columns 和 Range，其含义和使用方法介绍如下。

（1）选取单元格

选取单元格的方法是 Select，此方法在前面的内容中已经介绍，这里主要介绍对于选择区域的表示。

【例 4-60】　若需要选中全部的单元格，可以使用下面 3 种代码中的一种：

```
Cells.Select
Rows.Select
Columns.Select
```

下面分别介绍这几个对象的含义：

- Cells(row,column)代表单个单元格，row 表示行号，column 表示列号。

【例 4-61】 若需要选中单元格 A3，可以使用下面代码中的一种：

```
Cells(3,1).Select
Cells(3, "A").Select
```

- Rows 对象代表了工作表中的一行或若干连续的行。

【例 4-62】 选中工作表中的第 2 行，可以使用下面代码中的一种：

```
Rows(2) .Select
Rows("2:2") .Select
```

【例 4-63】 选中工作表中的第 1 行到第 5 行，代码如下：

```
Rows("1:5") .Select
```

- Columns 对象代表了工作表中的一列或若干连续的列，使用方法与 Rows 类似。

【例 4-64】 选中工作表中第 A 列，代码如下：

```
Colunms("A") .Select
```

【例 4-65】 选中工作表中第 A 列到第 C 列，代码如下：

```
Colunms("A:C") .Select
```

- Range 对象代表工作表中的一个或多个单元格区域，可以是一个或多个单元格、一行或多行、一列或多列，也可以是任意的选择区域。

【例 4-66】 使用 Range 对象选择一个或多个单元格区域，示例如下：

```
Range("A5") .Select             表示选中 A5 单元格。
Range("A1:D5") .Select          表示选中 A1:D5 的单元格区域。
Range("A1", "D5") .Select       表示选中单元格 A1 和单元格 D5。
Range("1:1") .Select            表示选中工作表中的第 1 行。
Range("1:3") .Select            表示选中工作表中的第 1 行到第 3 行。
Range("A") .Select              表示选中工作表中的第 A 列。
Range("A:C") .Select            表示选中工作表中第 A 列到第 C 列。
Range("A1:D5,B8:D11") .Select 表示选中工作表中 A1:D5 和 B8:D11 单元格区域。
```

除此以外，单元格还可以用一种简化的表示方法，如[A3]表示单元格 A3，[A1:B4]表示 A1:B4 的单元格区域。

（2）单元格赋值

对于单元格的赋值，可以使用单元格对象的 Value 属性，该属性可在单元格中输入值或者获取单元格的数值，其格式如下：

单元格引用范围.Value=值

【例 4-67】 在 A1:B5 单元格区域中输入“123”，其代码如下：

```
Sub CellEvaluationSample()
Range("A1:B5").Value = "123"
End Sub
```

用户也可以将一个单元格中的数值复制给其他的单元格。

【例 4-68】 将 E1 单元格的内容复制到 A1:B5 单元格区域，其代码如下：

```
Sub CellEvaluationSample()
Range("A1:B5").Value = Range("E1")
End Sub
```

（3）插入行或列

插入行或列可以使用单元格对象的 Insert 方法，其格式如下：

行或列的引用.Insert

【例 4-69】　使用 Insert 方法来插入行，示例如下：

```
Rows(2).Insert              表示在第 2 行前插入一个空行。
Rows("2:4").Insert          表示在第 2 行前插入四个空行。
```

【例 4-70】　使用 Insert 方法来插入列，示例如下：

```
Column("B").Insert          表示在第 B 列前插入一个空列。
Column("B:C").Insert        表示在第 B 列前插入两个空列。
```

（4）删除行或列

删除行或列可以使用单元格对象的 Delete 方法，其格式如下：

行或列的引用.Delete

【例 4-71】　使用 Delete 方法来删除行，示例如下：

```
Rows(2). Delete             表示删除工作表中的第 2 行。
Rows("2:4"). Delete         表示删除工作表中的第 2 行到第 4 行。
```

【例 4-72】　使用 Delete 方法来删除列，示例如下：

```
Column("B"). Delete         表示删除工作表中的第 B 列。
Column("B:C"). Delete       表示删除工作表中的第 B 列到第 C 列。
```

4.4.3　Excel 的常用事件

为了更好地进行 Excel 中的 VBA 的编程，需要了解 Excel 中常用事件，常用的工作簿级事件和工作表级的事件如下。

1. 工作簿级别的事件

工作簿级别的事件发生在某个工作簿对象中，在“工程资源管理器”窗口中双击“ThisWorkbook”选项打开当前工作簿对象的代码编辑窗口。在“对象”下拉列表中选择“WorkBook”，在“过程”下拉列表中就可以看到工作簿对象的所有事件，其中常用的事件有以下几种。

- Open 事件：打开工作簿时将触发 Open 事件。
- Activate 事件：激活工作簿时触发 Activate 事件。
- SheetActivate 事件：工作簿中的任意一个工作表被激活时触发 SheetActivate 事件。
- NewSheet 事件：在工作簿中新建一个工作表时触发 NewSheet 事件。

2. 工作表级别的事件

在“工程资源管理器”窗口中双击要操作的工作表名称，打开该工作表的代码编辑窗口。在“对象”下拉列表中选择“WorkSheet”，在“过程”下拉列表中就可以看到工作表的所有事件，其中常用的事件有以下几种。

- Activate 事件：激活该工作表时触发 Activate 事件。
- Change 事件：更改工作表中的某单元格内容时触发 Change 事件。
- FollowHyperlink 事件：单击工作表中某个超链接时触发 FollowHyperlink 事件。
- SelectionChange 事件：改变工作表中单元格的选择区域时触发 SelectionChange 事件。

4.5 VBA 在 Powerpoint 中的运用

4.5.1 PowerPoint 的对象模型

Microsoft PowerPoint 的任何元素，例如应用程序、演示文稿、幻灯片模板、幻灯片、形状等，都被视为 Visual Basic 中的对象。要通过 PowerPoint 中的宏来控制 PowerPoint 就需访问和修改这些对象。在使用 PowerPoint 宏制作多媒体交互课件时，经常会用到的对象有：Application 对象、DocumentWindow 对象、Presentation 对象、SlideShowWindow 对象、Slide 对象和 Shape 对象，这些对象之间的关系如图 4-33 所示。

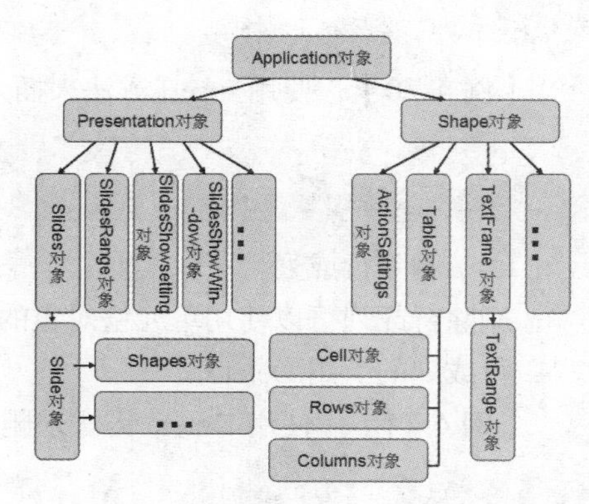

图 4-33 PowerPoint 对象模型抽象图

4.5.2 PowerPoint 中的 VBA 对象

1. Application 对象

Application 对象代表 PowerPoint 应用程序，使用 PowerPoint 应用程序对象可以获取或设置应用程序对象的属性，例如 Presentations 和 Windows 属性。

【例 4-73】 打开一个名为“Ex_a2a.ppt”的演示文稿代码如下：

```
Set ppt = New Powerpoint.Application
ppt.Visible = True
ppt.Presentations.Open "c:\My Documents\ex_a2a.ppt"
```

【例 4-74】 显示活动打印机的名称和应用程序的路径代码如下：

```
MsgBox "The name of the active printer is "& Application.ActivePrinter
MsgBox  Application.Path
```

表 4-38 列出了 Application 对象的部分属性/方法。

表 4-38 Application 对象的部分属性/方法

属性/方法名称	说 明
Windows	返回 PowerPoint 应用程序所有打开的文档窗口的集合
Visible	返回或设置指定 PowerPoint 应用程序窗口是否可见
Path	返回当前 Application 的路径
ActiveWindow	返回 PowerPoint 应用程序当前活动的文档窗口
Presentations	返回 PowerPoint 应用程序打开的所有演示文稿对象集合
SlideShowWindows	返回 PowerPoint 应用程序所有放映的幻灯片放映窗口的集合
Quit	用于退出 PowerPoint 应用程序

2. DocumentWindow 对象

DocumentWindow 对象代表 PowerPoint 打开的文档窗口。通过 Application.Windows 属性可获得 PowerPoint 应用程序所有打开的 DocumentWindow 对象集合。

【例 4-75】 将所有打开的文档窗口平铺的代码如下：

```
Windows.Arrange ppArrangeTiled
```

【例 4-76】　将普通窗口视图更改为幻灯片浏览视图的代码如下：

```
With Application.ActiveWindow
    If .ViewType = ppViewNormal Then
        .ViewType = ppViewSlideSorter
    End If
End With
```

表 4-39 列出了 DocumentWindow 对象的部分属性/方法。

表 4-39　DocumentWindow 对象的部分属性/方法

属性/方法名称	说　明
Presentation	返回当前文档窗口中的演示文稿对象
Arrange	在工作区中排列所有打开的文档窗口
ActivePane	返回当前文档窗口中的活动窗格
Panes	返回当前文档窗口中的所有窗格
ViewType	返回指定的文档窗口内的视图类型

3. Presentation 对象

Presentation 对象代表 PowerPoint 中的演示文稿，使用 Application.Presentations 属性可以获得 PowerPoint 应用程序所有打开的 Presentation 对象集合，或者使用 Application.ActivePresentation 属性获得 PowerPoint 应用程序当前活动的 Presentation 对象。

【例 4-77】　把当前 PowerPoint 演示文稿另存为 PowerPoint 4.0 格式的文件，代码如下：

```
With Application.ActivePresentation
    .SaveCopyAs "New Format Copy"
    .SaveAs "NewFile", ppSaveAsPowerPoint4
End With
```

【例 4-78】　打印当前演示文稿的第 2～5 个幻灯片，代码如下：

```
With Application.ActivePresentation
    .PrintOptions.PrintHiddenSlides = True
    .PrintOut From:=2, To:=5
End With
```

表 4-40 列出了 Presentation 对象的部分属性/方法。

表 4-40　Presentation 对象的部分属性/方法

属性/方法名称	说　明
BuiltInDocumentProperties	返回当前演示文稿的所有文档属性
ColorSchemes	返回当前演示文稿的配色方案
PageSetup	用于控制演示文稿的幻灯片页面设置属性
Slides	返回当前演示文稿中所有的幻灯片
SlideMaster	返回当前演示文稿使用的幻灯片母版对象
SlideShowSettings	返回演示文稿的幻灯片放映设置
SlideShowWindow	返回幻灯片放映窗口对象
AddTitleMaster	用于演示文稿添加标题母版
ApplyTemplate	对演示文稿应用设计模板
PrintOut	打印指定的演示文稿
PrintOptions	返回一个当前文稿的打印选项对象

4. SlideShowWindow 对象

SlideShowWindow 对象代表 PowerPoint 中幻灯片放映窗口，使用 Application.SlideShow Windows 属性可以获得 SlideShowWindow 对象集合，或者使用 Presentation. SlideShow Window 属性可以获得 SlideShowWindow 对象。

【例 4-79】 将全屏的幻灯片放映窗口的高度适当缩小以便可看到任务栏，代码如下：

```
With Application.SlideShowWindows(1)
    If .IsFullScreen Then
        .Height = .Height - 20
    End If
End With
```

【例 4-80】 将当前放映窗口调整到第三页放映，代码如下：

```
Presentation .SlideShowWindow.View.GotoSlide 3
```

表 4-41 列出了 SlideShowWindow 对象的部分属性/方法。

表 4-41　SlideShowWindow 对象的部分属性/方法

属性/方法名称	说　明
IsFullScreen	用于设置是否全屏显示幻灯片放映窗口
Active	指示当前放映窗口是否处于活动状态
View	返回当前幻灯片放映视图
Height	返回或设置放映窗口的高度

5. Master 对象

Master 对象代表 PowerPoint 中的幻灯片母版、标题母版、讲义母版或备注母版，使用 Application.ActivePresentation.SlideMaster 属性可以获得 Master 对象。

【例 4-81】 将当前演示文稿的模板应用于名称为“MyTheme”的母板，代码如下：

```
ActivePresentation.SlideMaster.ApplyTheme "MyTheme.pot"
```

表 4-42 列出了 Master 对象的部分属性/方法。

表 4-42　Master 对象的部分属性/方法

属性/方法名称	说　明
TextStyles	返回 TextStyles 集合，代表标题文本、正文文本和默认文本
Active	指示当前放映窗口是否处于活动状态
ApplyTheme	将主题或设计模板应用于指定的幻灯片母板等

6. Slide 对象

Slide 对象代表幻灯片对象，使用 Application.ActivePresentation.Slides 属性可以获得 Slide 对象集合，或者 Application.ActivePresentation.Presentation.SlideShowWindow.View.Slide 属性获得 Slide 对象。

【例 4-82】 将在演示文稿中创建新的幻灯片，代码如下：

```
'在 Slide 对象集合中添加一个幻灯片
ActivePresentation.Slides.Add 1, ppLayoutTitleOnly
```

【例 4-83】 将演示文稿中第三张幻灯片保存为 JPEG 格式的文件，代码如下：

```
With Application.ActivePresentation.Slides(3)
    .Export "c:\my documents\Graphic Format\" & "Slide 3 of Annual Sales", "JPG"
End With
```

表 4-43 列出了 Slide 对象的部分属性/方法。

表 4-43　Slide 对象的部分属性/方法

属性/方法名称	说　明
Export	使用指定的图形筛选器导出幻灯片
Shapes	返回当前幻灯片中的所有元素
SlideIndex	返回当前幻灯片在 Slides 集合中的索引号

7. SlideShowView 对象

SlideShowView 对象代表 PowerPoint 中幻灯片放映窗口视图，在 PowerPoint 宏编程中使用 Application.ActivePresentation.SlideShowWindow.View 语句可以获得 SlideShowView 对象。

【例 4-84】　将放映当前演示文稿第一张幻灯片，代码如下：

```
Application.ActivePresentation.View.First
```

表 4-44 列出了 SlideShowView 对象的部分属性/方法。

表 4-44　SlideShowView 对象的部分属性/方法

属性/方法名称	说　明
AcceleratorsEnabled	用于设置是否允许在幻灯片放映时使用快捷键
CurrentShowPosition	返回当前幻灯片在放映中的位置
Slide	返回当前幻灯片视图中的幻灯片对象
DrawLine	在指定幻灯片放映视图中绘制直线
EraseDrawing	用于清除通过 DrawLine 方法或绘图笔工具在放映中绘制的直线
GotoSlide	用于切换指定幻灯片
First	用于切换到第一张幻灯片

8. Shape 对象

Shape 对象代表绘图层中的对象，例如自选图形、任意多边形、OLE 对象或图片，需要注意的是：Shapes 集合代表文档中的所有形状；ShapeRange 集合代表文档中指定的部分形状（例如，ShapeRange 对象可以代表文档中的第一个和第四个形状，或代表文档中所有选定的形状）；Shape 对象代表文档中的单个形状。

【例 4-85】　设置当前演示文稿第一张幻灯片的第三个形状的填充纹理，代码如下：

```
Set newRect = ActivePresentation.Slides(1).Shapes(3)
'设置填充格式对象的纹理
newRect.Fill.PresetTextured msoTextureOak
```

【例 4-86】　将第二张幻灯片第五个形状中表格第一列的宽度设置为 80 磅，代码如下：

```
ActivePresentation.Slides(2).Shapes(5).Table.Columns(1).Width = 80
```

表 4-45 列出了 Shape 对象的部分属性/方法。

表 4-45　Shape 对象的部分属性/方法

属性/方法名称	说　明
Chart	返回当前幻灯片中的图表对象
HasChart	返回当前幻灯片中是否有图表
Table	返回当前幻灯片中表格对象
HasTable	返回当前幻灯片中是否有表格
Fill	返回填充格式对象

4.6 应用案例

4.6.1 应用案例 8——VBA 在 Word 中的运用:文本处理

1. 案例目标

本案例应用 VBA 代码对 Word 文本进行添加、删除、修改、设置格式等操作，对表格进行处理。通过本案例，初步掌握用 VBA 操作控制 Word 文档的基本步骤和方法。

2. 知识点

本案例涉及以下两个主要知识点。

（1）Word 文档中 VBA 代码的创建、编辑与运行。

（2）用 VBA 代码对 Word 的各种对象进行操作。

3. 操作步骤

（1）拷贝素材

新建一个实验文件夹（如 1501405001 张强 08），下载案例素材压缩包“应用案例 8-Word VBA 编程.rar”至该实验文件夹下。在压缩包文件上单击鼠标右键，在弹出的快捷菜单中选择“解压到当前文件夹”，将案例素材压缩包解压到当前文件夹。本案例中提及的文件均存放在此文件夹下。

（2）打开并另存为

打开 Word 文档“VBA 素材.docx”，并另存为“文本处理.docm”，文档类型选为“启用宏的 Word 文档”。

（3）在当前文档的末尾插入文字

步骤如下:

➢ 按下【Alt+F11】组合键打开 Visual Basic 编辑器，双击“工程资源管理器”中“Project (文本处理)”下的“ThisDocument”模块;

➢ 单击菜单栏中“插入”菜单，选“模块”命令;

➢ 选中新出现在“工程资源管理器”中的“模块 1”，在下方的“属性”窗口中将“名称”属性值修改为 EditDocText;

➢ 在右侧的“EditDocText”代码窗口中，输入如下代码:

```
Sub InsertTextAtEndofDocument()
    ActiveDocument.Content.InsertAfter Text:=" The end."
End Sub
```

➢ 将光标放在 Document_open 过程中，按下【F5】键运行宏（若同时打开多个 Word 文档，应在进行本步操作前，先切换到“文本处理.docm”，使之成为当前活动文档 ActiveDocument，再切换到 VBE 窗口执行本步操作）;

➢ 切换到“文本处理.docm”文档，观察 VBA 代码的运行结果。

（4）删除当前文档的第一段

步骤如下:

➢ 在“EditDocText”代码窗口中，增加如下代码:

```
Sub Delete()
    Dim rngFirstParagraph As Range
    Set rngFirstParagraph = ActiveDocument.Paragraphs(1).Range
    With rngFirstParagraph
        .Delete
        .InsertAfter Text:="New text"
        .InsertParagraphAfter
    End With
End Sub
```

➢ 将光标放在 Delete 过程中，按下【F5】键运行宏；
➢ 切换到“文本处理.docm”文档，观察 VBA 代码的运行结果。

（5）在当前文档中查找

步骤如下：

➢ 在“EditDocText”代码窗口中，增加如下代码：

```
Sub Findw()
    With Selection.Find
        .Forward = True
        .Wrap = wdFindStop
        .Text = "冬天"
        .Execute
    End With
End Sub
```

➢ 将光标放在 Findw 过程中，按下【F5】键运行宏；
➢ 切换到“文本处理.docm”文档，观察 VBA 代码的运行结果；
➢ 再次按下【F5】键后观察运行结果。

（6）在当前文档中查找并替换

步骤如下：

➢ 在“EditDocText”代码窗口中，增加如下代码：

```
Sub WordReplace()
    With Selection.Find
       .ClearFormatting
        .Text = "湖"
       .Replacement.ClearFormatting
       .Replacement.Text = "lake"
       .Execute Replace:=wdReplaceAll, Forward:=True, _
          Wrap:=wdFindContinue
   End With
End Sub
```

➢ 将光标放在 WordReplace 过程中，按下【F5】键运行宏；
➢ 切换到“文本处理.docm”文档，观察 VBA 代码的运行结果。

（7）将格式应用选中的内容

步骤如下：

➢ 在“EditDocText”代码窗口中，增加如下代码：

```
Sub FormatSelection()
    '设置选定内容的格式
    With Selection.Font
    .Name = "Times New Roman"
    .Size = 14
    .AllCaps = True    '全部大写
    End With
    With Selection.ParagraphFormat
        .LeftIndent = InchesToPoints(0.5)    '左缩进 0.5 英寸
        .Space1    '这是单倍行距的缩写
    End With
End Sub
```

➢ 将光标放在 FormatSelection 过程中，按下【F5】键运行宏；

➢ 切换到“文本处理.docm”文档，观察 VBA 代码的运行结果。

（8）将格式应用指定区域

步骤如下：

➢ 在“EditDocText”代码窗口中，增加如下代码：

```
Sub FormatRange()
    '设置某个区域的格式
    Dim rngFormat As Range
    Set rngFormat = ActiveDocument.Range( _
       Start:=ActiveDocument.Paragraphs(1).Range.Start, _
       End:=ActiveDocument.Paragraphs(3).Range.End)
With rngFormat
       .Font.Name = "Arial"
       .ParagraphFormat.Alignment = wdAlignParagraphJustify    '两端对齐
       End With
End Sub
```

➢ 将光标放在 FormatRange 过程中，按下【F5】键运行宏；

➢ 切换到“文本处理.docm”文档，观察 VBA 代码的运行结果。

（9）删除段落

在当前文档中，如图 4-34（a）所示，将只有一个回车符的段落删除，步骤如下。

➢ 算法分析。只有一个硬回车符的段落，其段落长度为 1。每个段落的文本内容由当前文档 ActiveDocument 对象的 Paragraphs 集合中所有 Paragraph 对象的 Range 对象的 Text 属性值代表。VBA 中有 Len 函数，用于求字符的长度（即字符个数）。

➢ 在“EditDocText”代码窗口中，增加如下代码：

```
Public Sub 删除空白段落()
    '删除只有一个硬回车符的段落
    Dim i As Long
    For i = ActiveDocument.Paragraphs.Count To 1 Step -1
       If VBA.Len(ActiveDocument.Paragraphs(i).Range.Text) = 1 Then
            ActiveDocument.Paragraphs(i).Range.Delete
       End If
    Next
       MsgBox "段落处理完毕！"
End Sub
```

➢ 切换到 VBE 窗口，确认光标处于过程“删除空白段落”中，按下【F5】键或单击 VBE“标准”工具栏上的“运行子过程/用户窗口”按钮▶。
➢ 执行上一步后将弹出如图 4-34（b）所示的对话框，单击“确定”按钮，代码运行结束，而当前文档第三页中的部分内容已变为图 4-34（c）的内容。

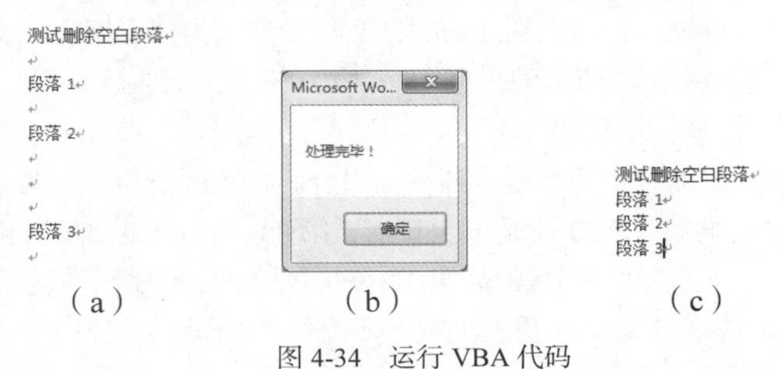

（a）　（b）　（c）

图 4-34　运行 VBA 代码

（10）将所有表格中的空单元格填充为 0

步骤如下：

➢ 算法分析。若表格内单元格为空，则该单元格的字符长度为 2，可理解为包含了 Chr(13) 和 Chr(7)两个字符。
➢ 在“EditDocText”代码窗口中，增加如下代码：

```
Public Sub AllCellsBlanktoZero()
      '在所有的单元格中循环，在空的单元格中入 0
    Dim tmpTable As Table
    Dim tmpCell As Cell
    For Each tmpTable In ActiveDocument.Tables
        For Each tmpCell In tmpTable.Range.Cells
            If VBA.Len(tmpCell.Range) = 2 Then
                tmpCell.Range.Text = "0"
            End If
        Next
    Next
       MsgBox "表格处理完毕！"
End Sub
```

➢ 切换到 VBE 窗口，确认光标处于过程“AllCellsBlanktoZero”中，按下【F5】键或单击 VBE“标准”工具栏上的“运行子过程/用户窗口”按钮▶。
➢ 切换到“文本处理.docm”文档，观察第三页上的处理的结果。

（11）保存

保存文档，完成操作。

4.6.2　应用案例 9——VBA 在 Word 中的运用：提取特定信息

1. 案例目标

本案例应用 VBA 代码对 Word 文本进行添加、删除、修改和设置格式，用 VBA 代码对表格进行处理。通过本案例，读者能初步掌握用 VBA 操作控制 Word 文档的基本步骤和方法。

2. 知识点

本案例主要涉及以下两个知识点：

（1）表格的创建和修改。

（2）用 VBA 代码对 Word 的各种对象进行操作。

3. 操作步骤

（1）新建并保存。新建一个实验文件夹（如 1501405001 张强 09），在该文件夹下新建空白 Word 文档，并存盘为“身份证号自动识别.docm”，文档类型选为“启用宏的 Word 文档”。

（2）新建表格。新建如图 4-35 所示的表格。

（3）从身份证中提取信息，步骤如下。

- 算法分析。中国公民的身份证号是一种特征组合码，新版身份证号为 18 位，旧版为 15 位。新版身份证号的第 7～10 位是出生日期，第 11～12 位是出生月份，第 13～14 为是出生日，第 15～17 位是顺序号，最后第 18 位是校验码，顺序码的最后一位（即第 17 位）是判断性别（第 17 位奇数表示男性偶数表示女性）。旧版 15 位中，第 7～8 位是出生日期，第 9～10 位是出生月份，第 11～12 为是出生日，第 15 位为奇数表示男性，偶数表示女性。若身份证的位数不是 18 或 15 位，则将身份证号设为红色。

姓名	张强	性别	
身份证号码	320501199310184732	出生年月	

根据输入的身份证号码，自动生成“性别”和“出生日期”。

姓名	赵勤	性别	
身份证号码	320230198620192425	出生年月	

姓名	李卫东	性别	
身份证号码	320223199412102613	出生年月	

图 4-35　初始表格

- 打开 Visual Basic 编辑器，在“工程资源管理器”中“Project(身份证号自动识别)”上单击鼠标右键，在弹出的快捷菜单上选“插入”命令中的“类模块”命令。
- 选中新出现在“工程资源管理器”中的“类 1”，在下方的“属性”窗口中将“名称”属性值修改为 clsIDCard。
- 在右侧的“clsIDCard”代码窗口中，输入如下代码：

```
Option Explicit
   Public WithEvents App As Word.Application     '声明一个包含事件的 Application 类型对象
         Private Sub App_WindowSelectionChange(ByVal Sel As Selection)
   On Error Resume Next
   Dim idString As String, idLen As Integer
   Dim sYear As String, sMonth As String
   Dim sYearAndMonth As String
   Dim sLadyOrGentleman As String
   Dim isSex As String
   Dim isSexChar As Integer
   With Selection.Tables(1)
        idString = .Range.Cells(6).Range.Text
        idLen = Len(idString)
        '如果是 15 位的身份证
        If idLen = 17 Then
           '确定年月
           sYear = Mid(idString, 7, 2)
           sMonth = Mid(idString, 9, 2)
           sYearAndMonth = "19" & sYear & "年" & sMonth & "月"
```

```
            .Range.Cells(8).Range.Text = sYearAndMonth
            '确定性别
            isSexChar = Mid(idString, idLen - 2, 1)
            If isSexChar Mod 2 = 0 Then
               isSex = "女"
            Else
               isSex = "男"
            End If
        .Range.Cells(4).Range.Text = isSex
        .Range.Cells(6).Range.Font.Color = wdColorBlack
        ElseIf idLen = 20 Then   '如果是 18 位的身份证
            sYear = Mid(idString, 7, 4)
            sMonth = Mid(idString, 11, 2)
            sYearAndMonth = sYear & "年" & sMonth & "月"
            .Range.Cells(8).Range.Text = sYearAndMonth
            '确定性别
            isSexChar = Mid(idString, idLen - 3, 1)
            If isSexChar Mod 2 = 0 Then
              isSex = "女"
            Else
              isSex = "男"
            End If
            .Range.Cells(4).Range.Text = isSex
            .Range.Cells(6).Range.Font.ColorIndex = wdBlack
            Else    '错误的身份证位数
            .Range.Cells(6).Range.Font.Color = wdColorRed
            .Range.Cells(4).Range.Text = ""
            .Range.Cells(8).Range.Text = ""
      End If
   End With
End Sub
```

➢ 双击“工程资源管理器”中“Project(身份证号自动识别)”下的“This Document”模块，在代码窗口中输入以下代码：

```
Dim newWord As New clsIDCard
Private Sub Document_open()
    '将类模块中已声明的对象（本例中为 App）连接到 Application 对象
    Set newWord.App = Word.Application
End Sub
```

➢ 将光标放在 Document_open 过程中，按下【F5】键。切换到“身份证号自动识别.docm”的文档窗口，在表格中输入身份证号码（图 4-36），Word 会根据输入的身份证号自动生成性别和出生年月。

姓名	张强	性别	男
身份证号码	320501199310184732	出生年月	1993 年 10 月

根据输入的身份证号码，自动生成“性别”和“出生日期”。

姓名	赵勤	性别	女
身份证号码	320230198620192425	出生年月	1986 年 20 月

姓名	李卫东	性别	男
身份证号码	320223199412102613	出生年月	1994 年 12 月

图 4-36　VBA 运行结果

（4）进一步改进。增加对身份证号内特征码的判定，图中最后一人的月份是不对的。请读者自行写出改进代码，使 VBA 代码能区分正确的月份和日期。

（5）再次保存文档“身份证号自动识别.docm”。

（6）新建并保存。新建空白 Word 文档，并存盘为“学号信息提取.docm”，文档类型选为“启用宏的 Word 文档”。

（7）新建表格。建立如图 4-37 所示的表格。

（8）根据学号提取学生信息。在图 4-37 的表格中，用户输入学号，自动显示该学生的年级、学院和专业。建立 VBA 代码的详细步骤请读者思考和完成。

学号是一组 10 位的数字字符串，第 1 ~ 2 位为年份的末两位，第 3~4 位表示学院，第 3~7 位表示学生的专业。年份靠近 100 的是 19**的年份，年份靠近 0 的是 20**的年份。学院对应的编号、专业的编号见图 4-38。判断输入的学号是否为 10 位，并判断是否是有效的学院编号和专业编号。

<table>
<tr><td>学号</td><td></td><td>姓名</td><td colspan="2">张叁峰</td><td>年级</td><td></td></tr>
<tr><td>学院</td><td colspan="2"></td><td>专业</td><td colspan="3"></td></tr>
</table>

图 4-37　初始表格

学院	编号
人文学院	01
管理学院	02
数学学院	03
医学部	04
物理学院	05
艺术学院	06
外语学院	07

专业	专业编码
知识产权	01101
社会学	01201
教育学（师范）	01301
教育技术学(师范)	01302
英语（师范）	07101
俄语	07201
德语	07301
物理学	05101
物理学（师范）	05102
电子信息工程	05201
电子科学与技术	05202

图 4-38　学院编号和专业编号

（9）再次保存文档“VBA 03-学号信息提取.docm”。

4.6.3　应用案例 10——VBA 在 Excel 中的运用：成绩管理表

1. 案例目标

修改“期末成绩表.xlsx”工作簿，使用 VBA 程序对工作表进行格式设置，对工作表中的数据进行计算，实现动态分配班级的功能，并在打开该工作簿时进行用户合法性验证，效果如图 4-38 所示。

2. 知识点

本案例涉及如下主要知识点。

（1）工作簿对象及其属性、方法及事件；

（2）工作表对象及其属性、方法及事件；

（3）单元格对象及其属性、方法及事件；

（4）变量的使用；

（5）分支语句；

（6）循环语句；

（7）用户窗体。

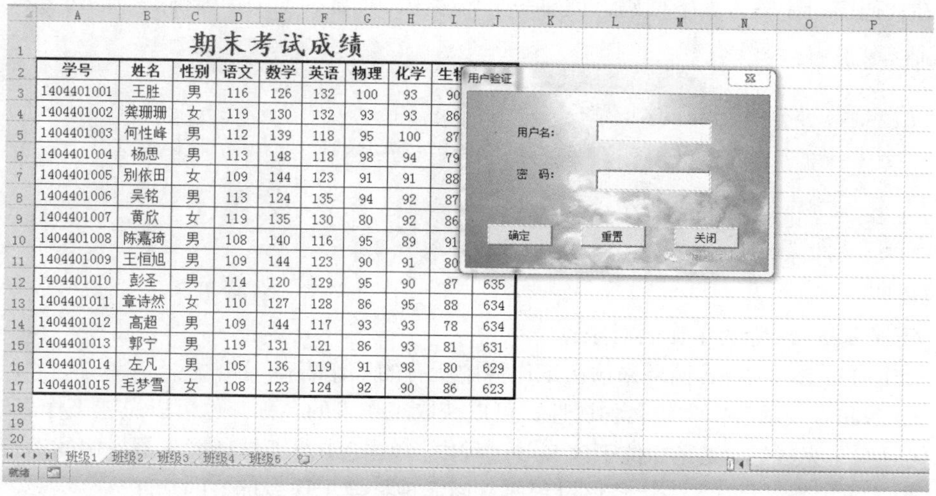

期末考试成绩

学号	姓名	性别	语文	数学	英语	物理	化学	生	
1404401001	王胜	男	116	126	132	100	93	90	
1404401002	龚珊珊	女	119	130	132	93	93	86	
1404401003	何性峰	男	112	139	118	95	100	87	
1404401004	杨思	男	113	148	118	98	94	79	
1404401005	别依田	女	109	144	123	91	91	88	
1404401006	吴铭	男	113	124	135	94	92	87	
1404401007	黄欣	女	119	135	130	80	92	86	
1404401008	陈嘉琦	男	108	140	116	95	89	91	
1404401009	王恒旭	男	109	144	123	90	91	80	
1404401010	彭圣	男	114	120	129	95	90	87	635
1404401011	章诗然	女	110	127	128	86	95	88	634
1404401012	高超	男	109	144	117	93	93	78	634
1404401013	郭宁	男	119	131	121	86	93	81	631
1404401014	左凡	男	105	136	119	91	98	80	629
1404401015	毛梦雪	女	108	123	124	92	90	86	623

用户验证

用户名：

密　码：

确定　重置　关闭

班级1　班级2　班级3　班级4　班级5

就绪

图 4-39　制作好的“考试成绩表”

3. 操作步骤

（1）创建案例文件夹。新建一个实验文件夹（如 1501405001 张强 10），下载案例素材压缩包“应用案例 10-考试成绩表.rar”至该实验文件夹下并解压。本案例中提及的文件均存放在此文件夹下。

（2）打开“考试成绩表.xlsx”工作簿，另存为“考试成绩表.xlsm”，并利用 VBA 程序在原有工作表的后面创建 5 张新的工作表。步骤如下。

➢ 选择“文件”选项卡中的“另存为”命令，在打开的“另存为”对话框中，将“文件类型”修改为“Excel 启用宏的工作簿（*.xlsm）”，将原有的工作簿保存为启用了宏的工作簿类型。

➢ 使用【Alt+F11】组合键打开 VBA 的工作环境。

➢ 在左侧的“工程资源管理器”窗口中双击“ThisWorkbook”对象，打开该工作簿对象的代码窗口。

➢ 在代码窗口中输入如下代码，创建一个名称为“新建工作表”的过程：

```
Sub 新建工作表()
    Dim i As Integer
    For i = 1 To 5
        Worksheets.Add(, Sheets(Sheets.Count)).Name = "sheet" & i
    Next
    MsgBox "工作表新建完成！"
End Sub
```

代码说明：

——使用 For 循环来使创建工作表的操作执行 5 次；

——Worksheets.Add 方法用于创建新的工作表，第二个参数 After 用于设定创建的工作表位于哪张现有工作表的后面；

——Sheets.Count 方法用于获取工作簿中的工作表数量；

——Sheets(*x*)表示了工作簿中从左到右第 *x* 张工作表。

➢ 代码编写完成后，使光标位于该 Sub 过程内，单击 VBA 工作环境工具栏中的运行按钮▶，或使用快捷键【F5】来运行该过程，从而实现创建工作表的功能。

（3）批量替换工作表的标签，将新建的 5 张工作表分别命名为"班级 1"到"班级 5"。

➢ 在代码窗口中输入如下代码，创建一个名称为"批量替换工作表标签"的过程：

```
Sub 批量替换工作表标签()
    Dim sht As Worksheet
    For Each sht In Sheets
        sht.Name = Replace(sht.Name, "sheet", "班级")
    Next
    MsgBox "工作表标签替换完成！"
End Sub
```

代码说明：

——定义变量 sht 作为工作表对象；

——使用 For Each-Next 循环来遍历工作簿中所有的工作表；

——sht.Name 表示工作表的名称属性，可以获取工作表的名称，也可以设置工作表的名称。

➢ 代码编写完成后，使光标位于该 Sub 过程内，单击 VBA 工作环境工具栏中的运行按钮▶，或使用快捷键【F5】来运行该过程，从而实现替换工作表标签的功能。

（4）设置第 1 行的标题字体样式，字体为"楷体"，字号为"24"，加粗，字体颜色为"蓝色"。

➢ 在代码窗口中输入如下代码，创建一个名称为"设置标题格式"的过程：

```
Sub 设置标题格式()
    Dim wk As Workbook, wt As Worksheet, ran As Range
    Set wk = Workbooks(1)
    Set wt = wk.Worksheets("期末成绩表")
    wt.Activate                       '激活工作表
    Set ran = wt.Range("a1")
    ran.Select                        '设置 A1 单元格为活动单元格
    With ran.Font
        .Name = "楷体"
        .Size = 24
        .Bold = True
        .Color = RGB(0, 0, 255)
    End With
    MsgBox "标题格式设置完成！"
    Set wk = Nothing                   '清空对象，释放内存
    Set wt = Nothing
    Set ran = Nothing
End Sub
```

代码说明：

——定义变量 wk 作为工作簿对象，wt 作为工作表对象，ran 作为单元格区域对象；

——With - End With 语句将需要多次使用的公共对象及其属性提取出来，减少下面的代码输入，在本程序中，对字体格式、大小、颜色等操作的代码只需要直接使用其子属性即可。

➢ 代码编写完成后，使光标位于该 Sub 过程内，单击 VBA 工作环境工具栏中的运行按钮▶，或使用快捷键【F5】来运行该过程，从而实现设置标题格式的功能。

（5）设置其余数据的格式，字体为"宋体"，字号为"12"，居中对齐，第 2 行文字加粗。

➢ 在代码窗口中输入如下代码，创建一个名称为“设置数据格式”的过程：

```
Sub 设置数据格式()
    Dim wk As Workbook, wt As Worksheet, ran As Range
    Set wk = Workbooks(1)
    Set wt = wk.Worksheets("期末成绩表")
    wt.Activate                        '激活工作表
    Set ran = wt.Range("A2:K69")
    ran.Select                         '设置 A2:K69 单元格区域的格式
    With ran.Font
        .Name = "宋体"
        .Size = 12
    End With
    ran.HorizontalAlignment = xlCenter '单元格内容水平居中
    Range("A2:K2").Font.Bold = True  '第 2 行文字加粗
    MsgBox "数据格式设置完成！"
    Set wk = Nothing                   '清空对象，释放内存
    Set wt = Nothing
    Set ran = Nothing
End Sub
```

➢ 代码编写完成后，使光标位于该 Sub 过程内，单击 VBA 工作环境工具栏中的运行按钮▶，或使用快捷键【F5】来运行该过程，从而实现设置数据格式的功能。

（6）计算“总分”列数据，在 J3：J69 区域内计算每行的成绩总和。

➢ 在代码窗口中输入如下代码，创建一个名称为“计算总分”的过程：

```
Sub 计算总分()
    Dim wk As Workbook, wt_from As Worksheet, wt_to As Worksheet
    Dim rownum As Integer, i As Integer, j As Integer, total As Integer
    Set wk = Workbooks(1)
    wk.Activate
    Set wt = wk.Worksheets("期末成绩表")
    rownum = wt.UsedRange.Rows.Count            '获取表格中数据行的总行数
    For i = 3 To rownum                         '计算第 3 行到最后一行的总分
        For j = 4 To 9                          '计算第 4 列~第 9 列数据的总和
            total = total + wt.Cells(i, j)
        Next
        wt.Cells(i, 10) = total             '将计算结果放在本行的第 10 列单元格中
        total = 0                           '清空总和，以便下次循环
    Next
    MsgBox "总分计算完成！"
    Set wk = Nothing                        '清空对象，释放内存
    Set wt = Nothing
End Sub
```

代码说明：

——wt_to.UsedRange.Rows.Count 属性用于读取工作表中现有数据的总行数；

——使用两层 For-next 循环，第一层循环变量为 i，用于控制从第 3 行到最后一行的循环；第二层循环变量为 j，用于控制在某一行中，求和的单元格为从第 4 列~第 9 列，即对 D 列~I 列数据求和。

➢ 代码编写完成后，使光标位于该 Sub 过程内，单击 VBA 工作环境工具栏中的运行按钮▶，或使用快捷键【F5】来运行该过程，从而实现计算总和的功能。

（7）复制"期末成绩表"中第 1~2 行数据至其他工作表。

➢ 在代码窗口中输入如下代码，创建一个名称为"复制表格标题数据"的过程：

```
Sub 复制表格标题数据()
    Dim wk As Workbook, wt_from As Worksheet, ran As Range, wt_to As Worksheet
    Dim i As Integer
    Set wk = Workbooks(1)
    Set wt_from = wk.Worksheets("期末成绩表")   '复制的数据源所在工作表
    wt_from.Activate                            '激活工作表
    Set ran = wt_from.Range("1:2")              '期末成绩表中的第 1~2 行
    ran.Copy                                    '复制数据
    For i = 1 To 5
        Set wt_to = wk.Worksheets("班级" & i)   '复制数据的目标工作表
        wt_to.Range("a1").PasteSpecial          '粘贴数据
    Next
    Set ran = Nothing
    Set wt_from = Nothing
    Set wt_to = Nothing
    Set wk = Nothing
    MsgBox "表格标题数据复制完成！"
End Sub
```

代码说明：

——Range 对象的 Copy 方法用于将选择的单元格区域数据复制到剪贴板中，再使用 Range 对象的 PasteSpecial 方法将剪贴板中的内容复制到选中的单元格中。

——Set wt_to = wk.Worksheets("班级" & i)，表示使用 i 作为循环变量，其值为 1~5，控制每次循环时工作表的名称分别为"班级 1"～"班级 5"。

➢ 代码编写完成后，使光标位于该 Sub 过程内，单击 VBA 工作环境工具栏中的运行按钮▶，或使用快捷键【F5】来运行该过程，从而实现复制标题的功能。

（8）复制工作表中的数据行，按照学号的规则将"期末成绩表"中的数据复制到不同的工作表中，学号中第 6~7 位表示班级。

➢ 在代码窗口中输入如下代码，创建一个名称为"按照班级复制表格数据"的过程：

```
Sub 按照班级复制表格数据()
    Dim wk As Workbook, wt_from As Worksheet, ran As Range, wt_to As Worksheet
    Dim i As Integer, rownum As Integer
    Set wk = Workbooks(1)
    Set wt_from = wk.Worksheets("期末成绩表")
    wt_from.Activate                                '激活工作表
    For i = 3 To wt_from.UsedRange.Rows.Count
        Set ran = wt_from.Range("A" & i)             '选中第 i 行中的"学号"单元格
        wt_from.Range(i & ":" & i).Copy              '将第 i 行数据复制到剪贴板
        Select Case Mid(ran.Value, 6, 2)             '判断学号中第 6~7 位字符
            '若为"01"，则复制到"班级 1"工作表
            Case "01"
                Set wt_to = wk.Worksheets("班级 1")
```

```
                '计算粘贴目标单元格所在的行号
                rownum = wt_to.UsedRange.Rows.Count + 1
                wt_to.Range("a" & rownum).PasteSpecial      '粘贴数据
            Case "02"
                Set wt_to = wk.Worksheets("班级 2")
                rownum = wt_to.UsedRange.Rows.Count + 1
                wt_to.Range("a" & rownum).PasteSpecial
            Case "03"
                Set wt_to = wk.Worksheets("班级 3")
                rownum = wt_to.UsedRange.Rows.Count + 1
                wt_to.Range("a" & rownum).PasteSpecial
            Case "04"
                Set wt_to = wk.Worksheets("班级 4")
                rownum = wt_to.UsedRange.Rows.Count + 1
                wt_to.Range("a" & rownum).PasteSpecial
            Case "05"
                Set wt_to = wk.Worksheets("班级 5")
                rownum = wt_to.UsedRange.Rows.Count + 1
                wt_to.Range("a" & rownum).PasteSpecial
        End Select
    Next
    Set ran = Nothing
    Set wt_from = Nothing
    Set wt_to = Nothing
    Set wk = Nothing
    MsgBox "已经将数据按照班级分配完成！"
End Sub
```

代码说明：

——Mid(ran.Value, 6, 2)表示使用 Range 对象的 Value 属性，取出选中单元格数值，再截取其中第 6~7 位字符；

——wt_to.UsedRange.Rows.Count 属性用于读取工作表中现有数据的总行数。

➢ 代码编写完成后，使光标位于该 Sub 过程内，单击 VBA 工作环境工具栏中的运行按钮▶，或使用快捷键【F5】来运行该过程，从而实现按照学号分配班级的功能。

（9）删除“期末成绩表”工作表。

➢ 在代码窗口中输入如下代码，创建一个名称为“删除工作表”的过程：

```
Sub 删除工作表()
    On Error Resume Next            '设定程序遇到错误后继续执行
    Dim wk As Workbook, wt As Worksheet, ran As Range
    Dim i As Integer
    Set wk = Workbooks(1)
    Set wt = wk.Worksheets("期末成绩表")
    If Err.Number = 0 Then                  '若程序无错误，则继续执行删除操作
        Application.DisplayAlerts = False           '设定不弹出提示对话框
        wt.Delete
        MsgBox ""期末成绩表"已经删除！"
    Else                                    '若程序有错误，则返回错误对话框
        MsgBox ""期末成绩表"不存在！"
    End If
End Sub
```

代码说明：

——On Error Resume Next 语句表示程序出错时，仍然继续执行后面的语句，禁止弹出错误提示及中断程序。该语句可以放置在程序的任意位置，不过建议放在程序的顶端；

——Err 对象的 Number 属性代表了错误的编码，当执行程序的过程中，没有错误时，此属性值为 0；

——Application.DisplayAlerts = False 语句用于禁止应用程序显示警告和消息对话框，当用户在删除工作表时，Excel 应用程序将直接删除工作表，而不弹出如图 4-40 所示的提示对话框；

——Worksheet 对象的 Delete 方法用于删除指定工作表。

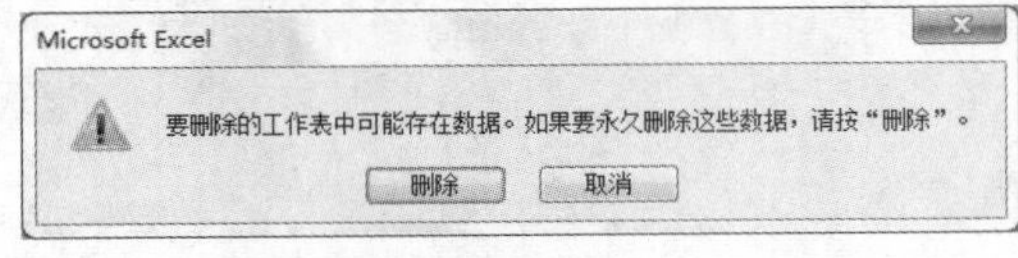

图 4-40　删除工作表时的提示对话框

➢ 代码编写完成后，使光标位于该 Sub 过程内，单击 VBA 工作环境工具栏中的运行按钮▶，或使用快捷键【F5】来运行该过程，从而实现删除"期末成绩表"工作表的功能。

（10）设置各工作表中数据表区域的边框，内框线为"细"，外框为"粗"。

➢ 在代码窗口中输入如下代码，创建一个名称为"设置边框"的过程：

```
Sub 设置边框()
    Dim wk As Workbook, wt As Worksheet, ran As Range
    Dim i As Integer
    Set wk = Workbooks(1)
    For i = 1 To 5
        Set wt = wk.Worksheets("班级" & i)
        wt.Activate                     '激活工作表
        Set ran = wt.Range("A2:K" & wt.UsedRange.Rows.Count)
        ran.Select                      '设置 A2:K69 单元格区域的格式
        '设置内部横线为"细"
        ran.Borders(xlInsideHorizontal).LineStyle = xlContinuous    '线型为实线
        ran.Borders(xlInsideHorizontal).Weight = xlThin          '线条的粗细
        '设置内部纵线为"细"
        ran.Borders(xlInsideVertical).LineStyle = xlContinuous
        ran.Borders(xlInsideVertical).Weight = xlThin
        '设置上边框横线为"粗"
        ran.Borders(xlEdgeTop).LineStyle = xlContinuous
        ran.Borders(xlEdgeTop).Weight = xlThick
        '设置下边框横线为"粗"
        ran.Borders(xlEdgeBottom).LineStyle = xlContinuous
        ran.Borders(xlEdgeBottom).Weight = xlThick
        '设置左边框横线为"粗"
        ran.Borders(xlEdgeLeft).LineStyle = xlContinuous
        ran.Borders(xlEdgeLeft).Weight = xlThick
        '设置右边框横线为"粗"
        ran.Borders(xlEdgeRight).LineStyle = xlContinuous
        ran.Borders(xlEdgeRight).Weight = xlThick
    Next
    MsgBox "边框设置完成！"
End Sub
```

代码说明：

——使用 For-next 循环，将"班级 1"~"班级 5"中的表格分别设置边框；

——wt.UsedRange.Rows.Count 表示取出工作表中含有数据行总数；

——ran.Borders（边框位置）可以获取单元格区域的上、下、左、右的边框，分别用不同 VBA

常量表示，如 xlEdegeTop 表示上边框，xlInsideHorizontal 表示内部横线等，若省略边框位置的常量，则表示单元格区域的所有边框；

——LineStyle 属性用于指定边框的线型为“细实线”或“点虚线”等；

——Weight 属性用于指定边框线条的粗细，从细到粗，分别为“xlHairline”“xlThin”“xlMedium”“xlThick”这 4 种。

➢ 代码编写完成后，使光标位于该 Sub 过程内，单击 VBA 工作环境工具栏中的运行按钮▶，或使用快捷键【F5】来运行该过程，从而实现设置边框的功能。

（11）设置各工作表中除第 1 行以外的各行行高为 18，列宽为最适合的列宽。

➢ 在代码窗口中输入如下代码，创建一个名称为“设置行高和列宽”的过程：

```
Sub 设置行高和列宽()
    Dim wk As Workbook, wt As Worksheet, ran As Range
    Dim i As Integer
    Set wk = Workbooks(1)
    For i = 1 To 5
        Set wt = wk.Worksheets("班级" & i)
        wt.Activate                               '激活工作表
        '选中所有有数据的行
        Set ran = wt.Range("2:" & wt.UsedRange.Rows.Count)
        ran.RowHeight = 18                                   '设置行高为18
        ran.Columns.AutoFit                                  '设置列宽为自动调整
    Next
    Set ran = Nothing
    Set wt_from = Nothing
    Set wt_to = Nothing
    Set wk = Nothing
    MsgBox "行高与列宽设置完成！"
End Sub
```

代码说明：

——Set wt_to = wk.Worksheets("班级" & i)，表示使用 i 作为循环变量，其值为 1~5，控制每次循环时工作表的名称分别为“班级 1”~“班级 5”。

——Range 对象的 RowHeigt 属性用于设置行高，ColumnWidth 属性用于设置列宽，当列宽为自动调整时，使用 ran.Columns.AutoFit。

➢ 代码编写完成后，使光标位于该 Sub 过程内，单击 VBA 工作环境工具栏中的运行按钮▶，或使用快捷键【F5】来运行该过程，从而实现设置行高和列宽的功能。

（12）将各工作表数据按照学号升序排列

➢ 在代码窗口中输入如下代码，创建一个名称为“排序”的过程：

Sub 排序()

```
    Dim wk As Workbook, wt As Worksheet, ran As Range
    Dim i As Integer
    Set wk = Workbooks(1)
    For i = 1 To 5
        Set wt = wk.Worksheets("班级" & i)
        wt.Activate                               '激活工作表
        '选中所有有数据的行作为排序区域
        Set ran = wt.Range("a2:j" & wt.UsedRange.Rows.Count)
        '按照"学号"升序排列
        ran.Sort key1:="学号", order1:=xlAscending, Header:=xlYes
```

```
    Next
    Set ran = Nothing
    Set wt = Nothing
    Set wk = Nothing
    MsgBox "排序完成！"
End Sub
```

代码说明：

——Range 对象的 Sort 方法用于对区域进行排序，Key1 为排序的关键字，order1 为排序的次序类型，header 为指定区域第一行是否具有标题信息。

——Sort 方法最多可以指定 3 个排序关键字，可以在 Key1 和 Order1 后面继续添加 Key2 和 Order2 来指定第二个排序关键字，第三个关键字的添加与此类似。

➢ 代码编写完成后，使光标位于该 Sub 过程内，单击 VBA 工作环境工具栏中的运行按钮▶，或使用快捷键【F5】来运行该过程，从而实现按照学号排序的功能。

（13）创建登录对话框，用于在打开 Excel 文件时判断用户是否被授权

➢ 在“工程资源管理器”中添加一个用户窗体；

➢ 将窗体的 Caption 属性设置为“用户验证”，Picture 属性中选择案例文件夹中的“bg.jpg”；

➢ 在窗体中添加 2 个“标签”控件，2 个“文字框”控件和 3 个“命令按钮”控件，调整其位置和大小；

➢ 设置 2 个“标签”控件的 Caption 属性，分别为“用户名:”和“密码:”；

➢ 设置 2 个“标签”控件的 BackStyle 属性为“0-fmBackStyleTransParent”；

➢ 设置 2 个“文字框”控件的名称属性，分别为“UserName”和“PassWord”；

➢ 设置“密码”文字框的 PasswordChar 属性为“*”，将该文字框中输入的内容均以“*”显示；

➢ 设置 3 个“命令按钮”控件的 Caption 属性，分别为“确定”“重置”和“关闭”，设置好的窗体如图 4-41 所示。

➢ 在“确定”按钮上双击鼠标左键，打开该按钮的 Click 事件，添加如下代码：

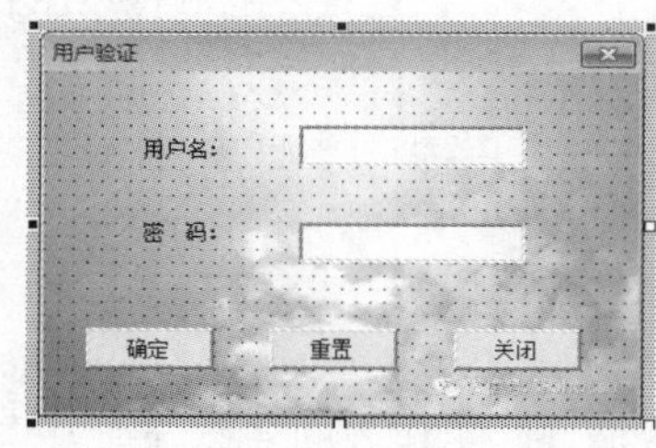

图 4-41　“用户验证”窗体设计界面

```
Private Sub CommandButton1_Click()          '该行语句为自动生成，无需输入
    Dim yhm As String, kl As String
    yhm = UserName.Text                     '取出用户名
    kl = PassWord.Text                      '取出密码
    If Len(yhm) = 0 Or Len(kl) = 0 Then     '若用户名或密码为空
       MsgBox "用户名或密码不能为空！"
     '验证用户名和密码，本例中假设用户名和密码分别为"excel"和"vba"
    ElseIf yhm = "excel" And kl = "vba" Then
        End                                  '关闭"用户验证"窗体
    Else
      MsgBox "您的用户名或密码不正确！"
    End If
End Sub                                      '该行语句为自动生成，无需输入
```

➢ 编写完成后，保存单击 VBA 工作环境工具栏中的运行按钮▶，或使用快捷键【F5】，测试“确定”按钮功能。

➢ 在“重置”按钮上双击鼠标左键，打开该按钮的 Click 事件，添加如下代码：

```
Private Sub CommandButton2_Click() '该行语句为自动生成，无需输入
    UserName.Text = ""              '清空文本框数据
    PassWord.Text = ""
    UserName.SetFocus               '将光标定位于"用户名"文本框中
End Sub                             '该行语句为自动生成，无需输入
```

➢ 编写完成后，保存单击 VBA 工作环境工具栏中的运行按钮▶，或使用快捷键【F5】，测试“重置”按钮功能。

➢ 在“关闭”按钮上双击鼠标左键，打开该按钮的 Click 事件，添加如下代码：

```
Private Sub CommandButton3_Click()      '该行语句为自动生成，无需输入
    '该方法用于关闭当前活动工作簿，参数 False 表示关闭时不保存数据
    ActiveWorkbook.Close (False)
End Sub
```

➢ 编写完成后，保存单击 VBA 工作环境工具栏中的运行按钮▶，或使用快捷键【F5】，测试“关闭”按钮功能。

➢ 在代码窗口的对象列表框中选择“UserForm”，在过程列表框中选择“Terminate”，将在代码中添加窗体的 Terminate 事件代码，该事件在使用 x 按钮关闭对话框时触发，代码如下：

```
Private Sub UserForm_Terminate()
    '该方法用于关闭当前活动工作簿，参数 False 表示关闭时不保存数据
    ActiveWorkbook.Close (False)
End Sub
```

➢ 为了使用户在打开工作簿时，自动弹出“用户验证”对话框，需要在“工程资源管理器”中双击 ThisWorkbook 对象，打开该对象的代码窗口。在代码窗口的对象列表框中选择“WorkBook”，在过程列表框中选择“Open”，将在代码中添加工作簿被打开时触发的事件代码，具体代码如下：

```
Private Sub Workbook_Open()
    UserForm1.Show   '显示"用户验证"窗体
End Sub
```

➢ 代码编写完成后，保存“期末成绩表.xlsm”工作簿文件后关闭 Excel 应用程序。再次打开文件“期末成绩表.xlsm”时，将弹出“用户验证”对话框。

4.6.4 应用案例 11——VBA 在 PowerPoint 中的运用：视频选择播放课件

1. 案例目标

利用 VBA 宏编程的方式在 PowerPoint 的页面上播放视频，与在 PPT 中直接插入视频进行播放相比，这种编程实现的视频方式更具有互动性。可以根据用户的需求，直接播放用户感兴趣的视频，播放进程也可以完全自己控制，因此该方法更加方便、灵活。这种方法更适合于 PowerPoint 课件中图片、文字、视频在同一页面时使用。

2. 知识点

本案例涉及的主要知识点包括：

（1）VBA 中“命令按钮”“组合框”等控件的使用；

（2）VBA 中“Windows Media Player” Activex 控件的使用；

（3）VBA 控件属性设置；

（4）VBA 中控件事件关联；

（5）PowerPoint 中 Application 对象属性和方法的使用；

（6）保存启用宏的 pptm 格式的 PowerPoint 演示稿文件；

（7）VBA 程序运行，效果如图 4-42 所示。

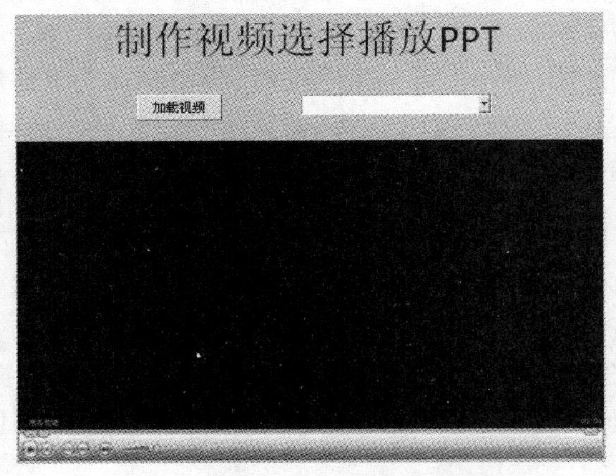

图 4-42　频选择播放界面

3 操作步骤

（1）拷贝素材

新建一个实验文件夹（如 1501405001 张强 11），下载案例素材压缩包“应用案例 11-视频播放素材.rar”至该实验文件夹下。右击压缩包，在弹出的快捷菜单中选择“解压到当前文件夹”，将案例素材压缩包解压为一个文件夹，本案例中提及的文件均存放在此文件夹下。然后把此文件夹中“乐视手机评测.wmv、P8 手机评测.wmv、红米手机评测.wmv”三个视频文件复制到新建的实验文件夹中。

（2）新建“pptm”格式的启用宏的 PowerPoint 演示稿文件

运行 PowerPoint 程序，把默认的 PowerPoint 文档保存到新建的实验文件夹下，文件名称为“视频播放”，格式为启用宏的 PowerPoint 演示稿文件的“pptm”格式类型。

（3）在界面上添加“命令按钮”，组合框和 Windows Media Player 控件

- 在“文件”选项卡中选择“选项”功能，打开“PowerPoint 选项”对话框；
- 在对话框左侧选择“自定义功能区”；
- 在对话框右侧中勾选“开发工具”复选框后关闭对话框；
- 单击“开发工具”选项卡中“控件”选项组例的“命令按钮”按钮，参照样例上的位置将鼠标移到相应的位置并按住鼠标画出一个合适大小的矩形区域，在该区域将出现一个命令按钮；
- 在生成的“命令按钮”上单击鼠标右键，在快捷菜单中选择“属性”命令，打开属性对话框；
- 在属性对话框中设置控件的 Caption 属性为“加载视频”；
- 用同样的方式，参照样例上的位置添加组合框；
- 单击“开发工具”选项卡中“控件”选项组最右边的“其他控件”按钮，在出现的对

话框中，选中“Windows Media Player”选项，再将鼠标移动到需要插入视频文件的幻灯片的编辑区域中，画出一个大小合适的矩形区域，随后该区域就会自动变为 Windows Media Player 的播放界面。

（4）打开 VBA 的工作环境

使用组合键【ALT+F11】打开 VBA 的工作环境。

（5）添加视频选择播放代码

➢ 在对象列表中选择“CommandButton1”对象，在事件列表中选择“click”事件，在该事件过程中添加如下代码：

```
ComboBox1.Clear
ComboBox1.AddItem ("乐视手机评测")
ComboBox1.AddItem ("P8 手机评测")
ComboBox1.AddItem ("红米手机评测")
```

➢ 在对象列表中选择“ComboBox1”对象，在事件列表中选择“change”事件，在该事件过程中添加如下代码：

```
Dim path As String
WindowsMediaPlayer1.Close
path = Application.ActivePresentation.path
If ComboBox1.Value <> "" Then
   WindowsMediaPlayer1.URL = path + "\" + ComboBox1.Value + ".wmv"
 End If
```

（6）播放并保存 VBA 程序

保存以上添加的代码，在 PowerPoint 2010 窗口中按下【F5】键进行 PPT 播放，在播放页面中，首先单击加载视频按钮，把播放文件列表加入到 ComboBox 下拉框中，然后通过下拉框选择需要播放的视频文件。

4.6.5 应用案例 12——VBA 在 PowerPoint 中的运用：制作试题型课件

1. 案例目标

利用 VBA 宏编程的方式制作交互型课件，通过课件的形式提供判断题、填空题、选择题等可实时交互的练习试题，学习者做完这些试题，Powerpoint 就当场给出试卷得分。该案例主要讲述如何制作选择题，如图 2-43 所示。

2. 知识点

本案例涉及的主要知识点包括：

（1）VBA 中“命令按钮”“单选按钮”控件的使用；

（2）VBA 控件属性设置；

（3）VBA 中控件事件关联；

（4）PowerPoint 中 Slide 对象属性和方法的使用

（5）PowerPoint 中 Application 对象属性和方法的使用；

（6）保存启用宏的 pptm 格式的 PowerPoint 演示稿文件；

（7）VBA 程序运行，效果图如图 4-43 所示。

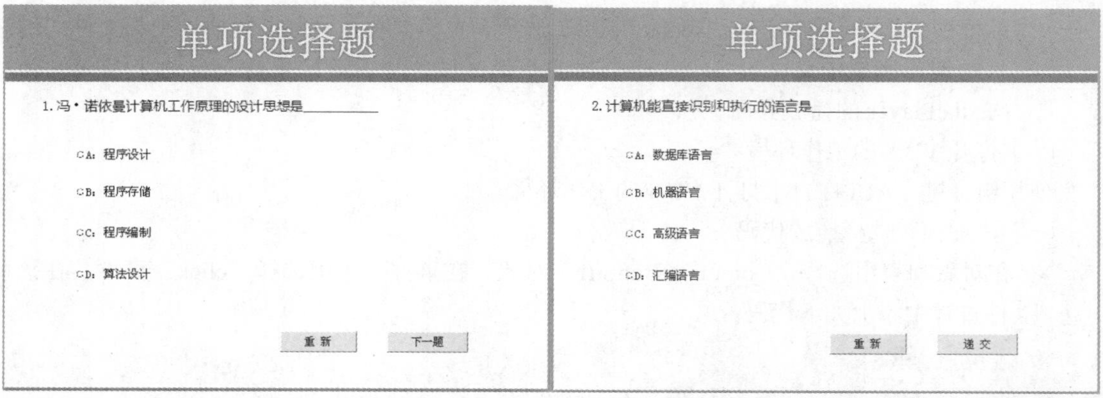

单项选择题	单项选择题
1. 冯·诺依曼计算机工作原理的设计思想是______	2. 计算机能直接识别和执行的语言是______
○A：程序设计	○A：数据库语言
○B：程序存储	○B：机器语言
○C：程序编制	○C：高级语言
○D：算法设计	○D：汇编语言
重新　下一题	重新　递交

图 4-43　试题界面

3 操作步骤

（1）新建“pptm”格式的启用宏的 PowerPoint 演示稿文件

新建一个实验文件夹（形如 1501405001 张强 12），运行 PowerPoint 程序，在默认 PowerPoint 文档中添加一个 PPT 页，然后把 PowerPoint 文档中两个页面上的默认元素全部删除，并把 PowerPoint 文档保存为启用宏的 PowerPoint 演示稿文件的“pptm”格式类型，文件名称为“试题型课件”，保存在实验文件夹中。

（2）在界面上添加“命令按钮”，“单选按钮”和相应文字描述。

运行 PowerPoint 程序，选择“开发工具”选项。制作“试题界面 1”的页面，在控件工具箱中选择“命令按钮”，参照样例上的位置将鼠标移到相应的位置并按住鼠标画出两个大小合适的矩形区域，在该区域将出现两个命令按钮，并在“命令按钮”上单击鼠标右键，选择“属性”菜单，再在属性对话框中设置控件的 Caption 属性；用同样的方式，参照样例上的位置添加 4 个“选项按钮”和 1 个标签，并设置其 Caption 属性，默认设置“选项按钮的”GroupName 属性为 slide1。参照“试题界面 1”的制作过程，制作“试题界面 2”的界面，设置“选项按钮”的 GroupName 属性为 slide2。

（3）打开 VBA 的工作环境

使用组合键【ALT+F11】打开 VBA 的工作环境。

（4）添加控件事件代码

- 在 slide1 的对象列表中选择“CommandButton1”对象，在事件列表中选择“click”事件，在该事件过程中添加如下代码：

```
OptionButton1.Value = False
OptionButton2.Value = False
OptionButton3.Value = False
OptionButton4.Value = False
```

- 在 slide1 的对象列表中选择“CommandButton2”对象，在事件列表中选择“click”事件，在该事件过程中添加如下代码：

```
Application.ActivePresentation.SlideShowWindow.View.Next
```

- 在 slide2 的对象列表中选择“CommandButton1”对象，在事件列表中选择“click”事件，在该事件过程中添加如下代码：

```
OptionButton1.Value = False
OptionButton2.Value = False
OptionButton3.Value = False
OptionButton4.Value = False
```

➢ 在 slide2 的对象列表中选择“CommandButton2”对象，在事件列表中选择“click”事件，在该事件过程中添加如下代码：

```
Dim score As Integer
score = 0
If Slide1.OptionButton2.Value = True Then
    score = score + 1
End If
If Slide2.OptionButton2.Value = True Then
    score = score + 1
End If
MsgBox ("共做对" & score & "题，最后得分：" & score * 50)
```

Slide1，Slide2 为 PPT 中对应的页面，如果 Powerpoint 页面中的名称不是 Slide1 和 Slide2，则需要替换为实际名称。

（5）播放并保存 PPT

保存以上添加的代码，使用快捷键【F5】进行 PPT 播放。播放页面中，在第一题放映页面，如果单击“重做”按钮将清空所选项，单击“下一题”按钮，将进入第二题放映页面；在第二页界面，如果单击“递交”按钮，将显示得分对话框，如果单击“重做”按钮将清空所选项。最后把制作的 PPT 文件保存为“pptm”格式的启用宏的 PowerPoint 演示稿文件。

第 5 章 数据库管理软件 Access 2010

5.1 Access 概述

5.1.1 主要功能

Access 数据库管理系统以其系统小、功能强、使用方便、简单易用等优点，深受中小型企业和普通用户的欢迎。现在，Access 已逐步成为一个国内外广泛流行的、功能强大的桌面数据库管理系统。

Access 2010 是 Office 2010 软件包的一个组成部分，是一个面向对象的、采用事件驱动的新型关系型数据库。使用 Access 无需编写程序代码，仅通过直观的可视化操作即可完成大部分数据的管理工作。

Access 数据库管理系统主要有如下一些特点和功能。

（1）单文件型数据库。所有的信息保存在一个 Access 数据库文件中，它不仅包含所有的表，而且包括操作或控制数据的其他对象（如查询、窗体、报表等），通过 Access 可以实现对这个文件的便捷管理。

（2）Access 2010 提供了一个界面友好的可视化开发环境，系统提供了表生成器、查询生成器、报表生成器、报表向导、窗体向导等工具，可以帮助用户很方便地构建一个功能完善的数据库系统。Access 还为开发者提供了 VBA 编程功能，高级用户可以使用该功能开发更完善的数据库系统。

（3）Access 2010 系统能处理各种类型的数据，例如数字、文本、图片、动画、音频等信息。

（4）Access 2010 可以通过 ODBC 与 Oracle、Sybase、Visual FoxPro 等其他数据库相连，实现数据的交换与共享。并且，作为 Office 办公软件包中的一员，Access 还可以与 Word、Outlook、Excel 等其他软件进行数据的交互与共享。

（5）Access 2010 还提供了丰富的内置函数，以帮助开发人员开发出功能更完善、操作更加简便的数据库系统。

5.1.2 工作界面

Access 2010 系统的主窗口与以前的版本相比有较大变化，这种用户界面可以帮助用户提高工作效率。下面介绍其主窗口的主要操作要点。

Access 2010 启动后的主窗口界面如图 5-1 所示。界面的主要元素有标题栏、快速访问工具栏、功能区、导航窗格、文档信息区等。下面对 Access 2010 系统主窗口的各个部分进行说明。

图 5-1　Access 2010 启动界面

1. 快速访问工具栏

快速访问工具栏位于主窗口的第一行的左侧，如图 5-2 所示。用户单击该工具栏右侧的向下三角箭头，可以自己定义各种工具标识，以便使用。

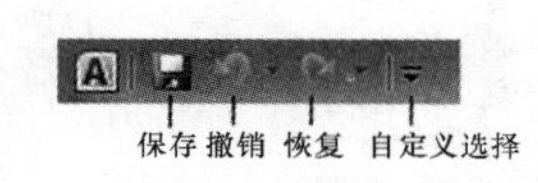

图 5-2　快速访问工具栏

2. 标题栏

标题栏位于主窗口的第一行的中央，是系统的标志性标记。

3. 功能区

功能区包含几个不同的选项卡，包含了该系统的主要操作以及系统的所有功能，每个选项卡有对应的工具按钮。Access 2010 系统主窗口的功能区由文件、开始、创建、外部数据、数据库工具 5 大选项卡构成。选项卡会随着 5 大功能的不同而改变。

（1）“文件”选项卡

“文件”选项卡如图 5-3 所示，它包含了该选项卡的全部功能。该选项卡左侧为导航窗格，主要针对文件的各种操作，右侧为当前使用的文件列表。

（2）“开始”选项卡

“开始”选项卡包含的功能如图 5-4 所示，该选项卡包含了当前数据库对象使用的工具选项。

（3）“创建”选项卡

“创建”选项卡所包含的功能如图 5-5 所示。单击“创建”选项卡，可以创建数据库包含的所有对象，这给用户操作带来了极大的方便。

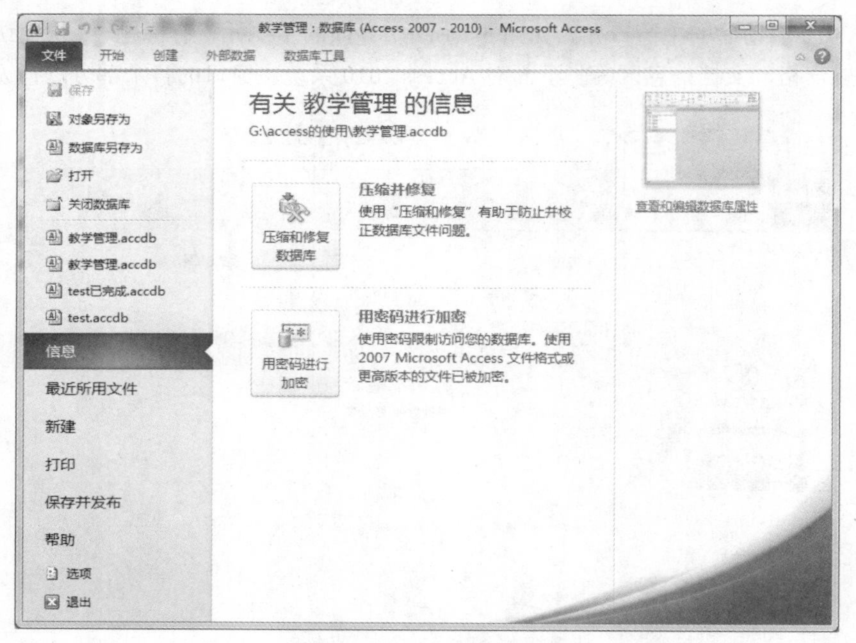

图 5-3 “文件”选项卡

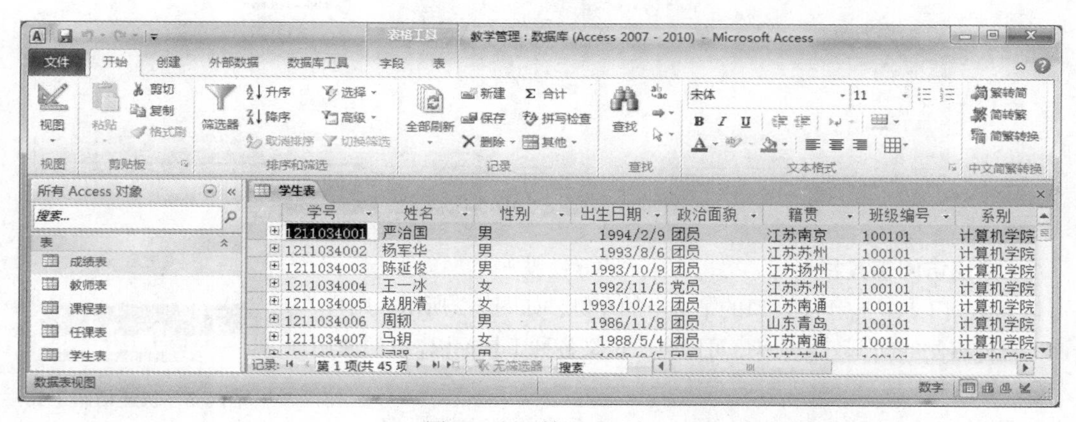

图 5-4 “开始”选项卡

图 5-5 “创建”选项卡

（4）“外部数据”选项卡

“外部数据”选项卡所包含的功能如图 5-6 所示，该选项卡主要提供数据的导入、链接以及导出数据的操作。

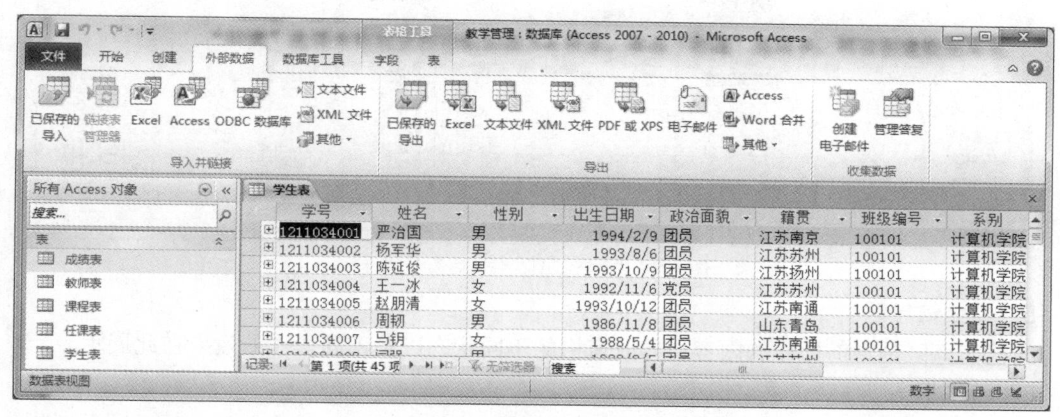

图 5-6　“外部数据”选项卡

（5）“数据库工具”选项卡

“数据库工具”选项卡所包含的功能如图 5-7 所示。

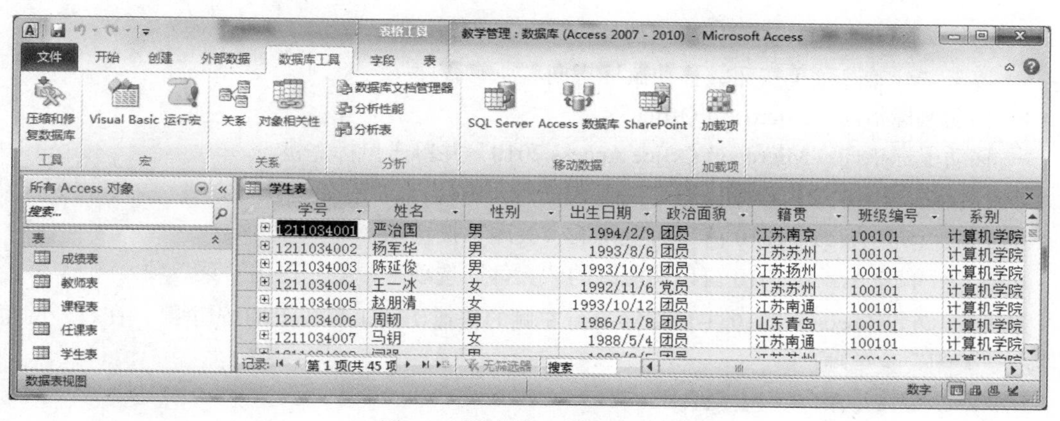

图 5-7　“数据库工具”选项卡

（6）“常用对象”选项卡

系统窗口提供了 5 个主要选项卡，并且还会由于操作对象的不同而出现几个重要选项卡，此处是“表格工具/字段-表”选项卡，如图 5-8 所示。

“表格工具/字段-表”选项卡中的“/”表示“表格工具”选项卡包含“字段”与“表”两个操作功能供用户选择，图 5-8 是选中“表”功能的选项卡。其他对象选项卡大同小异，此处不作介绍。

4．导航窗格

Access 2010 引入了导航窗格。导航窗格列出了当前打开的数据库中的所有对象，用户可以轻松地访问这些对象。用户可以使用导航窗格按照对象类型、创建日期、修改日期和相关表组织对象，或在创建的自定义组中组织对象。还可以轻松地折叠导航窗格，使之只占用极少的空间，但仍保持可用。

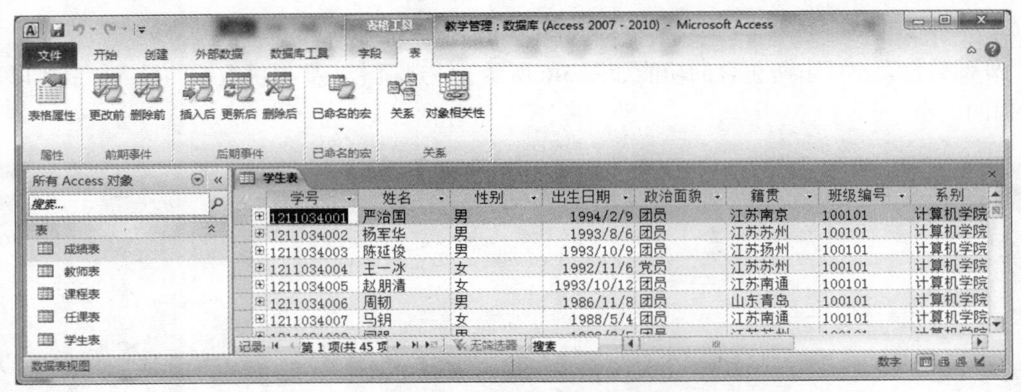

图 5-8 “表格工具/字段-表”选项卡

5. 文档信息区

文档信息区是当前操作的内容，导航窗格的不同状态以及不同操作的效果在此展示。

6. 状态栏

状态栏在 Access 2010 系统窗口的最下面一栏。该状态栏会随着当前对象的不同而变化，且设有不同对象的操作视图选择按钮。

5.1.3 Access 2010 的启动与退出

启动 Access 2010 的具体操作步骤如下：

- 单击“开始”菜单按钮，移动鼠标指向“所有程序”；
- 移动鼠标指向“Microsoft Office”；
- 移动鼠标指向“Microsoft Office Access 2010”并单击鼠标左键。

退出 Access 2010 应用程序也即是关闭 Access 2010 窗口，有如下几种方法。

方法一：单击 Access 2010 窗口右上角的“关闭”按钮☒。

方法二：单击 Access 2010 窗口功能区的“文件”选项卡中的“退出”菜单项。

方法三：单击 Access 2010 主窗口第一行左侧的快速访问工具栏上的按钮🅰，在打开的菜单中单击“关闭”菜单项。

方法四：按住【Alt + F4】组合键。

5.2 Access 2010 数据库的设计与创建

5.2.1 设计数据库

在利用 Access2010 创建数据库之前，先要进行数据库结构设计。对于 Access 数据库的结构设计，最关键的任务是设计出合理的、符合一定规范化要求的表以及表之间的关系。本小节结合教学管理数据库系统实例介绍 Access 数据库管理系统的设计和使用。

1. 教学管理数据库系统的结构设计

数据库结构设计是总体设计过程中非常重要的一个环节，好的数据库结构可以简化开发过程，使系统功能更加清晰明确。在任何一个关系型数据库管理系统中，数据表都是其最基本的组成部分。根据分析，教学管理数据库系统可以分别用二维表：学生表、教师表、课程表、任课表和成绩表表示。结构设计图如图 5-9 所示。

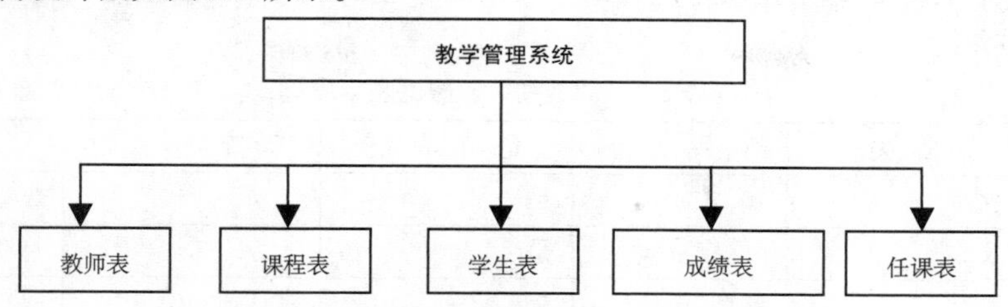

图 5-9　教学管理系统结构设计图

（1）学生表。用于记录学生的基本信息，包括学号、姓名、性别、出生日期、政治面貌等字段，其逻辑结构如表 5-1 所示。

表 5-1　“学生”表数据表字段

字段名称	字段类型	字段大小	允许为空	备　注	说　明
学号	文本	10	否	主关键字	学生的编号
姓名	文本	8	是		学生的姓名
性别	文本	2	是	组合框：男或女	学生的性别
出生日期	日期/时间	短日期	是	输入掩码：短日期	学生的出生日期
政治面貌	文本	10	是	组合框：党员、团员或无	学生的政治面貌
籍贯	文本	20	是		学生的籍贯
班级编号	文本	6	是		学生所属班级的编号
系别	文本	20	是		学生所在的院系

（2）课程表。用于记录学校所开设的课程信息，包括课程编号、课程名称及相应的学分等字段，其逻辑结构如表 5-2 所示。

表 5-2　“课程表”数据表字段

字段名称	字段类型	字段大小	允许为空	备　注	说　明
课程编号	文本	4	否	主关键字	课程的编号
课程名	文本	18	是		课程的名称
课程类别	是/否		是	显示控件：复选框 默认值：True	是否必修课
学分	数字	小数	是		课程对应的学分

（3）教师表。用于记录教师的基本信息，包括学历、职称以及所在院系等字段，其逻辑结构如表 5-3 所示。

表 5-3　“教师表”数据表字段

字段名称	字段类型	字段大小	允许为空	备　注	说　明
教师编号	文本	8	否	主关键字	教师的编号
姓名	文本	8	是		教师的姓名
性别	文本	2	是	组合框：男或女	教师的性别
学历	文本	10	是	组合框：博士、研究生、本科或大专	教师的最高学历
工作时间	日期/时间	短日期	是	输入掩码：短日期	教师工作的时间
职称	文本	20	是	组合框：助教、讲师、副教授或教授	教师的职称
系别	文本	6	是		教师所在的院系
简历	备注		是		教师的简历

（4）成绩表。用于记录学生所选课程的成绩信息，包括学号、课程编号以及成绩等字段，其逻辑结构如表 5-4 所示。

表 5-4 “成绩”表数据表字段

字段名称	字段类型	字段大小	允许为空	备　注	说　明
学号	文本	10	是		学生的编号
课程编号	文本	4	是		课程的编号
成绩	数字	整型	是	默认值：0	某门课程的成绩

（5）任课表。用于记录教师任课的基本信息，包括课程编号、教师编号以及班级编号等字段，其逻辑结构如表 5-5 所示。

表 5-5 “任课表”数据表字段

字段名称	字段类型	字段大小	允许为空	备　注	说　明
课程编号	文本	4	是		课程的编号
教师编号	文本	8	是		教师的编号
班级编号	文本	6	是		班级的编号

2. 表之间的关系设计

构成教学管理数据库的这 5 张表并不是彼此独立的，它们彼此之间存在一定的内在联系。例如，借助于一个公共的字段（学号）可以将学生表和学生成绩表联系起来，它们之间是一对多的关系。同样，课程表与成绩表、教师表与任课表、课程表与任课表之间都存在着联系。具体关系如图 5-10 所示。

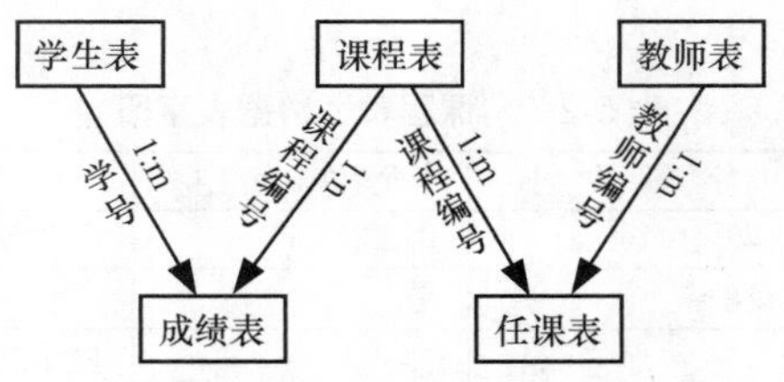

图 5-10 教学管理系统 5 张表之间的关系

5.2.2 创建数据库

Access 数据库以单独文件保存在磁盘中，且用一个文件存储数据库的所有对象。Access 数据库是一个一级容器对象，其他 Access 对象均置于该容器之上，称为 Access 数据库子对象。所以，在使用 Access 组织、存储、管理数据时，应先创建数据库，然后在该库中创建所需的数据库对象。例如，创建表、查询等对象。

创建 Access 数据库有两种方法，一是建立一个空数据库，然后向其中添加表、查询、窗体、报表等对象；二是使用 Access 提供的模板，通过简单操作创建数据库。创建数据库后，可随时修改或扩展数据库。Access 2010 创建的数据库文件的扩展名为为.accdb。

1. 创建空白数据库

这是最灵活的也是最常用的一种创建数据库的方法。首先创建一个空数据库，然后再创建或者导入用于实现各个功能的表、窗体、报表以及其他对象。

【例 5-1】 创建一个空数据库，并将其保存在 G 盘的“access 的使用”文件夹中，数据库名为“教学管理”。

具体操作步骤如下。

➢ 启动 Access 2010，出现如图 5-11 所示的系统主窗口，在图 5-11 所示的窗口中单击“文件”选项卡，在左侧窗格中单击“新建”命令，在右侧窗格中单击“空数据库”选项。

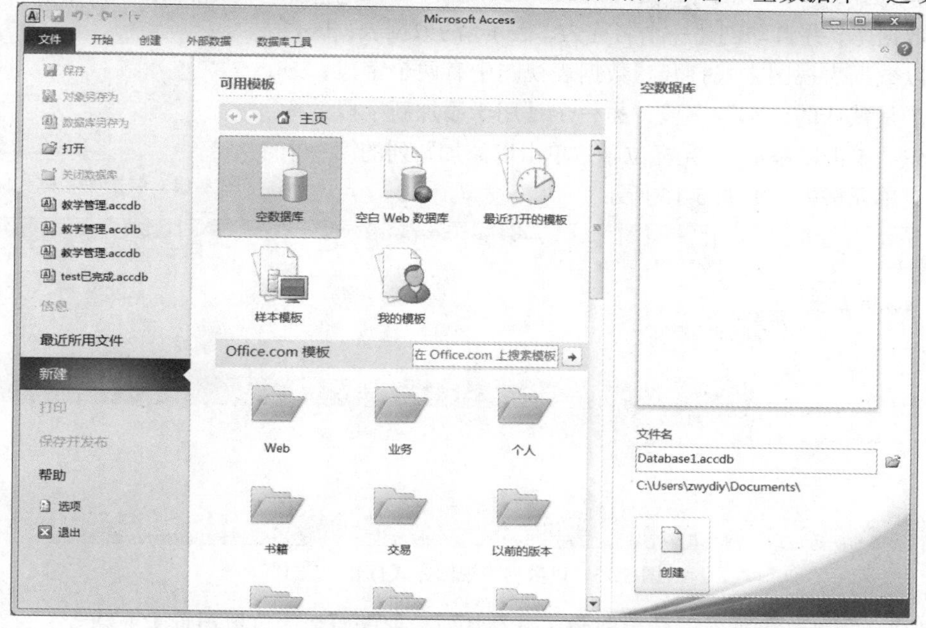

图 5-11　Access 2010 启动界面

➢ 在右侧窗格右下方“文件名”文本框中，有一个默认的文件名“Database1.accdb”，将该文件名改为“教学管理”，如图 5-12 所示。输入文件名时，如果未输入扩展名，Access 会自动添加一个扩展名。

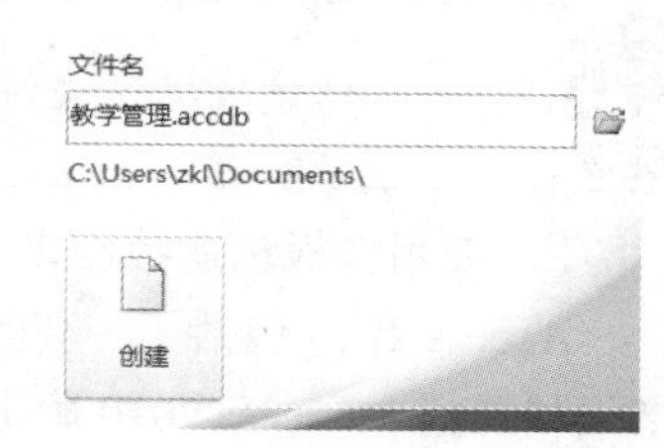

图 5-12　“文件名”文本框

➢ 单击其右侧“浏览”按钮，弹出“文件新建数据库”对话框。在该对话框中，找到 G 盘“access 的使用”文件夹并打开，如图 5-13 所示。

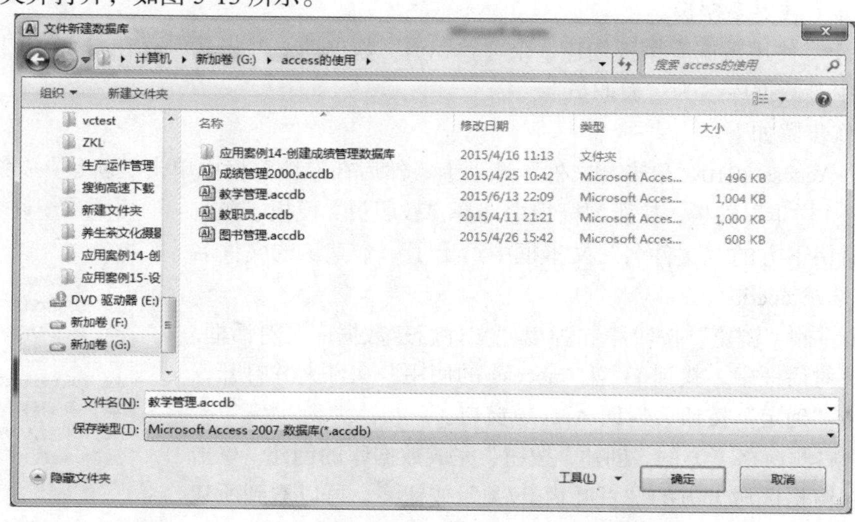

图 5-13　“文件新建数据库”对话框

➢ 单击“确定”按钮，返回 Access 窗口。在右侧窗格下方显示要创建的数据库名称和保存位置，如图 5-14 所示。

➢ 单击图 5-14 所示的“创建”按钮，这时 Access 开始创建数据库，并自动创建一个名称为“表 1”的数据表，该表以数据表视图方式打开。数据表视图中有两个字段，一个是默认的“ID”字段，另一个是用于添加新字段的标识“单击以添加”，光标位于“单击以添加”列的第一个空单元格中，如图 5-15 所示。

图 5-14　数据库名称和保存位置

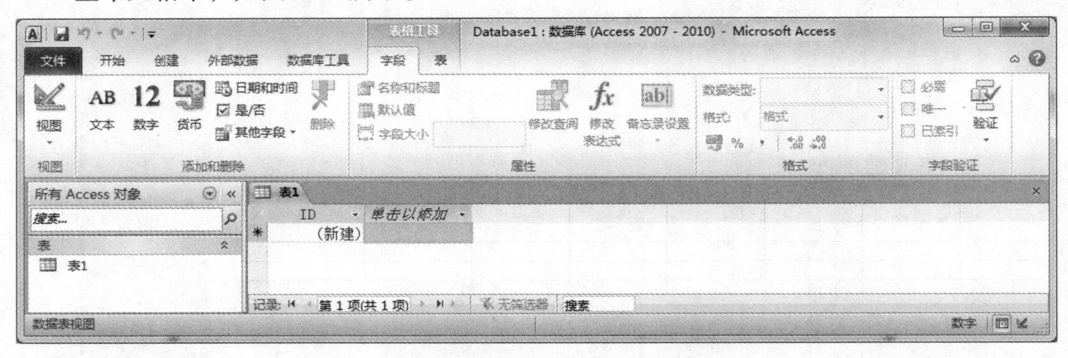

图 5-15　以数据表视图方式打开“表 1”

在创建的“教学管理”空数据库中还没有其他数据库对象，可以根据需要建立。

创建数据库文件之前，最好先建立用于存放数据库文件的文件夹，以便创建和管理。

2. 使用模板创建数据库

Access 2010 包括了一套经过专业化设计的数据库模板，用户可以直接使用它们或者对其进行增强和调整。Access 2010 附带了若干数据库模板，例如“教职员”“任务”“事件”“学生”“慈善捐赠 Web 数据库”和“联系人 Web 数据库”等。除了 Access 2010 中包括的模板外，用户还可以到 Office.com 下载更多模板。

【例 5-2】 使用数据库模板创建一个“教职员”数据库。并将其保存在 G 盘的“access 的使用”文件夹中，数据库名为“教职员”。

具体操作步骤如下。

➢ 启动 Access 2010，单击“文件”选项卡，然后在左侧窗格中单击“新建”命令。

➢ 单击“样本”模板，从所列模板中选择“教职员”模板，在右侧窗格下方的“文件名”文本框中给出了一个默认的文件名“教职员.accdb”；

➢ 单击右侧“浏览”按钮，弹出“文件新建数据库”对话框。在该对话框中，找到 G 盘“access 的使用”文件夹并打开，单击“确定”按钮，返回 Access 窗口。

➢ 单击右侧窗格下方的“创建”按钮，完成数据库的创建。单击导航窗格区域上方的“百叶窗开/关”按钮，可以看到所建数据库及各类对象，如图 5-16 所示。

图 5-16　“教职员”数据库

5.2.3　打开和关闭数据库

数据库建好后，就可以对其进行各种操作。例如，可以在数据库中添加对象，可以修改其中的对象。在进行这些操作之前应先打开数据库，操作结束后需要关闭数据库。

1. 打开数据库

打开数据库有两种方法，使用“打开”命令或“最近使用文件”命令。

【例 5-3】 使用“打开”命令，打开 G 盘的“access 的使用”文件夹中，“教职员”数据库。

具体操作步骤如下。

- 在 Access 主窗口中，单击“文件”选项卡。
- 在左侧窗格中单击“打开”命令，出现“打开”对话框。
- 在弹出的“打开”对话框中，找到 G 盘的“access 的使用”文件夹并打开，单击“教职员”数据库文件名，然后单击“打开”按钮，如图 5-17 所示。

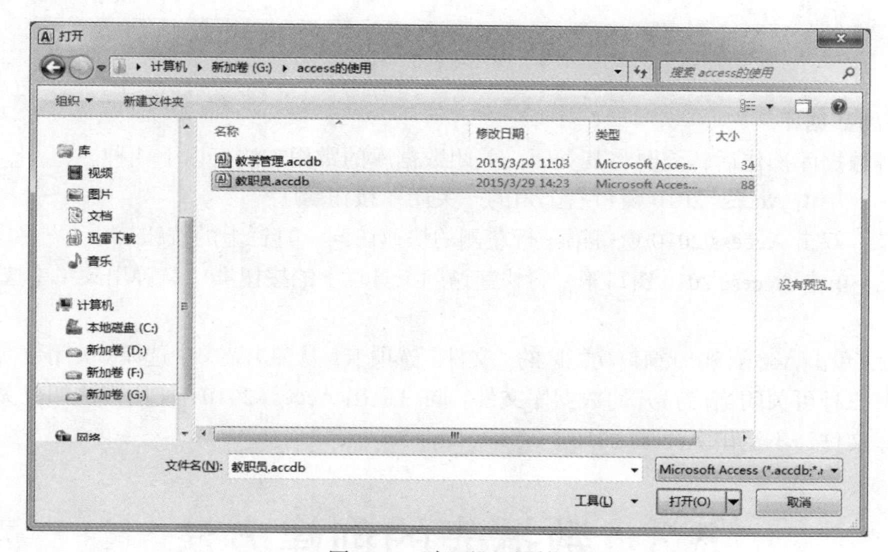

图 5-17　“打开”对话框

说明：Access 数据库有 4 种打开方式，可以单击图 5-18 中“打开”按钮右侧的箭头，打开一个下拉菜单，然后选择一种打开方式即可。

（1）打开。网络环境下，多个用户可以同时访问并修改此数据库。

（2）以只读方式打开。采用这种方式打开数据库后，只能查看数据库的内容，不能对数据库做任何的修改。

（3）以独占方式打开。在网络环境下，防止多个用户同时访问此数据库。

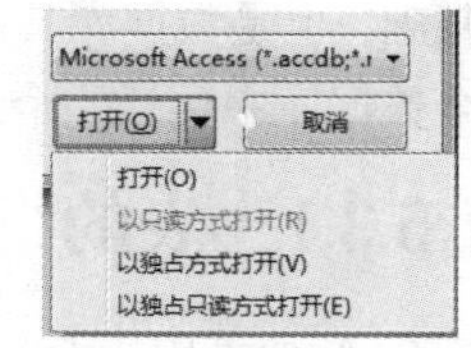

图 5-18　打开文件的方式

（4）以独占只读方式打开。网络环境下，以只读方式打开数据库，并防止其他用户打开。

如果要打开的数据库文件最近使用过，除了使用“打开”命令打开数据库文件，还可以使用“最近使用”命令打开最近使用过的数据库文件。

【例 5-4】 使用“最近使用”命令，打开 G 盘的“access 的使用”文件夹中“教职员”数据库。

具体操作步骤如下：

- 在 Access 主窗口中，单击“文件”选项卡；

➢ 在左侧窗格中单击“最近使用文件”命令，如图 5-19 所示；
➢ 在右侧窗格中单击“教职员”数据库文件名。

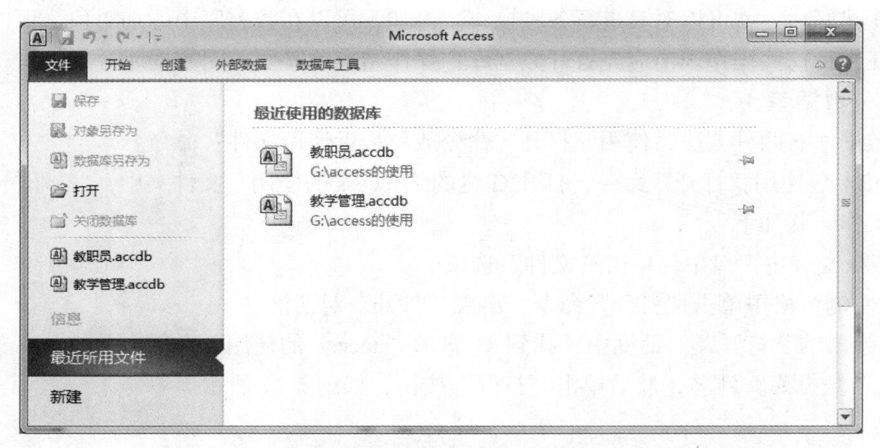

图 5-19　最近使用文件

2. 关闭数据库

当完成数据库操作后，需要将其关闭。关闭数据库的常用方法有以下 4 种。

方法一：单击 Access 2010 窗口右上角的“关闭”按钮。

方法二：双击 Access 2010 窗口第一行左侧的快速访问工具栏上的按钮。

方法三：单击 Access 2010 窗口第一行快速访问工具栏上的按钮，从弹出菜单中选择“关闭”命令。

方法四：单击 Access 2010 窗口功能区的“文件”选项卡，从弹出菜单中选择“关闭数据库”命令。

使用前三种可关闭当前打开的数据库文件，同时退出 Access 2010；使用方法四仅关闭当前打开的数据库文件，不退出 Access 2010。

5.3　数据表的创建方法

在关系数据库管理系统中，表是数据库中用来存储和管理数据的对象，它是整个数据库系统的基础，也是数据库其他对象的数据来源。表是与特定主题（如学生或课程）有关的数据的集合，一个数据库中包括一个或多个表。

5.3.1　表的组成

在 Access 中，表由表结构和表内容两部分组成。表结构是指表的框架，主要包括每个字段的字段名、字段的数据类型和字段属性等。表内容就是表的记录。一般来说，先创建表结构，然后再输入表的内容，也就是一行行的数据（记录）。

1. 字段名称

每个字段均具有唯一的名字，称为字段名称。在 Access 中字段名命名规则如下：

① 字段名最多可达 64 个字符长；

② 字段名可以包含汉字、字母、数字、空格和其他字符，但不能以空格开头；

③ 字段名不能包含句号“.”、感叹号“!”、重音号“`”圆括号“()”或方括号“[]”。

2. 数据类型

一个表中同一列的数据应具有相同的数据特征，称为字段的数据类型。Access 2010 提供了 12 种数据类型，包括文本、备注、数字、日期/时间、货币、自动编号、是/否、OLE 对象、超链接、附件、计算、查阅向导。

（1）文本。文本类型可储存字符或数字。例如，姓名和地址等文本数据；不需要计算的数字，如邮政编码、身份证号码等。字段长度最长为 255，一个汉字和一个英文字母都是一个字符。

（2）备注。备注类型可储存长文本或文本与数字的组合，例如：简短的备忘录或说明。字段长度最长为 65536 个字符。

（3）数字。数字类型用来储存可以进行算术运算的数字数据。一般可以通过设置字段大小属性来定义特定的数字类型。数字类型的种类和字段长度如下。

- 字节：1 字节。
- 整型：2 字节。
- 长整型：4 字节。
- 单精度：4 字节。
- 双精度：8 字节。

（4）日期/时间。日期/时间类型用于储存日期、时间或日期时间组合，字段长度固定为 8 个字节。

（5）货币。货币类型是数字类型的特殊类型，等价于双精度属性的数字类型，字段长度为 8 个字节。向货币类型字段输入数据时，系统会自动添加货币符号、千分位分隔符和两位小数。

（6）自动编号。自动编号类型较为特殊。当向表格中添加新记录时，Access 会自动插入一个唯一的递增顺序号，即在自动编号字段中指定唯一数值。自动编号类型字段长度为 4 个字节。

（7）是/否。是/否类型是针对只有两种不同取值的字段而设置的。在 Access 中，使用“-1”表示“是”值，使用“0”表示“否”值。字段长度为 1 个字节。

（8）OLE 对象。OLE 对象类型用于存储链接或嵌入的对象，这些对象以文件形式存在，其类型可以是 Word 文档、Excel 电子表格、图像、声音或其他二进制数据。OLE 对象字段最大容量为 1GB。

（9）超链接。超链接类型以文本形式保存超链接的地址，用来链接到文件、Web 网页等。

（10）附件。附件类型用于存储所有种类的文档和二进制文件，可将其他程序中的数据添加到该字段中。

（11）计算。计算类型用于显示计算结果，计算时必须引用同一表中的其他字段。

（12）查阅向导。允许用户使用值列表或组合框选择来自其他表或一个值列表中的值。在数据类型中选择此项会启动向导进行定义。

3. 字段属性

字段属性即表的组织形式，包括表中字段的个数，各字段的大小、格式、输入掩码、有效性规则等。不同的数据类型字段属性有所不同。定义字段属性可以对输入的数据进行限制或验证，也可以控制数据在数据表视图中的显示格式。

5.3.2 建立表结构

Access 2010 的数据表由“结构”和“内容”两部分构成。通常是先建立数据表结构，即“定义”数据表，然后再向表中输入数据，即完成数据表的“内容”部分。

建立表的方法主要有两种，即使用设计视图和使用数据表视图。

1. 使用设计视图创建表

利用设计视图创建表是一种常见和有效的方法，可以一次性地完成表的结构的建立。

下面举例说明利用设计视图创建表的过程。

【例 5-5】 在例 5-1 创建的“教学管理”数据库中建立“学生”表。“学生”表的结构如表 5-1。具体操作步骤如下。

- 打开例 5-1 的“教学管理”数据库。
- 切换到“创建”选项卡，单击“表格”选项组中的“表设计”按钮，打开表的设计视图，如图 5-20 所示。

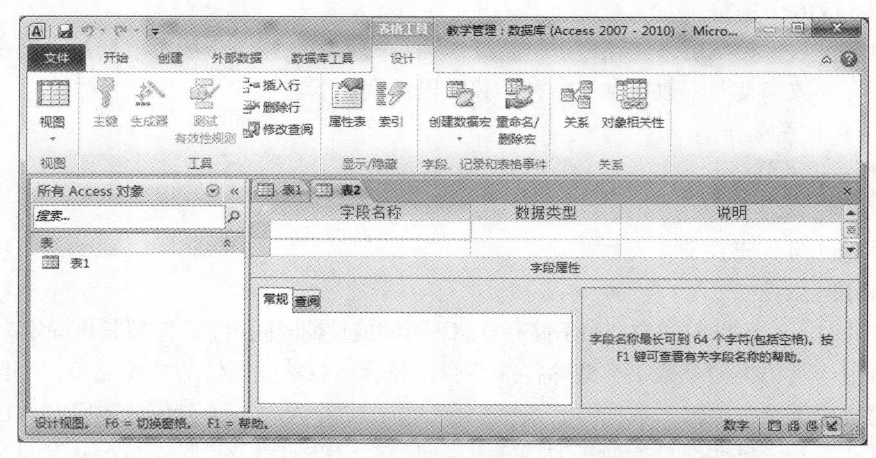

图 5-20 表设计视图

数据表的设计视图窗口分为上下两个区域，上面的区域是字段输入区，由“字段名称”“数据类型”和“说明”3 个列表组成，用于输入数据表字段信息。下面的区域是字段属性区，用来设置字段的属性值，由“常规”和“查阅”两个选项卡组成，右侧是帮助提示信息。

- 在“字段名称”栏中输入字段的名称。
- 在“数据类型”栏中选择字段的数据类型。
- 在“字段属性”的“常规”选项卡中，设置字段大小、格式、输入掩码、默认值、有效性规则、有效性文本等字段属性。
- 图 5-21 为“学号”字段“常规”选项卡中各属性的输入信息。其他数据类型的“常规”选项卡中各属性的输入方法与此类似。

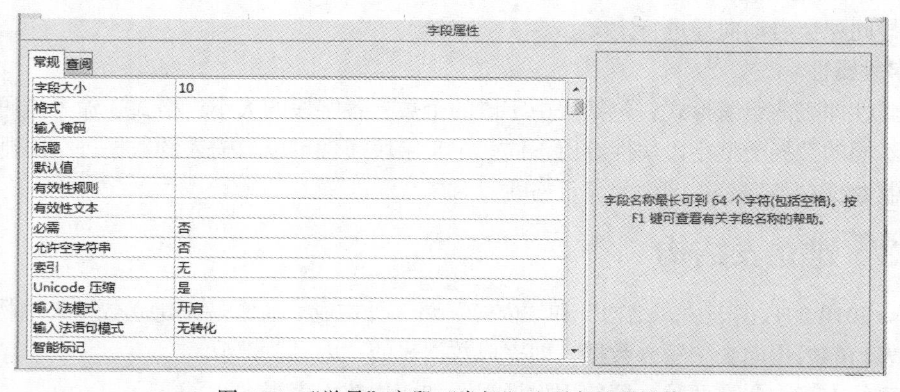

图 5-21 “学号”字段“常规”选项卡的属性值

- 在输入“出生日期”字段的输入掩码时，如果创建的表没有保存，系统会弹出“输入掩码向导”对话框，提示是否保存表。按提示先保存表，保存表的名称为“学生”表。保存表后继续设置输入掩码。
- 在“字段属性”的“查阅”选项卡中，设置显示控件、行来源类型、行来源等字段属性。图 5-22 为“政治面貌”字段“查阅”选项卡的属性值。

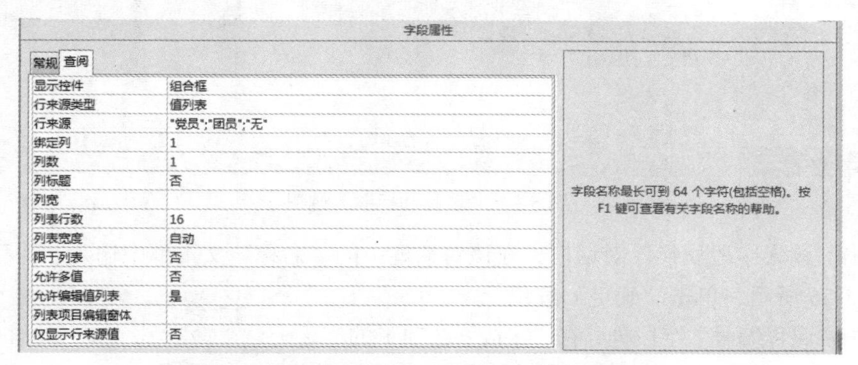

图 5-22　“学号”字段“查阅”选项卡的属性值

- 在输入全部字段后，单击第 1 个“学号”字段，然后单击“表格工具/设计”选项卡中的“工具”选项组中的“主键”按钮，这时“学号”字段上显示“主键”图标，表明该字段为主键字段。创建好的“学生”表结构如图 5-23 所示。

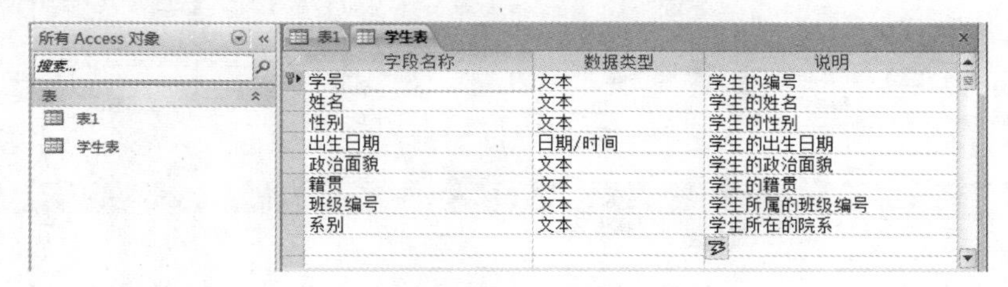

图 5-23　“学生”表设计结果

- 单击快速访问工具栏中的“保存”按钮以保存表。在导航窗格中会显示“学生”表的表名，如图 5-23 所示。至此，完成了“学生表”表结构的设计过程，这时的数据表没有包含任何记录，为一个空表。
- 单击关闭按钮关闭学生表和默认新建的表 1。

同样，也可以在表设计视图中对已经建立的“学生表”表结构进行修改。修改时只需单击要修改的字段的相关内容，然后根据需要进行修改即可。

2. 使用数据表视图

数据表视图是按行和列显示表中数据的视图。在数据表视图中，可以进行字段和记录的添加、编辑和删除，还可以实现数据的查找和筛选等操作，另外，可以利用数据表视图创建表。下面举例说明利用数据表视图创建表的过程。

【例 5-6】　在例 5-1 创建的“教学管理”数据库中建立“课程表”。“课程表”的结构如表 5-2 所示。具体操作步骤如下。

- 打开例 5-1 的“教学管理”数据库。单击“创建”选项卡，单击“表格”选项组中的“表”按钮，这时将创建名为“表 1”的新表，并以数据表视图方式打开。
- 选中“ID”字段列，在“表格工具/字段”选项卡中的“属性”选项组，单击“名称和标题”按钮，如图 5-24 所示。

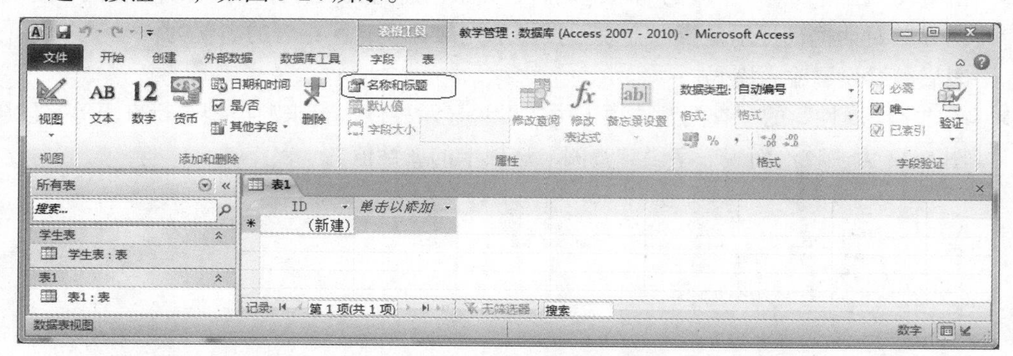

图 5-24 “名称和标题”按钮

➢ 弹出“输入字段属性”对话框，在该对话框中的“名称”文本框中输入“课程编号”，如图 5-25 所示，单击“确定”按钮。

图 5-25 “输入字段属性”对话框

➢ 选中“课程编号”字段列，在“字段”选项卡的“格式”选项组中，单击“数据类型”下拉列表框右侧下拉箭头按钮，从弹出的下拉列表框中选择“文本”；在“属性”选项组的“字段大小”文本框中输入字段大小值“4”，如图 5-26 所示。

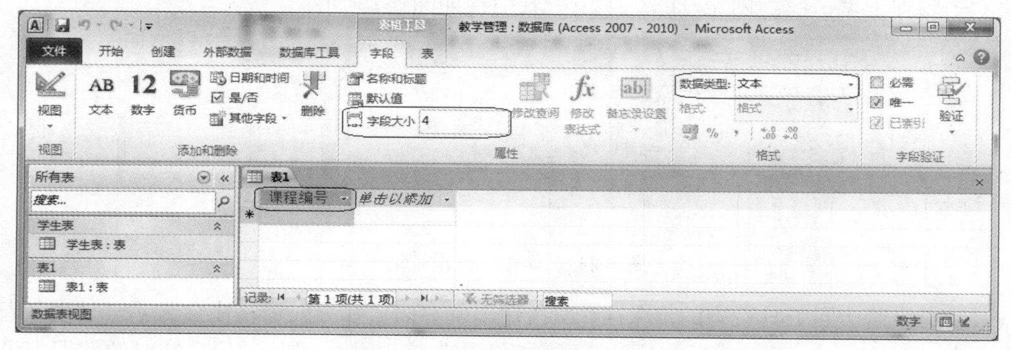

图 5-26 设置字段名称和属性

➢ 单击“单击以添加”列，从弹出的下拉表中选择“文本”，这时 Access 自动为新字段命名为“字段 1”，如图 5-27 所示，在“字段 1”中输入“课程名”，在“属性”组的“字段大小”文本框中输入字段大小值“18”。

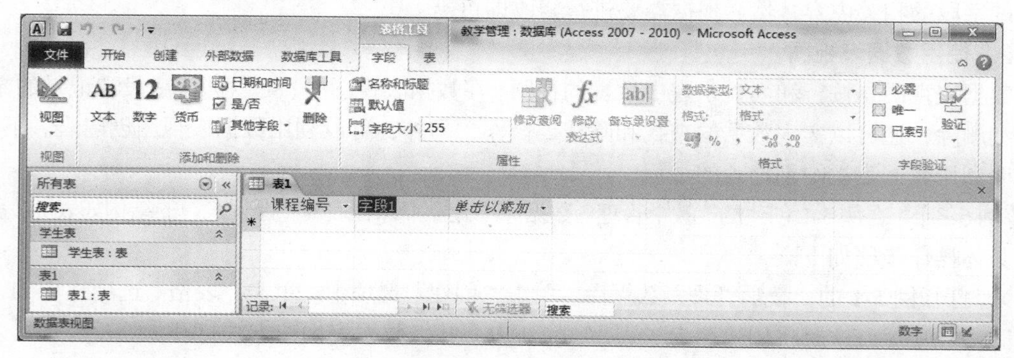

图 5-27 添加新字段

➢ 按照课程表的结构，参照上一步添加其他字段，结果如图 5-28 所示。

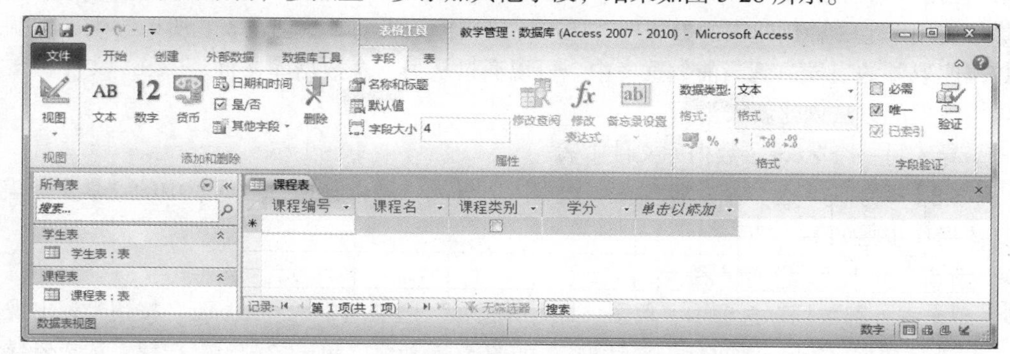

图 5-28　在数据表视图中建立表结构的结果

使用数据表视图建立表结构时无法设置更详细的属性设置，因此，对于比较复杂的表结构，可以在创建完毕后使用设计视图修改表结构。

3. 使用模板创建表

使用模板创建表是把系统提供的实例作为样本，生成样本表，然后在设计视图中修改。

【例 5-7】　在例 5-1 创建的“教学管理”数据库中使用模板建立“联系人”表。

具体操作步骤如下。

➢ 打开例 5-1 的“教学管理”数据库。单击“创建”选项卡，单击“模板”选项组中的“应用程序部件”按钮，打开如图 5-29 所示系统模板。

➢ 单击“快速入门”列表中的“联系人”按钮，打开“创建关系”对话框。这一步主要确定“联系人”与数据库中已有表格之间是否存在关联关系，如果存在关系则需要确定关联字段。本例选择“不存在关系”选项，然后单击“创建”按钮，即可完成“联系人”表的创建，如图 5-30 所示。

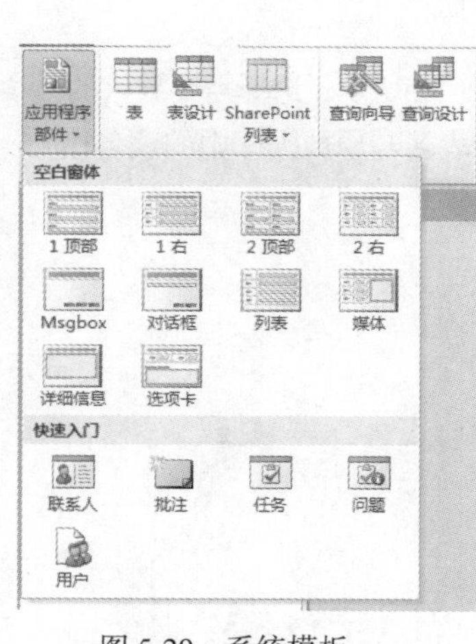

图 5-29　系统模板

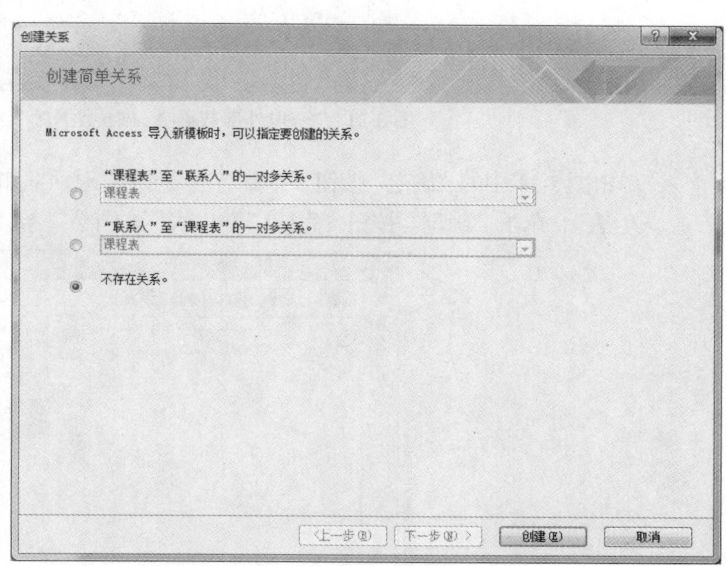

图 5-30　“创建关系”对话框

使用模板创建的表，因为样本是系统提供的，所以限制了用户的设计思想，得到的实际表与实际问题未必完全符合，因此用这种方式建立的表，需要按用户需求进一步修改表的结构。

4. 使用导入创建表

除了使用以上 3 种创建表的方法外，还可以使用导入表的方法创建表。所谓导入表，就是把当前数据库以外的表导入到当前数据库中。可以通过从另一个数据库文件、Excel 文件、文本文件中导入数据的方法创建新表。

（1）导入另一个 Access 数据库文件中表

【例 5-8】 创建一个“图书管理”空数据库，导入“教学管理”数据库中的“学生”表。

具体操作步骤如下。

- 新建“图书管理”数据库。
- 单击“外部数据”选项卡，单击“导入并链接”选项组中的“Access”按钮，出现获取“外部数据-Access 数据库，对话框”，如图 5-31 所示，单击“浏览”按钮，选择要导入的“教学管理”数据库文件。

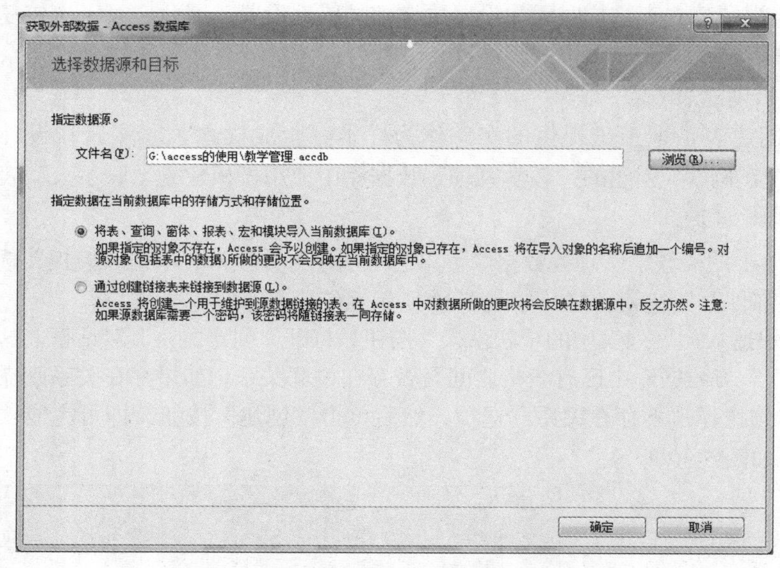

图 5-31 “获取外部数据-Access 数据库”对话框

- 单击图 5-31 中的“确定”按钮，弹出“导入对象”对话框如图 5-32 所示，选择需要导入的“学生表”，单击“确定”按钮，完成“学生表”的导入。导入的表名与原数据库中的表名相同。

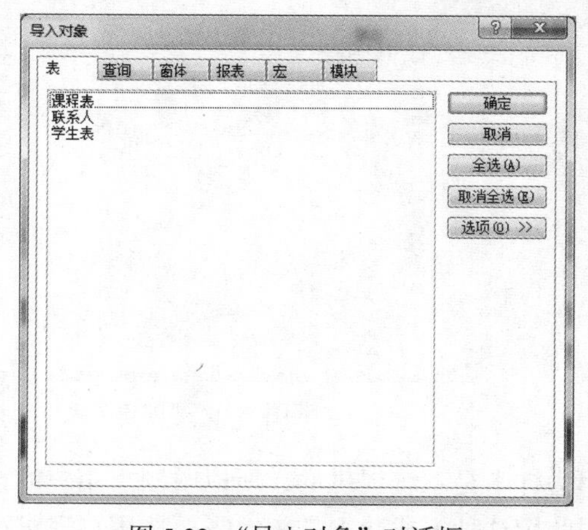

图 5-32 “导入对象”对话框

（2）导入 Excel 文件

【例 5-9】 将 Excel 文件“图书表.xlsx”导入到“图书管理”数据库文件中。

具体操作步骤如下。

- 打开“图书管理”数据库。
- 单击“外部数据”选项卡，单击“导入并链接”选项组中的“Excel”按钮，出现“获取外部数据-Excel 电子表格”对话框，单击“浏览”按钮，选择要导入的 Excel 文件“图书表.xlsx”，如图 5-33 所示。

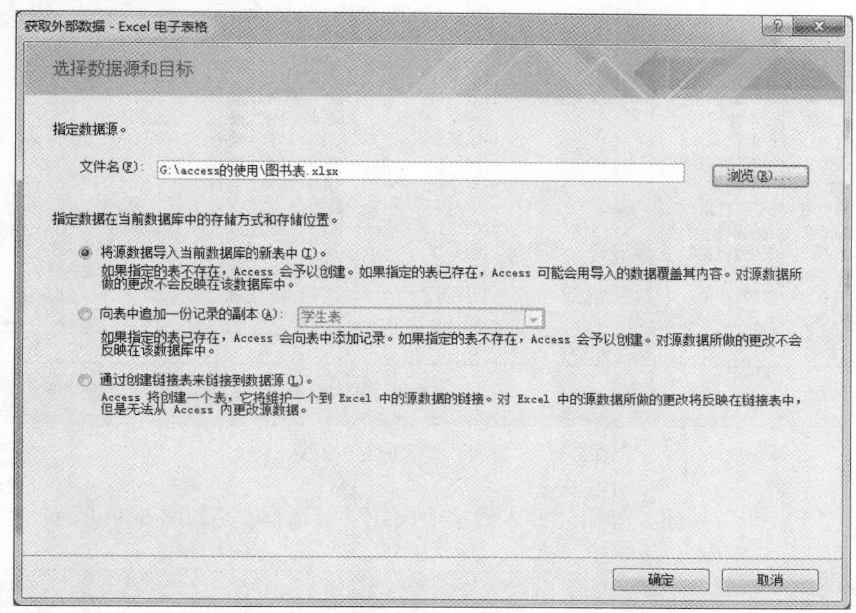

图 5-33　“获取外部数据- Excel 电子表格”对话框

- 单击图 5-33 中“确定”按钮，弹出“导入数据表向导”对话框 1，如图 5-34 所示。

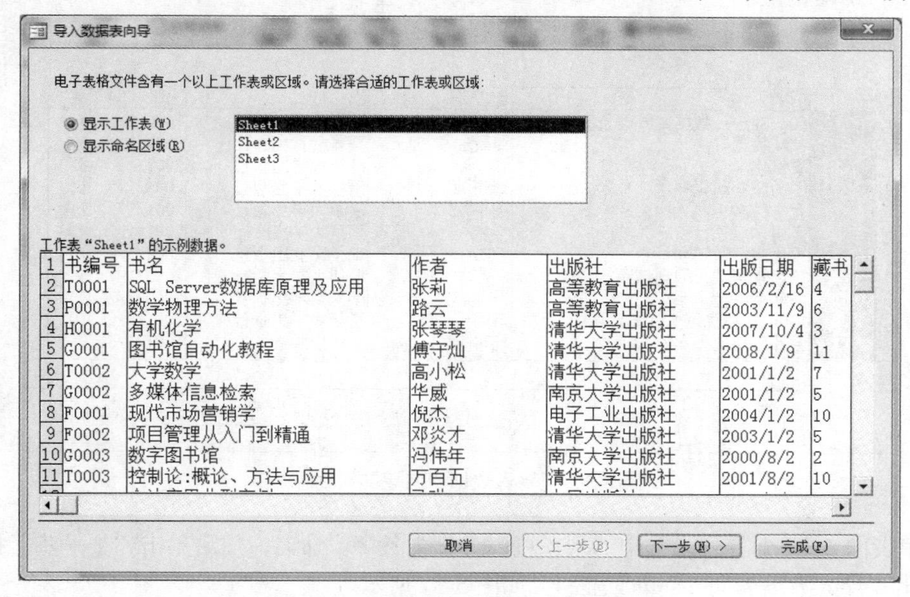

图 5-34　“导入数据表向导”对话框 1

➢ 选择要导入的工作表，然后单击“下一步”按钮，弹出“导入数据表向导”对话框 2，如图 5-35 所示。

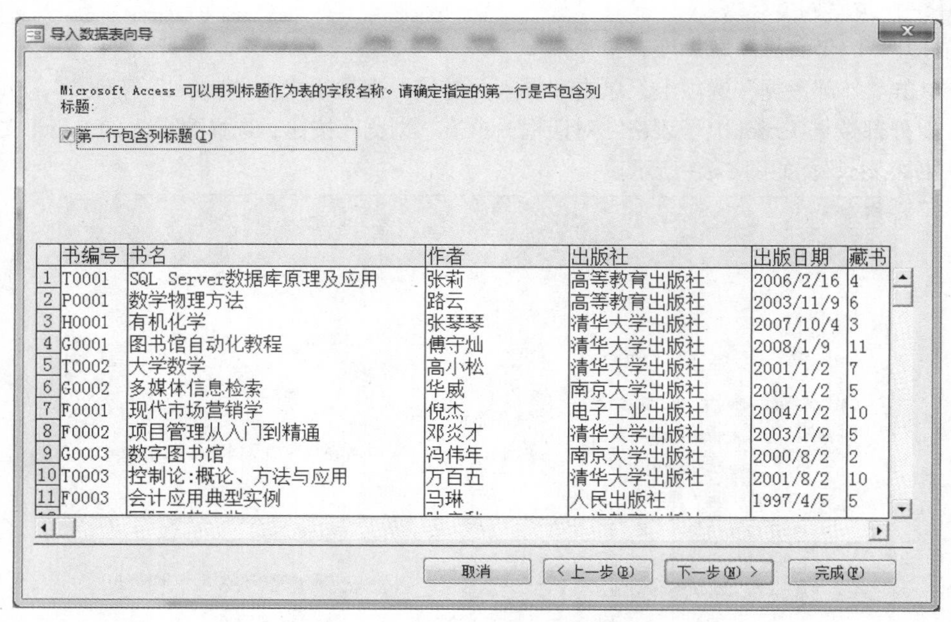

图 5-35 “导入数据表向导”对话框 2

➢ 单击“下一步”按钮，弹出“导入数据表向导”对话框 3，如图 5-36 所示。

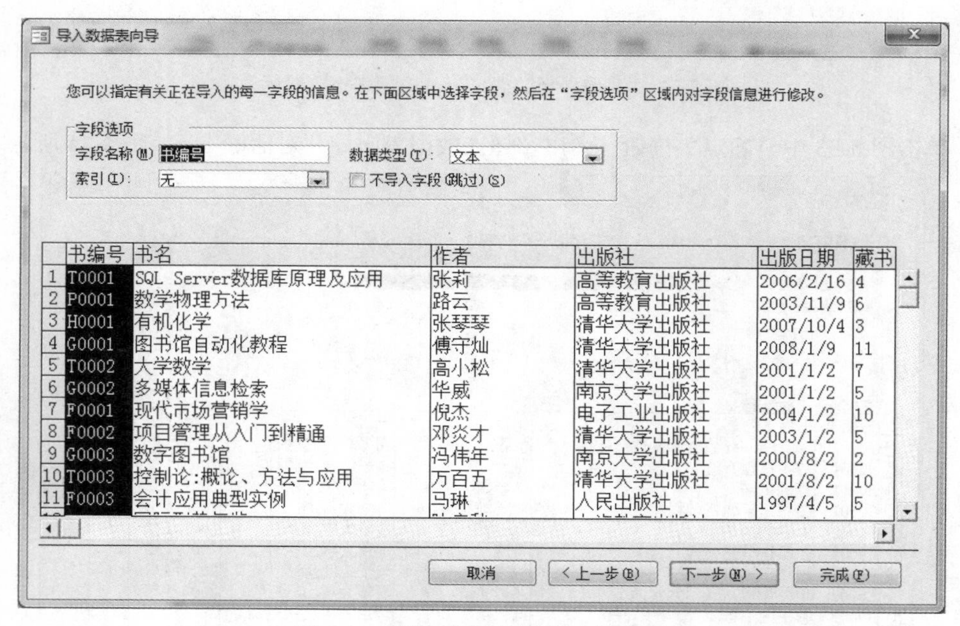

图 5-36 “导入数据表向导”对话框 3

➢ 单击图 5-36 下方列表框中的列，可以分别为各字段命名，然后单击“下一步”按钮，弹出“导入数据表向导”对话框 4，如图 5-37 所示。

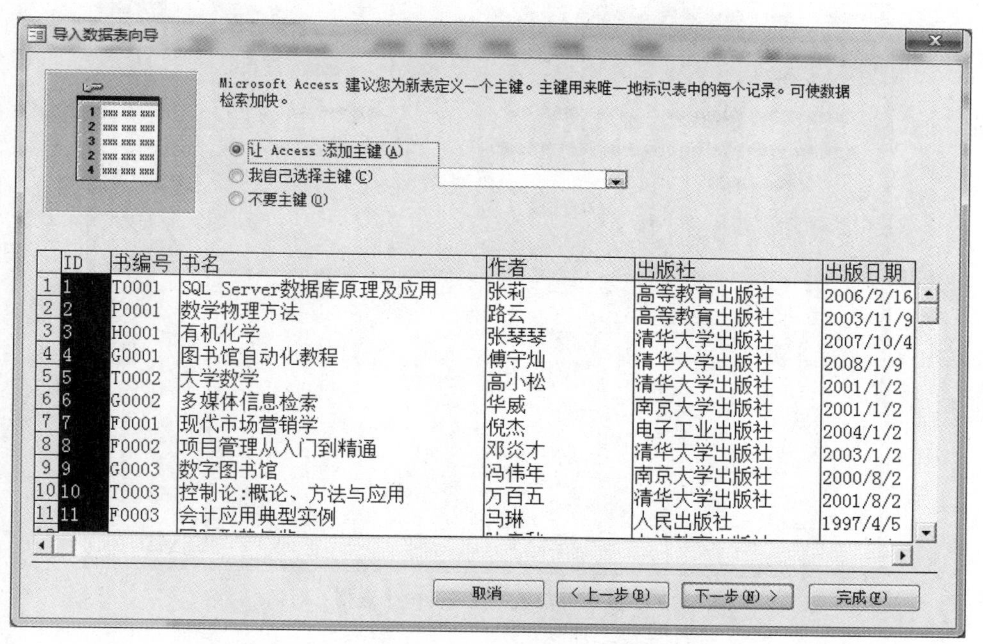

图 5-37　“导入数据表向导”对话框 4

➢ 选择“让 Access 添加主键”，然后单击“下一步”按钮，弹出“导入数据表向导”对话框 5，如图 5-38 所示。

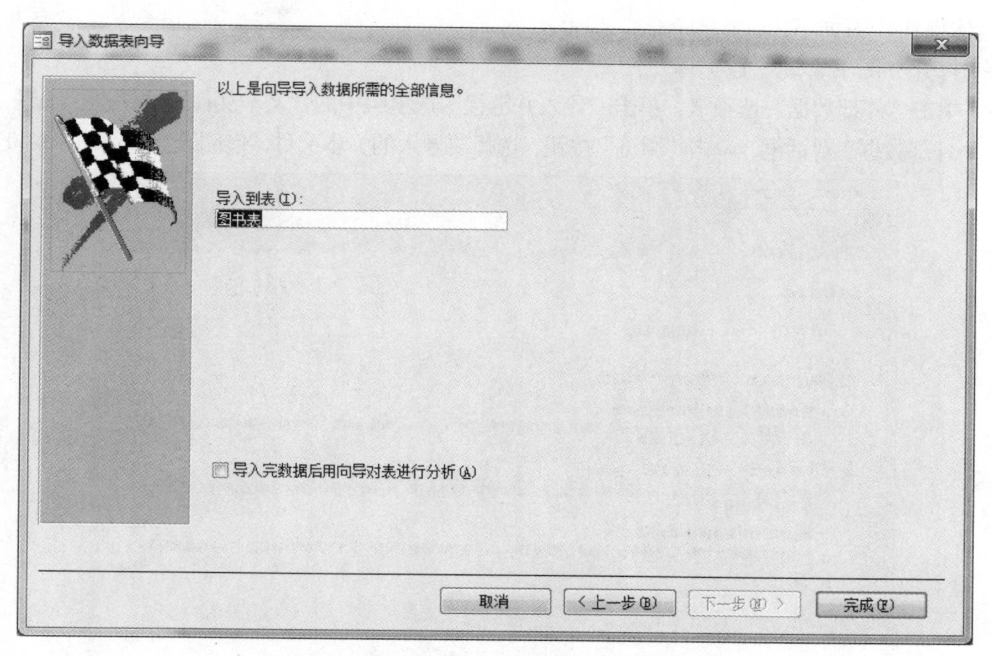

图 5-38　“导入数据表向导”对话框 5

➢ 在图 5-38 中输入新表名“图书表”，然后单击“完成”按钮，弹出“获取外部数据-Excel 电子表格”对话框，如图 5-39 所示，单击“关闭”按钮，完成 Excel 文件的导入。

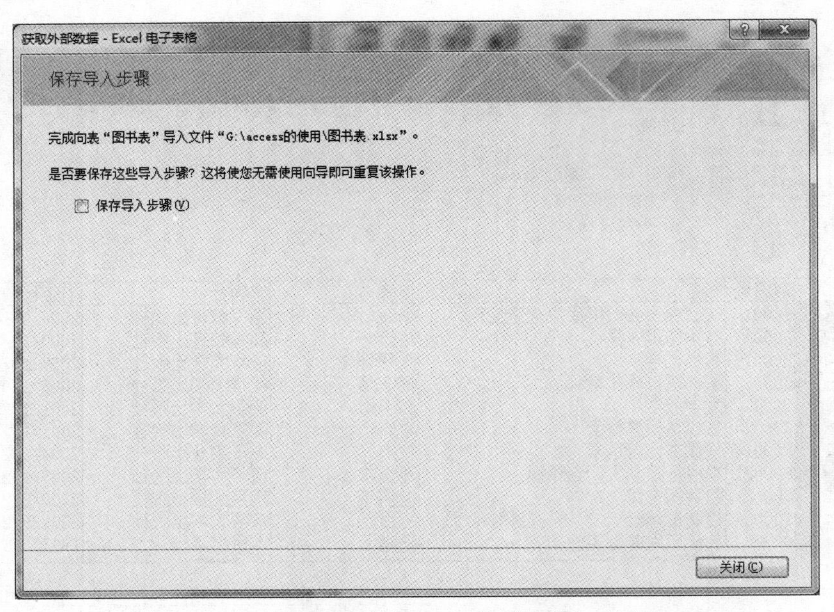

图 5-39 “获取外部数据-Excel 电子表格”对话框

（3）导入文本文件

若要正确导入文本文件，其内容需满足一定要求：相同性质的数据放在同一列，这些数据之间使用相同分隔符分隔。

【例 5-10】 将文本文件“借阅表.txt”导入到“图书管理”数据库文件中。

具体操作步骤如下。

- 打开“图书管理”数据库。
- 单击“外部数据”选项卡，单击“导入并链接”选项组中的“文本文件”按钮，出现“获取外部数据”对话框，单击“浏览”按钮，选择要导入的文本文件“借阅表.txt”，如图 5-40 所示。

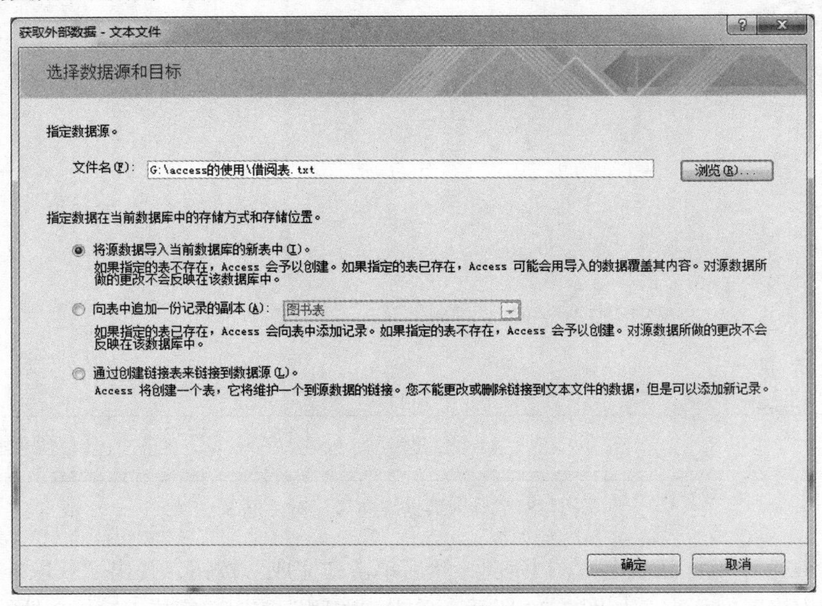

图 5-40 “获取外部数据-文本文件”对话框

➢ 单击图 5-40 中“确定”按钮，弹出“导入文本向导”对话框 1，如图 5-41 所示。

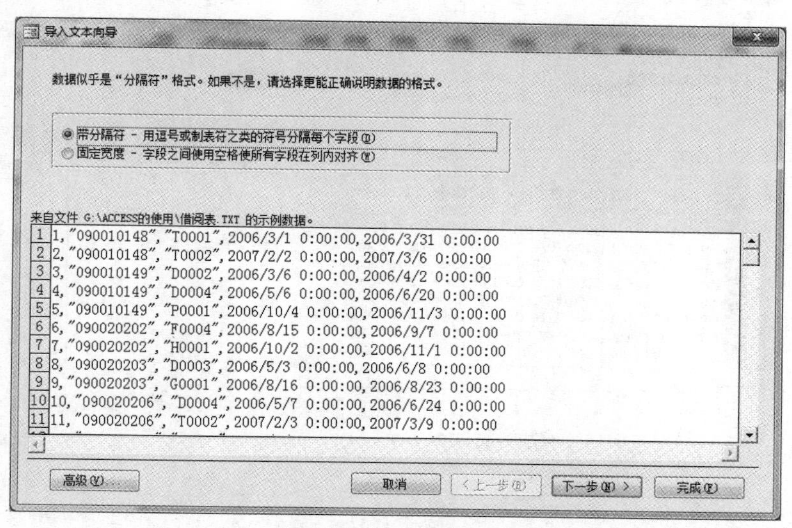

图 5-41　“导入文本向导”对话框 1

➢ 根据文本文件中数据之间的实际分隔符进行选择，然后单击“下一步”按钮，弹出“导入文本向导”对话框 2，如图 5-42 所示。

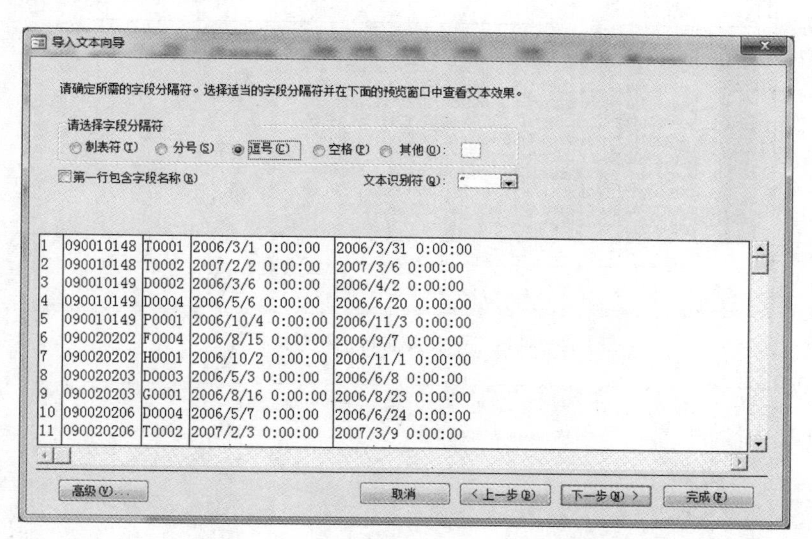

图 5-42　“导入文本向导”对话框 2

➢ 选择分隔符，或选中“其他”后在文本框中输入分隔符。若第一行为字段名称，则还需要选中“第一行包含字段名称”。单击“下一步”按钮，弹出“导入文本向导”对话框 3，如图 5-43 所示。

➢ 单击下方列表框中的列，可以分别为各字段命名。然后单击“下一步”按钮，弹出“导入文本向导”对话框 4，如图 5-44 所示。

➢ 选择“让 Access 添加主键（A）”，然后单击“下一步”按钮，弹出“导入文本向导”对话框 5，如图 5-45 所示。

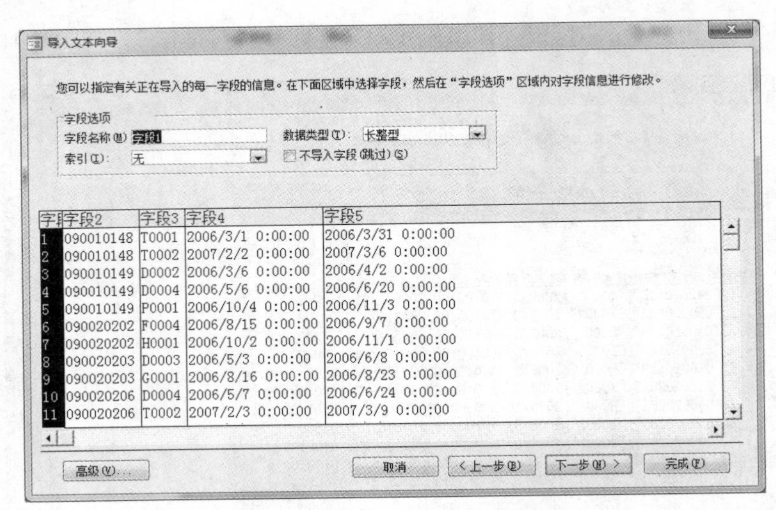

图 5-43 “导入文本向导”对话框 3

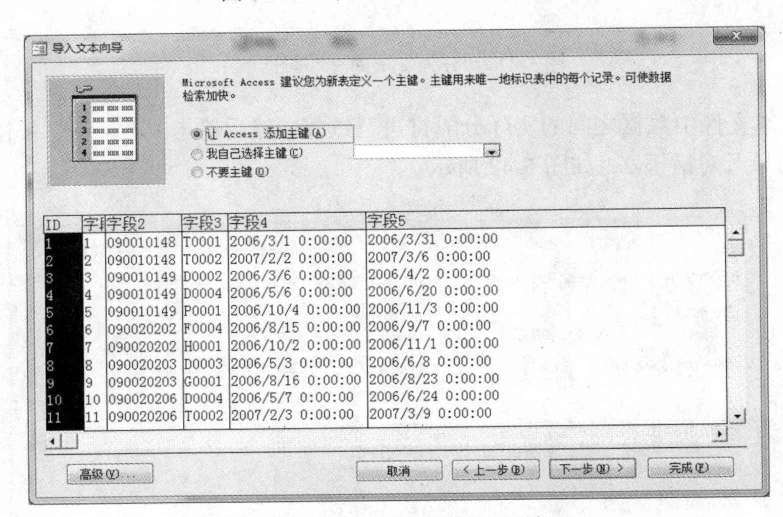

图 5-44 “导入文本向导”对话框 4

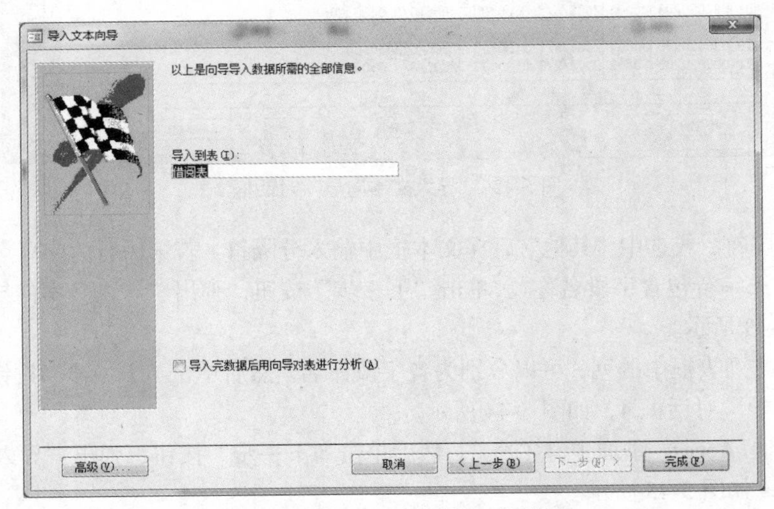

图 5-45 “导入文本向导”对话框 5

➢ 输入新表名，然后单击“完成”按钮，弹出“获取外部数据”的“保存导入步骤”对话框，单击“关闭”按钮，完成将文本文件“借阅表.txt”导入到“图书管理”数据库文件中。

5.3.3　表中数据的输入

表结构设计完成后可直接向表中输入数据，也可以重新打开表输入数据。打开表的方法有以下几种。

方法一：在导航窗格中双击要打开的表。

方法二：右击要打开的表的图标，在弹出的快捷菜单中选择“打开”命令。

方法三：若表处于设计视图状态下，右击表格标题栏并在弹出的快捷菜单中选择“数据表视图”命令，即可切换到数据表视图。

【例 5-11】　向“教学管理”数据库的“学生”表中输入表 5-6 中的数据。

表 5-6　“学生”表中数据

学　　号	姓　　名	性　　别	出生日期	政治面貌	籍　　贯	班级编号	系　　别
1411034001	严治国	男	1996/02/09	团员	江苏南京	100101	计算机学院
1411034002	杨军华	男	1995/08/06	团员	江苏苏州	100101	计算机学院
1411034003	陈延俊	男	1995/10/09	团员	江苏扬州	100101	计算机学院
1411034004	王一冰	女	1994/11/06	党员	江苏苏州	100101	计算机学院
1411034005	赵朋清	女	1995/10/12	团员	江苏南通	100101	计算机学院

具体操作步骤如下：

➢ 打开“教学管理”数据库；

➢ 在“导航”窗格中选择对象“学生”表，双击打开数据表；

➢ 在右侧的数据表视图窗口中，选中单元格，输入所需数据。

输入数据说明如下。

● “文本”类型的字段：可输入的最大文本长度为 255 个字符，当然具体长度由“字段大小”属性决定。

● “货币”类型的字段：输入数据时，系统会自动给数据增加两位小数，并显示美元符号和千位分隔符。

● “日期/时间”类型的字段：只允许输入有效的日期和时间。

● “是/否”类型的字段：只能输入下列值之一：Yes、No、True、False、On、Off。当然也可以在“格式”属性中定义自己想要的值。

● “自动编号”类型的字段：不允许输入任何值。

● “备注”类型的字段：允许输入文本长度可达 64KB。

● “OLE 对象”类型的字段：可以输入图片、图表、声音等，即 OLE 服务器所支持的对象均可存储在“OLE 对象”类型的字段中。

5.4　表的编辑与维护

在数据管理过程中，有些数据表的设计不是很符合实际要求，因此需要对表的结构和表中的数据进行调整和修改。

5.4.1 修改表结构

表在创建之后，可以随时修改表的结构。包括修改字段、增加字段、删除字段重新设置主键等，这些操作都可以在“设计视图”或“数据表视图中”进行。

下面介绍在“设计视图”修改表结构的方法。

1. “表设计器”窗口

进入设计视图有如下两种方法。

方法一：在“导航”窗格中选中某张表，双击打开。在“表格工具/字段”选项卡中，单击设计按钮，打开“表设计器”窗口。

方法二：在“导航”窗格中选中某张表，单击鼠标右键，弹出右键菜单，移动鼠标到“设计视图”菜单项 设计视图(D)，单击鼠标左键，打开“表设计器”窗口。

表结构修改后进行保存表。

在设计视图中，可以单击“表格工具/设计”选项卡中“视图”选项组中的“数据表视图”按钮，切换到数据表视图。

2. 表结构的修改

修改表结构主要有以下几种操作。

（1）插入字段

插入字段有如下两种方法。

方法一：若在设计视图下，选中某一行，然后单击“表格工具/设计”选项卡中“工具”组的“插入行”按钮 插入行，则在选中行的前面插入一个空字段行，再输入所插入字段的字段名称、数据类型、设置字段属性。

方法二：若在设计视图下，选中某一行，然后单击鼠标右键，弹出“右键菜单”，移动鼠标到“插入行”菜单项 插入行，单击鼠标左键，则在选中行的前面插入了一个空字段行。

（2）删除字段

删除字段有如下两种方法。

方法一：在设计视图下，单击字段名左侧的按钮，选中某一字段行，单击“表格工具/设计”选项卡中“工具”选项组的“删除行”按钮 删除行，或直接按下【Delete】键。

方法二：在数据表视图下，选中某一列（或将鼠标定位于某一列中），单击“表格工具”选项卡中“记录”组的“删除”按钮 删除，或者在选中的列中单击鼠标右键，在快捷菜单中选择“删除字段”。

某字段被删除后，是不可恢复的。

（3）修改字段名

修改字段名有如下两种方法。

方法一：在设计视图下，将光标定位到某字段名上，直接修改即可。

方法二：在数据表视图下，双击某字段的字段名，可以直接修改其名称。

5.4.2 编辑表内容

编辑表内容是为了确保表中数据的准确性，使所建表能满足实际需要。编辑表内容的操作主要包括记录定位、添加记录、修改数据、删除记录等。

1. 添加记录

添加新记录时，使用“数据表视图”打开要添加的表，可以将光标直接移到表的最后一行上，直接输入要添加的数据；也可以单击“记录导航条”上的新空白记录按钮 * ，或单击“开始”选项卡下“记录”选项组的“新建”按钮 新建 ，光标会定位在表的最后一行上，然后直接输入要添加的数据。

2. 删除记录

在数据表视图下，单击记录前的记录选定器选中一条记录，然后单击“开始”选项卡中“记录”选项组的“删除”按钮 删除 ，或者单击鼠标右键，从弹出的右键菜单中选择“删除记录”命令 删除记录(R) ，在弹出的“删除记录”提示框中，单击“是”按钮。

在数据表中可以一次删除多条相邻的记录。删除的方法是，先单击第一个记录的选定器，然后拖动鼠标选择多条连续的记录，最后执行删除操作。

记录一旦被删除，是不可恢复的。

3. 修改数据

修改数据非常简单，在数据表视图下，直接将光标定位于要修改数据的字段中，输入新数据或修改即可。

4. 查找数据

在一个有多条记录的数据表中，若要快速查找信息，可以通过数据查找操作来完成。

【例 5-12】　查找“教学管理”数据库中“学生”表中“性别”为“男”的学生记录。

具体操作步骤如下。

- 打开“教学管理”数据库。
- 在“导航”窗格中选择对象“学生”表，双击打开数据表。
- 单击“性别”字段列的字段名行（字段选定器）。
- 单击“开始”选项卡，单击“查找”选项组中的“查找”按钮，打开“查找与替换”对话框，在“查找内容”框中输入“男”，其他部分选项参见图 5-46，可以在“查找范围”“匹配”以及“搜索”下拉列表框中，根据需要进行相应的选择。

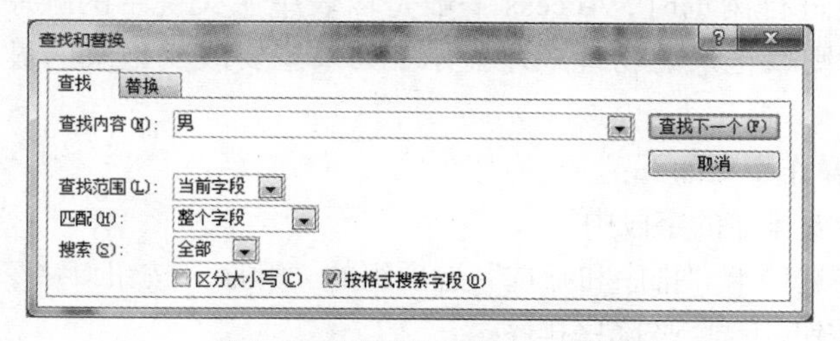

图 5-46　“查找与替换”对话框

- 单击“查找下一个”按钮，将查找下一个指定的内容。连续单击“查找下一个”按钮，将全部指定的内容查找出来。当找到匹配的字段时，该字段被高亮显示。

5. 替换数据

在操作数据库表时，如果要修改多处相同的数据，可以使用替换功能，该功能能自动将查找的数据替换为新数据。

【例 5-13】 查找“教学管理”数据库“学生”表中“政治面貌”为“团员”的学生记录，将其值改为“群众”。

具体操作步骤如下。

- 打开“学生”表。
- 单击“政治面貌”字段列的字段名行（字段选定器）。
- 单击“开始”选项卡，单击“查找”选项组中的“替换”按钮 替换，打开“查找与替换”对话框，在“查找内容”框中输入“团员”，在“替换为”框中输入“群众”，其他部分选项如图 5-47 示。

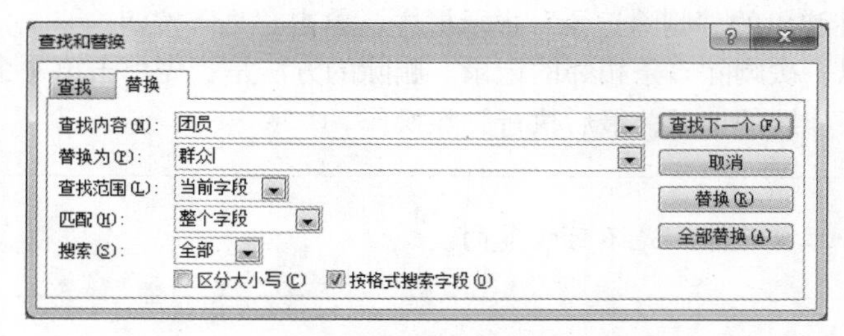

图 5-47 “查找与替换”对话框

- 如果一次替换一个，则单击“查找下一个”按钮，找到该内容后，单击“替换”按钮替换。如果不替换当前内容，则继续单击“查找下一个”按钮。如果一次替换出现的全部指定内容，则单击“全部替换”按钮。单击“全部替换”按钮后，会出现提示框，单击“是”按钮完成全部替换。

5.5 使 用 表

在数据表视图中对记录进行排序和筛选有利于清晰地了解数据、分析数据和获取有用的数据。

5.5.1 记录的排序

打开一个数据表进行浏览时，Access 一般是以表中主关键字的顺序显示记录。如果表中没有定义主关键字，则以记录的物理顺序显示。如果想要改变记录的显示顺序，可以对记录进行排序。

记录的排序具体操作步骤如下：

- 将光标定位于要排序的字段中。
- 单击“开始”选项卡“排序和筛选”选项组的“升序”按钮 升序，按照升序排序；或单击“降序”按钮 降序，按降序排序。

关闭数据表视图时，Access 会提醒用户是否要保存对表的设计修改。若保存修改，则下次打开表浏览时，记录按排序后的顺序显示，否则还是按排序前的顺序显示记录。

5.5.2 记录的筛选

使用数据时，经常需要从众多数据中挑选出满足条件的记录进行处理。Access 2010 提供了多种筛选记录的方法。

1. 使用筛选器筛选

筛选器提供了一种灵活的筛选方式，它将选定的字段列中所有不重复的值以列表形式显示出来供用户选择。

【例 5-14】　在“成绩管理”数据库的“学生”表中筛选出“系别”为“电子工程学院”的学生记录。

具体操作步骤如下。

➢ 使用数据表视图打开“学生”表，单击“系列”字段的任一行。
➢ 单击“开始”选项卡“排序和筛选”选项组的“筛选器”按钮按钮或单击“系别”字段的名右侧下拉箭头。
➢ 在弹出的下拉列表框中，取消“全选”复选框，选中“电子工程学院”复选框，如图 5-48 所示。单击“确定”按钮，系统将显示筛选结果。筛选器中显示的筛选项取决于所选字段的字段类型和字段值。

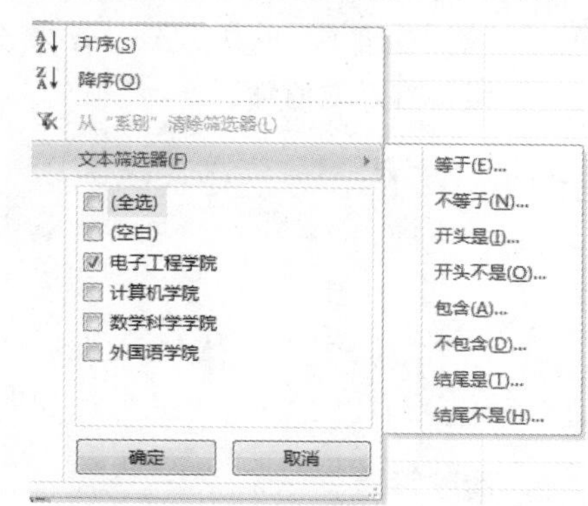

图 5-48　“筛选”列表框

2. 按选定内容筛选

【例 5-15】　在“教学管理”数据库的“学生”表中筛选出“籍贯”为“江苏苏州”的学生记录。

具体操作步骤如下。

➢ 使用数据表视图打开“学生”表，单击“籍贯”字段的字段值“江苏苏州”。
➢ 单击“开始”选项卡“排序和筛选”选项“选择”按钮，会弹出下拉菜单，如图 5-49 所示，在菜单中选择等于“江苏苏州”(E)，系统将筛选出相应的记录。用“选择”按钮，可以轻松地在菜单中找到常用的筛选选项。选中的字段数据类型不同，菜单中提供的筛选选项也会不同。

图 5-49　“按内容筛选”菜单

3. 按窗体筛选

【例 5-16】　在“教学管理”数据库“学生”表中筛选出“性别”为“男”而且“政治面貌”为“团员”的学生记录。

具体操作步骤如下。

- ➢ 单击“开始”选项卡中“排序和筛选”选项组的“高级”按钮，弹出下拉菜单如图 5-50 所示。
- ➢ 单击“按窗体筛选”，打开“按窗体筛选”窗口。
- ➢ 单击筛选窗口中的“性别”字段下的空白行，单击右边的下拉箭头按钮，从下拉列表中选择“男”。单击“政治面貌”字段下的空白行，单击右边的下拉箭头按钮，从下拉列表中选择“团员”。如图 5-51 所示。

图 5-50 “高级筛选”列表框

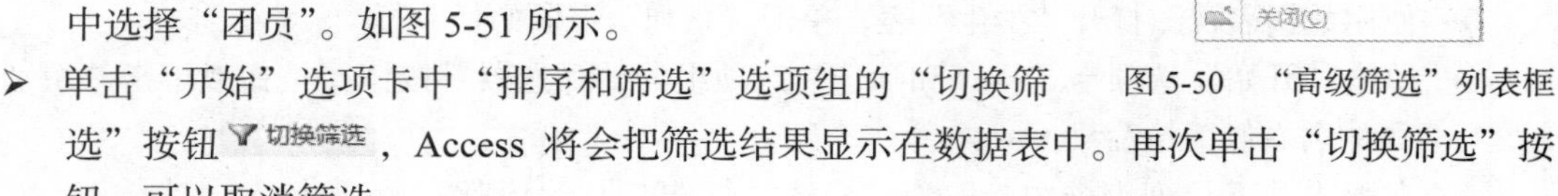

- ➢ 单击“开始”选项卡中“排序和筛选”选项组的“切换筛选”按钮，Access 将会把筛选结果显示在数据表中。再次单击“切换筛选”按钮，可以取消筛选。

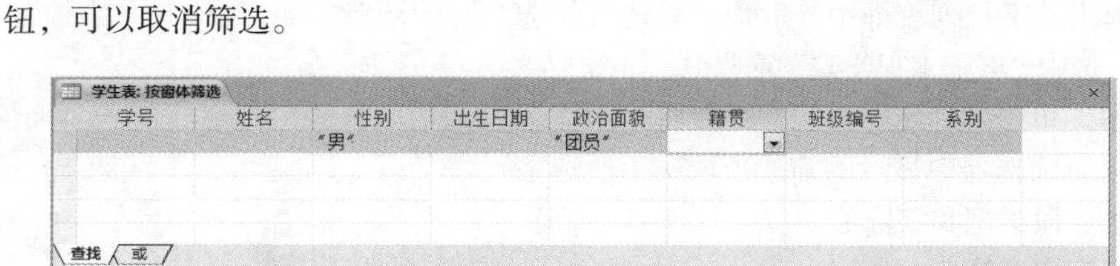

图 5-51 选择筛选字段值

4. 清除筛选

设置筛选后，如果不需要筛选结果，则可以将其清除。清除筛选是将数据表恢复到筛选前的状态。可以从单个字段中清除筛选，也可以从所有字段中清除所有筛选。

从单个字段中清除筛选的方法为：在筛选结果窗口中单击要清除筛选的字段名边的筛选按钮，从弹出的下拉列表中选择清除筛选器命令。

清除所有筛选的方法为：单击“开始”选项卡，单击“排序和筛选”组中的“高级”按钮，从弹出的下拉列表中选择“清除所有筛选器”命令。

5.6 表间关系的建立与修改

5.6.1 设置主键

关系数据库系统的强大功能来自于其可以使用查询、窗体和报表快速地查找并组合存储在各个不同表中的信息。为了做到这一点，每个表都应该包含一个或者一组关键字段。这些字段是表中所存储的每一条记录的唯一标识，该字段即称为表的主键。指定了表的主键之后，Access 将阻止在主键字段中输入重复值或 Null 值。主关键字（简称“主键”）并不是必须要求的，但对每个表还是应该指定一个主关键字。主关键字可以由一个或多个字段构成，它使记录具有唯一性。设置主关键字的目的就是保证表中的所有记录都是唯一可识别的，它还能加快查询、检索及排序的速度，还有利于表之间的相互连接。

设置主键的方法主要有以下两种。

方法一：打开数据表的设计视图，选中要设置主键字段的所在行，然后在“开始”选项卡的

“工具”选项组中单击“主键”按钮来设置主键字段。

方法二：选中要设置主键字段的所在行，然后直接在该行上单击鼠标右键，在弹出的快捷菜单中选择“主键”菜单项来设置主键字段。

设置主键的具体操作步骤如下。

➢ 打开 Access 数据库。
➢ 选择某个表，双击打开表，然后在“开始”选项卡的“视图”选项组中单击“设计视图”按钮，打开表设计视图。
➢ 在表设计视图中单击某个字段。
➢ 在“表格工具—设计”选项卡的“工具”选项组中单击“主键”按钮来设置主键字段。

5.6.2 创建关系

在 Access 中，每个数据表都是数据库中一个独立的部分，其本身有很多功能，但是每个数据表又不是完全孤立的，数据表与数据表之间可能存在着相互的联系。这种在两个数据表的公共字段之间所建立的联系被称为关系，关系可以分为一对一、一对多、多对多 3 种。

1. 一对一关系

A 数据表中的每一条记录仅能在 B 数据表中有一个匹配的记录，并且 B 数据表中的每一条记录仅能在 A 数据表中有一个匹配的记录。

2. 一对多关系

一对多关系是关系中最常用的类型。即 A 数据表中的一条记录能与 B 数据表中的许多记录匹配，但是在 B 数据表中的一条记录仅能与 A 数据表中的一条记录匹配。

3. 多对多关系

A 数据表中的记录能与 B 数据表中的许多记录匹配，并且在 B 数据表中的记录也能与 A 数据表中的许多记录匹配。多对多关系的两张表可以通过创建纽带表分解成这两张表与纽带表的两个一对多关系，纽带表的主键包含两个字段，分别是前两个表的外部关键字。

在 Access 中创建关系的种类中最常见的是一对多关系。

（1）创建表之间的关联时，相关联的字段不一定要有相同的名称，但必须有相同的类型。

（2）当主键字段是“自动编号”类型时，只能与“数字”类型且“字段大小”属性相同的字段关联。

（3）如果两个字段都是“数字”字段，只有“字段大小”属性相同，两个表才能关联。

建立两表之间关系的具体操作步骤如下。

➢ 关闭所有打开的表。不能在打开表的情况下创建或修改关系。
➢ 在“数据库工具”选项卡的“关系”选项组中单击“关系”按钮。
➢ 如果在数据库尚未定义任何关系，则自动显示“显示表”对话框，如图 5-52 所示。

“显示表”对话框主要由“表”“查询”“两者都有”等 3 个选项卡组成。“表”选项卡中的列表框中显示的是当前数据库中的基本数据表，“查询”选项卡中的列表框中显示的是当前数据库中的基于基本数据表的查询数据表，“两者都有”选项卡中的列表框中显示的是前两种数据表的所有内容。

➢ 分别双击需要建立关系的两张表，然后关闭“显示表”对话框。

➢ 将表中的主键字段拖放到其他表的外部关键字段上。一般情况下，为了方便起见，主键与外部关键字具有相同的字段名。

➢ 系统将显示“编辑关系”对话框，如图 5-53 所示。在“编辑关系”对话框中，有 3 个以复选框形式标示的关系选项，可供用户去选择，但必须在先选中“实施参照完整性”复选框后，其他两个复选框才可用。

图 5-52 “显示表”对话框

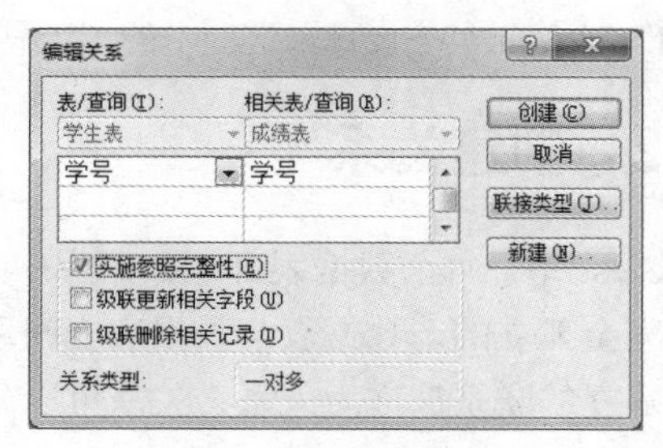

图 5-53 “编辑关系”对话框

➢ 单击“创建”按钮，完成关系的创建。弹出如图 5-54 所示窗口。

➢ 单击“关闭”按钮，关闭关系窗口。关闭窗口时，Access 会询问是否保存该布局，可以根据需要选择。

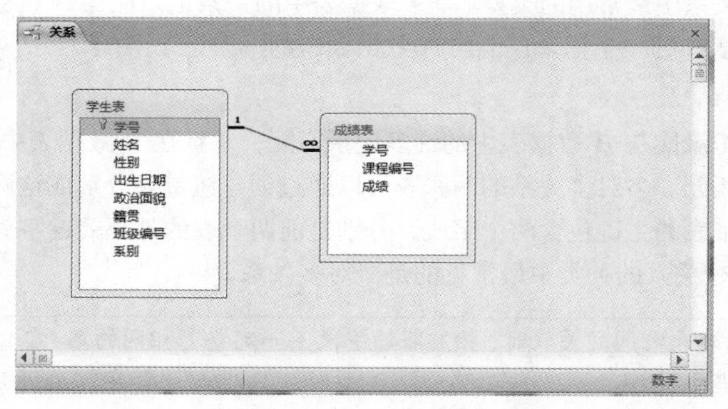

图 5-54 “关系”对话框

5.6.3 编辑关系

1. 实施参照完整性

Access 使用参照完整性来确保相关表中记录之间关系的有效性，并且不会意外地被删除或修改。如果设置了“实施参照完整性”，则要遵循下列规则。

（1）不能在相关表的外部关键字段中输入不存在于主表中的主关键字段中的值。例如，学生表与成绩表之间的关系，如果以学生表的“学号”字段与成绩表的“学号”字段建立了关系，并为之设置了“实施参照完整性”选项，则成绩表中的“学号”字段值必须存在于学生表中的“学号”字段中。

（2）如果在相关表中存在匹配的记录，则不能从主表中删除这个记录。

（3）如果某个记录有相关的记录，则不能在主表中更改主关键字段值。

2. 级联更新相关字段

当定义一个关系时，如果选择了“级联更新相关字段”，则不管何时更改主表中的记录主键值，Access 都会自动在所有相关的记录中将主键值更新为新值。

3. 级联删除相关字段

当定义一个关系时，如果选择了“级联删除相关字段”，则不管何时删除主表中的记录，Access 都会自动删除所有相关表中的相关记录。

5.6.4　删除关系

删除关系的具体操作步骤如下：

➢ 关闭所有打开的表；

➢ 在“数据库工具”选项卡中的“关系”选项组中单击“关系”按钮；

➢ 单击要删除的关系的连线，此时连线会变粗变黑；

➢ 按下【Delete】键，弹出如图 5-55 所示的提示窗口；

➢ 单击“是”按钮，即可删除关系；单击“否”按钮，放弃删除。

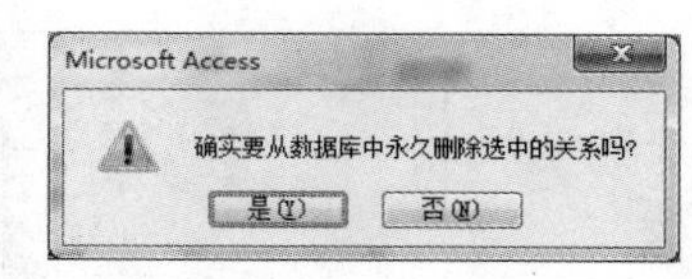

图 5-55　删除关系提示框

5.7　查　　询

5.7.1　查询概述

在 Access 数据库中，表是存储数据的最基本的数据库对象，而查询则是对表中的数据进行检索、统计、分析和查看的一个非常重要的数据库对象。

简单来说，查询是从一个或多个表中查找到满足条件的记录组成的一个动态数据表，并以数据表视图的方式进行显示。查询根据所基于的数据源的数量分为单表查询与多表查询，在设计多表查询时，一定要建立表与表之间的联接。

Access 中查询有 5 种：选择查询、参数查询、交叉查询、操作查询（含生成表查询、追加查询、更新查询与删除查询）和 SQL 查询。

5.7.2　利用设计视图创建查询

1. 创建选择查询

选择查询是最常见的查询类型，它从一个或多个表中检索数据，并且在“数据表视图”中显示结果。也可以使用选择查询来对记录进行分组，并且对记录做总计、计数、求平均值以及其他类型的汇总计算。

（1）基于单表的查询

【例 5-17】　在“成绩管理”数据库中查询“学生”表中“女”学生的学号和姓名信息。

具体操作步骤如下。

➢ 打开数据库，在“创建”选项卡的“查询”选项组中单击“查询设计”按钮。在打开“查询设计”窗口的同时弹出“显示表”对话框，如图 5-56 所示。查询设计器窗口有两部分，上半部分用于显示查询所基于的数据源（表或查询），下半部分用于设计查询结果中所具有的列、查询条件等。查询设计器中用到各项内容见表 5-7。

表 5-7　查询项目及含义

项　目	含　义
字段	用来设置查询结果中要输出的列，一般为字段或字段表达式
表	字段所基于的表或查询
排序	用来指定查询结果是否在某字段上进行排序
显示	用来指定当前列是否在查询结果中显示（复选框选中时表示要显示）
条件	用来输入查询限制条件
或	用来输入逻辑的“或”限制条件
总计	在汇总查询时会出现，用来指定分组汇总的方式

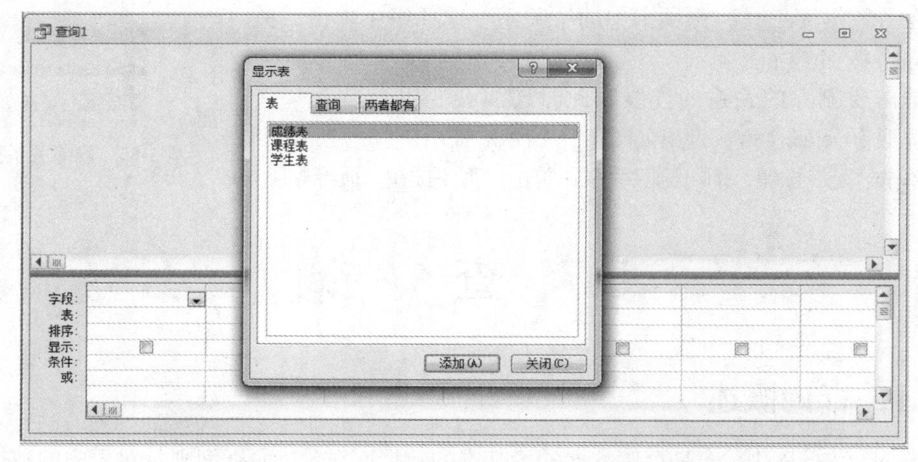

图 5-56　“查询 1”设计窗口与“显示表”对话框

➢ 选择表选项卡，选择“学生”表，单击“添加”按钮，将表添加到查询设计器中。也可以双击相关的表名，将表添加到查询设计器中。

➢ 单击“关闭”按钮，关闭“显示表”对话框。用户可以在任何时候单击“查询工具-设计”选项卡的“查询设置”选项组的“显示表”按钮，如图 5-57 所示，打开“显示表”对话框。在已经添加的表上单击鼠标右键，选择“删除表”可以移除添加进查询的数据源表。

图 5-57　“显示表”按钮

➢ 单击查询设计器窗口中下部分的“字段”文本框，在“字段”下拉列表中选择相关字段（若要输出所有字段，可以选择“*”），或在显示表区域将表中的字段直接拖放到“字段”中，或双击显示表区域中表的相关字段来添加查询结果中要输出的列（如添加学号、姓名、性别字段）。

➢ 单击“排序”文本框，在“排序”下拉列表中选择“升序、降序或（不排序）”来指定查询结果是否在某字段上进行排序（如指定按学号升序进行排序）。

➢ 在“显示”的各复选框中指定查询结果中显示哪些字段（如显示学号、姓名字段）。

➢ 单击某字段下的“条件”文本框，设置查询条件（如在性别查询条件中设置“女”），设置结果如图 5-58 所示。

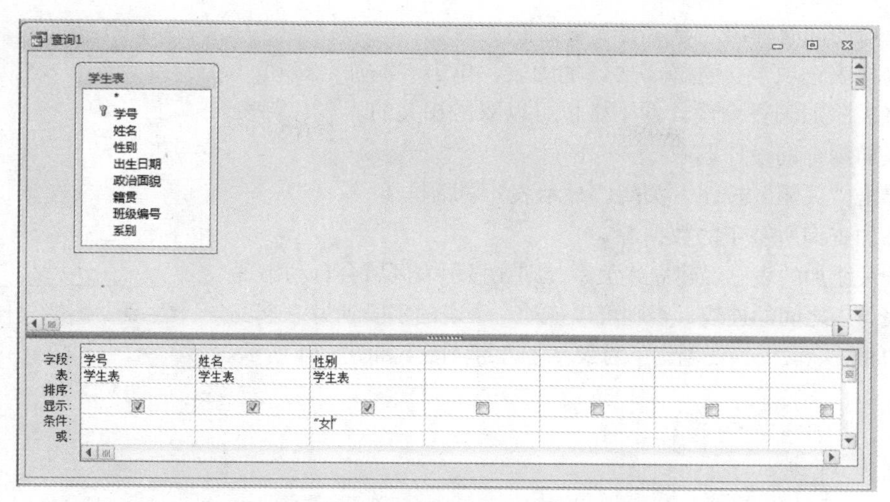

图 5-58　设置基于"学生"表的各查询项目

➢ 单击快速访问工具栏上的按钮，指定"查询名称"保存当前查询。

➢ 在"查询工具-设计"选项卡的"结果"选项组中单击"运行"按钮!，可以运行查询，查看查询结果，如图 5-59 所示。

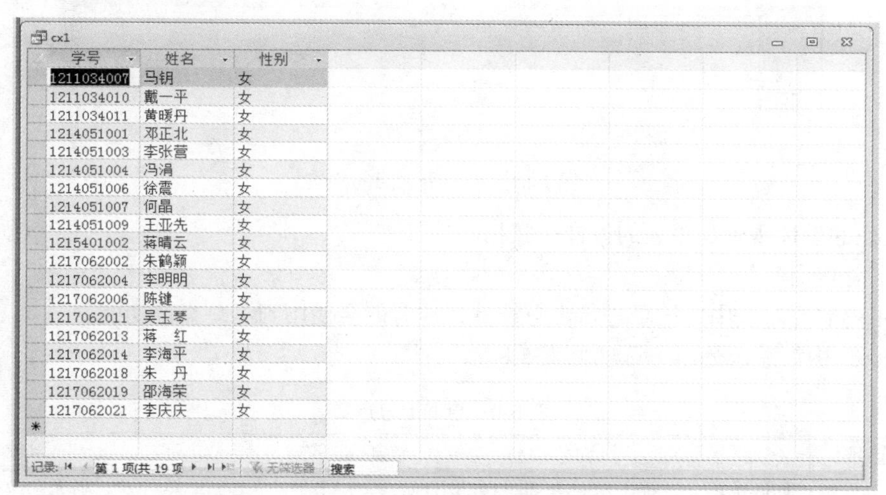

学号	姓名	性别
1211034007	马钥	女
1211034010	戴一平	女
1211034011	黄暖丹	女
1214051001	邓正北	女
1214051003	李张营	女
1214051004	冯涓	女
1214051006	徐震	女
1214051007	何晶	女
1214051009	王亚先	女
1215401002	蒋晴云	女
1217062002	朱鹤颖	女
1217062004	李明明	女
1217062006	陈键	女
1217062011	吴玉琴	女
1217062013	蒋　红	女
1217062014	李海平	女
1217062018	朱　丹	女
1217062019	邵海荣	女
1217062021	李庆庆	女

图 5-59　基于"学生"表的查询结果

查询在运行状态（数据表视图）时，可以在"开始"选项卡的"视图"选项组中单击"设计"按钮，返回设计视图窗口。

若要改变字段在查询结果中显示的标题，可以在设计器窗口中右击某字段，然后在快捷菜单中选择"属性"，打开如图 5-60 所示的"字段属性"对话框。在"标题"后输入需要显示的字段标题。若要改变数值型字段在查询结果中显示的格式，请在"格式"后选择需要显示的字段格式。

（2）基于多表的查询

设计基于多表的查询时，必须将多个表联接起来。

具体操作步骤如下。

➢ 在"创建"选项卡的"查询"选项组中单击"查询设计"按钮。在打开"查询设计"

窗口的同时弹出“显示表”对话框。

➢ 选择表选项卡，选择需要添加的表，单击“添加”按钮，将表添加到查询设计器中。也可以双击相关的表名，将表添加到查询设计器中。

➢ 单击“关闭”按钮，关闭“显示表”对话框。

➢ 添加查询所基于的数据源。

➢ 若被添加的表已经建立好关系，则在显示表区域会自动出现表与表之间的连线，否则可以拖动一个表的字段到另一个表的相关字段上，便创建了两张表之间的联接。如图 5-61 所示。

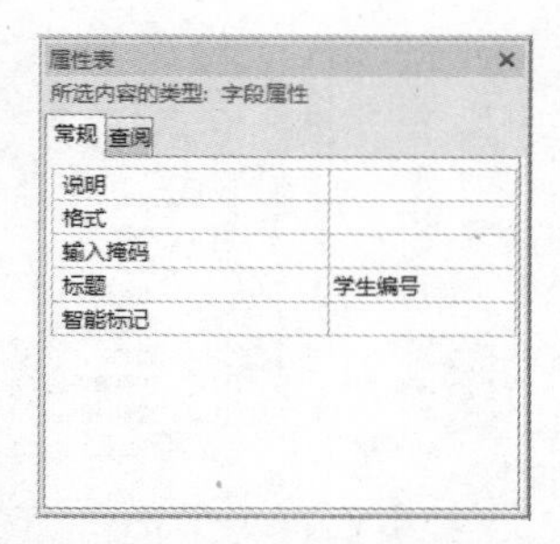

图 5-60 “字段属性”对话框

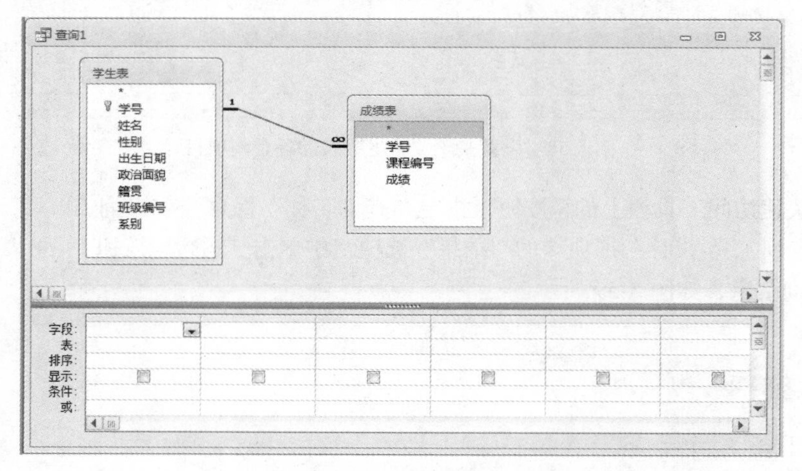

图 5-61 表与表之间的联接

➢ 其他的设计步骤与单表的设计步骤相同。

（3）汇总查询

有时用户需要对表中的记录进行汇总统计，这时就会使用到汇总查询功能。

在 Access 中汇总（分组）选项见表 5-8。

表 5-8 查询汇总方式

分 组 选 项	含 义
Group By	默认选项。选择了汇总查询时自动出现，若在当前字段上无汇总方式，则无须改变
合计	求和选项（Sum）。为每一组中指定的字段进行求和运算
平均值	求平均值选项（Avg）。为每一组中指定的字段进行求平均值运算
最大值	求最大值选项（Max）。为每一组中指定的字段进行求最大值运算
最小值	求最小值选项（Min）。为每一组中指定的字段进行求最小值运算
计数	计数选项（Count）。根据指定字段求每一组中记录数
StDev	统计标准差选项（StDev）。计算每一组中某字段所有值的标准差。如果该组只包括一个记录，则返回 Null
变量	统计方差选项（Var）。计算每一组中某字段所有值的方差。如果该组只包括一个记录，则返回 Null
First	求第一个值选项（First）。根据指定字段求每一组中第一个记录该字段的值
Last	求最后一个值选项（Last）。根据指定字段求每一组中最后一个记录该字段的值
Expression	表达式选项（Expression）。可以在字段行中建立计算字段
Where	条件选项（Where）。用于指定表中哪些记录可以参加分组汇总

下面以两个具体实例介绍汇总查询的设计。

【例 5-18】　在“成绩管理”数据库中，基于“学生”表与“成绩”表，查询平均分大于或等于 75 分的所有男同学的学号、姓名和平均分，结果按平均分从高到低（降序）的顺序排列。

具体操作步骤如下。

- 在“创建”选项卡的“查询”选项组中单击“查询设计”按钮。在打开“查询设计”窗口的同时弹出“显示表”对话框，将“学生”表与“成绩”表添加到查询设计器中。
- 拖动“学生”表中的“学号”字段到“成绩”表中的“学号”字段上，建立两张表之间的联接。
- 在“查询工具-设计”选项卡的“显示/隐藏”选项组中单击“汇总”按钮Σ，打开总计功能。
- 在“查询设计”界面下部的“总计”行设置“总计”选项，在条件行输入查询条件，各项设置的结果如图 5-62 所示。

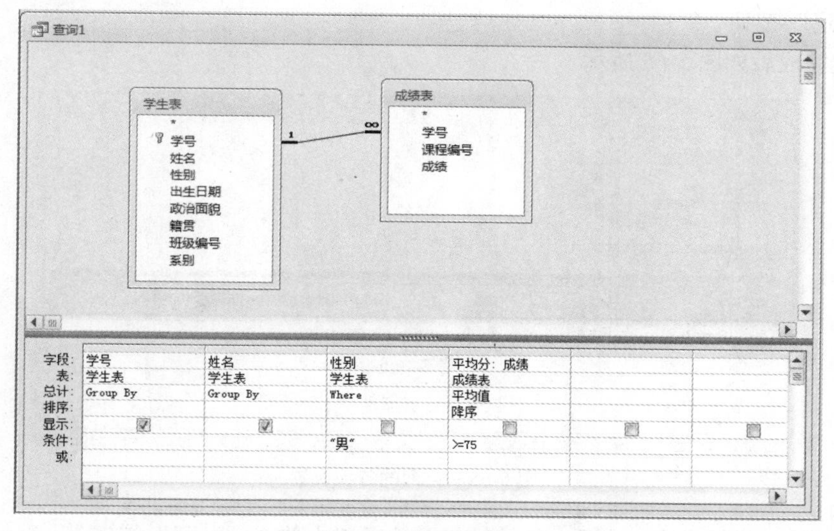

图 5-62　汇总查询

- 在“查询工具-设计”选项卡的“结果”选项组中单击“运行”按钮!，运行查询以查看查询结果。如图 5-63 所示。

【例 5-19】　查询各学生课程的最高分与最低分之差。

具体操作步骤如下。

- 在“创建”选项卡的“查询”选项组中单击“查询设计”按钮。在打开“查询设计”窗口的同时弹出“显示表”对话框，将“成绩”表添加到查询中。
- 在“查询工具-设计”选项卡的“显示/隐藏”选项组中单击“汇总”按钮Σ，打开总计功能。
- 双击“成绩”表中的“学号”字段。
- 双击“成绩”表中的“成绩”字段，在“总计”选项中选择“最大值”。
- 双击“成绩”表中的“成绩”字段，在“总计”选项中选择“最小值”。
- 双击“成绩”表中的“成绩”字段，在“总计”选项中选择“表达式”，然后右击此字段，在快捷菜单中选择“生成器”，打开“表达式生成器”对话框，如图 5-64 所示。

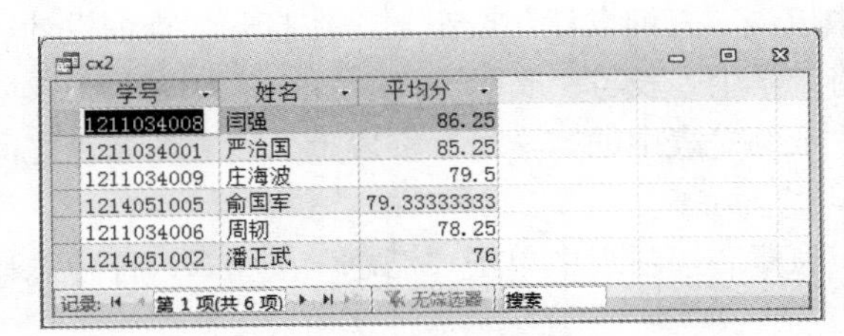

学号	姓名	平均分
1211034008	闫强	86.25
1211034001	严治国	85.25
1211034009	庄海波	79.5
1214051005	俞国军	79.33333333
1211034006	周韧	78.25
1214051002	潘正武	76

图 5-63　汇总查询结果

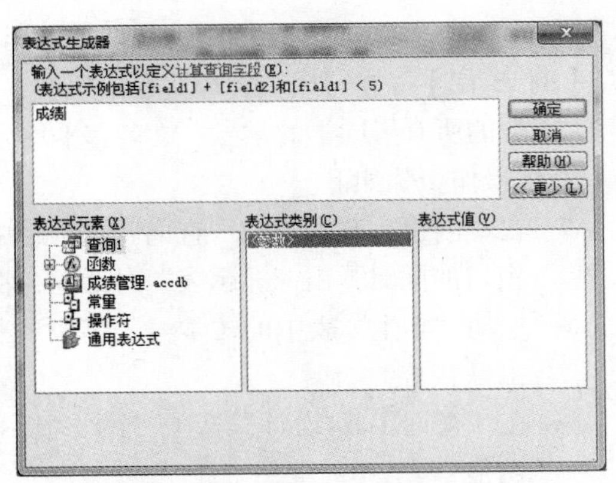

图 5-64　“表达式生成器”对话框

➢ 在表达式框中输入表达式“最高分与最低分之差:Max([成绩])-Min([成绩])”后单击“确定”按钮。

➢ 设置完成后如图 5-65 所示。

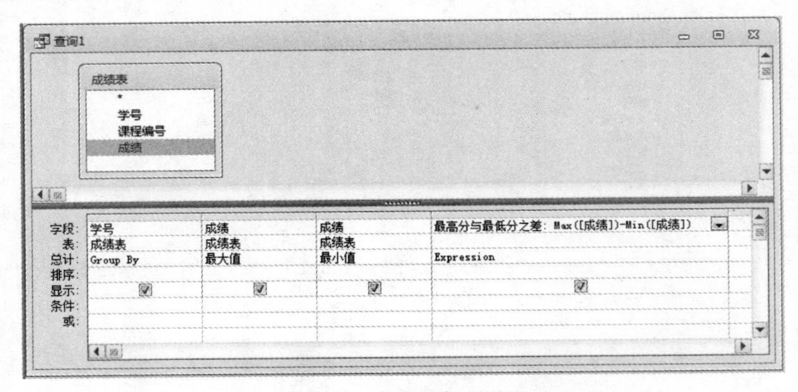

图 5-65　查询的各项设置

➢ 在“查询工具-设计”选项卡的“结果”选项组中单击“运行”按钮!，运行查询以查看查询结果。如图 5-66 所示。

学号	成绩之最大	成绩之最小	最高分与最低分之差
1211034001	90	77	13
1211034002	84	61	23
1211034003	86	50	36
1211034004	90	48	42
1211034005	87	62	25
1211034006	84	72	12
1211034007	98	87	11
1211034008	91	80	11
1211034009	87	62	25
1211034010	97	52	45
1211034011	79	54	25
1214051001	77	61	16
1214051002	87	56	31
1214051003	84	66	18
1214051004	86	70	16
1214051005	89	66	23
1214051006	91	75	16
1215401001	82	50	32
1215401002	92	63	29

图 5-66　汇总查询结果

➢ 保存查询。

2. 参数查询

在查询设计器窗口中，可以输入查询条件。但有时查询条件可能需要在运行查询时才能确定，此时就需要使用参数查询。

【例 5-20】 为“学生”表创建参数查询。在运行查询时，根据输入的性别，统计此性别的人数。具体操作步骤如下。

➢ 打开数据库，在“创建”选项卡的“查询”选项组中单击“查询设计”按钮。在打开“查询设计”窗口的同时弹出“显示表”对话框，将“学生”表添加到查询数据源中。
➢ 在“查询工具-设计”选项卡的“显示/隐藏”选项组中单击“汇总”按钮Σ，打开总计功能。
➢ 在“查询工具-设计”选项卡的“显示/隐藏”组中单击“参数”按钮，打开“查询参数”对话框输入参数，并指定数据类型，如图 5-67 所示。
➢ 单击“确定”按钮。
➢ 双击“学生”表中的“性别”字段。
➢ 在“条件”中输入“[请输入性别]”。
➢ 双击“学生”表中的“性别”字段，在“总计”选项中选择“计数”。
➢ 单击工具栏上的按钮，运行查询，此时出现“输入参数值”对话框，如图 5-68 所示。
➢ 输入“男”或“女”便可以显示该性别的人数。

如果想要输入一个新的参数值，需要重新运行查询。

3. 交叉表查询

使用交叉表查询可以计算并重新组织数据的结构，这样可以更加方便地分析数据。交叉表查询可以计算数据的总计、平均值、计数或其他类型的总和，这种数据可分为两组信息：一类在数据表左侧排列，另一类在数据表的顶端。

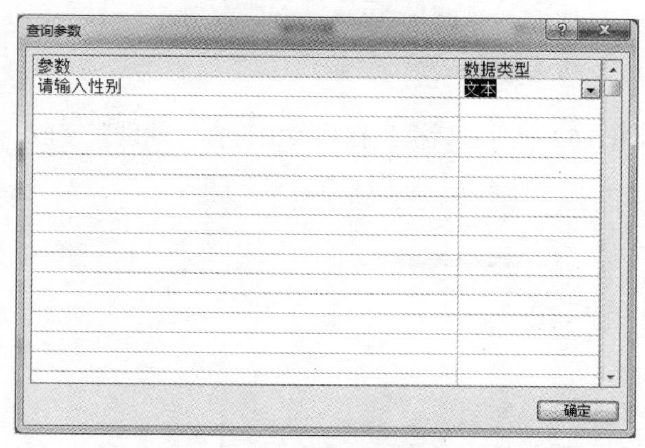

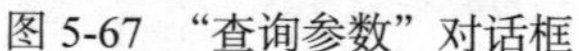
图 5-67 “查询参数”对话框

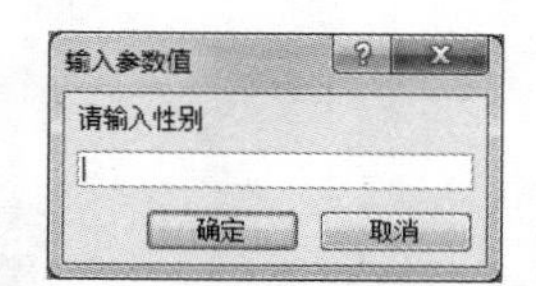

图 5-68 “输入参数”对话框

【例 5-21】 在“成绩管理”数据库的“学生”表中，统计出各班男、女学生的人数。具体操作步骤如下。

➢ 在“创建”选项卡的“查询”选项组中单击“查询向导”按钮，打开“新建查询”对话框，如图 5-69 所示。
➢ 选择“交叉表查询向导”选项，然后单击“确定”按钮。打开如图 5-70 所示的“交叉表查询向导”对话框。从列中选择“表: 学生表”选项。

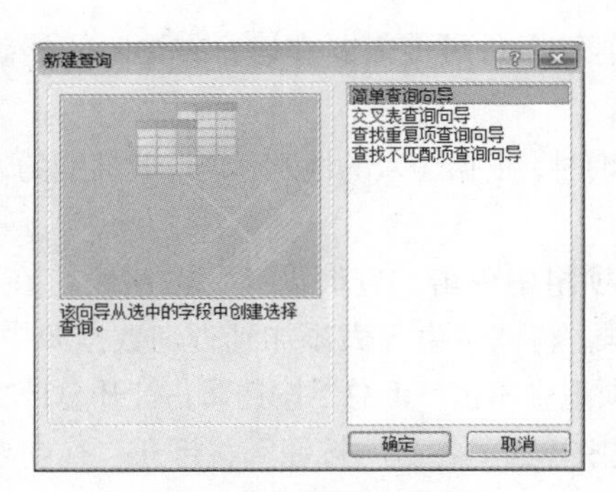

图 5-69 “新建查询”对话框

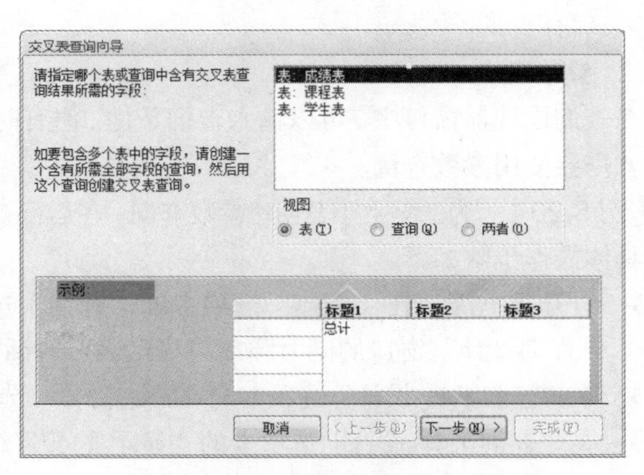

图 5-70 “交叉表查询向导”对话框 1

➢ 单击“下一步”按钮，弹出如图 5-71 所示对话框。在“可用字段”列表中选择所需要的字段“班级编号”，单击 > 按钮，将选中的字段添加到“选定字段”列表框中。

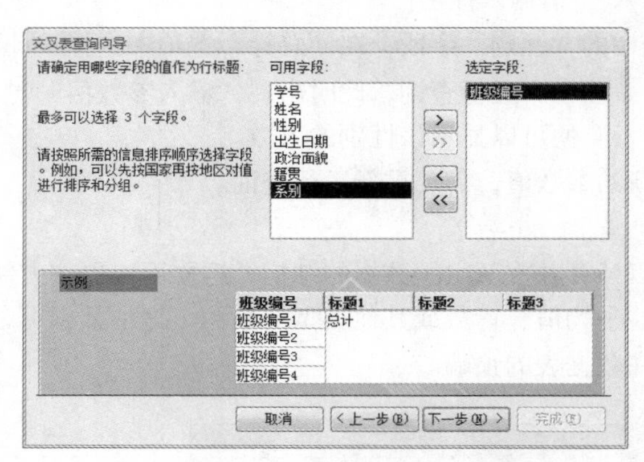

图 5-71 “交叉表查询向导”对话框 2

➢ 单击“下一步”按钮，弹出如图 5-72 所示对话框。在列表中选择“性别”字段。

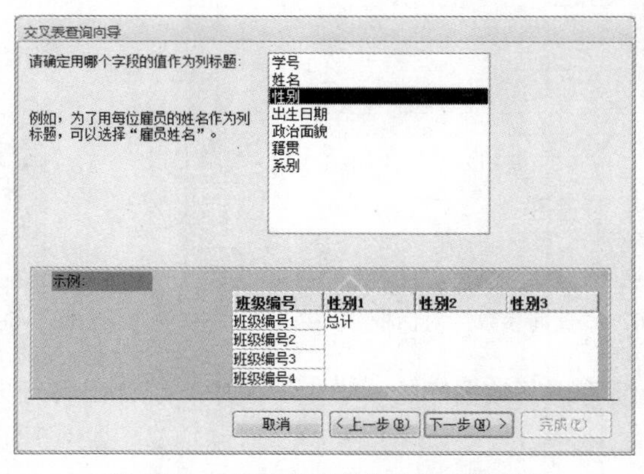

图 5-72 “交叉表查询向导”对话框 3

➢ 单击“下一步”按钮，弹出如图 5-73 所示对话框。在“字段”列表中选择“学号”字段，在“函数”列表中选择“计数”，取消“是，包括各行小计（Y）”复选框。

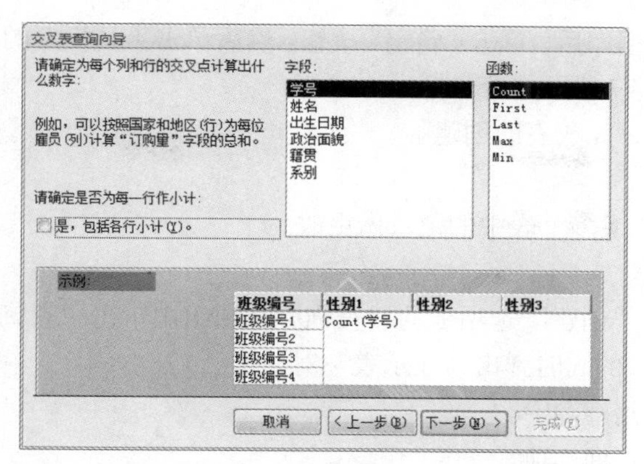

图 5-73 “交叉表查询向导”对话框 4

➢ 单击“下一步”按钮，弹出如图 5-74 所示对话框。在“请指定查询的名称:”文本框中输入“统计出各班男、女学生的人数”。

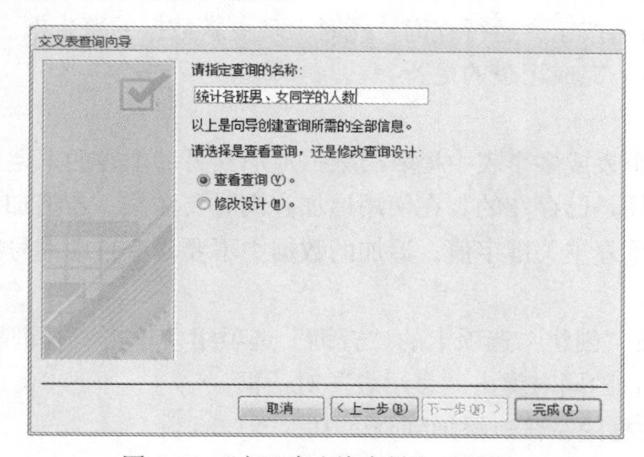

图 5-74 “交叉表查询向导”对话框 5

➢ 单击“完成”按钮。查询结果如图 5-75 所示。

4. 操作查询

操作查询就是对数据完成指定操作的查询，包括生成表查询、更新查询、追加查询和删除查询。

(1) 生成表查询

生成表查询是指利用一个或多个表中的数据通过查询来创建一个新表。

生成表的查询是在查询设计完成后，再增加以下 3 个步骤。

➢ 在“查询设计器”窗口打开的情况下，在“查询工具/设计”选项卡的“查询类型”选项组中单击“生成表”按钮，打开图 5-76 所示的“生成表”对话框。在此对话框中可以输入表的名字，同时可以指定生成的表是保存在当前数据库中还是指定的另一个数据库中。

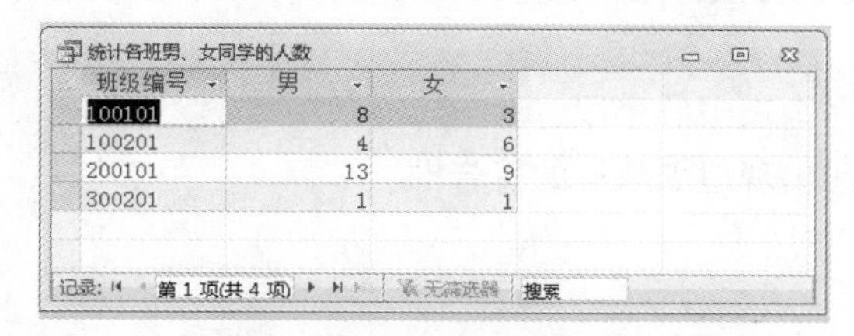

班级编号	男	女
100101	8	3
100201	4	6
200101	13	9
300201	1	1

图 5-75 “统计出各班男、女学生的人数”查询结果

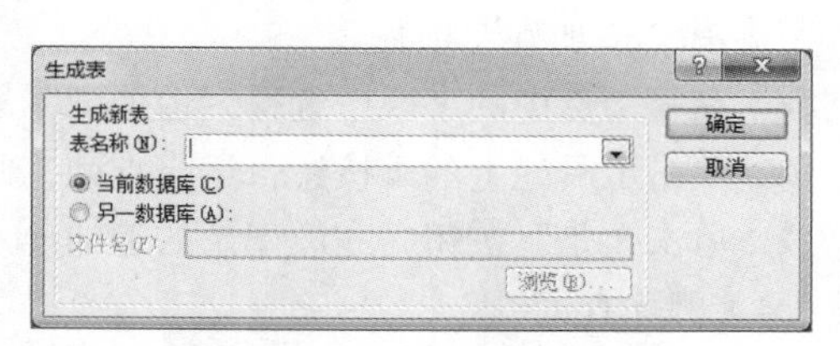

图 5-76 “生成表”对话框

- 设置好表名与数据库后，单击“确定”按钮。然后单击工具栏上的运行按钮，运行查询，此时出现如图 5-77 所示的警告框。
- 单击“是”按钮，完成表的创建。

（2）更新查询

更新查询就是对一个或多个表中的记录做更改。

具体操作步骤如下。

- 打开数据库，在“创建”选项卡的“查询”选项组中单击“查询设计”按钮。在打开“查询设计”窗口的同时弹出“显示表”对话框。
- 选择一张表添加到查询中。
- 选定字段、设置查询选项。
- 在“查询工具/设计”选项卡的“查询类型”选项组中单击“更新”按钮，将查询切换到更新查询方式。此时，查询设计器窗口下半部分会出现“更新到”项目。
- 对应字段的“更新到”栏中输入新内容。
- 单击工具栏上的按钮，运行查询，此时出现更新数据的警告框。
- 单击“是”按钮，完成记录的更新。

（3）追加查询

追加查询就是从一个表或多个表中提取出数据追加到另一个表的末尾。

要追加记录的表必须是已存在的。在使用追加查询时要注意：若追加记录的表中有主键时，追加记录不能有空值或重复主关键字值；追加的数据中不要含有自动编号字段。

具体操作步骤如下。

- 打开数据库，在“创建”选项卡的“查询”选项组中单击“查询设计”按钮。在打开“查询设计”窗口的同时弹出“显示表”对话框。
- 选择需要提取数据的一张表添加到查询中。
- 选定字段、设置查询选项。
- 在“查询工具/设计”选项卡的“查询类型”选项组中单击“追加”按钮，弹出“追加”对话框，如图 5-78 所示，选择数据要追加到的表名称和数据库。

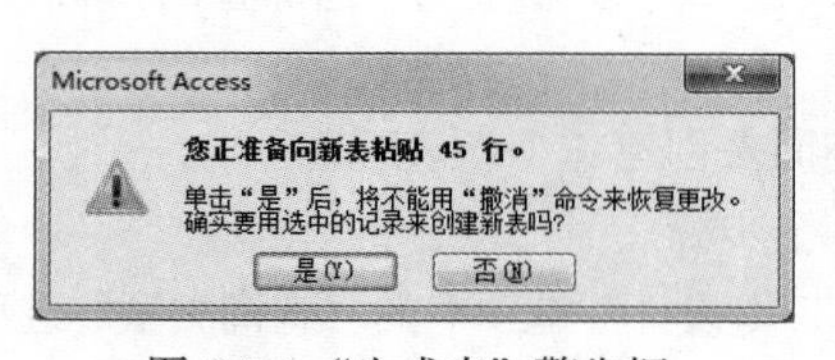

图 5-77 “生成表”警告框

图 5-78 “追加”对话框

- 按下“确定”按钮，将查询切换到追加查询方式。此时，查询设计器窗口下半部分会出现有“追加到”项目。
- 在每个选中的字段中选择“追加到”另一个表中的字段。
- 单击工具栏上的按钮，运行查询，此时出现追加数据的警告框。
- 单击“是”按钮，完成记录的追加。

（4）删除查询

删除查询就是从一个表或多个表中按照一定的条件删除一组记录。

具体操作步骤如下。

- 打开数据库，在“创建”选项卡的“查询”选项组中单击“查询设计”按钮。在打开“查询设计”窗口的同时弹出“显示表”对话框。
- 选择一张表添加到查询中。
- 选定字段、设置查询选项。
- 在“查询工具/设计”选项卡的“查询类型”选项组中单击“删除”按钮，将查询切换到删除查询方式。此时，查询设计器窗口下半部分会出现有“删除”项目。
- 在相关字段的“条件”中输入删除条件。
- 单击工具栏上的按钮，运行查询，此时出现删除数据的警告框。
- 单击“是”按钮，完成记录的删除。

5.7.3　使用 SQL 语句创建查询

在 Access 中，创建和修改查询最方便的方法是使用查询“设计”视图。但是，在创建查询时并不是所有的查询都可以在系统提供的查询设计视图中进行，有的查询只能通过 SQL 语句来实现。SQL 查询是使用 SQL 语句创建的一种查询。

1. 用 SQL 语句创建查询

具体操作步骤如下。

- 打开数据库，在“创建”选项卡的“查询”选项组单击“查询设计”按钮。在打开“查询设计”窗口的同时弹出“显示表”对话框。
- 关闭“显示表”对话框。
- 在“查询工具/设计”选项卡的“结果”选项组单击“SQL 视图”按钮 SQL，切换到“SQL 视图”，如图 5-79 所示。

图 5-79　SQL 视图

- 在 SQL 视图中输入相关的 SQL 语句。
- 单击工具栏上的按钮，运行查询。

2. SQL 语句

结构化查询语言（Structured Query Language，SQL）是一种综合的、通用的、功能极强的关系数据库语言。当前流行的几乎所有的基于关系模型的数据库管理系统（DBMS）都支持 SQL，而且也被许多程序设计语言所支持。

SQL 语言包括四个部分。

（1）数据定义：命令有 Create、Drop 和 Alter，分别用来定义数据表、删除数据表、修改数据表的结构等。

（2）数据操作：命令有 Insert、Update 和 Delete，分别用来对记录做插入、更新和加删除标记等。

（3）数据查询：命令是 Select，用于对表中数据进行提取和组合。

（4）数据控制：命令有 Grant、Revoke，用于对数据库提供必要的控制和安全防护等。

下面主要介绍 SQL-SELECT 语句的用法。

语法：

SELECT [ALL/DISTINCT] */字段列表

FROM 表名 1[, 表名 2]…

[WHERE 条件]

[GROUP BY 字段列表 [HAVING 条件]]

[ORDER BY 字段列表 [ASC/DESC]];

末尾的分号可以省略。

SELECT-SQL 语句的执行过程是这样的：根据 WHERE 子句的条件，从 FROM 子句指定的表中选取满足条件的记录，再按字段列表选取字段，得到查询结果。若有 GROUP BY 子句，则将查询结果按指定的字段列表进行分组。若 GROUP BY 后有 HAVING，则只输出满足条件的元组。若有 ORGER BY 子句，则查询结果按指定的字段列表中的字段值进行排序。

【例 5-22】 查询 1987 年出生的学生基本信息。

```
SELECT * FROM 学生表
WHERE 出生日期>=#1987-1-1# AND 出生日期<=#1987-12-31#;
```

【例 5-23】 查询所有姓李的学生的学号和姓名。

```
SELECT 学号, 姓名 FROM 学生表
WHERE 姓名 Like "李*";
```

【例 5-24】 查询统计学生表中男女学生的人数。

```
SELECT 性别,COUNT(*) AS 人数 FROM 学生表 GROUP BY 性别;
```

5.8 应用案例

5.8.1 应用案例 13——创建成绩管理数据库

1. 案例目标

创建 Access 数据库“成绩管理.accdb”，在数据库中创建学生表、课程表和成绩表，3 张表的结构分别如表 5-9、表 5-10 和表 5-11 所示。建立学生表和成绩表、课程表和成绩表之间的关系。向学生表中输入 5 条记录。分别将“学生表.xlsx”“课程表.xlsx”“成绩表.xlsx”中的数据导入学生表、课程表和成绩表中。对学生表进行排序和筛选。

2. 知识点

本案例涉及如下主要知识点。

（1）创建数据库。

（2）建立和维护表结构。

（3）录入表记录。

（4）从不同格式的文件中导入数据。

（5）建立表与表之间的关系。

（6）表记录的排序、筛选。

3. 操作步骤

（1）复制素材

新建一个实验文件夹（如 1501405001 张强 13），下载案例素材压缩包“应用案例 13-创建成绩管理数据库.rar”至该实验文件夹并解压缩。本案例中提及的文件均存放在此文件夹下。

（2）设计数据库系统

本数据库管理系统包含 3 个表，即学生表、课程表和成绩表。下面分别列出了这 3 张表的结构。

① 学生表。用于记录学生的基本信息，包括学号、姓名、性别、出生日期、政治面貌等字段，其逻辑结构如表 5-9 所示。

表 5-9　“学生”表数据表字段

字段名称	字段类型	字段大小	允许为空	备　注
学号	文本	10	否	主关键字
姓名	文本	8	是	
性别	文本	2	是	组合框：男或女
出生日期	日期/时间	短日期	是	输入掩码：短日期
政治面貌	文本	10	是	组合框：党员、团员或无
籍贯	文本	20	是	
班级编号	文本	6	是	
系别	文本	20	是	

② 课程表。用于记录学校所开设的课程信息，包括课程编号、课程名称及相应的学分等字段，其逻辑结构如表 5-10 所示。

表 5-10　“课程表”数据表字段

字段名称	字段类型	字段大小	允许为空	备　注
课程编号	文本	4	否	主关键字
课程名	文本	18	是	
课程类别	是/否		是	显示控件：复选框；默认值：True
学分	数字	小数	是	

③ 成绩表。用于记录学生所选课程的成绩信息，包括学号、课程编号以及成绩等字段，其逻辑结构如表 5-11 所示。

表 5-11　“成绩”表数据表字段

字段名称	字段类型	字段大小	允许为空	备　注
学号	文本	10	是	
课程编号	文本	4	是	
成绩	数字	整型	是	默认值：0

（3）创建数据库

➢ 启动 Microsoft Office Access 2010，创建一个空数据库，主界面如图 5-80 所示。在图 5-80

所示的窗口中单击"文件"选项卡，在左侧窗格中单击"新建"命令，在右侧窗格中单击"空数据库"选项。

图 5-80　Microsoft Office Access 2010 主界面

➢ 在右侧窗格右下方"文件名"文本框中，有一个默认的文件名"Database1.accdb"，将该文件名改为"成绩管理"，如图 5-81 所示。输入文件名时，如果未输入扩展名，Access 会自动添加。

➢ 单击图 5-81 右侧"浏览"按钮，弹出"文件新建数据库"对话框。在该对话框中，找到"应用案例 13-创建成绩管理数据库"文件夹并打开。

➢ 单击"确定"按钮，返回 Access 窗口。在右侧窗格下方显示要创建的数据库名称和保存位置，如图 5-82 所示。

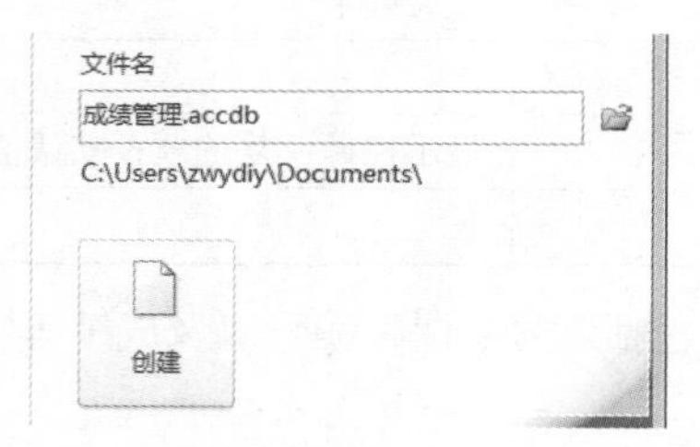

图 5-81　"文件名"文本框

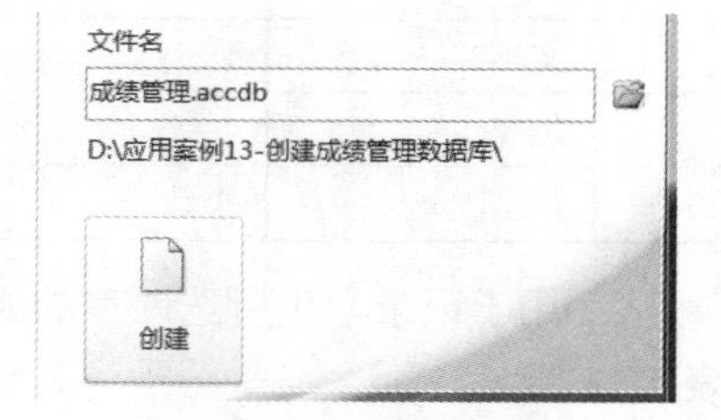

图 5-82　"文件新建数据库"对话框

➢ 单击图 5-82 所示的"创建"按钮，开始创建数据库，Access 会自动创建一个名称为"表 1"的数据表，该表以数据表视图方式打开，如图 5-83 所示。

（4）创建学生表

➢ 切换到"创建"选项卡，单击"表格"选项组中的"表设计"按钮，打开表的设计视图。

➢ 在表设计视图窗口中的第一行"字段名称"列中输入"学生"表中的第一个字段名"学号"，然后单击"数据类型"列，并单击其右侧的"下拉箭头"按钮，在弹出的下拉列表中列出了 Microsoft Office Access 2010 提供的所有数据类型。这里选择“文本”数据类型，如图 5-84 所示。

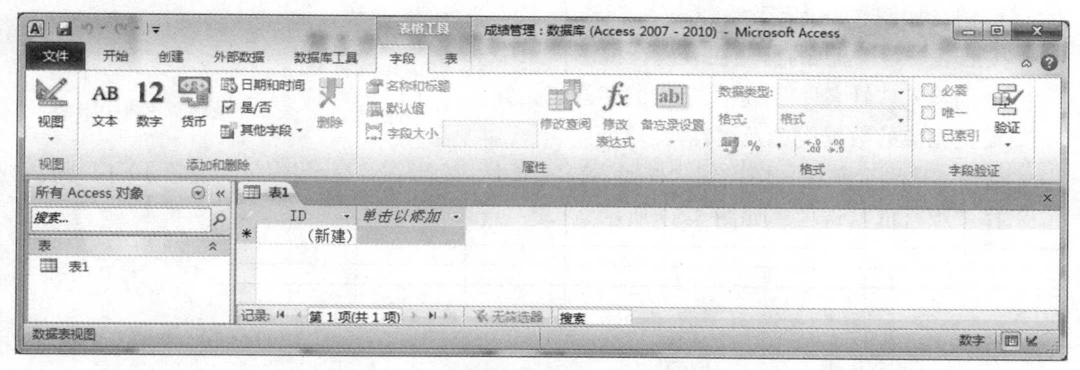

图 5-83　以数据表视图方式打开“表 1”

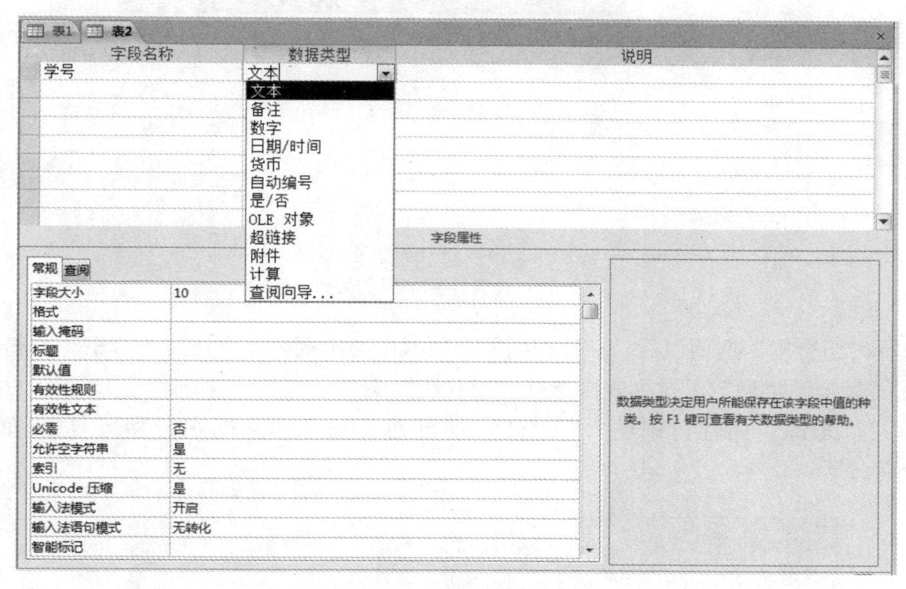

图 5-84　选择数据类型

➢ 在下方的“字段属性”的“常规”选项卡中，将“字段大小”属性值设置为“10”，将“必需”属性设置为“是”，将“允许空字符串”属性设置为“否”，如图 5-85 所示。

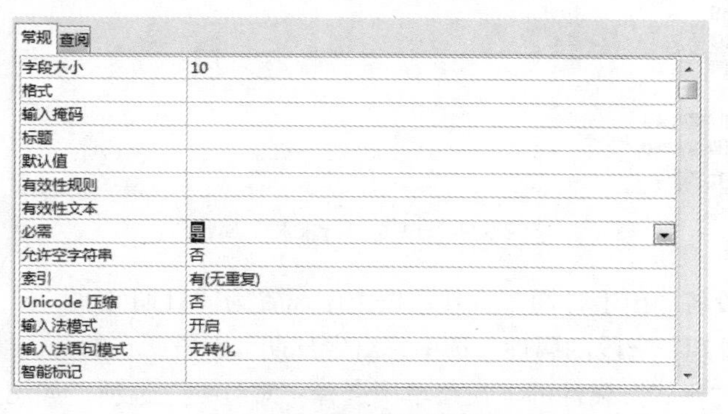

图 5-85　设置字段的属性

- 单击设计视图上部的“学号”字段行，单击“表格工具-设计”选项卡的“工具”选项组中的“主键”按钮，将“学号”字段设为主键，此时“学号”字段行前面出现“主键”标记，如图 5-86 所示。

图 5-86　设置“学号”字段为主键

- 按照表 5-9 提供的信息在表设计视图窗口中分别输入“姓名”“性别”字段的字段名，并设置相应的数据类型及属性。
- 选中“性别”字段，切换到“查阅”选项卡中，然后在“显示控件”对应的下拉列表中选择“组合框”选项，如图 5-87 所示。

字段属性

常规　查阅

显示控件	组合框
行来源类型	文本框
行来源	列表框
绑定列	组合框
列数	1
列标题	否
列宽	
列表行数	16
列表宽度	自动
限于列表	否
允许多值	否
允许编辑值列表	是
列表项目编辑窗体	
仅显示行来源值	否

图 5-87　设置性别字段的属性

- 选择“组合框”选项以后，在“查阅”选项卡中会出现一些基于“组合框”的属性，然后在“行来源类型”下拉列表中选择“值列表”选项。
- 在“行来源”属性行中输入"男";"女"（注意：输入西文的引号和分号），如图 5-88 所示。

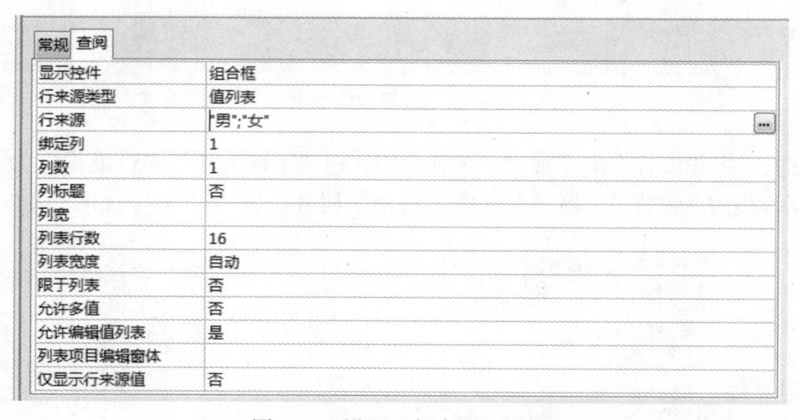

图 5-88　设置“行来源”属性

- 接着输入字段名“出生日期”将其数据类型设置为“日期/时间”。
- 设置“出生日期”字段的属性。选中“出生日期”字段所在的行，切换到“常规”选项卡中，然后在“格式”属性的下拉菜单中选择“短日期”选项，如图 5-89 所示。

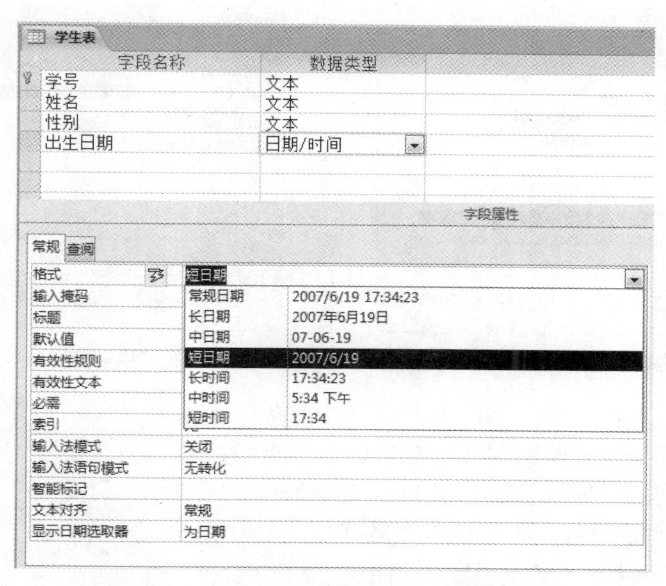

图 5-89　“出生日期”字段的格式属性

➢ 设置“出生日期”字段的“输入掩码”属性。选中“出生日期”字段行，在“输入掩码”属性行中单击鼠标左键，此时该框的右侧会出现一个“生成器”按钮 。单击该按钮，系统将弹出“输入掩码向导”对话框，提示是否保存数据表，如图 5-90 所示，单击“是”按钮弹出“另存为”对话框，提示用户输入待保存数据表的名称，在“表名称”文本框中输入“学生”表。
➢ 随后即打开“输入掩码向导”的第一个对话框，如图 5-91 所示。

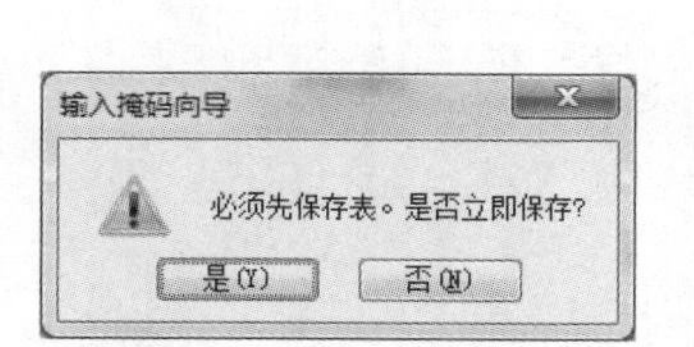

图 5-90　“输入掩码向导”对话框

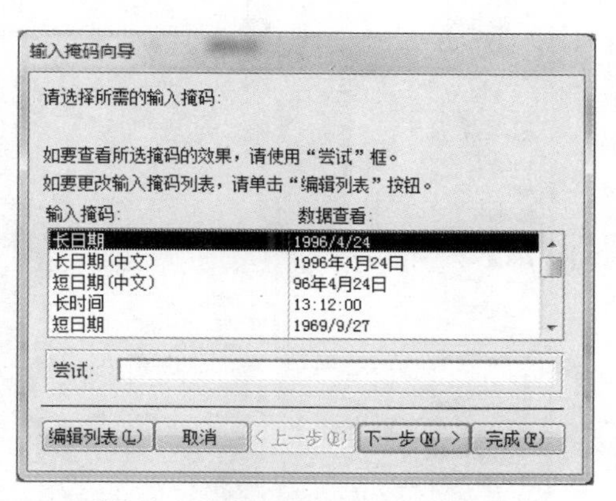

图 5-91　“输入掩码向导”对话框 1

➢ 在图 5-91 中有“输入掩码”和“数据查看”两个列表框，前者是“输入掩码”的类型名称，后者用于查看该类型名称对应的数据形式。这里选择如图 5-92 所示的“输入掩码”。
➢ 单击“下一步”按钮打开“输入掩码向导”的第 3 个对话框，如图 5-93 所示。
➢ 在图 5-93 中按图示确定“输入掩码”的格式和指定该字段中所需要显示的占位符，然后单击“下一步”按钮打开“输入掩码向导”的第 4 个对话框，如图 5-94 所示。

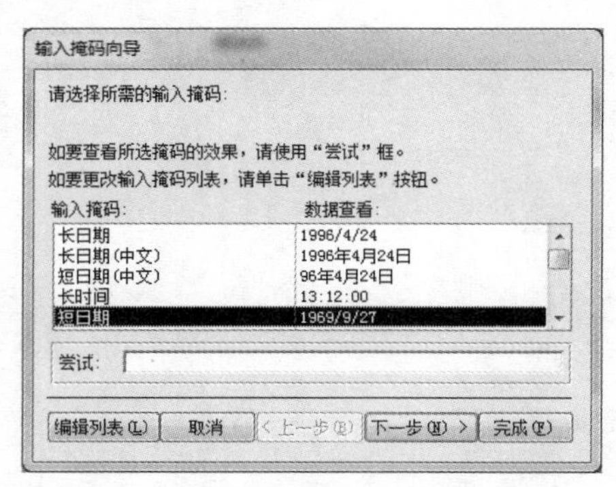

图 5-92 “输入掩码向导”对话框 2

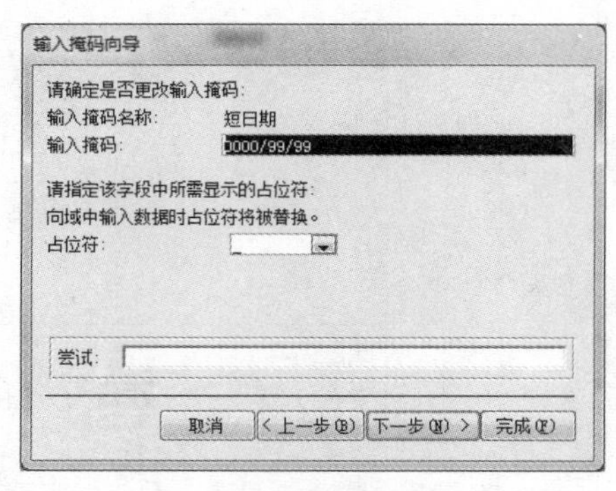

图 5-93 “输入掩码向导”对话框 3

➢ 单击“完成”按钮完成“输入掩码”属性的设置。

➢ 重复上面的步骤，按照表 5-9 提供的信息在“学生表”窗口中分别输入“政治面貌”“籍贯”“班级编号”“系别”等字段的字段名，并设置相应的数据类型及属性。“政治面貌”字段组合框的设置与“性别”字段组合框的设置类似。

➢ 所有字段输入并设置好属性后，创建好的“学生表”结构如图 5-95 所示。

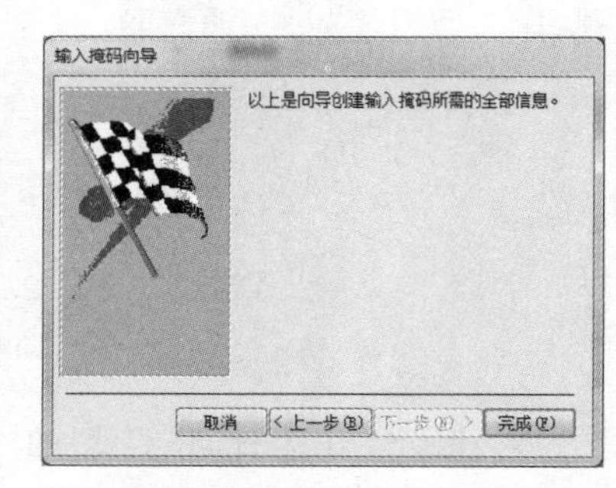

图 5-94 “输入掩码向导”对话框 4

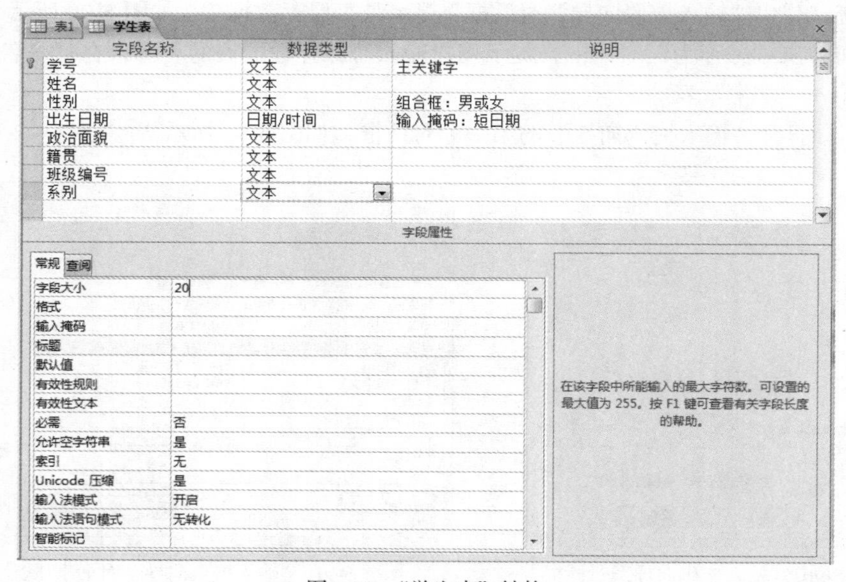

图 5-95 “学生表”结构

➢ 单击快速访问工具栏中的“保存”按钮，保存表，单击“学生表”设计窗口的关闭按钮，关闭“学生表”的设计窗口。

在导航窗格中会显示“学生表”的表名，如图 5-96 所示，完成“学生表”结构的设计过程，这时的数据表没有包含任何记录，为一个空表。

（5）创建课程表

➢ 切换到“创建”选项卡，单击“表格”选项组中的“表设计”按钮，打开表的设计视图。

➢ 在表设计视图窗口中的第一行“字段名称”列中输入“课程表”中的第一个字段名“课程编号”，然后单击“数据类型”列，选择“文本”数据类型。
➢ 在视图窗口下方的“字段属性”的“常规”选项卡中，将“字段大小”属性值设置为“4，将“必需”属性设置为“是”，将“允许空字符串”属性设置为“否”。
➢ 单击设计视图上部的“课程编号”行，单击“表格工具-设计”选项卡的“工具”选项组中的“主键”按钮，将“课程编号”字段设为主键，此时“课程编号”字段行前面出现“主键”标记。
➢ 按照表 5-10 提供的信息在表设计视图窗口中输入“课程名”字段名，并设置相应的数据类型及属性。
➢ 输入“课程类别”字段名，将其“数据类型”设置为“是/否”。
➢ 设置“课程类别”字段的默认值属性。在“默认值”属性对应的文本框中单击鼠标左键出现“生成器”按钮，然后单击该按钮打开“表达式生成器”对话框，如图 5-97 所示。

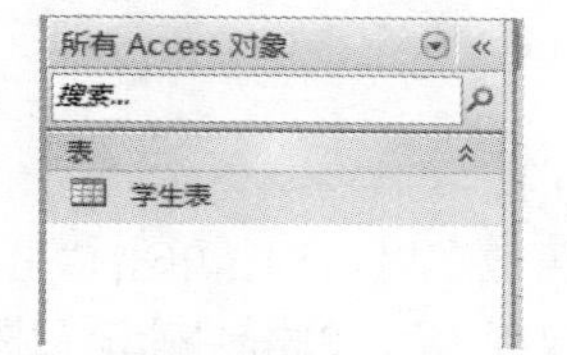

图 5-96　导航窗格显示“学生表”

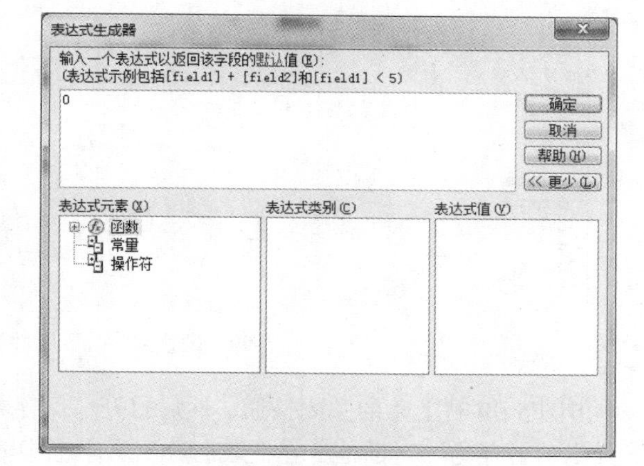

图 5-97　“表达式生成器”对话框 1

➢ 在左下角的表达式元素列表框内单击“常量”选项，此时右下角的表达值列表框中会显示常量值。在右下角的表达式列表框内双击“True”选项，将常量 True 添加到表达式窗口上面的列表框中，删除表达式窗口中其他值，如图 5-98 所示。

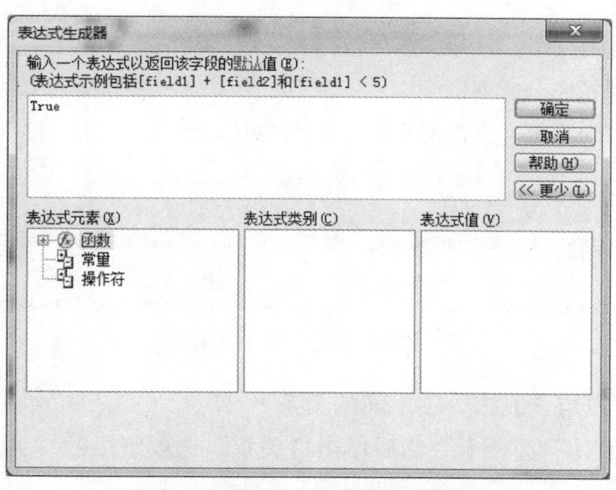

图 5-98　“表达式生成器”对话框 2

➢ 单击图 5-98 中的“确定”按钮即可完成“课程类别”字段的“默认值”属性的设置，并自动在“查阅”选项卡中设置显示控件为“复选框”。

➢ 输入“学分”字段名，将其“数据类型”设置为“数字”，然后切换到“常规”选项卡，在“字段大小”属性对应的文本框中选择“小数”，在“格式”属性文本框中选择“常规数字”，精度设置为 4，数值范围 1，小数位数 1，如图 5-99 所示。

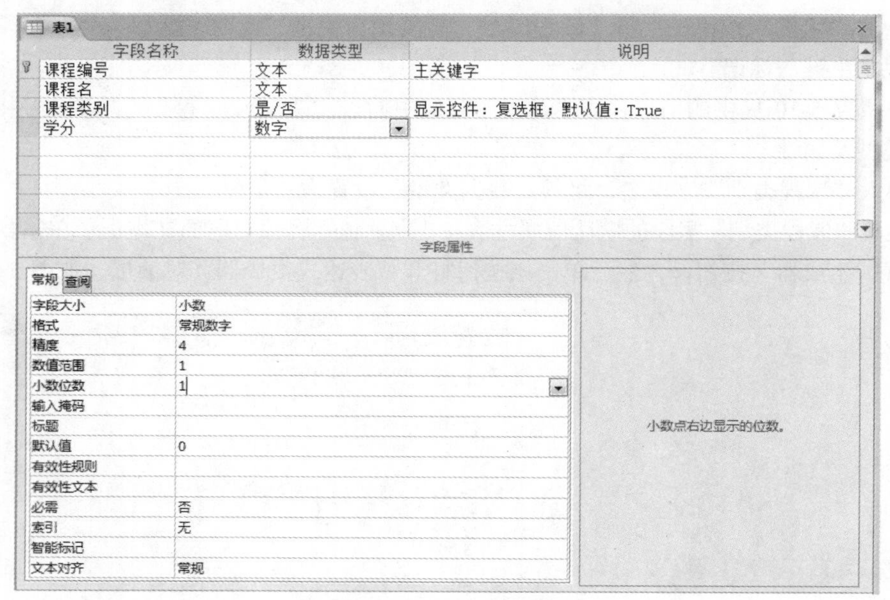

图 5-99　设置“学分”属性的结果

➢ 单击图 5-99 右上角的关闭按钮，然后打开“保存数据表更改”对话框，单击“是”按钮，弹出“另存为”对话框，在“表名称”文本框中输入“课程表”，单击“确定”按钮，完成“课程表”的创建。

（6）创建成绩表

➢ 切换到“创建”选项卡，单击“表格”选项组中的“表设计”按钮，打开表的设计视图。

➢ 按照表 5-11 提供的信息在表设计视图窗口中依次输入各字段的字段名，并设置相应的数据类型及属性。

➢ 单击右上角的关闭按钮，打开“保存数据表更改”对话框，单击“是”按钮，弹出“另存为”对话框，在“表名称”文本框中输入“成绩”表，单击“确定”按钮，完成“成绩”表的创建。此时会弹出尚未定义主键对话框，如图 5-100 所示，单击“否”按钮，选择不定义主键。

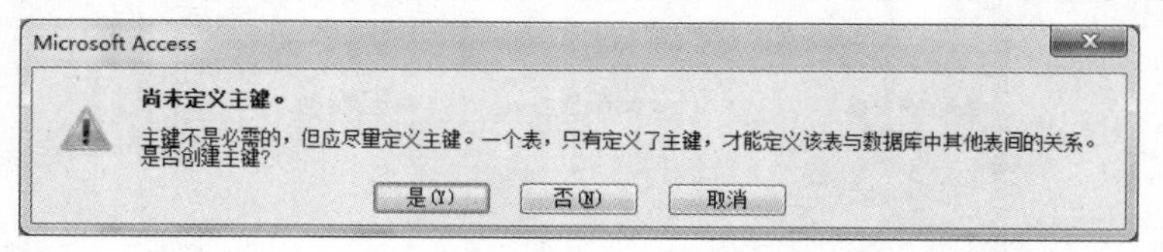

图 5-100　是否创建主键对话框

（7）创建“学生”表与“成绩”表之间的关系

➢ 单击“数据库工具”选项卡，然后单击“关系”选项组中的“关系”按钮，打开“关系”窗口和“显示表”对话框，如图 5-101 所示。

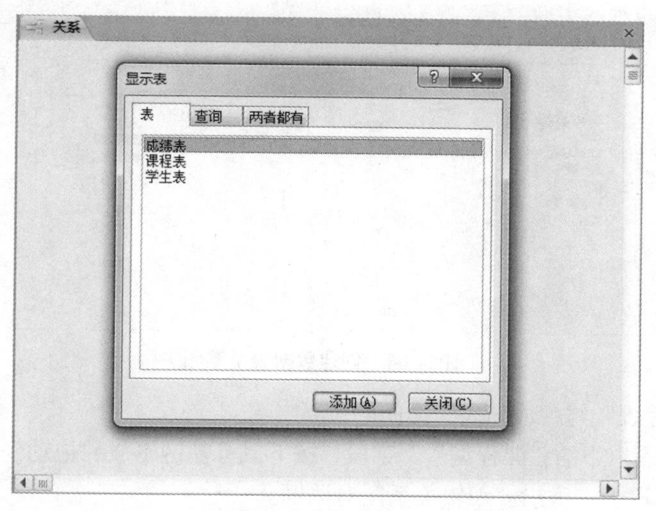

图 5-101　“关系”窗口和“显示表”对话框

- 选中图 5-101 中所有的数据表，方法为：先选中第一个表，按住【Shift】键单击最后一个数据表，即选中了全部表；然后单击“添加”按钮将“显示表”对话框中的所有数据表添加到“关系”窗口中用于创建“关系”。
- 添加完成后单击“关闭”按钮，关闭“显示表”对话框。添加的结果如图 5-102 所示。拖动表的标题栏可以移动表的位置。

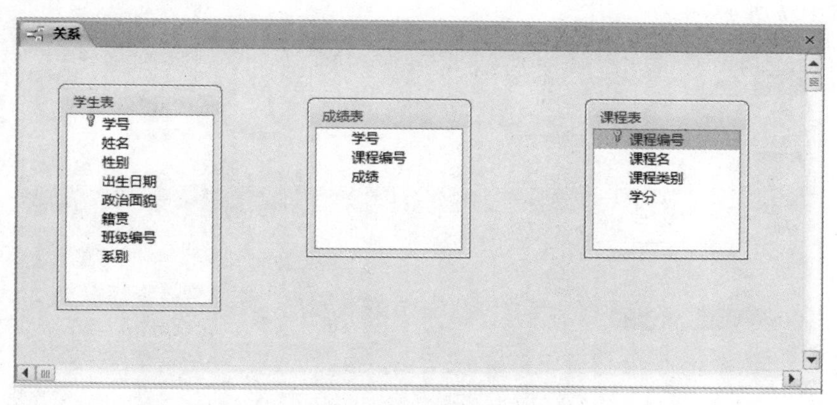

图 5-102　添加数据表的结果

- 选定“学生”表中的学号字段，按住鼠标左键不放并拖动到“成绩”表中的“学号”字段上，系统会弹出如图 5-103 所示的“编辑关系”对话框。
- 在“编辑关系”对话框中先勾选“实施参照完整性”复选框，然后勾选“级联更新相关字段”复选框和“级联删除相关字段”复选框。
- 单击“创建”按钮即创建了这两个数据表之间的关系，如图 5-104 所示。

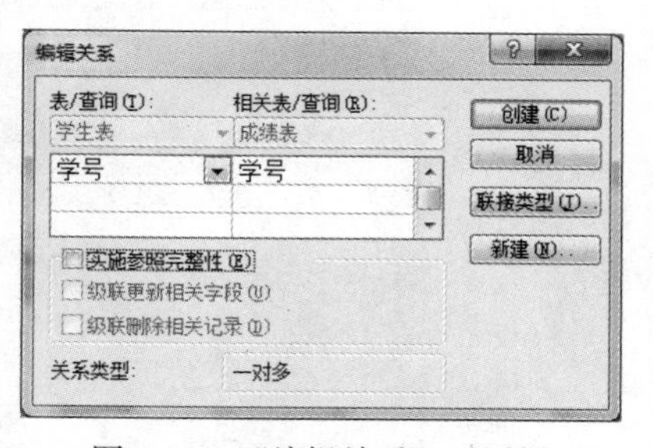

图 5-103　“编辑关系”对话框

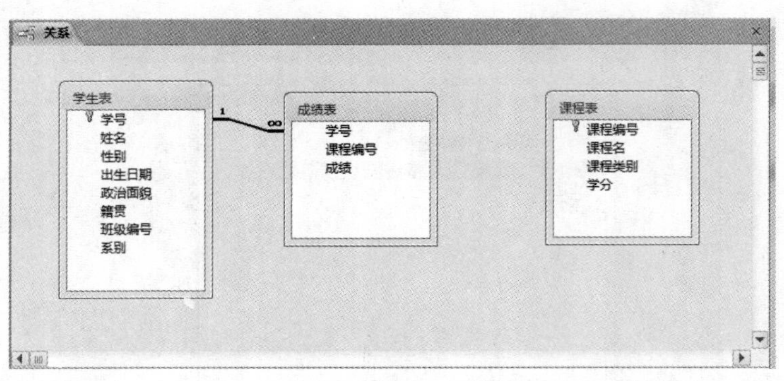

图 5-104　创建数据表关系图

（8）创建“课程表”与“成绩表”之间的关系

➢ 选定“课程表”中的“课程编号”字段，按下鼠标左键不放并拖动到“成绩表”中的“课程编号”字段上，弹出“编辑关系”对话框。

➢ 在“编辑关系”对话框中选中“实施参照完整性”复选框，然后单击“创建”按钮创建这两个数据表之间的关系。

➢ 单击“关系”窗口右上角的 × 按钮，弹出“保存关系布局更改”对话框，如图 5-105 所示，单击“是”按钮。

Microsoft Access
是否保存对‘关系’布局的更改?
是(Y)　否(N)　取消

图 5-105　保存关系布局更改窗口

（9）学生表数据的输入

➢ 在图 5-106 所示的窗口中选定“学生表”，直接双击打开学生表的数据表视图窗口，如图 5-107 所示。

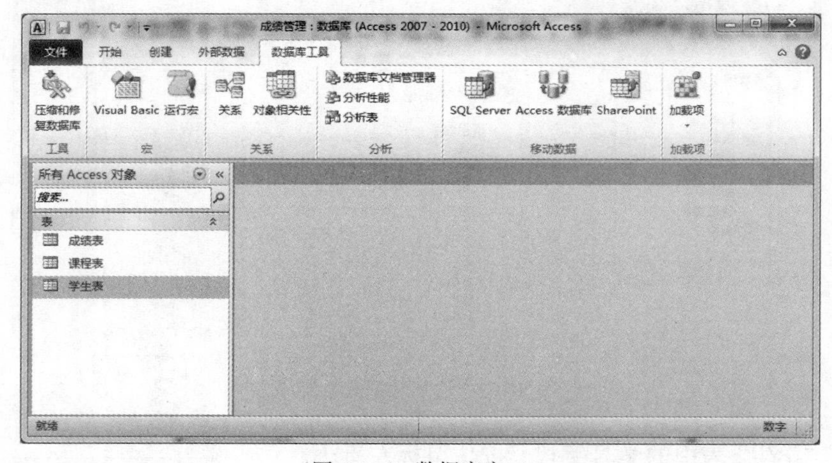

图 5-106　数据库窗口

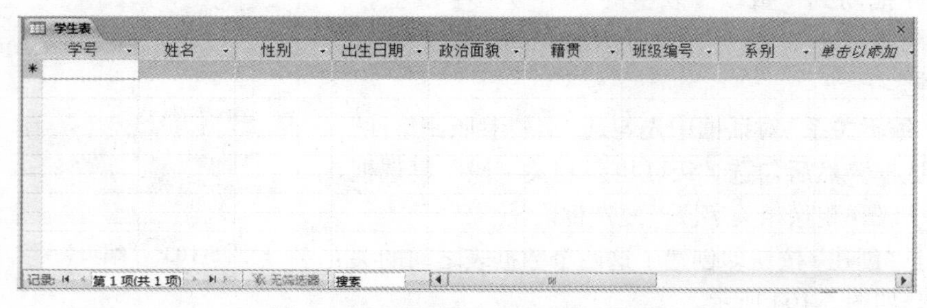

图 5-107　“学生表”数据表视图窗口

➢ 在如图 5-107 所示的数据表视图中按序输入表 5-12 所列的 5 条记录。

➢ 关闭学生表的数据表视图。

表 5-12　“学生”表数据

学　号	姓　名	性　别	出生日期	政治面貌	籍　贯	班级编号	系　别
1411034001	严治国	男	1996/02/09	团员	江苏南京	100101	计算机学院
1411034002	杨军华	男	1995/08/06	团员	江苏苏州	100101	计算机学院
1411034003	陈延俊	男	1995/10/09	团员	江苏扬州	100101	计算机学院
1411034004	王一冰	女	1994/11/06	党员	江苏苏州	100101	计算机学院
1411034005	赵朋清	女	1995/10/12	团员	江苏南通	100101	计算机学院

（10）导入 excel 工作簿数据到学生表

➢ 单击“外部数据库”选项卡，然后单击“导入并链接”选项组中的“导入 Excel”按钮，出现获取外部数据对话框，如图 5-108 所示。

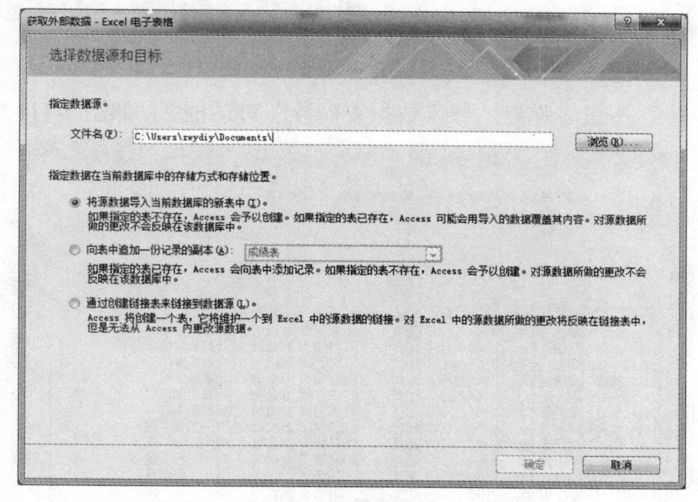

图 5-108　“获取外部数据”对话框 1

➢ 单击“浏览”按钮，选择要导入的 Excel 文件“学生表.xlsx”，“指定数据在当前数据库中的存储方式和位置”为“向表中追加一份记录的副本”，如图 5-109 所示。

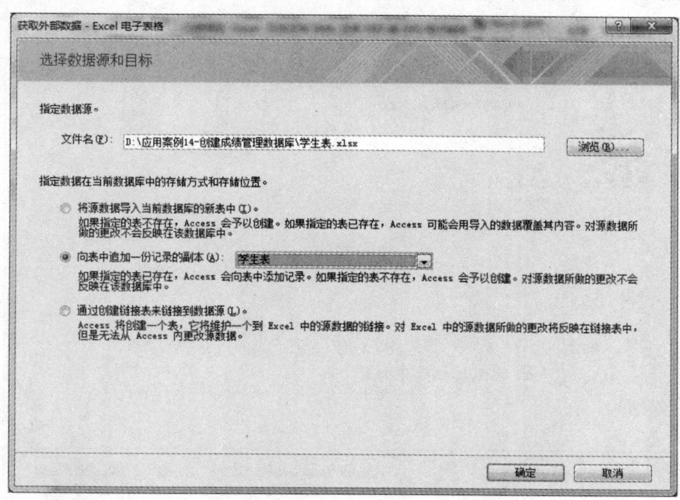

图 5-109　“获取外部数据”对话框 2

➢ 单击“确定”按钮，弹出“导入数据表向导”对话框 1，如图 5-110 所示。

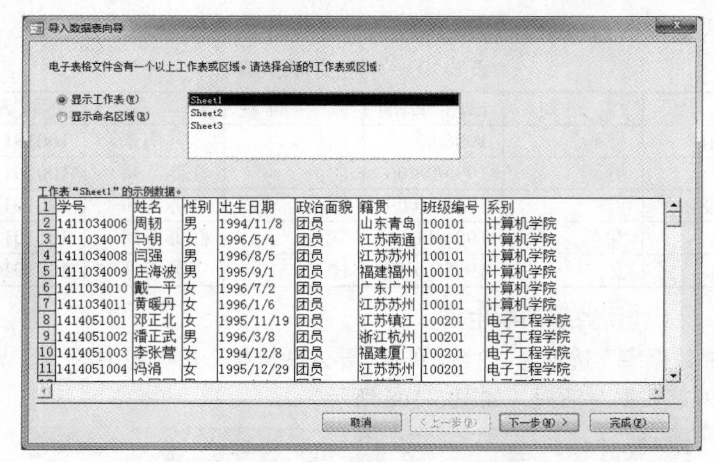

图 5-110 “导入数据表向导”对话框 1

➢ 单击“下一步”按钮，弹出“导入数据表向导”对话框 2，如图 5-111 所示。

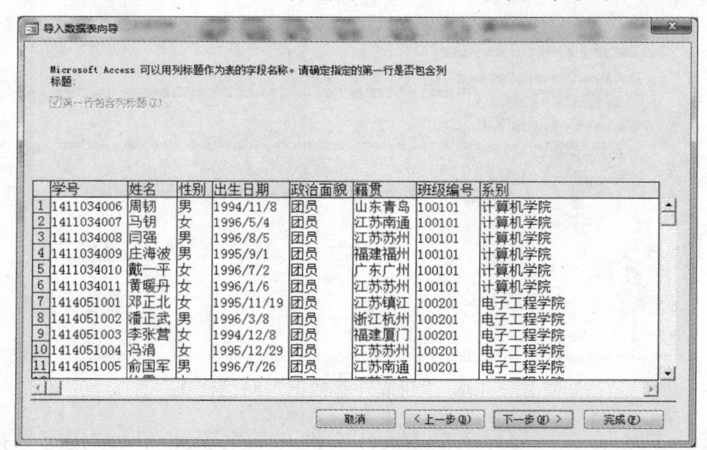

图 5-111 “导入数据表向导”对话框 2

➢ 单击“下一步”按钮，弹出“导入数据表向导”对话框 3，如图 5-112 所示。

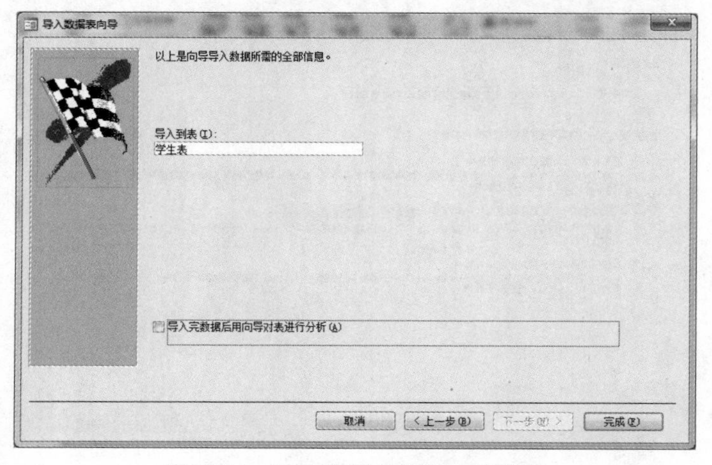

图 5-112 “导入数据表向导”对话框 3

➢ 单击“完成”按钮，弹出“获取外部数据”对话框，单击“关闭”按钮将“学生表.xlsx”导入到“成绩管理”数据库的学生表中。

（11）导入 excel 工作簿数据到课程表

➢ 单击“外部数据库”选项卡，然后单击“导入并链接”选项组中的“导入 Excel”按钮，出现获取外部数据对话框。

➢　在对话框中单击“浏览”按钮，选择要导入的 Excel 文件“课程表.xlsx”，“指定数据在当前数据库中的存储方式和位置”为“向表中追加一份记录的副本”，如图 5-113 所示。

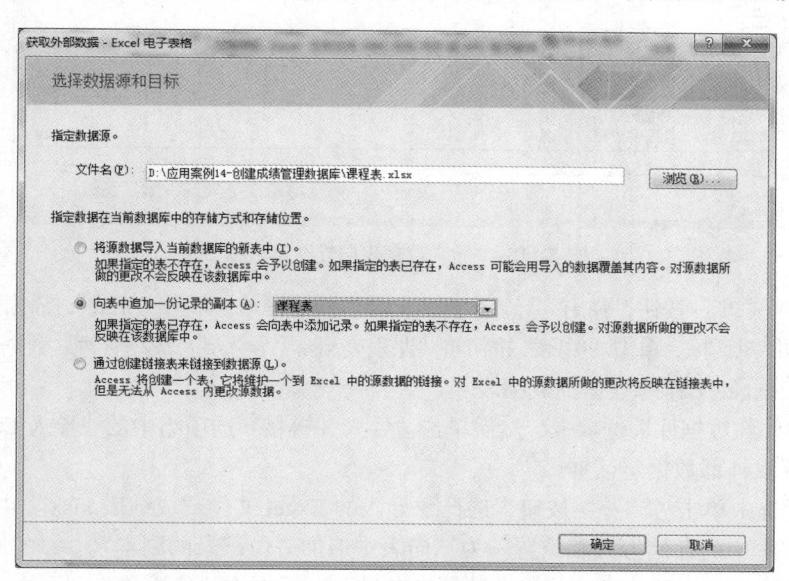

图 5-113　“获取外部数据”对话框

➢ 单击“确定”按钮，弹出“导入数据表向导”对话框 1，如图 5-114 所示。

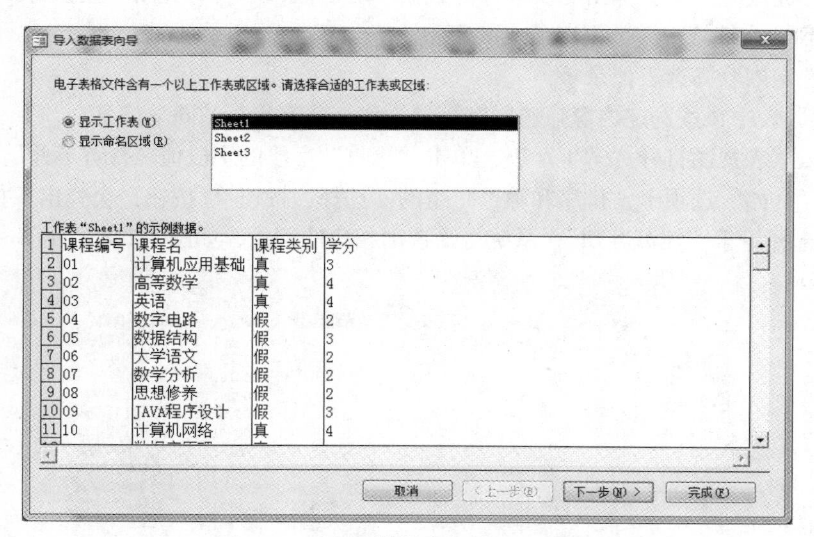

图 5-114　“导入数据表向导”对话框 1

➢ 单击“下一步”按钮，弹出“导入数据表向导”对话框 2，如图 5-115 所示。

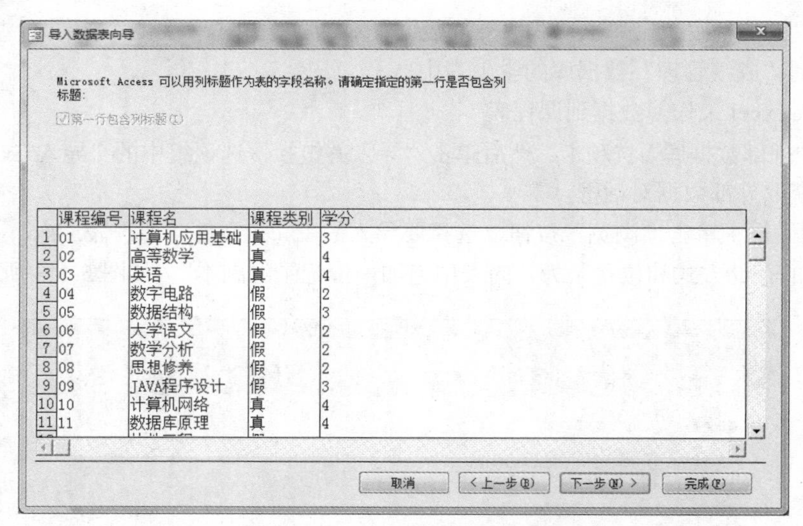

	课程编号	课程名	课程类别	学分
1	01	计算机应用基础	真	3
2	02	高等数学	真	4
3	03	英语	真	4
4	04	数字电路	假	2
5	05	数据结构	假	3
6	06	大学语文	假	2
7	07	数学分析	假	2
8	08	思想修养	假	2
9	09	JAVA程序设计	假	3
10	10	计算机网络	真	4
11	11	数据库原理	真	4

图 5-115 “导入数据表向导”对话框 2

- 单击“下一步”按钮，弹出“导入数据表向导”对话框 3，单击“完成”按钮，弹出“获取外部数据”对话框，单击“关闭”按钮将“课程表.xlsx”导入到“成绩管理”数据库的课程表中。

（12）导入 excel 工作簿数据到成绩表

- 单击“外部数据库”选项卡，然后单击“导入并链接”选项组中的“导入 Excel”按钮，出现获取外部数据对话框。
- 在对话框中单击“浏览”按钮，选择要导入的 Excel 文件“成绩表.xlsx”，“指定数据在当前数据库中的存储方式和位置”为“向表中追加一份记录的副本”。
- 单击“确定”按钮，弹出“导入数据表向导”对话框中，依次单击“下一步”按钮 2 次，弹出“导入数据表向导”对话框。
- 单击“完成”按钮，弹出“获取外部数据”对话框，单击“关闭”按钮将“成绩表.xlsx”导入到“成绩管理”数据库的成绩表中。

（13）按选定内容筛选表记录

在“学生”表中，按选定内容筛选所有籍贯为“江苏苏州”的同学信息。

- 使用数据表视图打开“学生”表，单击“籍贯”字段的字段值“江苏苏州”。
- 单击“开始”选项卡“排序和筛选”组的“选择”按钮按钮，会弹出下拉菜单，在菜单中选择等于“江苏苏州”，系统将筛选出相应的记录，如图 5-116 所示。

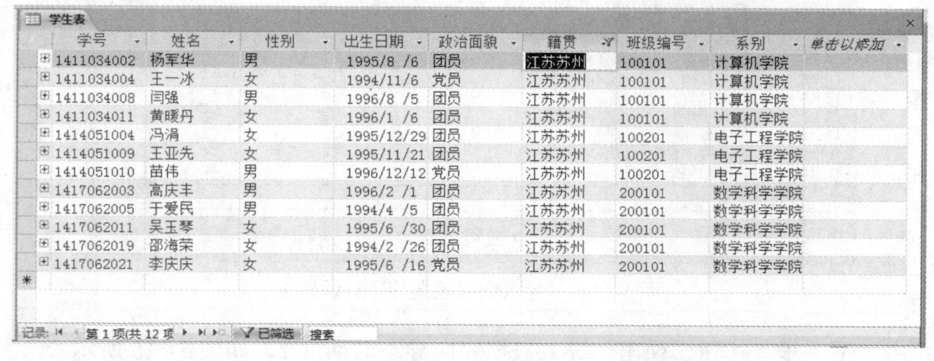

学号	姓名	性别	出生日期	政治面貌	籍贯	班级编号	系别	单击以添加
1411034002	杨军华	男	1995/8 /6	团员	江苏苏州	100101	计算机学院	
1411034004	王一冰	女	1994/11/6	党员	江苏苏州	100101	计算机学院	
1411034008	闫强	男	1996/8 /5	团员	江苏苏州	100101	计算机学院	
1411034011	黄暖丹	女	1996/1 /6	团员	江苏苏州	100101	计算机学院	
1414051004	冯涓	女	1995/12/29	团员	江苏苏州	100201	电子工程学院	
1414051009	王亚先	女	1995/11/21	团员	江苏苏州	100201	电子工程学院	
1414051010	苗伟	男	1996/12/12	党员	江苏苏州	100201	电子工程学院	
1417062003	高庆丰	男	1996/2 /1	团员	江苏苏州	200101	数学科学学院	
1417062005	于爱民	男	1994/4 /5	团员	江苏苏州	200101	数学科学学院	
1417062011	吴玉琴	女	1995/6 /30	团员	江苏苏州	200101	数学科学学院	
1417062019	邵海荣	女	1994/2 /26	团员	江苏苏州	200101	数学科学学院	
1417062021	李庆庆	女	1995/6 /16	党员	江苏苏州	200101	数学科学学院	

图 5-116 筛选籍贯为“江苏苏州”的同学信息

> ➢ 单击图 5-116 中籍贯右侧的筛选按钮，弹出图 5-117 所示的下拉菜单，单击“从籍贯清除筛选器”，取消筛选。
> ➢ 关闭“学生”表。Access 会提醒用户是否要保存对表的设计的修改。单击“否”按钮即可。

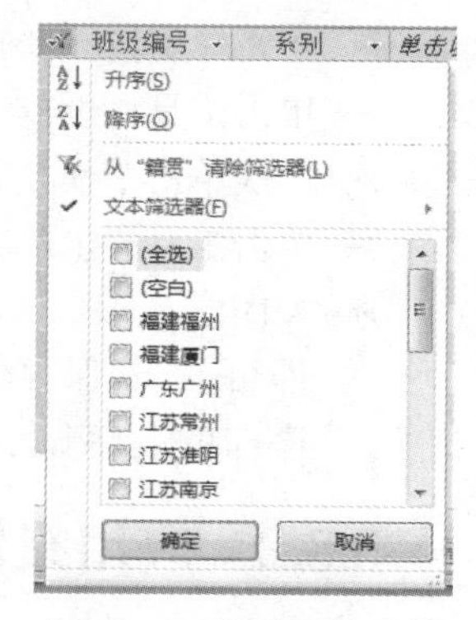

图 5-117　筛选下拉菜单

（14）按窗体筛选表记录和排序

在学生表中，按窗体筛选班级编号为“100101”性别为“男”，或者班级编号为“200101”性别为“女”的学生信息，结果按“姓名”的升序排列。

> ➢ 单击“开始”选项卡“排序和筛选”选项组的“高级”按钮 高级，会弹出下拉菜单。
> ➢ 在下拉菜单中单击“按窗体筛选”，打开“按窗体筛选”窗口，如图 5-118 所示。
> ➢ 单击“班级编号”字段下的空白行，单击“班级编号”字段旁的下拉按钮，选择“100101”，然后单击“性别”字段旁的下拉按钮，选择“男”，如图 5-119 所示。
> ➢ 单击窗口左下方的 或，然后单击“班级编号”字段旁的下拉按钮，选择“200101”，然后单击“性别”字段旁的下拉按钮，选择“女”。

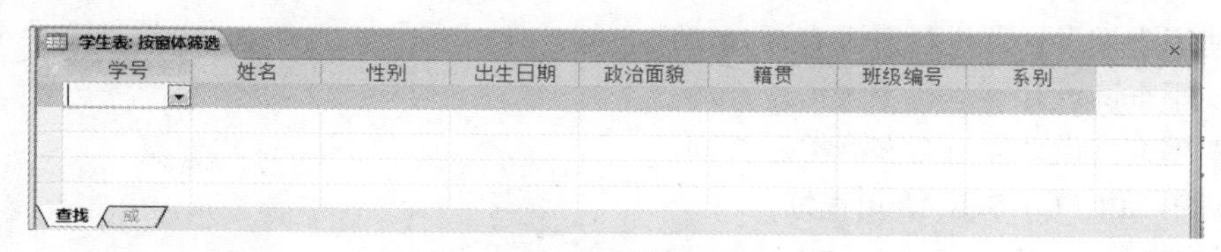

图 5-118　“按窗体筛选”窗口

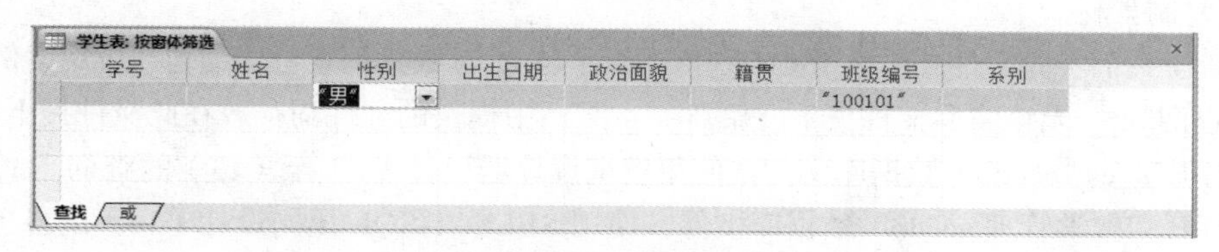

图 5-119　“按窗体筛选”窗口

> ➢ 筛选条件设置完成后，单击工具栏上的“切换筛选”按钮 切换筛选，筛选结果显示在数据表中，如图 5-120 所示。

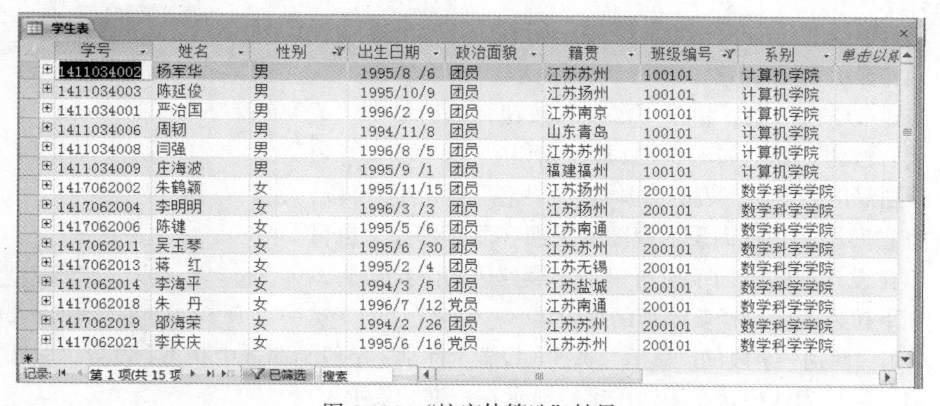
学生表

学号	姓名	性别	出生日期	政治面貌	籍贯	班级编号	系别	单击以添加
1411034002	杨军华	男	1995/8 /6	团员	江苏苏州	100101	计算机学院	
1411034003	陈延俊	男	1995/10/9	团员	江苏扬州	100101	计算机学院	
1411034001	严治国	男	1996/2 /9	团员	江苏南京	100101	计算机学院	
1411034006	周韧	男	1994/11/8	团员	山东青岛	100101	计算机学院	
1411034008	闫强	男	1996/8 /5	团员	江苏苏州	100101	计算机学院	
1411034009	庄海波	男	1995/9 /1	团员	福建福州	100101	计算机学院	
1417062002	朱鹤颖	女	1995/11/15	团员	江苏扬州	200101	数学科学学院	
1417062004	李明明	女	1996/3 /3	团员	江苏扬州	200101	数学科学学院	
1417062006	陈键	女	1995/5 /6	团员	江苏南通	200101	数学科学学院	
1417062011	吴玉琴	女	1995/6 /30	团员	江苏苏州	200101	数学科学学院	
1417062013	蒋　红	女	1995/2 /4	团员	江苏无锡	200101	数学科学学院	
1417062014	李海平	女	1994/3 /5	团员	江苏盐城	200101	数学科学学院	
1417062018	朱　丹	女	1996/7 /12	党员	江苏南通	200101	数学科学学院	
1417062019	邵海荣	女	1994/2 /26	团员	江苏苏州	200101	数学科学学院	
1417062021	李庆庆	女	1995/6 /16	党员	江苏苏州	200101	数学科学学院	

记录: 第 1 项(共 15 项)　已筛选　搜索

图 5-120　“按窗体筛选”结果

➢ 将光标定位于要排序的“姓名”字段中。
➢ 单击工具栏上的“升序”按钮升序，按照升序排序。
➢ 再次单击“切换筛选”按钮切换筛选，可以取消筛选。
➢ 单击工具栏上的按钮，可以取消筛选。
➢ 关闭学生表，Access 会提醒用户是否要保存对表的设计的修改。单击根据情况选择即可。（若保存修改，则下次打开表浏览时，记录将按姓名升序显示，否则还是按排序前的顺序显示记录）

5.8.2 应用案例 14——设计查询

1. 案例目标

打开 Access 数据库文件进行查询设计。本案例涉及的操作主要是使用查询设计器设计查询和使用 SELECT-SQL 语句设计查询。

2. 知识点

本案例涉及如下主要知识点。

（1）使用查询设计器进行单表查询。

（2）使用查询设计器进行多表查询。

（3）使用查询设计器进行单表汇总查询。

（4）使用查询设计器进行多表汇总查询。

（5）使用 SELECT-SQL 语句查询。

3. 操作步骤

（1）复制素材。

➢ 新建一个实验文件夹（如 1501405001 张强 14），下载案例素材压缩包“应用案例 14-设计查询.rar”至该实验文件夹下并解压。本案例中提及的文件均存放在此文件夹下。
➢ 打开“test. accdb”数据库文件，使用查询设计器设计（2）至（13）的查询。
➢ 打开“教学管理.accdb”数据库文件，使用 SELECT-SQL 语句设计（14）的各项 SQL 查询。

（2）打开“test.mdb”数据库文件，基于“学生”表查询所有女学生的名单，要求输出学号、姓名，查询保存为“cx1”。

➢ 打开数据库，在“创建”选项卡的“查询”选项组中单击“查询设计”按钮。在打开“查询设计”窗口的同时弹出“显示表”对话框，如图 5-121 所示。

图 5-121 添加查询数据源表

➢ 选择“学生”表，单击“添加”按钮，然后单击“关闭”按钮。弹出如图 5-122 所示窗口。
➢ 分别双击“学生”表的“学号”“姓名”“性别”字段，将它们添加到查询设计视图的下面字段行部分。也可以在设计视图下面字段行单击字段列边的下拉箭头，在下拉列表中选择要添加的字段名。
➢ 单击“性别”字段的“显示”属性，设置“性别”字段为非选中状态，设置“学号”和“姓名”字段为选中状态（选中字段显示在查询结果中）。

图 5-122　设计视图窗口 1

➢ 在“性别”字段的条件栏中输入“女”。设置完成后的界面如图 5-123 所示。

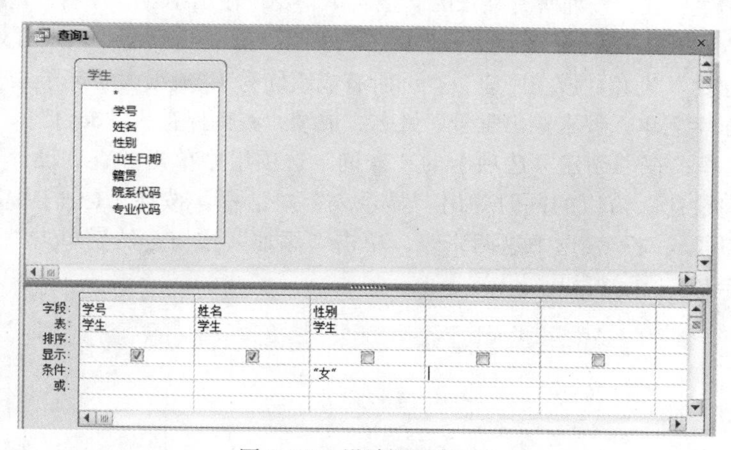

图 5-123　设计视图窗口 2

➢ 在“查询工具-设计”选项卡的“结果”选项组中单击“运行”按钮 ! 可以运行查询，查看查询结果，如图 5-124 所示。

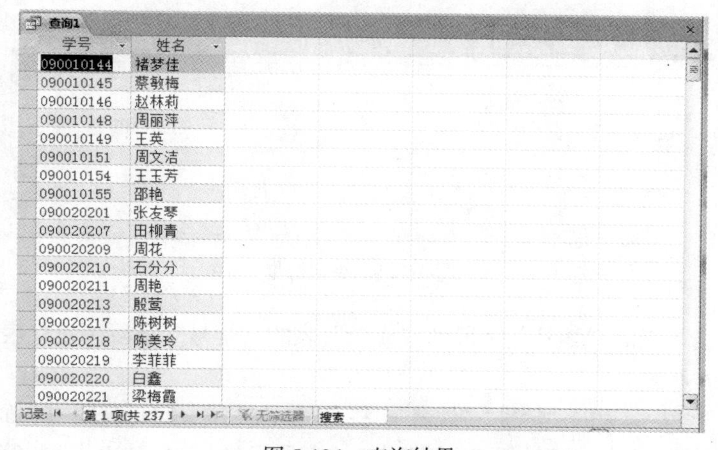

学号	姓名
090010144	褚梦佳
090010145	蔡敏梅
090010146	赵林莉
090010148	周丽萍
090010149	王英
090010151	周文洁
090010154	王玉芳
090010155	邵艳
090020201	张友琴
090020207	田柳青
090020209	周花
090020210	石分分
090020211	周艳
090020213	殷莺
090020217	陈树树
090020218	陈美玲
090020219	李菲菲
090020220	白鑫
090020221	梁梅霞

图 5-124　查询结果

➢ 单击快速访问工具栏上的按钮，指定“查询名称”为“cx1”，保存当前查询，单击查询窗口右上角的关闭按钮，关闭查询“cx1”。

（3）基于“学生”表查询所有籍贯为“山东”的学生的名单，要求输出学号、姓名，查询保存为“cx2”。

查询步骤与“cx1”基本类似，不同之处为：在“籍贯”字段的条件栏中输入“山东”。

（4）基于“学生”表，查询所有“1991 年 7 月”及其以后出生的学生名单，要求输出学号、姓名和出生日期，查询保存为“cx3”。

查询步骤与“cx1”基本类似，不同之处为：在“日期”字段的条件栏中输入西文字符">=#1991/7/1#"。

（5）基于“学生”表，查询所有“1991 年 1 月”出生的学生名单，要求输出学号、姓名和出生日期，查询保存为“cx4”。

查询步骤与“cx1”基本类似，不同之处为：在“日期”字段的条件栏中输入西文字符">=#1991/1/1# And <=#1991/1/31#"。

（6）基于“学生”表，查询所有姓张的学生名单，要求输出学号、姓名，查询保存为“cx5”。

查询步骤与“cx1”基本类似，不同之处为：在“姓名”字段的条件栏中输入西文字符 Like "张*"。

（7）基于“学生”表和“成绩”表，查询所有成绩优秀（“成绩大于等于 85 分且选择题大于等于 35 分”）的学生名单，要求输出学号、姓名、成绩，查询保存为“dcx1”。

➢ 打开数据库，在“创建”选项卡的“查询”选项组中单击“查询设计”按钮。在打开“查询设计”窗口的同时弹出“显示表”对话框，按住【Ctrl】键不放，单击“学生”表和“成绩”表选中这两张表，单击“添加”按钮，然后单击“关闭”按钮，弹出如图 5-125 所示窗口。

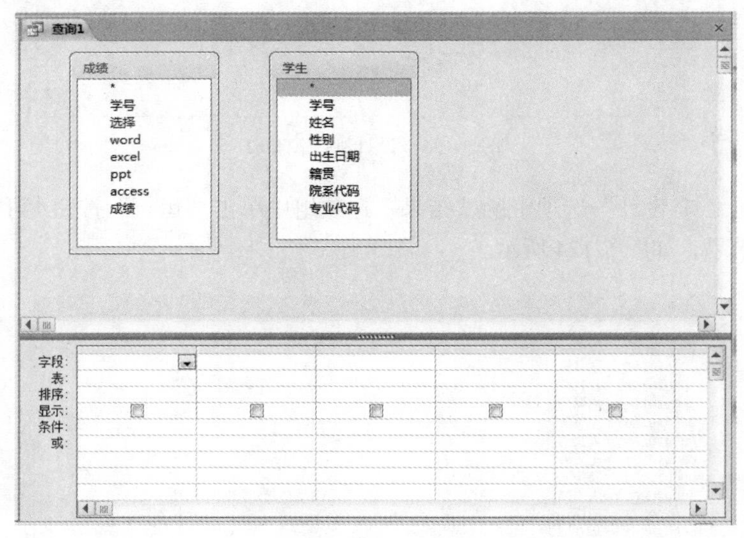

图 5-125　查询结果

➢ 拖动“学生”表的“学号”字段到“成绩”表的“学号”字段，建立表之间的临时关系，如图 5-126 所示。

➢ 分别双击“学生”表的“学号”“姓名”，将它们添加到查询设计视图的下面字段行部分。在查询界面的下面部分的表行选择“成绩”表，在字段行单击字段列边的下拉箭头，在下拉列表中分别选择要添加的“成绩”和“选择”字段。

➢ 单击“选择”字段的“显示”属性，设置“选择”字段为非选中状态，设置“学号”“姓名”“成绩”字段为选中状态（选中字段显示在查询结果中）。

➢ 在“成绩”字段的条件栏中输入“>=85”，在“选择”字段的条件栏中输入“>=35”。设置完成后的界面如图 5-127 所示。

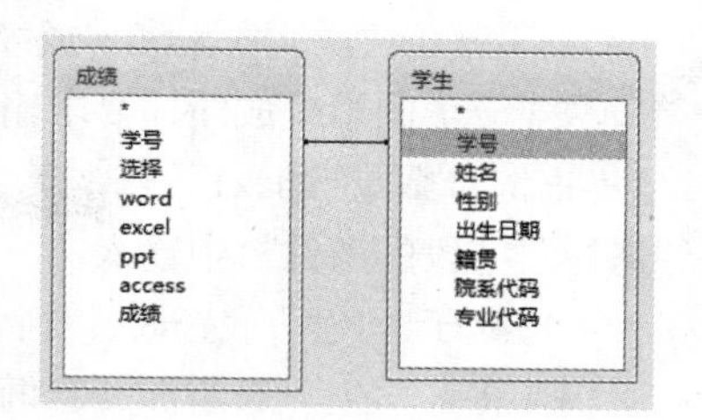

图 5-126　建立表之间的关系

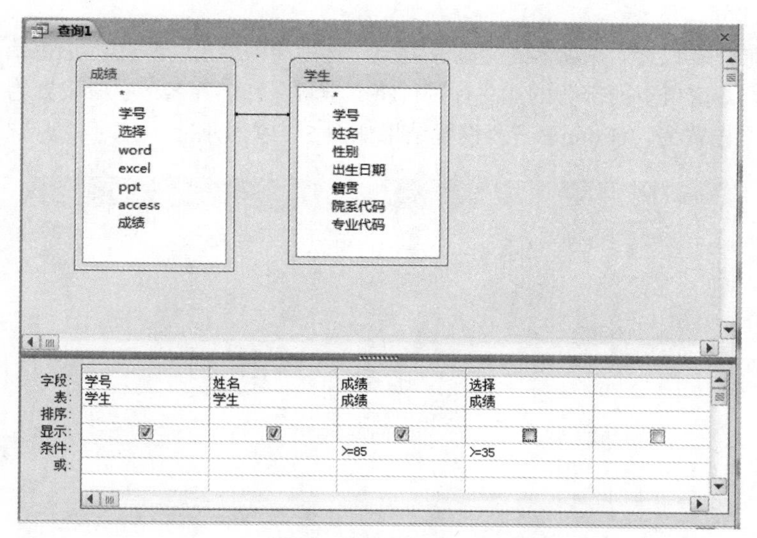

图 5-127　多表查询条件设置

➢ 在“查询工具-设计”选项卡的“结果”选项组中单击“运行”按钮！可以运行查询，查看查询结果，如图 5-128 所示。

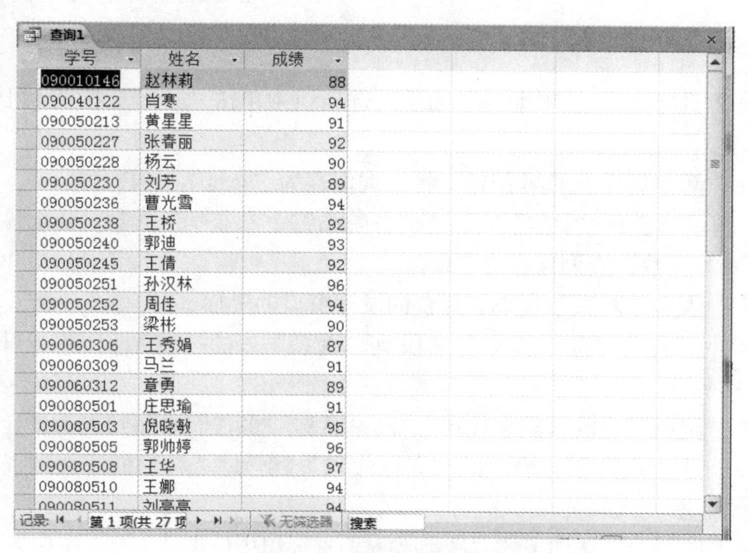

学号	姓名	成绩
090010146	赵林莉	88
090040122	肖寒	94
090050213	黄星星	91
090050227	张春丽	92
090050228	杨云	90
090050230	刘芳	89
090050236	曹光雪	94
090050238	王桥	92
090050240	郭迪	93
090050245	王倩	92
090050251	孙汉林	96
090050252	周佳	94
090050253	梁彬	90
090060306	王秀娟	87
090060309	马兰	91
090060312	章勇	89
090080501	庄思瑜	91
090080503	倪晓敏	95
090080505	郭帅婷	96
090080508	王华	97
090080510	王娜	94

图 5-128　多表查询结果

➢ 单击快速访问工具栏上的按钮，指定“查询名称”为“dcx1”，保存当前查询，关闭查询。

（8）基于“学生”表和“成绩”表，查询所有成绩合格（成绩大于等于 60 分且选择得分大于等于 24 分）的学生成绩，要求输出学号、姓名、成绩，查询保存为“dcx2”。

查询步骤与“dcx1”基本类似，不同之处为：在“成绩”字段的条件栏中输入“>=60”，在“选择”字段的条件栏中输入“>=24”。

（9）基于“学生”表查询第一个男、女学生的名单，要求输出学号、姓名、性别，查询保存为“fcx1”。

- 将“学生”表添加到查询设计窗口中。
- 分别双击“学生”表的“学号”“姓名”“性别”字段，将它们添加到查询设计视图的下面字段行部分。
- 在“查询工具-设计”选项卡的“显示/隐藏”选项组中单击“汇总”按钮Σ，打开总计功能。
- 在查询设计窗口下面部分的“总计”行将“学号”和“姓名”字段设置为“First”,将“性别”字段设置为“Group By”，设置结果如图 5-129 所示。

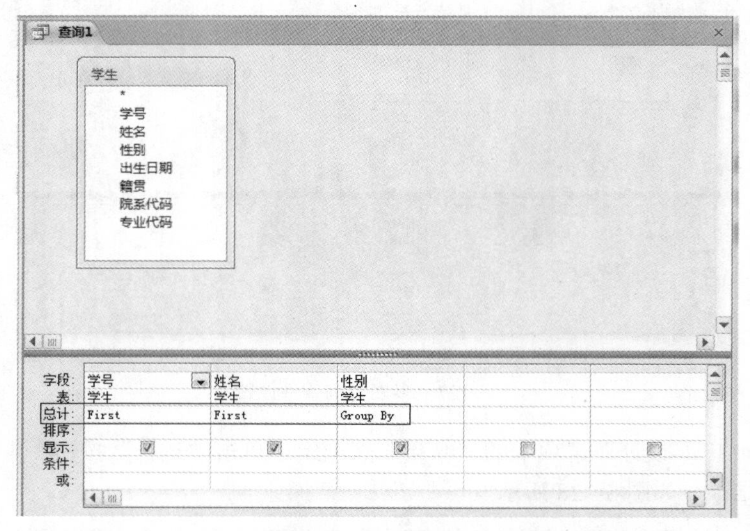

图 5-129　汇总查询设置

- 在“查询工具-设计”选项卡的“结果”选项组中单击“运行”按钮！可以运行查询，查看查询结果。
- 单击快速访问工具栏上的按钮，将查询保存为“fcx1”。

（10）基于“院系”表和“学生”表，查询各院系每个专业学生人数，要求输出院系代码、院系名称、专业代码和人数，查询保存为“fcx2”。

- 将“学生”表和“院系”表添加到查询设计窗口的上面部分。
- 拖动“学生”表的“院系代码”字段到“院系”表的“院系代码”字段，建立表之间的临时关系。
- 分别双击“院系”表的“院系代码”“院系名称”将它们添加到查询设计视图的下面字段行部分。分别双击”学生表”的“专业代码”“学号”，将它们添加到查询设计视图的下面字段行部分。
- 在“查询工具-设计”选项卡的“显示/隐藏”选项组中单击“汇总”按钮Σ，打开总计功能。
- 在查询设计窗口下面部分的“总计”行将“院系代码”“院系名称”“专业代码”设置为“Group By”，将“学号”字段的“总计”行设置为“计数”。设置结果如图 5-130 所示。

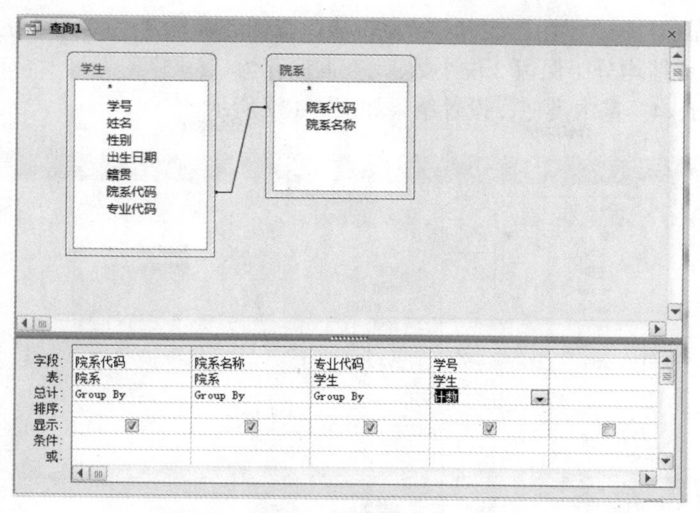

图 5-130　多表汇总查询设置 1

➢ 单击“运行”按钮！，可以运行查询，查看查询结果。单击保存按钮，将查询保存为“fcx2”。

（11）基于“院系”表和“学生”表，查询各院系男女学生人数，要求输出院系代码、院系名称、性别和人数，查询保存为“fcx3”。

查询步骤与“fcx2”基本类似，不同之处为：将在“专业代码”字段的改为“性别”。

（12）基于”院系表”“学生”表和“成绩”表，查询各院系成绩合格（成绩大于等于 60 分）学生人数，要求输出院系代码、院系名称和合格人数，查询保存为“fcx4”

查询步骤与“fcx2”基本类似，不同之处为：

➢ 拖动”学生表”的“学号”字段到“成绩”表的“学号”字段，建立表之间的临时关系。拖动“学生”表的“院系代码”字段到“院系”表的“院系代码”字段，建立表之间的临时关系。

➢ 将“院系代码”“院系名称”设置为“Group By”。将“学号”字段的“总计”行设置为“计数”；将“成绩”字段的“总计”行设置为“Where”，在其条件行输入“>=60”。设置结果如图 5-131 所示。

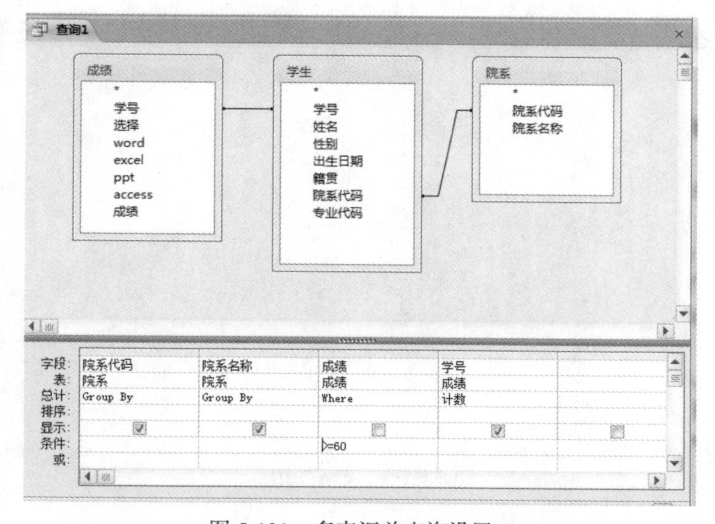

图 5-131　多表汇总查询设置 2

（13）基于“院系”表“学生”表和“成绩”表，查询各院系学生成绩的均分，要求输出院系代码、院系名称、成绩均分（保留 2 位小数），查询保存为“fcx5”。

查询步骤与“fcx4”基本类似，设置结果如图 5-132 所示。

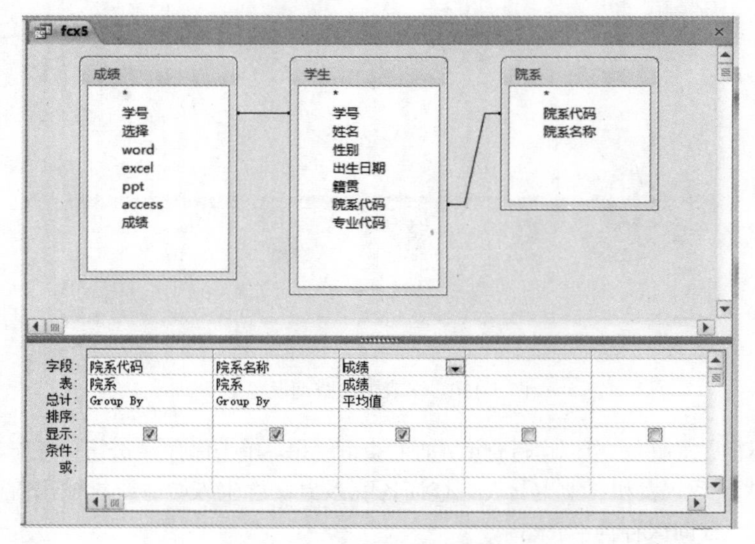

图 5-132　多表汇总查询设置 3

将光标定位在成绩字段，右击打开“属性”窗口，在“常规”选项卡中，将“格式”设置为“固定”，将“小数位数”设置为“2”即可。

（14）打开“教学管理.accdb”数据库文件，使用 SELECT-SQL 语句设计以下查询。

使用 SQL 语句创建查询的具体步骤如下。

- 打开数据库，在“创建”选项卡的“查询”选项组中单击“查询设计”按钮。在打开“查询设计”窗口的同时弹出“显示表”对话框，关闭“显示表”对话框。
- 在“查询工具-设计”选项卡的“结果”选项组中单击“SQL 视图”按钮 SQL，切换到“SQL 视图”，如图 5-133 所示。

图 5-133　SQL 视图

- 在 SQL 视图中输入相关的 SQL 语句。

➢ 单击“运行”按钮!，可以运行查询，查看查询结果。单击保存按钮，将查询保存。

使用 SQL-SELECT 语句设计以下查询：

① 查询学生表中所有学生的基本信息，并保存为“scx1”。

```
SELECT 学号，姓名，性别，出生日期，政治面貌，籍贯，班级编号，系别 FROM 学生表
```

因为*号可以表示所有的字段，所以上述语句可以改为：

```
SELECT * FROM 学生表
```

② 查询教师表中所有教师的编号，姓名和工龄，并保存为“scx2”。

```
SELECT 教师编号，姓名，Year(Date())-Year (工作时间) AS 工龄 FROM 教师表
```

③ 查询所有姓“李”的学生的基本情况，并保存为“scx3”。

```
SELECT * FROM 学生表 WHERE 姓名 LIKE "李*"
```

④ 显示学生表中的所有院系名称，查询结果中不出现重复的记录，并保存为“scx4”。

```
SELECT DISTINCT 系别 FROM 学生表
```

⑤ 查询平均分在 75 分以上，并且没有一门课程在 70 分以下的学生的学号和平均分，并保存为“scx5”。

```
SELECT 学号，Avg(成绩) AS 平均分 FROM 成绩表 GROUP BY 学号
HAVING Avg(成绩)>=75 AND Min(成绩)>=70
```

⑥ 查询课程表中所有必修课的课程编号、课程名和对应的学分，并保存为“scx6”。

```
SELECT 课程编号，课程名，学分 FROM 课程表 WHERE 课程类别=True
ORDER BY 课程编号
```

⑦ 按班级查询各科成绩不及格学生的人数，按班级编号和课程编号降序排列，并保存为“scx7”。

```
SELECT 班级编号，课程编号，Count(*) AS 人数
FROM 学生表 INNER JOIN 成绩表 ON 学生表.学号=成绩表.学号
WHERE 成绩<60
GROUP BY 班级编号，课程编号
ORDER BY 班级编号，课程编号
```

⑧ 查询没有学过“计算机应用基础”课程的学生的学号、姓名和所在院系，并保存为“scx8”。

```
SELECT 学号，姓名，系别 FROM 学生表
WHERE 学号 NOT IN (SELECT 学号 FROM 成绩表 WHERE 课程编号="01")
```

第6章 综合案例

6.1 案 例 一

一、实验准备

新建一个实验文件夹（如 1501405001 张强 15），下载素材压缩包“综合案例一.rar”至该实验文件夹下并解压。本章中提及的文件均存放在此文件夹下。

二、编辑 Word 文档

参考如图 6-1 所示样张，完成下列操作。

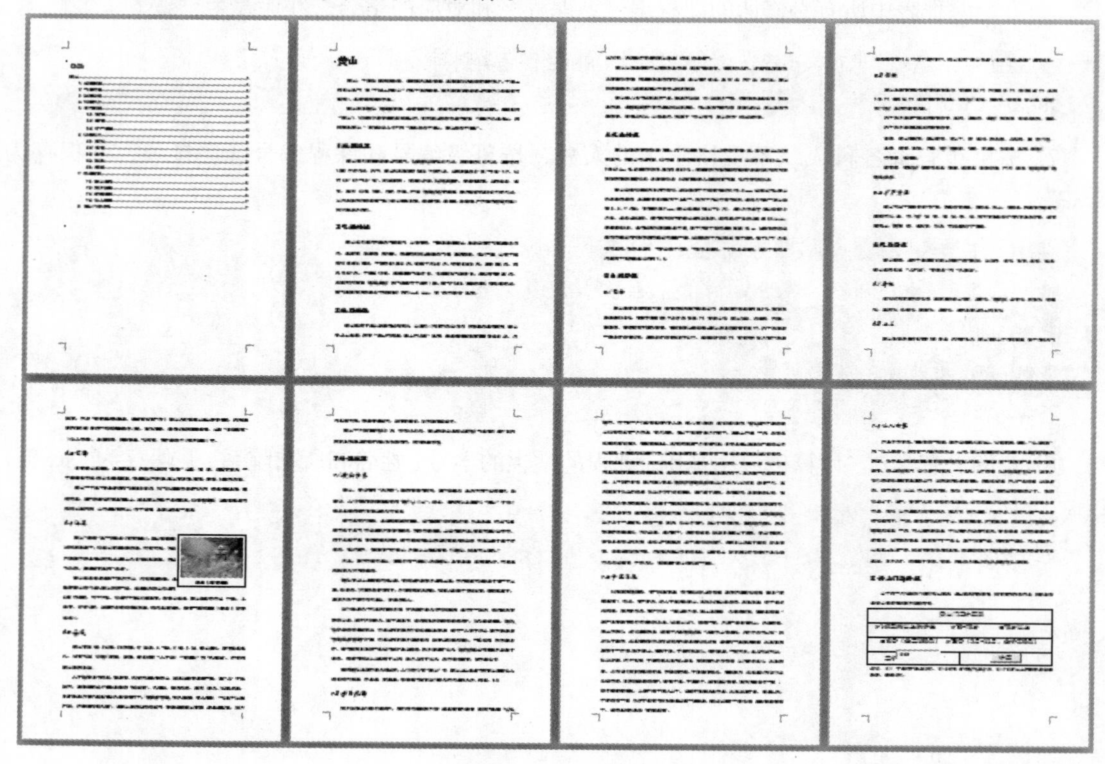

图 6-1 Word 样张

（1）打开文档“黄山.docm”。

（2）运用替换功能将文中形如“[1]”“[4]”……的内容删除（共有 16 处）。

（3）将标题“黄山”的样式设为“标题 1”。

（4）新建样式“Test 二级”：楷体、三号、加粗、段前 1 行、段后 0.5 行、2 级大纲级别，并将该样式应用在文中形似“1 地理位置”的段落（共有 7 处）上。

（5）参考样张，找到文章“6.4 温泉”，在其右侧的表格中插入“飘雪温泉.jpg”，并为图片添加题注为“图表 1 飘雪温泉”，放在标签为“图表”位置所选项目下方。

（6）在插入图片的下方找到“……尤其是皮肤病，均有一定的功效（ ）。”，在“( )”中间插入交叉引用“图表 1 飘雪温泉”

（7）在文档标题“黄山”之前插入目录，目录样式为“自动目录 2”，在目录之后插入一个分页符。

（8）最后一页有一个票价折扣计算器，完善“计算”按钮的 Click 代码，使之能按表下方的说明给出不同条件下的票价。

（9）保存“黄山.docm”，存放于“综合案例一”文件夹中。

三、制作演示文稿

参考如图 6-2 所示样张，完成下列操作。

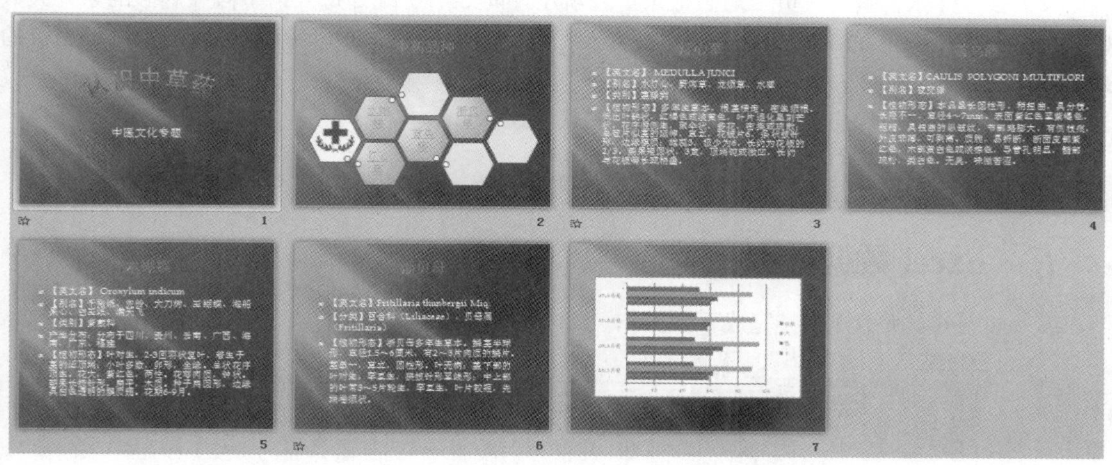

图 6-2　PowerPoint 样张

（1）打开文档“中药.pptx”。

（2）设置所有幻灯片为“顶峰”主题，颜色为“凤舞九天”。

（3）将第一张幻灯片的标题艺术字的文本效果转换设为“上弯弧”。

（4）在第二张幻灯片上的项目文本转换为 SmartArt 中的“六边形群聚”布局图，样式为“细微效果”。参考样张，为最左边六边形插入图片“药店标志.jpg”。

（5）将第二张幻灯片上各个六边形内的文字链接到相应标题的幻灯片。

（6）在最后增加一张空白幻灯片，插入“浙川贝.xlsm”中的图表，要求图表随源 Excel 图标变化而变化。

（7）设置第一张幻灯片标题的动画为强调——下划线，持续时间 5 秒。

（8）保存演示文稿“中药.pptx”，存放于“综合案例一”文件夹中。

四、Access 查询设计

参考如图 6-3 所示样张，完成下列操作。

工号	姓名	请假类型	请假总天数	扣发工资
CG001	陈伟刚	病假	0.5	40
CG001	陈伟刚	事假	0.5	50
CG002	赵子艳	病假	0.5	46.6666667
CW006	李靖	事假	1	106.666667
CW007	刘悦	事假	0.5	50
RZ002	陈瑶	病假	0.5	40
RZ002	陈瑶	事假	0.5	50
RZ003	张哲浩	病假	2	186.666667
RZ003	张哲浩	事假	1	116.666667
RZ004	王晶晶	事假	1	100
XS002	朱宇	事假	0.5	53.3333333
XS003	王爱亮	事假	1	100
XS004	于子强	病假	1	85.3333333
XS006	张强	事假	0.5	53.3333333
XS007	王丽	事假	20	2133.33333
XZ001	郭芳	事假	0.5	53.3333333
XZ007	王志伟	事假	0.5	58.3333333
总计				3323.66667

图 6-3　Access 样张

（1）将工作簿“人事信息 3.xlsx”中的“员工请假记录表”导入“test.accdb”数据库中。

（2）参考样张，基于“员工请假记录”表新建查询 CX1，统计每人请事假和病假的累计天数和应扣工资该用人单位扣工资的规定为：每天工资按基本工资 ÷ 30 计算；病假扣发每天工资的 80%，事假全扣。

（3）将查询结果导出为工作簿“事病假汇总.xlsx”。

（4）利用公式计算“扣发工资”总计。

（5）保存工作簿“test.accdb”和“事病假汇总.xlsx”，均存放于“综合案例一”文件夹中。

五、Excel 数据处理

参考如图 6-4 所示样张，完成下列操作。

	A	B	C	D	E	F	G	H	I	J	K	L
1	序号	工号	姓名	请假日期	起始时间	结束时间	请假天数	请假类型	基本工资	应扣工资	年假天数	是否使用年假
2	3	CG001	陈伟刚	2013/7/24	8:00	12:00	0.5	病假	3000	40.00	15	否
3	2	CG001	陈伟刚	2013/7/10	13:30	17:30	0.5	事假	3000	50.00	15	否
4			**陈伟刚 汇总**				1			90.00		
5	4	CG002	赵子艳	2013/7/17	8:00	12:00	0.5	病假	3500	46.67	15	否
6			**赵子艳 汇总**				0.5			46.67		
7	6	CW002	宋文娟	2013/7/14	8:00	17:30	1	丧假	3500	0.00	10	否
8	7	CW002	宋文娟	2013/7/15	8:00	17:30	1	丧假	3500	0.00	10	否
9	8	CW002	宋文娟	2013/7/16	8:00	17:30	1	丧假	3500	0.00	10	否
10			**宋文娟 汇总**				3			0.00		
11	17	CW006	李靖	2013/7/25	8:00	17:30	1	事假	3200	106.67	15	否
12			**李靖 汇总**				1			106.67		
13	19	CW007	刘悦	2013/7/27	13:30	17:30	0.5	事假	3000	0.00	15	是
14			**刘悦 汇总**				0.5			0.00		
15	11	RZ002	陈瑶	2013/7/29	8:00	12:00	0.5	病假	3000	40.00	5	否
16	12	RZ002	陈瑶	2013/7/20	13:30	17:30	0.5	事假	3000	0.00	5	是
17			**陈瑶 汇总**				1			40.00		
18	15	RZ003	张哲浩	2013/9/19	8:00	17:30	1	病假	3500	93.33	5	否
19	16	RZ003	张哲浩	2013/8/24	8:00	17:30	1	病假	3500	93.33	5	否
20	14	RZ003	张哲浩	2013/8/22	8:00	17:30	1	事假	3500	0.00	5	是
21			**张哲浩 汇总**				3			186.67		
22	18	RZ004	王晶晶	2013/7/26	8:00	17:30	1	事假	3000	0.00	10	是
23			**王晶晶 汇总**				1			0.00		
24	5	XS002	朱宇	2013/7/25	13:30	17:30	0.5	事假	3200	53.33	15	否
25			**朱宇 汇总**				0.5			53.33		
26	9	XS003	王爱亮	2013/7/17	8:00	17:30	1	事假	3000	100.00	10	否
27			**王爱亮 汇总**				1			100.00		
28	10	XS004	于子强	2013/7/18	8:00	17:30	1	病假	3200	85.33	10	否
29			**于子强 汇总**				1			85.33		
30	13	XS006	张强	2013/7/21	8:00	12:00	0.5	事假	3200	53.33	10	否
31			**张强 汇总**				0.5			53.33		
32	21	XS007	王丽	2013/7/29	8:00	17:30	1	产假	3200	0.00	10	否

图 6-4　Excel 样张

（1）打开“人事信息 4.xlsm”工作簿。

（2）以工号和请假类型为关键字进行升序排序。

（3）阅读模块 1 中“应扣工资”程序代码（见附程序代码 1），试修改代码使之能计算每人的应扣工资。该用人单位不扣工资的请假天数：婚假 7 天，丧假 3 天，产假 90 天，每年有 5～15 天的带薪年假，请事假可以用年假冲抵。本程序不考虑不扣工资的请假天数是否超期。

（4）执行“应扣工资()”过程，计算应扣工资。

（5）将 J2：J34 单元格区域的小数位数设为 2 位。

（6）参考样张，分类汇总每人的累计请假天数、应扣工资总和。

（7）保存工作簿“人事信息 4.xlsm”及其代码。

附程序代码 1

```
Option Explicit
Sub 应扣工资()
    Dim ykgz As Double, jbgz As Double
    Dim i As Integer, xs As Double, njcd As Integer
    For i = 2 To 34
        With Worksheets("员工请假记录")
            If .Cells(i, 12) = "是" Then
                njcd = 0
            Else
                njcd = 1
            End If
            Select Case .Cells(i, 8)
                Case "病假"
                    xs = 0.8 * njcd
                Case "事假"
                    xs = njcd
                Case Else
                    xs = 0
            End Select
            .Cells(i, 10).Value = xs * .Cells(i, 9) / 30 * .Cells(i, 7)
        End With
    Next
End Sub
```

6.2　案　例　二

一、实验准备

新建一个实验文件夹（如 1501405001 张强 16），下载素材压缩包“综合案例二.rar”至该实验文件夹下并解压。本章中提及的文件均存放在此文件夹下。

二、编辑 Word 文档

参考如图 6-5 所示样张，完成下列操作。

图 6-5　Word 样张

（1）打开文档“参赛证.docm”。

（2）运用替换功能将文中无用的回车符号删掉。

（3）为“粘贴照片”运用样式“test 格式 2”。

（4）修改“Test 格式 1”样式：字体（中文）华文行楷、小三、居中、2 倍行距、文字效果阴影预设外部向右偏移（第二行第一个）。

（5）设置文档的页边距：上 0.6cm、下 0.2cm、左右 0.5cm，纸张大小：宽度 10cm 高度 7cm，页眉和页脚均距边界 0.1cm。

（6）选取“参赛名单.xlsx”中的 sheet1 作为数据源，使用邮件合并功能将编号、姓名、学院合并到当前表格中，以“编辑单个文档”方式完成合并，并将合并结果存盘为“参赛证(打印).docx”。

（7）阅读模块 1 中“生成参赛项目名”程序代码（见附程序代码 2），根据代码中的注释完善代码。

（8）对“参赛证（打印）.docx”文档执行过程“生成参赛项目名”。

（9）保存文档“参赛证.docm”和“参赛证（打印）.docx”，存放于“综合案例二”文件夹中。

附程序代码 2

```
Option Explicit
Sub 生成参赛项目名()
    Dim tmpTable As Table
    Dim tmpCell As Cell
    Dim 棋类代号 As String
    Dim 棋类名称 As String
    For Each tmpTable In ActiveDocument.Tables
        棋类代号 = VBA.Left(tmpTable.Range.Cells(9).Range.Text, 1)
        '增加代码实现根据棋类代码算出棋类名称， F是五子棋，
        'W是围棋，C是国际象棋，X是中国象棋，其他则为空
```

```
        '以下代码将棋类名称现在表格第一行第二个单元格中，
        '并设置表格第一行第二个单元格的格式：黑体，24 号字
        With tmpTable.Range.Cells(2).Range


            .ParagraphFormat.Alignment = wdAlignParagraphCenter
        End With
    Next
End Sub
```

三、制作演示文稿

参考如图 6-6 所示样张，完成下列操作。

（1）打开文档“毕业季.pptx”。

（2）设置所有幻灯片应用“流畅”主题。

（3）除标题幻灯片外，其余每张幻灯片右上角显示“byj1.jpg”图片，并设置超链接到第一张幻灯片。

（4）设置所有幻灯片切换方式为涟漪，设置自动换片时间 5 秒。

（5）在第一张幻灯片的左下角插入音频文件“欧美-毕业歌.mp3”，并将动画设为跨幻灯片播放，放映时隐藏。

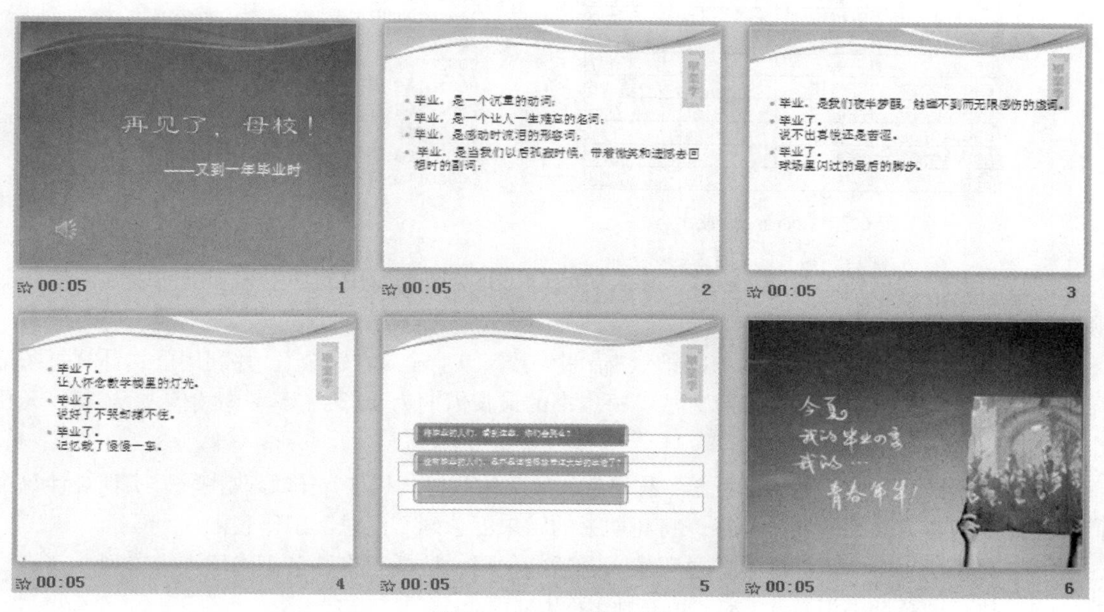

图 6-6　PowerPoint 样张

（6）将最后一张幻灯片中的项目文本转换为 SmartArt 中的“垂直框列表”布局图，样式为“拉通”，更改颜色为“透明渐变范围-强调文字颜色 1”（第三行第五个）。

（7）在最后插入一张新幻灯片，并将背景设为“byj2.jpg”，隐藏背景图案。

（8）放映方式为演讲者放映（全屏幕），循环放映，按 ESC 键终止。

（9）保存文档“毕业季.pptx”，存放于“综合案例二”中。

四、Access 查询设计

参考如图 6-7 所示样张，完成下列操作。

（1）打开“test.accdb”数据库。

（2）参考样张，基于“借阅表”和“学生表”新建查询 CX1，统计每个同学超期书的本数及超期罚金总额，输出字段：学号、姓名、本数、罚金总额，每本书的最长借期为 90 天（不考虑续借），超期一天罚金 0.05 元。

（3）将查询结果导出为工作薄“超期书情况汇总.xlsx”。

（4）在工作薄“超期书情况汇总.xlsx”中，利用公式计算“本数”“罚金”合计，并设置表格的边框线。

（5）保存工作簿“超期书情况汇总.xlsx”及“test.accdb”，存放于“综合案例二”中。

五、Excel 数据处理

参考如图 6-8 所示样张，完成下列操作。

学号	姓名	本数	罚金
090010148	周丽萍	2	1.75
090010149	王英	2	3.75
090020202	冯军	2	2.8
090020203	齐海栓	2	2.35
090020206	彭卓	2	4.3
090020207	田柳青	2	2.9
090020208	胡康轩	1	0.55
090020216	王海云	1	0.7
090020217	陈树树	1	2.95
090030119	吴俊通	1	0.5
090040102	龙发仁	1	1.1
090040103	梁鑫	1	32.7
合计		18	56.35

图 6-7　Access 样张

学号	姓名	本数	罚金总额
90040103	梁鑫	1	32.7
90020206	彭卓	2	4.3
90010149	王英	2	3.75
90020217	陈树树	1	2.95
90020207	田柳青	2	2.9
90020202	冯军	2	2.8
90020203	齐海栓	2	2.35
90010148	周丽萍	2	1.75
90040102	龙发仁	1	1.1
90020216	王海云	1	0.7
90020208	胡康轩	1	0.55
90030119	吴俊通	1	0.5

图 6-8　Excel 样张

（1）打开“超期借书汇总.xlsm”，导入“test.accdb”数据库中的学生表和借阅表到“借阅”和“学生”工作表。

（2）在“借阅”工作表中的 E1 输入“借阅天数”，F1 输入“罚金”，并利用公式计算每条记录的借阅天数和罚金。罚金的计算方法：每本书的最长借期为 90 天（不考虑续借），超期一天罚金 0.05 元，不超期显示 0。

（3）阅读模块 1 中“超期书汇总”程序代码（见附程序代码 3）。试修改代码，实现统计每个同学超期书的本数及超期罚金总额，将超期书的结果汇总到“汇总”工作表中。

（4）在模块 1 中“填充姓名”过程填入合适的代码，按学号将姓名正确填入第二列。

（5）执行“超期书汇总()”和“填充姓名()”过程。

（6）在借阅表中按罚金总额进行降序排序。

（7）保存工作簿“超期借书汇总.xlsm”及其代码，存放于“综合案例二”中。

附程序代码 3

```
Option Explicit
Sub 超期书汇总()
    Dim resultNo As Integer
    Dim i As Integer
```

```
    Dim lastNo As String
    Dim jeSum As Double
    Dim BookC As Integer
    jeSum = 0
    resultNo = 2
    BookC = 0
    For i = 2 To 395
        With Worksheet("借阅")
            If lastNo <> .Cells(i, 1).Value Then
            '若当前行与上一行学号不同
                If jeSum <> 0 Then
                    '若之前的累计金额不为0
                    Worksheets("汇总").Cells(resultNo, 1) = lastNo
                    Worksheets("汇总").Cells(resultNo, 3) = BookC
                    Worksheets("汇总").Cells(resultNo, 4) = jeSum
                    resultNo = resultNo + 1
                End If
                jeSum = .Cells(i, 6).Value
                lastNo = .Cells(i, 1).Value
                If jeSum = 0 Then BookC = 1 Else BookC = 0
            Else
                If jeSum <> 0 Then
                    jeSum = jeSum + .Cells(i, 6).Value
                    lastNo = .Cells(i, 1).Value
                    BookC = BookC + 1
                End If
            End If
        End With
    Next
End Sub
```